AF337372

P. CAMMAN et J. HUOT

Cours supérieur

d'Arithmétique

Enseignement primaire supérieur

Brevets

PARIS

ANCIENNE LIBRAIRIE POUSSIELGUE

J. DE GIGORD, Éditeur

RUE CASSETTE, 15

1913

Cours supérieur

d'Arithmétique

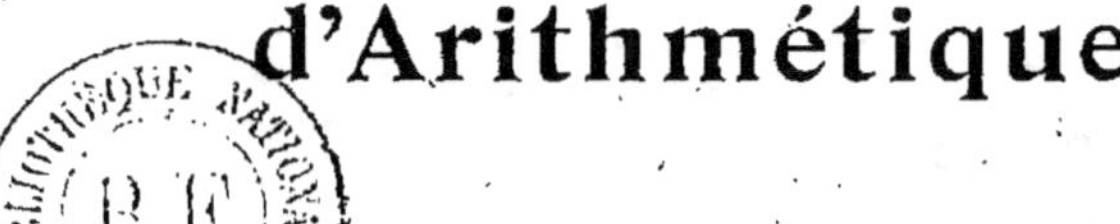

A LA MÊME LIBRAIRIE

NOUVEAU COURS COMPLET D'ARITHMÉTIQUE

Par P. CAMMAN

Ancien élève de l'École normale supérieure,
Agrégé des sciences mathématiques,
Directeur des études scientifiques au Collège Stanislas

ET

J. HUOT

Directeur d'école libre à Paris.

Enseignement primaire.

COURS PRÉPARATOIRE D'ARITHMÉTIQUE, avec de nombreuses illustr. et plus de 700 exercices gradués.   **0 fr. 75**

COURS ÉLÉMENTAIRE D'ARITHMÉTIQUE, avec de nombreuses figures et plus de 60 questions-types résolues et 2400 exercices ou problèmes proposés, soigneusement gradués. In-12 cartonné. . . . .   **1 fr. 50**

COURS MOYEN D'ARITHMÉTIQUE (certificat d'études), avec de nombreuses illustrations, 120 problèmes-types résolus, 2800 problèmes proposés, pris aux examens ou inédits, soigneusement gradués. (238 pages de texte, 270 pages de problèmes.) In-12 cartonné . . . .   **2 fr.** »

Enseignement primaire supérieur. — Brevets.

COURS SUPÉRIEUR D'ARITHMÉTIQUE (enseignement primaire supérieur; brevets), avec de nombreux exercices ou problèmes donnés aux examens ou inédits.

Cours supérieur

d'Arithmétique

Enseignement primaire supérieur

Brevets

PAR

P. CAMMAN

ANCIEN ÉLÈVE DE L'ÉCOLE NORMALE SUPÉRIEURE
AGRÉGÉ DES SCIENCES MATHÉMATIQUES
DIRECTEUR DES ÉTUDES SCIENTIFIQUES AU COLLÈGE STANISLAS

ET

J. HUOT

DIRECTEUR D'ÉCOLE LIBRE A PARIS

PARIS

ANCIENNE LIBRAIRIE POUSSIELGUE

J. DE GIGORD, Éditeur

RUE CASSETTE, 15

—

1913

PRÉFACE

—

Ce volume fait suite à notre Cours moyen d'Arithmétique. L'étude de l'arithmétique y est entièrement reprise au point de vue théorique. On s'est efforcé d'en rendre les démonstrations aussi brèves que possible, sans sacrifier la rigueur, ni la clarté. L'algèbre est placée immédiatement après l'arithmétique, dont elle forme la suite et le complément naturels. Il suffit en effet de généraliser la notion de nombre arithmétique pour arriver aux nombres algébriques. Les propriétés de ces nombres et de leurs opérations sont ainsi rapprochées des propriétés analogues des nombres arithmétiques. Nous avons pensé que ce rapprochement était de quelque utilité. On a trop souvent la tendance fâcheuse de considérer l'algèbre comme une science isolée, au lieu d'y voir ce qu'elle est naturellement : un prolongement en quelque sorte obligé de l'arithmétique. Les débuts de l'algèbre, présentés ainsi d'une manière trop abstraite, paraissent dénués d'intérêt, si l'on veut les traiter avec rigueur, et cette science elle-même se réduit à un pur formalisme.

Nous avons ajouté un chapitre sur les erreurs et les approximations, présentées d'une manière simple et rigoureuse ; ces connaissances sont exigées des candidats à plusieurs examens, et, d'autre part, leur portée pratique est considérable.

Pour les problèmes, nous nous sommes efforcés de varier autant que possible les énoncés. Nous avons également condensé en quelques pages l'exposé des méthodes que l'on peut employer pour leurs solutions, et nous en avons donné en même temps des exemples sous la forme de problèmes types complètement résolus.

Notre ouvrage s'adresse aux élèves de l'enseignement primaire supérieur, aux candidats aux brevets et à divers examens, Écoles d'arts et métiers, etc.

Nous serions heureux s'il pouvait rendre service aux candidats à ces examens et à leurs maîtres.

P. C. et J. H.

ARITHMÉTIQUE

CHAPITRE I

NUMÉRATION

§ 1. — PRÉLIMINAIRES

1. Pour indiquer combien d'objets distincts comprend une collection de ces objets, on se sert d'un *nombre entier*. L'opération par laquelle on trouve le nombre d'objets distincts d'une collection s'appelle *compter* ces objets.

2. **Formation des nombres entiers successifs. L'unité.** — *L'unité est l'un quelconque des objets distincts que l'on se propose de compter.*

Le premier nombre est *un* : il représente une collection formée d'une seule unité.

Si l'on ajoute une nouvelle unité à la première, on obtient une collection de *deux unités*, ou représentée par le nombre *deux*.

On forme les collections successives suivantes en ajoutant chaque fois une unité à la précédente. On obtient ainsi des collections de :

une, deux, trois, quatre, cinq, six, sept, huit, neuf unités,

ou représentées par les nombres

un, deux, trois, …, neuf.

Les nombres qui représentent les collections successives d'objets distincts, dont on n'indique pas la nature, se nomment *nombres abstraits*.

C'est sur les *nombres abstraits*, ou plus simplement *nombres*, que portent les opérations de l'arithmétique; ce sont leurs propriétés que cette science étudie.

3. Nous avons vu que :

En ajoutant une unité à un nombre, on forme le nombre suivant.

Cette opération abstraite est toujours possible. Par conséquent, la suite des nombres entiers successifs est *indéfinie* ou *illimitée.*

Si l'on donnait aux nombres entiers successifs des noms différents, comme on l'a fait plus haut pour les neuf premiers, ou si l'on imaginait des signes différents pour les écrire, la multiplicité de ces désignations ou de ces signes deviendrait dans la pratique un obstacle insurmontable.

Aussi a-t-il été nécessaire de procéder autrement pour désigner oralement et écrire les nombres entiers. Pour cela on a imaginé une classification, au moyen de conventions et de règles, dont l'ensemble constitue la *numération.*

4. **Définition de la numération.** — *La numération est l'ensemble des règles qui permettent de désigner oralement et d'écrire les nombres entiers.*

Elle se divise en *numération parlée* et *numération écrite,* suivant qu'il s'agit de désigner oralement ou d'écrire les nombres.

§ 2. — NUMÉRATION DÉCIMALE PARLÉE

5. **Unités simples.** — Les neuf premiers nombres ayant été définis plus haut, le nombre qui représente la collection formée en ajoutant une unité à neuf unités se nomme *dix.* Les neuf premiers nombres forment les *unités simples* ou *du premier ordre.*

6. Dizaines. — A partir de dix, nous pouvons compter une collection par *groupes de dix ou dizaines*, comme nous avons compté les unités précédentes ou unités simples, et cela jusqu'à la collection formée de dix dizaines.

Les dizaines forment les unités du second ordre.

On aura ainsi des collections de :

une dizaine que l'on nomme *dix*,
deux dizaines   —   *vingt,*
⋮   —   —   ⋮
neuf —   —   *quatre-vingt dix.*

7. Nombres compris entre deux dizaines successives. — Pour former les collections comprises entre deux dizaines, on ajoute successivement un, deux,... neuf objets à chaque collection précédente formée d'une ou de plusieurs dizaines complètes.

Les nombres qui représentent ces collections s'énoncent ainsi :

On énonce d'abord les dizaines, puis les unités simples (en nombre au plus égal à neuf) que l'on a ajoutées.

EXEMPLE. — Le nombre qui comprend quatre dizaines et huit unités simples s'énonce :

quarante-huit.

8. Exceptions. I. — On dit :

onze, douze, treize, quatorze, quinze, seize,

au lieu de :

dix-un, dix-deux, dix-trois, dix-quatre, dix-cinq, dix-six.

II. — On dit :

Soixante et onze, soixante-douze, soixante-treize, soixante-quatorze, soixante-quinze, soixante-seize,

au lieu de :

Soixante-dix-un, soixante-dix-deux, soixante-dix-trois, soixante-dix-quatre, soixante-dix-cinq, soixante-dix-six.

[1]

III. — De même, on dit :

Quatre-ving-onze....... quatre-vingt-seize,

au lieu de :

Quatre-vingt-dix-un..... quatre-vingt-dix-six.

9. Centaines. — *Le nombre formé de dix dizaines se nomme* cent.

A partir de cent, on peut compter une collection par groupes de cent ou centaines, comme on a compté plus haut les dizaines et les unités simples, et cela jusqu'à la collection formée de **dix** centaines.

Les centaines forment les unités du troisième ordre.

On aura ainsi des collections de :

une centaine que l'on nomme *cent*

deux centaines — *deux cents,*

⋮ — — ⋮

neuf — — *neuf cents.*

10. Nombres compris entre deux centaines successives. — Pour former les collections comprises entre deux centaines, on ajoute successivement un, deux,... quatre-vingt-dix-neuf objets à chaque collection précédente, formée d'une ou de plusieurs centaines complètes.

Les nombres qui représentent ces collections s'énoncent ainsi :

On énonce d'abord les centaines (comme ci-dessus), puis le nombre (inférieur à cent) d'objets que l'on a ajoutés.

EXEMPLES I. — Le nombre formé de cinq centaines, six dizaines et sept unités simples s'énonce :

cinq cent soixante-sept.

II. — Le nombre formé de huit centaines, sept dizaines et trois unités simples s'énonce :

huit cent soixante-treize.

11. Première classe. — *Les centaines, dizaines et unités simples ou unités du 3e, 2e et 1er ordre forment la 1re classe ou classe des unités.*

12. Mille. — Deuxième classe. — *Le nombre formé de dix centaines se nomme* mille.

A partir de mille on compte une collection par groupe de mille objets de un à mille de ces groupes.

On obtient ainsi : d'abord *des unités de mille* :

Mille, deux mille, ... neuf mille objets;

Puis des dizaines de mille :

Dix mille, vingt mille, ..., quatre-vingt-dix mille;

Puis des centaines de mille :

Cent mille, deux cent mille, ..., neuf cent mille.

Les unités de mille forment les unités du 4ᵉ ordre.
— dizaines   —   —   5ᵉ —
— centaines   —   —   6ᵒ —

Les unités, dizaines et centaines de mille ou du 4ᵉ, 5ᵉ et 6ᵉ ordre forment la 2ᵉ classe ou celle des mille.

13. Nombres compris entre deux mille successifs. — Pour former les collections d'objets comprises entre deux collections formées chacune d'un nombre complet de mille, on ajoute successivement à chacune d'elles les neuf cent quatre-vingt-dix-neuf premières unités.

Pour désigner un nombre supérieur à mille (et inférieur à mille mille), on énonce le nombre des groupes complets de mille unités (comme on a énoncé le nombre total d'unités d'un nombre inférieur à mille), puis le nombre restant (inférieur à mille).

EXEMPLE. — Le nombre formé de trois centaines de mille, quatre dizaines de mille, cinq unités de mille, six centaines, deux dizaines et neuf unités simples s'énonce :

trois cent quarante-cinq mille six cent vingt-neuf.

14. Million. — Troisième classe. — *Le nombre formé de mille mille se nomme un million.*

A partir de un million, on compte une collection par groupes de un million d'objets chacun de un à mille de ces groupes.

On obtient ainsi : *des unités de millions :*
Un, deux, ..., neuf millions;

Des dizaines de millions :
Dix, vingt, ..., quatre-vingt-dix millions;

Des centaines de millions :
Cent, deux cents, ..., neuf cents millions.

Les unités de millions forment les unités du 7e ordre.
— *dizaines*   —   —   8e —
— *centaines*   —   —   9e —

Les unités, dizaines et centaines de millions (ou du 7e, 8e, 9e ordre) forment la 3e classe ou classe des millions.

15. Nombres compris entre deux millions consécutifs. — Pour former des collections d'objets comprises entre deux collections formées chacune d'un nombre complet des millions, on ajoute successivement à chacune d'elles les neuf cent quatre-vingt-dix neuf mille neuf cent quatre-vingt-dix-neuf premières unités.

Pour désigner un nombre inférieur à mille millions, on énonce le nombre (inférieur à mille) de ses millions, puis le nombre restant (inférieur à un million).

16. Milliard ou Billion. — **Quatrième classe.**
— *Le nombre formé de mille millions se nomme un milliard ou un billion.*

On compte par milliards ou billions (de un à mille milliards ou billions) comme on a compté les unités, les mille et les millions dans les trois premières classes.

La classe des milliards ou billions est la quatrième classe.

17. Cinquième classe. — Le nombre formé de mille milliards ou billions se nomme *un trillion. La classe des trillions est la cinquième classe, etc. etc.*

On conçoit comment, grâce au groupement des unités à compter en unités nouvelles des différents ordres, et de ces unités en classes, on est arrivé à désigner, à l'aide de très peu de mots, des nombres qui représentent des collections immenses d'objets.

18. Conventions fondamentales de la numération décimale.

1º *Toute unité d'un ordre quelconque vaut dix unités de l'ordre immédiatement inférieur.*

2º *Toute unité d'une classe quelconque vaut mille unités de la classe immédiatement inférieure.*

TABLEAU RÉSUMÉ DE LA NUMÉRATION

5e CLASSE TRILLIONS			4e CLASSE BILLIONS ou MILLIARDS			3e CLASSE MILLIONS			2e CLASSE MILLE			1e CLASSE UNITÉS		
15e ordre	14e ordre	13e ordre	12e ordre	11e ordre	10e ordre	9e ordre	8e ordre	7e ordre	6e ordre	5e ordre	4e ordre	3e ordre	2e ordre	1er ordre
Centaines de trillions	Dizaines de trillions	Unités de trillions	Centaines de billions	Dizaines de billions	Unités de billions	Centaines de millions	Dizaines de millions	Unités de millions	Centaines de mille	Dizaines de mille	Unités de mille	Centaines	Dizaines	Unités simples

19. La numération que nous venons d'exposer se nomme *numération décimale*, à cause du rôle remarquable qu'y joue le nombre *dix*.

Il est certain que ce rôle du nombre dix est dû uniquement à ce fait que les hommes ont commencé d'abord à compter sur leurs doigts. En dehors de cette circonstance, il n'y avait aucune raison de choisir ce nombre comme base de la numération.

Il est évident qu'il existe autant de numérations que l'on veut.

Deux types de numération en particulier pourraient être employés : la numération à base *deux* et la numération à base *douze;* la première, parce qu'elle exige le moins possible de signes pour représenter les nombres; la seconde, parce que le nombre douze a relativement beaucoup de diviseurs.

Nous reviendrons après la numération écrite sur ces deux systèmes particuliers de numération.

§ 3. — NUMÉRATION DÉCIMALE ÉCRITE

20. Chiffres. — On se sert des neuf signes suivants appelés **chiffres** (ou **chiffres arabes**) :

$$1 \quad 2 \quad 3 \quad 4 \quad 5 \quad 6 \quad 7 \quad 8 \quad 9$$

correspondant respectivement aux nombres :

un, deux, trois, quatre, cinq, six, sept, huit, neuf.

On leur ajoute le signe **0** qui s'énonce **zéro** et indique l'**absence** de l'unité ou du groupe d'unités que l'on considère.

Les neuf chiffres autres que 0 s'appellent **chiffres significatifs.**

21. Usage des chiffres pour écrire un nombre.

1º **Le nombre est inférieur à dix.**
On écrit le chiffre qui lui correspond.

2º **Le nombre est supérieur ou égal à dix.**
On écrit le nombre comme l'indique la règle ci-dessous.

Règle pratique. — *On écrit le nombre de gauche à droite en écrivant d'abord le chiffre des unités de l'ordre le plus élevé, puis de l'ordre suivant et ainsi de suite, jusqu'au chiffre des unités simples, qui est le dernier à droite. On remplace par des zéros les chiffres des ordres qui manquent.*

EXEMPLE. — Soit à écrire le nombre :
Vingt-trois millions sept cent quarante mille huit cent trois; on l'écrira :

$$23\,740\,803.$$

22. Séparation des classes. — *On a soin de séparer chaque classe par un point comme ci-dessous:*

23.740.803.

Cela revient à partager le nombre écrit en tranches de trois chiffres à partir de la droite, la dernière tranche à gauche pouvant être incomplète, c'est-à-dire refermer seulement un ou deux chiffres au lieu de trois. Cette manière d'opérer aide à la lecture d'un nombre écrit.

23. La règle pratique que nous avons énoncée, repose sur la *convention fondamentale suivante.*

Convention fondamentale de la numération écrite. — *Tout chiffre écrit immédiatement à la gauche d'un autre dans un nombre représente des unités de l'ordre immédiatement supérieur à celui qui correspond à ce dernier chiffre.*

On exprime aussi cette convention de la manière suivante :

Tout chiffre écrit immédiatement à la gauche d'un autre exprime des unités dix fois plus grandes que les unités exprimées par le premier chiffre.

§ 4. — RÈGLES PRATIQUES

24. 1° Règle pour lire un nombre écrit. — On distingue deux cas :

1° Le nombre est inférieur à mille.

On énonce le nombre (inférieur à dix) de ses centaines, que l'on fait suivre du mot cent, puis le nombre de ses dizaines, en se conformant à ce qui a été dit dans la numération parlée, puis le nombre de ses unités simples.

2° Le nombre est supérieur à mille.

On le partage en tranches de trois chiffres à partir de la droite. Chaque tranche correspond à une classe.

On énonce la première classe à partir de la gauche comme si elle était seule, en suivant la règle précédente et en la faisant suivre du nom de la classe (mille, millions, etc.), puis la classe suivante à droite, et ainsi de suite jusqu'à la dernière classe, dont on ne fait suivre la désignation d'aucune appellation particulière.

Dans la lecture d'une classe, on omet de désigner les centaines, dizaines ou unités de cette classe, quand le chiffre qui les représente est un zéro.

On omet les classes qui sont représentées par des zéros.

Exemples :   703

se lit :   sept cent trois ;

               45.803.197

se lit : quarante-cinq millions, huit cent trois mille, cent quatre-vingt-dix-sept.

25. 2° Règle pratique pour écrire un nombre dicté. — 1° Le nombre ne renferme qu'une seule classe.

On distingue les chiffres des centaines, des dizaines, des unités simples. On les écrit successivement de gauche à droite, à mesure qu'on les entend.

Exemple. — Soit à écrire deux cent treize.

On entend et on écrit successivement :

     deux centaines 2
     une dizaine. 1
     trois unités. 3

On écrit :   213.

Exemple. — Soit à écrire le nombre trois cent huit.

Il y a 3 centaines, pas de dizaines et 8 unités ; on écrit :

             308.

2° Le nombre renferme plusieurs classes.

On écrit séparément chaque classe de gauche à droite, à mesure qu'elle est énoncée, en commençant par la classe la plus élevée ; on remplace au besoin par trois zéros (000) les classes qui manquent. On sépare chaque classe par un point.

Exemple. — Soit à écrire vingt-huit millions, trois cent vingt mille, quatre cent quarante-neuf unités.

On écrit successivement :

    la classe des millions 28
    la classe des mille 320
    la classe des unités 449

Le nombre s'écrit :   28.320.449.

REMARQUE. — On dit souvent d'un nombre inférieur à dix que c'est un nombre *d'un seul chiffre ;* d'un nombre au moins égal à dix et inférieur à cent, que c'est un nombre de *deux chiffres,* etc. Ces dénominations se comprennent facilement, en se reportant aux règles de la numération écrite.

§ 5. — DIFFÉRENTS SYSTÈMES DE NUMÉRATION

I. — Systèmes à base unique.

26. Tous les systèmes simples de numération sont fondés sur des conventions analogues à celles de la numération décimale.

On compte les objets distincts ou unités jusqu'à un nombre donné qui est la *base* du système. On obtient ainsi *les unités du premier ordre.*

Puis on compte par groupes contenant chacun un nombre d'unités du premier ordre égal à la base, comme on a compté les unités du premier ordre : chacun de ces groupes forme *les unités du second ordre.*

On compte ensuite par groupes contenant chacun un nombre d'unités du second ordre égal à la base comme on a compté les unités des deux premiers ordres et ainsi de suite.

27. La convention fondamentale de la numération parlée dans un système à base unique est la suivante :

Toute unité d'un ordre quelconque vaut autant d'unités de l'ordre immédiatement inférieur qu'il y a d'unités dans la base.

Par exemple, dans le système de numération de base huit, on comptera les unités du premier ordre de un à sept. Huit unités du premier ordre valent une unité du second. On comptera les unités du second ordre jusqu'à sept de ces unités ; huit unités de second ordre valent une unité du troisième ordre, etc.

28. Pour écrire un nombre quelconque, il faudra autant de signes différents ou chiffres qu'il y a d'unités dans la base, en y comprenant le chiffre zéro. La convention fondamentale de la numération écrite est la suivante :

Un chiffre quelconque placé à la gauche d'un autre représente des unités de l'ordre immédiatement supérieur à celui qui correspond à ce dernier chiffre.

Par exemple, dans le système duodécimal (à base 12), il faudra douze chiffres pour écrire les nombres ; ces chiffres successifs sont :

$$0 \quad 1 \quad 2 \quad 3 \quad 4 \quad 5 \quad 6 \quad 7 \quad 8 \quad 9 \quad a \quad b$$

a et b représentant respectivement dix et onze unités du 1er ordre. Dans le système binaire (à base 2), il faudra 2 chiffres, 0 et 1.

1° Écrire dans le système décimal un nombre écrit dans un système quelconque.

29. Soit à écrire dans le système décimal le nombre $7aba$ écrit dans le système duodécimal.

1°) On raisonne ainsi en opérant de droite à gauche.

Le chiffre a vaut dans le système décimal			10 unités
—	b —	— $11 \times 12 =$	132 —
—	a —	— $10 \times 12 \times 12 =$	1.440 —
—	7 —	— $7 \times 12 \times 12 \times 12 = $	12.096 —

Donc le nombre $7aba$ s'écrit dans le système décimal :   13.678 —

2°) On peut aussi opérer de gauche à droite.

On a 7 unités du 4e ordre qui valent $7 \times 12 = 84$ unités de 3e ordre.

On ajoute a unités du 3e ordre ou 10 (dans le système décimal), ce qui donne : $84 + 10 = 94$ unités de 3e ordre.

Ces 94 unités de 3e ordre valent $94 \times 12 = 1.128$ unités de 2e ordre.

On ajoute b unités de 2° ordre ou 11 (dans le système décimal), ce qui donne : $1.128 + 11 = 1.139$ unités de 2e ordre.

Ces 1.139 unités de 2e ordre valent $1.139 \times 12 = 13.668$ unités de 1er ordre.

On ajoute a unités de 1er ordre ou 10, ce qui donne :
$$13.668 + 10 = 13.678.$$

On emploie d'ordinaire cette seconde méthode, qui conduit à la règle suivante.

Règle. — *Pour écrire dans le système décimal un nombre écrit dans un système quelconque, on multiplie le premier chiffre à gauche par la base, et l'on ajoute au produit obtenu le chiffre suivant ; on multiplie ensuite la somme obtenue par la base et l'on ajoute au produit le chiffre suivant, et ainsi de suite. Le dernier total est le nombre demandé.*

2° Écrire dans un système quelconque un nombre écrit dans le système décimal.

30. Soit à écrire dans le système duodécimal 6.475 écrit dans le système décimal.

Il faut chercher combien ce nombre contient d'unités duodécimales du 2e ordre ou combien de groupes de 12 unités simples. Il faut donc le diviser par 12. On obtient ainsi 539 unités du 2e ordre (quotient) et 7 du premier (reste).

$$
\begin{array}{lll}
64\,75 & \underline{|\ 12} & \\
4\ 7 & \underline{539}\ \underline{|\ 12} & \\
1\ 15 & 59 \quad \underline{44}\ \underline{|\ 12} \\
0\ 7 & 11 \quad\ 8 \quad\ 3
\end{array}
$$

Le premier chiffre à droite est 7. Puis on cherche combien les 539 unités du 2e ordre contiennent d'unités du 3e, on divise 539 par 12. On a 44 unités du 3e ordre et 11 du 2e. Donc le second chiffre à gauche est b (qui représente 11 dans le système duodécimal). Puis on divise 44 par 12. On trouve 8 unités du 3e ordre et 3 du 4e ordre. Donc le nombre est :

$$3\,8b7 \quad \text{écrit dans le système duodécimal.}$$

Règle. — *Pour écrire un nombre décimal dans un autre système : On divise le nombre donné par la nouvelle base, le reste de la division donne le chiffre des unités du premier ordre ; on divise le quotient obtenu* *par la même base, le reste donne le chiffre des unités du deuxième ordre et l'on continue ainsi jusqu'à ce que l'on parvienne à un quotient inférieur à la base donnée ; ce quotient donne le chiffre des unités de l'ordre le plus élevé du nombre écrit dans le nouveau système.*

31. REMARQUE. — Le second problème est analogue au premier et peut se traiter de la même manière ; mais il faut faire les multiplications dans le système duodécimal.

La différence des solutions, qui conduisent dans un cas à des multiplications, dans l'autre à des divisions, provient de ce que l'on a toujours effectué les opérations dans le système décimal, qui est le seul dans lequel on ait l'habitude d'opérer.

3º **Passer d'un système quelconque à un autre.**

32. La manière la plus simple d'opérer est de passer du premier système au système décimal (multiplications), puis du système décimal au second système (divisions).

II. — Systèmes à plusieurs bases.

33. Dans un système à plusieurs bases on opère de la manière suivante :

On compte les objets distincts ou unités jusqu'à un premier nombre donné qui est la *première base du système*. On obtient ainsi les *unités du premier ordre*.

Puis on compte par groupes contenant chacun un nombre d'unités du premier ordre égal à la première base jusqu'à un deuxième nombre donné, qui est la *seconde base du système ;* chacun de ces groupes forme les *unités du second ordre*.

On compte ensuite par groupes contenant chacun un nombre d'unités du deuxième ordre égal à la seconde base jusqu'à un troisième ordre donné, qui est la *troisième base* et ainsi de suite.

34. Convention. — *Une unité du deuxième ordre vaut un nombre d'unités du premier ordre égal à la première base ; une unité du troisième ordre vaut un* *nombre d'unités du deuxième ordre égal à la deuxième base, etc.*

Si l'on voulait employer des signes particuliers ou *chiffres* pour écrire un nombre quelconque dans un tel système de numération, il faudrait autant de chiffres qu'il y a d'unités dans la plus grande base. La convention fondamentale de la numération écrite dans ce système serait la même que celle de la numération écrite dans un système à base unique.

Les problèmes traités plus haut se traiteraient d'une manière analogue; la seule différence serait que les multiplicateurs ou les diviseurs, au lieu d'être constants, devraient chaque fois être égaux à la base correspondante.

Application aux nombres complexes.

35. Les nombres complexes donnent un exemple de système de numération à plusieurs bases.

Mesure du temps. — Les secondes sont les unités du premier ordre.

Les minutes sont les unités du deuxième ordre; la première base est 60.

Les heures sont des unités du troisième ordre; la deuxième base est 60.

Les jours sont les unités du quatrième ordre; la troisième base est 24.

Les années sont les unités du cinquième ordre; la quatrième base est 365, etc.

Pour écrire un nombre qui mesure un temps, on n'emploie pas des chiffres particuliers; on se sert de la numération décimale en indiquant à l'aide des lettres (s, m, h, j,...) les unités successives des différents ordres.

36. I. — *Exprimer en secondes un nombre complexe mesurant un temps.*

Soit à exprimer en secondes $4^j13^h45^m17^s$.

$$
\begin{array}{lcl}
\text{4 jours valent. . . .} & & 4 \times 24 = 96^h \\
4^j13^h \text{ valent . . . . .} & & 96 + 13 = 109^h \\
\text{109 heures valent. .} & & 109 \times 60 = 6.540^m \\
4^j13^h45^m \text{ valent . . .} & & 6.540 + 45 = 6.585^m \\
\text{6.585 minutes valent} & & 6.585 \times 60 = 395.100^s \\
4^j13^h45^m17^s \text{ valent. .} & & 395.100 + 17 = 395.117^s.
\end{array}
$$

Règle. — *Pour exprimer en secondes un nombre exprimé en jours, heures, minutes et secondes, on multiplie le nombre de jours par 24 et on ajoute à ce produit le nombre d'heures ; on multiplie la somme obtenue par 60 et on ajoute à ce produit le nombre de minutes ; on multiplie cette nouvelle somme par 60 et on lui ajoute le nombre de secondes.*

37. II. — *Chercher le nombre de minutes, heures, jours compris dans un nombre donné de secondes.*

Soit, par exemple, $3.417.887^s$.

Cherchons le nombre de minutes. Pour cela divisons par 60 la partie entière. Il suffit de supprimer le dernier chiffre 7 du nombre entier de secondes et de diviser par 6 le nombre restant, et avoir soin de multiplier le reste obtenu par 10.

$$
\begin{array}{r|l}
34\cdot1788 & 6 \\
\;4\;1 & \overline{56964} \\
\;\;\;57 & \\
\;\;\;\;\;38 & \\
\;\;\;\;\;\;\;28 & \\
\;\;\;\;\;\;\;\;\;4 & \\
\end{array}
$$

On a donc 56.964 minutes plus 40 secondes. Il faut ajouter 7 secondes.

Donc, on a : 47 secondes et 56.964 minutes.

Pour avoir le nombre de minutes, on divise 56.964 par 60, ou 5.696 par 6, en multipliant le reste par 10 et en lui ajoutant 4 minutes.

$$
\begin{array}{r|l}
56\cdot96 & 6 \\
\;2\;9 & \overline{949} \\
\;\;\;56 & \\
\;\;\;\;\;2 & \\
\end{array}
$$

On obtient ainsi $20 + 4 = 24$ m., plus 949 h.

Pour avoir le nombre d'heures, divisons 949 par 24 :

$$\begin{array}{c|c} 949 & 24 \\ \hline 229 & 39 \\ 13 & \end{array}$$

On a donc 13 heures et 39 jours. Le nombre est donc :

$$39^{j}13^{h}24^{m}47^{s} ;$$

d'où la règle.

Règle. — *Étant donné un temps exprimé en secondes, pour avoir le nombre de secondes proprement dites, on divise le nombre donné de secondes par 60. Le reste est le nombre de secondes proprement dites. On obtient un premier quotient.*

Pour avoir le nombre de minutes proprement dites, on divise ce premier quotient par 60. Le reste est le nombre cherché de minutes. On obtient un second quotient.

Pour avoir le nombre d'heures proprement dites, on divise par 24 ce second quotient. Le reste est le nombre d'heures cherché. Et le quotient de cette seconde division est le nombre de jours.

38. Mesures des angles et des arcs. — On opérerait de même pour les nombres complexes représentant des arcs et des angles exprimés en degré (^{o}), minutes ($'$), secondes ($''$).

Les secondes sont les unités du 1er ordre ;
Les minutes   —   2e — $1' = 60''$
                                         la 1re base est 60.
Les degrés   —   3e — $1^{o} = 60'$
                                           la 2e base est 60.
Les circonférences   —   4e —   1 circonf. $= 360^{o}$.
                                           la 3e base est 360.

Exercices sur la numération.

1. Qu'est-ce que la numération ? En montrer la nécessité.

2. Exposer le principe de la numération décimale.

3. Exposer le principe de la numération à base unique. Donner des exemples.

4. Écrire les nombres de 32 à 64 dans le système à base 2.

5. Écrire les nombres de 144 à 168 dans le système duodécimal.

6. Combien de caractères faut-il pour écrire tous les nombres entiers composés de n chiffres dans le système décimal? — Dans le système à base 8? — Dans un système à base unique quelconque?

7. Exposer le principe de la numération à base multiple.

8. La toise vaut 6 pieds, le pied 12 pouces, le pouce 12 lignes; si l'on compte par toises, pieds, pouces, lignes, de 2 toises 5 pieds 15 pouces 10 lignes à 3 toises, combien aura-t-on de nombres différents?

9. Écrire dans le système de numération à base 2 le nombre 67.

10. Écrire dans le système décimal le nombre qui, dans le système à base 2, s'écrit :   101.101.

11. Écrire dans le système décimal le nombre qui s'écrit dans le système à base 8 :   57.364.

12. Écrire dans le système à base 8 le nombre qui s'écrit dans le système décimal :   4.572.

13. Écrire dans le système à base 12 le nombre précédent.

14. Écrire dans le système décimal le nombre qui, dans le système duodécimal, s'écrit : $ab0ba$.

15. Écrire dans le système à base 8 le nombre suivant, écrit dans le système duodécimal : $74a5$.

16. Écrire dans le système duodécimal le nombre suivant, écrit dans le système à base 8 :   5.673.

17. Transformer en jours, heures, minutes et secondes le nombre   487.835^s.

18. Transformer en degrés, minutes et secondes, le nombre   74.835$''$.

CHAPITRE II

ADDITION DES NOMBRES ENTIERS

§ 1. — DÉFINITION

39. — Considérons plusieurs collections d'objets. Imaginons qu'on réunisse toutes ces collections en une seule. Puis comptons les objets de cette collection unique au moyen des règles de la numération indiquées plus haut.

Cette opération se nomme *additionner* les collections d'objets.

Au lieu de faire cette opération concrète, on peut procéder autrement. Chacune des collections qu'il s'agit d'additionner est représentée par un *nombre abstrait*, qui indique combien cette collection contient d'objets. Le résultat de l'opération à faire est également un *nombre abstrait*, qui indique combien il y a d'objets dans la collection finale. Le problème d'arithmétique est le suivant :

Connaissant les nombres correspondant aux différentes collections à additionner, trouver le nombre correspondant à la collection finale formée par la réunion de ces collections en une seule.

40. **Définition.** — *L'addition est l'opération par laquelle on détermine un nombre, qui contient autant d'unités que plusieurs nombres entiers donnés réunis ensemble.*

Le nombre trouvé est la **somme** ou **total** des autres nombres, qui sont les **parties** de la somme.

41. Signe de l'addition. — On énonce les nombres à additionner les uns à la suite des autres, en les séparant par le mot **plus**.

On écrit les nombres à additionner les uns à la suite ·des autres, en les séparant par le signe $+$.

Ainsi, si l'on a à additionner les nombres

$$27 \quad 53 \text{ et } 15,$$

on écrira :

$$27 + 53 + 15,$$

que l'on énoncera :

vingt-sept, plus cinquante-trois, plus quinze.

§ 2. — OPÉRATIONS

I. — Principe de l'opération.

42. *Pour additionner plusieurs nombres entiers, on les décompose en unités des différents ordres et l'on additionne ensemble les unités de chaque ordre pris séparément* (Voir la démonstration n° 47).

On remarque que le nombre d'unités simples de la somme ne peut provenir que du groupement des unités simples des nombres à additionner : les dizaines, centaines, etc., une fois réunis, donneront des groupes complets de dizaines, centaines, etc.

43. Exemple. — Soit à additionner les trois collections d'objets représentées par les trois nombres : 2.548, 32.427 et 51.819.

Réunissons ensemble les unités simples ou groupes de un objet; on dira $8 + 7 + 9$ unités valent 24 unités, ou encore :

2 dizaines et 4 unités ;

puis réunissons ensemble les dizaines (ou groupes de dix objets) : $4 + 2 + 1$ dizaines, valent

7 dizaines ;

de même pour les centaines (ou groupes de cent objets) :
$5 + 4 + 8$ centaines, valent

17 centaines ;

et ainsi de suite.

Il y a donc quatre unités simples ; nous écrivons :

4.

Passons aux dizaines ; il y a deux dizaines provenant de l'addition des unités des trois nombres proposés, puis sept dizaines provenant de l'addition des dizaines des trois mêmes nombres, donc en tout : $7 + 2 = 9$ dizaines, que l'on écrit à la gauche des unités simples, soit :

94.

Passons aux centaines. Il n'en provient pas de l'addition des dizaines, car il y a dans la somme moins de dix dizaines ; il n'en provient que de l'addition des centaines, des trois nombres proposés ; il y en a 17 ou 7 centaines et 1 mille, soit :

794.

De même nous passons aux mille ; il y en a un provenant des groupes de dix centaines de l'addition des nombres proposés que nous réunirons aux mille provenant des unités de mille des nombres à additionner, etc.

II. — Opération pratique (Système décimal).

44. On est ainsi conduit à énoncer la règle pratique suivante.

Règle pratique. — *Pour additionner des nombres de plusieurs chiffres, on écrit ces nombres les uns au-dessous des autres, de manière que les chiffres des unités de chaque ordre soient sur une même colonne verticale, et l'on tire un trait sous le dernier nombre.*

On additionne tous les nombres de la première colonne à droite et l'on écrit sous le trait, dans la première colonne, le chiffre qui représente cette somme, supposée inférieure à **10** *; on opère ensuite sur la deuxième colonne de la même manière, puis sur la troisième, etc., jusqu'à la dernière à gauche.*

Si, dans l'opération précédente, la somme des chiffres d'une colonne est égale ou supérieure à **10***, on écrit le chiffre des unités de cette somme dans cette colonne et l'on retient les dizaines pour les ajouter à la colonne suivante à gauche.*

EXEMPLE D'OPÉRATION EFFECTUÉE :

$$\left.\begin{array}{l} 2.548 \\ 32.427 \\ 51.819 \end{array}\right\} \text{Nombres à additionner}$$

$$\overline{86.794} \quad \text{Somme ou total.}$$

On écrira donc l'égalité :

$$2.548 + 32.427 + 51.819 = 86.794.$$

III. — Opération pratique (Système quelconque).

45. L'opération que l'on vient d'effectuer sur des nombres écrits dans le système décimal s'effectue d'une manière analogue sur des nombres écrits dans un système de numération quelconque, en particulier sur les nombres complexes.

On fait la somme des unités des différents ordres en exprimant cette somme en unités de l'ordre supérieur dès qu'elle est supérieure à la base correspondante à cet ordre.

EXEMPLE. — Soit à additionner 12°27′45″ 45°38′12″ et 19°53′28″.

Opération

$$\left.\begin{array}{l} 12°\,27'\,45'' \\ 45°\,38'\,12'' \\ 19°\,53'\,28'' \end{array}\right\} \text{Nombres à additionner.}$$

$$\overline{77°\,59'\,25''} \quad \text{Somme}$$

En additionnant les secondes, on trouve 85″ ou 1′25″ ; on ajoute 1′ aux minutes données et l'on trouve pour somme des minutes 119′ ou 1°59′ ; on ajoute 1° aux degrés donnés et l'on trouve pour somme des degrés 77°.

§ 3. — THÉORÈMES SUR L'ADDITION DES NOMBRES ENTIERS

46. **Théorème I.** — *On ne change pas la somme de plusieurs nombres quand on change l'ordre dans lequel on les additionne.*

On énonce aussi ce théorème de la manière abrégée suivante :

L'addition des entiers est commutative.

Ce théorème est évident si l'on se reporte à l'opération concrète que représente l'addition des nombres.

On considère, par exemple, des sacs contenant des billes. On verse le contenu de chacun dans un sac plus grand, et l'on compte ensuite le contenu de ce grand sac. Le résultat trouvé ne dépend pas de l'ordre dans lequel on a versé le contenu de chacun des premiers sacs dans le grand.

EXEMPLE : On pourra donc écrire l'égalité :

$$237 + 423 + 598 = 423 + 598 + 237.$$

47. Théorème II. — *Pour additionner plusieurs nombres, on peut séparer ces nombres en plusieurs groupes, de façon que chacun ne figure que dans un groupe, faire la somme de chaque groupe et additionner ensuite toutes ces sommes partielles.*

On énonce d'une manière abrégée cette proposition en disant :

L'addition est associative.

Reportons-nous à l'opération concrète que représente l'addition des nombres. — On doit réunir dans un seul sac le contenu de quatre autres sacs de billes. On peut imaginer que, de ces quatre sacs, on verse le contenu des deux dans un nouveau sac ; puis le contenu de deux autres dans un deuxième sac nouveau. Puis on verse le contenu de ces nouveaux sacs dans un sac unique. — Le résultat est évidemment le même que si l'on avait versé tout d'abord le contenu des quatre premiers sacs dans ce sac unique.

Ce raisonnement s'appliquerait quel que soit le nombre de sacs donnés, et la manière dont on les groupe ensemble.

EXEMPLE. — On pourra écrire :

$$25 + 43 + 12 + 59 = (25 + 43) + (12 + 59),$$

en se rappelant que :

La *parenthèse* indique que l'on considère ce qu'elle contient comme un nombre unique, résultat des opérations qui sont indiquées à son intérieur.

48. REMARQUE. — Il résulte de la deuxième proposition qu'inversement :

Pour ajouter une somme de plusieurs nombres, il suffit d'ajouter successivement chaque partie de la somme.

49. Nous avons écrit à l'aide de nombres dans des exemples les résultats des propositions précédentes.

Pour avoir une écriture abrégée ou ensemble de formules exprimant ces propositions, quels que soient les nombres sur lesquels on a opéré, on se sert de lettres, chacune d'elles pouvant être remplacée par un entier quelconque.

Ainsi l'on écrira les formules :

$$a + b + c + d = a + c + d + b$$
$$\text{ou} \quad a + b + c + d = a + d + b + b$$

Première proposition.

$$a + b + c + d + e = (a + b + c) + (d + e)$$
$$a + b + c + d + e = (a + d + e) + (b + c)$$

Deuxième proposition.

Application des théorèmes précédents.

50. Preuve de l'addition. — *La preuve d'une opération est une seconde opération que l'on fait pour vérifier l'exactitude de la première.*

On peut faire la preuve de l'addition de deux manières différentes.

1° On recommence l'opération dans un autre ordre. — En général, pour ne pas avoir à récrire les nombres, on opère en suivant l'ordre de *bas en haut* dans les additions partielles par colonnes, quand on a opéré la première fois de *haut en bas*, comme c'est l'habitude.

2° On peut encore effectuer des sommes partielles, puis les additionner ensemble.

EXEMPLE. — Soit l'addition

$$
\begin{array}{rr}
25 & \\
43 & \\
\hline
12 & 68 \\
59 & \\
\hline
139 & 71 \\
& \hline
& 139
\end{array}
$$

Faisons la somme de 25 et 43. Tirons une barre après 43 et reportons la somme à écrire à droite ; on obtient 68.

De même, additionnons 12 et 59 ; on obtient 71, qu'on écrit au-dessous de 68. Additionnons 68 et 71, on retrouve 139.

Exercices sur l'addition des nombres entiers.

19. Définir l'addition.

20. Sur quel principe est fondée l'opération de l'addition ? Donner des exemples et expliquer la théorie sur ces exemples.

21. Quelles sont les deux propriétés fondamentales de l'addition ? Les démontrer.

22. Énoncer et démontrer le principe sur lequel repose la théorie de l'addition. Appliquer à l'addition de $43°25'43''$ et $58°27'52''$.

23. Peut-on faire une addition en commençant par la gauche ? Expliquer comment se ferait l'opération. Pourquoi n'emploie-t-on pas ce procédé ?   (Brevet, Mézières.)

24. Faire la somme des nombres 70.425 et 34.626 écrits dans le système à base 7.

CHAPITRE III

SOUSTRACTION DES NOMBRES ENTIERS

---

§ 1. — DÉFINITION DE LA SOUSTRACTION

51. Inégalités. — On dit que deux nombres entiers sont **inégaux**, s'ils ne contiennent pas le même nombre d'unités l'un que l'autre.

Celui qui contient le **plus** d'unités est le **plus grand** ; celui qui contient le **moins** d'unités est le **plus petit**.

52. Signe de l'inégalité. — Le signe de l'inégalité est un **V** couché, l'ouverture étant dirigée vers le nombre le plus grand, la pointe vers le nombre le plus petit.

Ainsi on écrira : $72 > 37,$

qui s'énonce :

> **72 supérieur à 37,**

ou **72 plus grand que 37.**

On peut encore écrire la même inégalité de la manière suivante : $37 < 72,$

qui s'énonce :

> **37 inférieur à 72,**

ou **37 plus petit que 72.**

53. Définition de la soustraction. — *La soustraction d'un nombre d'un autre plus grand est l'opération par laquelle on détermine un troisième nombre qui, additionné au plus petit, donne pour somme le plus grand.*

Le résultat de cette opération s'appelle **la différence** entre le premier et le second nombre, ou **excès** du premier sur le second.

54. Signe de la soustraction. — On écrit le plus grand nombre le premier, puis le second, celui à soustraire, à la suite, en les séparant par le signe —, qui s'énonce **moins**.

Ainsi on écrira :

$$19.248 - 7.812,$$

qu'on énonce :

$$19.248 \text{ moins } 7.812.$$

55. REMARQUE. — *On peut toujours additionner ensemble plusieurs nombres.* Mais, pour pouvoir soustraire un nombre d'un autre, il faut que ce **nombre à soustraire** soit **moindre** que l'autre.

§ 2. — OPÉRATIONS

I. — Principes de l'opération.

56. I. — *Pour retrancher une somme d'un nombre, il suffit d'en retrancher successivement les différentes parties de cette somme.*

II. — *On ne change pas le résultat d'une soustraction en ajoutant ou en retranchant un même nombre aux deux nombres entiers à soustraire.*

Il faut néanmoins que, dans le cas où l'on retranche un même nombre aux deux nombres à soustraire, ce nombre soit plus petit que chacun des deux nombres donnés.

Ces principes sont démontrés plus loin (n⁰ˢ 61 et 65).

57. Manière d'effectuer la soustraction. — On effectue la soustraction d'une manière analogue à l'addition.

On remarque que si l'on retranche des unités d'autres unités, le résultat est un certain nombre d'unités ; — si l'on retranche des dizaines d'autres dizaines, le résultat est un certain nombre de dizaines, etc...

Nous retrancherons donc, en opérant sur l'exemple ci-dessus (19.248 moins 7.812), les unités du deuxième nombre des unités du premier, les dizaines des dizaines, et ainsi de suite.

On dira : 8 unités moins 2 unités valent 6 unités, et l'on écrit :

$$6 ;$$

puis 4 dizaines moins 1 dizaine valent 3 dizaines, et l'on écrit 3 à la gauche de 6, soit :

$$36.$$

Si l'on continue, on aurait à retrancher 8 centaines de 2 centaines, ce qui est impossible ; mais on remarque qu'il y a des mille dans le premier nombre. Prenons-en un groupe qui, ajouté à 2 centaines, donne 12 centaines, et l'on peut retrancher huit de douze ; 12 — 8 centaines valent 4 centaines ; on écrit 4 à gauche du nombre 36 déjà trouvé, soit :

$$436.$$

Passons aux mille. Il ne reste plus que 8 mille au lieu de 9, puisque l'on en a déjà utilisé un ; il y a donc à retrancher 7 de 8, ce qui donne 1 ; on écrit 1 à gauche, soit :

$$1.436.$$

(On peut aussi, au lieu de retrancher 7 mille du second nombre de 8 mille du premier, retrancher 8 mille du second de 9 du premier ; et l'on dit : 7 et 1 de retenue font huit, 9 moins 8 font 1, ce qui revient au même.) Enfin, il n'y a pas de chiffre de dizaines de mille dans le second nombre et il y a le chiffre 1 dans le premier nombre ; donc il reste 1 comme chiffre des dizaines de mille dans la différence :

$$11.436.$$

II. — Opération pratique (Système décimal).

58. **Règle pratique.** — *On écrit le plus petit nombre au-dessous du plus grand, de manière que les chiffres des unités de chaque ordre soient l'un au-dessous de l'autre, et l'on tire un trait sous lequel on écrit la différence.*

On commence l'opération par la droite.

On retranche chaque chiffre du second nombre du chiffre écrit au-dessus dans le premier, et on écrit le chiffre ainsi obtenu à la colonne correspondante dans la différence. Si le chiffre écrit au-dessus est moins fort, on lui ajoute 10, et on en retranche le chiffre écrit au-dessous, en ayant soin d'ajouter une unité au chiffre suivant immédiatement à gauche du second nombre. Et l'on continue ainsi jusqu'au dernier chiffre à gauche du nombre à soustraire.

On transcrit ensuite les chiffres du plus grand nombre qui n'ont pas été employés.

EXEMPLE. — Soit à effectuer l'opération expliquée plus haut.

$$19.248 - 7.812.$$

Opération effectuée :   19.248   Grand nombre.
            7.812   Petit nombre (à soustraire).
            ____
           11.436   Différence.

III. — Opération pratique (Système quelconque). Disposition pratique de l'opération.

59. L'opération que l'on vient d'effectuer sur des nombres écrits dans le système décimal s'effectue d'une manière analogue sur des nombres écrits dans un système de numération quelconque, en particulier sur les nombres complexes. — *On forme la différence des unités de chaque ordre, en ayant soin d'emprunter au grand nombre une unité de l'ordre supérieur quand la soustraction serait impossible.*

EXEMPLE. — Soit à soustraire $3^j 15^h 43^m 12^s$ de $4^j 17^h 25^m 4^s$.

Opération : $4^j 17^h 25^m \ 4^s$ Grand nombre.
            $3^j 15^h 43^m 12^s$ Petit nombre.
            ____
            $1^j \ 1^h 41^m 52^s$ Différence.

On ne peut soustraire 12 secondes de 4 secondes ; on soustrait 12 secondes de 64 secondes ; on ajoute la minute empruntée à 43 minutes, ce qui donne 44 minutes. On ne peut soustraire 44 minutes de 25 minutes, on les soustrait de 85 minutes, ce qui donne 41 minutes ; puis on ajoute à 15 heures l'heure retenue et l'on soustrait 16 heures de 17 heures, ce qui donne 1 heure ; puis 3 jours de 4 jours, ce qui donne 1 jour.

60. Preuve de la soustraction. — *Pour faire la preuve de la soustraction, on effectue la somme du plus petit nombre donné et de la différence ; cette somme doit être égale au plus grand nombre donné.*

EXEMPLE. — On a trouvé tout à l'heure :
$$19.248 - 7.812 = 11.436.$$
Pour faire la preuve, additionnons 7.812 et 11.436 :

$$\begin{array}{r} 7.812 \\ 11.436 \\ \hline 19.248 \end{array}$$

La somme est égale au plus grand nombre : 19.248.

§ 3. — THÉORÈMES SUR L'ADDITION ET LA SOUSTRACTION

61. Théorème I. — *Pour retrancher une somme d'un nombre, il suffit de retrancher successivement de ce nombre les différentes parties de la somme.*

En effet, on doit ôter d'une collection d'objets un certain nombre d'autres qui formeront une nouvelle collection. Au lieu d'ôter toute cette nouvelle collection à la fois, on peut en ôter successivement chacune des parties.

On écrit ainsi la propriété précédente :
$$a - (b + c + d) = a - b - c - d;$$
cela signifie que, dans le second membre, on doit retrancher d'abord b de a, puis c de la différence obtenue, et enfin d de cette nouvelle différence.

62. Théorème II. — *Pour retrancher une somme d'une autre somme, il suffit de retrancher les différentes parties de la première des différentes parties de la seconde.*

Soit à effectuer l'opération :
$$a + b + c - (d + e);$$
je dis que l'on a :
$$a + b + c - (d + e) = (a - d) + (b - e) + c.$$

En effet, nous allons montrer qu'en ajoutant le même nombre $(d + e)$ aux deux membres de cette égalité, on obtient des nombres égaux.

Si l'on ajoute $(d + e)$ au premier membre, on obtient évidemment $a + b$. Pour ajouter $(d + e)$ au second membre, on peut opérer comme l'indiquent les égalités suivantes :

$$(a - d) + (b - e) + c + (d + e) = (a - d) + d + (b - e) + e + c$$
$$= (a - d + d) + (b - e + e) + c = a + b + c,$$

en se servant des propriétés de l'addition (n°s 46 et 47).

REMARQUE. — On suppose que chacune des soustractions indiquées est possible.

Cas particulier. — On peut donc écrire en particulier l'égalité :

$$(a - c) + d = a + d - c.$$

63. Définition. — Quand on a plusieurs nombres entiers écrits successivement et précédés des signes + et —, cela signifie que l'on doit effectuer successivement les opérations indiquées par les signes, d'abord sur les deux premiers nombres, puis sur leur résultat et le 3e nombre, puis sur ce 2e résultat et le 4e nombre, et ainsi de suite jusqu'au dernier nombre écrit. *Le dernier nombre* trouvé est le nombre défini par l'écriture précédente.

On en a vu plus haut un exemple dans l'écriture $a - b - c - d$ (n° 61).

64. Théorème III. — *Pour trouver le résultat du calcul précédent, on peut additionner tous les nombres précédés du signe +, ce qui donne une première somme, additionner ensuite tous les nombres précédés du signe —, ce qui donne une seconde somme, et retrancher cette seconde somme de la première.*

Soit, par exemple, à effectuer :

$$a + b - c + d - e.$$

On a d'abord, en vertu du Théorème III (n° 63, Cas particulier) :

$$a + b - c + d = a + b + d - c$$

(où l'on a supprimé les parenthèses inutiles); puis en vertu du Théorème II (n° 62) :

$$a + b - c + d - e = a + b + d - c - e = (a + b + d) - (c + e).$$

On a donc enfin :

$$a + b - c + d - e = (a + b + d) - (c + e).$$

REMARQUE. — *On peut dans une telle suite permuter les nombres d'une manière quelconque, pourvu que l'on ne soit jamais conduit à une soustraction impossible.*

En effet, le résultat est toujours donné par le théorème précédent. On peut donc écrire en particulier :

$$a + b - c + d - e = a - c + d - e + b;$$

car chacun des deux membres est, d'après le théorème précédent, égal à :

$$a + b + d - (c + e).$$

65. Théorème IV. — *On ne change pas le résultat d'une soustraction en ajoutant ou en retranchant un même nombre entier aux deux nombres entiers à soustraire l'un de l'autre.*

1°) Soit à effectuer la soustraction :

$$a - b,$$

je dis que le résultat est le même que celui de la soustraction :

$$a + c - (b + c).$$

En effet, on a successivement, en vertu du Théorème I (n° 61) :

$$a + c - (b + c) = a + c - (c + b) = a + c - c - b = a - b;$$

on a donc :

$$a + c - (b + c) = a - b.$$

2°) De même :

$$a - c - (b - c) = (a - c + c) - (b - c + c),$$

d'après l'égalité précédente: ou encore :

$$a - c - (b - c) = a - b,$$

en admettant que chaque soustraction indiquée soit possible.

65 *bis*. Théorème V. — *Pour retrancher d'un nombre donné une différence de deux autres nombres, on peut ajouter au nombre donné le second nombre de la différence, et de cette somme retrancher le premier nombre de la différence.*

Soit à effectuer l'opération :

$$a - (b - c),$$

a, b, c étant des entiers ce qui signifie que l'on doit former la différence

$$b - c,$$

puis retrancher cette différence de a.

On peut ajouter un même nombre à deux nombres à soustraire l'un de l'autre sans changer leur différence (n° 64).

Ajoutons à a le nombre c.

Ajoutons à la différence $(b - c)$ le nombre c; on ne change pas le résultat de la soustraction.

C'est-à-dire on peut écrire :

$$a - (b - c) = a + c - (b - c + c).$$

Mais dans la dernière parenthèse on a à retrancher et à ajouter successivement le même nombre c. Ces deux opérations se détruisent, et le résultat est :

$$a + c - b.$$

On a ainsi remplacé deux soustractions successives par une addition suivie d'une soustraction, et l'on peut écrire :

$$a - (b - c) = a + c - b.$$

Les théorèmes précédents montrent que l'on peut remplacer certaines opérations par d'autres qui conduisent aux mêmes résultats. On dit que les premières opérations et les secondes sont **équivalentes**.

Exercices sur la soustraction des nombres entiers.

25. Définir la soustraction.

26. Sur quels principes est fondée l'opération? En donner des exemples et expliquer la théorie sur ces exemples.

27. Quelles sont les propriétés fondamentales de la soustraction? Les démontrer.

28. Quelles sont les propriétés fondamentales de la soustraction et de l'addition? Les démontrer.

29. Démontrer que :

$$427 - (108 + 53) = 427 - 108 - 53.$$

30. Démontrer que :

$$427 - (108 - 53) = 427 + 53 - 108 = 427 - 108 + 53.$$

31. Énoncer et démontrer le principe sur lequel repose la théorie de la soustraction. Montrer son application dans la soustraction suivante : $14^h 7^m 18^s - 9^h 18^m 42^s$.

(Brevet, Paris.)

32. Faire la différence des nombres 4.213 et 7.015 écrits dans le système à base 8.

33. En retranchant le nombre 2.792 du nombre 3.241, un enfant a négligé toutes les retenues. Dire, à l'aide d'un raisonnement et sans faire l'opération exacte, de combien le résultat trouvé diffère du résultat réel.

(Brevet, Bordeaux.)

34. Deux des angles d'un triangle sont respectivement égaux à 83°27'19" et 35°48'54". Calculer le troisième angle.

35. Démontrer : 1° que pour ajouter à un nombre la différence de deux autres, il suffit d'y ajouter le plus grand et d'en retrancher le plus petit de ces deux derniers nombres ; 2° que pour retrancher d'un nombre la différence de deux autres, il suffit d'en retrancher le plus grand et d'y ajouter le plus petit de ces deux derniers nombres.

(Brevet, Tulle.)

CHAPITRE IV

MULTIPLICATION DES NOMBRES ENTIERS

§ 1. — DÉFINITION DE LA MULTIPLICATION

66. Définition. — *La multiplication est l'addition abrégée d'autant de nombres tous égaux à un nombre entier, appelé multiplicande, qu'il y a d'unités dans un autre, appelé multiplicateur.*

Le résultat de cette opération s'appelle **produit**. Le multiplicateur et le multiplicande se nomment les **facteurs** du produit.

Par définition, le *produit* est égal au *multiplicande* ou à *zéro*, suivant que le multiplicateur est égal à *1* ou à *0*.

67. Signe de la multiplication. — Le signe de la multiplication est le signe $\times$ qui s'énonce **multiplié par**, et qui s'écrit ou s'énonce entre le multiplicande, écrit ou énoncé le premier, et le multiplicateur.

Ainsi, si 327 est le multiplicande et 419 le multiplicateur, on écrira l'opération à effectuer :

$$327 \times 419,$$

qu'on énonce :

327 multiplié par 419.

68. De la définition, il résulte que la multiplication n'est qu'une *addition particulière* dans laquelle les nombres à additionner sont tous *égaux*. On pourrait donc trouver le produit au moyen d'une addition ; mais ce procédé serait très long dès que le multiplicateur est grand. On procède donc autrement.

§ 2. — OPÉRATIONS PRATIQUES

I. — Système décimal.

69. Premier cas. — Le multiplicande et le multiplicateur n'ont chacun qu'un chiffre.

On doit énoncer immédiatement le résultat donné par la table de multiplication, qu'il faut savoir par cœur.

EXEMPLE. — Soit à multiplier 7 par 8.
On doit dire immédiatement :

$$8 \text{ fois } 7 \text{ font } 56;$$

ce que l'on écrit :

$$7 \times 8 = 56.$$

Le produit de deux nombres d'un seul chiffre chacun est aussi donné par la table de Pythagore.

1	2	3	4	5	6	7	8	9
2	4	6	8	10	12	14	16	18
3	6	9	12	15	18	21	24	27
4	8	12	16	20	24	28	32	36
5	10	15	20	25	30	35	40	45
6	12	18	24	30	36	42	48	54
7	14	21	28	35	42	49	56	63
8	16	24	32	40	48	56	64	72
9	18	27	36	45	54	63	72	81

Pour former cette table, on écrit sur une ligne les nombres entiers successifs de 1 à 9.

On ajoute chaque nombre à lui-même et on écrit la somme au-dessous du nombre correspondant.

Puis on continue en passant d'une ligne à l'autre de la manière suivante : on additionne chaque nombre de la ligne avec celui qui est écrit au-dessus dans la première ligne, jusqu'à ce que l'on ait obtenu 9 lignes.

Usage de la table. — Soit à trouver le produit 5×7. On prend le nombre qui se trouve dans la colonne qui commence par 5 et dans la ligne qui commence par 7. Ce nombre est le produit cherché : 35.

70. Deuxième cas. — Le multiplicande est formé d'un chiffre significatif suivi de zéros, le multiplicateur n'a qu'un chiffre.

EXEMPLE. — Soit à effectuer le produit

$$7.000 \times 6.$$

Il faudrait répéter 6 fois le nombre 7.000, puis faire la somme. Les trois premiers chiffres à droite de la somme seraient des zéros ; puis on écrirait à la gauche de ces trois zéros la somme de 6 nombres égaux à 7, c'est-à-dire :

$$7 \times 6 = 42.$$

Le résultat est donc : 42.000, d'où la règle :

Règle. — *Pour multiplier un nombre formé d'un seul chiffre significatif suivi de zéros par un nombre d'un seul chiffre, on multiplie ces deux chiffres entre eux et on fait suivre le produit ainsi obtenu d'autant de zéros qu'il y en avait dans le multiplicande.*

71. Troisième cas. — Le multiplicande a plusieurs chiffres, le multiplicateur n'en a qu'un.

Soit à effectuer le produit

$$3.257 \times 6.$$

On raisonne de la manière suivante :
Remarquons que

$$3.257 = 3.000 + 200 + 50 + 7.$$

Pour faire la somme de 6 nombres égaux à 3.257, on peut : additionner 6 nombres égaux à 3.000, c'est-à-dire former

$$3.000 \times 6 ;$$

additionner 6 nombres égaux à 200, c'est-à-dire former
$$200 \times 6 ;$$
additionner 6 nombres égaux à 50, c'est-à-dire former
$$50 \times 6 ;$$
additionner 6 nombres égaux à 7, c'est-à-dire former
$$7 \times 6 ;$$
puis additionner ensemble les résultats partiels ainsi obtenus

$$
\begin{aligned}
3.000 \times 6 &= 18.000 \\
200 \times 6 &= 1.200 \\
50 \times 6 &= 300 \\
7 \times 6 &= 42 \\
\hline
&19.542
\end{aligned}
$$

On opère *pratiquement* comme l'indique la règle suivante :

72. Règle pratique. — *Pour multiplier un nombre de plusieurs chiffres par un nombre d'un seul chiffre :*

On multiplie le premier chiffre à droite du multiplicande par le multiplicateur. Si le produit partiel ainsi obtenu n'a qu'un seul chiffre, ce chiffre est celui des unités simples du produit cherché. Si ce produit partiel est au moins égal à 10, on écrit son chiffre des unités et l'on retient celui des dizaines. On multiplie ensuite le second chiffre à droite du multiplicande par le multiplicateur, on ajoute à ce second produit partiel le chiffre retenu plus haut ; si le total obtenu ainsi n'a qu'un chiffre, ce chiffre est celui des dizaines du produit cherché ; s'il a deux chiffres, on écrit à la place des dizaines du produit cherché le chiffre des unités simples de ce produit partiel et on retient l'autre chiffre. On passe ensuite au troisième chiffre à droite du multiplicande et on opère comme on l'a fait pour le second chiffre, et ainsi de suite.

Exemple. — Effectuons l'opération 3.257×6.

Disposition pratique :

$$
\begin{aligned}
3.257 \\
6 \\
\hline
19.542
\end{aligned}
$$

On écrit les deux nombres l'un au-dessous de l'autre comme ci-dessus et l'on dit :

6 fois $7 = 42$; je pose 2 et je retiens 4 ;

6 fois $5 = 30$ plus 4 de retenue, font 34 ; je pose 4 et je retiens 3 ;

6 fois $2 = 12$ plus 3 de retenue, font 15 ; je pose 5 et je retiens 1 ;

6 fois $3 = 18$ plus 1 de retenue, font 19 ; j'écris 19.

73. Quatrième cas. — Le multiplicande et le multiplicateur ont plusieurs chiffres.

Rappelons que : Quand on ajoute un, deux, trois ... zéros à la droite d'un nombre, on le multiplie par 10, 100, 1.000 ... ou encore on le rend 10, 100, 1.000 ... fois plus grand.

Ceci posé, soit à effectuer le produit

$$387 \times 295.$$

Il faut additionner ensemble 295 nombres égaux à 387.

On peut en additionner :

d'abord 200, c'est-à-dire former 387×200 ;

puis   90,   —   — 387×90 ;

puis   5,   —   — 387×5 ;

puis additionner ensemble ces trois résultats partiels.

On est donc ramené à effectuer chacun des produits précédents.

Pour former le produit 387×200, on aurait à additionner ensemble 200 nombres égaux à 387. On peut en additionner d'abord 100, puis de nouveau 100, et additionner ensuite les deux sommes partielles. Donc :

$$387 \times 200 = 387 \times 100 + 387 \times 100 = (387 \times 100) \times 2 = 38.700 \times 2.$$

De même :

$$387 \times 90 = 3.870 \times 9.$$

Enfin il reste le produit 387×5.

Donc on a chaque fois à faire *le produit* d'un nombre de plusieurs chiffres par un nombre d'un seul chiffre.

Effectuons ces produits :

$$38.700 \times 2 = 77.400$$
$$3.870 \times 9 = 34.830$$
$$387 \times 5 = 1.935$$

Additionnons : 114.165

Pratiquement, on opère d'après la règle suivante.

74. Règle pratique. — *Pour multiplier un nombre de plusieurs chiffres par un nombre de plusieurs chiffres, on écrit le multiplicande et le multiplicateur au-dessous l'un de l'autre.*

On multiplie le multiplicande par le premier chiffre du multiplicateur et on écrit le premier produit partiel. On multiplie ensuite le multiplicande par le deuxième chiffre du multiplicateur, en écrivant le chiffre des unités de ce second produit partiel sous le chiffre des dizaines du premier produit partiel. On forme ensuite, de même, un troisième produit partiel, dont on écrit le chiffre des unités sous le chiffre des dizaines du deuxième et ainsi de suite.

Puis on fait la somme de ces produits partiels.

Exemple d'opération :

$$\begin{array}{r} 387 \\ 295 \\ \hline 1935 \\ 3483 \\ 774 \\ \hline 114.165 \end{array}$$

Le produit cherché est donc 114.165.

II. — Nombres complexes.

75. Multiplication d'un nombre complexe par un nombre entier.

Règle. — *On multiplie par cet entier les nombres d'unités de chaque ordre du nombre complexe, en exprimant, quand il y a lieu, chacun de ces produits au moyen des unités de l'ordre immédiatement supérieur.*

Exemple. — Soit à multiplier :

$$3^h 27^m 42^s \text{ par } 4.$$

On dispose l'opération ainsi :

$$\begin{array}{r} 3^h 27^m 42^s \\ 4 \\ \hline 13^h 50^m 48^s \end{array}$$

On multiplie le nombre de secondes par 4 : on obtient 168^s ou $2^m 48^s$. On écrit 48^s et on retient 2 minutes. — On multiplie le nombre de minutes par 4 : on obtient 108 minutes, auxquelles on ajoute les 2 minutes précédentes, ce qui donne 110 minutes ou $1^h 50^m$. — On multiplie le nombres d'heures par 4 : on obtient 12 heures, auxquelles on ajoute 1 heure : le nombre final d'heures est alors 13.

§ 3. — THÉORÈMES SUR LA MULTIPLICATION DE DEUX ENTIERS

I. — Interversion des facteurs.

76. Théorème I. — *On peut intervertir l'ordre des facteurs dans la multiplication de deux entiers, sans changer le produit.*

On exprime cette propriété sous la forme abrégée suivante :

La multiplication de deux entiers est **commutative.**

On veut démontrer par exemple que

$$7 \times 6 = 6 \times 7.$$

Écrivons sur une ligne l'unité répétée 7 fois et prenons 6 lignes semblables :

$$
\left.
\begin{array}{ccccccc}
1 & 1 & 1 & 1 & 1 & 1 & 1 \\
1 & 1 & 1 & 1 & 1 & 1 & 1 \\
1 & 1 & 1 & 1 & 1 & 1 & 1 \\
1 & 1 & 1 & 1 & 1 & 1 & 1 \\
1 & 1 & 1 & 1 & 1 & 1 & 1 \\
1 & 1 & 1 & 1 & 1 & 1 & 1
\end{array}
\right\} \text{6 lignes.}
$$

$$\underbrace{\hphantom{xxxxxxxxx}}_{\text{7 colonnes.}}$$

Comptons le nombre d'unités de ce tableau :

1° Par lignes. On a : 7×6 unités ;

2° Par colonnes. On a : 6×7 unités.

Donc $\qquad 7 \times 6 = 6 \times 7.$

Formule. — On peut donc écrire d'une manière générale : $\qquad a \times b = b \times a.$

77. Conséquence I. — *On peut échanger entre eux le multiplicande et le multiplicateur entiers, sans changer le produit.*

78. Conséquence II. — Preuve de la multiplication. — *On recommence l'opération en échangeant entre eux le multiplicande et le multiplicateur : le produit ne doit pas changer.*

II. — Produit d'une somme par un nombre
ou d'un nombre par une somme.

79. Théorème II. — *Pour multiplier une somme de nombres entiers par un autre entier, on peut multiplier successivement par cet entier toutes les parties de la somme et faire la somme des produits partiels ainsi obtenus.*

Les deux manières d'opérer sont **équivalentes**, c'est-à-dire conduisent au même résultat.

On énonce aussi ce théorème sous la forme suivante :

*La multiplication est **distributive** par rapport à l'addition.*

Soit à effectuer le produit

$$(4 + 7 + 11) \times 5.$$

Il est égal à $\qquad 5 \times (4 + 7 + 11).$

Il faut donc répéter $(4 + 7 + 11)$ fois le nombre 5, ou encore faire l'addition suivante :

$$\overbrace{5+5+5+5+5+ \ldots +5}^{\text{4 fois.}} \overbrace{+5+}^{\text{7 fois.}} \ldots \overbrace{+5}^{\text{11 fois.}}$$

Mais on peut procéder par additions partielles, en 3 parties : d'abord additionner les 4 premières, ce qui revient à former le produit $\qquad 5 \times 4 \quad$ ou $\quad 4 \times 5;$

puis additionner les 7 suivants. ce qui revient à former le produit $\qquad 5 \times 7 \quad$ ou $\quad 7 \times 5;$

puis additionner les 11 suivants, ce qui revient à former le produit $\qquad 5 \times 11 \quad$ ou $\quad 11 \times 5;$

et enfin à additionner ensemble les nombres ainsi trouvés, ce qui donne : $\qquad 5 \times 4 + 5 \times 7 + 5 \times 11,$

ou $\qquad 4 \times 5 + 7 \times 5 + 11 \times 5.$

On a donc :

$$5 \times (4 + 7 + 11) = (4 + 7 + 11) \times 5 = 4 \times 5 + 7 \times 5 + 11 \times 5.$$

Formule. — D'une manière générale, on peut écrire :

$$a(b + c + d) = a \times b + a \times c + a \times d.$$

80. Mise en facteur. — On applique souvent cette propriété sous la forme inverse de celle qui a été présentée plus haut.

Quand on a à former la somme de plusieurs produits de deux facteurs contenant chacune le même facteur, on fait le produit de ce facteur par la somme de tous les autres.

On écrira :

$$a \times b + a \times c + a \times d = a\,(b + c + d).$$

III. — Produit d'une différence par un nombre ou d'un nombre par une différence.

81. Théorème III. — *Pour multiplier une différence de deux nombres par un troisième nombre, on peut multiplier par ce troisième nombre le premier nombre de la différence, puis multiplier par ce troisième nombre le second nombre de la différence, puis retrancher du premier produit le second.*

Ou : **la multiplication est distributive par rapport à la soustraction.**

Les deux manières d'opérer sont **équivalentes.**

Cette proposition se justifie comme la précédente.

82. Inversement. — *On peut également opérer, comme plus haut, la mise en facteur d'un entier et écrire :*

$$a \times b - a \times c = a\,(b - c).$$

83. Généralisation. — *En rapprochant les deux théorèmes précédents, on peut également écrire :*

$$a \times b + a \times c - a \times d - a \times c = a\,(b + c - d - c).$$

84. Convention. — Quand on veut écrire le produit de deux nombres entiers figurés par des lettres ou des parenthèses, ou une lettre et un nombre, on convient de supprimer le signe $\times$, chaque fois qu'il n'y a pas d'ambiguïté à craindre.

EXEMPLE. — On écrit ab et $17a$
au lieu de $a \times b$ et $17 \times a$.

Avec cette notation on obtient les *identités* (égalités vraies quelles que soient les valeurs numériques entières données aux lettres):

$$ab = ba$$
$$a(b + c + d) = ab + ac + ad$$
$$a(b - c) = ab - ac$$
$$a(b + c + d - e) = ab + ac - ad - ae.$$

IV. — Produit d'une somme ou d'une différence par une somme ou une différence.

85. I. — *Somme multipliée par une somme.* — Soit à effectuer le produit :

$$(a + b)(c + d).$$

On a :

$$(a + b)(c + d) = (a + b)c + (a + b)d,$$

d'après le n° 79.

Puis :

$$(a + b)c + (a + b)d = ac + bc + ad + bd.$$

II. — *Somme multipliée par une différence.* — Soit à effectuer le produit :

$$(a + b)(c - d).$$

On a :

$$(a + b)(c - d) = (a + b)c - (a + b)d,$$

d'après le n° 81.

Puis :

$$(a + b)c - (a + b)d = ac + bc - ad - bd.$$

III. — *Différence multipliée par une différence.* — Soit à effectuer le produit :

$$(a - b)(c - d).$$

On a d'abord :

$$(a - b)(c - d) = (a - b)c - (a - b)d,$$

d'après les n°s 79 et 80.

Puis

$$(a - b)c - (a - b)d = ac - bc - [ad - bd],$$

ou encore $\qquad ac + bd - bc - ad.$

De ce qui précède on déduit le théorème suivant :

86. Théorème IV. — *Si l'on a à multiplier une somme ou une différence par une somme ou une différence, on forme tous les produits partiels de deux facteurs, en prenant pour l'un d'eux chacun des termes de la première somme ou différence, pour l'autre chacun des termes de la seconde somme ou différence. On écrit ces produits partiels à la suite en les faisant précéder du signe + quand ils proviennent de deux termes possédant le même signe dans la somme ou la différence d'où ils proviennent, le signe — quand ils possédaient des signes contraires. On effectue ensuite sur ces produits effectués les opérations indiquées par les signes.*

87. Inversement, on peut écrire :

$$ac + bd - bc - ab$$
$$= a(c - d) + b(c - d)$$
$$= (a + b)(c - d),$$

après deux mises en facteurs successives, ainsi que les autres égalités analogues.

§ 4. — PRODUIT DE PLUSIEURS FACTEURS ENTIERS

88. Définition. — Soient plusieurs nombres entiers donnés dans un ordre déterminé. On appelle **produit** *de ces nombres* le nombre obtenu de la manière suivante :

On fait le produit du premier nombre donné par le second, ce qui donne un premier produit partiel; on multiplie ce premier produit partiel par le troisième nombre donné, ce qui donne un second produit partiel, qu'on multiplie par le nombre suivant donné, etc., jusqu'à ce que l'on soit arrivé au dernier nombre donné. Le dernier produit obtenu est le nombre cherché ou produit des nombres donnés.

Les nombres donnés s'appellent les **facteurs** de ce produit.

EXEMPLE. — Ainsi, soient les nombres : 5, 4, 7, 11 ; leur produit s'obtiendra en effectuant le produit

$$5 \times 4 = 20, \quad \text{premier produit partiel,}$$

puis $\quad 20 \times 7 = 140, \quad$ deuxième produit partiel,

puis $\quad 140 \times 11 = 1.540,$ produit cherché.

On représente les opérations à effectuer par l'écriture :

$$5 \times 4 \times 7 \times 11,$$

qui s'énonce :

5 multiplié par 4, multiplié par 7, multiplié par 11.

Conventions. — Dans le cas où les facteurs du produit sont représentés par des lettres ou des parenthèses, on convient de supprimer les signes $\times$.

EXEMPLE. $\qquad\qquad abc$ signifie :

$$a \times b \times c.$$

89. Théorème I. — *Dans la multiplication de trois facteurs entiers, on peut intervertir l'ordre des facteurs, sans changer le produit.*

1º Cela est évident pour les deux premiers ; ainsi

$$15 \times 7 \times 6 = 7 \times 15 \times 6.$$

2º Démontrons-le pour les deux derniers facteurs. Pour cela, écrivons le tableau :

7 colonnes.

$$
\begin{array}{ccccccc}
15 & 15 & 15 & 15 & 15 & 15 & 15 \\
15 & 15 & 15 & 15 & 15 & 15 & 15 \\
15 & 15 & 15 & 15 & 15 & 15 & 15 \\
15 & 15 & 15 & 15 & 15 & 15 & 15 \\
15 & 15 & 15 & 15 & 15 & 15 & 15 \\
15 & 15 & 15 & 15 & 15 & 15 & 15 \\
\end{array}
\left.\rule{0pt}{6\baselineskip}\right\} 6 \text{ lignes.}
$$

La somme de toutes les unités contenues dans le tableau est :

si l'on compte par colonnes $\quad 15 \times 7 \times 6$;

si l'on compte par lignes $\quad 15 \times 6 \times 7$;

donc $\quad 15 \times 7 \times 6 = 15 \times 6 \times 7$.

3° En combinant les deux interversions précédentes, on peut écrire les trois facteurs dans un ordre quelconque.

Donc, étant donné un produit de 3 facteurs, a, b, c, on peut l'écrire de 6 manières différentes :

$$abc = acb = bac = bca = cab = cba.$$

90. Théorème II. — *Dans la multiplication de plusieurs facteurs entiers, on peut permuter entre eux ces facteurs d'une manière quelconque sans changer le produit.*

Cette propriété s'énonce en abrégé de la manière suivante :

*La multiplication de plusieurs facteurs entiers est com**mutative.***

La démonstration de cette proposition se divise en plusieurs cas.

1° *On peut intervertir l'ordre des deux derniers facteurs.*

Soit le produit

$$Aab,$$

où A représente le produit effectué de tous les facteurs autres que a et b.

A pouvant être traité comme un facteur unique, on peut écrire :

$$Aab = Aba,$$

d'après la propriété d'un produit de 3 facteurs (n° 89).

2° *On peut intervertir l'ordre de deux facteurs consécutifs.*

Soit le produit

$$AabB,$$

B figurant l'ensemble des facteurs qui suivent a et b.

Ce produit est égal à

$$(Aab)B,$$

la parenthèse devant être traitée comme le produit effectué de ce qu'elle contient. Mais

$$Aab = Aba \qquad \text{d'après le cas précédent.}$$

Donc

$$(Aab)B = (Aba)B = AbaB.$$

3° *On peut intervertir l'ordre de deux facteurs quel-conques.*

Soit le produit

$$AaBbC,$$

A étant l'ensemble des facteurs qui précèdent a, B l'ensemble des facteurs écrits entre a et b, C l'ensemble des facteurs qui suivent b.

On permute d'abord b successivement avec tous les facteurs de A, ce qui donne :

$$AabBC ;$$

puis on permute a et b entre eux ; il vient :

$$AbaBC ;$$

enfin on permute a avec tous les facteurs de B, ce qui donne :

$$AbBaC.$$

Donc

$$AaAbC = AbBaC.$$

4° *On peut intervertir les facteurs entre eux d'une manière quelconque.*

En effet, en permutant par deux les facteurs, on peut les écrire dans un ordre quelconque.

91. Théorème III. — *Dans un produit de plusieurs facteurs, on peut remplacer plusieurs facteurs par leur produit effectué.*

On exprime en abrégé cette propriété ainsi :

La multiplication est associative.

EXEMPLE. — On peut écrire :

$$abcde = ab(cd)e = (ab)(cd)e.$$

Cette proposition est évidente si les facteurs en question sont écrits les premiers, d'après la définition de la multiplication de plusieurs facteurs. Or on peut toujours, d'après ce qui précède, les amener à se trouver les premiers.

92. Inversement, *si un facteur d'un produit est lui-même le produit effectué de plusieurs nombres entiers, on peut le remplacer dans ce produit par ces nombres entiers pris comme facteurs.*

EXEMPLE. — Si $\qquad B = abc,$

le produit AB peut s'écrire :

$$Aabc.$$

93. Conséquence. — *Pour multiplier un produit de facteurs entiers par un nombre entier, il suffit de multiplier un des facteurs par ce nombre.*

§ 5. — PUISSANCES

94. Définition. — *On appelle puissance d'un nombre le produit de plusieurs facteurs tous égaux à ce nombre.*

EXEMPLE. — Les puissances de 3 sont :

$3 \times 3 = 9$, $3 \times 3 \times 3 = 27$, $3 \times 3 \times 3 \times 3 = 81$, etc.

Le nombre de facteurs est l'indice ou exposant de la puissance.

L'exposant est :

$$2 \text{ pour } 3 \times 3 = 9,$$
$$3 \text{ pour } 3 \times 3 \times 3 = 27,$$
$$4 \text{ pour } 3 \times 3 \times 3 \times 3 = 81, \text{ etc.}$$

95. Notation. *Pour indiquer une puissance, on écrit l'exposant à la droite et en haut du nombre.*

Par exemple, le nombre

$$3 \times 3 \times 3 = 27$$

s'écrit 3^3, et s'énonce :

$$3 \text{ puissance } 3.$$

De même,

$$3 \times 3 \times 3 \times 3 = 81 = 3^4,$$

s'énonce :   3 puissance 4.

REMARQUE. — Quand l'exposant est **2**, on énonce aussi le nombre et on le fait suivre des mots : **au carré.**

Ainsi 11^2 s'énonce **11** au carré ou **11** puissance 2.

On dit de même, pour énoncer le nombre 11^3, **11 au cube ou 11 puissance 3.**

96. Théorème I (Règle des exposants). — *Pour faire le produit de deux puissances d'un même nombre, on ajoute les exposants.*

Soit à démontrer que : $a^3 a^7 = a^{10}$.

On a .
$$a^3 = \overbrace{aaa}^{3 \text{ fois.}},$$

$$a^7 = \overbrace{aaaaaaa}^{7 \text{ fois.}}.$$

Donc
$$a^3 \times a^7 = \overbrace{a \times a \times a}^{3 \text{ fois}} \times \overbrace{a \ldots \times a}^{7 \text{ fois}}.$$

Donc ce nombre est le produit de $3 + 7 = 10$ facteurs égaux à a; il est donc égal à a^{10}.

La règle précédente s'applique à un nombre quelconque de facteurs formés de puissances d'un même nombre.

La démonstration se fait comme ci-dessus.

Exemple. — Soit à effectuer le produit
$$a^3 \times a^5 \times a^{11} ;$$
on ajoute les exposants :
$$a^3 \times a^5 \times a^{11} = a^{3+5+11} = a^{19}.$$

97. Théorème II. — *Pour élever un produit de facteurs à une puissance, il suffit d'élever à cette puissance les divers facteurs du produit.*

Soit à élever au cube le produit
$$a^2 b^3 c.$$
On a à effectuer
$$a^2 b^3 c \; a^2 b^3 c \; a^2 b^3 c = a^2 a^2 a^2 \; b^3 b^3 b^3 \; ccc = (a^2)^3 (b^3)^3 c^3.$$
On obtient comme résultat :
$$a^6 b^9 c^3, \qquad \text{d'où la règle suivante.}$$

98. Règle. — *Pour élever un produit à une puissance, on multiplie les exposants de tous les facteurs du produit par l'exposant ou indice de cette puissance, en convenant qu'un facteur qui n'a pas d'exposant doit être traité comme ayant l'exposant 1.*

§ 6. — PRODUITS REMARQUABLES

99. 1° Carré d'une somme. — Soit à former
$$(a + b)^2.$$
On a :
$$(a + b)^2 = (a + b)(a + b) = a^2 + ab + ba + b^2.$$

Finalement :

$$(a + b)^2 = a^2 + 2ab + b^2$$

2° Carré d'une différence. — Soit à former
$$(a - b)^2.$$

On a :
$$(a - b)^2 = (a - b)(a - b) = a^2 - ab - ba + b^2.$$
Finalement :
$$(a - b)^2 = a^2 - 2ab + b^2.$$

On en déduit le théorème :

Théorème I. — *Le carré de la somme (ou de la différence) de deux nombres est égal à la somme des carrés de ces nombres, augmentée (ou diminuée) de leur double produit.*

100. Produit d'une somme de deux nombres par leur différence. — Soit à effectuer le produit
$$(a + b)(a - b).$$
On obtient :
$$a^2 - ab + ba - b^2 = a^2 - b^2.$$
Donc $(a + b)(a - b) = a^2 - b^2.$

Théorème II. — *Le produit de la somme de deux nombres par leur différence est égal à la différence de leurs carrés.* — **Inversement,** *la différence des carrés de deux nombres entiers est égale au produit de leur somme par leur différence.*

101. Cube d'une somme ou d'une différence. — Soit à former $(a + b)^3.$

On a :
$$(a + b)^3 = (a + b)^2 (a + b) = (a^2 + 2ab + b^2)(a + b)$$
$$= a^3 + 2a^2b + ab^2 + a^2b + 2ab^2 + b^3,$$
ou finalement :
$$(a + b)^3 = a^3 + 3a^2b + 3ab^2 + b^3.$$
De même on trouverait :
$$(a - b)^3 = a^3 - 3a^2b + 3ab^2 - b^3.$$

Théorème III. — *Le cube de la somme de deux nombres esl égal à la somme des cubes de ces deux nombres, augmenté du triple de la somme des produits de chacun d'eux par le carré de l'autre.*

On a un théorème anologue pour le cube de la différence de deux nombres.

Exercices sur la multiplication des nombres entiers.

36. Définir la multiplication.

37. Sur quels principes est fondée l'opération? En donner des exemples et expliquer la théorie sur ces exemples.

38. Multiplier le nombre $3a56$ écrit dans le système duodécimal par 3. Justifier les opérations effectuées.

39. Multiplier $2^h24^m35^s$ par 6. Expliquer les opérations effectuées.

40. Démontrer que l'on peut intervertir le multiplicande et le multiplicateur dans une multiplication. — Peut-on en déduire une preuve de la multiplication?

41. Comment multiplie-t-on un nombre par une somme ou une différence? Démontrer.

42. Comment multiplie-t-on une somme ou une différence par une somme ou une différence? Démontrer.

43. A quoi est égal le carré d'une somme ou d'une différence? Établir la formule avec des lettres.

44. A quoi est égal le produit de la somme de deux nombres par leur différence?

45. Comment montre-t-on que l'on peut intervertir d'une manière quelconque l'ordre des facteurs dans un produit de facteurs? Séparer les diverses parties de la démonstration, en raisonnant sur l'exemple

$$3\times4\times5\times11\times7=3\times7\times5\times11\times4.$$

46. Démontrer que l'on peut remplacer dans un produit de plusieurs facteurs plusieurs d'entre eux par leur produit effectué. Inverse de cette proposition.

47. Indiquer et démontrer la règle des exposants pour les puissances d'un même nombre.

48. Démontrer que $(3^2)^3 = 3^{(2\times3)}$.

49. A quoi est égal le cube d'une somme ou d'une différence de deux nombres? Établir la formule avec des lettres.

50. Comment peut-on élever à la 4ᵉ puissance le produit

$$3^2\times5^3\times7?\qquad \text{Justifier la manière d'opérer.}$$

51. Comment forme-t-on la table de Pythagore?

52. Former une table analogue à celle de Pythagore pour la numération à base 8 (de 1 à 8×8).

53. Étant donné le produit 735×85, on augmente le premier facteur de 5 unités et on diminue le second de 2. Dire quel est le changement apporté dans le produit, sans faire d'opérations.

54. Trouver, de la manière la plus rapide, la somme et la différence des produits suivants :

$$720 \times 35 \quad \text{et} \quad 720 \times 15.$$

Énoncer les théorèmes appliqués et en démontrer un.

(Brevet, Académie de Poitiers.)

55. Le produit de deux nombres est 630 ; si l'on ajoute 4 au multiplicateur, le produit devient 798. Trouver ces deux nombres. (Brevet, Privas.)

56. Le produit de deux nombres est 210 ; si l'on augmente le plus petit de ces deux nombres de 4 unités, on obtient 270 pour le nouveau produit. Quels sont ces nombres ?

(Brevet, Toulouse.)

57. Vous savez que $45 = 50 - 5$. D'après cela, dites comment vous ferez mentalement le produit d'un nombre par 45. Application : 128×45. (Brevet, Acad. de Montpellier.)

58. On considère le produit 39×51. Sans effectuer aucune opération, dire ce que devient le produit si on ajoute 1 au multiplicande et si l'on retranche 1 au multiplicateur.

(Brevet, Académie de Bordeaux.)

59. Démontrer que pour former le carré d'un nombre de deux chiffres terminé par un 5, on peut multiplier le chiffre de dizaines par ce chiffre augmenté d'une unité et écrire 25 à la droite du produit trouvé.

60. Montrer que pour élever au carré un nombre de trois chiffres terminé par 25, on peut multiplier le premier chiffre par le nombre formé de ce premier chiffre suivi de 5 et écrire 625 à la suite du produit précédent.

61. Étant donné le produit de deux facteurs égaux, démontrer que si l'on augmente l'un des facteurs et si l'on diminue l'autre d'un même nombre, le produit diminue du carré de ce nombre.

Exemple : $20 \times 20 \quad \text{et} \quad (20 + 5) \times (20 - 5)$.

62. Faire voir que la notion qui précède permet d'effectuer mentalement et avec la plus grande facilité les produits suivants et autres analogues :

$$32 \times 28 ; \quad 105 \times 95. \qquad \text{(Brevet, Paris.)}$$

63. L'un des facteurs d'un produit est quadruple de l'autre. Si l'on augmente chacun d'eux de 6, le produit est augmenté de 126. Quels sont ces deux facteurs ?

(Conc. d'adm. à l'École norm., Tarbes.)

64. À l'aide d'un simple raisonnement, basé sur la définition de la multiplication, et sans effectuer aucune multiplication, expliquer pourquoi le produit de 99 par 101 est plus petit que le produit de 100 par 100. On remplacera, pour le raisonnement, 99 par $100 - 1$, et 101 par $100 + 1$.

(Brevet, Nancy.)

65. Démontrer qu'un produit de deux facteurs diminue lorsqu'on augmente le plus grand d'une unité et qu'on diminue le plus petit d'une unité. Trouver de combien ce produit diminue. (Brevet, Angoulême.)

66. Vous avez à multiplier 59 par 19. Dites ce que deviendra le produit si vous ajoutez une unité au multiplicande et une unité au multiplicateur. Tirez de cette constatation une règle pratique de calcul mental pour la multiplication de deux nombres de deux chiffres terminés l'un et l'autre par 9.

(Brevet, Toulouse.)

CHAPITRE V

DIVISION DES NOMBRES ENTIERS

---

§ 1. — DIVISION DES NOMBRES ENTIERS
QUOTIENT ENTIER

102. Définition. — *La division est une opération qui a pour but de trouver le plus grand nombre de fois qu'un nombre entier appelé dividende contient un autre nombre entier appelé diviseur.*

Le résultat s'appelle **quotient**. Le **quotient** indique donc **combien de fois** le dividende contient le diviseur.

Pour indiquer une division à effectuer, on énonce le dividende, puis le diviseur, en les séparant par les mots **divisé par**.

103. Pour trouver le quotient, on aura donc à retrancher successivement le diviseur du dividende autant de fois que l'on pourra. Ce nombre de fois est le quotient.

Ainsi, pour diviser **45** par **6**, on a successivement :

$$
\left.
\begin{array}{l}
45 - 6 = 39 \\
39 - 6 = 33 \\
33 - 6 = 27 \\
27 - 6 = 21 \\
21 - 6 = 15 \\
15 - 6 = 9 \\
9 - 6 = 3
\end{array}
\right\} \quad 7 \text{ opérations.}
$$

On peut donc retrancher **7 fois** le diviseur 6 du dividende 45. Donc le quotient est **7**.

La division est donc le résultat d'une série de soustractions, comme la multiplication est le résultat d'une série d'additions.

104. En général, le dividende n'est pas égal à un nombre entier exact de fois le diviseur. Il est égal à un nombre entier de fois le diviseur, augmenté d'un nombre entier *inférieur au diviseur*.

C'est ce nombre entier que l'on nomme **reste**.

Donc : *Le reste d'une division est la différence entre le dividende et le produit du diviseur par le quotient.*

On peut énoncer encore cette proposition sous cette forme :

Le dividende est égal à la somme du produit du diviseur par le quotient et du reste.

105. Égalité fondamentale. — Dans le cas précédent, on pouvait écrire :

$$45 = 6 \times 7 + 3;$$

45 est le **dividende**,
6 — **diviseur**,
7 — **quotient**,
3 — **reste**.

Dividende = Diviseur × Quotient + Reste.

L'égalité précédente, avec la convention que le reste est inférieur au diviseur, est l'égalité *fondamentale* de la division.

On l'écrira en abrégé ainsi :

$$(1) \qquad a = bq + r$$

(*a* étant le dividende, *b* le diviseur, *q* le quotient et *r* le reste), avec l'inégalité :

$$(2) \qquad r < b.$$

106. Théorème. — *Si a et b sont deux nombres entiers donnés, il existe un seul entier* **q**, *et un seul entier* **r**, *qui satisfont aux relations (1) et (2).*

1º Ce qui précède (soustractions successives) montre qu'il existe un entier q et un entier r qui satisfont aux conditions (1) et (2). On va montrer que ces nombres sont uniques.

Supposons, en effet, qu'il y ait deux entiers q et q' et deux entiers r et r' satisfaisant aux conditions précédentes.

On aurait :
$$a = bq' + r'. \qquad (3)$$

En égalant les valeurs de a données par (1) et (2), on aurait :
$$bq + r = bq' + r'.$$

Supposons, par exemple, $q > q'$; retranchons aux deux membres de cette égalité bq' ; on aura :
$$bq + r - bq' = r',$$

ou
$$b(q - q') + r = r'. \qquad (4)$$

Il est certain que $r < r'$, sans quoi le second membre serait inférieur au premier ; retranchons r aux deux membres de l'égalité (4), il vient :
$$b(q - q') = r' - r.$$

Mais $q - q'$ est au moins égal à 1, si q est différent de q'. Donc le premier membre est au moins égal à b.

Dans le second membre, les deux nombres r' et r sont inférieurs à b ; *à fortiori*, leur différence est inférieure à b. Donc l'égalité est impossible si q est différent de q'.

Donc
$$q = q'.$$

Mais alors nécessairement
$$r = r'.$$

107. Conséquence. — *Chaque fois qu'étant donnés deux entiers* a *et* b *on pourra en déterminer deux autres* q *et* r *satisfaisant à l'égalité (1) et à l'inégalité (2),* q *sera le quotient et* r *le reste de la division de* a *par* b.

Remarque. — On suppose généralement $a > b$. Si $a < b$, le quotient est nul et le reste est égal au diviseur.

108. Cas particulier. — Reste nul. Division exacte. — *Si le reste est nul, on dit que la division se fait exactement.*

Dans ce cas :

Le dividende est égal au produit du diviseur par le quotient.

On dit alors que le *dividende est* **divisible** *par le diviseur;* il est également **divisible** par le quotient ; ou encore *le dividende est un* **multiple** *du diviseur et du quotient.*

Exemple. $42 = 6 \times 7$.

42 est le dividende, 6 le diviseur, 7 le quotient.

Comme dans un produit on peut intervertir l'ordre des facteurs, il résulte que :

$$42 = 7 \times 6.$$

On peut considérer :

42 comme le dividende (comme plus haut),
7 — diviseur,
6 — quotient.

Dividende = Diviseur $\times$ Quotient.

$$a = bq.$$

Dans une **division** qui se fait exactement, on peut intervertir entre eux le *diviseur* et le *quotient.*

109. Signe de la division qui se fait exactement. — On écrit le dividende, puis le diviseur, séparés par le signe : (divisé par).

Exemple. — Si l'on a à diviser 32 par 8, on écrit :
$$32 : 8,$$
qu'on énonce : 32 divisé par 8.

§ 2. — OPÉRATIONS PRATIQUES

110. On pourrait, comme on l'a montré plus haut, trouver le quotient et le reste par des soustractions successives. Mais ce procédé serait souvent très long. On procède autrement, par la méthode qui suit.

On peut d'abord déterminer, sans faire d'opération, le nombre de chiffres du quotient. Ce nombre est donné par la règle suivante.

I. — Déterminer le nombre de chiffres du quotient.

111. Règle pratique. — *Le nombre de chiffres du quotient est égal au plus petit nombre de zéros qu'il faut ajouter à la droite du diviseur pour le rendre supérieur au dividende.*

EXEMPLE. — Soit à trouver le nombre de chiffres du quotient de 2.435 par 48.

Il faut ajouter 2 zéros à la droite de 48 pour que le nombre ainsi formé dépasse 2.435. Donc le quotient a deux chiffres.

Pour démontrer cette règle, reprenons l'exemple précédent ; on peut écrire :

$$480 < 2.435,$$
et
$$4.800 > 2.435.$$

Donc, si l'on multiplie 48 par 10, le produit est inférieur au dividende 2.435. Si l'on multiplie 48 par 100, le produit est supérieur au dividende.

Donc le dividende contient 10 fois au moins et certainement moins de 100 fois le diviseur par 48. Le quotient est donc au moins égal à 10 et inférieur à 100. Il a donc 2 chiffres.

II. — Opérations (système décimal).

112. Premier cas. Le diviseur et le quotient n'ont qu'un chiffre chacun.

On doit dire immédiatement le plus grand multiple du diviseur contenu dans le dividende ; on obtient ainsi immédiatement le quotient et le reste.

113. Deuxième cas. Le dividende et le diviseur ont plusieurs chiffres, le quotient n'a qu'un chiffre. — Règle pratique. — *On sépare à la gauche du dividende le premier chiffre, s'il est supérieur au premier chiffre du diviseur, deux chiffres dans le cas contraire, et l'on divise le nombre ainsi formé d'un ou de deux chiffres, par le premier chiffre à gauche du diviseur (cas précédent). On obtient ainsi le chiffre cherché du quotient ou un chiffre trop fort.*

Pour l'essayer, on multiplie le diviseur par ce chiffre ; le chiffre convient si le produit ainsi formé peut se retran-

cher du dividende. Dans le cas contraire, on le diminue de 1, 2 ... unités, jusqu'à ce que l'on arrive à un produit qui puisse se retrancher du dividende.

Soit à diviser 4.275 par 871.

Je divise 42 par 8 et je trouve 5 pour quotient; je puis donc écrire certainement :

$$42 < 8 \times 6,$$

La différence entre le second membre et le premier de cette inégalité étant au moins égale à 1.

Je multiplie les deux membres par 100; j'obtiens :

$$4.200 < 800 \times 6.$$

la différence entre les deux membres de la nouvelle égalité est au moins égale à 100. Si j'ajoute 75, inférieur à 100, au plus petit membre, l'inégalité subsiste encore; j'ai donc :

$$4.275 < 800 \times 6.$$

Si j'augmente l'un des facteurs du deuxième membre, l'inégalité obtenue est encore vraie *à fortiori*; j'obtiens donc :

$$4.275 < 871 \times 6.$$

Par conséquent, 871 est contenu moins de 6 fois dans 4.275. Il y est donc contenu 5 fois au plus. Le quotient est donc 5 au plus.

On l'essaye comme il a été dit.

114. Troisième cas. Le quotient a plusieurs chiffres.

— Nous supposerons que le quotient ait été décomposé en *unités simples* et *dizaines* (ces dizaines pourront être en nombre supérieur à dix). Nous déterminerons :

1°) Le nombre des dizaines ;

2°) Le chiffre des unités simples.

I. — Déterminer le nombre total des dizaines du quotient.

115. Théorème I. — *Le nombre des dizaines du quotient est égal au quotient du nombre des dizaines du dividende divisé par le diviseur* [1].

---

[1] Il faut bien se garder de confondre le *nombre total* des dizaines avec le nombre des dizaines proprement dites d'un nombre entier ; le nombre des dizaines proprement dites est représenté par le *chiffre* de dizaines. Le nombre total des dizaines peut être supérieur à dix.

Soient a le dividende, d le nombre de ses dizaines, u le chiffre de ses unités simples.

De même soit b le diviseur.

Divisons le nombre des dizaines du dividende par le diviseur, et soit q le quotient obtenu ; on a ainsi :

$$bq \leqq d < b(q+1).$$

La première inégalité peut devenir une égalité (c'est ce qu'indique le signe $\leqq$). La différence entre $b(q+1)$ et d est au moins égale à 1.

Multiplions tous les membres de la double inégalité précédente par 10 ; on obtient :

$$b \cdot 10q \leqq 10d < b \cdot 10(q+1).$$

Si nous ajoutons u à $10d$, la première partie de l'inégalité subsiste évidemment. Il en est de même de la seconde ; en effet, la différence entre $b10(q+1)$ et $10d$ est au moins égale à 10 ; donc l'inégalité subsiste si l'on ajoute au petit nombré u, qui est inférieur à 10.

On obtient donc :

$$b \cdot 10q \leqq 10d + u < b10(q+1),$$

ce qui montre que le quotient cherché est compris entre $10q$ et $10(q+1)$. Donc le nombre total de ses dizaines est égal à q.

II. — Déterminer le chiffre des unités simples.

116. Théorème II. — *On forme le produit du nombre des dizaines du quotient par le diviseur et l'on retranche ce produit du nombre total des dizaines du dividende. Puis on écrit à la suite de cette différence le chiffre des unités simples du dividende.*

On divise le nombre ainsi obtenu par le diviseur ; on obtient ainsi le chiffre des unités simples du quotient ou un chiffre trop fort.

Reprenons les mêmes notations que précédemment. Le quotient sera : $\qquad 10q + q'$,

q étant le nombre total de ses dizaines, q' le chiffre de ses unités.

On devra avoir :

$$b(10q + q') \leqq 10d + u.$$

En retranchant $b10q$ aux deux membres de cette inégalité, on obtient :

$$bq' \leqq 10(d - bq) + u.$$

Or $d - bq$ est la différence entre le nombre total de dizaines du dividende et le produit du diviseur par le nombre de dizaines du quotient. Multiplier cette différence par 10 et lui ajouter u, revient à écrire à sa droite le chiffre u.

La dernière inégalité obtenue montre que le chiffre q' cherché est au plus égal au quotient de la division de

$$10(d - bq) + u \quad \text{par} \quad b.$$

117. REMARQUE. — On sait ainsi déterminer séparément le nombre total de dizaines et le chiffre des unités simples du quotient.

Si le quotient n'a que deux chiffres, l'opération est terminée.

Si le quotient a plus de deux chiffres, le nombre trouvé de dizaines a lui-même plusieurs chiffres; nous avons vu qu'on le déterminait par une division. On est donc ramené à une question analogue, mais où le quotient a un chiffre de moins, et l'on opère de proche en proche.

On déduit de ce qui vient d'être dit la règle pratique suivante :

118. Règle pratique. — *On écrit comme plus haut le dividende et le diviseur à sa droite, séparés par un trait vertical. On écrit le quotient au-dessous du diviseur, en les séparant par un trait horizontal.*

On sépare à la gauche du dividende assez de chiffres pour que le nombre ainsi formé contienne une fois au moins et moins de dix fois le diviseur. C'est le premier dividende partiel. On divise ce nombre par le diviseur, comme dans le cas précédent, ce qui donne le premier chiffre du quotient.

On multiplie le diviseur par ce chiffre et on retranche le produit du premier dividende partiel : cette différence est le premier reste partiel. On abaisse à la droite du premier reste partiel le premier chiffre du dividende non utilisé : ce qui donne le second dividende partiel, sur lequel on opère comme sur le premier dividende partiel, et l'on obtient le second chiffre à gauche du quotient. Et l'on continue de la sorte jusqu'à ce qu'on ait utilisé tous les chiffres du dividende. Le dernier reste obtenu est le reste de la division.

Dans le cas où un dividende partiel est inférieur au

diviseur, on écrit 0 au quotient, et l'on continue l'opération en abaissant le chiffre suivant du dividende.

Disposition pratique de l'opération et exemple. — Soit à diviser 3.429 par 93.

On effectue l'opération comme ci-dessous :

$$1^{er}\ \text{Dividende partiel.}$$

Dividende. $\overbrace{3.42\ 9}$	93	Diviseur.
2e Dividende partiel. 63 9	$\overline{36}$	Quotient.
Reste. 8 1		

119. Preuve directe de la division. — Règle.

— *Pour faire la preuve de la division, on fait le produit du diviseur par le quotient; on additionne ensuite ce produit et le reste. La somme obtenue doit être égale au dividende.*

III. — Division d'un nombre complexe par un entier.

120. — Règle. — *Pour diviser un nombre complexe par un entier, on divise les nombres d'unités de chaque ordre par ce nombre entier et on transforme les restes, s'il y en a, en unités des ordres suivants.*

EXEMPLE. — Soit à diviser par 3 le nombre complexe

$$13^h24^m15^s.$$

13^h divisé par 3 donne 4^h20^m.
24^m divisé par 3 donne 8^m.
15^s divisé par 3 donne 5^s.

Donc le résultat est : $\qquad 4^h28^m5^s$.

§ 3. — THÉORÈMES SUR LA DIVISION

I. — Division qui se fait exactement.

121. Théorème I. — *Un entier qui divise exactement tous les termes d'une somme ou d'une différence divise cette somme ou cette différence, et le quotient de la divi-*

sion est égal à la somme ou à la différence des quotients des différents termes.

Soient a, b, c des entiers divisibles par d, et a', b', c' leurs quotients ; on a :

$$a = a'd,$$
$$b = b'd,$$
$$c = c'd.$$

D'où, en additionnant membre à membre :

$$a + b + c = (a' + b' + c')d.$$

Donc la somme $a + b + c$ est divisible par d, et le quotient de cette division est $a' + b' + c'$.

On opérerait de même pour une différence.

122. Conséquence. — *Tout entier qui divise exactement une somme de deux termes et l'un des termes de la somme, divise l'autre.*

En effet, ce second terme de la somme est la différence entre la somme et le premier terme, et, par hypothèse, l'entier divise exactement chacun des termes de cette différence.

123. Théorème II. — *Un entier qui en divise exactement un autre, divise exactement les multiples de ce dernier.*

Soit d qui divise exactement a. On a :

$$a = bd.$$

Soit ac un multiple de a ; on a :

$$ac = bdc = (bc)d.$$

Donc d divise exactement ac, et le quotient de cette division est bc.

124. Théorème III. — *Pour diviser un produit de facteurs entiers par un entier qui le divise exactement, il suffit, quand cela est possible exactement, de diviser l'un des facteurs par cet entier.*

Cette propriété est une conséquence immédiate du théorème (n° 92) sur la multiplication.

125. Théorème IV. — *Un nombre entier divisible par un produit de facteurs entiers est divisible séparément par chaque facteur ; pour avoir le quotient de la division de l'entier par le produit, il suffit de diviser l'entier par* *le premier facteur, le quotient obtenu par le second facteur, et ainsi de suite. Le dernier quotient obtenu est le quotient cherché.*

Soit le nombre A divisible par le produit abc.

En appelant d le quotient de cette division, on a :

$$A = abcd.$$

On peut écrire $A = a(bcd)$,

ce qui montre que A est divisible par a. De même pour les autres facteurs.

Divisons A par a, le quotient est bcd.

Divisons ce premier quotient par b, le second quotient est cd.

Puis divisons ce second quotient par c, ont obtient un dernier quotient d, qui est le quotient cherché.

126. REMARQUE. — La réciproque de ce théorème n'est pas toujours vraie. Pour qu'on puisse affirmer avec certitude qu'un entier, divisible séparément par plusieurs facteurs, est divisible par leur produit, il faut que ces facteurs soient premiers entre eux deux à deux (Voir n° 160).

127. Théorème V. — *Pour diviser l'une par l'autre deux puissances d'un même nombre, on retranche l'exposant du diviseur de celui du dividende.*

Soit à diviser a^7 par a^3.

Le quotient est $a^{7-3} = a^4$.

En effet, si on multiplie a^3 par a^{7-3}, on obtient bien :

$$a^3 a^{7-3} = a^{3+7-3} = a^7.$$

128. Exposant zéro. — Il faut, pour que la division soit possible, que l'exposant du diviseur soit *inférieur* à celui du dividende.

Si l'exposant du diviseur est *égal* à celui du dividende, le quotient est égal à *1*.

EXEMPLE. $a^m : a^m = 1$,

quels que soit a et m entiers.

Si l'on appliquait la règle des exposants, on trouverait :

$$a^{m-m} = a^0.$$

On convient, d'après cela, d'appliquer dans la division la règle des exposants, même dans le cas où les exposants du diviseur et du dividende sont égaux, *en ayant soin de considérer comme égal à* **1** *tout nombre affecté de l'exposant* **0**.

II. — Division avec reste.

129. Théorème I. — *Si l'on multiplie le dividende et le diviseur par un même entier, le quotient ne change pas et le reste est multiplié par cet entier.*

Soient a le dividende, b le diviseur, q le quotient, r le reste. On a :
$$a = bq + r,$$
avec
$$r < b.$$

Multiplions les deux membres de l'égalité par le nombre entier c ; il vient :
$$ac = bcq + rc = (bc)q + r,$$
avec
$$rc < bc.$$

Donc q est le quotient de ac par bc et rc est le reste.

130. Théorème II. — *Si l'on divise le dividende et le diviseur par un même entier qui les divise tous les deux exactement, le quotient ne change pas et le reste est divisé par cet entier.*

D'après les théorèmes précédents (nos 121 et 123), tout entier qui divise le dividende et le diviseur divise le reste de leur division [1].

Ceci posé, si l'on divise a par b, on obtient un quotient q et un reste r :
$$a = bq + r,$$
avec
$$r < b.$$

Supposons :

a divisible par c et soit a' le quotient de a par c ;
b —   — b' — b par c.

r est alors divisible par c et soit r' le quotient de r par c.

Divisons l'égalité précédente par c.

On a :
$$a' = b'q + r'.$$
Mais
$$r < b ;$$
si l'on divise r par c et b par c, on a évidemment :
$$r' < b'.$$

Donc q est le quotient de a' par b' et r' le reste.

---

[1] Voir une démonstration détaillée de cette proposition n° 147.

131. Conséquence. — *On ne change pas le quotient d'une division qui se fait exactement, en multipliant le dividende et le diviseur par un même nombre entier, ou en les divisant par un de leur diviseur commun.*

Exercices sur la division des nombres entiers.

67. Définir la division d'un nombre entier par un nombre entier.

68. Pourrait-on trouver le quotient par des soustractions successives ? — Donner un exemple.

69. Démontrer que la division d'un entier par un entier est possible et d'une seule manière.

70. Faire la théorie de la division quand le quotient n'a qu'un chiffre.

71. Faire la théorie de la division quand le quotient a deux chiffres.

72. Comment détermine-t-on le chiffre des dizaines, le chiffre des unités ?

73. Comment passe-t-on du cas précédent au cas où le quotient a plus de deux chiffres ?

74. Exposer la théorie sur l'exemple : 5.834 divisé par 748.

75. Quand dit-on qu'un nombre est divisible par un autre ? — Comment s'exprime-t-on encore dans ce cas ?

76. Démontrer qu'un entier qui divise plusieurs entiers divise leur somme ou leur différence.

77. Démontrer qu'un entier qui en divise un autre divise les multiples de ce dernier.

78. Démontrer que, pour diviser un produit de facteurs entiers par un autre qui le divise, il suffit, si on le peut, de diviser l'un des facteurs.

79. Démontrer qu'un entier divisible par un produit du facteurs est divisible par chaque facteur. — Comment a-t-on chaque quotient correspondant ?

80. La réciproque de ce théorème est-elle vraie ? — Donner un exemple où elle est en défaut. — Dans quel cas peut-on l'affirmer avec certitude ?

81. Comment divise-t-on entre elles deux puissances d'un même nombre ? — Énoncer et démontrer la règle des exposants.

82. Que peut-on dire si l'on multiplie le dividende et le diviseur par un même nombre ? — Si on le divise par un de leurs diviseurs communs ?

83. Démontrer que : si le diviseur est terminé par plusieurs zéros, on peut retrancher à la suite du dividende autant de chiffres qu'il y a de zéros à la droite du diviseur, puis diviser le nombre restant par le diviseur dont on a supprimé ces zéros; le quotient est le quotient cherché, le reste s'obtient en écrivant à la droite du nouveau reste la partie supprimée du dividende.

84. Diviser le nombre 54076 écrit dans le système à base 8 par 7, en justifiant les opérations effectuées.

85. Diviser 47°35'36" par 12, en justifiant les opérations effectuées. Rapprocher cette opération de la division ordinaire.

86. On ajoute un même nombre à 15 et à 69; des deux nouveaux nombres obtenus, le deuxième est le triple du premier; quel nombre a-t-on ajouté?

87. Trouver un nombre qui, divisé successivement par 5 et 8, donne 165 pour la somme des quotients exacts.

88. En multipliant un nombre par 86, on l'augmente de 46.070. Quel est ce nombre?

89. Démontrer qu'en divisant deux nombres entiers par leur différence, les restes obtenus sont égaux.

90. On ne change pas le quotient d'une division en augmentant le dividende d'un nombre moindre que la différence entre le diviseur et le reste. *(Brevet, Alger.)*

91. Démontrer que le reste d'une division ne change pas si l'on ajoute au dividende ou si l'on retranche du dividende un multiple du diviseur. (Raisonner sur un exemple numérique simple.) Déduire de ce principe la règle pratique pour trouver le reste de la division d'un nombre par 9.

(Brevet, Arras.)

92. Du nombre 843 on retranche le même nombre retourné. Pourquoi le deuxième chiffre de la différence est-il 9? — Pourquoi la différence est-elle un multiple de 9? — Pourquoi enfin la somme des chiffres extrêmes de cette différence vaut-elle 9? *(Concours, École normale, Yonne.)*

93. Le diviseur d'une division est 43 et le reste 17. On diminue le dividende de 69. Dites ce que deviennent le quotient et le reste. *(Brevet, Académie de Besançon.)*

94. La somme du dividende et du diviseur d'une division est 4144. Le quotient est 8 et le reste 13. Trouver le dividende et le diviseur. *(Concours, École normale, Aisne.)*

95. La somme de deux nombres est 679 et la division du plus grand par le plus petit donne 3 pour quotient et 63 pour reste. Calculer ces deux nombres. *(Brevet, Ajaccio.)*

96. On divise séparément un nombre donné par deux nombres entiers consécutifs. Prouver que, pour que le quotient entier soit le même dans les deux opérations, il faut et il suffit que le quotient soit inférieur ou au plus égal au reste de la première division. *(Concours, École normale, Melun.)*

97. En divisant deux nombres entiers l'un par l'autre, on trouve pour quotient 14 et pour reste 5; on sait d'ailleurs que si l'on retranche du dividende 2 fois le diviseur, la différence est 221. Quels sont ces deux nombres ? — Démontrer.

(Brevet, Tulle.)

98. Une division, dans laquelle le diviseur est 372, a donné pour quotient 15 et pour reste 208. Dites, sans connaître le dividende, quels seraient le quotient et le reste si l'on divisait le dividende par 15, et justifiez votre dire.

(Brevet, Poitiers.)

99. Quels nombres peut-on ajouter au dividende dans une division sans changer le quotient ?

100. Dans quel cas peut-on ajouter deux entiers au diviseur sans changer le quotient, et quels sont les entiers qui jouissent de cette propriété ?

101. La division de 169 par 37 étant effectuée, combien peut-on ajouter, sans que le quotient change, d'unités au dividende et d'unités au diviseur ?

(Brevet, Académie d'Aix.)

CHAPITRE VI

DIVISIBILITÉ
PLUS GRAND COMMUN DIVISEUR

---

§ 1. — CARACTÈRES DE DIVISIBILITÉ

132. Définition. — *Un nombre entier est divisible par un autre quand il est égal au produit de ce second nombre entier par un troisième.* (Voir nº 108.)

La division du premier nombre par le second se fait *sans reste* (ou *exactement*): on dit alors que le second nombre **divise exactement** le premier. On dit aussi que le premier nombre est un **multiple** du second, et que le second est un **sous-multiple** ou un **diviseur** du premier.

I. — Divisibilité par 2.

133. Chiffres pairs. — On appelle chiffres **pairs** les chiffres suivants :

2, 4, 6, 8.

On voit immédiatement qu'ils représentent des nombres **divisibles par 2**; 10 est aussi divisible par 2.

Les autres nombres inférieurs à 10 : 1, 3, 5, 7, 9, ne sont pas divisibles par 2; on appelle ces chiffres **chiffres impairs**.

Théorème. — *Pour qu'un nombre soit divisible par 2, il faut et il suffit qu'il soit terminé par 0 ou un chiffre* **pair.**

Soit un nombre quelconque. On peut le décomposer en dizaines et en unités simples.

Par exemple, $426 = 420 + 6$.

Or un nombre entier de dizaines est divisible par 2, puisque c'est le produit d'un nombre entier par 10, et que 10 est divisible par 2. Donc pour que le nombre donné soit divisible par 2, il faut et il suffit que le chiffre de ses unités soit divisible par 2, c'est-à-dire soit un chiffre pair ou zéro.

Nombre pair. — *On dit d'un nombre divisible par 2 qu'il est* pair.

II. — Divisibilité par 5.

134. Théorème. — *Pour qu'un nombre soit divisible par 5, il faut et il suffit qu'il soit terminé par un 5 ou par un zéro.*

En effet, décomposons le nombre comme plus haut en dizaines et en unités simples. Un nombre entier de dizaines est divisible par 5; donc il faut et il suffit, pour que le nombre donné soit divisible par 5, que le nombre de ses unités simples soit divisible par 5 ou qu'il n'y ait pas d'unités simples.

Or parmi les 9 premiers nombres, 5 est seul divisible par 5.

Donc il faut et il suffit que le dernier chiffre soit 5 ou 0.

III. — Divisibilité par 4 et 25.

135. Théorème. — *Pour qu'un nombre soit divisible par 4 ou 25, il faut et il suffit qu'il soit terminé par deux zéros ou que le nombre formé par ses deux derniers chiffres à droite soit divisible par 4 ou par 25.*

Un nombre quelconque peut se décomposer en centaines et en unités.

Ainsi $34.567 = 34.500 + 67$.

Le nombre 34.567 est la somme de 345 centaines et du nombre 67 formé par ses deux derniers chiffres à droite.

Or 100 est divisible par 4 et par 25, donc un nombre quelconque de centaines est aussi divisible par 4 ou 25.

Donc, pour qu'un nombre entier soit divisible par 4 ou par 25, il faut et il suffit que la seconde partie de la somme soit divisible par 4 ou 25.

IV. — Divisibilité par 3 ou par 9.

136. Théorème I. — *Tout nombre entier est égal à un multiple de 3 ou de 9 augmenté de la somme de ses chiffres.*

On remarque d'abord que

$$10 = 9 + 1,$$
$$100 = 99 + 1,$$
$$1.000 = 999 + 1, \quad \text{etc.}$$

Or 9, 99, 999 … sont divisibles par 9 et par 3; les quotients sont respectivement :

1, 11, 111 … par 9, et 3, 33, 333 … par 3.

Ceci fait, soit le nombre 457.

On a : $\qquad 457 = 4 \times 100 + 5 \times 10 + 7.$

Or $\qquad 4 \times 100 = 4 \times 99 + 4,$
$$5 \times 10 = 5 \times 9 + 5,$$
$$7 = \qquad 7.$$

Additionnons :
$$457 = 4 \times 99 + 5 \times 9 + \underbrace{4 + 5 + 7}.$$

Somme des chiffres.

Or $\qquad 99 = 9 \times 11,$
$$9 = 9 \times 1.$$

Donc $\qquad 457 = \overbrace{4 \times 11 \times 9 + 5 \times 9}^{\text{1re partie.}} + \overbrace{4 + 5 + 7}^{\text{2e partie.}}.$

Mais, dans la première partie, les termes sont tous des multiples de 9 ou de 3; il en est de même de leur somme.

Donc 457 est égal à un multiple de 9 ou de 3, augmenté de la somme de ses chiffres.

137. Théorème II. — *Pour qu'un nombre soit divisible par 9 ou par 3, il faut et il suffit que la somme de ses chiffres soit un multiple de 9 ou de 3.*

En effet, tout nombre ne diffère d'un multiple de 9 ou de 3 que de la somme de ses chiffres; donc il faut et il suffit que cette dernière soit divisible par 9 ou par 3.

138. Pratiquement, on additionne mentalement les chiffres les uns aux autres en ayant soin de retrancher 9 de chaque somme partielle dès qu'elle le dépasse, de sorte que la somme finale trouvée est toujours inférieure à 9.

EXEMPLE. — Soit 86.778.

On dit :

8 et 6 font 14, moins 9 reste 5 ; ou 8 et 6 font 14, 1 et 4 font 5..

5 et 7 font 12, moins 9 reste 3 ; ou 5 et 7 font 12, 1 et 2 font 3.

3 et 7 font 10, moins 9 reste 1 ; ou 3 et 7 font 10, 1 et 0 font 1.

1 et 8 font 9, moins 9 reste 0.

Donc 86.778 est divisible par 9 et, par conséquent, par 3.

Si le résultat inférieur à 9, trouvé comme on vient de le dire, n'est pas nul, c'est le reste de la division du nombre donné par 9. Le reste de sa division par 3 est le même que le reste de la division par 3 du nombre donné.

V. — Divisibilité par 11.

139. Théorème I. — *Tout nombre entier est un multiple de 11 augmenté ou diminué de la différence entre la somme de ses chiffres d'ordre impair et la somme de ses chiffres d'ordre pair suivant que cette dernière somme est supérieure ou inférieure à la première.*

En effet, on peut écrire :
$$10 = 11 - 1.$$
En élevant au carré :
$$100 = \text{mult. de } 11 + 1.$$
En multipliant cette égalité par $10 = 11 - 1$, on obtient :
$$1000 = \text{mult. de } 11 - 1,$$
et ainsi de suite.

Soit le nombre 4.538.

On a :
$$8 = 8$$
$$30 = \text{mult. de } 11 - 3$$
$$500 = \text{mult. de } 11 + 5$$
$$4000 = \text{mult. de } 11 - 4$$

d'où
$$4.538 = \text{mult. de } 11 + (8 + 5) - (3 + 4).$$

$8 + 5$ est la somme des chiffres de rang impair,
$3 + 4$ — — pair.

On opérerait de même si la première somme était inférieure à la seconde.

De là résulte le théorème suivant.

140. Théorème II. — *Pour qu'un nombre soit divisible par 11, il faut et il suffit que la différence entre la somme de ses chiffres d'ordre impair et la somme de ses chiffres d'ordre pair soit zéro ou un multiple de 11.*

141. Remarque. — **Reste de la division par 11.** — Quand la somme des chiffres de rang impair est inférieure à la somme des chiffres de rang pair, on lui ajoute un multiple de 11, de telle sorte que l'on puisse retrancher la seconde somme de la première. Le reste de la division par 11 du nombre donné est le même que le reste de la division par 11 de la différence ainsi obtenue.

VI. — Divisibilité par 7 et par 13.

142. Théorème. — *Pour qu'un nombre soit divisible par 7 ou par 13, il faut et il suffit que la différence entre la somme des nombres formés par les classes de rang impair et la somme des nombres formés par les classes de rang pair soit zéro ou un multiple de 7 ou de 13.*

En effet, on remarque que $1001 = 13 \times 77 = 7 \times 143$.

Par conséquent $1000 = $ mult. de $7 - 1 = $ mult. de $13 - 1$.

Élevons au carré les membres de ces égalités; on trouve :
$$1.000.000 = \text{mult. de } 7 + 1 = \text{mult. de } 13 + 1.$$

Multiplions par 1.000 les membres des égalités précédentes; en tenant compte des 1res égalités, il vient :
$$1.000.000 = \text{mult. de } 7 - 1 = \text{mult. de } 13 - 1, \text{etc.}$$

Ceci posé, soit le nombre 831.458.537.

On a :
$$537 = 537$$
$$458.000 = \text{mult. de } 7 - 458$$
$$831.000.000 = \text{mult. de } 7 + 831$$

donc $831.458.537 = $ mult. de $7 + 537 + 831 - 458$.

On démontre de même que :
$$831.458.537 = \text{mult. de } 13 + 537 + 831 - 458.$$

Donc la condition nécessaire et suffisante pour que 831.458.537 soit divisible par 7 ou par 13 est que $537 + 831 - 458$ soit divisible par 7 ou par 13.

VII. — Preuve par 9 de la multiplication et de la division.

143. 1° Multiplication. — Soient 2 entiers a et b et soit c leur produit.

On a :
$$a = \text{mult. de } 9 + a',$$
$$b = \text{mult. de } 9 + b',$$
$$c = \text{mult. de } 9 + c',$$

a', b', c' étant les restes des divisions par 9 de a, b, c.

En remplaçant a, b, c, par les valeurs précédentes dans l'égalité $a = bc$,

on trouve : $a' = \pm \text{mult. de } 9 + b'c'$.

Donc la différence entre a' et $b'c'$ est un multiple de 9. Il en résulte que ces deux nombres donnent le même reste quand on le divise par 9.

Règle. — *Pour faire la preuve par 9 de la multiplication, on forme les restes par 9 du multiplicande, du multiplicateur et du produit. Le reste par 9 du produit des deux premiers restes est égal au troisième reste.*

144. 2° Division. — Pour faire la preuve par 9 de la division, on opère comme pour la multiplication, en considérant le dividende diminué du reste comme le produit, le diviseur et le quotient comme le multiplicande et le multiplicateur.

§ 2. — PLUS GRAND COMMUN DIVISEUR

145. Définitions. — **Diviseur commun.** *On appelle diviseur commun de plusieurs nombres entiers un nombre entier qui divise exactement chacun d'eux.*

Ainsi 4 est un diviseur commun de 12, de 44 et de 28.

Le plus grand commun diviseur de deux ou plusieurs nombres entiers est le plus grand nombre qui divise exactement chacun d'eux.

C'est donc le plus *grand* de leurs diviseurs communs. Le nombre des diviseurs communs de deux ou plusieurs entiers est limité ; en effet, chacun de ces diviseurs est inférieur au plus petit des entiers donnés. Par conséquent, il existe un diviseur commun plus grand que tous les autres.

I. — Plus grand commun diviseur de deux nombres entiers.

1° L'un des nombres divise l'autre.

146. *Le plus grand commun diviseur, devant diviser le plus petit des deux nombres, lui est au plus égal.* — Il y a donc lieu de voir si le plus grand commun diviseur est le plus petit des deux nombres ; il faut et il suffit pour cela qu'il divise le plus grand.

On est donc amené à diviser le grand nombre par le petit.

Si la division se fait exactement, le plus grand commun diviseur est le petit nombre.

Dans le cas contraire, on s'appuie sur la propriété suivante.

2° Le plus petit des deux nombres ne divise pas l'autre.

147. Théorème. — *Tout entier qui divise le dividende et le diviseur d'une division, divise le reste.*

Inversement, *tout entier qui divise le diviseur et le reste divise le dividende.*

Soient a, b, q, r le dividende, le diviseur, le quotient et le reste.

On a :
$$a = bq + r, \qquad (1)$$

ce qui s'écrit encore, en retranchant bq aux deux membres de l'égalité (1) :
$$a - bq = r. \qquad (2)$$

1° Soit un nombre entier c, qui divise a et b ; il divise aussi bq, multiple de b ; donc il divise la différence $a - bq$, égale à r d'après l'égalité (2).

2º Soit le nombre entier c, qui divise b et r. Il divise aussi bq, multiple de b; donc il divise la somme $bq + r$, égale à a d'après l'égalité (1).

Conséquence. — *Tout diviseur commun de deux nombres est un diviseur commun du plus petit et du reste de leur division et inversement; il en est donc de même du plus grand commun diviseur.*

148. On est donc ramené à diviser le petit nombre b par le reste de a par b, ou premier reste. Si la division se fait exactement, le plus grand commun diviseur est ce reste ou quotient de la dernière division. Dans le cas contraire, on continue les opérations comme ci-dessus.

La suite de ces opérations est forcément **limitée**.

Les diviseurs successifs, qui sont chacun le reste de la division précédente, vont en diminuant d'au moins une unité de l'un au suivant.

Donc si les divisions successives ne se faisaient pas exactement, il arriverait un moment où le diviseur employé serait 1 et la division se ferait exactement.

On est donc conduit à la règle pratique suivante.

149. **Règle pratique.** — *Pour trouver le plus grand commun diviseur de deux nombres, on divise le plus grand par le plus petit.*

Si la division se fait exactement, le plus petit des deux nombres donnés est le plus grand commun diviseur cherché.

Si la division se fait avec un reste, on divise le plus petit des deux nombres par ce reste; si cette seconde division se fait exactement, le premier reste est le plus grand commun diviseur cherché.

Si cette seconde division se fait avec un reste, on divise le premier reste par ce second reste; si cette troisième division se fait exactement, ce second reste est le plus grand commun diviseur cherché.

Si cette troisième division se fait avec un reste, on divise le second reste par le troisième, et ainsi de suite, jusqu'à ce que l'on arrive à un reste qui divise exactement le précédent.

Ce dernier reste est le plus grand commun diviseur cherché.

EXEMPLE ET DISPOSITION PRATIQUE DES OPÉRATIONS. — Soit à chercher le plus grand commun diviseur de

$$5.436 \text{ et de } 3.852.$$

On écrit les deux nombres comme pour une division ordinaire, le plus grand étant le dividende et le plus petit le diviseur, et l'on fait la division :

	1	2	2	3	6
5.436	3.852	1.584	684	216	36
1.584	684	216	36	00	

puis on fait les divisions successivement vers la droite, en écrivant les quotients *au-dessus* des diviseurs successifs, et les restes au-dessous des *dividendes* successifs.

Le dernier reste employé est ici 36.

Donc le plus grand commun diviseur est 36.

II. — Théorèmes sur le plus grand commun diviseur de deux nombres.

150. Théorème I. — *Tout nombre entier qui en divise deux autres divise leur plus grand commun diviseur.*

Soient deux nombres a et b et supposons a divisible par b. Soit c qui divise a et b. Il divise leur plus grand commun diviseur qui est b.

Si le plus grand nombre n'est pas un multiple du plus petit, le nombre c qui divise a et b divise le reste r de leur division. De même, divisant b et r, il divise le reste de la division de b par r, et ainsi de suite. Donc il divise tous les restes des divisions successives. Or le plus grand commun diviseur est le dernier de ces restes ; donc il est divisible par c.

Inversement. *Tout nombre entier qui divise le plus grand commun diviseur de deux nombres entiers, divise séparément chacun de des derniers.*

Soient a et b deux entiers et d leur plus grand commun diviseur. Si c divise d, il divise séparément a et b, qui sont des multiples de d.

151. Conséquence. — *On obtient tous les diviseurs communs de deux nombres entiers en formant tous les diviseurs de leur plus grand commun diviseur.*

On verra plus loin (n° 179 *bis*) une manière de former tous les diviseurs d'un nombre entier donné.

152. Théorème II. — *Si l'on multiplie deux entiers par un troisième, le plus grand commun diviseur des deux premiers est multiplié par ce troisième.*

En effet, si l'on multiplie a et b par un entier c, le reste de leur division est multiplié par c. Dans la division suivante, le dividende et le diviseur ont été multipliés par c; il en est de même du reste, et ainsi de suite. Donc tous les restes et, en particulier, le plus grand commun diviseur, ont été multipliés par c (Voir n° 129).

153. Théorème III. — *Si l'on divise deux entiers par un de leurs diviseurs communs, leur plus grand commun diviseur est divisé par cet entier.*

Cette propriété s'établit d'une manière analogue à la précédente, en s'appuyant sur les théorèmes des n°s 128 et 147.

III. — Plus grand commun diviseur de plusieurs nombres.

154. Soient les nombre entiers a, b, c, d. On a vu (n° 150) que :

Tout nombre qui divise a et b divise leur plus grand commun diviseur et inversement. Il en résulte que pour chercher les diviseurs commun à a, b, c, d (et en particulier leur plus grand commun diviseur), il suffit de chercher les diviseurs communs à c, d et au plus grand commun diviseur de a et de b.

On opère ainsi de proche en proche, ce qui justifie la règle suivante.

155. Règle. — *On cherche le plus grand commun diviseur des deux premiers, puis le plus grand commun diviseur du nombre ainsi trouvé et du troisième nombre donné, et ainsi de suite jusqu'au dernier nombre donné.*

Le dernier plus grand commun diviseur trouvé est le plus grand commun diviseur cherché.

EXEMPLE. — Soit à trouver le plus grand commun diviseur de 5.436, 3.852 et 588.

Cherchons le plus grand commun diviseur de 5.436 et 3.852. Les opérations ont été faites plus haut et donnent 36. Cherchons le plus grand commun diviseur de

36 et de 588.

		16	3
588	36	12	
228	0		
12			

Le plus grand commun diviseur cherché est 12.

IV. — Théorèmes sur le plus grand commun diviseur de plusieurs nombres.

On démontre comme plus haut les théorèmes suivants.

156. Théorème I. — *Tout nombre qui en divise plusieurs autres, divise leur plus grand commun diviseur.*

Inversement, tout nombre qui divise le plus grand commun diviseur de plusieurs autres, divise séparément chacun d'eux.

Théorème II. — *Quand on multiplie ou quand on divise (par un de leurs diviseurs communs) plusieurs nombres, leur plus grand commun diviseur est multiplié ou divisé par le même nombre.*

§ 3. — NOMBRES PREMIERS ENTRE EUX

157. Définition. — *On dit que deux nombres sont premiers entre eux quand leur plus grand commun diviseur est 1.*

Ils n'ont alors aucun diviseur commun autre que l'unité, puisque tout nombre qui les divise divise leur plus grand commun diviseur qui est 1.

158. Théorème I. — *Les quotients de deux nombres entiers par leur plus grand commun diviseur sont premiers entre eux.*

En effet, quand on divise deux entiers par un de leurs diviseurs communs, leur plus grand commun diviseur est divisé par ce nombre. Donc, si l'on divise les deux entiers par leur plus grand commun diviseur, ce dernier est divisé par lui-même et devient égal à 1.

159. Théorème II. — *Tout nombre qui divise un produit de deux facteurs et qui est premier avec l'un d'eux, divise l'autre.*

Soit c qui divise le produit ab et qui est premier avec a.

Le plus grand commun diviseur de c et de a est 1. Donc le plus grand commun diviseur de bc et de ab est b.

Or c divise son multiple bc et divise par hypothèse ab, donc il divise leur plus grand commun diviseur b.

160. Théorème III. — *Un nombre divisible séparément par plusieurs facteurs premiers entre eux deux à deux, est divisible par leur produit.*

Soit a divisible par b, c, d séparément.

On a :
$$a = bq,$$
q étant le quotient entier de la division.

bq est divisible par c, mais c est premier avec b; donc q est divisible par c, et
$$q = cq',$$
ou
$$a = bcq'.$$

De même, bcq' est divisible par d. Je dis que bc est premier avec d; en effet, s'il n'en était pas ainsi, il y aurait un facteur commun à bc et à d; ce facteur ne peut être commun à b et à d, puisque b et d sont premiers entre eux, donc il serait commun à c et à d, ce qui est également impossible. Donc bc est premier avec d.

Par suite, q' est divisible par d :
$$q' = dq''.$$

Donc
$$a = bcdq''.$$

161. Applications. — 1° *Pour qu'un nombre soit divisible par 6, il suffit qu'il soit divible par 2 et par 3.*

On a, en effet : $6 = 2 \times 3$,

et les nombres 2 et 3 sont premiers entre eux.

2° *Tout nombre divisible séparément par 2, 3, 5 est divisible par leur produit, c'est-à-dire par 30.*

§ 4. — PLUS PETIT COMMUN MULTIPLE

162. Définition. — *On appelle multiple commun de plusieurs nombres entiers tout nombre entier divisible séparément par chacun d'eux, ou tout nombre entier qui soit séparément un multiple de chacun d'eux.*

Le **plus petit** des multiples communs de plusieurs nombres se nomme leur **plus petit commun multiple**. Il est *au moins égal* au *plus grand* des nombres donnés.

1° — Plus petit commun multiple de deux nombres.

163. Théorème I. — *Le plus petit commun multiple de deux nombres est égal au quotient de leur produit divisé par leur plus grand commun diviseur.*

Soient a et b les deux nombres entiers donnés et d leur plus grand commun diviseur.

On a :
$$a = a'd,$$
$$b = b'd,$$

et a' et b' sont premiers entre eux.

Soit M un des multiples communs à a et à b.

On a :
$$M = aq,$$
q étant un entier, et
$$M = bq',$$
q' étant un entier.

Donc
$$aq = bq',$$
ou
$$a'dq = b'dq',$$
ou, en divisant par d,
$$a'q = b'q'.$$

a' divise $a'q$; il divise $b'q'$, qui lui est égal, et comme il est premier avec f', il divise q' ; donc

$$q' = a'c,$$

c étant un entier.

Donc
$$M = bq' = a'bc = \frac{abc}{d}.$$

Mais c est un entier quelconque ; M sera le plus petit possible, c'est-à-dire sera le plus petit commun multiple quand

$$c = 1.$$

Donc
$$m = \frac{ab}{d}.$$

164. Théorème II. — *Tout multiple commun à deux nombres entiers a et b est un multiple de leur plus petit commun multiple.*

Cette propriété résulte du théorème précédent.

En effet, tout multiple commun à a et b s'écrit :

$$M = \frac{abc}{d} = \frac{ab}{d}\, c.$$

Mais $\dfrac{ab}{d}$ est le plus petit commun multiple m ; donc tout multiple commun M est égal à

$$M = mc,$$

qui est un multiple de m.

Inversement, *tout multiple du plus petit commun multiple de deux nombres entiers est un multiple de chacun de ces entiers.*

Cette propriété est évidente.

2° — Plus petit commun multiple de plusieurs nombres.

165. Règle. — *Pour trouver le plus petit commun multiple de plusieurs nombres entiers a, b, c, d, on cherche le plus petit commun multiple des deux premiers, soit m, puis le plus petit commun multiple de m et du troisième nombre, et ainsi de suite jusqu'au dernier nombre donné. Ce dernier plus petit commun multiple trouvé est le plus petit commun multiple de tous les nombres donnés.*

En effet, tout multiple commun à a et à b est un multiple de m ; en particulier, le plus petit commun multiple. Donc on obtient tous les multiples communs à a, b, c..., en cherchant seulement le multiple commun à m, c..., et ainsi de suite de proche en proche; et en particulier le plus petit commun multiple cherché.

166. On peut démontrer, comme pour le cas de deux nombres, les théorèmes suivants.

Théorème I. — *Tout multiple commun de plusieurs entiers est un multiple de leur plus petit commun multiple.*

Théorème II. — *Inversement, tout multiple du plus petit commun multiple de plusieurs entiers est un multiple commun de ces entiers.*

Exercices sur la divisibilité et le plus grand commun diviseur.

102. Trouver la condition pour qu'un nombre soit divisible par 2, par 25.

103. Trouver la condition pour qu'un nombre soit divisible par 4 ou par 25.

104. Comment trouve-t-on le reste de la division d'un nombre par 9, par 3? Trouver le caractère de divisibilité par 3 ou par 9.

105. Condition de divisibilité par 11. Former le reste de la division d'un entier par 11.

106. Parler de la divisibilité d'un nombre par 7 ou par 13.

107. Faire la théorie de la preuve par 9 de la multiplication, sur l'exemple : 318×17.

108. Faire la théorie de la preuve par 9 de la division sur l'exemple : $345 : 16$.

109. Qu'appelle-t-on plus grand commun diviseur de deux ou plusieurs nombres?

110. Sur quel théorème est fondée la recherche du p. g. c. d. de deux nombres par la méthode des divisions successives?

111. Trouver le p. g. c. d. des nombres suivants et exposer la théorie sur l'un des exemples : 72, 216 et 128.

112. 100, 550 et 10.500.

113. 124.146 et 76.440.

114. Comment forme-t-on tous les diviseurs communs de deux nombres? — Sur quel théorème s'appuie-t-on pour cela? — Démontrer ce théorème.

115. Que devient le p. g. c. d. de deux nombres si on le multiplie par un troisième ou si on le divise par un de leurs diviseurs communs ?

116. Comment trouve-t-on le p. g. c. d. de plusieurs nombres ? Justifier la manière d'opérer. — Peut-on étendre à plusieurs nombres les théorèmes sur le p. g. c. d. établis pour 2 nombres ?

117. Qu'appelle-t-on nombres premiers entre eux ?

118. Démontrer que tout nombre qui divise un produit de deux facteurs et qui est premier avec l'un d'eux, divise l'autre.

119. Que peut-on dire d'un entier divisible séparément par plusieurs facteurs premiers entre eux deux à deux ? Démontrer.

120. Qu'est-ce que le plus petit commun multiple de plusieurs nombres ? — Y a-t-il beaucoup de multiples communs de plusieurs nombres ? — Y a-t-il beaucoup de diviseurs communs ?

121. Que peut-on dire du produit du p. g. c. d. par le p. p. c. m. de deux nombres ?

122. Comment pourrait-on indiquer une loi de formation des multiples communs de deux nombres ?

123. Comment trouve-t-on le p. p. c. m. de plus de 2 nombres ? — Justifier la manière d'opérer.

124. Comment pourrait-on donner une loi de formation des multiples communs de plusieurs nombres ?

125. Calculer le p. p. c. m. de 164.928 et de 74.256 à l'aide du p. g. c. d.

126. Quand deux nombres sont premiers entre eux, à quoi est égal leur p. p. c. m. ?

127. Trouver deux nombres entiers, connaissant leur somme et leur différence. A quelle condition le problème est-il possible ?

128. Trouver deux nombres entiers, connaissant leur somme (ou leur différence) et la différence de leurs carrés. A quelle condition le problème est-il possible ?

129. Trouver le plus petit nombre qui, divisé par 2, 3, ..., 9, 10 successivement, donne toujours 1 comme reste de ces divisions successives.

130. Montrer que deux nombres entiers consécutifs autres que 1 et 2 sont premiers entre eux.

131. Déterminer tous les nombres de 4 chiffres divisibles à la fois par 2, 3, 4, 5 et 6.

132. Démontrer qu'un nombre est divisible par 8 ou par 125 lorsque le nombre formé par ses trois derniers chiffres à droite est divisible lui-même par 8 ou 125.

133. On considère les deux produits non effectués : $11 \times 18 \times 25$ et $11 \times 18 \times 29$; comment peut-on former leur somme, leur différence, leur quotient, leur p. g. c. d., leur p. p. c. m. ? *(Brevet, Académie de Toulouse.)*

134. Le produit de deux nombres est 1512 et leur p. g. c. d. est 6. Quel est leur p. q. c. m. ? — Justifier par le raisonnement le résultat obtenu. (Brevet, Acad. de Lille.)

135. Démontrer que, si l'on divise le p. p. c. m. de plusieurs nombres par chacun de ces nombres, les quotients obtenus sont premiers entre eux. Prendre, par exemple, le p. p. c. m. de 5, 9, 22. (Brevet, Académie de Caen.)

136. Prouver que si deux nombres sont premiers entre eux, leur somme et leur différence ne peuvent avoir d'autre commun diviseur que 2 ou 1. (Brevet, Marseille.)

137. Le p. g. c. d. de deux nombres est 18. On demande quels sont ces deux nombres, sachant que la série des quotients qu'on obtient dans la recherche de leur p. g. c. d. est 11, 5, 1, 1 et 2. (Brevet, Saint-Étienne.)

138. En cherchant le p. g. c. d. de deux nombres par la méthode des divisions successives, on trouve pour quotients successifs 4, 3, 2 et pour p. g. c. d. 12. Quels sont ces deux nombres? (Brevet, Académie de Lyon.)

139. Sachant que l'on a $7 \times 214 - 13 \times 115 = 3$, trouver les nombres entiers a et b, tels que $7a - 13b = 3$. — Comment les trouverait-on?

140. Un nombre est multiple de 8 lorsque, en ajoutant au chiffre, des unités le double de celui des dizaines et le quadruple de celui des centaines, on obtient pour somme un multiple de 8.

141. Comment peut-on déterminer un nombre de deux chiffres, connaissant le reste de sa division par 9 et la différence entre ce nombre et le nombre obtenu en le retournant? — Quelles sont les conditions de possibilité du problème?

142. Montrer que le p. g. c. d. de deux nombres entiers a et b est égal à $am - bp$ ou à $bp - am$, m et p étant des nombres entiers. Calculer m et p en se servant des opérations de la méthode des divisions successives.

143. La condition nécessaire est suffisante pour que deux nombres a et b soient premiers entre eux et qu'il existe deux entiers m et p, tels que l'on ait l'une des égalités $am - bp = 1$, $bp - am = 1$.

144. a, b et c étant des entiers, on ne peut en trouver d'autres, m et p satisfaisant à l'une des égalités $am - pb = c$ ou $bp - am = c$, que si c est un multiple du p. g. c. d. de a et de b.

145. La condition précédente étant satisfaite, montrer qu'il existe une infinité d'entiers m et p satisfaisant à chacune des égalités précédentes. Comment peut-on voir s'il en existe qui satisfont à l'égalité $am + bp = c$, et comment les trouverait-on?

CHAPITRE VII

NOMBRES PREMIERS

§ 1. — PROPRIÉTÉS GÉNÉRALES DES NOMBRES PREMIERS

167. Définition. — *On dit qu'un nombre entier est premier quand il n'admet pas d'autre diviseur que lui-même et l'unité.*

Ainsi les nombres :

1, 2, 3, 5, 7, 11, 13, 17, 19, sont premiers.

168. Théorème I. — *Un nombre premier est premier avec tout nombre qu'il ne divise pas.*

Soit par exemple le nombre premier a ; il ne divise pas b : je dis qu'il est premier avec b. En effet, a n'admet d'autre diviseur que a et 1 ; b, n'étant pas divisible par a, ne peut avoir avec a d'autre diviseur commun que l'unité. a et b sont donc premiers entre eux.

169. Théorème II. — *Tout nombre qui n'est pas premier admet au moins un diviseur premier.*

Soit un nombre entier N, quelconque, qui n'est pas premier ; il admet dès lors un certain nombre de diviseurs autres que lui-même et l'unité, et le nombre de ces diviseurs est forcément limité. Je dis que le plus petit de ces diviseurs est premier.

Appelons-le a. Si a n'était pas premier, il admettrait au moins un diviseur b différent de lui-même et de l'unité ; b, divisant a, diviserait son multiple N. Mais b, diviseur de a, est inférieur à a ; donc a ne serait pas le plus petit diviseur de N, ce qui est contraire à l'hypothèse. Donc a est premier.

170. Théorème III. — *Tout nombre qui n'est pas premier est décomposable en un produit de facteurs premiers.*

Soit un nombre entier A, qui n'est pas premier.
Il admet donc un diviseur premier a. Et l'on peut écrire :

$$A = aB.$$

Si B est premier, le théorème est démontré.
Si B n'est pas premier, il admet un diviseur premier b; donc

$$B = bC ;$$

et par suite

$$A = abC.$$

Si C est premier, le théorème est démontré.
Si C n'est pas premier, on continue de la même manière jusqu'à ce qu'on arrive à un quotient qui soit premier.
On doit y arriver, car les quotients successifs B, C, ... vont tous en diminuant, ils sont inférieurs à A; leur nombre est donc limité, et on arrive par suite à un dernier quotient qui est premier. Alors A est décomposé en un produit de facteurs premiers.

171. Théorème IV. — *La suite des nombres premiers est illimitée.*

Soit N un nombre entier quelconque; on veut montrer qu'il y a des nombres premiers supérieurs à N. Je forme le produit de tous les nombres consécutifs jusqu'à N et y compris N. J'appelle P ce produit :

$$P = 1 \times 2 \times 3 \times ... \times N ;$$

je lui ajoute 1 et je considère ce nouveau nombre $P + 1$.
S'il est premier, le théorème est démontré, car $P + 1$ est supérieur à N.
S'il ne l'est pas, il admet un facteur premier qui n'est aucun des nombres 2, 3, 4, ... jusqu'à N, car tous ces nombres divisent le produit P et ne divisent pas 1 : ils ne divisent donc pas $P + 1$. Donc ce facteur premier est supérieur à N.

172. Théorème V. — *Un nombre premier qui divise un produit de facteurs entiers, divise l'un des facteurs.*

1° Le théorème est vrai pour un produit de deux facteurs.

Supposons que le nombre premier 7 divise le produit AB de deux nombres entiers A et B.
S'il ne divise pas A, il est premier avec lui, donc il divise l'autre facteur B.

2° *Le théorème est vrai pour un produit d'un nombre quelconque de facteurs.*

Supposons que le produit de 4 nombres A, B, C, D, soit divisible par 7. Nous remarquons que le produit $A \times B \times C \times D$ est égal au produit des deux nombres A et $(B \times C \times D)$. Si 7 ne divise pas A, il divise donc le produit $(B \times C \times D)$.

Ce produit $(B \times C \times D)$ est à son tour le produit de B par le nombre $C \times D$. Si le nombre 7 qui divise le produit $B \times C \times D$ ne divise pas le facteur B, il divise le second facteur $C \times D$.

Enfin, le nombre 7, divisant le produit de deux facteurs C et D, doit diviser l'un des deux.

173. Conséquence I. — *Un nombre premier qui divise un produit de facteurs premiers, est égal à l'un d'eux.*

En effet, d'après le théorème précédent, un nombre premier ne peut diviser un produit de facteurs premiers sans diviser l'un d'eux, — et par suite sans lui être égal.

174. Conséquence II. — *Un nombre premier qui divise une puissance d'un nombre, divise ce nombre.*

175. Conséquence III. — *Si deux nombres sont premiers entre eux, leurs puissances sont premières entre elles.*

Soient a et b deux entiers premiers entre eux.

Je dis que a^n et b^n sont premiers entre eux. En effet, s'il n'en était pas ainsi, il existerait un facteur premier commun à a^n et à b^n; mais tout facteur premier de a^n, divise a et tout facteur premier de b^n divise b; donc un facteur premier commun à a^n et à b^n serait commun à a et b, ce qui est impossible.

176. Formation de la suite des nombres premiers inférieurs à un entier donné. — Il n'existe aucun moyen de déduire les uns des autres les nombres premiers consécutifs. On est réduit à former une table des nombres premiers inférieurs à un nombre donné.

Pour former la suite des nombres premiers inférieurs à 100, par exemple, on écrit les nombres successifs, de 1 à 100, et l'on remarque que tout nombre qui n'est pas premier est divisible par un nombre plus petit que lui et autre que 1.

1	2	3	~~4~~	5	~~6~~	7	~~8~~	~~9~~	~~10~~
11	~~12~~	13	~~14~~	~~15~~	~~16~~	17	~~18~~	19	~~20~~
~~21~~	~~22~~	23	~~24~~	~~25~~	~~26~~	~~27~~	~~28~~	29	~~30~~
31	~~32~~	~~33~~	~~34~~	~~35~~	~~36~~	37	~~38~~	~~39~~	~~40~~
41	~~42~~	43	~~44~~	~~45~~	~~46~~	47	~~48~~	~~49~~	~~50~~
~~51~~	~~52~~	53	~~54~~	~~55~~	~~56~~	~~57~~	~~58~~	59	~~60~~
61	~~62~~	~~63~~	~~64~~	~~65~~	~~66~~	67	~~68~~	~~69~~	~~70~~
71	~~72~~	73	~~74~~	~~75~~	~~76~~	~~77~~	~~78~~	79	~~80~~
~~81~~	~~82~~	83	~~84~~	~~85~~	~~86~~	~~87~~	~~88~~	89	~~90~~
~~91~~	~~92~~	~~93~~	~~94~~	~~95~~	~~96~~	97	~~98~~	~~99~~	~~100~~

On barre donc les nombres de 2 en 2 à partir de 4, ce qui supprime tous les nombres divisibles par 2 autres que 2 ; puis les nombres de 3 en 3 à partir de 3^2 ou 9 ; puis les nombres de 5 en 5 à partir de 5^2 ou 25 et l'on continue ainsi.

REMARQUE. — Dans ce qui précède, il est inutile de barrer les multiples d'un nombre premier déjà trouvé inférieurs à son carré. Soit par exemple 7 ; le premier nombre à barrer est 7^2 ou 49, car tout multiple de 7 inférieur à 49 admet comme quotient de sa division par 7 un nombre premier inférieur à 7 ou un entier divisible par un nombre premier inférieur à 7 ; il a donc déjà été précédemment barré.

Le tableau précédent s'appelle **crible d'Eratosthène**.

On trouve ainsi la suite des nombres premiers **inférieurs à 100**.

1, 2, 3, 5, 7, 11, 13, 17, 19, 23, 29, 31, 37, 41, 43, 47, 53, 59, 61, 67, 71, 73, 79, 83, 89, 97.

177. Reconnaître si un nombre donné est premier. — On a vu que, si un nombre n'est pas premier, il admet un diviseur premier inférieur à lui ; par suite, si un nombre n'est divisible par aucun nombre premier inférieur à lui, il est premier.

Règle. — *Pour reconnaître si un nombre est premier, on le divise successivement par les nombres premiers inférieurs à lui, rangés dans l'ordre croissant : 2, 3, 5,*

7, 11, 13, etc... Le nombre est premier si aucune division ne se fait exactement.

Mais il n'est pas nécessaire d'aller jusqu'au bout. *On peut s'arrêter dès que le quotient obtenu est inférieur ou égal au nombre suivant. Si, jusque-là, aucune division ne s'est faite sans reste, le nombre donné est premier.*

En effet, soit le nombre donné N. Supposons qu'on ait à le diviser par le nombre premier a et qu'on trouve :

$$N = aq + r,$$

q étant le quotient et r le reste, supposé différent de 0, et nous supposons :

$$q \leq a.$$

N n'est pas divisible par un nombre premier b supérieur à a. En effet, en supposant N divisible par b, le quotient de cette division, q', serait au plus égal à q, par conséquent au plus égal à a. Il serait donc premier ou divisible par un facteur premier inférieur à a. Dans les deux cas, N serait divisible par un nombre premier au plus égal à a, ce qui est contraire à l'hypothèse.

On peut encore dire que : *Si un entier n'est divisible par aucun nombre premier dont le carré lui est inférieur, il est premier.*

§ 2. — DÉCOMPOSITION
D'UN NOMBRE ENTIER EN FACTEURS PREMIERS
APPLICATIONS

178. Définition. — *On se propose de trouver un produit dont les facteurs sont tous des nombres premiers, et qui est égal au nombre entier donné.*

Pour le faire, on se sert de la règle suivante :

Règle. — *Pour décomposer un nombre entier en facteurs premiers, on essaye s'il est divisible par les nombres premiers successifs 2, 3, 5 ..., jusqu'à ce que l'on trouve un nombre premier qui le divise exactement. On effectue le quotient et on recommence les mêmes opérations sur le quotient.*

On continue jusqu'à ce que le dernier quotient trouvé soit un nombre premier.

Exemple et disposition pratique. — Soit à décomposer en facteurs premiers le nombre

$$3.960.$$

On écrit :

3.960	2
1.980	2
990	2
495	3
165	3
55	5
11	11
1	

et l'on dispose à droite du trait vertical les facteurs premiers et à gauche au-dessous de chaque nombre, le quotient par le facteur premier correspondant.

On a donc :

$$3.960 = 2 \times 2 \times 2 \times 3 \times 3 \times 5 \times 11,$$

ce qu'on écrit :

$$3.960 = 2^3 \times 3^2 \times 5 \times 11.$$

Remarque. — Dans les essais successifs de facteurs premiers, si l'on est conduit à essayer tout d'abord un nombre premier dont le **carré dépasse** le nombre à décomposer, ce dernier nombre est un nombre **premier**.

179. Ce qui précède donne une décomposition d'un nombre en facteurs premiers. Nous allons montrer que cette décomposition est unique.

Théorème I. — *Un nombre entier ne peut être décomposé que d'une seule manière en un produit de facteurs premiers.*

Pour cela on montrera que :

1° *Les facteurs premiers dans les deux décompositions sont les mêmes.*

2° *Ces facteurs sont affectés des mêmes exposants.*

1° Si un facteur premier a figurait dans une décomposition et non dans l'autre, il diviserait un produit de facteurs premiers sans être égal à l'un de ces derniers, ce qui est impossible (n° 173, conséquence 1);

2° Si a figure dans une décomposition avec un exposant m et dans l'autre avec l'exposant n, et que l'on suppose

$$m > n,$$

on divisera les deux produits de facteurs premiers par a^n.

Dans la deuxième décomposition ne figurera plus le facteur a; et ce facteur figurera à la puissance $m - n$ dans la première, ce qui est impossible d'après la première partie du théorème.

Donc on ne peut pas supposer $m > n$.

De même, on ne peut pas supposer $n > m$.

Il s'ensuit que $m = n$.

179 bis. Théorème II. — *Pour qu'un nombre entier A soit divisible par un nombre entier B, il faut et il suffit que tous les facteurs premiers de B figurent dans A avec des exposants au moins égaux.*

1° *La condition est nécessaire.* — Soit a un facteur premier qui figure dans B avec l'exposant m.

A est divisible par B, par conséquent par a^m qui divise B.

Donc $$A = a^m C.$$

Si l'on décompose C en facteurs premiers, C contient ou non le facteur premier a. Donc, dans la décomposition de A en facteurs premiers, a figure avec un exposant au moins égal à m.

2° *La condition est suffisante.* — Si tous les facteurs premiers de B appartiennent à A avec des exposants au moins égaux, la division de B par A se fait exactement et le quotient s'obtient en diminuant dans A les exposants des facteurs premiers communs de leurs exposants dans B et en conservant les autres facteurs premiers de A.

Conséquence. Diviseurs d'un nombre. — *On forme tous les diviseurs d'un nombre entier en formant tous les produits possibles qui ne contiennent pas d'autres facteurs premiers que ceux du nombre donné, affecté d'exposants égaux ou inférieurs.*

Cette proposition justifie les deux règles suivantes.

I. — Formation du plus grand commun diviseur de plusieurs nombres.

180. Règle. — *Pour trouver le plus grand commun diviseur de deux ou plusieurs nombres, on décompose chacun d'eux en facteurs premiers.*

On forme le produit des facteurs premiers communs à tous ces nombres, affectés chacun du plus faible exposant où il figure dans ces décompositions. Le produit est le plus grand commun diviseur cherché.

EXEMPLE. — Soit à trouver le plus grand commun diviseur
de   3.960   3.740   260

On a : $3.960 = 2^3 \times 3^2 \times 5 \times 11$
                     $3.740 = 2^2 \times 5 \times 11 \times 17$
                     $260 = 2^2 \times 5 \times 13.$

Donc le plus grand commun diviseur cherché est :
$$2^2 \times 5 = 20.$$

II. — Formation du plus petit commun multiple
de plusieurs nombres.

181. Règle. — *On forme le plus petit commun multiple
de plusieurs nombres en les décomposant en facteurs premiers et en effectuant le produit de tous les facteurs
premiers, communs ou non, qui figurent dans toutes ces
décompositions, affectés chacun du plus fort exposant
dans lequel il y figure.*

EXEMPLE. — Soit à trouver le plus petit commun multiple
de : 125, 75 et 55.
$$125 = 5^3, \qquad 75 = 3 \times 5^2, \qquad 55 = 5 \times 11.$$
Donc le plus petit commun multiple est :
$$3 \times 5^3 \times 11 = 4.125.$$

REMARQUE. — De ces deux règles résultent des démonstrations nouvelles des propriétés sur le plus grand commun
diviseur et le plus petit commun multiple énoncées respectivement n°s 150 à 157 et n°s 163 à 166.

Exercices sur les nombres premiers.

146. Qu'est-ce qu'un nombre premier ?

147. Que peut-on dire d'un nombre premier qui ne divise
pas un nombre entier ?

148. Montrer que tout nombre entier admet au moins un
diviseur premier.

149. Montrer que tout nombre entier non premier est un
produit de nombres premiers.

150. Que peut-on dire de la suite des nombres premiers ?
Démontrer.

151. Que peut-on dire d'un nombre premier qui divise un
produit de facteurs entiers ? — De facteurs premiers ? Démontrer.

152. Que peut-on dire d'un nombre premier qui divise une puissance d'un nombre ?

153. Que sont les puissances de deux nombres premiers entre eux ?

154. Comment peut-on former la table des nombres premiers inférieurs à 150 ?

155. Démontrer qu'un nombre est premier quand il n'admet pas de diviseur premier dont le carré lui soit inférieur ou égal.

156. Qu'entend-on par décomposer un nombre en facteurs premiers ? La décomposition est-elle unique ?

157. Décomposer en facteurs premiers les nombres suivants :

$$2.646, \qquad 74.256, \qquad 1.581.840.$$

158. Étant donnés deux nombres entiers décomposés en facteurs premiers, comment peut-on s'assurer que l'un est divisible par l'autre ?

159. Comment forme-t-on tous les diviseurs d'un nombre entier ?

160. Comment trouve-t-on tous les diviseurs d'un nombre qui n'est pas premier ? Prendre pour exemple 450.

(Brevet, Paris.)

161. Former tous les diviseurs de : 24, 60, 144.

162. Comment peut-on trouver le plus grand commun diviseur et le plus petit commun multiple de deux entiers décomposés en facteurs premiers ? Démontrer les théorèmes sur lesquels on s'appuie.

163. Trouver le plus grand commun diviseur des nombres

$$11.968 \quad \text{et} \quad 124.146.$$

164. Trouver le plus petit commun multiple des nombres

$$360, \quad 2.024 \quad \text{et} \quad 3.720.$$

165. Reconnaître parmi les nombres suivants ceux qui sont premiers : 2.411, 4.928, 4.783, 37.128.

166. Démontrer que le produit de trois nombres entiers consécutifs est divisible par 6.

167. Démontrer que, n étant un entier quelconque, le nombre $n(n+1)(2n+1)$ est divisible par 6.

168. Démontrer que le produit de trois nombres pairs consécutifs est divisible par 48.

169. Démontrer que de deux nombres dont l'un précède immédiatement et dont l'autre suit immédiatement un nombre premier, autre que 2 et 3, il y en a toujours un divisible par 6.

170. Démontrer que le produit de deux nombres pairs consécutifs est divisible par 8.

171. Démontrer que si l'on élève au carré plusieurs entiers, leur plus grand commun diviseur et leur plus petit commun multiple sont aussi élevés au carré.

172. Trouver deux nombres, connaissant leur p. g. c. d. 24 et leur somme 10.008. Indiquer toutes les solutions.

(Brevet, Seine.)

173. Déterminer deux nombres, connaissant leur produit 5.040 et leur plus grand commun diviseur 12. Y a-t-il plusieurs solutions?

174. Déterminer deux nombres, connaissant leur plus grand commun diviseur 14 et leur plus petit commun multiple 3.850. Trouver toutes les solutions.

175. Déterminer deux nombres, connaissant leur produit 17.640 et leur plus petit commun multiple 840. Trouver toutes les solutions.

176. Quel est le plus petit nombre entier par lequel il faut multiplier 735 pour obtenir un carré parfait?

177. Démontrer, à l'aide de la décomposition en facteurs premiers, que le nombre 8.964.648 est le cube d'un nombre entier qu'on déterminera.

178. Quel est le plus petit nombre par lequel il faut multiplier 1.962 pour obtenir un carré parfait? Quel est le carré et quelle en est la racine?

(Brevet, Académie de Paris.)

179. Démontrer que le produit de quatre nombres entiers consécutifs est divisible par 24.

180. Démontrer que le produit de cinq nombres entiers consécutifs est divisible par 120.

181. Trouver tous les nombres entiers a et b qui satisfont à la relation $a^2 - b^2 = 105^2$.

182. Étant donné un nombre entier décomposé en facteurs premiers, comment trouve-t-on le nombre de ses diviseurs?

CHAPITRE VIII

FRACTIONS

___

§ 1. — DÉFINITION DES FRACTIONS

182. Grandeurs. — Les *nombres entiers* que l'on a considérés jusqu'ici permettent de **compter** une collection d'objets **séparés et indivisibles** chacun.

On a aussi à envisager d'autres objets qui jouissent de nouvelles propriétés.

Considérons des longueurs, des mètres, par exemple; on peut ajouter des mètres entre eux en les portant bout à bout sur une droite. De même, on peut retrancher des mètres entre eux, etc.

Mais on peut, de plus, partager les mètres en *parties égales* (décimètres, centimètres, p. e.), et l'on peut grouper ces parties entre elles comme des mètres eux-mêmes, pour les additionner, les soustraire, etc.

Des objets qui jouissent de ces propriétés se nomment des **grandeurs**.

183. Propriétés des grandeurs. — En résumé, ce qui caractérise une grandeur, c'est que :

1° *On peut la considérer comme un objet distinct et la combiner avec d'autres de même espèce, par addition, par soustraction, etc.*

2° *On peut la partager en parties égales sur lesquelles on peut opérer comme sur la grandeur primitive qui leur a donné naissance.*

Les longueurs sont des grandeurs de même espèce.

3*

De même, les **surfaces**, les **volumes**, les **poids**, etc., pris séparément.

184. Mesurer une grandeur. — Mesurer une grandeur, *c'est la comparer à une autre grandeur de même espèce prise pour unité, et exprimer, au moyen de deux nombres entiers, le résultat de cette comparaison.*

La grandeur auxiliaire qui sert à effectuer la mesure se nomme **unité de mesure.**

185. Comment mesurer une grandeur ?

Prenons, par exemple, une longueur. On a choisi une autre longueur comme **unité de mesure.**

On cherche combien de fois cette longueur unité est contenue dans la longueur à mesurer. Deux cas peuvent se présenter.

1° *La longueur à mesurer* **contient exactement un nombre entier de fois** *la longueur unité.*

Par exemple, la longueur à mesurer contient **6 fois** la longueur unité. On dira que cette première est mesurée par le nombre **6.**

Cela veut dire que, pour reconstituer la longueur donnée, on portera 6 fois bout à bout la longueur unité.

2° *La longueur à mesurer* **ne contient pas exactement un nombre entier de fois** *la longueur unité.*

On partage la longueur unité en un certain nombre de parties égales et l'on cherche combien de ces parties contient la longueur à mesurer.

Supposons que l'on ait partagé l'unité en 7 parties et que la longueur à mesurer contienne exactement 18 de ces parties. Les deux nombres 7 et 18 permettent de mesurer la longueur donnée.

En effet, pour reconstituer cette longueur, on partage l'unité en 7 parties et l'on porte 18 fois bout à bout l'une de ces parties.

186. Remarque. — On a supposé qu'il était possible de partager l'unité en un nombre de parties égales tel que la longueur à mesurer contienne exactement un nombre entier de fois l'une de ces parties. La chose peut n'être pas toujours *rigoureusement possible*. Mais nous verrons que pratiquement elle l'est toujours d'une manière *assez approchée*. Dans ce qui suit, nous supposerons que l'opération indiquée est possible. On dit alors qu'il y a une *commune mesure* entre l'unité et la la grandeur à mesurer.

Ce que nous avons fait pour une longueur peut être fait pour d'autres grandeurs : on peut ainsi mesurer l'aire d'une surface plane, le volume d'un corps, le poids d'un solide, etc.

187. On peut donc, à l'aide de **deux nombres entiers**, mesurer une grandeur donnée au moyen d'une autre grandeur de même nature prise comme unité de mesure. Ces deux nombres entiers jouent des rôles différents.

L'un d'eux, qu'on appelle **dénominateur**, indique en combien de parties égales l'unité a été partagée ; l'autre, qu'on appelle **numérateur**, indique combien la grandeur à mesurer contient exactement de ces parties.

L'ensemble de ces deux nombres se nomme **fraction**.

Le numérateur et le dénominateur s'appellent les deux termes de la fraction.

188. Définition d'une fraction. — *Une fraction est un ensemble de deux nombres entiers qui sert à mesurer une grandeur au moyen d'une autre grandeur de même nature prise pour unité.*

Ainsi, dans l'exemple précédent, la grandeur à mesurer sera représentée par la fraction

$$\frac{7}{18}.$$

189. Écriture d'une fraction. — **Règle.** — *On écrit le numérateur au-dessus du dénominateur en les séparant par un trait.*

EXEMPLE. — La fraction qui représente 7 parties de l'unité partagée en 18 parties égales s'écrit :

$$\frac{7}{18}$$ ←numérateur.
     ←dénominateur.

1° On énonce le numérateur, puis le dénominateur, en les séparant par le mot sur.

Ainsi $\frac{7}{18}$

s'énonce :   sept sur dix-huit.

2° On énonce le numérateur, puis le dénominateur, en faisant suivre ce dernier de la désinence **ième.**

Ainsi $\frac{7}{18}$

s'énonce .   sept dix-huitièmes.

Par exception, quand le dénominateur est 2, 3, 4, on dit **demi, tiers, quart,** au lieu : de *deuxième, troisième, quatrième.*

Ainsi $\frac{1}{2}$, $\frac{2}{3}$, $\frac{3}{4}$, s'énoncent : *un demi, deux tiers, trois quarts.*

§ 2. — PROPRIÉTÉS DES FRACTIONS

I. — Théorèmes généraux.

190. Définition. — *On dit qu'une grandeur est 2, 3... fois plus grande qu'une autre, quand elle contient exactement 2, 3... fois cette autre. Inversement, la seconde grandeur est 2, 3... fois plus petite que la première.*

EXEMPLE. — Une longueur est 3 fois plus grande qu'une autre quand elle se superpose exactement à la longueur formée en portant bout à bout 3 fois la seconde.

La capacité d'un vase est 5 fois plus grande que la capacité d'un autre, quand, en versant 5 fois le contenu du second vase dans le premier, on remplit exactement ce premier, etc.

191. *Une fraction est 2, 3... fois plus grande qu'une autre quand elle mesure une grandeur 2, 3... fois plus*

grande *que la grandeur mesurée par cette seconde fraction. Inversement, la seconde fraction est* **2, 3...** *lois
plus petite que la première.*

192. Théorème I. — *Lorsqu'on multiplie le numérateur d'une fraction par un nombre entier sans changer
son dénominateur, on rend la fraction autant de fois
plus grande que l'indique cet entier.*

Soit, par exemple, la fraction $\frac{2}{7}$.

Multiplions le numérateur par 3 ; on obtient la fraction

$$\frac{2 \times 3}{7} = \frac{6}{7}.$$

La première fraction contient 2 parties de l'unité partagée
en 7 parties égales.

La seconde fraction contient 2×3 de ces parties, c'est-à-
dire 3 fois plus que la première ; elle est donc **3** *fois plus
grande* que la première.

193. Inversement. — *Quand on divise le numérateur d'une fraction par un de ses diviseurs, sans changer
le dénominateur, on obtient une nouvelle fraction autant
de fois plus petite que la première que l'indique cet
entier.*

194. Théorème II. — *Quand on multiplie le dénominateur d'une fraction par un nombre entier sans changer
son numérateur, on rend la fraction autant de fois plus
petite que l'indique ce nombre entier.*

Soit la fraction $\frac{3}{7}$.

Multiplions le dénominateur par 2 ; on obtient la nouvelle
fraction $\frac{3}{7 \times 2} = \frac{3}{14}.$

Dans le second cas, l'unité a été partagée en 2 fois plus de
parties que dans le premier.

Donc chaque partie de l'unité, dans le premier cas, est 2 fois
plus grande que chaque partie de l'unité dans le second.

On prend, dans les deux cas, le même nombre de parties
indiqué par le numérateur.

Donc la seconde fraction, formée d'*autant de parties* que la
première, mais chacune **2** *fois plus petite*, est **2** *fois plus
petite* que la première fraction.

195. Inversement. — *Si l'on divise le dénominateur d'une fraction par un de ses diviseurs, sans changer son numérateur, on obtient une nouvelle fraction autant de fois plus grande que la première que l'indique cet entier.*

II. — Fractions égales.

196. Définition. — *On dit que deux fractions sont égales quand elles mesurent la même grandeur à l'aide de la même unité.*

197. Théorème I. — *Quand on multiplie le numérateur et le dénominateur d'une fraction par un même nombre entier, on obtient une nouvelle fraction égale à la première.*

198. Théorème II. — *Quand on divise le numérateur et le dénominateur d'une fraction par un de leurs diviseurs communs, on obtient une nouvelle fraction égale à la première.*

Pour multiplier le numérateur et le dénominateur d'une fraction par un même nombre entier, on peut faire les deux opérations successivement.

On multiplie le numérateur par cet entier, 3 par exemple: on rend la fraction 3 fois plus grande.

On multiplie le dénominateur par cet entier 3, on rend la fraction précédente 3 fois plus petite; par conséquent, on obtient une fraction égale à la première.

De même, quand on divise le numérateur et le dénominateur par un de leurs diviseurs communs.

199. Conséquence. — *On peut donc représenter une même grandeur (à l'aide de la même unité) par une infinité de fractions, toutes égales entre elles, mais de numérateurs et de dénominateurs différents.*

Il y a un intérêt évident à choisir parmi ces fractions celle dont les termes sont les plus petits possible. C'est ce que l'on va apprendre à faire.

III. — Fractions irréductibles.

200. Définitions. — *On dit que deux ou plusieurs nombres entiers sont équimultiples de deux ou plusieurs autres, lorsqu'ils sont les produits de ces nombres par un même entier.*

Exemple. — Les nombres $3 \times 2 = 6 \quad 4 \times 2 = 8 \quad 7 \times 2 = 14$
sont équimultiples de $\qquad 3 \qquad\quad 4 \qquad\quad 7$

On dit qu'une fraction est irréductible ou réduite à sa plus simple expression *quand ses deux termes sont premiers entre eux.*

201. Théorème. — *Toute fraction égale à une fraction irréductible a ses deux termes équimultiples des termes de cette dernière.*

Soit la fraction irréductible $\dfrac{a}{b}$ et la fraction égale $\dfrac{c}{d}$.

Multiplions les deux termes de la première fraction par le dénominateur de la seconde; elle ne change pas de valeur et devient

$$\frac{ad}{bd}.$$

Multiplions les deux termes de la seconde fraction par le dénominateur de la première; elle ne change pas de valeur et devient

$$\frac{cb}{bd}.$$

On a :

$$\frac{ad}{bd} = \frac{cb}{bd}.$$

Les dénominateurs étant égaux, les numérateurs le sont aussi; donc on a :
$$(1) \qquad ad = cb;$$

a divise cb et est premier avec b, donc il divise c et l'on a :
$$(2) \qquad c = af,$$

f étant un entier. Remplaçons c par cette valeur dans l'égalité (1); on obtient : $\qquad ad = abf,$

d'où $(3) \qquad\qquad d = bf.$

Les égalités (2) et (3) montrent que c et d sont équimultiples de a et b.

202. Conséquence. — *Si une fraction est irréductible, il n'existe aucune fraction qui lui soit égale et dont les termes puissent être respectivement plus petits que ceux de cette fraction irréductible.*

Par suite, pour remplacer une fraction par une fraction égale dont les termes soient les plus petits possible, il suffit de chercher la fraction irréductible qui lui est égale.

Pour cela on doit diviser ces deux termes par un de leurs diviseurs communs tel que les quotients obtenus soient premiers entre eux, c'est-à-dire par leur plus grand commun diviseur. On obtient donc la règle pratique suivante.

Règle. — *Pour rendre une fraction irréductible, on divise ses deux termes par leur plus grand commun diviseur.*

IV. — Réductions des entiers en fractions.

203. — *On peut écrire un nombre entier sous la forme d'une fraction de dénominateur quelconque.*

Soit le nombre 7. On peut l'écrire sous forme de fraction de dénominateur 11, par exemple. Le numérateur sera le produit $7 \times 11 = 77$.

Je dis que 7 et $\dfrac{77}{11}$ sont égaux, c'est-à-dire représentent la même grandeur. En effet, la grandeur mesurée par 7 contient 7 unités. Si l'on divise l'unité en 11 parties égales, cette grandeur contiendra $7 \times 11 = 77$ de ces parties, c'est-à-dire qu'elle pourra être mesurée par le nombre fractionnaire $\dfrac{77}{11}$.

204. Inversement. — *Si le numérateur d'une fraction est divisible par le dénominateur, la fraction est égale au quotient entier de cette division.*

EXEMPLE. $\qquad\qquad \dfrac{35}{7} = 5.$

Conséquence. — On peut donc considérer les entiers comme des fractions particulières. C'est ce que nous ferons, et dans ce qui suit il sera sous-entendu que le mot *fraction* peut être, dans des cas particuliers, remplacé par le mot *entier*.

§ 3. — RÉDUCTION AU MÊME DÉNOMINATEUR

1. — Définition.

205. Définition. — *Réduire des fractions au même dénominateur consiste à les remplacer par des fractions ayant toutes le même dénominateur, et respectivement égales aux premières.*

On obtient une première solution de ce problème en multipliant chaque terme d'une fraction par le produit des dénominateurs de toutes les autres, et en opérant ainsi sur chaque fraction séparément.

EXEMPLE. — Ainsi, soient les fractions :

$$\frac{15}{18}, \quad \frac{7}{9}, \quad \frac{3}{10}.$$

On leur substitue, d'après ce qui précède, les fractions

$$\frac{15\times 9\times 10}{18\times 9\times 10}, \quad \frac{7\times 18\times 10}{9\times 18\times 10}, \quad \frac{3\times 18\times 9}{10\times 18\times 9},$$

équivalentes aux proposées et ayant le même dénominateur ; ce qui donne :

$$\frac{1.350}{1.620}, \quad \frac{1.260}{1.620}, \quad \frac{486}{1.620}.$$

206. Ce procédé donne des fractions dont les termes sont en général *trop grands*. On peut trouver des fractions équivalentes aux proposées, et dont le dénominateur commun est plus petit que celui qu'on obtiendrait par la méthode qui vient d'être dite. Il y a un avantage évident à avoir des fractions avec le plus **petit dénominateur commun possible**.

II. — Réduction au plus petit dénominateur commun.

207. Nous supposerons les fractions données irréductibles; dans le cas contraire, on les remplace tout
d'abord par les fractions irréductibles qui leur sont
respectivement égales.

Soient les fractions irréductibles :

$$\frac{a}{b}, \quad \frac{c}{d}, \quad \frac{e}{f}.$$

Toute fraction égale à $\dfrac{a}{b}$ a ses termes équimultiples
de a et de b.

En particulier, son dénominateur est un multiple de b.

De même, le dénominateur commun cherché est
aussi un multiple de d et de f. Par conséquent, le plus
petit dénominateur commun est le plus petit commun
multiple de b, d, f, c'est-à-dire des dénominateurs des
fractions données.

De ce qui précède résulte la règle suivante.

208. Règle pratique. — 1° *On réduit chaque fraction
à sa plus simple expression;*

2° *On cherche le plus petit commun multiple des dénominateurs ainsi obtenus; c'est le plus petit dénominateur
commun;*

3° *On multiplie le numérateur de chaque fraction par
le quotient de la division du plus petit dénominateur commun par son dénominateur, et l'on remplace son dénominateur par le plus petit dénominateur commun.*

REMARQUE. — D'une manière plus générale, on peut
remplacer plusieurs fractions irréductibles par d'autres,
respectivement égales aux premières, et ayant comme
dénominateur commun un multiple commun de leurs
dénominateurs. On peut aussi le remplacer par des
fractions égales de même numérateur.

§ 4. — COMPARAISON DES FRACTIONS

209. Définition. — *Étant données deux fractions, on dit que la première est plus grande que l'autre quand la grandeur que mesure cette première fraction est plus grande que la grandeur mesurée par l'autre.*

On a vu que la même grandeur pouvait être représentée par autant de fractions que l'on voulait. On pourra donc, pour comparer deux fractions, les amener en particulier à avoir le même dénominateur.

La plus grande est alors celle qui a le plus grand numérateur, car dans les deux cas les deux grandeurs se composent des mêmes parties de l'unité ; la plus grande est évidemment celle qui contient le plus grand nombre de ces parties.

On applique donc la règle suivante.

210. Règle pour comparer les fractions. — *Pour comparer plusieurs fractions, on les réduit au même dénominateur ; les fractions sont entre elles dans le même sens de grandeur que leurs numérateurs après cette première opération.*

211. Cas particulier. — *Quand les fractions à comparer ont le même numérateur, leur ordre de grandeur est l'ordre inverse de grandeur de leurs dénominateurs.*

212. Comparaison d'une fraction et de l'unité. — 1° *Une fraction dont le numérateur est supérieur au dénominateur, est plus grande que l'unité.*

Soit, par exemple, la fraction $\frac{23}{5}$.

Je dis que $\frac{23}{5} > 1$.

En effet, l'unité comprend 5 cinquièmes.

La fraction $\frac{23}{5}$ contient 23 cinquièmes.

Donc $\frac{23}{5} > 1$.

2° *Une fraction dont le dénominateur est supérieur au numérateur, est plus petite que l'unité.*

Soit $\dfrac{5}{23}$.

Je dis que cette fraction est plus petite que 1.
En effet, l'unité comprend 23 vingt-troisièmes.

La fraction $\dfrac{5}{23}$ n'en comprend que 5.

Donc $\dfrac{5}{23} < 1$.

3° *Une fraction dont le numérateur est égal au dénominateur, est égale à l'unité.*

En effet, on a partagé l'unité en un certain nombre de parties et on prend toutes ces parties.

213. Nombre fractionnaire. — *On appelle* nombre fractionnaire *un nombre formé d'un entier et d'une fraction plus petite que 1.*

Le nombre entier est la *partie entière*, la fraction est la *partie fractionnaire.*

Ainsi $3\dfrac{4}{5}$,

qu'on énonce trois, quatre cinquièmes, est un nombre fractionnaire.

Ce nombre représente 3 unités et 4 cinquièmes de l'unité réunis ensemble.

Si l'on remarque que trois unités valent :

$$\frac{3\times 5}{5} = \frac{15}{5},$$

on a la fraction formée par la réunion de $\dfrac{15}{5}$ et de $\dfrac{4}{5}$ de l'unité, c'est-à-dire de

$$\frac{15+4}{5} = \frac{19}{5} \text{ de l'unité.}$$

Donc un nombre fractionnaire représente une fraction plus grande que 1.

On déduit de ce qui précède la règle suivante.

Règle pratique pour transformer un nombre fractionnaire en fraction. — *On prend pour numérateur le produit du dénominateur par la partie entière augmenté*

*du numérateur de la partie fractionnaire, et pour déno-
minateur celui de la partie fractionnaire.*

214. *Inversement,* une fraction plus grande que 1 peut s'écrire sous la forme d'un nombre fractionnaire.

Soit, par exemple, la fraction $\dfrac{19}{5}$.

On a : $\qquad\qquad 19 = 3 \times 5 + 4.$

On a donc la réunion de $3 \times 5 = 15$ parties de l'unité divisée en 5 parties égales et de 4 autres parties égales de l'unité.

Les 15 premières parties de l'unité divisée en 5 parties valent 3 unités complètes. Donc la fraction est la réunion de 3 unités et de 4 cinquièmes de l'unité. On l'écrit :

$$\frac{19}{5} = 3\frac{4}{5}.$$

On a ainsi un nombre formé d'un entier et d'une fraction, c'est-à-dire un nombre fractionnaire. On déduit de ce qui précède la règle suivante.

Règle pratique pour transformer une fraction plus grande que 1 en nombre fractionnaire. — *On divise le numérateur par le dénominateur. Le quotient entier de cette division est la partie entière du nombre fraction-naire. La fraction ayant le reste pour numérateur et le même dénominateur que la fraction primitive, est la partie fractionnaire.*

Si la division se *fait exactement,* le résultat est un *nombre entier,* comme on l'a déjà vu plus haut.

La partie entière indique combien il y a d'*entiers* dans la fraction.

215. Extraire les entiers d'une fraction plus grande que 1. — Le nombre d'entiers contenus dans la fraction est donc égal au **quotient** de la division du numérateur par le dénominateur.

Exercices sur les fractions.

183. Qu'est-ce qui caractérise une grandeur ?
184. Qu'entend-on par mesurer une grandeur ? — Comment effectue-t-on la mesure d'une grandeur ?
185. Qu'est-ce qu'une fraction ?

186. Quelles sont les propriétés fondamentales des fractions? Les énoncer et les démontrer ainsi que les propriétés inverses.

187. Qu'appelle-t-on fractions égales? — fraction irréductible?

188. Que peut-on dire d'une fraction égale à une fraction irréductible?

189. Expliquer et démontrer comment on réduit une fraction à sa plus simple expression.

190. Comment, étant donnée une fraction, peut-on former toutes les fractions qui lui sont égales? Appliquer à la fraction $\frac{36}{48}$.

191. Qu'entend-on par réduire plusieurs fractions au même dénominateur? — au plus petit dénominateur commun?

192. Comment réduit-on plusieurs fractions au plus petit dénominateur commun? Raisonner directement sur un exemple numérique.

193. Peut-on réduire plusieurs fractions à un dénominateur donné? Que faut-il pour que ce problème soit possible?

194. Qu'est-ce qu'une fraction plus grande qu'une autre?

195. Comment peut-on comparer deux fractions entre elles?

196. Réduire les fractions suivantes au plus petit numérateur commun, en faisant directement le raisonnement sur l'exemple : $\frac{14}{25}$, $\frac{49}{64}$, $\frac{21}{27}$.

197. Comparer une fraction et l'unité.

198. Comment transforme-t-on un nombre fractionnaire en fraction? — une fraction en nombre fractionnaire?

199. Simplifier les fractions suivantes : $\frac{15}{132}$, $\frac{360}{600}$, $\frac{1.350}{1.080}$, $\frac{1.470}{2.205}$, $\frac{3.510}{8.190}$.

200. Réduire au même dénominateur :
$$\frac{25}{143}, \quad \frac{48}{169}, \quad \frac{90}{121}.$$

201. $\frac{7}{12}$, $\frac{13}{20}$, $\frac{2}{3}$, $\frac{13}{18}$.

202. $\frac{1}{3}$, $\frac{9}{286}$, $\frac{864}{5.091}$.

203. Démontrer que la fraction dont les deux termes sont les carrés ou les cubes des termes d'une fraction irréductible, est irréductible.

204. Démontrer que si l'on ajoute un même nombre entier aux deux termes d'une fraction plus petite que 1, elle augmente.

205. Démontrer que si l'on ajoute un même nombre aux deux termes d'une fraction plus grande que 1, elle diminue.

206. Quelle est la fraction égale à $\frac{4}{11}$ et dont la différence des termes est 119?

207. Quelle est la fraction équivalente à $\frac{5}{8}$ et dont la somme des termes est 169?

208. Trouver une fraction équivalente à $\frac{15}{20}$ et dont le numérateur soit 21. Justifier les opérations.
(Brevet, Académie de Dijon.)

209. Trouver une fraction telle que si on ajoute 32 à son numérateur, on ait 1, et que si l'on ajoute 69 à son dénominateur, on ait $\frac{1}{2}$.
(Brevet, Lyon.)

210. Au dénominateur de la fraction $\frac{21}{33}$ on ajoute 11. Quel nombre faut-il ajouter au numérateur pour que la fraction ne change pas de valeur? Démontrer le plus important des théorèmes sur lesquels vous vous appuyez pour trouver ce nombre.
(Brevet, Lille.)

211. Indiquer et expliquer les différents moyens qu'on peut employer pour rendre trois fois plus grande la fraction $\frac{8}{15}$.
(Brevet, Beauvais.)

212. Quelles sont les fractions égales à $\frac{18}{63}$ et ayant des termes plus petits que cette fraction? Indiquez la méthode que vous employez pour les trouver et justifiez-la.
(Brevet, Lille.)

213. Pourquoi la fraction $\frac{7}{13}$ est-elle irréductible? Trouver une fraction équivalente à $\frac{7}{13}$ et dont la somme des termes soit 100. A quelle condition ce problème est-il possible?
(Bourses d'enseignement prim. supér., Vaucluse.)

214. Déterminer une fraction telle que, si l'on ajoute 3 à son dénominateur, elle soit égale à $\frac{1}{2}$. Y a-t-il plusieurs solutions?

215. Déterminer une fraction telle que, si l'on retranche 5 à son dénominateur, elle devient égale à $\frac{3}{4}$. Y a-t-il plusieurs solutions?

216. Que devient la fraction $\frac{8}{15}$ quand on ajoute un même nombre à ses deux termes?

Quel nombre faut-il ajouter aux deux termes de cette fraction pour qu'elle ne diffère de l'unité que de $\dfrac{1}{300}$?

(Brevet, Paris.)

217. Trouver toutes les fractions ayant leur numérateur plus petit que 200, leur dénominateur plus petit que 300 et qui sont équivalentes à $\dfrac{57}{133}$. Il sera inutile d'écrire toutes les fractions ; il suffira de dire comment on les trouve.

(Brevet, Beauvais.)

218. Étant données les fractions $\dfrac{7}{13}$ et $\dfrac{17}{23}$, on demande : 1º de les réduire au même numérateur, puis de dire quelle est la plus grande (Ne pourrait-on pas dire quelle est la plus grande sans les réduire au même numérateur ni au même dénominateur ?) ; 2º de trouver une fraction égale à $\dfrac{17}{23}$ et telle que la somme de ses termes soit 240.

219. 1º Trouver des fractions respectivement égales à $\dfrac{7}{13}$ et $\dfrac{17}{23}$, et telles que le numérateur de la première soit égal au dénominateur de la seconde ; 2º trouver des fractions respectivement égales à $\dfrac{7}{13}$, $\dfrac{17}{23}$, $\dfrac{15}{24}$, et telles que le numérateur de chacune d'elles soit égal au dénominateur de la suivante.

CHAPITRE IX

OPÉRATIONS SUR LES FRACTIONS

§ 1. — ADDITION DES FRACTIONS

216. Addition des grandeurs. Somme. — Plusieurs grandeurs de *même espèce* peuvent être *réunies* en une seule, qui est une *autre grandeur de même espèce*.

Ainsi, on peut réunir des longueurs en les portant bout à bout l'une à la suite de l'autre : on obtiendra une longueur formée par la réunion des autres et qui en sera la **somme**. On dit qu'on a additionné ces longueurs. De même, on pourra additionner des volumes entre eux et, d'une manière générale, des grandeurs de même espèce.

Ces grandeurs seront représentées par des nombres entiers ou des fractions ; on se propose, connaissant les entiers et les fractions qui représentent chacune des grandeurs, de trouver le nombre entier ou la fraction qui représente leur somme.

Il est toujours entendu que toutes ces grandeurs à ajouter, ainsi que leur somme, sont **mesurées à l'aide de la même unité**.

217. Addition des fractions. — *Additionner des fractions, c'est trouver la fraction qui mesure la somme des grandeurs mesurées par les fractions données.*

Cette fraction s'appelle **somme** des fractions dónnées.

Signe. — On désigne l'opération à effectuer par le signe $+$, le même que pour l'addition des nombres entiers.

218. Règle pratique. — I. Les fractions ont toutes le même dénominateur.

On additionne les numérateurs entre eux et l'on conserve le même dénominateur; on simplifie ensuite s'il y a lieu.

EXEMPLE. — Soit à faire la somme

$$\frac{2}{15} + \frac{4}{15} + \frac{11}{15}.$$

On a à faire la somme de 2, 5, 11 quinzièmes de l'unité. Cette somme est égale à $2 + 5 + 11 = 17$ quinzièmes de l'unité

ou $$\frac{2 + 4 + 11}{15} = \frac{17}{15} = 1\frac{2}{15}.$$

219. — II. Les fractions n'ont pas toutes le même dénominateur.

1° On les réduit au même dénominateur.

2° On applique la règle précédente.

Soit à effectuer la somme

$$\frac{3}{10} + \frac{4}{15} + \frac{2}{25}.$$

Réduisons ces fractions au plus petit dénominateur commun.

On obtient : $$\frac{45}{150}, \quad \frac{40}{150}, \quad \frac{12}{150}.$$

3 dixièmes de l'unité valent 45 cent cinquantièmes de cette même unité. De même, 4 quinzièmes valent 40 cent cinquantièmes, et 2 vingt-cinquièmes valent 12 cent cinquantièmes. Donc la somme cherchée est :

$$\frac{45 + 40 + 12}{150} = \frac{97}{150},$$

fraction irréductible.

Cas particulier. Addition des nombres fractionnaires.

220. Règle. — *Pour additionner deux nombres fractionnaires :*

1° On additionne les parties entières;

2° On additionne les parties fractionnaires;

3° On extrait les entiers de la somme de ces parties fractionnaires, et on les ajoute à la somme des parties entières : on obtient ainsi la partie entière de la somme ; la partie fractionnaire est la fraction restante par la dernière opération.

EXEMPLE. — Soit à faire la somme

$$2\frac{3}{5} + 4\frac{11}{15}.$$

On forme d'abord : $2 + 4 = 6$,

puis $\dfrac{3}{5} + \dfrac{11}{15} = \dfrac{9}{15} + \dfrac{11}{15} = \dfrac{20}{15} = \dfrac{4}{3} = 1\dfrac{1}{3}.$

La somme est donc : $7\dfrac{1}{3}.$

Théorèmes relatifs à l'addition des fractions.

221. Théorème I. — *On ne change pas la somme de plusieurs fractions quand on change l'ordre dans lequel on les additionne; ou : l'addition de fractions est commutative.*

Cette propriété résulte de la règle pratique donnée plus haut. On réduit en effet les fractions au même dénominateur, cette opération est indépendante de l'ordre des fractions; puis on fait la somme des nouveaux numérateurs; cette somme de nombres entiers est indépendante de l'ordre dans lequel on prend ces entiers.

222. Théorème II. — *On peut remplacer dans une somme de fractions plusieurs fractions par leur somme effectuée; ou : l'addition des fractions est associative.*

Cette propriété résulte de la règle pratique de l'addition et de la propriété analogue pour les nombres entiers. En effet, on peut réduire tout d'abord les fractions au même dénominateur et l'on est ramené à opérer sur les numérateurs, qui sont des entiers.

§ 2. — SOUSTRACTION DES FRACTIONS

223. Nous avons défini deux fractions **inégales** et appris à reconnaître quelle est **la plus grande** et quelle est **la plus petite**.

En ajoutant à la plus petite fraction une autre fraction convenablement choisie, on retrouve la plus grande. C'est en cette opération que consiste la soustraction.

224. **Définition.** — *Soustraire une fraction d'une autre plus grande, c'est trouver une troisième fraction qui, additionnée à la plus petite, donne pour somme la plus grande.*

La troisième fraction cherchée s'appelle **différence** des deux fractions proposées, ou **excès** de la première fraction sur la seconde.

225. **Signe de la soustraction.** — Le signe est le même que pour les nombres entiers : —. Ainsi l'opépération qui consiste à soustraire $\frac{2}{7}$ de $\frac{3}{5}$ s'écrira :

$$\frac{3}{5} - \frac{2}{7},$$

et s'énonce comme pour les nombres entiers.

226. **Règle de la soustraction des fractions.** — I. Les fractions ont le même dénominateur.

On retranche les numérateurs et l'on garde le même dénominateur, puis l'on simplifie la fraction ainsi obtenue, s'il y a lieu.

EXEMPLE.

$$\frac{9}{16} - \frac{3}{16} = \frac{9-3}{16} = \frac{6}{16} = \frac{3}{8}.$$

227. — II. Les fractions n'ont pas le même dénominateur.

1° On les réduit au même dénominateur;

2° On applique la règle précédente.

EXEMPLE. — Soit à effectuer l'opération

$$\frac{7}{10} - \frac{2}{25}.$$

Ces fractions réduites au plus petit dénominateur commun

deviennent : $\frac{35}{50}$ et $\frac{4}{50}.$

La différence est : $\frac{35}{50} - \frac{4}{50} = \frac{31}{50},$

fraction irréductible.

Cas particulier. Soustraction des nombres fractionnaires.

228. *Si l'on a à opérer sur des nombres fractionnaires, on peut les transformer en fractions et opérer ensuite comme plus haut.*

EXEMPLE. — Soit à effectuer l'opération $2\frac{1}{3} - 1\frac{3}{4}.$

On a : $2\frac{1}{3} = \frac{7}{3}, \quad 1\frac{3}{4} = \frac{7}{4}.$

Donc $2\frac{1}{3} - 1\frac{3}{4} = \frac{7}{3} - \frac{7}{4} = \frac{28}{12} - \frac{21}{12} = \frac{7}{12}.$

On peut aussi retrancher les parties fractionnaires, quand cela est possible, puis les parties entières; quand la partie fractionnaire du petit nombre est plus grande que celle du grand, on emprunte une unité à la partie entière du grand nombre, et on diminue d'une unité la différence des parties entières.

EXEMPLE I. $3\frac{2}{3} - 1\frac{1}{2} = (3-1) + \left(\frac{2}{3} - \frac{1}{2}\right) = 2\frac{1}{6}.$

— II. $3\frac{1}{3} - 1\frac{1}{2} = 2 - 1 + \left(1\frac{1}{3} - \frac{1}{2}\right) = 1\frac{5}{6}.$

229. Preuve de la soustraction. — *On additionne la différence à la plus petite fraction, et l'on doit retrouver la plus grande fraction.*

Théorèmes relatifs à l'addition et la soustraction des fractions.

230. Théorème I. — *Pour retrancher une somme de fractions d'une fraction donnée, il suffit de retrancher de cette dernière successivement chacune des fractions de la somme.*

En effet, on peut supposer que l'on réduise d'abord toutes les fractions au même dénominateur. On est donc ramené à opérer sur les numérateurs et la proposition à démontrer revient au théorème I (n° 61) sur les entiers.

On peut donc écrire, les lettres représentant des fractions :

$$a - (b + c + d) = a - b - c - d.$$

231. Théorème II. — *Pour retrancher une somme de fractions d'une autre somme de fractions, on peut retrancher les fractions de la première somme respectivement des fractions de la seconde, en supposant les soustractions possibles.*

On exprime ce théorème par l'égalité :

$$a + b + c - (d + e) = (a - d) + (b - e) + c.$$

On le démontre comme pour les entiers, en remarquant que, si l'on ajoute $d + e$ aux deux membres de l'égalité précédente, on obtient le même résultat : $a + b + c$.

Cas particulier. — On peut donc écrire en particulier : $(a - c) + d = a + d - c$.

232. Conséquence I. — *Dans une suite d'additions et de soustractions de fractions, on peut faire la somme de toutes les fractions à additionner, la somme de toutes les fractions à soustraire, puis retrancher la deuxième somme de la première.*

Soit à effectuer : $a + b - c + d - e$.

On a successivement :

$$a + b - c + d = (a + b) - c + d = (a + b + d) - c$$
$$= a + b + d - c,$$

et

$$a + b - c + d - e = a + b + d - c - e$$
$$= (a + b + d) - (c + e).$$

233. Conséquence II. — *Dans une suite d'additions et de soustractions de fractions, on peut permuter les termes d'une manière quelconque.*

En effet, le résultat, donné par la conséquence précédente, est indépendant de l'ordre des termes.

234. Théorème III. — *On ne change pas le résultat d'une soustraction en ajoutant ou en retranchant une même fraction aux deux fractions à soustraire.*

235. Théorème IV. — *Pour retrancher d'une fraction une différence de deux autres fractions, on peut additionner la seconde fraction de la différence et en retrancher la première.*

Ces deux derniers théorèmes se démontrent comme pour les entiers (nᵒˢ 64 et 65), en se servant des théorèmes I et II qui les précèdent immédiatement et de leurs conséquences.

§ 3. — MULTIPLICATION DES FRACTIONS

236. Définition. — *Multiplier une fraction appelée multiplicande par une fraction appelée multiplicateur, c'est trouver une nouvelle fraction, appelée produit, qui soit formée avec le multiplicande comme le multiplicateur est formé avec l'unité.*

Supposons que les fractions représentent des longueurs ; $\frac{2}{3}$ représente une longueur obtenue en prenant 2 parties de l'unité de longueur partagée en 3 parties égales. Multiplier cette fraction par $\frac{3}{4}$, c'est partager cette dernière longueur en 4 parties égales et prendre 3 de ces parties.

C'est faire sur la longueur mesurée par la fraction $\frac{2}{3}$ l'opération que l'on aurait à faire sur l'unité pour obtenir la longueur représentée par la fraction $\frac{3}{4}$.

237. REMARQUE. — La définition précédente contient comme **cas particulier** la définition de la multiplication de deux entiers entre eux, ou d'une fraction par un entier.

Ainsi, soit à multiplier $\frac{3}{4}$ par 5. Cela revient à additionner 5 fractions toutes égales à $\frac{3}{4}$, car c'est faire sur la fraction $\frac{3}{4}$ la même opération que l'on aurait à faire sur l'unité pour retrouver 5, c'est-à-dire la répéter 5 fois et additionner ensuite ces 5 fractions égales.

238. Règle pratique de la multiplication d'une fraction (ou d'un nombre entier) par une fraction. — *Pour multiplier une fraction (ou un entier) par une fraction, on forme une fraction qui a pour numérateur le produit des numérateurs, pour dénominateur le produit des dénominateurs des deux fractions données. On la simplifie ensuite, s'il y a lieu.*

EXEMPLE. — Soit à effectuer la multiplication suivante :

$$\frac{2}{3} \times \frac{3}{4}.$$

On aura, d'après la règle précédente :

$$\frac{2}{3} \times \frac{3}{4} = \frac{2 \times 3}{3 \times 4} = \frac{1}{2}.$$

Démonstration. Soit à multiplier :

$$\frac{2}{3} \quad \text{par} \quad \frac{3}{4}.$$

Pour passer de la grandeur unité à la grandeur représentée par $\frac{3}{4}$, on partage l'unité en 4 parties, puis on prend 3 de ces parties.

Faisons la même opération sur la grandeur représentée par $\frac{2}{3}$. Il faut d'abord la partager en 4 parties, c'est-à-dire former une fraction 4 fois plus petite ; pour cela, on multiplie son dénominateur par 4, ce qui donne : $\frac{2}{3 \times 4}$.

Puis il faut trouver une fraction 3 fois plus grande que cette dernière ; on multiplie donc le numérateur de cette dernière par 3, ce qui donne : $\frac{2 \times 3}{3 \times 4}$.

On a donc l'égalité

$$\frac{2}{3} \times \frac{3}{4} = \frac{2 \times 3}{3 \times 4} = \frac{1}{2}.$$

239. Théorème. — *On peut intervertir l'ordre du multiplicande et du multiplicateur, que ces derniers soient des entiers ou des fractions ; ou : la multiplication de deux fractions est commutative.*

Ainsi
$$2 \times \frac{3}{4} = \frac{3}{4} \times 2 = \frac{3}{2},$$

$$\frac{5}{7} \times \frac{3}{4} = \frac{3}{4} \times \frac{5}{7} = \frac{15}{28}.$$

Ce théorème résulte des deux règles de multiplication données plus haut.

240. Multiplications successives de plusieurs fractions. — Définition. — Multiplier entre elles plusieurs fractions écrites dans un **ordre déterminé**, c'est faire les opérations suivantes : On multiplie la première par la deuxième, ce qui donne un premier produit partiel ; on multiplie ce produit par la troisième fraction, ce qui donne un deuxième produit partiel, etc., jusqu'à la dernière fraction. Le dernier produit obtenu est le résultat de l'opération ou **produit** de toutes les fractions. Les fractions données s'appellent les **facteurs** du produit.

241. Règle. — *Le produit de plusieurs fractions est une fraction ayant pour numérateur le produit des numérateurs, pour dénominateur le produit des dénominateurs.*

Cette règle est une conséquence immédiate de la règle de la multiplication de deux fractions.

EXEMPLE. — Soit à former le produit
$$\frac{3}{7} \times \frac{5}{4} \times \frac{2}{3} \times \frac{4}{9}.$$

Ce produit est égal à
$$\frac{3 \times 5 \times 2 \times 4}{7 \times 4 \times 3 \times 9} = \frac{2 \times 5}{7 \times 9} = \frac{10}{63}.$$

242. Théorème I. — *Le produit de plusieurs fractions ne dépend pas de l'ordre dans lequel on les multiplie ; ou : la multiplication des fractions est commutative.*

Théorème II. — *On peut remplacer plusieurs facteurs par leur produit effectué ; ou : la multiplication des fractions est associative.*

Théorème III. — *Pour multiplier un produit de fractions par une fraction, il suffit de multiplier par cette fraction l'un des facteurs du produit.*

Ces trois théorèmes sont des conséquences de la règle pratique donnée plus haut.

243. Puissances. — Les puissances des fractions se définissent comme les puissances des nombres entiers et jouissent des mêmes propriétés, relativement à la multiplication et à la division, qui sera définie plus loin.

Produit d'une somme ou d'une différence de fractions par une fraction.

244. Théorème I. — *La multiplication des fractions est distributive par rapport à l'addition et à la soustraction.*

On veut démontrer que :

$$(1) \qquad \frac{a}{b}\left(\frac{c}{d} + \frac{e}{f}\right) = \frac{a}{b}\,\frac{c}{d} + \frac{a}{b}\,\frac{e}{f}.$$

On a d'abord :

$$\frac{c}{d} + \frac{e}{f} = \frac{cf + ed}{df}.$$

Donc

$$\frac{a}{b}\left(\frac{c}{d} + \frac{e}{f}\right) = \frac{acf + aed}{bdf}.$$

D'autre part,

$$\frac{a}{b}\,\frac{c}{d} + \frac{a}{b}\,\frac{e}{f} = \frac{ac}{bd} + \frac{ae}{bf} = \frac{acf + aed}{bdf}.$$

Donc on a l'égalité **(1)**.

On raisonnerait de même sur une somme d'un nombre quelconque de termes ou sur une différence.

On peut donc écrire, a, b, c, d représentant des *fractions* ou des entiers :

$$a(b + c + d) = ab + ac + ad,$$
$$a(b - c) = ab - ac.$$

Produit de deux sommes
ou de deux différences de fractions.

245. La démonstration du théorème IV (n° 85) s'appuie sur les propriétés du produit d'une somme ou d'une différence par un nombre. Or ces propriétés sont les mêmes pour les fractions que pour les entiers. Donc ce théorème s'applique encore quand les termes des sommes ou des différences sont des fractions.

On a donc encore, les lettres représentant des fractions, les égalités :

$$(a + b)(c + d) = ac + ad + bc + bd,$$
$$(a + b)(c - d) = ac + bc - ad - bd,$$
$$(a \pm b)^2 = a^2 \pm 2ab + b^2,$$
$$(a + b)(a - b) = a^2 - b^2, \text{ etc.}$$

§ 4. — DIVISION DES FRACTIONS

246. **Définition**. — **Diviser** *une fraction par une autre fraction, c'est déterminer une troisième fraction dont le produit par la seconde soit égal à la première.*

La première fraction s'appelle **dividende**, la seconde **diviseur**. La troisième fraction cherchée est le **quotient**.

247. **Signe**. — Le signe est le même que pour la division exacte des nombres entiers : placé entre le dividende et le diviseur, et qui se lit **divisé par**.

En particulier, le dividende, le diviseur et le quotient peuvent être séparément ou ensemble des nombres entiers ; on considère alors un entier comme une fraction de dénominateur égal à 1.

248. Règle pratique. — *Pour trouver le quotient de deux fractions, on multiplie la fraction dividende par la fraction diviseur renversée et l'on simplifie ensuite s'il y a lieu.*

Soit à diviser $\dfrac{a}{b}$ par $\dfrac{c}{d}$.

Il faut trouver une fraction telle que son produit par $\dfrac{c}{d}$ soit égal à $\dfrac{a}{b}$. Soit $\dfrac{m}{n}$ cette fraction. On a :

$$\frac{m}{n}\,\frac{c}{d} = \frac{a}{b}.$$

Multiplions les deux membres de cette égalité par $\dfrac{d}{c}$; on aura :

$$\frac{m}{n} = \frac{a}{b}\,\frac{d}{c}.$$

249. Cas particulier. — Si le diviseur est un entier c, le dividende étant une fraction $\dfrac{a}{b}$, le quotient est :

$$\frac{a}{bc}.$$

Supposons que a soit divisible par c, et soit d le quotient de cette division ; la fraction $\dfrac{a}{bc}$ se simplifie et devient :

$$\frac{cd}{bc} = \frac{d}{b}, \qquad \text{d'où la règle suivante :}$$

Règle. — *On peut, pour diviser une fraction par un nombre entier, diviser le numérateur par cet entier, si la division exacte est possible, et garder le même dénominateur.*

250. Nombres fractionnaires. — *Pour diviser un nombre fractionnaire par un autre nombre fractionnaire, on les transforme d'abord en fractions, qu'on traite ensuite comme plus haut.*

251. Quotient complet. — On a vu que, étant donnés deux nombres, il n'était pas toujours possible de trouver un troisième nombre, entier ou décimal, dont le produit par le second des deux nombres donnés soit égal au premier.

Mais, si l'on ne se borne plus seulement à un troisième nombre entier jouissant de la propriété indiquée plus haut, il est toujours possible, étant donnés deux nombres, de trouver une **fraction** (pouvant, dans certains cas particuliers, être égale à un **entier**) et dont le produit par le second nombre soit égal au premier.

Nous appellerons cette fraction **quotient complet** du premier nombre par le second.

EXEMPLE. — Soit à diviser 17 par 6; il n'existe aucun **nombre entier ou décimal** dont le produit par 6 soit égal à 17, car 17 n'est pas divisible par 6. Mais si l'on prend la fraction $\dfrac{17}{6}$, son produit par 6 est bien égal à 17. $\dfrac{17}{6}$ est le quotient complet de **17 par 6**.

Pour former le quotient complet d'un nombre entier par un autre, on forme la fraction ayant pour numérateur le premier nombre, et pour dénominateur le second; on simplifie ensuite s'il y a lieu.

De même, le quotient complet de deux fractions est le quotient défini dans la division des fractions.

252. De la règle de la division des fractions résulte le théorème suivant.

Théorème. — *Le quotient complet de deux fractions n'est pas changé quand on multiplie ou quand on divise ces fractions par un même nombre.*

253. Inverse. — *Le quotient complet de l'unité par un entier ou une fraction se nomme l'inverse de cet entier ou de cette fraction.*

L'inverse de l'entier a est $\dfrac{1}{a}$.

L'inverse de la fraction $\dfrac{a}{b}$ est $\dfrac{b}{a}$.

Exercices et opérations sur les fractions.

220. Expliquer en quoi consiste l'addition des fractions, en raisonnant sur des grandeurs concrètes de même espèce, que l'on choisira à volonté.

221. Comment fait-on l'addition des fractions? Justifier la règle sur l'exemple $\frac{2}{15} + \frac{1}{5} + \frac{2}{3}$.

222. Comment additionne-t-on les nombres fractionnaires?

223. Montrer que l'addition des fractions est commutative et associative.

224. Qu'entend-on par soustraire une fraction d'une autre plus grande?

225. Expliquer et justifier la manière d'opérer.

226. Comment fait-on la différence de deux nombres fractionnaires? Raisonner sur l'exemple : $3\frac{1}{3} - 1\frac{3}{4}$.

227. Exposer et démontrer les théorèmes relatifs à l'addition et à la soustraction des fractions. Les rapprocher des théorèmes analogues sur les nombres entiers.

228. Qu'entend-on par multiplier une fraction par une autre, par exemple $\frac{2}{3}$ par $\frac{4}{5}$?

229. Énoncer et démontrer la règle de la multiplication de deux fractions.

230. Qu'est-ce que le produit de plusieurs fractions?

231. Quelles sont les propriétés du produit de plusieurs fractions? — Des puissances d'une fraction? Démontrer que $\left(\frac{3}{4}\right)^3 = \frac{3^3}{4^3}$.

232. Démontrer que la multiplication des fractions est distributive par rapport à l'addition et à la soustraction.

233. Comment fait-on le produit d'une somme ou d'une différence de fractions par une somme ou une différence de fractions?

234. Qu'est-ce que diviser une fraction par une autre?

235. Énoncer et justifier la règle de la division des fractions.

236. Quelle fraction de $\frac{7}{9}$ faut-il prendre pour obtenir les $\frac{2}{5}$ de $\frac{3}{8}$?   (Brevet, Paris.)

237. Montrer que, pour diviser $\frac{15}{28}$ par $\frac{3}{7}$, il suffit de diviser les deux termes de la première fraction par ceux de la deuxième.   (Brevet, Poitiers.)

Exemple : diviser $\frac{7}{12}$ par $\frac{21}{18}$.

238. Diviser $2\frac{3}{4}$ par $1\frac{5}{6}$, en justifiant les opérations effectuées.

239. Qu'est-ce que le quotient complet de deux entiers ? — De deux fractions ?

240. Trouver deux fractions dont la différence est $\frac{2}{3}$ et la somme $1\frac{1}{5}$.

241. Trouver deux fractions dont la somme est $\frac{4}{5}$ et la différence des carrés $\frac{2}{15}$.

242. Trouver deux fractions dont la différence est $\frac{5}{8}$ et le quotient $\frac{34}{5}$.   (Brevet, Grenoble.)

243. Démontrer que, quand on ajoute une fraction quelconque à cette même fraction renversée, on obtient un nombre supérieur à 2.   (Brevet, Paris.)

244. Quand on ajoute terme à terme des fractions inégales, la fraction résultante est comprise entre la plus grande et la plus petite des fractions proposées.   (Brevet, Rouen.)

245. On donne les deux fractions irréductibles $\frac{7}{9}$ et $\frac{3}{4}$ dont les dénominateurs sont premiers entre eux. Démontrer que leur somme est aussi une fraction irréductible.

(Brevet, Périgueux.)

246. Expliquer comment on effectue la multiplication de $7\frac{3}{4}$ par $3\frac{4}{9}$ en ramenant ce cas à un cas de la multiplication des fractions. Montrer que l'opération peut se faire sans réduire les nombres fractionnaires en fractions.

(Brevet, Constantine.)

247. Trouver le nombre entier qui, divisé par $\frac{6}{13}$, donne un quotient qui lui soit supérieur de 210 unités.
(Concours d'admis., Ecole norm., Charente.)

248. Démontrer que le quotient de deux fractions est supérieur, égal ou inférieur à 1, suivant que la fraction dividende est supérieure, égale ou inférieure à la fraction diviseur.

249. Comment peut-on faire la différence de $3\frac{1}{3}$ et de $1\frac{3}{4}$?

250. Trouver un nombre qui, divisé par $\frac{5}{9}$, augmente de 164.

CHAPITRE X

FRACTIONS DÉCIMALES

§ 1. — NOMBRES DÉCIMAUX

254. Définition. — *On appelle fraction décimale une fraction dont le dénominateur est une puissance de 10.*

EXEMPLE. — La fraction $\dfrac{317}{10^3}$,

qui est égale à $\dfrac{317}{1.000}$.

Nous allons indiquer une autre manière d'écrire une fraction décimale, sans se servir de dénominateur, au moyen d'une extension de la règle de la numération écrite. C'est ce que nous appellerons mettre la fraction donnée sous la forme d'un **nombre décimal**.

255. On appellera

les **dixièmes**   unités du 1er ordre décimal ;
— centièmes   — 2^c —
— millièmes   — 3^c —
— dix-millièmes   — 4^c —

256. *Décomposition d'une fraction décimale en unités des différents ordres décimaux.*

Soit la fraction $\dfrac{327}{1.000}$.

On peut écrire :

$$327 = 3 \times 100 + 2 \times 10 + 7.$$

Par suite,

$$\frac{327}{1.000} = \frac{3 \times 100}{1.000} + \frac{2 \times 10}{1.000} + \frac{7}{1.000} = \frac{3}{10} + \frac{2}{100} + \frac{7}{1.000}.$$

Si le numérateur de la fraction décimale avait été plus grand que le dénominateur, on aurait eu en plus une partie entière.

Le raisonnement précédent peut s'appliquer à toute fraction décimale. Donc :

Toute fraction décimale peut être regardée comme la somme d'un nombre entier et de fractions décimales dont les numérateurs sont inférieurs à 10 et dont les dénominateurs sont des puissances croissantes de 10.

257. On étend aux unités de l'ordre décimal la convention fondamentale de la numération écrite.

Convention fondamentale. — *Un chiffre placé à la droite d'un autre représente des unités de l'ordre immédiatement inférieur, et l'on indique le chiffre des unités par une virgule placée à sa droite.*

On remplace au besoin par *un zéro* les unités qui manquent, de manière que la place des unités soit toujours occupée par un chiffre significatif ou par 0.

Le **rang** d'un chiffre à partir de la virgule indique l'ordre de l'unité représentée.

En allant vers la gauche à partir de la virgule, on trouve les **unités** proprement dites, **dizaines**, **centaines**, **mille**, etc., comme on l'a montré dans la numération écrite.

En allant vers la droite, on rencontre successivement les **dixièmes**, **centièmes**, **millièmes**, etc.

Exemple. — Soit à écrire :

$$\frac{317}{1.000}.$$

On a vu que :

$$\frac{317}{1.000} = \frac{3}{10} + \frac{1}{100} + \frac{7}{1.000}.$$

Donc

$$\frac{317}{1.000},$$

s'écrira :

$$0,317.$$

Deuxième exemple. — Soit la fraction

$$\frac{42.409}{10^4} = \frac{42.409}{10.000} \cdot$$

On a :

$$42.409 = 4 \times 10.000 + 2 \times 1.000 + 4 \times 100 + 9.$$

Donc $\quad \dfrac{42.409}{10.000} = 4 + \dfrac{2}{10} + \dfrac{4}{100} + \dfrac{9}{10.000} \cdot$

Il n'y a pas de millièmes ou unités du troisième ordre décimal; on écrira donc : 4,2409.

4 forme la **partie entière**, les chiffres suivants sont des **chiffres décimaux** ou **décimales**.

De là résulte la règle fondamentale suivante.

258. Règle pour écrire une fraction ou un nombre décimal. — *Pour écrire une fraction décimale sous la forme d'un nombre décimal, il suffit de séparer par une virgule, dans le numérateur, autant de chiffres décimaux qu'il y a de zéros au dénominateur.*

259. *Réciproquement, tout nombre décimal peut s'écrire sous la forme d'une fraction décimale ayant pour numérateur le nombre obtenu en supprimant la virgule, et pour dénominateur une puissance de dix dont l'exposant (ou le nombre de zéros) est égal au nombre des chiffres décimaux.*

On peut donc, s'il y a lieu, transformer ensuite la fraction en nombre fractionnaire.

Soit, par exemple :$\qquad\qquad$ 2,718 ;

on l'écrira : $\qquad \dfrac{2.718}{1.000} \qquad$ ou $\qquad 2\dfrac{718}{1.000} \cdot$

260. Règle pour la lecture d'un nombre décimal. — *On lit d'abord le nombre entier écrit à gauche de la virgule, puis on lit le nombre formé par les chiffres décimaux placés à droite de la virgule, en le faisant suivre du nom des unités du dernier ordre décimal.*

Exemple. — Le nombre 15,2374
se lit $\qquad\qquad$ 15 unités 2.374 dix-millièmes.

Cette lecture revient à considérer le nombre comme la somme d'un entier et d'une fraction décimale inférieure à 1.

§ 2. — PROPRIÉTÉS DES NOMBRES DÉCIMAUX

261. Théorème I. — *On ne change pas la valeur d'un nombre décimal en ajoutant ou en retranchant à sa droite un nombre quelconque de zéros, à la condition de ne pas changer la place de la virgule.*

Ainsi 3,1415 est égal à 3,1415000.

En effet, $$3,1415 = \frac{31415}{10^4},$$

et $$3,1415000 = \frac{31415000}{10^7} = \frac{31415 \times 10^3}{10^4 \times 10^3} = \frac{31415}{10^4},$$

ce qui démontre la proposition.

262. Théorème II. — *Lorsqu'on déplace la virgule de un, deux, trois, quatre rangs, etc..., vers la droite, on multiplie le nombre décimal par 10, 10^2, 10^3, 10^4, etc...*

Ainsi soit 31,5272; je déplace la virgule de 3 rangs vers la droite, j'obtiens 31.527,2. Je dis que

$$31.527,2 = 31,5272 \times 10^3.$$

En effet, 31.527,2 et 31,5272 représentent les deux fractions $\frac{315272}{10}$ et $\frac{315272}{10^4}$ et, d'après la règle de multiplication des fractions, on sait que

$$\frac{315272}{10^4} \times 10^3 = \frac{315272}{10}.$$

263. Théorème III. — *Lorsqu'on déplace la virgule de un, deux, trois, quatre... rangs vers la gauche, on divise le nombre décimal par 10, 10^2, 10^3, 10^4, etc...*

Ainsi soit 0,1257; je déplace la virgule de deux rangs vers la gauche, j'obtiens 0,001257. Je dis que j'ai divisé le nombre décimal par 10^2 ou 100.

En effet, $0,1257 = \frac{1257}{10^4}$ et $0,001257 = \frac{1257}{10^6}$.

Mais $$\frac{1257}{10^4} = \frac{1257}{10^6} \times 10^2,$$

c'est-à-dire $$0,1257 = 0,001257 \times 10^2.$$

§ 3. — OPÉRATIONS SUR LES NOMBRES DÉCIMAUX

I. — Addition et soustraction.

264. Règle. — *On écrit les nombres décimaux à additionner les uns au-dessous des autres, de manière que les chiffres d'un même ordre, décimal ou non, soient dans une colonne verticale. On fait l'addition des nombres ainsi écrits et l'on met à la somme une virgule sous les virgules des nombres additionnés. De même pour des nombres à soustraire.*

Premier exemple. — Soit à faire la somme

$$31,458 + 6,72 + 132,4256.$$

On écrit ces nombres comme il a été dit :

$$\begin{array}{r} 31,458 \\ 6,72 \\ 132,4256 \\ \hline \end{array}$$

On additionne :   170,6036

Le résultat est :   170,6036.

265. Démonstration.

Soit à effectuer $31,458 + 6,72 + 132,4256.$
On peut écrire cette somme :

$$\frac{314.580}{10.000} + \frac{67.200}{10.000} + \frac{1.324.256}{10.000}.$$

On a donc à additionner les numérateurs, comme s'il n'y avait pas de virgule, après les avoir écrits comme il a été dit, et on sépare ensuite 4 chiffres décimaux à la suite de la somme obtenue.

On opère et on raisonne de même pour la soustraction.

II. — Multiplication.

266. Règle. — *Pour trouver le produit de deux nombres décimaux, on multiplie les deux nombres comme des entiers, sans s'occuper de la virgule ; puis on sépare, à la droite du résultat ainsi obtenu, autant de chiffres décimaux qu'il y en avait dans les deux facteurs ensemble.*

Soit à effectuer : $31,425 \times 0,0234$.

Cette opération revient à la suivante :

$$\frac{31.425}{1.000} \times \frac{234}{10.000} = \frac{31.425 \times 234}{10.000.000}.$$

3 décimales   4 décimales   7 décimales.

On fait donc le produit de 31.425 par 234 et on sépare par une virgule 7 chiffres décimaux à la droite de ce produit.

III. — Division.

267. Le problème que l'on se propose de résoudre n'est pas de trouver le **quotient complet** de deux nombres décimaux. Ce quotient complet est généralement une *fraction ordinaire* et non une *fraction décimale*.

L'opération que l'on va définir est en général une *opération approchée*.

1º Quotient à une unité près d'un nombre décimal par un nombre entier.

268. Définition. — *On appelle quotient, à une unité près, d'un nombre décimal (dividende) par un nombre entier (diviseur), le plus grand nombre entier dont le produit par le diviseur soit contenu dans le dividende.*

269. Théorème. — *Le quotient, à une unité près, d'un nombre décimal par un entier est le quotient à une unité près de la partie entière du dividende par le diviseur.*

Soit le nombre décimal (dividende) :

$$a + \frac{b}{10^n},$$

a étant la partie entière et $\dfrac{b}{10^n}$ la partie décimale, inférieure à 1.

Divisons a par le nombre entier c (diviseur), et soit q le quotient entier.

On a : $cq \leq a < c(q+1).$

Si l'on ajoute à a le nombre $\dfrac{b}{10^n}$, la première partie de l'inégalité est vraie *à fortiori*. D'autre part, $c(q+1)$ diffère

4*

de a d'au moins une unité; donc $a + \dfrac{b}{10^n}$ est encore inférieur à $c(q+1)$. On peut donc écrire :

$$cq \leqq a + \frac{b}{10^n} < c(q+1),$$

ce qui montre bien que q est le quotient à une unité près de $a + \dfrac{b}{10^n}$ par c.

2° Quotient à 0,1, 0,01... près d'un nombre entier ou décimal par un autre.

270. Définition. — *On appelle quotient approché à une unité, un dixième, un centième... près d'un nombre entier ou décimal (dividende), par un nombre entier ou décimal (diviseur), le plus grand entier, ou la plus grande fraction de dénominateur 10, 100... dont le produit par le diviseur est contenu dans le dividende.*

271. Théorème. — *Pour avoir ce quotient, on supprime la virgule du diviseur et on la déplace vers la droite du dividende d'un nombre de rangs égal à la somme des nombres des décimales du diviseur et du quotient; on divise ensuite la partie entière du dividende ainsi transformée par le diviseur rendu entier, et l'on prend le quotient entier de cette division.*

Soit à calculer à $\dfrac{1}{10^p}$ près le quotient de $\dfrac{a}{10^m}$ par $\dfrac{b}{10^n}$.

Appelons $\dfrac{c}{10^p}$ ce quotient.

On a : $\qquad \dfrac{b}{10^n} \dfrac{c}{10^p} \leqq \dfrac{a}{10^m} < \dfrac{b}{10^n} \dfrac{(c+1)}{10^p}$.

Multiplions ces inégalités par 10^{n+p}; on a :

$$bc \leqq \frac{a 10^{n+p}}{10^m} < b(c+1).$$

Cette double inégalité montre que l'on doit calculer le quotient à une unité près du nombre décimal $\dfrac{a 10^{n+p}}{10^m}$ par le nombre entier b. On divisera donc la partie entière de ce nombre décimal par b.

272. Cas particulier. — *L'un des exposants m, n ou p peut être nul.*

Dans ce cas, le nombre décimal correspondant est un nombre entier.

En particulier, on peut trouver le quotient à $\dfrac{1}{10^p}$ près de deux entiers.

273. Reste. — *On appelle reste la différence entre le dividende et le produit du quotient approché par le diviseur.*

Ce reste est toujours inférieur au diviseur. Les opérations indiquées plus haut permettent de calculer facilement le reste; mais, dans les applications pratiques, on n'a pas à l'utiliser.

274. Définition. *La division se fait exactement, avec un quotient décimal, quand le reste est nul.*

Dans ce cas, le dividende est égal au produit du diviseur par le quotient et la première des inégalités données plus haut devient une égalité.

**3⁰ Quotient par défaut et par excès
à 0,1, 0,01, etc.**

275. Définition. — Les quotients définis plus haut s'appellent encore **quotients par défaut.**

On appelle **quotient par excès** la plus petite fraction décimale de dénominateur 10, 100, etc., dont le produit par le diviseur soit **supérieur** au dividende.

Pour trouver le quotient par excès à 0,1, 0,01, ... près, il suffit d'augmenter *d'une unité le dernier chiffre décimal* du quotient par défaut à 0,1, 0,01, ... près. Cette proposition résulte de la double inégalité qui définit le quotient décimal approché par défaut.

276. Théorème. — *Le quotient complet de deux nombres entiers ou décimaux est compris entre le quotient par excès et le quotient par défaut respectivement tous les deux à 0,1, 0,01, ... près.*

Soient les deux nombres entiers décimaux a et b. Calculons le quotient approché à $\dfrac{1}{10_n}$ de a par b. On a, en appelant c ce quotient :

$$b\,\frac{c}{10^n} \leqq a < b\,\frac{c+1}{10^n}\,;$$

d'où, en formant les quotients complets par b :

$$\frac{c}{10^n} \leqq \frac{a}{b} < \frac{c+1}{10^n}\,.$$

$\dfrac{c}{10^n}$ est le quotient par défaut, $\dfrac{c+1}{10^n}$ le quotient par excès à $\dfrac{1}{10^n}$ et $\dfrac{a}{b}$ désigne le quotient complet de a par b.

§ 4. — CONVERSION DES FRACTIONS ORDINAIRES EN FRACTIONS DÉCIMALES

I. — Conversion exacte.

277. *On se propose de calculer une fraction décimale qui soit égale à une fraction donnée, supposée irréductible.*

Théorème. — *La condition nécessaire et suffisante pour qu'une fraction irréductible puisse être convertie exactement en décimales, est que le dénominateur de cette fraction ne contienne pas d'autres facteurs premiers que 2 et 5.*

Soit la fraction irréductible $\dfrac{a}{b}$. Supposons qu'elle soit égale à la fraction décimale $\dfrac{N}{10^p}$. Il en résulte que N et 10^p sont des équimultiples de a et de b, en particulier que b divise 10^p. Mais $10^p = 2^p \times 5^p$ ne contient que les facteurs premiers 2 et 5; donc b ne peut contenir que ces facteurs.

Inversement, soit la fraction $\dfrac{a}{2^m \times 5^p}$.

Si $m > p$, on multiplie ses deux termes par 5^{m-p}; il vient :

$$\frac{5^{m-p}a}{10^m}\,, \quad \text{fraction décimale.}$$

De même, si $p < m$, on multiplie les deux termes par 2^{p-m}.

278. Conséquences. I. — *Quand le dénominateur de la fraction donnée irréductible contient d'autres facteurs premiers que 2 ou 5, il n'existe aucune fraction décimale égale à la fraction donnée.*

II. — *Quand la fraction donnée peut être convertie en fraction décimale, on a :*

$$\frac{a}{b} = \frac{N}{10^p} \quad ou \quad a = b\,\frac{N}{10^p}.$$

Donc $\dfrac{N}{10^p}$ *est le quotient à* $\dfrac{1}{10^p}$ *près de a par b.*

II. — Conversion approchée.
Fractions décimales périodiques.

279. Dans le cas où il n'existe pas de fraction décimale égale à la fraction donnée, on peut calculer des valeurs approchées de cette dernière fraction à $\dfrac{1}{10}$, $\dfrac{1}{100}$ ... près.

Il suffit de calculer le quotient approché à $\dfrac{1}{10}$, $\dfrac{1}{100}$ ... *près de son numérateur par son dénominateur.*

L'opération peut se poursuivre *indéfiniment*, car, si l'on trouvait un reste nul, la fraction donnée serait égale à une fraction décimale; on trouvera donc un quotient approché avec *autant de décimales que l'on voudra*. Mais ces décimales ne se suivent pas d'une manière quelconque.

280. **Théorème.** — *Dans la conversion approchée d'une fraction en nombre décimal, les mêmes chiffres décimaux se reproduisent périodiquement et dans le même ordre à partir d'un rang entier ou décimal déterminé.*

En effet, la division pouvant se continuer toujours sans conduire à un reste nul, et les restes devant être inférieurs au diviseur, il arrive un moment où l'on retrouve un des restes déjà obtenus. A partir de ce moment, l'opération recommence, et la partie correspondante du quotient se reproduit périodiquement.

Période. — *On* appelle période *l'ensemble des chiffres qui se reproduisent dans le même ordre.*

281. Définition. — On est ainsi conduit à considérer un *symbole* qui se présente sous la forme d'un nombre décimal indéfini, dont les chiffres décimaux se produisent périodiquement à partir d'un rang décimal déterminé.

On appelle un tel symbole *fraction décimale périodique.*

Ce qui a été dit plus haut montre que la conversion approchée d'une fraction ordinaire en fraction décimale, quand la conversion exacte est impossible, introduit une fraction décimale périodique. Cette *fraction ordinaire se nomme* fraction génératrice *de la fraction décimale périodique.*

Inversement, nous allons démontrer que, étant donnée une fraction décimale périodique, il existe une fraction génératrice.

On peut se borner à considérer la partie décimale de la fraction périodique.

En effet, soit une fraction décimale périodique dont la partie entière est a ; supposons que l'on ait trouvé une fraction génératrice $\dfrac{m}{n}$ de la partie décimale.

La fraction $\dfrac{an + m}{n} = a + \dfrac{m}{n}$ sera une fraction génératrice de la fraction décimale périodique donnée.

Fraction décimale périodique simple. — *La fraction décimale périodique est* simple *quand la période commence immédiatement après la virgule.*

Fraction décimale périodique mixte. — *La fraction décimale est périodique* mixte *quand la période ne commence pas immédiatement après la virgule.*

282. *Toute fraction décimale périodique admet une fraction génératrice, à l'exception des fractions décimales dont la période est composée de 9.*

1° Soit d'abord la fraction périodique simple :

$$0{,}171717\ldots$$

Si $\frac{m}{n}$ est une fraction génératrice, il faut et il suffit que la division de $100m$ par n donne 17 pour quotient et m pour reste. On doit donc avoir :

$$100m = 17n + m,$$

et en plus $\qquad\qquad m < n.$

On a donc, en retranchant m aux deux membres de la première égalité : $\qquad 99m = 17n.$

L'égalité est satisfaite pour $m = 17$ et $n = 99$, à la condition que $m < 99$, c'est-à-dire que la période ne soit pas formée de 9.

$$99\,a = 17,$$

ou $\qquad\qquad a = \frac{17}{99}.$

On en déduit le théorème suivant :

Théorème I. — *Une fraction périodique simple admet une fraction génératrice dont le numérateur est égal à la période et dont le dénominateur est formé d'autant de 9 qu'il y a de chiffres dans la période.*

2° Soit la fraction périodique mixte :

$$0,123454545\ldots$$

Si l'on considère la fraction périodique $123,4545\ldots$, on a vu qu'elle admet pour fraction génératrice :

$$123 + \frac{45}{99} = \frac{123 \times 99 + 45}{99} = \frac{123(100 - 1) + 45}{99},$$

ou encore :

$$(1) \qquad \frac{12345 - 123}{99}.$$

Si l'on multiplie le dénominateur de cette fraction par 1000, on obtient la fraction :

$$(2). \qquad \frac{12345 - 123}{99.000},$$

et pour convertir cette fraction (2) en fraction décimale approchée, on a les mêmes opérations à faire que pour transformer la fraction (1), avec cette différence que la virgule, dans le quotient décimal approché, doit être déplacée de 3 rangs vers la gauche. Par suite, la fraction (2) est génératrice de la fraction décimale donnée :

$$0,123454545\ldots$$

On en déduit le théorème suivant :

Théorème II.— *Une fraction décimale périodique mixte admet une fraction génératrice ayant pour numérateur la différence entre le nombre formé par la partie non périodiquè suivie de la première période et la partie non périodique, et pour dénominateur un nombre formé d'autant de 9 qu'il y a de chiffres dans la période, suivi d'autant de zéros qu'il y a de chiffres dans la partie non périodique (comptée à partir de la virgule).*

Nous venons de voir que toute fraction décimale périodique dont la période n'est pas formée de 9 admet une fraction génératrice. Elle n'en admet pas d'autre; car, s'il y avait deux fractions génératrices, elles différeraient chacune du nombre décimal formé en prenant les n premières décimales de la fraction périodique, de moins de $\dfrac{1}{10^n}$; donc leur différence pourrait être rendue aussi petite que l'on veut, puisque n est aussi grand que l'on veut. Il en résulte que les deux fractions sont rigoureusement *égales*.

283. REMARQUE. — On a vu que le *quotient complet de deux entiers, qui est une fraction, est comprise entre les quotients approchés par défaut et par excès à* 10^n *près, quand ce quotient n'est pas égal à un nombre décimal.*

On peut rendre n aussi grand qu'on veut ; et comme, d'autre part, le quotient complet est compris entre deux nombres qui diffèrent de $\dfrac{1}{10^n}$, il diffère d'un de ces quotients approchés de moins de $\dfrac{1}{10^n}$, c'est-à-dire d'aussi peu que l'on veut.

On fera donc erreur en remplaçant une fraction par sa valeur *approchée* exprimée en nombre décimal, mais pratiquement cette erreur sera *négligeable*.

Ainsi on veut diviser une longueur de 10 mètres en 3 parties égales.

On trouve, comme valeurs approchées:

$$3^m \qquad \text{à une unité près,}$$

$$3^m,3 \quad \text{à } \frac{1}{10} \text{ près,}$$

$$3^m,33 \quad \text{à } \frac{1}{100} \text{ près,}$$

$$3^m,333 \text{ à } \frac{1}{1.000} \text{ près.}$$

Si l'on prend ce dernier nombre, on se trompe de moins de $\frac{1}{1.000}$ de mètre, ou de moins d'un millimètre, ce qui est négligeable pour les besoins courants.

Remarquons que l'on pourrait rendre l'erreur plus faible en poussant les opérations plus loin, si cela était nécessaire.

L'avantage que l'on gagne est la facilité des opérations (en particulier, dans le système métrique).

L'addition ou la soustraction des fractions ordinaires est compliquée. L'addition ou la soustraction des nombres décimaux est la même que celle des nombres entiers. C'est pour ces deux opérations en particulier que l'on a un grand avantage à transformer les fractions, considérées chacune comme le quotient complet de deux nombres entiers, en nombres décimaux exacts ou approchés.

§ 5. — QUOTIENT A $\frac{1}{n}$ PRÈS DE DEUX NOMBRES

284. Définition. — *On appelle quotient approché à $\frac{1}{n}$ près d'un nombre, entier ou fraction, appelé dividende, par un autre, appelé diviseur, la plus grande fraction de dénominateur n dont le produit par le diviseur est contenu dans le dividende.*

Soient $\dfrac{a}{b}$ le dividende, $\dfrac{c}{d}$ le diviseur, $\dfrac{m}{n}$ le quotient ; on doit avoir

$$\frac{c}{d} \times \frac{m}{n} \leqq \frac{a}{b} < \frac{c}{d} \times \frac{m+1}{n},$$

ou :
$$cm \leqq \frac{adn}{b} < c(m+1).$$

Telle est la double inégalité fondamentale qui caractérise le quotient approché à $\dfrac{1}{n}$ près.

285. Théorème. — *Pour calculer le quotient approché à $\dfrac{1}{n}$ près d'une fraction par une autre, on multiplie la fraction dividende par le dénominateur de la fraction diviseur, puis par n ; on détermine ensuite le quotient entier de la partie entière du nombre ainsi formé par le numérateur du diviseur. Ce quotient est le numérateur du quotient cherché.*

La fraction $\dfrac{adn}{b}$ contient une partie entière A et une partie fractionnaire k, inférieure à 1. Divisons A par c, et soit m le quotient entier ; on a : $cm < A < c(m+1)$.

Puisque
$$\frac{adn}{b} = A + k,$$

on a évidemment :
$$cm \leqq \frac{adn}{b}.$$

D'autre part, la différence entre $c(m+1)$ et A est au moins d'une unité, puisque ce sont des entiers différents. Par conséquent, si l'on ajoute à A la fraction k inférieure à 1, on a encore : $A + k < c(m+1),$

ou
$$\frac{adn}{b} < c(m+1).$$

Donc on a la double inégalité :
$$cm \leqq \frac{adn}{b} < c(m+1),$$

qui définit le quotient à $\dfrac{1}{n}$ près de $\dfrac{a}{b}$ par $\dfrac{c}{d}$.

EXEMPLE. — *Calculer le quotient à* $\frac{1}{7}$ *près de* $\frac{15}{2}$ *par* $\frac{3}{5}$.

On forme le produit

$$\frac{15}{2} \times 7 \times 5 = 262\frac{1}{2},$$

et on divise 262 par 3, ce qui donne 87.

Donc le quotient cherché est $\frac{87}{7}$.

286. Cas particulier. — En particulier, le dividende et le diviseur peuvent être des entiers; on a ainsi le quotient à $\frac{1}{n}$ près d'un entier par un autre.

287. Quotient par excès et par défaut à $\frac{1}{n}$ **près.**

Le quotient précédent est encore le quotient à $\frac{1}{n}$ près par défaut; si on augmente le numérateur d'une unité, on obtient le quotient par excès, qu'on peut définir ainsi : *Le quotient par excès à* $\frac{1}{n}$ *près d'un nombre, appelé dividende, par un nombre, appelé diviseur, est la plus petite fraction de dénominateur n dont le produit par le diviseur dépasse le dividende.*

La double égalité fondamentale du n° 284 peut s'écrire :

$$\frac{m}{n} \leq \frac{a}{b} : \frac{c}{d} < \frac{m+1}{n},$$

ce qui montre que le quotient complet de deux nombres est compris entre leurs quotients approchés par défaut et par excès à $\frac{1}{n}$ près.

On conçoit donc que l'on peut remplacer pratiquement un quotient exact de deux nombres, d'une façon exacte, ou aussi approchée que l'on veut (si n est assez grand), par une fraction dont le dénominateur est choisi à l'avance. Si ce dénominateur est une puissance de 10, nous retombons sur les quotients décimaux exacts ou approchés définis plus haut.

Application aux nombres complexes.

288. *Soit à transformer en jours, heures, minutes et secondes le nombre suivant :*

$$12^j,473.$$

On a d'abord 12 jours complets, puis $\dfrac{473}{1.000}$ de jour.

Il faut chercher combien cette portion de jour contient d'heures. Soit x ce nombre d'heures. L'heure est $\dfrac{1}{24}$ du jour. Il faut donc chercher le plus grand entier x, tel que

$$\frac{x}{24} \leq \frac{473}{1.000},$$

ou
$$x \leq 24 \times 0,473.$$

On doit donc multiplier 24 par 0,473 et chercher la partie entière, on a :　　$24 \times 0,473 = 11,352$.

Donc il reste 11 heures. Mais il reste en plus une fraction d'heure égale à 0,352.

En raisonnant de même, on multiplie cette fraction par 60, pour avoir le nombre de minutes, qui est égal à la partie entière de ce produit, et ainsi de suite. On trouve ainsi :

$$20 \text{ minutes, puis } 7^s,2.$$

On a donc finalement :
$$12^j,473 = 12^j 11^h 20^m 7^s,2.$$

Exercices sur les fractions décimales.

251. Qu'est-ce qu'une fraction décimale ?

252. Montrer qu'on peut décomposer une fraction décimale en unités des différents ordres décimaux.

253. Etendre aux nombres décimaux la convention fondamentale de la numération décimale ?

254. Enoncer et démontrer les propriétés fondamentales des nombres décimaux.

255. Enoncer et justifier sur un exemple la règle d'addition et de soustraction des nombres décimaux.

256. Comment multiplie-t-on deux nombres décimaux entre eux ?

257. Qu'est-ce que le quotient, à une unité près, d'un nombre décimal par un nombre entier? — Comment le trouve-t-on?

258. Peut-on étendre ce qui précède au quotient, à une unité près, d'une fraction plus grande que 1 par un nombre entier?

259. Qu'est-ce que le quotient d'un nombre entier ou décimal par un nombre entier ou décimal à 0,01, 0,001... près?

260. Comment trouve-t-on ce quotient?

261. Définir les quotients par excès à 0,1, 0,001... près?

262. Qu'est-ce que le quotient à $\dfrac{1}{n}$ près d'un entier ou d'une fraction par un entier ou une fraction? — Comment le détermine-t-on?

263. Que faut-il pour qu'une fraction ordinaire puisse être convertie exactement en fraction décimale?

264. D'une manière générale, que faut-il pour qu'une fraction ordinaire puisse être convertie en une fraction dont le dénominateur soit un nombre entier donné ou une puissance de cet entier?

265. Parmi les fractions suivantes, quelles sont celles qui peuvent être converties exactement en fractions décimales :

$$\frac{21}{56}, \qquad \frac{13}{338}, \qquad \frac{14}{75} \, ?$$

266. Comment se suivent les chiffres décimaux dans le quotient décimal du numérateur par le dénominateur, quand la division ne se fait jamais exactement?

267. Qu'est-ce qu'une fraction décimale périodique simple? — Périodique mixte?

268. Dans quel cas une fraction ordinaire donne-t-elle lieu à une fraction périodique simple? — Mixte?

269. Comment trouve-t-on la fraction génératrice d'une fraction périodique simple, de 0,2323..., par exemple? — D'une fraction périodique mixte, de 0,4813535..., par exemple?

270. Quelle fraction décimale de jour valent 11^{h}20^{min}7^{sec},2?

271. En se reportant au problème 8, transformer en toises, pieds, pouces, lignes le nombre décimal suivant : 5^{toises},34583.

272. Transformer en degrés, minutes et secondes dans le nombre décimal de degrés 37°,8743. Justifier les opérations effectuées.

273. Transformer en jours, heures, minutes et secondes le nombre décimal de jours 2^j,4237. Justifier les opérations.

274. Transformer en nombre décimal d'heures 145^{min}18 secondes.

275. Démontrer qu'une fraction ordinaire telle que $\dfrac{17}{250}$, dont le dénominateur ne contient que les facteurs 2 et 5, est exactement réductible en fraction décimale et qu'on peut déterminer à l'avance le nombre de chiffres décimaux.

(Brevet, Dijon.)

276. Exposer la théorie de la multiplication des fractions ordinaires et en déduire celle de la multiplication des nombres décimaux. （Brevet, Bar-le-Duc.)

277. Qu'entend-on par quotient de deux nombres à $\frac{1}{5}$ près?

Appliquer au quotient des deux nombres 4.815,38 et 32,61.

(Brevet, Académie de Nancy.)

278. En remarquant qu'un nombre décimal est en réalité une fraction, montrer que le produit $9,84 \times 0,875$ a la même valeur que le produit $0,0984 \times 87,5$.

(Brevet, Académie de Grenoble.)

279. Trouver le numérateur d'une fraction dont le dénominateur est 241, sachant que le nombre 0,87 la représente à 0.01 près par défaut. （Brevet, Caen.)

280. Quelle erreur maxima fait-on à moins de 0,0001 près en prenant, comme valeur de π, $\frac{22}{7}$ au lieu de 3,141592 par défaut?

281. Quelle erreur fait-on à moins de $\frac{1}{10^6}$ près si l'on prend pour π la valeur approchée $\frac{377}{120}$?

282. Calculer avec 6 décimales l'inverse du nombre 0,3183098. — Connaissez-vous un nombre très voisin de cet inverse?

283. Un nombre entier quelconque n est toujours diviseur d'un nombre formé de 9, ou bien d'un nombre formé de 9 suivis de zéros, suivant qu'il est ou qu'il n'est pas premier avec 2 ou 5.

284. Si l'on développe en décimales la fraction ordinaire $\frac{1}{17}$, on obtient une fraction périodique simple dont la période a 16 chiffres ; faire voir que la seconde moitié de la période s'obtient en retranchant de 9 les chiffres de la première moitié. — Il en est toujours ainsi lorsque la période de la fraction périodique simple est *complète*, c'est-à-dire formée d'un nombre de chiffres égal au dénominateur de la fraction ordinaire génératrice diminué de 1.

CHAPITRE XI

RACINE CARRÉE ET RACINE CUBIQUE

§ 1. — RACINE CARRÉE EXACTE

289. On a vu que :

1º *Le carré d'un nombre est le produit de ce nombre par lui-même.*

2º *Le carré d'une fraction irréductible est une fraction nouvelle dont le numérateur et le dénominateur sont respectivement les carrés du numérateur et du dénominateur de la première fraction; cette nouvelle fraction est irréductible* (nº 172, Corollaire III).

3º *On sait calculer le carré d'une somme par la formule*

$$(a + b)^2 = a^2 + b^2 + 2ab.$$

290. **Définition de la racine carrée exacte.** — *La racine carrée d'un nombre* A *est un nombre* B *dont le carré est égal à* A.

On a donc : $\qquad B^2 = A.$

On l'écrit de la manière suivante :

$$B = \sqrt{A}.$$

Le signe $\sqrt{}$ se nomme *radical* et $\sqrt{A}$ s'énonce *racine carrée de* A. Ces deux égalités sont *équivalentes* par définition.

S'il existe un tel nombre B, étant donné A, il n'en existe qu'un, car tout nombre plus grand que B a son carré plus grand que B^2, c'est-à-dire que A ; tout nombre plus petit que B a son carré plus petit que B^2, c'est-à-dire que A.

291. Un nombre donné a-t-il une racine carrée exacte ?

1. Supposons que A soit un entier. — B ne pourra pas être une fraction irréductible (à dénominateur différent de 1), car son carré ne pourrait être entier. Donc, si B existe, ce nombre B est entier. Considérons donc la suite des carrés des nombres entiers consécutifs.

Soient les entiers successifs 1 2 3 4 5 6 ...
leurs carrés sont   1 4 9 16 25 36 ...

Ils forment une suite de nombres entiers et croissants, mais ne comprennent pas tous les entiers.

De là résulte que l'on doit envisager deux hypothèses :

1° *Si* **A**, *entier, appartient à la suite des carrés, il existera un nombre* **B** *qui sera sa racine carrée; dans ce cas,* **A** *sera dit* **carré parfait** ;

2° *Si* **A**, *entier, n'appartient pas à la suite des carrés, il n'existe pas de nombre* **B**.

2. Supposons que A soit une fraction rendue irréductible. — Si séparément son numérateur et son dénominateur ne sont pas des carrés parfaits, il n'existera pas de nombre B dont le carré soit égal à A (n° 289, 2°).

§ 2. — RACINE CARRÉE APPROCHÉE

292. La racine carrée exacte d'un nombre A, entier ou fractionnaire, pouvant ne pas exister, on est conduit à opérer par approximation, et à traiter un nouveau problème qui est le suivant : *Chercher le plus grand nombre entier* **B** *dont le carré soit inférieur à* **A**.

Ce nombre B s'appelle *racine carrée approchée par défaut à moins d'une unité près*.

Pour cette recherche, on peut supposer A entier en vertu du théorème suivant.

293. Théorème. — *La racine carrée approchée à moins d'une unité près d'une fraction est égale à la racine carrée approchée à moins d'une unité près de l'entier immédiatement inférieur à cette fraction.*

En effet, soit le nombre A cette fraction. Elle est comprise entre deux entiers consécutifs :

$$n \quad \text{et} \quad (n+1).$$

Soit B le plus grand entier, dont le carré est inférieur à n : le carré de B est inférieur à n, donc *à fortiori* inférieur à A.

Le nombre entier $B+1$ a un carré supérieur à n ; comme ce carré est entier, il dépasse sûrement $n+1$; il est donc supérieur à A.

§ 3. — RECHERCHE DE LA RACINE CARRÉE D'UN ENTIER
A MOINS D'UNE UNITÉ PRÈS PAR DÉFAUT

294. Pour faire cette recherche, on pourrait imaginer la suite des entiers successifs jusqu'à un entier assez grand, et écrire au-dessous la suite de leurs carrés. On regarderait entre quels nombres de la seconde suite se trouve le nombre donné A ; on aurait ainsi le plus grand carré contenu dans A, et il suffirait d'en prendre la racine carrée, c'est-à-dire de regarder le nombre correspondant de la première suite.

Ceci exigerait la construction de la suite des carrés. On préfère opérer autrement.

On commence par déterminer le nombre de chiffres de la racine carrée. C'est le premier problème que nous allons traiter.

295. 1° Détermination du nombre de chiffres de la racine carrée. — Remarquons qu'un nombre compris entre 1 et 10 (10 exclus) a son carré compris entre 1 et 100 (100 exclus). Donc un nombre d'un chiffre a un carré qui comprend un ou deux chiffres.

Soit maintenant un nombre de 2 chiffres ; il est compris entre 10 et 100 exclus ; son carré est compris entre 100 et 10.000 exclus. Donc, un nombre de 2 chiffres a un carré de 3 ou de 4 chiffres.

On continue de cette sorte et l'on arrive à la conclusion suivante :

Un nombre de n chiffres a son carré formé de $2n - 1$ ou de $2n$ chiffres.

Règle. — *On divise le nombre entier donné en tranches de deux chiffres, à partir de la droite. On a ainsi un certain nombre de tranches, la dernière à gauche pouvant ne contenir qu'un chiffre. Le nombre des chiffres de la racine carrée est égal au nombre de tranches.*

296. 2° Recherche des chiffres de la racine approchée. — Ceci posé, distinguons plusieurs cas.

1. — Le nombre donné est inférieur à 100.

Sa racine approchée [1] est inférieure à 10. — On l'aura immédiatement au moyen du tableau suivant :

Nombres :	1	2	3	4	5	6	7	8	9
Carrés :	1	4	9	16	25	36	49	64	81

2. — Le nombre donné est supérieur à 100.

Sa racine approchée a au moins deux chiffres. Nous allons nous proposer de chercher d'abord le nombre total des dizaines de cette racine, puis le chiffre de ses unités.

---

[1] Pour abréger, dans ce qui suit, « racine approchée » signifiera : *racine carrée approchée par défaut à moins d'une unité près.*

297. Théorème I. — *Le nombre des dizaines de la racine approchée de* **A** *est la racine approchée du nombre de centaines de* **A**.

En effet, soit a le nombre des centaines de A.

Soit b le nombre de ses dizaines et de ses unités simples.

$$A = 100a + b$$

(b est inférieur à 100).

Supposons que n soit la racine à moins d'une unité près par défaut de a. On aura donc : $n^2 \leq a < (n+1)^2$.

Multiplions par 100 ; on aura :

$$n^2 \times 100 \leq 100a < (n+1)^2 \times 100$$

ou
$$(10n)^2 \leq 100a < [10(n+1)]^2.$$

Si l'on ajoute b à $100a$ on a, *a fortiori* :

$$(10n)^2 \leq 100a + b.$$

Dautre part, a différait de $(n+1)^2$ d'au moins une unité ; donc $100a$ diffère de $(n+1)^2 \times 100$ d'au moins cent unités. Donc, b étant plus petit que 100, on aura :

$$100a + b < (n+1)^2 \times 100$$

ou
$$100a + b < [10(n+1)]^2.$$

On obtient la double inégalité

$$(10n)^2 \leq 100a + b < [10(n+1)]^2.$$

Mais $100a + b$ est le nombre A ; donc ce nombre est tel que sa racine carrée approchée est comprise entre

$$10n \quad \text{et} \quad 10(n+1)$$

sans pouvoir atteindre ce dernier nombre.

Conséquence. — On a à chercher la racine approchée d'un nouveau nombre qui contient deux chiffres de moins que le premier. Le problème est donc ramené à un autre plus simple.

298. Théorème II. — *La détermination du chiffre des unités de la racine carrée approchée revient à une division.*

Soit $10n + p$ la racine (approchée ou exacte), p étant le chiffre de ces unités.

On a :
$$(10n + p)^2 \leq 100a + b$$

ou
$$100n^2 + 20n \cdot p + p^2 \leq 100a + b.$$

On en déduit :

$$20n \cdot p \leq 100(a - n^2) + b - p^2 ;$$

d'où *a fortiori* : $\quad 20n \cdot p \leq 100(a - n^2) + b$

ou
$$10p \leq \frac{100(a-n^2)+b}{2n}.$$

p est donc un nombre tel que $10p$ multiplié par $2n$ soit inférieur ou au plus égal à $100(a-n^2)+b$.

Nous sommes donc amenés à diviser $100(a-n^2)+b$ par $2n$ et à chercher le nombre des dizaines du quotient. Soit q ce nombre; il suffit pour cela de diviser le nombre de dizaines du dividende par le diviseur; p, d'après ce qui précède, est au plus égal au nombre q; mais il peut être inférieur.

On considère le nombre q trouvé par la division [on remarquera que s'il était égal à 10 ou dépassait 10, on prendrait 9 immédiatement]; on forme :
$$100(a-n^2)+b-9^2$$
et on regarde si
$$2n \cdot 10q$$
lui est inférieur ou au plus égal. S'il n'en est pas ainsi, on opère sur $q-1$ et ainsi de suite jusqu'au premier nombre qui satisfait à la condition précédente.

Remarque. — En réalité, on formera le nombre
$$2n \cdot 10 \cdot q + q^2 = (10 \times 2n + q)q$$
et l'on regarde s'il est inférieur à $100(a-n^2)+b$,
ce qui revient au même et est plus commode dans la pratique.

Nous avons donc, après un nombre restreint d'essais, le moyen de trouver le chiffre des unités de la racine.

299. Exemple. — *Soit à extraire à moins d'une unité près par défaut la racine carrée de 724.396.*

1° Le nombre des chiffres de la racine est 3.

2° Pour avoir le nombre des dizaines de la racine, il suffit de connaître la racine carrée à moins d'une unité près par défaut de 7 243.

Nous sommes ramenés au même problème sur ce nouveau nombre plus simple que le premier. Sa racine approchée a 2 chiffres. Cherchons le nombre des dizaines de cette nouvelle racine approchée (ce sera le nombre des centaines de la racine approchée de 724.396).

On est amené à chercher la racine approchée de 72, qui est 8, dont le carré est 64. Ici
$$a = 72, \quad n = 8.$$

Formons
$$72 - 64 = 8$$
et écrivons 43 à la suite de 8; cela revient à écrire
$$800 + 43 = 843.$$

C'est ce que nous avons formé plus haut :

$$100(a-n^2)+b \quad \text{ou} \quad A-100n^2.$$

Nous divisons ce nombre 843 par $2n=2\times8=16$ et nous prenons le chiffre des dizaines du quotient, ce qui donne 5. Le chiffre des unités proprement dites de la racine carrée de 7.243 est 5 ou un chiffre plus faible.

Essayons 5. Pour cela, formons

$$2n.10.q+q^2=16.10.q+q^2, \text{ avec } q=5.$$

Pour former commodément $16.10.q+q^2$, remarquons qu'on peut l'écrire $(16.10+q)q$, c'est-à-dire on aura à multiplier le nombre formé de 16 dizaines et de 9 unités par q. On écrit donc (toujours ramené à être inférieur à 10) à droite de 16 et on multiplie par q.

Ici l'on obtient $(q=5)$:

$$\begin{array}{r} 165 \\ 5 \\ \hline 825 \end{array}$$

Il faut voir si ce nombre (825) peut être retranché de

$$100(a-n^2)+b=843.$$

Ici la chose est possible. Donc la racine carrée approchée de 7.243 est 85.

Ces opérations se disposent de la manière suivante :

$$\begin{array}{r|l} 72\cdot43 & 85 \\ \cline{2-2} 64 & 165 \\ \cline{1-1} & .\;5 \\ \cline{2-2} 84\cdot3 & 825 \\ 82\;5 & \\ \hline 1\;8 & \end{array}$$

On écrit 7.243, puis une barre verticale à droite.

On sépare une tranche de 2 chiffres à partir de la droite, reste 72, dont la racine approchée est 8. On écrit 8 sur la même ligne horizontale que 7.243 et à droite de la barre verticale.

Le carré de 8 est 64, qu'on écrit au-dessous de 72. On retranche 64 de 72, soit 8 ; on abaisse la tranche suivante 43, ce qui donne 843, et on sépare le dernier chiffre par un point en haut, ce qui s'écrit 84·3.

On double le nombre 8 trouvé à la racine, soit 16.

On divise 84 par 16, soit 5 le quotient. (Si ce quotient était supérieur à 10, on essaierait tout de suite 9 dans ce qui va suivre.) On écrit ce quotient ainsi ramené à un chiffre à droite de 16, ce qui donne 165 et on multiplie 165 par 5, ce qui donne 825. Il faut que 825 puisse être retranché du nombre obtenu à gauche (ici, 843); sinon on prendrait un chiffre plus faible d'une unité que le quotient précédent, et ainsi de suite jusqu'à ce qu'on arrive à une soustraction possible.

La racine approchée est 85 pour le nombre 7.243 et le reste est 18; c'est-à-dire, la différence entre 7.243, et $(85)^2$ est 18.

Donc nous savons que le nombre des dizaines de la racine approchée de 724.396 est **85**.

On va opérer comme précédemment.

On a à former maintenant : $7.243 - 85^2 = 18$.

Si l'on se reporte aux démonstrations données plus haut, on a ici :

$$n = 85,$$
$$a = 7.243,$$
$$b = 96.$$

On forme donc $100(a - n^2) + b$:

$$100(7.243 - 85^2) + 96 = 1.800 + 96 = 1.896$$

et $$2n = 2 \times 85 = 170.$$

On est amené à diviser 189 par 170; le quotient (ramené à 9 au plus) est égal au chiffre cherché des unités de la racine approchée de 724.396 ou à un chiffre trop fort. On essaye ce chiffre comme plus haut.

Ce chiffre est 1. On a donc ici $q = 1$.

Formons :

$$2n \cdot 10q + q^2 = (2n \cdot 10 + q)q = (1.700 + 1) \times 1 = 1.701.$$

Ce nombre peut se retrancher de 1.896; donc 1 est le chiffre cherché.

De plus, $$1.896 - 1.701 = 195.$$

On a donc finalement :

$$724.396 = (851)^2 + 195.$$

On dispose les opérations comme plus haut en utilisant les calculs déjà faits.

72·43·96	851	
64	165	1.701
	5	1
81·3	825	1.701
82 5		
189·6		
1.701		
195		

On écrira 724.396 au lieu de 7.243 et on commencera comme plus haut jusqu'au reste 18.

Arrivé au reste 18, on abaisse la tranche suivante 96 ; on double le nombre 85 trouvé à la racine, ce qui fait 170 ; on sépare dans 1.896 le dernier chiffre et on divise 189 par 170, ce qui donne le nouveau chiffre de la racine ou un chiffre trop grand. Ce chiffre est 1, qu'on écrit à droite de 170, et on multiplie 1.701, ainsi trouvé, par 1 ; il faut que 1.701 soit inférieur à 1.896, ce qui est possible ; donc 1 est le chiffre cherché de la racine.

La manière d'opérer est la même, quel que soit le nombre de tranches.

On est donc conduit à la règle suivante :

300. Règle pratique. — *Pour extraire la racine carrée approchée à une unité près d'un nombre entier donné :*

On divise le nombre donné en tranches de deux chiffres à partir de la droite, la dernière tranche à gauche pouvant n'avoir qu'un chiffre.

On extrait la racine carrée approchée à une unité près de la première tranche à gauche (cas précédent), ce qui donne le premier chiffre à gauche de la racine cherchée.

On écrit sous la première tranche à gauche le reste de cette opération, c'est le premier reste partiel. On abaisse à la droite du premier reste partiel la tranche suivante et l'on sépare par un point le dernier chiffre à droite du nombre ainsi obtenu. On divise la partie à gauche du point par le double du premier chiffre de la racine. On obtient ainsi le second chiffre de la racine ou un chiffre trop fort. Pour l'essayer, on l'écrit à la droite du double du premier chiffre de la racine et on le multiplie par le nombre ainsi formé. Le chiffre essayé convient si ce produit peut se retrancher du nombre formé par le premier reste partiel suivi de la seconde tranche. Dans le cas contraire, on le diminue successivement de 1, 2 ... unités, jusqu'à ce que la soustraction précédente soit possible. Le résultat de cette soustraction est le deuxième reste partiel.

On abaisse à la droite de ce deuxième reste partiel la troisième tranche et on sépare par un point le dernier chiffre du nombre ainsi formé. On divise la partie à gauche du point par le double du nombre trouvé à la racine. On obtient ainsi le troisième chiffre de la racine ou un chiffre trop fort. On l'essaye comme plus haut.

On continue l'opération jusqu'à ce que l'on ait utilisé

*la dernière tranche du nombre donné. Le dernier reste
partiel obtenu est le reste de l'opération.*

301. REMARQUE I. — *Dans la pratique, on n'écrit pas
chaque produit du double du nombre obtenu à la racine
suivi du chiffre cherché pour le soustraire de chaque
reste partiel dont on a séparé le dernier chiffre. On fait
les deux opérations à la fois et l'opération est disposée
ainsi :*

$$
\begin{array}{c|c|c}
72{\cdot}4\,3{\cdot}9\,6 & 851 & \\
\hline
8\,4{\cdot}3 & 165 & 1.701 \\
1\,8\,9{\cdot}6 & 5 & 1 \\
\hline
1\,9\,5 & 825 & 1.701
\end{array}
$$

REMARQUE II. — *Le chiffre le plus élevé à essayer
comme quotient d'une division partielle est 9.*

REMARQUE III. — *Il peut se faire que dans l'une de
ces divisions le quotient soit 0. On écrit 0 à la racine.
On abaisse la tranche suivante et on continue l'opération.*

1er EXEMPLE. — Soit à extraire la racine carrée de 157.609.

Opération :

$$
\begin{array}{c|c|c}
15{\cdot}7\,6{\cdot}0\,9 & 397 & \\
\hline
6\,7{\cdot}6 & 69 & 787 \\
5\,5\,0{\cdot}9 & 9 & 7 \\
\hline
0\,0\,0 & 621 & 5.509
\end{array}
$$

Pour trouver le second chiffre de la racine, il faut diviser
67 par 6. Le quotient est 11. Or, il ne peut dépasser 9. Donc
on essaye 9.

Le nombre 157.609 est carré parfait.
Sa racine carrée exacte est 397.

2e EXEMPLE. — Soit à extraire la racine carrée de 94.617.

Opération :

$$
\begin{array}{c|c|c}
9{\cdot}4\,6{\cdot}1\,7 & 307 & \\
\hline
4{\cdot}6 & 6 & 607 \\
4\,6\,1{\cdot}7 & & 7 \\
\hline
3\,6\,8 & & 4.249
\end{array}
$$

La première tranche est 9, dont la racine exacte est 3. Donc le premier reste partiel est 0. On abaisse la 2e tranche et on sépare le dernier chiffre, on a à diviser 4 par 6 (double du premier chiffre de la racine); le quotient est 0. On écrit 0 à la racine. On abaisse à côté de 46 la tranche suivante 17, ce qui donne 4.617; on sépare le dernier chiffre. On divise 461 par 60 (double du nombre 30, trouvé à la racine); on obtient 7 qu'on essaye comme plus haut.

La racine approchée est 307.

Le reste de l'opération est 368.

302. Reste. — Si A est le nombre entier donné, B la racine approchée à moins d'une unité près par défaut, on aura : $A = B^2 + R,$

R étant un nombre entier qu'on appelle reste.

Supposons qu'on ait trouvé deux nombres entiers B et R satisfaisant à l'égalité précédente; on peut se demander dans quel cas B est la racine approchée de A à moins d'une unité près par défaut.

303. Théorème. — *Si l'on a trouvé deux nombres entiers* **B** *et* **R** *satisfaisant à l'égalité* $A = B^2 + R$, *la condition nécessaire et suffisante pour que* **B** *soit la racine carrée approchée à moins d'une unité près de* **A** *est que* **R** *soit au plus égal au double de* **B**.

Tout d'abord, il est certain que cette racine est égale ou supérieure au nombre B.

Pour que cette racine approchée soit B, il faut que :

(1) $\qquad\qquad (B+1)^2 > A$

ou $\qquad\qquad 2B + 1 > A - B^2 ;$

or $\qquad\qquad A - B^2 = R ;$

donc

(2) $\qquad\qquad 2B + 1 > R.$

Donc il faut que le nombre R soit au plus égal au double de B. La condition est donc nécessaire.

Inversement, cette condition est suffisante, car si elle est satisfaite, elle s'exprime par l'inégalité (2), laquelle entraîne l'inégalité (1).

Conséquence. — Il faut donc que le reste que l'on trouve, si l'on fait les opérations indiquées plus haut, soit au plus égal au double de la racine approchée.

304. Preuves de l'opération. — 1º On forme la somme du carré de la racine approchée et du reste ; on doit retrouver le nombre donné.

2º On peut faire la preuve par 9 en considérant la différence entre le nombre donné et le reste comme le dividende d'une division dont le diviseur et le quotient sont égaux à la racine approchée.

§ 4. — RACINE CARRÉE
APPROCHÉE A MOINS DE $\frac{1}{n}$ PRÈS PAR DÉFAUT

I. — Cas général.

305. Définition. — *Soit* **A** *un nombre donné (entier ou fraction). On dit que la fraction* $\frac{m}{n}$ *est la racine carrée approchée à moins de* $\frac{1}{n}$ *près par défaut quand on a la double inégalité*

$$\left(\frac{m}{n}\right)^2 \leqq A < \left(\frac{m+1}{n}\right)^2.$$

Remarque. — La première inégalité peut être une égalité, si $\frac{m}{n}$ est la racine carrée exacte de A.

306. *De la double inégalité précédente on déduit :*

$$m^2 \leqq A \times n^2 < (m+1)^2.$$

Ceci montre que pour obtenir m, n *étant donné, on a à trouver la racine carrée approchée à moins d'une unité près par défaut du nombre*

$$A \times n^2,$$

ce qui nous ramène immédiatement au problème précédent. On prendra le plus grand entier contenu dans $A \times n^2$ *et on est ramené à extraire la racine carrée d'un entier à moins d'une unité près.*

II. — Cas particulier où n = 10 ou une puissance de 10.

307. On peut en particulier prendre n égal à une puissance de 10.

Soit d'abord : $n = 10.$

On multiplie le nombre par 100 et on extrait sa racine à moins d'une unité près par défaut, après n'en avoir gardé que la partie entière.

Si le nombre A donné est entier, cela revient à ajouter deux zéros à sa droite et à extraire la racine carrée, comme précédemment, du nouveau nombre obtenu, en ayant soin de séparer le dernier chiffre de la racine approchée par une virgule.

Si l'on veut extraire la racine carrée à moins de $\dfrac{1}{10^K}$ près du nombre entier A, on écrit 2K zéros à la suite de A et on extrait la racine du nouveau nombre comme plus haut, en ayant soin de séparer les K derniers chiffres de la racine approchée obtenue par une virgule.

Si A est un nombre décimal et qu'on veuille extraire sa racine à moins de $\dfrac{1}{10^K}$ près, on l'écrit avec 2K décimales en complétant au besoin par des zéros celles qui manqueraient et en n'en prenant que 2K s'il en contient davantage, et on opère sur le nouveau nombre obtenu comme s'il était entier, sans s'occuper de la virgule, puis en séparant par une virgule les K derniers chiffres de la racine.

Règle pratique. — On divise le nombre A , décimal ou entier, en tranches de deux chiffres vers la gauche à partir du chiffre des unités, et on fait les opérations de l'extraction de la racine carrée. Quand on a obtenu le dernier chiffre de la racine carrée approchée à moins d'une unité près, on continue les opérations en abaissant la tranche suivante formée des deux premiers chiffres décimaux (qui peuvent être des zéros) et on continue les opérations en ayant soin de mettre une virgule à la gauche du premier chiffre obtenu à la racine après cette opération.

308. Racine approchée par excès et par défaut. — Étant donné un nombre A qui n'est pas carré parfait, on peut obtenir sa racine approchée à moins de $\dfrac{1}{10}$, $\dfrac{1}{100}$, $\dfrac{1}{1.000}$ ... près *par défaut*.

Si $\dfrac{n}{10^{\kappa}}$ est une telle racine approchée, on dira que $\dfrac{n+1}{10^{\kappa}}$ est la racine approchée à moins de $\dfrac{1}{10^{\kappa+1}}$ près, *par excès*.

D'après l'inégalité du n° 305, la racine carrée d'un nombre approchée à $\dfrac{1}{10^{\kappa}}$ par excès est la plus petite fraction de dénominateur 10^{κ} dont le carré dépasse le nombre donné.

On peut donc, en forçant la dernière décimale chaque fois, obtenir la racine approchée par excès à moins de $\dfrac{1}{10}$, $\dfrac{1}{100}$, $\dfrac{1}{1.000}$, etc... près.

On a ainsi des nombres qui diffèrent de $\dfrac{1}{10}$, $\dfrac{1}{100}$, $\dfrac{1}{1.000}$ ... respectivement.

On peut de la sorte calculer des nombres dont les carrés soient aussi voisins qu'on le veut de A, et les uns plus grands, les autres plus petits.

§ 5. — CUBE ET RACINE CUBIQUE

309. On a vu que :

1° *Le cube d'un nombre est le produit de trois facteurs égaux à ce nombre.*

2° *Le cube d'une fraction irréductible est une fraction irréductible, dont les deux termes sont les cubes des termes de la fraction donnée.*

3° *On sait de plus que :*

$$(a + b)^3 = a^3 + 3a^2b + 3ab^2 + b^3.$$

310. Racine cubique exacte. — La racine cubique d'un nombre A est un nombre B tel que

$$B^3 = A.$$

On l'écrit de la manière suivante :

$$B = \sqrt[3]{A} \quad \text{(B égale racine cubique de A)}.$$

Ces deux égalités sont *équivalentes* par définition. — Le signe $\sqrt[3]{}$ se nomme *radical cubique.*

Formons la suite des premiers nombres entiers et de leurs cubes.

Entiers	1	2	3	4	5	6	7	...
Cubes	1	8	27	64	125	216	343	...

On voit que les cubes des entiers forment une suite croissante, ne comprenant pas tous les entiers. — D'autre part, si A est entier, sa racine cubique, si elle existe, ne peut pas être une fraction irréductible.

Par suite, un entier donné n'a pas en général une racine cubique exacte ou n'est pas un *cube parfait.* (309, 2°).

De même, une fraction irréductible n'est le cube d'une fraction que si son numérateur et son dénominateur sont séparément *des cubes parfaits.*

311. Racine cubique approchée à une unité près. — *On appelle racine cubique approchée à une unité près d'un nombre, entier ou fraction, le plus grand entier dont le cube est contenu dans ce nombre.*

On montre, comme plus haut, que si le nombre donné est une fraction, on peut le remplacer dans cette recherche par le plus grand nombre entier qu'il contient.

On est donc amené à chercher la racine cubique approchée à une unité près d'un entier.

On peut d'abord, comme dans la racine carrée, démontrer que le nombre de chiffres de la racine approchée[1] cherchée s'obtient en partageant l'entier donné en tranches de trois chiffres à partir de la droite, la dernière tranche à gauche pouvant n'avoir qu'un ou deux chiffres ; le nombre de tranches est le nombre de chiffres de la racine cubique approchée.

312. Recherche des chiffres de la racine cubique approchée. — I. *Le nombre est inférieur à 1.000. La racine cubique approchée est donnée par le tableau suivant :*

Nombres :	1	2	3	4	5	6	7	8	9	10
Cubes :	1	8	27	64	125	216	343	512	729	1.000

II. *Le nombre est inférieur à 1.000.*

313. Théorème I. — *Le nombre des dizaines de la racine cubique de A est égal à la racine cubique exacte ou approchée du nombre de mille de A.*

Soit a le nombre des mille de A, b le nombre restant. On a :
$$A = 1.000a + b.$$

Supposons que n soit la racine cubique exacte ou approchée de a ; on aura :
$$n^3 \leq a < (n+1)^3 ;$$

et en multipliant par 1.000 :
$$1.000 n^3 \leq 1.000 a < 1.000 (n+1)^3.$$

Si on ajoute b à $100a$, on a évidemment :
$$1.000 n^3 \leq 1.000 a + b.$$

D'autre part, la différence entre a et $(n+1)^3$ était au moins égale à 1 ; donc la différence entre $1.000a$ et $1.000(n+1)^3$ est au moins égale à 1.000 ; il en résulte que, b étant inférieur à 1.000, on a encore :
$$100a + b < 1.000 (n+1)^3 ;$$

---

[1] Comme pour la racine carrée, *racine cubique approchée* signifie dans ce qui suit *racine cubique approchée à une unité près*.

donc on obtient la double inégalité :

$$(10n)^3 \leqq 1.000a + b < [10(n+1)]^3,$$

ce qui démontre le théorème.

314. **Théorème II.** — *La détermination du chiffre des unités de la racine cubique approchée revient à une division.*

Soit $10n + p$ la racine cherchée. On doit avoir :

$$(10n + p)^3 \leqq 1.000a + b$$

ou

$$1.000n^3 + 3 \times 100n^2p + 3 \times 10np^2 + p^3 \leqq 1.000a + b.$$

On en déduit encore :

$$100p \leqq \frac{1.000a + b - 1.000n^3 - 3 \times 10np^2 - p^3}{3n^2},$$

d'où *a fortiori* :

$$100p \leqq \frac{1.000a + b - 1.000n^3}{3n^2} \quad \text{ou} \quad 100p \leqq \frac{1.000(a - n^3) + b}{3n^2}.$$

p est donc un entier tel que $100p$ multiplié par $3n^2$ soit inférieur ou au plus égal à $1.000(a - n^3) + b$. On est donc amené à diviser $1.000(a - n^3) + b$ par $3n^2$ et à chercher les centaines de ce quotient; pour cela, il suffit de diviser le nombre des centaines du dividende par le diviseur. Soit q ce quotient. Le nombre cherché p, d'après ce qui précède, est au plus égal à q, mais il peut lui être inférieur.

Pour essayer ce nombre q (ramené à être au plus égal à 9), on forme le nombre : $3 \times 100n^2q + 3 \times 10nq^2 + q^3$ et on regarde si ce nombre peut se retrancher de $1.000(a - n^3) + b$. C'est ce qu'on appelle *essayer le chiffre* q. Si la soustraction est impossible, on diminue q d'une unité, puis de deux, etc., successivement, jusqu'à ce que la soustraction devienne possible. On a ainsi le chiffre des unités de la racine cherchée.

315. Si la racine cherchée n'a que deux chiffres, la première opération donne le chiffre des dizaines, la deuxième celle des unités et le problème est terminé.

Si la racine cherchée a plus de deux chiffres, on est ramené à chercher le nombre de ces dizaines; pour cela, il faut opérer sur un nouveau nombre dont la racine a un chiffre de moins; on est donc ainsi ramené de proche en proche au cas précédent.

De ce qui précède résulte la règle pratique suivante.

316. Règle pratique. — *Pour extraire la racine cubique à une unité près d'un nombre entier :*

1° On partage le nombre en tranches de trois chiffres à partir de la droite ; la dernière tranche à gauche peut n'avoir qu'un ou deux chiffres.

2° On extrait la racine cubique du plus grand cube parfait contenu dans la 1re tranche à gauche, ce qui donne le 1er chiffre à gauche de la racine. On fait le cube de ce chiffre et on le soustrait de la tranche employée.

3° A droite du reste, on écrit la tranche suivante dont on sépare les deux derniers chiffres de droite par un point, et l'on divise la partie à gauche du point par le triple du carré de là racine trouvée. Le quotient obtenu est le second chiffre de la racine ou un chiffre trop fort. On essaye ce chiffre comme il a été dit.

4° A droite du reste, on écrit la tranche suivante dont on sépare les deux derniers chiffres par un point, et l'on divise la partie à gauche du point par le triple du carré de la racine trouvée. Le quotient obtenu est le troisième chiffre de la racine ou un chiffre trop fort. On l'essaye.

5° On continue cette série d'opérations jusqu'à ce que toutes les tranches aient été utilisées.

317. Exemple d'opération pratique. — Soit à extraire la racine cubique de 427.365 à une unité près.

Opération.

$$
\begin{array}{l|l|l}
427.365 & 75 & \\
\hline
843{\cdot}65 & 3 \times 7^2 = 147 & 14.700 = 3 \times 100 \times 7^2 \\
54\ 90 & & 1.050 = 3 \times 10 \times 7 \times 5 \\
& & 25 = 5^2 \\
\cline{3-3}
& & 15.775 \\
& & 5 \\
\cline{3-3}
& & 78.875
\end{array}
$$

On extrait la racine cubique de 427, qui est 7. Le cube de 7 est 343, qu'on soustrait de 427, ce qui donne 84, et on abaisse la tranche suivante ; on obtient ainsi 84.365. Ici $n = 7$. On forme $3n^2 = 3 \times 7^2 = 147$, et l'on divise 843 par 147. Le quotient q est 5. Pour l'essayer, il faut former

$$3 \times 100 n^2 q + 3 \times 10 n q^2 + q^3$$

ou $\qquad (3 \times 100 n^2 + 3 \times 10 n q + q^2) q.$

On a écrit les trois termes du premier facteur sous la racine ; en additionnant on trouve 15.775, qu'on multiplie par 5 ; le produit est 78.875, qui peut se retrancher de 84.365 ; donc 5 est le chiffre des unités. Le résultat de la soustraction précédente, 5.490, est le reste de l'opération.

318. Reste. — Si A est le nombre entier donné, B sa racine cubique approchée à une unité près, on a :

$$A = B^3 + R,$$

R étant un entier qu'on appelle *reste*.

L'opération indiquée plus haut donne immédiatement ce reste, qui est *la différence entre le nombre donné et le cube de sa racine approchée*.

Pour faire la preuve de l'opération, on fait la somme du cube de la racine approchée et du reste ; cette somme doit être égale au nombre donné.

319. Racine cubique approchée à moins de $\frac{1}{n}$ près. — *La racine cubique approchée à moins de $\frac{1}{n}$ d'un nombre donné est la plus grande fraction du dénominateur n dont le cube est contenu dans le nombre donné.*

Soient A le nombre donné, $\frac{m}{n}$ la racine approchée à moins de $\frac{m}{n}$ près ; on a :

$$\left(\frac{m}{n}\right)^3 \leq A < \left(\frac{m+1}{n}\right)^3.$$

On en déduit :

$$m^3 \leq An^3 < (m+1)^3.$$

On a donc à trouver la racine cubique exacte ou approchée à moins d'une unité près du nombre An^3, qu'on remplace, s'il n'est pas entier, par l'entier immédiatement inférieur.

En particulier, n peut être une puissance de 10 et l'on peut trouver, comme pour la racine carrée, des nombres décimaux dont les cubes diffèrent de A d'aussi peu qu'on veut. On peut également définir des racines cubiques approchées par excès, les précédentes étant approchées par défaut, et trouver ainsi des nombres dont les carrés diffèrent de A d'aussi peu qu'on veut, les uns plus grands, les autres plus petits.

§ 6. — RACINE D'ORDRE m

320. Définition. — La racine exacte d'ordre m ou racine m^{me} d'un nombre A est un nombre B dont la puissance d'ordre m ou puissance m^{me} est égale à A.

On a donc :
$$B^m = A.$$

On écrit encore cette égalité sous la forme équivalente
$$B = \sqrt[m]{A}.$$

Le signe $\sqrt[m]{}$ se nomme *radical d'indice* m.

En général, A étant donné, il n'existe pas d'entier ou de fraction B satisfaisant à l'égalité $B^m = A$. On est donc amené à définir des racines approchées à une unité ou d'une manière générale à $\dfrac{1}{n}$ près d'un nombre A. La définition et le calcul sont analogues à ceux des racines carrées et cubiques. On peut donc trouver des nombres dont les puissances m^{mes} sont aussi voisines qu'on le veut de A ; elles sont des racines approchées par défaut ou par excès, suivant que leurs puissances m^{mes} ne dépassent pas A ou lui sont supérieures.

Nombres incommensurables.

321. Nous avons vu, à propos de la division, qu'il n'était pas toujours possible de trouver un entier dont le produit par un nombre entier donné ait une valeur donnée. Le problème, impossible quand on se borne

aux **quotients entiers**, devient possible quand on a introduit les **fractions** comme nombres nouveaux dans le calcul. De même, il y a intérêt à introduire une nouvelle espèce de nombres qui ne sont ni des entiers ni des fractions, et que l'on nomme **nombres incommensurables**.

Ceux dont nous nous occuperons seront les racines des nombres entiers et des fractions. On peut toujours imaginer pour les applications pratiques qu'on les remplace par leurs valeurs suffisamment approchées par excès ou défaut, que nous avons appris à former. On conviendra d'ailleurs que la racine m^{me} d'un nombre A, élevée à la puissance m, **sera prise rigoureusement égale à A.**

On peut trouver un exemple analogue de calcul dans les fractions décimales qui représentent avec une approximation suffisante toute fraction donnée ; ainsi, si l'on a la fraction $\dfrac{4}{11}$, on la remplace dans le calcul par 0,3636 ... en prenant un nombre de décimales suffisant dans chaque cas et en convenant que

$$(0,3636 \ldots) \times 11 = 4.$$

Nous désignerons la racine m^{me} de A, suffisamment approchée, si A n'est pas une puissance m^{me} parfaite, par la notation $\sqrt[m]{A}$ (racine m^{me}) de A que l'on traitera dans les calculs comme les nombres ordinaires (entiers et fractions).

§ 7. — PROPRIÉTÉS DES PUISSANCES ET DES RACINES

322. Théorème I. — *Les puissances successives d'un nombre plus grand que 1 vont en croissant avec l'exposant et dépassent tout nombre donné.*

1° Un nombre plus grand que 1 peut s'écrire

$$1 + a,$$

a étant un entier ou une fraction.

On a :
$$(1 + a)^2 = (1 + a)(1 + a) > 1 + a$$
$$(1 + a)^3 = (1 + a)^2(1 + a) > (1 + a)^2$$

et d'une manière générale :

$$(1 + a)^{n+1} = (1 + a)^n(1 + a) > (1 + a)^n.$$

Donc les puissances successives d'un nombre plus grand que 1 vont en augmentant avec l'exposant.

2° On a d'autre part :

$$(1 + a)^2 = 1 + 2a + a^2 > 1 + 2a$$
$$(1 + a)^3 > (1 + 2a)(1 + a) = 1 + 3a + 2a^2 > 1 + 3a.$$

Si l'on a $(1 + a)^n > 1 + na$

on en déduit $(1 + a)^{n+1} > (1 + na)(1 + a).$

Or

$$(1 + na)(1 + a) = 1 + (n + a)a + na^2 > 1 + (n + 1)a.$$

Donc *a fortiori* :

$$(1 + a)^{n+1} > 1 + (n + 1)a.$$

Donc l'inégalité $(1 + a)^n > 1 + na$
est ainsi démontrée *de proche en proche*.

On peut choisir n de telle sorte que

$$1 + na > A,$$

A étant un nombre quelconque donné ; il suffit pour cela que

$$n > \frac{A - 1}{a}.$$

On aura *a fortiori* :

$$(1 + a)^n > A.$$

Donc on peut choisir n de telle sorte que la puissance n^e de $(1 + a)$ soit plus grande que tout nombre donné à l'avance.

323. Théorème II. — *Les puissances successives d'un nombre plus petit que 1 vont en décroissant avec l'exposant et se rapprochent de 0 autant qu'on veut.*

En effet, un nombre plus petit que 1 est l'inverse d'un nombre plus grand que 1. Les puissances du premier nombre sont les inverses des puissances du second.

Or les puissances du deuxième nombre vont en croissant avec l'exposant et dépassent tout nombre donné ; donc leurs inverses décroissent avec l'exposant et se rapprochent de 0 autant qu'on veut.

324. Théorème III. — *Une racine d'un nombre donné se rapproche de 1 autant que l'on veut quand l'indice est suffisamment grand.*

1° Soit A un nombre plus grand que 1.

Si A est une puissance m^{me} exacte, sa racine m^{me} est supérieure à 1; car si cette racine était inférieure à 1, la puissance m^{me} de cette racine serait inférieure à 1 (théorème précédent) et ne pourrait être égale à A. Soit $(1 + a)$ cette racine. On a :

$$(1 + a)^m = A.$$

D'autre part,

$$(1 + a)^m > 1 + ma.$$

Donc

$$1 + ma < A;$$

d'où

$$a < \frac{A - 1}{m}.$$

On peut choisir m de manière que le deuxième membre de l'inégalité précédente soit aussi petit que l'on veut; il en est donc de même de A.

Si A n'est pas une puissance m^{me} exacte, remplaçons-le par un nombre plus grand B, qui soit une puissance m^{me} exacte. La racine, aussi approchée qu'on le veut de A, sera inférieure à $\sqrt[m]{B}$, et on montrerait comme plus haut qu'elle est supérieure à 1.

Or $\sqrt[m]{B}$ est aussi voisin qu'on le veut de 1. Donc il en est de même de la racine de A.

2° Si l'on a $A < 1$, la racine m^{me} de A est l'inverse de la racine m^{me} de l'inverse de A. Or l'inverse de A est plus grand que 1, et l'on vient de démontrer que sa racine m^{me} est aussi voisine de 1 que l'on veut.

325. Théorème IV. — *La racine m^{me} d'un produit de plusieurs facteurs est égale au produit des racines m^{mes} de ces facteurs.*

Soit à démontrer que

$$\sqrt[m]{abc} = \sqrt[m]{a}\,\sqrt[m]{b}\,\sqrt[m]{c}.$$

Il suffit de démontrer que les puissances m^{mes} des deux membres de cette égalité sont les mêmes.

Or la puissance m^{me} de $\sqrt[m]{abc}$ est abc par définition.

Formons :

$$\sqrt[m]{a}\,\sqrt[m]{b}\,\sqrt[m]{c}.$$

Il faut former le produit

$$(\sqrt[m]{a}\,\sqrt[m]{b}\,\sqrt[m]{c})\,(\sqrt[m]{a}\,\sqrt[m]{b}\,\sqrt[m]{c})\,(\sqrt[m]{a}\,\sqrt[m]{b}\,\sqrt[m]{c})$$

$$= \underbrace{\sqrt[m]{a}\,\sqrt[m]{a}\ldots\sqrt[m]{a}}_{m\text{ radicaux}}\,\underbrace{\sqrt[m]{b}\ldots\sqrt[m]{b}}_{m\text{ radic.}}\,\underbrace{\sqrt[m]{c}\ldots\sqrt[m]{c}}_{m\text{ radic.}} = abc.$$

§ 8. — CALCUL ABRÉGÉ DE LA RACINE CARRÉE APPROCHÉE A MOINS D'UNE UNITÉ PRÈS D'UN NOMBRE ENTIER

326. Théorème. — *Lorsqu'on a calculé plus de la moitié des chiffres de la racine carrée approchée à une unité près d'un nombre entier, on peut obtenir les autres chiffres par une division.*

Soit A le nombre entier dont on veut extraire la racine carrée à une unité près. Soit a la partie trouvée comprenant $n+1$ chiffres ; soit x le *nombre* qu'il faut ajouter à la partie trouvée pour avoir la *racine exacte* ou approchée avec une approximation aussi grande qu'on veut. On a, soit exactement, soit avec une approximation aussi grande que l'on veut :

$$A = (10^n a + x)^2 = 10^{2n}a^2 + 2 \cdot 10^n ax + x^2 ;$$

d'où
$$2 \cdot 10^n ax + x^2 = A - a^2 10^{2n}.$$

Appelons R la différence $A - a^2 10^{2n}$. C'est le dernier reste obtenu suivi des chiffres non utilisés de A. On a :

$$2 \cdot 10^n ax = R - x^2 ;$$

$$x = \frac{R}{2a \cdot 10^n} - \frac{x^2}{2a10^n} \cdot$$

Divisons R par $2a10^n$; soient q le quotient et r le reste ; on obtient :

$$x = q + \frac{r}{2a10^n} - \frac{x^2}{2a10^n} \cdot$$

Or r est par hypothèse inférieur à $2a \cdot 10^n$; x^2 contient n chiffre au plus ; a en contient $n+1$ et $2a10^n$ en contient $2n+1$ au moins. Donc $\dfrac{x^2}{2a10^n}$ est plus petit que 1.

Donc la racine exacte diffère du nombre entier $10^n a + q$ de moins de une unité. Par suite, ce nombre est la racine exacte ou approchée à moins d'une unité près.

$$\left\{ \begin{array}{l} \text{Si } q = x, \quad r = x^2 = q^2 ; \\ \text{Si } x > q, \quad r > x^2 \text{ et } a \text{ } fortiori \quad r > q^2 ; \\ \text{Si } x < q, \quad r < x^2 \text{ et } a \text{ } fortiori \quad r < q^2. \end{array} \right.$$

Il en résulte que les dernières égalités entraînent les premières et que :

$$\left\{ \begin{array}{l} r = q^2. \quad \text{La racine calculée est exacte.} \\ r > q^2. \quad \text{La racine calculée est approchée par défaut.} \\ r < q^2. \quad \text{—} \quad \text{—} \quad \text{—} \quad \text{— excès.} \end{array} \right.$$

327. EXEMPLE DE CALCUL ABRÉGÉ. — Soit à extraire la racine carrée approchée à une unité près de

$$43\,25\,84\,61\,39.$$

La racine cherchée a 5 chiffres. Calculons les 3 premiers :

43 25 84 61 39	657	
7 25	125	13 07
1 00 84	5	7
935	625	91 49

On trouve 657 à la racine et 935 comme reste partiel. Ici

$$n=2, \quad a=657, \quad R=9356139.$$

On divisera   R par $2a \cdot 100 = 131400$.

Pour calculer le quotient à une unité près, il suffit de supprimer les deux derniers chiffres de R et les deux zéros du diviseur et de calculer le quotient de 93 561 par 1314.

93 561	1314
15 81	71
2 67	

Le reste de la division de R par 131400 est 26739 (on ajoute à la droite du reste de la division abrégée les chiffres non utilisés de R).

Donc $q=71, \quad r=26.739,$

et comme ici $q^2 < r$, la racine

$$65.771$$

est approchée *par défaut* à une unité près.

Exercices sur la racine carrée et la racine cubique.

285. Qu'est-ce qu'un carré parfait ? — Comment reconnaît-on qu'une fraction irréductible est carré parfait ?

286. Montrer que 3 ne peut avoir comme racine carrée ni un entier, ni une fraction.

287. Comment trouve-t-on la racine carrée approchée à une unité près de $248\frac{3}{5}$? Démontrer.

288. Quel est le nombre de chiffres de la racine carrée approchée à une unité près d'un entier ?

289. À quoi est égal le nombre des dizaines de la racine carrée approchée d'un entier ?

290. Comment détermine-t-on le chiffre des unités?

291. Faire la théorie de la racine carrée approchée sur le nombre entier : 234.537.

292. Faire la preuve par 9 de l'opération précédente et justifier cette preuve.

293. Étant donnés un entier A et un autre B, que faut-il pour que B soit la racine approchée à une unité près de A?

294. Définir la racine carrée approchée par défaut à $\frac{1}{n}$ près d'un nombre entier. Comment la calcule-t-on?

295. Calculer à $\frac{1}{12}$ près la racine carrée de 136.

296. Justifier la règle qui donne la racine carrée d'un nombre entier ou décimal à 0,1 , 0,01 , ... etc. près.

297. Qu'est-ce que la racine cubique exacte d'un nombre entier? — la racine cubique approchée à une unité près?

298. Comment détermine-t-on le nombre des chiffres de cette racine approchée?

299. Faire la théorie de l'extraction de la racine cubique approchée sur le nombre entier 483.721.

300. Définir la racine m^{me} exacte ou approchée d'un nombre quelconque.

301. Qu'appelle-t-on racine approchée à 0,1, à 0,01 ... près? — par défaut? — par excès?

302. Montrer que les puissances successives de $\frac{3}{2}$ croissent avec l'exposant et augmentent indéfiniment avec lui.

303. Montrer que les puissances successives de $\frac{3}{4}$ tendent vers 0 quand l'exposant croît indéfiniment

304. Montrer que les racines exactes ou approchées d'un entier tendent vers 1 quand l'indice du radical augmente indéfiniment.

305. Démontrer que $\sqrt[3]{8\times7\times81}=2\times3\sqrt[3]{3\times7}$.

306. Comment peut-on calculer, à l'aide d'une division, n nouveaux chiffres de la racine carrée approchée à une unité près d'un nombre entier, quand on connaît les $n+1$ premiers?

307. Quel nombre faut-il ajouter au carré d'un nombre entier pour avoir le carré du nombre entier suivant?

308. Démontrer que le carré d'un nombre entier ne peut pas être terminé par l'un des quatre chiffres suivants : 2, 3, 7, 8.

309. Lorsqu'on augmente un nombre entier de 5 unités, de combien augmente-t-on son carré?

310. Trouver deux nombres entiers successifs dont la différence des carrés soit 273.

311. Démontrer que, si le chiffre des unités d'un nombre est 5, le chiffre des dizaines de son carré est 2 et le chiffre des unités est 5.

312. Calculer la racine carrée de 3 à $\frac{1}{7}$ près et à $\frac{1}{10}$ près par défaut. Quelle est la plus approchée des deux ?

313. Trois nombres entiers a, b, c satisfont à l'égalité : $a^2 = b^2 + c^2$. Montrer que si a est pair, b et c le sont nécessairement aussi.

314. Démontrer que $\sqrt[12]{a^3} = \sqrt[4]{a}$, a étant un nombre donné.

315. Démontrer que la racine carrée approchée par défaut d'un nombre quelconque à $\frac{1}{np}$ près est au moins aussi approchée que la même racine à $\frac{1}{n}$ ou $\frac{1}{p}$ près par défaut.

316. Démontrer que l'on a : $\sqrt{60} = 2\sqrt{5}\sqrt{3}$.

317. Démontrer, sans extraire les racines carrées, que l'on a :
$$\sqrt{91 + 40\sqrt{3}} = 4 + 5\sqrt{3}.$$

318. Déterminer deux nombres entiers a et b tels que l'on aît :
$$\sqrt{21 + 12\sqrt{3}} = a + b\sqrt{3}.$$

319. Démontrer, sans extraire les racines carrées, que l'on a l'égalité
$$\sqrt{8 + \sqrt{60}} = \sqrt{3} + \sqrt{5}.$$

320. Quelle erreur fait-on à $\frac{1}{10^7}$ près en prenant comme valeur approchée de π le nombre $\frac{13\sqrt{146}}{15}$ $(\pi = 3{,}141592653)$? Quelle erreur en centimètres sur une circonférence dont le rayon serait égal au rayon terrestre ?

321. Démontrer que la somme des carrés de deux nombres est toujours au moins égale à deux fois leur produit.

322. Calculer les racines carrées de 2 et de 3 avec 7 décimales par la méthode abrégée.

323. Sachant que π calculé avec 9 décimales est égal à 3,141592653, calculer sa racine carrée avec 5 décimales par la méthode abrégée ; calculer sa racine cubique avec 3 décimales.

324. Un nombre impair n'est pas un carré parfait si, après l'avoir diminué de 1, le reste n'est pas divisible par 4.

325. Un nombre entier terminé par un nombre impair de zéros n'est pas un carré parfait, et, plus généralement, un nombre ne peut être un carré parfait s'il contient un facteur premier avec un exposant impair.

326. Tout nombre carré parfait admet un nombre impair de diviseurs, et tout nombre qui n'est pas un carré parfait en admet un nombre pair.

327. Étant donnés trois entiers A, B et R, tels que
$$A = B^3 + R,$$
à quelle condition le nombre B est-il la racine cubique à moins d'une unité près de A ?

CHAPITRE XII

SYSTÈME MÉTRIQUE

———

§ 1. — MESURE PRATIQUE DES GRANDEURS.

328. Mesure théorique d'une grandeur. — Pour mesurer une grandeur, il faut rechercher si cette grandeur contient exactement un nombre entier de fois une autre grandeur de même espèce, prise pour *unité de mesure*, ou une partie de cette unité partagée en parties égales. S'il en est ainsi, la mesure *exacte* de la grandeur donnée est un entier ou une fraction.

Mais l'opération qui vient d'être dite n'est pas toujours possible. Il peut arriver que, quel que soit le nombre de parties égales en lesquelles on partage l'unité, jamais une de ces parties ne soit contenue exactement un nombre entier de fois dans la grandeur donnée. On dit alors qu'il n'existe pas de *commune mesure* entre la grandeur donnée et la grandeur unité, ou encore que ces deux grandeurs sont *incommensurables* entre elles.

Dans cette seconde hypothèse, la mesure ne peut être qu'*approchée*. On divisera l'unité en un nombre n assez grand de parties égales. La grandeur à mesurer contient p de ces parties, mais n'en contient pas $p+1$; dans ce cas on dira que la mesure de la grandeur donnée est comprise entre $\dfrac{p}{n}$ et $\dfrac{p+1}{n}$.

Ces deux fractions, si l'on prend n assez grand, diffèrent d'aussi peu que l'on veut; et l'on prendra l'une ou l'autre comme valeur approchée (par défaut ou par excès) de la mesure cherchée. En particulier, si n est une puissance de 10, ces valeurs approchées seront des nombres décimaux.

329. Mesures pratiques. — En pratique, on opère de la manière suivante :

L'**unité concrète** est divisée d'avance en un certain nombre de parties égales. Cette division est faite, une fois pour toutes, avec le plus grand soin.

On fait la division de l'unité en **dixièmes, centièmes, millièmes**, etc., afin d'obtenir pour les nombres qui seront les mesures exactes ou approchées des grandeurs des nombres **décimaux**, dont le calcul est plus simple que celui des fractions.

On forme aussi des unités concrètes nouvelles, ou pratiquement réalisées, formées de 10, 100, ... unités primitives pour faciliter les mesures, quand il y a lieu. Ces nouvelles unités de l'une et l'autre sorte, préparées d'avance, servent à effectuer les mesures.

On ne s'occupe pas de chercher une partie de l'unité contenue un nombre exact de fois dans l'unité et la grandeur à mesurer, pour les raisons suivantes :

1° On ne peut pratiquement pousser très loin la division de la matière ; il serait impossible, par exemple, de diviser *mécaniquement* un mètre en 1 million de parties égales.

2° De plus, les grandeurs à mesurer ne sont pas définies avec une **précision absolue**. Ainsi, sur un morceau de drap, la longueur d'un millimètre n'a pas de sens, le drap ne pouvant avoir une section nette. De même, la longueur d'un mur de clôture à un centimètre près.

Donc, pratiquement, on n'a pour mesure de longueur, par exemple, ou, d'une manière générale, des grandeurs, **que des nombres approchés**. On peut les regarder comme des nombres exacts, sans inconvénients. En particulier, on pourra regarder les grandeurs inscrites comme exprimées en nombres décimaux.

§ 2. — LES DIFFÉRENTES ESPÈCES DE GRANDEURS

I. — Grandeurs géométriques.

330. Longueurs. — L'unité de mesure est la longueur d'un segment connu de droite. On le partage en parties égales (10, 100, ... parties).

On peut alors mesurer facilement la longueur d'un segment de droite quelconque, ou la longueur d'une ligne brisée, qui est la somme des longueurs de chacun des segments rectilignes qui la forment.

Pour une ligne courbe, on imagine un fil très fin et inextensible appliqué exactement sur cette courbe, et l'on tend ensuite ce fil suivant un segment de droite, que l'on sait mesurer.

331. Surfaces. — L'unité de mesure est la surface d'un carré connu. On choisit, pour simplifier, le carré dont le côté est égal à l'unité de longueur. On partage ensuite ce carré en parties égales (100, 10.000, ... parties égales).

On pourrait chercher combien ce carré et ces divisions sont contenus de fois dans une aire plane donnée et obtenir ainsi la mesure de cette aire. Mais, en réalité, on mesure les dimensions (longueurs) caractéristiques de cette aire, et la géométrie apprend à en déduire la mesure de cette aire. Cette manière indirecte d'opérer serait d'ailleurs indispensable pour la mesure des aires des surfaces qui ne peuvent pas s'appliquer sur un plan, telles que l'aire d'une partie de sphère.

332. Volumes et capacités. — L'unité de mesure est le volume d'un cube connu. On choisit, pour simplifier, le cube dont le côté est égal à l'unité de longueur. On partage ensuite ce cube en parties égales (1.000, 1.000.000, ... parties égales).

Pour savoir combien ce cube et ces divisions sont contenus de fois dans un volume donné, on peut soit mesurer les dimensions (longueurs) caractéristiques de ce volume, soit évaluer la quantité de liquide nécessaire pour le remplir.

Dans le premier cas, la géométrie permet de déduire la mesure du volume des mesures de ses dimensions caractéristiques. Dans le second cas, on mesure directement la quantité de liquide, dont le volume est équivalent au volume donné, à l'aide des mesures effectives de capacité.

II. — Grandeurs cinématiques (ou de mouvement).

Le temps se mesure à l'aide d'appareils appelés *horloges*.

333. Mouvement uniforme. — *On appelle mouvement uniforme un mouvement dans lequel le mobile décrit des longueurs égales dans des temps égaux.*

En d'autres termes, le quotient complet du nombre qui mesure l'espace parcouru par le nombre qui mesure le temps correspondant est constant.

Ce nombre constant se nomme *vitesse.*

Si v est le nombre qui mesure la vitesse, e celui qui mesure la longueur parcourue par le mobile pendant le temps mesuré par le nombre t, on a :

$$v = \frac{e}{t} \qquad \text{ou} \qquad e = vt.$$

On voit donc que, l'unité de longueur et celle de temps une fois choisies, *l'unité de vitesse est déterminée : c'est la vitesse dans un mouvement uniforme dans lequel le mobile parcourt l'unité de longueur dans l'unité de temps.*

En effet, si $e = 1$ et $t = 1$, on a :

$$v = 1.$$

334. Mouvements variés. — Dans les mouvements variés, le mobile ne parcourt pas des longueurs égales dans des temps égaux.

Le quotient complet du nombre qui mesure la longueur parcourue pendant un temps très court à partir d'un instant donné par le nombre qui mesure ce temps, se nomme vitesse à l'instant considéré.

Parmi les mouvements les plus simples, on peut considérer les *mouvements uniformément variés*, dans lesquels la vitesse augmente ou diminue de quantités égales dans des temps égaux ; dans le premier cas le mouvement est *uniformément accéléré*, dans le second il est *uniformément retardé*.

Cet accroissement constant de la vitesse pendant l'unité de temps se nomme *accélération*.

Dans le premier cas on a :

$$v = v_0 + gt, \qquad e = v_0 t + \frac{1}{2} gt^2.$$

Dans le second cas on a :

$$v = v_0 - gt, \qquad e = v_0 t - \frac{1}{2} gt^2.$$

v_0 est la vitesse à l'instant initial.
g est l'accélération.

Si, dans l'un ou l'autre de ces mouvements, on appelle v et v' les vitesses à deux instants donnés différents de t' unités de temps, on a :

$$g = \frac{v' - v}{t'} \qquad \text{(en supposant } v' > v\text{)}.$$

L'unité d'accélération est l'accélération dans un mouvement uniforme dans lequel la vitesse croît de l'unité vitesse pendant l'unité de temps.

III. — Grandeurs mécaniques.

335. Forces. — Quand un corps, abandonné sans vitesse, se met en mouvement, on dit qu'il est soumis à une *force*. La direction dans laquelle il commence à se déplacer définit la *direction de cette force*.

Pour mesurer une force, on attache le corps sur lequel elle agit à un appareil appelé *dynamomètre*.

336. Dynamomètre. — Le dynamomètre (fig. 1 et 2) est un appareil fondé sur l'élasticité des corps solides élastiques dont les lois sont les suivantes.

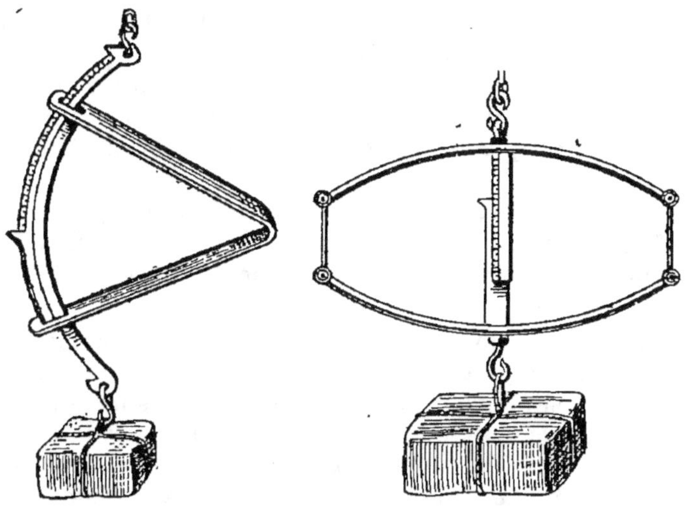

Fig. 1. — Dynamomètre.   Fig. 2. — Dynamomètre.

Quand on déforme un solide élastique en exerçant sur lui une action relativement faible, ce solide se déforme, et quand cette action cesse, il revient à son état primitif. On dit dans ce cas qu'il a subi une *déformation élastique*. — Si l'action qu'on exerce sur lui grandit, la déformation croît et il arrive un moment où le corps ne revient plus à son état primitif, lorsque cette action cesse : on dit alors qu'il a subi une *déformation permanente*. — Enfin, si l'action devenait plus grande, le solide se romprait ou s'écraserait suivant qu'on exerce sur lui une action de traction ou de compression.

Les forces que l'on mesure à l'aide d'un dynamomètre ne doivent imprimer au corps élastique de l'appareil sur lequel elles agissent, que des déformations élastiques. Le corps élastique est en général un ressort à boudin ou à lames.

337. Graduation du dynamomètre. — Pour graduer un dynamomètre, on suspend à une extrémité libre un poids, choisi comme *unité de force,* et l'on marque la déformation obtenue. Puis on suspend un second poids identique au premier et l'on marque la nouvelle déformation (plus grande que la première), et l'on continue ainsi de suite sans dépasser la limite à partir de laquelle la déformation du ressort deviendrait permanente.

Le dynamomètre étant ainsi gradué pour des forces égales à 1, 2, 3, ... unités de force, on remarque que la déformation est sensiblement la même pour des différences de forces ou de poids égales.

On divise donc les intervalles de la graduation précédente en parties égales (10, 100, ... parties) et l'on peut ainsi mesurer des forces dont la mesure est comprise entre deux nombres entiers d'unités de force.

La graduation du dynamomètre à l'aide de poids, comme il vient d'être dit, *doit être faite toujours au même endroit,* à Paris par exemple.

338. Lois de la dynamique. Masse. — L'expérience montre que :

1° *Une force agissant sur un corps donné lui imprime un mouvement uniformément accéléré.*

2° *Le quotient complet de la mesure de la force qui agit sur chaque corps, divisée par la mesure de l'accélé-*

ration que cette forme lui imprime, est une constante caractéristique de ce corps, les unités de force et d'accélération étant choisies une fois pour toutes.

C'est ce quotient constant de la mesure d'une force par la mesure de l'accélération qu'elle imprime à un corps donné, qui est **la masse** de ce corps.

Si l'on appelle F le nombre qui mesure la force, g le nombre qui mesure l'accélération correspondante, m le nombre qui mesure la masse du corps donné, on a, par définition :

$$m = \frac{F}{g}, \quad \text{ou} \quad F = mg.$$

339. Conséquence. — L'unité d'accélération est déterminée quand on a choisi l'unité de longueur et l'unité de temps.

Des trois unités d'accélération, de force et de masse, *deux* sont arbitraires; la troisième est déterminée en vertu de la relation **$F = mg$**.

Ainsi, si l'on a déterminé l'unité d'accélération et celle de masse, l'unité de force est la force qui, appliquée à l'unité de masse, lui imprime une accélération égale à l'unité d'accélération.

340. Pesanteur. — *La pesanteur est la force d'attraction qu'exerce la terre sur tous les corps placés à sa surface; cette force est dirigée vers le centre de la terre.*

La direction en un point donne la *verticale* du lieu considéré.

Le *poids* d'un corps est la force due à la pesanteur qui agit sur lui.

Si l'on prend un corps solide donné et qu'on le transporte, ainsi que le dynamomètre gradué à Paris, en un autre lieu, on constate qu'en attachant ce poids au dynamomètre, la déformation de ce dernier (et par suite la mesure de poids du solide) *varie avec le lieu de l'expérience.* On constate en particulier que cette variation ne dépend que de la *latitude* du lieu et que le poids indiqué par le dynamomètre *croît de l'équateur vers chacun des pôles.* On en déduit que l'action de la pesanteur sur un même corps n'est donc pas constante.

Par conséquent, ce qui caractérise un corps donné, un solide, par exemple, ce n'est pas un poids, variable d'un lieu à l'autre, c'est sa *masse.*

Les unités dites de *poids* devraient en réalité s'appeler *unités de masse.* Mais l'erreur que l'on fait en considérant un poids comme constant aux différents points de la surface de la terre est assez petite pour qu'on puisse la négliger dans les usages de la vie courante et dans tous les cas qui n'exigent pas des mesures de précision.

341. Pesées. — Peser un corps à l'aide d'une balance, c'est comparer son poids au poids d'une masse connue.

L'expérience montre que : *Si deux corps pesants placés dans les deux plateaux d'une balance s'équilibrent en un lieu donné, ils s'équilibreront en tout autre lieu.*

L'action de la pesanteur en chaque lieu est donc la même sur les deux corps.

D'autre part, l'expérience montre que : *Tous les corps tombent dans le vide d'un mouvement uniformément accéléré, avec la même accélération en un même lieu* [1].

Par conséquent, si F est le poids d'un premier corps, m sa masse, g l'accélération de la pesanteur en un lieu quelconque, F' le poids d'un deuxième corps en un même lieu, m' sa masse, on a :

$$F = F'.$$

Comme, d'autre part, $F = mg$, $F' = m'g$, on a donc :

$$m = m',$$

ce qui montre que les deux corps ont même masse.

---

[1] Cette accélération est de 9,81 à Paris, l'unité de longueur étant le mètre, et l'unité de temps la seconde.

Par conséquent, la balance est un appareil qui mesure la masse d'un corps à l'aide de masses graduées (appelées communément poids).

341 bis. Relation entre la masse et le volume d'un corps. Densité. — *La densité absolue d'un corps homogène est la masse de l'unité de volume de ce corps.*

Son poids spécifique absolu est le poids de l'unité de volume de ce corps.

Dans la pratique, on se sert de la **densité relative**, qu'on appelle en abrégé **densité**. C'est le quotient de la densité du corps par la densité d'une substance type : l'eau à 4° centigrades (maximum de sa densité absolue) pour les solides et les liquides ; l'air à 0° centigrade et à la pression de 765 millimètres de mercure pour les gaz (Voir le tableau de ces densités après le chapitre XX).

La densité relative de l'air par rapport à l'eau dans les conditions précédentes est 0,001293.

§ 3. — UNITÉS ET ÉTALONS

342. Unités fondamentales et unités dérivées. — Si l'on convient de prendre comme unité de surface la surface du carré qui a pour côté l'unité de longueur, et comme unité de volume le volume du cube qui a pour longueur d'arête l'unité de longueur, la connaissance de l'une de ces unités entraîne la détermination des deux autres. L'unité choisie est l'*unité fondamentale*, les deux autres sont des *unités dérivées*. On prend généralement l'unité de longueur comme unité fondamentale, car c'est la plus facile à réaliser pratiquement : les unités de surface et de volume sont alors des unités dérivées.

Pour l'étude des mouvements, la connaissance des unités de longueur et de temps entraîne la connaissance des unités de vitesse et d'accélération. L'unité de temps est alors une nouvelle unité fondamentale : les unités de vitesse et d'accélération sont des unités dérivées. Il est évident qu'on aurait pu choisir l'unité de vitesse (ou d'accélération) comme unité fondamentale et en déduire les unités dérivées de temps et d'accélération (ou de vitesse). Mais un tel choix conduirait à des complications pratiques. D'ailleurs, dans le système métrique ordinaire, on ne s'occupe pas des mouvements; par conséquent, l'unité de temps n'a pas à intervenir.

Dès que l'on introduit les forces, une nouvelle unité fondamentale est nécessaire : ce sera l'unité de force, par exemple; alors l'unité de masse sera une unité dérivée, ou inversement. Il y a un intérêt pratique à prendre comme unité fondamentale l'unité de masse, qui sera la masse d'un corps connu. Dans le système métrique, où l'on ne s'occupe pas de la mesure des forces, mais seulement de celle des masses, l'unité de masse est l'unité fondamentale naturellement indiquée.

D'une manière générale, il faut donc, pour mesurer les grandeurs géométriques et mécaniques, **trois unités fondamentales**. Dans le système métrique, **deux** seulement sont nécessaires : ce sont les **unités de longueur et de masse.** Les autres en dérivent comme il a été dit.

343. Prototypes et étalons. — Il faut donc définir une *longueur unité* et une *masse unité*.

On a songé à prendre une longueur qui ne soit pas arbitraire, mais que l'on puisse retrouver dans la nature : aussi a-t-on songé à prendre au début la dix-millionième partie du quart du méridien terrestre. A cet effet, Delambre et Méchain ont mesuré, de 1793 à 1799, l'arc du méridien compris entre Dunkerque et Barcelone et en ont déduit la longueur de l'unité ou mètre.

On a ensuite réalisé pratiquement une règle en platine ayant cette longueur. Cette règle est l'étalon du mètre déposé aux Archives. Mais le mètre défini comme la dix-millionième partie du quart du méridien n'est pas une mesure définitive, car sa longueur dépend de la précision des mesures[1], et peut-être aussi ne serait pas constant, car rien ne prouve la grandeur absolument constante de ce méridien. Aussi a-t-il paru plus pratique de prendre comme définition du mètre la longueur de l'étalon déposé aux archives. C'est ce qu'a décidé la Conférence internationale des poids et mesures tenue à Paris en 1889.

Pour l'unité de masse, on a songé à la définir comme la masse de 1 décimètre cube d'eau distillée à son maximum de densité (4°), que l'on a appelé *kilogramme*.

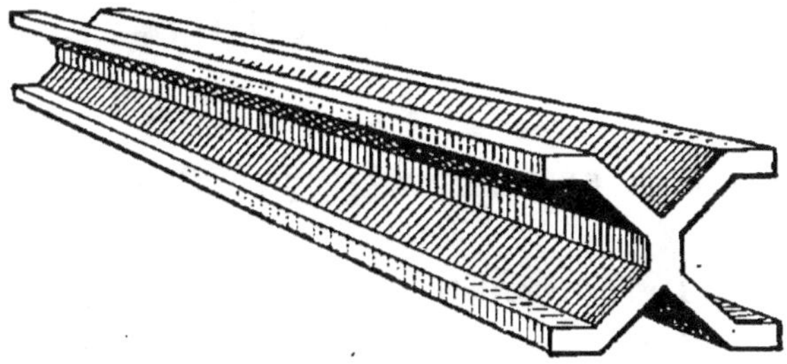

Fig. 3. — Étalon international du mètre en platine iridié.

Pour les besoins, on a construit également un étalon en platine déposé aux Archives. Mais la masse de cet étalon n'est égale à celle du décimètre cube d'eau distillée à son maximum de densité qu'aux erreurs d'expérience et de construction près. Aussi, la conférence internationale a-t-elle décidé de prendre la masse de l'étalon des Archives lui-même comme masse de l'unité ou du kilogramme. D'ailleurs, la différence entre les deux masses est tout à fait insignifiante en pratique.

A la suite de ces décisions, on a construit un étalon prototype international du mètre et un autre du kilogramme, qui sont égaux aux étalons des Archives et sont déposés au pavillon de Breteuil à Sèvres.

---

[1] En réalité, le mètre différerait du $\frac{1}{4}$ du méridien terrestre de moins de 0^m,0002.

L'étalon prototype international en platine iridié (alliage de platine 90 %, et d'iridium 10 %) a la forme ci-contre (fig. 3). Il a 102 centimètres de longueur, et la longueur du mètre y est indiquée par deux traits; c'est un étalon *à traits*. Le mètre des Archives a exactement pour longueur 1 mètre; c'est un étalon *à bouts*.

L'étalon prototype international du kilogramme, également en platine iridié, a la forme d'un cylindre dont la hauteur est égale au diamètre et dont les arêtes sont légèrement arrondies.

D'autres étalons pareils ont été attribués aux nations participant au congrès et sont leurs *étalons nationaux*.

§ 4. — SYSTÈME MÉTRIQUE (GÉNÉRALITÉS)

344. Principes du système métrique. — 1° Il est *décimal*. — Les multiples et sous-multiples de l'unité sont de l'un au suivant 10 fois ou une même puissance 10 fois plus grande ou plus petite.

Les nombres qui expriment des mesures sont donc entiers ou décimaux.

2° Les diverses unités de mesure sont rattachées à une **unité fondamentale : le mètre**, qui est l'unité de longueur.

Les autres unités (surfaces, volumes, capacités, poids) en dérivent simplement, comme on va le voir.

Ces deux principes ont été choisis à cause de la simplification qu'ils apportent dans tous les calculs de mesure.

L'unité de monnaie ne se rattache qu'indirectement aux autres.

345. Nomenclature du système métrique. — Il y a **huit** unités principales de mesure :

Le mètre   (m)   pour les longueurs ;
Le mètre carré (m²) ⎱ pour les surfaces ;
L'are   (a) ⎰ (mesures agraires) ;

Le mètre cube (m^3) } pour les **volumes** ;
Le stère   (s) ((bois de **chauffage**) ;
Le litre   (l)   pour les **capacités** ;
Le gramme   (g)   pour les **poids** ;
Le franc   (fr)   pour les **monnaies**.

346. Multiples, sous-multiples. — De ces unités on forme des unités secondaires, qui sont leurs multiples ou sous-multiples décimaux. Pour les désigner, on se sert des mots suivants, qu'on place devant l'unité principale.

Multiples.

déca (da) qui signifie dix   **(10)** ;
hecto (h)   —   cent   **(100)** ;
kilo (k)   —   mille   **(1.000)** ;
myria (M) . —   dix mille **(10.000)**.

Sous-multiples.

déci (d) qui signifie dixième de **(0,1)** ;
centi (c)   —   centième de **(0,01)** ;
milli (m)   —   millième de **(0,001)**.

347. Exceptions. — Pour les mesures de surface, ces mots ne désignent pas 10, 100... ou 0,1, 0,01...; mais 10^2, 100^2... et $(0,1)^2$ ou 0,01, $(0,01)^2$ ou 0,0001.

Pour les mesures de volume (autres que celles relatives au bois de chauffage), il n'y a pas de multiples de l'unité ; pour les sous-multiples :

déci signifie $(0,1)^3 = 0,001$;
centi   — $(0,01)^3 = 0,000.001$;
milli   — $(0,001)^3 = 0,000.000.001$.

348. Mesures réelles, fictives. — *Les mesures réelles ou effectives sont celles qui existent réellement.*

La loi n'autorise que les mesures suivantes : l'unité principale, ses multiples et sous-multiples avec leurs doubles et leurs moitiés. Mais toutes ne sont pas réalisées pour des raisons pratiques.

Exemples de mesures réelles. — Le mètre, le litre, le kilogramme.

Les mesures fictives sont celles qui entrent seulement dans les calculs.

Exemples de mesures fictives. — Le kilomètre, le mètre carré.

§ 5. — MESURES DE LONGUEUR

349. L'unité principale de longueur est le mètre.

Le mètre est la longueur à la température de zéro (centigrade) du prototype international, en platine iridié,

Fig. 4. — Sphère terrestre.

qui a été sanctionné par la Conférence générale des poids et mesures tenue à Paris en 1889 et qui est déposé au pavillon de Breteuil à Sèvres.

La copie n° 8 de ce prototype international, déposée aux Archives nationales, est l'étalon légal pour la France.

La longueur du mètre est très approximativement la dix-millionième partie du quart du méridien terrestre, qui a été prise comme point de départ pour l'établir.

(Loi du 11 juillet et décret du 28 juillet 1903.)

350. Multiples du mètre :

			Signes abréviatifs.
Le décamètre,	qui vaut	10 mètres	dam.
hectomètre,		100	hm.
kilomètre,	—	1.000 —	km.
myriamètre,	—	10.000	Mm.

351. Sous-multiples du mètre :

Le décimètre, qui vaut $\dfrac{1}{10}$ ou 0,1 mètre   dm.

Le centimètre,   — $\dfrac{1}{100}$ ou 0,01 mètre   cm.

Le millimètre,   — $\dfrac{1}{1.000}$ ou 0,001 mètre mm.

352. Écriture et lecture des nombres exprimant des longueurs.   *Les unités de longueur, étant de dix en dix fois plus petites ou plus grandes, se lisent et s'écrivent comme les nombres décimaux.*

EXEMPLE : $345^m,203$ se lit 345 mètres 203 millimètres,
$4^{km},225$ se lit 4 kilomètres 225 mètres.

353. Changements d'unité. — *On peut adopter comme unité l'un des multiples, l'un des sous-multiples du mètre, ou bien le mètre lui-même. La mesure d'une longueur est exprimée en nombre entier ou décimal, une fois l'unité choisie.*

Rangeons ces unités des différents ordres par ordre décroissant ; on trouve successivement :

Le myriamètre,
Le kilomètre,
L'hectomètre,
Le décamètre,
Le mètre,
Le décimètre,
Le centimètre,
Le millimètre.

354. Règle pratique. — *On avance la virgule de 1, 2, ... rangs vers la droite, quand on exprime la même longueur avec une unité du 1er, 2e, ... ordre inférieur.*

On recule la virgule de 1, 2, ... rangs vers la gauche, quand on exprime la même longueur avec une unité du 1er, 2e, ... ordre supérieur.

Ainsi $4^{m},253,$

qui se lit :   4 mètres, 253 millimètres,

s'écrira : $42^{dm},53,$

c'est-à-dire   42 décimètres, 53 millimètres ;

                 $425^{cm},3,$

c'est-à-dire   425 centimètres, 3 millimètres.

On l'écrira encore :

$$0^{dam},4253,$$
ou
$$0^{hm},04253,$$
$$0^{km},004253,$$
$$0^{Mm},0004253.$$

355. *Dans la pratique*, on choisit l'unité la plus commode.

La longueur d'une étoffe s'évalue en mètres, pris pour unité principale, décimètres et centimètres.

L'épaisseur d'une plaque mince s'évalue en millimètres et fractions décimales de millimètre, qui ne portent pas de noms particuliers.

La longueur ou la largeur d'un champ s'évaluent souvent en décamètres.

356. Mesures itinéraires. — Les mesures itinéraires sont les mesures de longueurs usitées pour exprimer la longueur d'une route, la distance de deux villes, etc.

On emploie principalement comme mesures itinéraires le *myriamètre*, le *kilomètre* et l'*hectomètre*.

Sur les routes de France, les kilomètres sont indiqués par des bornes, et les hectomètres intermédiaires par des bornes plus petites.

La *lieue* terrestre, parfois employée, vaut 4 kilomètres.

Fig. 5. — Décimètre.

357. Mesures réelles ou effectives. — Ces mesures sont au nombre de huit :

le **double-décamètre** : 2^{dam} (généralement à ruban);

le **décamètre** : 1^{dam} (chaîne d'arpenteur formée de 50 chaînons de 20^{cm} de longueur réunis par des anneaux, les extrêmes portant des poignées);

le **demi-décamètre** : 5^m;

le **double-mètre** : 2^m (en bois ou en métal);

le **mètre** : 1^m . — (ou le mètre pliant ou à ruban);

le **demi-mètre** : $0^m,50$ —

le **double-décimètre** : $0^m,20$ }
le **décimètre** (fig. 5) : $0^m,1$ } en bois, ivoire ou métal, pour les dessinateurs, et divisés en millimètres.

§ 6. — MESURES DE SURFACE

I. — Unités de surface.

358. *L'unité principale de surface est le mètre carré.*

Le mètre carré est la surface d'un carré de 1 mètre de côté.

On le désigne par l'abréviation : m^2.

359. Multiples. Les multiples du mètre carré sont les surfaces des carrés qui ont respectivement pour longueurs de leurs côtés les multiples du mètre.

Ces multiples sont :

			Abréviations.
Le décamètre carré,	carré de	10^m ou 1^{dam} de côté	dam^2;
L'hectomètre carré,	—	100^m ou 1^{hm} —	hm^2;
Le kilomètre carré,	—	1.000^m ou 1^{km} —	km^2;
Le myriamètre carré,	—	10.000^m ou 1^{Mm} —	Mm^2.

360. Sous-multiples.

Le décimètre carré,	carré de $0^m,1$	ou 1^{dm} de côté	dm^2;
centimètre carré,	— $0^m,01$	ou 1^{cm} —	cm^2;
millimètre carré,	— $0^m,001$	ou 1^{mm} —	mm^2.

Rangeons par ordre décroissant les unités des différents ordres ; on trouve successivement :

le **myriamètre** carré.
kilomètre   —
hectomètre   —
décamètre   —
mètre   —
décimètre   —
centimètre   —
millimètre   —

361. Principe fondamental. — *Chaque unité vaut cent unités de l'ordre immédiatement suivant.*

Ainsi le mètre carré vaut 100 décimètres carrés.

Supposons que le carré ci-contre (fig. 6) soit l'image réduite d'un mètre carré.

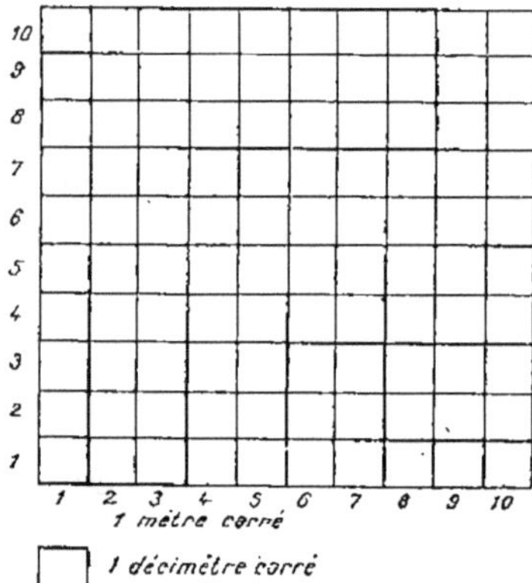

Fig. 6. — Un mètre carré vaut
100 décimètres carrés.

Sur la base, on pourra placer 10 carrés de 0^m,1 de côté.

Sur cette rangée de 10 carrés, on placera 10 autres carrés égaux formant une deuxième rangée, et ainsi de suite. Il faudra 10 rangées superposées pour remplir le carré primitif. Il y a donc : $10 \times 10 = 100$ petits carrés dans le grand.

Le mètre carré vaut donc 100 décimètres carrés, ou 10.000 centimètres carrés, ou 1.000.000 de millimètres carrés.

De même, le décimètre carré vaut 100 centimètres carrés, ou 10.000 millimètres carrés.

Le centimètre carré vaut 100 millimètres carrés.

Le décamètre carré vaut 100 mètres carrés.

L'hectomètre carré vaut 100 décamètres carrés, ou 10.000 mètres carrés, etc.

362. Lecture et écriture des nombres qui mesurent une surface. — *Pour lire un nombre*

exprimant une surface, on lit la partie entière qui correspond à une unité d'un ordre connu, indiqué en général par l'abréviation ordinaire, puis on sépare la partie décimale en tranches de deux chiffres à partir de la virgule: chaque tranche représente des unités des ordres successivement inférieurs.

EXEMPLE. $325^{m2},4325$

signifie :

325 mètres carrés 43 décimètres carrés 25 centimètres carrés

ou   325 mètres carrés 4.325 centimètres carrés.

363. — *Pour écrire un nombre représentant une surface, on écrit d'abord la partie entière suivie de l'abréviation correspondant à l'unité choisie, puis une virgule et ensuite la partie décimale, en employant une tranche de deux chiffres pour chaque unité secondaire. On complète au besoin les tranches par un zéro. On remplace par deux zéros les tranches qui manquent.*

EXEMPLE. — Soit à écrire 3 mètres carrés 103 centimètres carrés ; on écrit : $3^{m2},0103.$

364. **Changement d'unité.** — *Pour passer d'une unité à l'unité immédiatement* inférieure, il faut avancer *la virgule de deux rangs vers la droite.*

Pour passer d'une unité à l'unité immédiatement supérieure, *il faut reculer la virgule de deux rangs vers la gauche.*

EXEMPLE. $325^{m2},4325$

est égal à $32.543^{dm2},25,$

ou $3.254.325^{cm2},$

ou à $3^{dam2},254325.$

ou $0^{hm2},03254325.$

365. **Remarque importante.** — Pour mesurer une surface, on ne se sert pas, comme pour une longueur, d'unités effectives ou réalisées pratiquement, et que l'on porte autant de fois que l'on peut sur la surface à mesurer. La Géométrie apprend à trouver la mesure d'une surface limitée par une ligne connue, au moyen des dimensions de cette ligne ou de longueurs que l'on mesure directement.

II. — Mesures agraires.

366. Pour mesurer la superficie ou surface d'un champ, on emploie une unité particulière, l'are.

Are. — L'are vaut **1** décamètre carré ou **100 m²**.

L'are a un multiple : **l'hectare**, qui vaut **100 ares** ou **1 hm²**.

L'are a un sous-multiple : **le centiare**, qui vaut $\dfrac{1}{100}$ **ou 0,01 are**. Le centiare est donc égal à 1 m².

On écrit en abrégé :

> *ha* pour **hectare**
>
> *a* pour **are**
>
> *ca* pour **centiare**.

367. Écriture et lecture des mesures agraires. — Le multiple de l'are, l'are et un sous-multiple vont en décroissant de 100 en 100 de l'un au suivant.

On lit et on écrit dans les mesures agraires comme celles de surface, où l'on aurait remplacé

hectare	par	hectomètre carré
are		décamètre —
centiare	—	mètre

EXEMPLE. 128ᵃ,43

désigne   128 ares 43 centiares,
ou   12.843 centiares,
ou   1 hectare 28 ares 43 centiares.

§ 7. — MESURES DE VOLUME

I. — Unités de volume.

368. — *L'unité fondamentale est le mètre cube. C'est le volume d'un cube ayant 1 mètre de côté.*

On le désigne en abrégé par m³.

Les multiples ne sont pas usités.

Sous-multiples. — Les sous-muliples sont :

				Abréviation légale.
Le décimètre cube, cube de $0^m,1$	ou 1^{dm} de côté	dm^3;
centimètre cube, — $0^m,01$	ou 1^{cm}	—	cm^3;
millimètre cube, — $0^m,001$	ou 1^{mm}	—	mm^3.

369. Propriété fondamentale. — *Chaque unité de volume vaut* **1.000** *unités de l'ordre immédiatement inférieur.*

Ainsi : $1m^3$ vaut 1.000 dm^3.

Figurons l'image réduite d'un cube de 1 mètre de côté (fig. 7). Cherchons combien il contient de cubes de 1 décimètre de côté. On peut ranger sur la base 100 cubes de 1 décimètre de

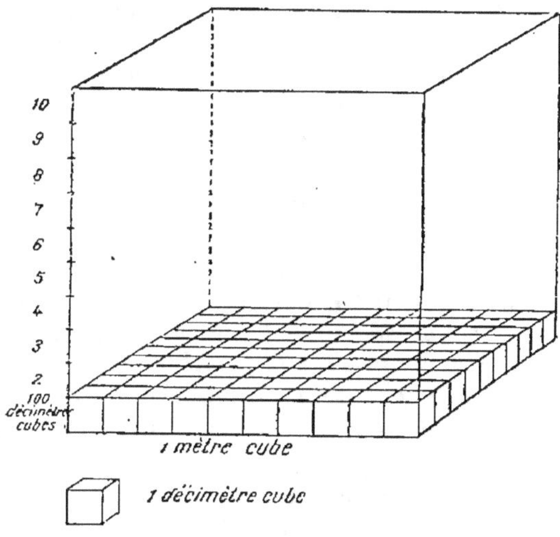

Fig. 7. — Un mètre cube vaut 1.000 décimètres cubes.

côté, d'après ce qui a été dit pour le mètre carré. On a ainsi une première assise de 100 cubes de 1 décimètre de côté.

Pour remplir tout le grand cube, il faudra 10 assises pareilles. Donc le grand cube contient :

$$100 \times 10 = 1.000 \text{ petits cubes.}$$

Inversement :

Le décimètre cube vaut $0^{m3},001$.

Le centimètre cube vaut $0^{m3},000.001$, etc.

370. Lecture et écriture des nombres mesurant un volume. — 1° *Pour lire un nombre représentant un volume et écrit sous forme décimale, on lit la partie entière qui représente le nombre d'unités indiquées par l'abréviation, puis on sépare la partie décimale en tranches de trois chiffres; chaque tranche donne le nombre des unités successivement inférieures.*

Ainsi $42^{\mathrm{m3}},27547$

signifie :

42 mètres cubes 275 décimètres cubes 470 centimètres cubes,

ou   42 mètres cubes 275.470 centimètres cubes.

2° *Pour écrire un nombre exprimant un volume, on écrit d'abord la partie entière suivie de l'abréviation correspondante à l'unité choisie, puis une virgule, et ensuite la partie décimale en employant une tranche de 3 chiffres pour chaque unité secondaire. On complète au besoin les tranches par un ou deux zéros. On remplace par trois zéros les tranches qui manquent.*

Exemple. — Soit à écrire :

       6 mètres cubes 425 centimètres cubes;

on écrit : $6^{\mathrm{m3}},000425$.

371. Changement d'unité. — *Pour passer d'une unité à l'unité immédiatement inférieure, on avance la virgule de trois rangs vers la droite.*

Pour passer d'une unité à l'unité immédiatement supérieure, on recule la virgule de trois rangs vers la gauche.

Exemple. $16^{\mathrm{m3}},12485$

s'écrit : $16.124^{\mathrm{dm3}},85$,

ou $16.124.850^{\mathrm{m3}}$.

372. Remarque. — Il n'existe pas de mesures effectives de volume. On *calcule* le volume d'un solide de forme géométrique connue, en mesurant les longueurs de ses dimensions. C'est ce que la Géométrie apprend à faire.

Si l'on a à mesurer le volume intérieur d'un solide creux, on peut le calculer si ce creux a une forme géométrique connue; on mesure la quantité de liquide nécessaire pour le remplir, et, à l'aide de *mesures de capacité*, en déduire le volume cherché.

On peut aussi, pour mesurer le volume d'un solide plein, le plonger dans un liquide sur lequel il ne flotte pas et dans lequel il ne soit pas soluble, et déduire son volume soit de la quantité de liquide qu'il déplace, soit de la perte de poids qu'il éprouve.

II. — Mesures de bois de chauffage.

373. *L'unité principale pour les mesures de bois de chauffage est le stère.*

Le stère est un volume de 1 mètre cube (s).

Le stère a un multiple, le **décastère**, qui vaut 10 stères (das).

Le stère a un sous-multiple, le **décistère**, qui vaut $0^s,1$ (ds).

Écriture et lecture des nombres qui mesurent le bois de chauffage. — *Les multiples du stère et ses sous-multiples vont en croissant ou en dé-croissant de 10 en 10 de l'un au suivant : donc les nombres qui expriment des mesures de bois de chauffage s'écrivent et se lisent comme des nombres décimaux ordinaires.*

374. Unités effectives de mesures. — Les unités effectives ou réelles sont :

Le stère,	qui vaut	1^{m3} ;
Le double-stère,	—	2^{m3} ;
Le demi-décastère,	—	5^{m3}.

Elles sont fournies par des châssis formés d'une solive, appelée sole, et de deux montants soutenus par des contre-fiches (fig. 8).

La distance des montants est 1^m pour le stère.

	2^m	— double-stère.
—	3^m	— demi-décastère.

La hauteur varie avec la longueur des bûches, de telle sorte que le volume soit de 1^s, 2^s ou 5^s.

Fig. 8. — Stère.

REMARQUE. De plus en plus le stère est abandonné et le bois se vend au poids.

§ 8. — MESURES DE CAPACITÉ

I. — Unités de capacité.

375. *Les mesures de capacité servent à mesurer les liquides, les grains et les matières sèches.*

Le **litre** est l'unité principale des mesures de capacité (abrégé l).

Le litre est le volume occupé par un kilogramme d'eau pure à un maximum de densité et sous une pression atmosphérique normale.

Le volume du litre est très approximativement égal à 1 décimètre cube.

(Loi du 11 juillet et décret du 18 juillet 1903.)

On peut dire que *pratiquement* le contenu d'un litre remplit un volume de 1$^{dm^3}$.

Multiples. — Les multiples du litre sont :

le **décalitre**, qui vaut	10 litres	dal ;
l'**hectolitre**,	100 litres	hl ;
le **kilolitre**, —	1.000 litres	kl.

Sous-multiples. — Les sous-multiples sont :

le **décilitre**, qui vaut	0,1 litre	dl ;
le **centilitre**, —	0,01 litre	cl.

376. Lecture et écriture des mesures de capacité. — *Les unités de capacité, étant de 10 en 10 fois plus grandes ou plus petites, s'écrivent et se lisent comme les nombres décimaux ordinaires.*

EXEMPLE. $13^{dal},253$
se lit   13 décalitres 253 centilitres.

377. Changement d'unité. — *On avance la virgule de 1, 2 ... rangs vers la droite pour exprimer la même capacité avec une unité du 1er, 2e ... ordre inférieur.*

On recule la virgule de 1, 2 ... rangs vers la gauche pour exprimer la même capacité avec une unité du 1er, 2e ... ordre supérieur.

EXEMPLE.	$213^{l},42$	(213 litres 42 centilitres)
s'écrit :	$2.134^{dl},2,$	
ou	$21.342^{cl};$	
ou	$21^{dal},342,$	
ou	$2^{hl},1342.$	

II. — Mesures réelles ou effectives de capacité.

378. Mesures pour les liquides. — 1° Il y a cinq mesures en cuivre, tôle ou fonte, destinées à mesurer les liquides dans le commerce en gros. La capacité intérieure est un cylindre dont la hauteur est égale au diamètre (fig. 9). Ce sont : l'hectolitre, le demi-hectolitre (5 décalitres ou 50 litres), le double-décalitre (2 décalitres ou 20 litres), le décalitre, le demi-décalitre (5 litres).

2° Il y a **huit** mesures en étain ou fer-blanc, destinées à mesurer les liquides autres que le lait et l'huile dans le commerce au détail. La capacité intérieure a la forme

Fig. 9. — Mesure en tôle, fonte ou cuivre pour le commerce en gros.

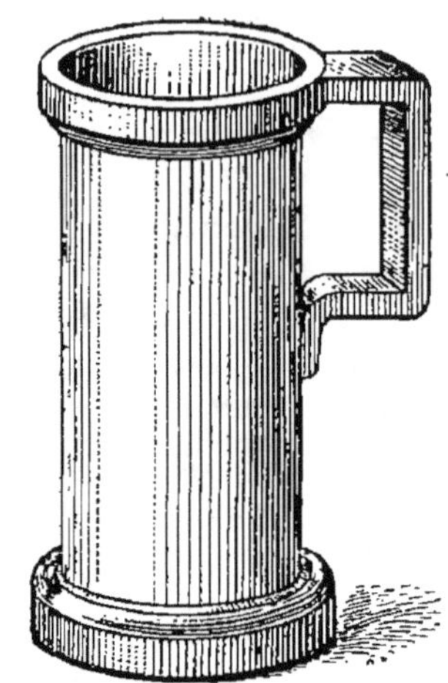

Fig. 10. — Mesure ordinaire pour les liquides.

d'un cylindre dont la hauteur est le double du diamètre (fig. 10). Ce sont : le double-litre (2 litres), le litre, le demi-litre ($0^l,5$), le double-décilitre (2 décilitres), le décilitre, le demi-décilitre ($0^{dl},5$), le double-centilitre (2 centilitres), le centilitre.

Fig. 11. — Mesure pour l'huile.   Fig. 12. — Mesure pour le lait.

3º Il y a **huit** mesures en fer-blanc, destinées à mesurer l'huile et le lait. La capacité intérieure a la forme d'un cylindre dont la hauteur est égale au diamètre (fig. 11 et 12). Elles vont, comme les précédentes, du double-litre au centilitre.

Mesures pour les matières sèches. — Il y a onze mesures en bois destinées à mesurer les matières

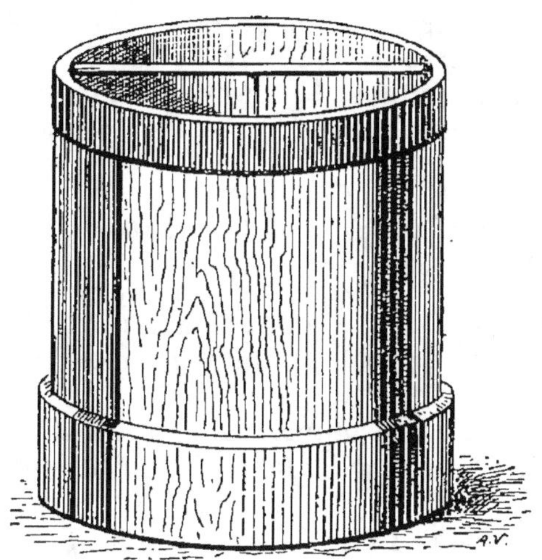

Fig. 13. — Mesure pour les matières sèches.

sèches. La capacité intérieure a la forme d'un cylindre dont la hauteur est égale au diamètre (fig. 13). Ce sont :

l'hectolitre,   le demi-hectolitre,   le double-décalitre,
1ʰˡ ou 100ˡ   5ᵈᵃˡ ou 50ˡ   2ᵈᵃˡ ou 20ˡ

le décalitre,   le demi-décalitre,   le double-litre,   le litre,
1ᵈᵃˡ ou 10ˡ   5ˡ   2ˡ   1ˡ

le demi-litre,   le double-décilitre,   le décilitre,
0ˡ,5 ou 5ᵈˡ   0ˡ,2 ou 2ᵈˡ   0ˡ,1 ou 1ᵈˡ

le demi-décilitre.
0ˡ,05 ou 5ᶜˡ

III. — Relations entre les mesures de volume et de capacité.

379. — Le litre vaut **1** décimètre cube[1]. Il est donc le millième du mètre cube.

On en déduit le tableau suivant :

$$
\begin{cases}
\text{1 hectolitre} = 100^{dm^3} & = 0^{m^3},1 \\
\text{1 décalitre} = 10^{dm^3} & = 0^{m^3},01 \\
\text{1 litre} = 1^{dm^3} & = 0^{m^3},001 \\
\text{1 décilitre} = 0^{dm^3},1 & = 100^{cm^3} \\
\text{1 centilitre} = 0^{dm^3},01 & = 10^{cm^3}
\end{cases}
$$

Ou inversement :

$$
\begin{aligned}
\text{1 mètre cube} &= 10^{hl} = 100^{dal} = 1.000^{l} \\
\text{1 décimètre cube} &= 1^{l} = 10^{dl} = 100^{cl}
\end{aligned}
$$

REMARQUE. — Les unités de capacité sont respectivement chacune **10 fois** plus grandes que celle qui la suit immédiatement.

Les unités de volume sont respectivement chacune **1.000 fois** plus grandes que celle qui la suit immédiatement.

Il faut donc **1** chiffre pour représenter chaque unité successive de capacité et **3** pour chaque unité de volume.

EXEMPLE. — $213^{l},42$ ou 213 litres 42 centilitres s'écrira $213^{dm^3},42$, ou 213 décimètres cubes 420 centimètres cubes, ou $0^{m^3},21342$, ou 213.420 centimètres cubes.

---

[1] En réalité, le litre est défini à l'aide du kg, qui n'est pas rigoureusement la masse de $1\ dm^3$ d'eau pure à 4°. Il en résulte que les relations suivantes ne sont qu'approximatives, mais l'approximation est largement suffisante en pratique (Voir plus loin, n° 380).

§ 9. — MESURES DE POIDS

I. — Unités de poids [1].

380. L'unité fondamentale de poids est le **kilogramme**.

Le kilogramme est la masse du prototype international, en platine iridié, qui a été sanctionné par la Conférence générale des poids et mesures tenue à Paris en 1889 et qui est déposé au pavillon de Breteuil, à Sèvres.

La copie n° 35 de ce prototype international, déposée aux Archives nationales, est l'étalon légal pour la France.

La masse du kilogramme est très approximativement celle de 1 décimètre cube d'eau à son maximum de densité, qui a été prise comme point de départ pour l'établir.

(Loi du 11 et décret du 28 juillet 1903.)

Le **gramme** (en abrégé **g**) est la millième partie du kilogramme.

381. **Multiples du gramme :**

				Signe abréviatif.
Le décagramme,	qui vaut	10 grammes		(dag)
L'hectogramme,	—	100	—	(hg)
Le kilogramme,	-	1 000	—	(kg)
Le myriagramme,	—	10 000	-	(mg)

382. **Sous-multiples du gramme :**

Le décigramme,	qui vaut	$\frac{1}{10}$	ou	0,1 gramme	(dg)
Le centigramme,	—	$\frac{1}{100}$	ou	0,01 —	(cg)
Le milligramme,	—	$\frac{1}{1\,000}$	ou	0,001 —	(mg)

---

[1] En réalité, ces unités, destinées à servir dans les pesées, devraient s'appeler unités de masse (Voir n° 340).

382 *bis*. Écriture et lecture des nombres qui mesurent les poids. — *Les multiples ou sous-multiples du gramme vont en croissant ou en décroissant de 10 en 10 de l'un au suivant ; donc les nombres qui expriment les poids s'écrivent et se lisent comme les nombres décimaux ordinaires.*

EXEMPLE. $5^{kg},427$

se lit :   5 kilogrammes 427 grammes,

ou   5.427 grammes.

383. Changement d'unité. — *Pour passer d'une unité à une unité immédiatement* inférieure, *on avance la virgule d'un rang vers la droite.*

Pour passer d'une unité à une unité immédiatement supérieure, *on recule la virgule d'un rang vers la gauche.*

EXEMPLES. $3^{kg},128$

s'écrit encore : $31^{hg},28,$

ou   3.128 g.

De même, $2^g,43$

s'écrit : $0^{kg},00243.$

384. Choix de l'unité. — On se sert pratiquement du gramme, du kilogramme, et, pour les poids lourds, de **la tonne**, qui vaut 1.000 kg (en abrégé **t**), ou du **quintal**, qui vaut 100 kg (en abrégé **q**).

REMARQUE. — Il subsiste quelques noms d'anciennes mesures, par exemple **la livre**, qui vaut $\frac{1}{2}$ kilogramme ou **500 grammes**, mais qui ne fait pas partie du système métrique.

II. — Mesures effectives de poids.

385. On se sert pour les pesées de poids effectifs qui sont d'un emploi courant.

1° Il existe des poids de 50 kg. et de 20 kg. (fig. 14), en fonte, en forme de pyramide tronquée à base rectan-

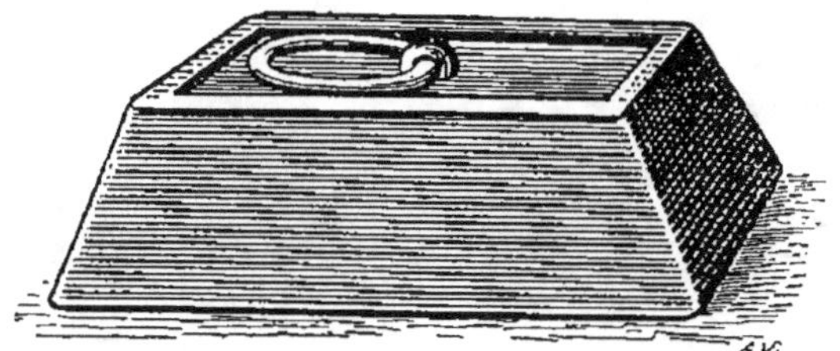

Fig. 14. — Poids lourd en fonte (50 et 20 kg.).

gulaire, et des poids depuis 50 g. jusqu'à 10 kg. en fonte également, en forme de pyramide tronquée à six pans (fig. 15) (ou base hexagonale) : 50^g, 1^{hg}, 2^{hg}, 5^{hg}, 1^{kg}, 2^{kg}, 5^{kg}, 10^{kg}.

2° Il existe également une série de poids cylindriques en cuivre de 1 g. à 20 kg.

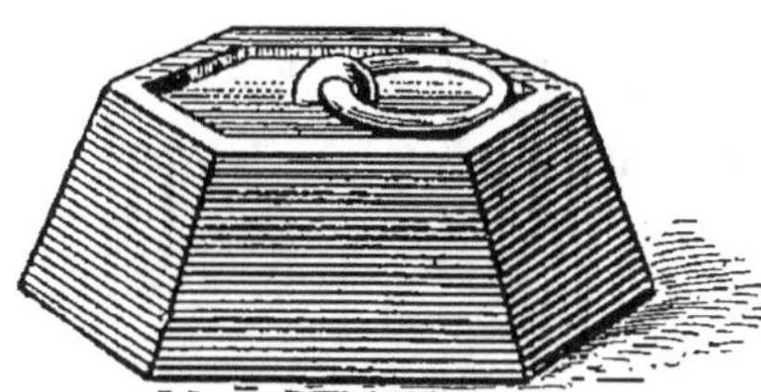

Fig. 15. — Poids moyen
en fonte.

Fig. 16. — Poids moyen
en cuivre.

(fig. 16) : 1^g, 2^g, 5^g, 1^{dag}, 2^{dag}, 5^{dag}, 1^{hg}, 2^{hg}, 5^{hg}, 1^{kg}, 2^{kg}, 5^{kg}, 10^{kg}, 20^{kg}.

3° Enfin, pour les petits poids de moins de 1 g., ils sont faits en lamelles de cuivre ou de nickel très minces, carrées, avec un pan relevé permettant de les saisir avec une pince (fig. 17) ; ils varient de 5 dg. à 1 mg.

6*

4° Il y a aussi des poids en forme de godets évidés qui rentrent les uns dans les autres, le plus grand formant boîte.

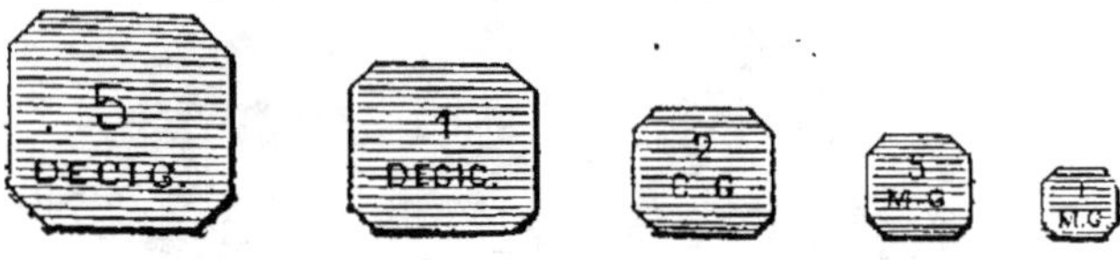

Fig. 17. — Petits poids.

385. bis. Pesées. — Pour effectuer une pesée, on se sert d'une **balance** ou d'une **bascule**, et des **poids** dont on a donné ci-dessus la nomenclature.

III. — Relations entre les masses et les volumes.

386. *La mesure de la masse d'un corps homogène est égale au produit de la mesure de son volume par sa densité absolue* (n° 341 bis).

On a donc l'égalité

$$M = Vd \quad (M, masse; V, volume; d, densité absolue).$$

Si nous prenons une autre substance homogène, on a pour le même volume :

$$M' = Vd';$$

d'où l'on déduit :

$$\frac{M}{M'} = \frac{d}{d'} = d_0.$$

Si l'on prend la densité par rapport à cette deuxième substance ou substance-type, $\frac{d}{d'}$ ou d_0 est la densité relative du premier corps.

Donc : *La densité relative d'un corps est le quotient complet de la masse d'un volume quelconque de ce corps par la masse du même volume de la substance type.*

On peut, dans l'énoncé précédent, remplacer les masses par les poids, en vertu de ce qui a été dit au n° 340.

Supposons qu'on prenne les unités de masse et de volume de telle sorte que la substance type précédente ait pour densité 1. On a alors :

$$M' = V.$$

D'autre part, on a :

$$\frac{M}{M'} = d_0 ,$$

ce qui donne :

$$\frac{M}{V} = d_0 \qquad \text{ou} \qquad M = V d_0.$$

Donc : *La mesure de la masse d'un corps est égale au produit de la mesure de son volume par sa densité relative, pourvu que l'on prenne comme substance-type la substance de densité 1.*

C'est ce que l'on fait dans le système métrique où M et V sont exprimés en unités correspondantes d'après le tableau ci-dessous.

VOLUMES	CAPACITÉS	MASSES
Mètre cube.	Kilolitre	Tonne.
	Hectolitre . . .	Quintal.
	Décalitre	Myriagramme.
Décimètre cube.. .	Litre	Kilogramme.
	Décilitre	Hectogramme.
	Centilitre. . . .	Décagramme.
Centimètre cube. .	Millilitre [1] . . .	Gramme.

[1] Peu usité.

Le volume du litre a été déduit du poids du kilogramme. Donc la correspondante du tableau précédent entre les capacités et les masses et la relation $M = V d_0$ *sont rigoureusement exactes, si les volumes sont évalués à l'aide des mesures de capacité.*

D'autre part, le litre n'est pas exactement égal au décimètre cube.

Donc la correspondance précédente et la relation $M = Vd_0$ ne sont *qu'approchées* si V est mesuré en *unités de volume*. Pour donner une idée de l'approximation, nous dirons seulement que la densité absolue de l'eau à 4° est :   1,000 013.

En d'autres termes, 1 décimètre cube d'eau à 4° a une masse de $1^{kg},000 013$.

Cette différence est insignifiante dans la pratique.

Dans le langage courant, on confond la masse avec le poids et l'on dit :

La mesure du poids d'un corps est égale au produit de la mesure de son volume par sa densité.

386 *bis*. Si la substance à laquelle on rapporte les densités n'a pas une densité absolue égale à **1**, on a la relation $M = M'd_0$.

M' est la masse de la substance-type qui occupe le même volume que la masse M.

Exemple. — *Quelle est la masse de $4^l,25$ d'hydrogène à 0° et sous la pression de 765 millimmètres de mercure, la densité de ce gaz par rapport à l'air étant 0,0695 ?*

La masse de 1 litre d'air est : $1^g,293$.

La masse M' de $4^l,25$ d'air est :

$$1.293 \times 4,25 \text{ grammes.}$$

Et la masse M de $4^l,25$ d'hydrogène est :

$$1,293 \times 4,25 \times 0,0695 = 0^g,382,$$

à 1 milligramme près.

§ 10. — MONNAIES

387. *L'unité de monnaie est le franc, en abrégé fr.*

Il n'y a pas de multiple du franc.

Il existe deux sous-multiples :

Le **décime**, qui vaut 0^{fr},1 ou $\dfrac{1}{10}$ de franc (peu usité) ;

Le **centime**, — .0^{fr},01 ou $\dfrac{1}{100}$ —

(pas d'abréviations).

Pour écrire une somme de monnaie, on écrit le nombre de francs, après quoi l'on écrit une virgule ; le premier chiffre après la virgule est celui des décimes, le suivant celui des centimes.

$$45^{fr},75$$

signifie   45 francs 75 centimes.

388. Pièces de monnaie. — Il y a 4 sortes de pièces de monnaies.

1° **Monnaies d'or.** Elles se composent de pièces de 100 fr., 50 fr., 20 fr., 10 fr. et 5 fr.

Tableau des pièces d'or.

PIÈCES	TITRE	POIDS LÉGAL	DIAMÈTRE
100	0,900	32^g,258	35^{mm}
50	»	16^g,129	28^{mm}
20	»	6^g,451	21^{mm} (fig. 18)
10	»	3^g,226	19^{mm}
5	»	1^g,613	17^{mm}

Le **gramme** *d'or monnayé vaut* **3^{fr},10.**
Le poids des pièces d'or se déduit de cette propriété.

Fig. 18. — Pièce en or de 20 fr. (grandeur réelle).

2° **Monnaies d'argent.** Il existe des pièces de 5 fr., 2 fr., 1 fr. et 0^{fr},50.

Tableau des pièces d'argent.

PIÈCES	TITRE	POIDS LÉGAL	DIAMÈTRE
5	0,900	25^g	37^{mm}
2	0,835	10^g	27^{mm}
1	»	5^g	23^{mm} (fig. 19)
0,50	»	2^g,5	18^{mm}

Le gramme *d'argent monnayé vaut* 0^{fr},**20.**

Fig. 19. — Pièce en argent de 1 franc (grandeur réelle).

3° **Monnaies de cuivre ou de billon.** Elles se composent de pièces de 10, 5, 2, 1 centimes.

Tableau des pièces de cuivre.

PIÈCES	POIDS LÉGAL	DIAMÈTRE	COMPOSITION
0^{fr},10	10^g	30^{mm}	
0^{fr},05	5^g	25^{mm} (fig. 20)	95 parties de cuivre,
0^{fr},02	2^g	20^{mm}	4 d'étain, 1 de zinc.
0^{fr},01	1^g	15^{mm}	

Fig. 20. — Pièce en bronze de 0 fr. 05 (grandeur réelle).

Le gramme *de cuivre monnayé vaut légalement* 0fr,01.

4° **Monnaie de nickel.** Pièce de 0fr,25, pesant 7 grammes (fig. 21).

Fig. 21. — Pièce en nickel de 0 fr. 25 (grandeur réelle).

En France, l'État seul a le droit de fabriquer la monnaie.

389. Valeurs respectives de l'or et de l'argent. — 1° **Or.** On a vu que : **1 kilogramme d'or monnayé vaut 3.100 francs.**

Comme 1 kilogramme d'or monnayé ne contient que 900 grammes d'or pur, la valeur de 1 kilogramme d'or pur, si l'on néglige la valeur du cuivre, est :

$$3.100 \cdot \frac{1.000}{900} = 3.444^{fr},44.$$

C'est la *valeur intrinsèque* de l'or pur.

Mais l'État retient 6fr,70 pour frais de fabrication des monnaies d'or; donc la valeur de 1 kilogramme au titre de 0,900 est de 3.100fr — 6fr,70 = 3.093fr,30.

Il s'ensuit que la valeur d'un kilogramme d'or pur dans ces conditions est :

$$3.093^{fr},30 \times \frac{1.000}{900} = 3.437 \text{ fr.}$$

C'est la valeur *au change ou au tarif de l'or monnayé*.

2° **Argent.** Un kilogramme d'argent monnayé au titre de 0,900 vaut **200 francs.** On en déduit que la *valeur intrinsèque* de l'argent pur est de 222fr,22.

Mais l'État retient 1^{fr},50 pour frais de fabrication des monnaies d'argent ; il en résulte que 1 kilogramme, d'argent pur vaut dans ces conditions :

$$220^{fr},56.$$

C'est la valeur au *change ou au tarif*.

De même, la valeur **intrinsèque** de 1 kilogramme d'argent au titre de 0,835 est 185^{fr},56.

De même, la valeur **au change** de 1 kilogramme d'argent au titre de 0, 835 est 184^{fr},167.

Dans ce cas, comme pour la monnaie d'or, on néglige le poids du cuivre.

390. La *valeur commerciale* de l'or et de l'argent est le prix que coûtent l'un ou l'autre de ces métaux purs achetés par lingots.

La valeur commerciale de l'or s'écarte peu de sa valeur intrinsèque. Il n'en est pas de même pour l'argent, dont la valeur commerciale est en moyenne actuellement de 136 francs environ par kilogramme, de beaucoup inférieur à sa valeur *intrinsèque*.

Quant aux monnaies de billon et de métal, leur valeur est purement *conventionnelle*.

§ 11. — SYSTÈME C. G. S. ET SYSTÈME MÉCANIQUE

1° Système C. G. S.

391. **1° Unités fondamentales.** — *Les unités fondamentales sont l'unité de* **longueur,** *l'unité de* **temps,** *l'unité de* **masse.**

1° L'unité de longueur est le **centimètre.**

2° L'unité de temps est la **seconde** $\left(\dfrac{1}{86.400} \text{ du jour} \right.$ solaire moyen).

3° L'unité de masse est le **gramme-masse** (masse de 1 centimètre cube d'eau distillée à 4°).

Le nom du système C. G. S. vient des initiales des trois unités fondamentales (centimètre, gramme, seconde).

392. 2º Unités dérivées. — 1º Unités géométriques. L'unité de surface est le **centimètre carré**; l'unité de volume est le **centimètre cube**.

2º Unités cinématiques. — L'unité de vitesse est la vitesse d'un mouvement uniforme dans lequel le mobile parcourt 1 centimètre en 1 seconde. L'unité d'accélération est l'accélération d'un mouvement uniformément varié dans lequel la vitesse croît de 1 unité C. G. S. de vitesse par seconde.

3º Unités dynamiques. — L'unité de force est la **dyne**; c'est la force qu'il faut appliquer à 1 gramme-masse pour lui imprimer une accélération de 1 centimètre par seconde.

Unités de travail. — Lorsqu'une force est appliquée à un corps et que ce corps se déplace parallèlement à la force, on dit que la force produit **un travail**. Par définition :

La mesure de ce travail est égale au produit de la mesure de la force par la mesure du déplacement.

De là il résulte que l'*unité de travail* est le travail dans lequel l'unité de force est appliquée à un point qui subit un déplacement égal à l'unité de longueur.

Le travail est *moteur* ou *résistant* suivant que le déplacement se fait dans le sens de la force ou en sens contraire.

La puissance est le travail par unité de temps.

L'unité C. G. S. de travail est l'**erg**; c'est le travail d'une dyne pour un déplacement de 1 centimètre.

L'unité de puissance est l'**erg seconde**, c'est la puissance d'une machine qui fournit un travail de 1 erg en 1 seconde.

2° Système mécanique.

393. 1° Unités fondamentales. — Dans le système mécanique, les unités fondamentales sont : *l'unité de longueur, le mètre ; l'unité de temps, la seconde ; l'unité de force, le kilogramme-poids (force exercée par la pesanteur à Paris sur un kilogramme-masse).*

Dans ce système, l'unité de longueur est 100 fois plus grande que dans le système C. G. S.

L'unité de temps est la même.

Cherchons combien le kilogramme-poids vaut de dynes.

1 gramme-poids est une force qui, appliquée à 1 gramme-masse, lui imprime une accélération de 981 centimètres par seconde ; donc 1 gramme-poids vaut 981 dynes, puisque 1 dyne imprime à 1 gramme une accélération de 1 centimètre par seconde ; et 1 kilogramme-poids vaut 1.000 fois plus. Donc

$$1 \text{ kilogramme-poids} = 981.000 \text{ dynes,}$$

ou
$$1 \text{ dyne} = \frac{1}{981.000} \text{ kilogramme-poids.}$$

394. 2° Unités dérivées :

Surfaces : le mètre carré ;

Volumes : le mètre cube ;

Masse : cette unité peu employée ne porte pas de nom particulier ; c'est la masse d'un corps qui, soumise à une force de 1 kilogramme-poids, éprouve une accélération de 1 mètre par seconde.

Travail : L'unité de travail est le **kilogrammètre**, travail d'un kilogramme-poids pour un déplacement de 1 mètre.

Le kilogramme-poids vaut 981.000 dynes.

Le mètre   vaut   100 centimètres.

Donc **1 kilogrammètre vaut** $= 98.100.000$ **ergs,**

$$— \quad = 981 \times 10^5 \text{ ergs.}$$

L'unité de puissance n'est pas couramment employée. On utilise le **cheval-vapeur**, qui est une puissance de 75 kilogramme-mètres par seconde.

$$1 \text{ cheval-vapeur} = 981 \times 75 \times 10^5 \text{ ergs seconde.}$$

3° Système pratique.

395. Unités fondamentales. — Dans le système pratique, les unités fondamentales sont celles de longueur, de temps et de masse. On le déduit facilement du système C. G. S. de la manière suivante :

L'unité de **longueur** vaut 10^9 centimètres (longueur de $\frac{1}{4}$ du méridien terrestre).

L'unité de **temps** est la seconde.

L'unité de **masse** vaut $\frac{1}{10^{11}}$ gramme-masse.

396. Unités dérivées. — L'unité de **vitesse** vaut 10^9 unités C. G. S. de vitesse.

L'unité d'**accélération** vaut 10^9 unités C. G. S. d'accélération.

L'unité de **force** vaut $\frac{10^9}{10^{11}} = \frac{1}{100}$ de dyne (car $F = mg$ et l'unité de **masse** vaut $\frac{1}{10^{11}}$ et l'unité d'accélération vaut 10^9 unités C. G. S.).

L'unité de **travail** ou **joule** vaut $\frac{10^9}{100} = 10^7$ ergs. C'est le travail d'une unité pratique de force pour un déplacement d'une unité de longueur (10^9 centimètres).

L'unité de **puissance** ou **watt** vaut aussi 10^7 ergs seconde.

Le **kilowatt** vaut 1000 watts.

Il s'ensuit que :

$$1 \text{ kilowatt} = 1.000 \times 10^7 \text{ ergs seconde}$$
$$= \frac{10^{10}}{981 \times 75 \times 105} \text{ cheval-vapeur,}$$

ou $\qquad$ **1 kilowatt = 1,36 cheval-vapeur ;**

ou inversement :

$$1 \text{ cheval-vapeur} = 0^{kw},736.$$

REMARQUE. — Le système pratique est surtout employé en électricité.

Exercices sur le système métrique.

328. Expliquer en quoi consiste la mesure théorique d'une grandeur.

329. Comment effectue-t-on la mesure pratique d'une grandeur? Justifier la manière d'opérer.

330. Quelles sont les différentes espèces de grandeurs géométriques? — Comment peut-on mesurer une surface, un volume? — Pourquoi n'existe-t-il pas de mesures effectives de surface?

331. Définir le mouvement uniforme. Qu'est-ce que la vitesse de ce mouvement?

332. Définir le mouvement uniformément varié. Qu'est-ce que la vitesse dans ce mouvement? — L'accélération?

333. Comment mesure-t-on une force? — Sur quel principe est fondé un dynamomètre?

334. Quelles sont les-lois de la dynamique? — Comment s'introduit la notion de masse?

335. Qu'est-ce que la pesanteur? — Un corps a-t-il le même poids en tous les points de la terre?

336. A quoi sert une balance? — Que peut-on mesurer avec une balance?

337. Combien faut-il d'unités fondamentales en géométrie et en mécanique? — Comment en déduit-on les unités dérivées?

338. De quelles grandeurs s'occupe le système métrique et quelles sont les unités fondamentales du système métrique?

339. Qu'appelle-t-on étalon prototype? — Quels sont les étalons prototypes du système métrique?

340. Ces étalons répondent-ils rigoureusement à leurs définitions primitives?

341. Quels sont les principes du système métrique?

342. Parler des mesures de longueur et de leur emploi. — Quelles sont les mesures effectives?

343. Parler des mesures de surfaces, des mesures agraires. — Comment lit-on et écrit-on ces mesures? — Comment fait-on un changement d'unité?

344. Parler des mesures de volume. — Comment lit-on et écrit-on ces mesures? — Comment fait-on un changement d'unité? — Mesures du bois de chauffage.

345. A quoi servent les mesures de capacité? — Définir le litre.

346. Faire le tableau des mesures de capacité.

347. Quelles sont les relations entre les volumes et les capacités?

348. Qu'est-ce que le kilogramme? — Le gramme?

349. Quelles sont les mesures effectives de poids?

350. Quelle est l'unité de monnaie? — Faire le tableau des pièces d'or, d'argent et de cuivre.

351. Qu'est-ce que la valeur intrinsèque, au tarif ou au change, commerciale de l'or et de l'argent?

352. Quelles sont les unités fondamentales du système C. G. S. ? — Les unités dérivées?

353. Quelles sont les unités fondamentales du système mécanique? — Les unités dérivées? — Inconvénients de ce système.

354. Quelles sont les unités fondamentales du système pratique? — Les unités dérivées?

355. Évaluer les unités du système mécanique en unités C. G. S., et inversement.

356. Évaluer les unités du système pratique en unités C. G. S., et inversement.

357. Évaluer les unités du système mécanique en unités de système pratique, et inversement.

358. Calculer la lieue marine et le mille marin (ou nœud), sachant que la lieue marine correspond à 2' du méridien et que le mille marin est le tiers de la lieue marine.

359. Calculer le rayon de la terre en mètres.

360. Calculer la surface de la terre en myriamètres carrés, à 1 myriamètre carré près.

361. Démontrer que pour des dilatations petites on peut sensiblement prendre pour coefficient de dilatation superficielle le double du coefficient de dilatation linéaire.

362. Démontrer que pour des dilatations petites, on peut sensiblement prendre pour coefficient de dilatation cubique le triple du coefficient de dilatation linéaire.

CHAPITRE XIII

RAPPORTS ET PROPORTIONS

§ I. — RAPPORTS

397. Définition. — *On appelle rapport de deux grandeurs de même espèce, le nombre entier ou fractionnaire qui mesure la première quand on prend la seconde comme unité.*

Nous admettrons d'abord qu'il existe une commune mesure entre les deux grandeurs.

398. Propriétés des mesures des grandeurs. — 1° *Quand on mesure une même grandeur avec deux unités différentes, la seconde unité étant n fois plus petite que la première, le nombre qui mesure la grandeur à l'aide de la seconde unité est n fois plus grand que le nombre qui la mesure à l'aide de la première (On suppose n entier).*

2° *Inversement, le nombre qui mesure une grandeur à l'aide d'une seconde unité n fois plus grande qu'une première unité est n fois plus petit que le nombre qui mesure la grandeur à l'aide de la première unité.*

Ces propriétés sont évidentes si l'on se reporte à la définition de la mesure d'une grandeur.

De ces deux propriétés il résulte que :

3° *Si l'unité est multipliée par une fraction $\dfrac{a}{b}$, la mesure d'une grandeur est multipliée par la fraction inverse $\dfrac{b}{a}$.*

En effet, soit N le nombre qui mesure la grandeur à l'aide de la première unité ; prenons une unité auxiliaire b fois plus petite ; la nouvelle mesure sera bN ; la seconde unité donnée étant a fois plus grande que cette unité auxiliaire, la mesure faite à l'aide de cette seconde unité sera :

$$\frac{b\mathrm{N}}{a}.$$

399. Théorème I. — *Le quotient complet des mesures de deux grandeurs faites avec une même unité est indépendant du choix de cette unité.*

En effet, soient a la mesure de la première grandeur, b la mesure de la seconde ; a et b sont des entiers ou des fractions.

Si l'on prend une nouvelle unité obtenue en multipliant la première par la fraction $\frac{m}{n}$, la première mesure devient $a\,\frac{n}{m}$, la deuxième devient $b\,\frac{n}{m}$; leur quotient complet n'est donc pas changé.

400. Théorème II. — *Le rapport de deux grandeurs de même espèce est égal au quotient complet de leurs mesures faites avec la même unité.*

Soient, en effet, deux grandeurs telles que si l'on prend la seconde comme unité, la première soit mesurée par le nombre $\frac{a}{b}$ (a et b étant des entiers).

Cela signifie qu'il existe une troisième grandeur contenue a fois dans la première et b fois dans la deuxième.

Si l'on prend cette troisième grandeur comme unité :

la première est mesurée par le nombre a,
la deuxième   —   — b.

On a démontré cette proposition en prenant une unité particulière ; mais nous avons vu que le quotient complet des deux mesures est indépendant de l'unité choisie ; donc la proposition est tout à fait générale.

401. Rapport de deux nombres. — *On appelle rapport de deux nombres le quotient complet de ces deux nombres.*

On pourra donc dire, d'après ce qui précède :

Le rapport de deux grandeurs est égal au rapport des deux nombres qui les mesurent avec une unité de même espèce arbitraire.

401 *bis*. REMARQUE. — Dans ce qui précède, on a supposé les grandeurs *commensurables* entre elles; le rapport de leurs mesures est donc le rapport de deux fractions. — Il peut se faire que les grandeurs soient incommensurables entre elles.

Un exemple géométrique est donné par le côté du carré et sa diagonale. Si le côté est pris pour unité de longueur, la diagonale a pour mesure $\sqrt{2}$.

Si on mesure ces deux longueurs à l'aide d'une troisième prise pour unité, les mesures ne seront en général qu'approchées, mais le rapport de ces mesures approchées pourra être aussi voisin qu'on veut des nombres décimaux qui définissent $\sqrt{2}$ avec une approximation aussi grande que l'on veut. — Par suite, on pourra encore parler du rapport des mesures des deux longueurs et appliquer la proposition précédente, l'erreur que l'on fait en l'appliquant rigoureusement pouvant être rendue plus faible que tout nombre donné d'avance.

De même, le rapport de deux nombres incommensurables aura pour valeur approchée le quotient de leurs valeurs approchées ; on conçoit que cette approximation peut être rendue aussi grande que possible. On pourra donc raisonner comme si les deux termes du rapport étaient des entiers ou des fractions.

§ II. — FRACTIONS GÉNÉRALISÉES

402. Définition. — Soient deux nombres a et b (entiers ou fractions).

Leur rapport est leur quotient complet :

$$a : b.$$

On l'écrit aussi de la manière suivante :

$$\frac{a}{b} \qquad \text{(qu'on lit } a \text{ sur } b\text{)},$$

c'est-à-dire sous la forme d'une fraction dont le numérateur et le dénominateur sont eux-mêmes des fractions.

On obtient ainsi ce que l'on appelle une **fraction généralisée**.

403. Propriété fondamentale des fractions généralisées. — *On peut opérer sur les fractions généralisées ou rapports comme sur les fractions ordinaires, en leur appliquant les mêmes règles de calcul.*

Cette propriété repose sur la remarque suivante.

Soit q l'entier ou la fraction représenté par le rapport $\dfrac{a}{b}$ (ou fraction généralisée). C'est par définition un nombre (entier ou fraction) q dont le produit par b est égal à a.

Il en résulte que les deux égalités $\dfrac{a}{b} = q$ *et* $a = bq$ *sont équivalentes.*

Ceci posé, on va étudier rapidement les transformations et les opérations qu'on peut effectuer sur les rapports.

404. Théorème. — *On ne change pas la valeur d'un rapport en multipliant ses deux termes par un même nombre.*

On a :
$$\frac{a}{b} = \frac{a \times m}{b \times m},$$

m étant un nombre quelconque (entier ou fraction).

Soit q la valeur du premier rapport $\dfrac{a}{b}$.

On a :
$$\frac{a}{b} = q,$$

ou
$$a = b \times q.$$

Nous pouvons multiplier par le nombre m les deux membres de l'égalité. Il vient :
$$a \times m = b \times q \times m.$$

Mais, pour multiplier un produit $b \times q$ par un nombre, on peut multiplier le facteur b par m.

On a :
$$b \times q \times m = (b \times m) \times q,$$

et, par suite,
$$a \times m = (b \times m) \times q,$$

c'est-à-dire, d'après la remarque précédente :

$$\frac{a \times m}{b \times m} = q,$$

ou bien

$$\frac{a \times m}{b \times m} = \frac{a}{b}.$$

405. Application. — Quand un rapport contient au dénominateur des radicaux carrés, on peut le transformer en un autre dont le dénominateur ne contient plus de racine. L'avantage de cette transformation est dans la commodité des calculs.

Exemple. — Soit à calculer le rapport $\dfrac{\sqrt{2}+1}{2-\sqrt{2}}$.

On peut multiplier les deux termes par $2+\sqrt{2}$, ce qui donne :

$$\frac{(\sqrt{2}+1)(2+\sqrt{2})}{(2-\sqrt{2})(2+\sqrt{2})} = \frac{4+3\sqrt{2}}{2} = 2 + 1,5 \times 1,414 = 4,121,$$

à 0,001 près.

406. Conséquence. — *On peut simplifier un rapport ou réduire plusieurs rapports au même dénominateur comme les fractions.*

407. Addition et soustraction. — *L'addition et la soustraction des rapports se font comme l'addition et la soustraction des fractions.*

Soit à additionner $\dfrac{a}{b}$ et $\dfrac{c}{d}$.

En appelant p et q les valeurs respectives de ces rapports, on peut écrire : $a = bp,$ $c = dq.$

Multiplions les deux membres de la première égalité par d, les deux membres de la seconde par b, il vient :

$$ad = bdp,$$
$$cb = bdq ;$$

d'où, en additionnant membre à membre :

$$ad + cb = bd(p+q),$$

ou $$p + q = \frac{ad + bc}{bd}.$$

De même pour la soustraction.

408. Multiplication et division. — *Les deux opérations se font aussi comme pour les fractions ordinaires.*

Soit à effectuer le produit $\dfrac{a}{b} \times \dfrac{c}{d}$.

Soient p et q les valeurs de ces rapports :

$$a = bp,$$
$$c = dq.$$

En multipliant membre à membre :

$$ac = bpdq = (bd)(pq),$$

puisque la multiplication des fractions est commutative et associative. On en déduit :

$$pq = \frac{ac}{bd}.$$

On opérerait d'une manière analogue pour la division.

409. Racine d'un rapport. — Soit le rapport $\dfrac{a}{b}$; on se propose de trouver un nombre (entier ou fraction) tel que sa puissance m^{me} soit égale à ce rapport.

1° Si a et b sont les puissances m^{mes} parfaites d'entiers ou de fractions, ce rapport sera $\dfrac{\sqrt[m]{a}}{\sqrt[m]{b}}$.

En effet,

$$\left(\frac{\sqrt[m]{a}}{\sqrt[m]{b}} \right)^m = \frac{\sqrt[m]{a}}{\sqrt[m]{b}} \times \frac{\sqrt[m]{a}}{\sqrt[m]{b}} \cdots \frac{\sqrt[m]{a}}{\sqrt[m]{b}} = \frac{a}{b}.$$

Donc on peut écrire :

$$\sqrt[m]{\frac{a}{b}} = \frac{\sqrt[m]{a}}{\sqrt[m]{b}}.$$

2° Si a et b ne sont pas des puissances m^{mes} parfaites, les deux nombres

$$\sqrt[m]{\frac{a}{b}} \qquad \text{et} \qquad \frac{\sqrt[m]{a}}{\sqrt[m]{b}},$$

les radicaux étant calculés avec une approximation suffisante, seront aussi approchés qu'on le veut, car il en est ainsi de leurs puissances m^{mes} ; et l'on aura l'égalité aussi approchée qu'on le veut :

$$\sqrt[m]{\frac{a}{b}} = \frac{\sqrt[m]{a}}{\sqrt[m]{b}}.$$

On en conclut que :

Pour extraire la racine m^{me} d'un rapport, il suffit de former le rapport des racines m^{mes} de ses deux termes.

410. Rapports inverses. — *On appelle rapports inverses deux rapports dont le produit est égal à 1.*

Exemple. — $\dfrac{a}{b}$ et $\dfrac{b}{a}$ sont des rapports inverses.

§ III. — PROPORTIONS

1° Définitions.

411. Définition d'une proportion. — *On appelle proportion l'égalité de deux rapports.*

Quatre nombres forment une proportion quand le rapport des deux premiers est égal au rapport des deux derniers.

Ces quatre nombres sont les **termes** de la proportion.

Exemple. — Les quatre nombres 2, 3, 6, 9 forment une proportion.

En effet, les deux rapports $\dfrac{2}{3}$ et $\dfrac{6}{9}$ sont égaux.

Le premier et le quatrième nombre de la proportion s'appellent les **extrêmes** : ici 2 et 9.

Le deuxième et le troisième nombre s'appellent les **moyens** : ici 3 et 6.

On écrit la proportion précédente comme il suit :

$$\frac{2}{3} = \frac{6}{9}.$$

Sous cette forme, on voit que les **extrêmes** sont le **numérateur** de la **première fraction** et le **dénominateur** de la **deuxième**, et que les **moyens** sont le **dénominateur** de la **première** et le **numérateur de la seconde**.

2° Théorèmes relatifs aux proportions.

412. Théorème I. — *Dans une proportion, le produit des extrêmes est égal à celui des moyens.*

Si l'on représente les termes de la proportion par des lettres (pour ne pas indiquer de nombres particuliers), une proportion s'écrit :
$$\frac{a}{b} = \frac{c}{d}.$$

a et d sont les extrêmes, b et c sont les moyens.

De la proportion précédente, on déduit immédiatement :
$$a \times d = b \times c.$$

En effet,
$$\frac{a}{b} = \frac{a \times d}{b \times d}, \quad \frac{c}{d} = \frac{b \times c}{b \times d};$$

d'où
$$\frac{a \times d}{b \times d} = \frac{b \times c}{b \times d}, \quad \text{ou} \quad a \times d = b \times c.$$

413. Réciproquement, *si quatre nombres sont tels que le produit des extrêmes soit égal au produit des moyens, ils forment une proportion.*

Ainsi, si quatre nombres a, b, c, d sont tels que
$$a \times d = b \times c,$$
on en déduit la proportion
$$\frac{a}{b} = \frac{c}{d}.$$

En effet, on a : $\quad a \times d = b \times c.$

Divisons par le produit $b \times d$; on a :
$$\frac{a \times d}{b \times d} = \frac{b \times c}{b \times d},$$

ou
$$\frac{a}{b} = \frac{c}{d}.$$

414. Conséquence. — *On peut dire que les deux égalités*
$$ad = bc$$
$$\frac{a}{b} = \frac{c}{d}$$

sont équivalentes: l'une d'elles est vraie dès que l'autre l'est.

415. Différentes manières d'écrire une proportion.

On peut écrire l'égalité $ad = bc$ sous les formes équivalentes suivantes :

$$ad = bc,$$
$$da = bc,$$
$$da = cb.$$

On en déduit les huit manières suivantes équivalentes d'écrire une proportion :

$$\frac{a}{b} = \frac{c}{d} \quad \text{et} \quad \frac{c}{d} = \frac{a}{b},$$
$$\frac{a}{c} = \frac{b}{d} \quad \text{et} \quad \frac{b}{d} = \frac{a}{c},$$
$$\frac{d}{b} = \frac{c}{a} \quad \text{et} \quad \frac{c}{a} = \frac{d}{b},$$
$$\frac{d}{c} = \frac{b}{a} \quad \text{et} \quad \frac{b}{a} = \frac{d}{c}.$$

On les déduit de l'une quelconque :

en intervertissant entre eux les deux extrêmes,
—   —   moyens,
—   —   les extrêmes et les moyens.

416. Théorème II. — *Si, dans chaque membre d'une proportion, on ajoute le dénominateur au numérateur, en conservant le même dénominateur, on obtient une nouvelle proportion.*

Il en est de même si l'on ajoute le numérateur au dénominateur, en conservant le même numérateur.

On peut également retrancher les numérateurs et dénominateurs, au lieu de les ajouter.

Soit la proportion $\quad \dfrac{a}{b} = \dfrac{c}{d}.$

Je dis que l'on a aussi :

$$\frac{a + b}{b} = \frac{c + d}{d}.$$

En effet, $\dfrac{a}{b}$ et $\dfrac{c}{d}$ sont deux fractions égales ; elles restent égales si on ajoute 1 à chacune d'elles :

$$\frac{a}{b} + 1 = \frac{c}{d} + 1,$$

ou $\qquad \dfrac{a}{b} + 1 = \dfrac{a}{b} + \dfrac{b}{b} = \dfrac{a + b}{b}.$

De même,
$$\frac{c}{d} + 1 = \frac{c}{d} + \frac{d}{d} = \frac{c+d}{d}.$$

Donc
$$\frac{a+b}{b} = \frac{c+d}{d}.$$

De même, si $\dfrac{a}{b} > 1$, on pourra former :

$$\frac{a}{b} - 1 \quad \text{et} \quad \frac{c}{d} - 1,$$

qui sont égaux. Or

$$\frac{a}{b} - 1 = \frac{a-b}{b}, \quad \frac{c}{d} - 1 = \frac{c-d}{d}.$$

Donc
$$\frac{a-b}{b} = \frac{c-d}{d}.$$

On montre de même, que l'on peut opérer sur les dénominateurs comme sur les numérateurs.

417. En résumé, de l'égalité

$$\frac{a}{b} = \frac{c}{d},$$

résultent :

1°
$$\begin{cases} \dfrac{a+b}{b} = \dfrac{c+d}{d}, \\[2mm] \dfrac{a-b}{b} = \dfrac{c-d}{d}. \end{cases}$$

2°
$$\begin{cases} \dfrac{a}{b+a} = \dfrac{c}{d+c}, \\[2mm] \dfrac{a}{a-b} = \dfrac{c}{c-d}. \end{cases}$$

Les secondes égalités de chaque groupe supposent que $\dfrac{a}{b}$ et $\dfrac{c}{d}$ sont plus grands que 1.

418. Quatrième proportionnelle. — Étant donnés trois nombres a, b, c, dans un ordre déterminé, on appelle **quatrième proportionnelle** à ces trois nombres un quatrième nombre x qui forme avec a, b, c la proportion :

$$\frac{a}{b} = \frac{c}{x}.$$

Calcul de la quatrième proportionnelle. — De la proportion précédente, on déduit :

$$x = \frac{bc}{a}.$$

419. Troisième proportionnelle. — Étant donnés deux nombres a et b (dans un ordre déterminé), on appelle **troisième proportionnelle** un nombre x formant avec a et b une proportion dont a et x sont les extrêmes et dont les moyens sont égaux à b :

$$\frac{a}{b} = \frac{b}{x}.$$

On en déduit :

$$x = \frac{b^2}{a}.$$

420. Moyenne proportionnelle. — Étant donnés deux nombres a et b, on appelle moyenne proportionnelle un nombre x qui forme avec a et b une proportion dont les extrêmes sont égaux à x et dont les moyens sont a et b :

$$\frac{x}{a} = \frac{b}{x}.$$

Calcul de la moyenne proportionnelle. — De la proportion précédente, on déduit l'égalité équivalente

$$x^2 = ab,$$

ou

$$x = \sqrt{ab}.$$

On voit que l'on peut permuter a et b dans leur moyenne proportionnelle.

On déduit des égalités ci-dessus les nouvelles définitions suivantes :

La moyenne proportionnelle entre deux nombres est un troisième nombre dont le carré est égal au produit des deux premiers.

La moyenne proportionnelle entre deux nombres est la racine carrée de leur produit.

§ 4. — SUITE DES RAPPORTS ÉGAUX

421. Théorème I. — *Si l'on a une suite de rapports égaux, le rapport qui a pour numérateur la somme des numérateurs et pour dénominateur la somme des dénominateurs est égal à chacun des rapports de la suite.*

Soit la suite de rapports égaux

$$\frac{a}{b} = \frac{c}{d} = \frac{e}{f}.$$

Désignons par q la valeur commune de ces rapports :
q est le quotient complet de a par b, c'est-à-dire que l'on a :

$$a = b \times q.$$

De même,
$$c = d \times q,$$
$$e = f \times q.$$

Ajoutons ces égalités membre à membre :

$$a + c + e = b \times q + d \times q + f \times q.$$

Mais l'on sait que le second membre peut s'écrire :

$$(b + d + f)q,$$

en vertu de ce qui a été dit pour le produit d'une somme de fractions ou d'entiers par une fraction ou un entier. Donc

$$a + c + e = (b + d + f) \times q.$$

Ce qui montre que q est le quotient complet de $a + c + e$ par $b + d + f$, ou que

$$q = \frac{a + c + e}{b + d + f}.$$

Donc
$$q = \frac{a}{b} = \frac{c}{d} = \frac{e}{f} = \frac{a + c + e}{b + d + f}.$$

Cette propriété est vraie quel que soit le nombre des rapports, pourvu qu'ils soient égaux.

422. Cas particulier.

De
$$\frac{a}{b} = \frac{c}{d},$$

on déduit :
$$\frac{a}{b} = \frac{c}{d} = \frac{a + c}{b + d}.$$

423. Théorème II. — *Si, dans une suite de rapports égaux, on fait tantôt la somme, tantôt la différence des numérateurs, et qu'on opère de même sur les dénominateurs, les nouveaux rapports formés sont égaux aux rapports donnés, pourvu que les soustractions soient possibles.*

Soit la suite des rapports égaux :

$$\frac{a}{b} = \frac{c}{d} = \frac{e}{f}.$$

Soit q la valeur commune de ces rapports. On a :

$$a = bq,$$
$$c = dq,$$
$$e = fq.$$

Ajoutons, par exemple, les deux premières égalités membre à membre, et retranchons-en de même la troisième ; il vient :

$$a + c - e = (b + d - f)q,$$

d'où

$$q = \frac{a + c - e}{b + d - f},$$

ou encore

$$\frac{a}{b} = \frac{c}{d} = \frac{e}{f} = \frac{a + c - e}{b + d - f}.$$

424. Cas particulier. — En particulier, de la proportion

$$\frac{a}{b} = \frac{c}{d},$$

on déduit :

$$\frac{a}{b} = \frac{c}{d} = \frac{a + c}{b + d} = \frac{a - c}{b - d}.$$

Exercices sur les rapports et proportions.

363. Qu'est-ce que le rapport de deux grandeurs ?

364. Que devient le nombre qui mesure une grandeur quand l'unité de mesure est rendue n fois plus grande ? — n fois plus petite ? — quand elle est multipliée par une fraction $\frac{a}{b}$?

365. Montrer que le quotient complet des mesures de deux grandeurs faites avec une même unité est indépendant de cette unité.

366. A quoi est égal le quotient complet des mesures de deux grandeurs de même espèce ?

367. Qu'est-ce que le rapport de deux nombres ? — Le rapprocher du rapport de deux grandeurs.

368. Quelle opération peut-on faire sur les fractions généralisées ?

369. Montrer qu'on peut multiplier les deux termes d'un rapport par un même nombre sans changer sa valeur.

370. Montrer que l'on peut additionner, soustraire, multiplier et diviser ces fractions comme des fractions ordinaires.

371. Démontrer que $\sqrt[m]{\dfrac{a}{b}} = \dfrac{\sqrt[m]{a}}{\sqrt[m]{b}}$.

372. Qu'est-ce qu'une proportion ? — Qu'appelle-t-on : moyens, extrêmes ?

373. Démontrer que dans une proportion le produit des extrêmes est égal à celui des moyens. — Réciproque.

374. Quelles sont les différentes manières équivalentes d'écrire la proportion $\dfrac{a}{b} = \dfrac{c}{d}$?

375. Démontrer que si $\dfrac{a}{b} = \dfrac{c}{d}$, on a : $\dfrac{a+b}{b} = \dfrac{c+d}{d}$ et $\dfrac{a-b}{b} = \dfrac{c-d}{d}$.

376. Démontrer que l'on a aussi : $\dfrac{a}{b+a} = \dfrac{c}{d+c}$ et $\dfrac{b}{a-b} = \dfrac{d}{c-d}$.

377. Qu'appelle-t-on quatrième proportionnelle ? — Troisième proportionnelle ? — Moyenne proportionnelle ?

378. Calculer la quatrième proportionnelle à 221, 169 et 51.

379. Calculer la troisième proportionnelle à 63 et 105.

380. Calculer la moyenne proportionnelle entre 33 et 825.

381. Démontrer que si $\dfrac{a}{b} = \dfrac{c}{d} = \dfrac{e}{f}$, ces rapports sont égaux à $\dfrac{a+c+e}{b+d+f}$ ou $\dfrac{a+c-e}{b+d-f}$.

382. Démontrer que la différence des racines carrées de deux nombres entiers consécutifs devient aussi voisine de zéro qu'on le veut quand ces nombres grandissent indéfiniment.

383. A partir de quel entier, la différence entre la racine carrée de ce nombre et de celui qui le précède est-elle inférieure à $\dfrac{1}{5.000}$?

384. A quel nombre est égal le rapport de $2^{hl},85$ à $1^{m3},35$?

385. Calculer le rapport de 75 kilogrammètres à 275.000 ergs.

386. Calculer le rapport des angles $25°43'15''$ et $18°10'30''$.

387. Calculer le rapport de $3^h,25$ à 7.215 secondes.

388. Calculer à 0,1 près la moyenne proportionnelle de 18,35 et 27,7.

389. La circonférence étant partagée en 400 radians, évaluer le rapport de $28^{rad},253$ à $19°48'30''$.

390. Expliquez théoriquement comment on trouve deux nombres dont la somme soit égale à 1.512 et qui fassent avec 4 et 5 une proportion. *(Brevet, la Rochelle.)*

391. Trouver, sans les réduire au même dénominateur, l'égalité des rapports $\dfrac{17}{43}$ et $\dfrac{1717}{4343}$. *(Brevet, Dijon.)*

392. Expliquer comment de la proportion $\dfrac{5}{7} = \dfrac{15}{21}$ on peut tirer cette autre proportion $\dfrac{5}{7+5} = \dfrac{15}{21+15}$.
(Brevet, Paris.)

393. Démontrer que si l'on remplace le nombre $\dfrac{1}{1+a}$ par $1-a$, a étant inférieur à 1, l'erreur que l'on fait est inférieure à a^2.

394. Montrer que, pour comparer deux rapports, il suffit de comparer leur quotient à l'unité.

395. Calculer le rapport $\dfrac{\dfrac{1}{2} + \dfrac{1}{3}}{1 - \dfrac{1}{2} \times \dfrac{1}{3}}$.

396. Étant donné le rapport $\dfrac{3\sqrt{2} - 2}{3\sqrt{2} + 2}$, multiplier les deux termes par un nombre tel que le dénominateur devienne rationnel ; calculer cette expression.

397. Calculer de même l'expression $\dfrac{2\sqrt{3} - 5}{\sqrt{3} + \sqrt{2}}$.

398. Calculer de la manière la plus simple x donné par la proportion $\dfrac{7,5 - x}{3,5 + x} = \dfrac{5}{6}$.

399. Calculer x donné par $\dfrac{\dfrac{1}{3} + x}{\dfrac{3}{4} + x} = \dfrac{7}{9}$.

400. Calculer de la manière la plus simple le rapport
$$\frac{\dfrac{1}{239} + \dfrac{119}{120}}{1 - \dfrac{119}{239 \times 120}}.$$

401. Calculer l'expression $\dfrac{100}{5 - \dfrac{20}{\dfrac{3}{3 + \dfrac{5}{9}}}}$, en justifiant les opérations effectuées.

402. Est-il possible que les aiguilles d'une montre soient en coïncidence à une heure exprimée par un nombre entier de minutes et de secondes ?

403. Démontrer que si l'on a : $\dfrac{a}{b} = \dfrac{c}{d}$, on a aussi :

$$\frac{a}{b} = \frac{c}{d} = \frac{\sqrt{a^2 + c^2}}{\sqrt{b^2 + d^2}} = \frac{\sqrt{a^2 - c^2}}{\sqrt{b^2 - d^2}}.$$

CHAPITRE XIV

GRANDEURS PROPORTIONNELLES
RÈGLE DE TROIS. — TANT POUR CENT

---

§ 1. — GRANDEURS PROPORTIONNELLES

I. — Grandeurs directement proportionnelles.

425. Définition. — *On dit que deux grandeurs, variables, qui dépendent l'une de l'autre, sont directement proportionnelles, ou simplement proportionnelles, quand le rapport de deux valeurs quelconques de l'une d'elles est égal au rapport des deux valeurs correspondantes de l'autre.*

Quand deux grandeurs sont directement proportionnelles, si l'on multiplie la première par un nombre[1] a, la seconde est multipliée par ce nombre.

II. — Grandeurs inversement proportionnelles.

426. Définition. — *On dit que deux grandeurs, variables, qui dépendent l'une de l'autre, sont inversement proportionnelles, quand le rapport de deux valeurs de l'une est égal à l'inverse du rapport des deux valeurs correspondantes de l'autre.*

---

[1] Dans tout ce qui suit, le mot nombre désigne indifféremment un entier, une fraction ou un nombre incommensurable défini n° 321.

Quand deux grandeurs sont inversement proportionnelle, si l'on multiplie la première par un nombre a, la seconde est divisée par ce nombre.

II. — Grandeurs directement ou inversement proportionnelles à plusieurs autres.

427. Une grandeur variable peut dépendre à la fois de plusieurs autres.

Quand une grandeur dépend de plusieurs autres, on dit qu'elle est proportionnelle à l'une d'elles quand le rapport de deux de ses valeurs est égal au rapport des valeurs correspondantes de cette dernière, les autres grandeurs dont elle dépend n'ayant pas changé.

De même, on dira qu'une grandeur qui dépend de plusieurs autres est inversement proportionnelle à l'une d'elles quand le rapport de deux de ses valeurs est égal à l'inverse du rapport des valeurs correspondantes de cette dernière, les autres grandeurs dont elle dépend n'ayant pas changé.

§ 2. — RÈGLE DE TROIS

428. **Définition.** — Une grandeur dépend de plusieurs autres. On connaît sa valeur pour des valeurs connues de ces autres grandeurs. On se propose de trouver sa nouvelle valeur pour de nouvelles valeurs connues de ces mêmes grandeurs. Ce problème est celui dont la solution est donnée d'une manière générale par la méthode dite : **règle de trois.**

La règle de trois est **simple** quand la grandeur dont on veut calculer une valeur inconnue ne dépend que d'**une seule** autre grandeur.

La règle de trois est *composée* quand la grandeur dont on veut calculer une valeur inconnue dépend de plusieurs autres grandeurs.

I. — Règle de trois simple et directe.

429. *Soit* **A** *une grandeur dont on connaît une valeur* a, *correspondante à la valeur* b *de la grandeur* **B,** *qui est proportionnelle à* **A** ; *on veut calculer la valeur inconnue* x *de* **A** *quand* **B** *prend la valeur* b'.

Solution. — Les deux grandeurs A et B étant proportionnelles, on a l'égalité $\dfrac{a}{x} = \dfrac{b}{b'}$;

d'où l'on déduit : $\qquad x = \dfrac{ab'}{b}$.

430. Exemple. — *6 ouvriers ont fait en un certain temps 15 mètres d'ouvrage ; combien de mètres du même ouvrage feront dans le même temps 4 ouvriers ?*

1° *Solution par les proportions.*

Dans le premier   cas, 6 ouvriers font 15 mètres d'ouvrage.
   —   deuxième   —   4   — x —   —

On a, puisque le nombre de mètres est proportionnel au nombre d'ouvriers :

$$\frac{6}{4} = \frac{15}{x} \; ;$$

d'où . $\qquad x = \dfrac{4 \times 15}{6} = 10$ mètres.

2° *Solution par la méthode de réduction à l'unité.*

6 ouvriers font $\qquad\qquad\qquad\qquad$ 15 mètres.

1 ouvrier fait 6 fois moins, ou $\qquad\qquad \dfrac{15}{6}$;

4 ouvriers font 4 fois plus, ou $\qquad\qquad \dfrac{4 \times 15}{6} = 10$ mètres.

II. — Règle de trois simple et inverse.

431. *Soit* **A** *une grandeur dont on connaît une valeur* a, *correspondante à la valeur* b *de la grandeur* **B,** *inversement proportionnelle à* **A** ; *on veut calculer la valeur inconnue* x *de* **A** *quand* **B** *prend la valeur* b'.

Solution. — Les deux grandeurs A et B étant inversement proportionnelles, on a : $\dfrac{a}{x} = \dfrac{b'}{b}$;

d'où l'on déduit : $x = \dfrac{ab}{b'}$.

432. EXEMPLE. — *Il a fallu 8 heures à 9 ouvriers pour faire un travail; combien faudrait-il d'heures à 12 ouvriers pour faire le même travail ?*

1° *Solution par les proportions.*

Dans le premier cas, 9 ouvriers ont mis 8 heures.
— deuxième — 12 — — x —

Or le temps employé pour faire un même travail est inversement proportionnel au nombre des ouvriers ; donc

$$\frac{9}{12} = \frac{x}{8} ;$$

d'où $x = \dfrac{8 \times 9}{12} = 6$ heures.

2° *Solution par la méthode de réduction à l'unité.*

Il faut à 9 ouvriers   8 heures.
— 1 ouvrier 9 fois plus, ou 8×9
— 12 ouvriers 12 fois moins, ou $\dfrac{8 \times 9}{12} = 6$ heures.

III. — Règle de trois composée.

433. *Soit* **A** *une grandeur dont on connaît une valeur* a, *quand les grandeurs* **B, C**... *auxquelles elle est proportionnelle prennent les valeurs* b, c... *et les grandeurs* **B₁, C₁**... *auxquelles elle est inversement proportionnelle prennent les valeurs* b₁, c₁...; *on veut calculer la valeur inconnue* x *de* **A** *quand* **B,C**... *prennent les valeurs* b', c'... *et* **B₁, C₁**... *les valeurs* b'₁,c'₁...

Solution. — Faisons d'abord varier B seulement.

Les grandeurs B, C, ... B₁, C₁, ...
prennent les valeurs b', c, ... b₁, c₁, ...

Soit y la valeur prise par A ; puisque B seul a changé, on a ,

$$\frac{a}{y} = \frac{b}{b'}.$$

Faisons ensuite varier seulement C. Soit z la nouvelle valeur de A ; on a :

$$\frac{y}{z} = \frac{c}{c'} ;$$

d'où

$$z = a\,\frac{b'}{b}\,\frac{c'}{c} ,$$

et ainsi de suite pour toutes les valeurs proportionnelles à A.

Faisons ensuite varier B_1 seul et soit u la nouvelle valeur de A ; on a :

$$\frac{z}{u} = \frac{b'_1}{b_1} ;$$

d'où

$$u = a\,\frac{b'}{b}\,\frac{c'}{c}\,\frac{b_1}{b'_1} .$$

En opérant ensuite sur C_1, on obtient :

$$x = a\,\frac{b'}{b}\,\frac{c'}{c}\,\frac{b_1}{b_1'}\,\frac{c_1}{c'_1} \ldots$$

et ainsi de suite. Par conséquent :

Règle. — *On obtient la valeur cherchée de* **A** *en multipliant la première valeur par le produit des rapports des secondes valeurs aux premières des grandeurs qui lui sont proportionnelles et des inverses des rapports analogues des grandeurs qui lui sont inversement proportionnelles.*

434. Problème. — *Il a fallu 45 jours à 15 ouvriers travaillant 11 heures par jour, pour faire un mur de 675 mètres de longueur. On demande combien il faudra de jours à 8 ouvriers travaillant 10 heures par jour, pour faire un mur de 400 mètres de longueur.*

Soit x le nombre de jours cherché.

Ce nombre est proportionnel à la longueur du mur, inversement proportionnel au nombre des ouvriers et au nombre d'heures de travail par jour.

Dans le 1er cas on a : 675^m 15 ouvr. 45 jours 11^h p. jour.
 — 2e — — 400^m 8 — x — 10^h —

On déduit :

$$\frac{x}{45} = \frac{400 \times 15 \times 11}{675 \times 8 \times 10} ;$$

d'où

$$x = 55 \text{ jours.}$$

On pourrait aussi résoudre ce problème en appliquant à chaque grandeur la méthode de réduction à l'unité.

§ 3. — TANT POUR CENT, TANT POUR MILLE

435. Remise ou rabais. — On appelle **remise ou rabais** une diminution sur le montant d'une facture. On évalue la remise ou rabais en tant pour cent de la somme marquée sur la facture, ou **prix fort**. Le prix payé réellement se nomme *prix net*.

Commission ou Courtage. — La commission (ou courtage) est la somme touchée par celui qui fait un achat ou une vente pour le compte d'une autre personne. On l'évalue en tant pour cent du prix de l'achat ou de la vente.

Bénéfice. — Quand on fabrique une marchandise ou qu'on l'achète pour la revendre, la différence entre le prix de vente et le prix d'achat ou de revient est le **bénéfice**. On l'évalue souvent en tant pour cent du prix d'achat ou de revient — ou du prix de vente.

Le **bénéfice brut** est le gain avant déduction des frais. Le **bénéfice net** est le gain après déduction des frais. Le **prix de revient** est la dépense qu'on a faite pour fabriquer ou se procurer la marchandise.

Le **prix de fabrique** est le prix de revient augmenté du bénéfice brut.

Rendement. — On évalue le *rendement* d'une matière dont on extrait une partie, à tant pour cent du poids ou du volume de la matière employée.

Le rendement d'une machine (qui est une fraction décimale) et *la pente d'une route* s'évaluent souvent aussi en tant pour cent.

Composition. — On évalue aussi la *composition d'un mélange* de plusieurs corps à tant pour cent du poids ou du volume total.

De même, l'*allongement d'un fil ou d'une barre sou-mise à une tension* s'évalue en tant pour cent de sa longueur naturelle, etc.

Assurances. — Les compagnies d'assurances assurent contre les pertes provenant d'un incendie, d'une grêle, etc., au moyen d'un versement annuel, appelé *prime d'assurance*. La prime s'évalue en tant pour mille de la valeur de l'objet assuré.

436. Écriture du tant pour cent, du tant pour mille. — Un rabais ou un bénéfice de **12 pour cent** s'écrit **12 $^0/_0$**.

Une prime d'assurances de $0^{fr},40$ pour mille francs s'écrit **0,40 $^0/_{00}$**.

I. — Prendre le tant pour 100 d'une quantité donnée.

437. Problème I. — *On me fait un rabais de 12 $^0/_0$ sur une facture de 750^{fr}. Combien dois-je payer?*

Solution. — Sur 100 francs, j'ai un rabais de 12 francs,

$$— \quad 750 \quad — \qquad — \qquad x \quad —$$

Donc
$$\frac{100}{750} = \frac{12}{x};$$

d'où
$$x = \frac{750 \times 12}{100} = 90 \text{ francs.}$$

II. — Calcul de la quantité soumise au pourcentage.

438. Problème II. — *J'ai payé $1.435^{fr},20$ sur une facture après un rabais de 8 $^0/_0$. Quel était le montant de la facture?*

Solution. — Sur une facture de 100 francs, je paye 92 fr.

$$— \qquad x \quad — \qquad — \quad 1.435^{fr},20.$$

Donc
$$\frac{100}{x} = \frac{92}{1.435,20},$$

d'où
$$x = \frac{1.435,20 \times 100}{92} = 1.560 \text{ francs.}$$

Problème III. — *Si j'achète 1.530 francs de marchandises, combien dois-je les revendre pour gagner 15 % sur le prix de vente ?*

Solution. — Si je vends 100 francs de marchandises, en gagnant 15 % sur le prix de vente, je les ai achetées 85 francs. Si j'en revends x francs, j'en ai acheté 1.530 francs.

Donc
$$\frac{100}{x} = \frac{85}{1.530};$$

d'où
$$x = \frac{1.530 \times 100}{85} = 1.800 \text{ francs.}$$

Problème IV. — *J'ai vendu 8.165 francs de marchandises ; combien les avais-je achetées, sachant que j'ai gagné 15 % sur le prix d'achat ?*

Solution. — Si j'achète une marchandise 100 francs, je la revends 115 pour gagner 15 % sur le prix d'achat. Si je l'achète x francs, je la revends 8.165 francs.

Donc
$$\frac{100}{x} = \frac{115}{8.165};$$

d'où
$$x = \frac{8.165 \times 100}{115} = 7.100 \text{ francs.}$$

III. — Calcul du tant %.

439. Problème V. — *Une marchande revend 92ᶠʳ,50 une pièce de vin payée 85ᶠʳ,10. Quel est le bénéfice % sur le prix de vente ? — sur le prix d'achat ?*

Solution. — Le bénéfice est : 7,40.

Le bénéfice % sur le prix de vente est :
$$\frac{7,40 \times 100}{92,50} = \frac{740}{92,50} = 8 \%;$$

sur le prix d'achat :
$$\frac{740}{85,10} = 8,69 \%,$$

tout près de 8,7 %.

Exercices sur les grandeurs proportionnelles.

404. Qu'est-ce que deux grandeurs variables directement proportionnelles? En donner des exemples.

405. Qu'est-ce que deux grandeurs variables inversement proportionnelles? Exemples.

406. Qu'est-ce qu'une grandeur proportionnelle ou inversement proportionnelle à plusieurs autres? Exemples.

407. Qu'appelle-t-on règle de trois? — simple et directe? — simple et inverse? — composée?

408. En quoi consiste la méthode de réduction à l'unité? — La solution d'une règle de trois par les proportions? Raisonner sur un exemple.

409. Qu'est-ce que le tant pour cent? le tant pour mille? — Comment ces questions se ramènent-elles aux proportions?

CHAPITRE XV

INTÉRÊTS. — ESCOMPTE. — RENTES, ETC.

---

§ 1. — INTÉRÊTS

440. Quand quelqu'un m'emprunte de l'argent, il devient mon *débiteur (ou emprunteur)*; je deviens son *créancier (ou prêteur)*.

Le débiteur paye au créancier une somme que l'on nomme *intérêt*, en outre de la somme empruntée, qu'il rend à l'échéance du prêt.

La somme empruntée se nomme capital.

441. Principe de la Règle d'intérêt simple. — *L'intérêt est proportionnel au capital et à la durée du prêt.*

Taux. — *On appelle taux de l'intérêt, l'intérêt rapporté par une somme de 100 francs en un an. On indique le taux en tant pour cent.*

EXEMPLE. — Un taux de 5 pour 100 indique que 100 francs rapportent 5 francs d'intérêt pendant un an.

On l'écrit : 5 %.

Rente. — *La rente d'un capital est l'intérêt produit par ce capital pendant un an. Le taux est donc la rente de 100 francs exprimée en francs.*

442. Conventions. — Dans les calculs d'intérêts, on compte en général l'année formée de 12 mois de

30 *jours chacun;* l'année a donc 360 *jours.* Mais quand il s'agit d'évaluer le nombre de jours compris *entre deux dates, on compte chaque mois avec le nombre de jours qu'il a en réalité.* L'usage est de compter le jour du placement et de négliger celui de l'échéance (ou fin du prêt ou remboursement).

443. Calculs. — Les calculs d'intérêt simples se font soit au moyen de la règle de trois, soit en appliquant une formule général que l'on va établir.

On peut se proposer de calculer :

1° l'intérêt, connaissant le temps (ou durée du placement), le capital et le taux ;

2° le capital, connaissant l'intérêt, le temps et le taux ;

3° le temps, connaissant le capital, l'intérêt et le taux ;

4° le taux, connaissant le capital, l'intérêt et le temps.

On peut aussi avoir à traiter des problèmes sur le capital et l'intérêt réunis ou des problèmes dans lesquels on se propose de déterminer, à l'aide de données suffisantes, plusieurs quantités inconnues.

I. — Formule générale.

444. Soient a le capital placé exprimé en francs, I l'intérêt rapporté pendant le temps t exprimé en années, r le taux.

I est l'intérêt de a francs pendant t années.

r —   100   —   1 année.

En appliquant le théorème général sur les grandeurs proportionnelles, on a :

$$\frac{I}{r} = \frac{a}{100} \times \frac{t}{1} = \frac{at}{100} ;$$

d'où

$$I = \frac{rat}{100} \quad \text{formule qui donne l'intérêt.}$$

On en déduit :

$$a = \frac{100\,I}{rt} \qquad - \qquad \text{le capital ;}$$

$$t = \frac{100\,I}{ra} \qquad - \qquad \text{le taux ;}$$

$$r = \frac{100\,I}{at} \qquad - \qquad \text{le temps.}$$

Le capital réuni à ces intérêts est :

$$a + \frac{rat}{100} = a\left(1 + \frac{rt}{100}\right) = \frac{a\,(100 + rt)}{100}.$$

445. REMARQUE. — 1º Si le temps est donné en *mois*, soit *n mois*, on prend :

$$t = \frac{n}{12} \qquad \text{dans les formules précédentes.}$$

Si le temps est donné en *jours*, soit *p jours*, on prend :

$$t = \frac{p}{360} \qquad \text{dans ces formules.}$$

2º Quand le temps est l'*inconnue*, la formule

$$t = \frac{100\,I}{ra}$$

le donne en années et fractions d'année, que l'on pourra convertir d'une manière exacte ou approchée en mois ou en jours.

II. — Calcul de l'intérêt.

446. Problème. — *Calculer l'intérêt de 18.000 francs à 4 %/₀ pendant 96 jours.*

1º Solution par la règle de trois.

100 fr. rapportent en 360 jours   4 fr.

1 fr. rapporte   »   100 fois moins : $\dfrac{4}{100}$

1 fr.   rapporte en 1 jour 360 fois moins : $\dfrac{4}{100 \times 360}$

1 fr.   »   en 96 jours 96 fois plus $\dfrac{4 \times 96}{100 \times 360}$

18.000 fr. rapportent   » 18.000 » $\dfrac{4 \times 96 \times 18.000}{100 \times 360}$

Simplifions : $\dfrac{2 \times 96 \times 1}{1} = 2 \times 96 = 192.$

Réponse :   192 francs.

2° *Solution par la formule générale.* $I = \dfrac{rat}{100}.$

Ici $a = 18.000, \quad r = 4, \quad t = \dfrac{96}{360}.$

Donc l'intérêt est donné par :

$$I = \dfrac{18.000 \times 4 \times 96}{360 \times 100} = 192 \text{ francs.}$$

III. — Calcul du capital.

447. Problème. — *Calculer le capital qui, placé à 4 %
pendant 3 ans, a rapporté 144 francs d'intérêts.*

1° *Solution par la règle de trois.*

Pour avoir 4 fr. d'intérêt par an, il faut placer :   100 fr.

»   1 fr.   »   »   » $\dfrac{100}{4}$

»   1 fr.   »   en 3 ans   » $\dfrac{100}{4 \times 3}$

»   144 fr.   »   »   » $\dfrac{100 \times 144}{4 \times 3}$

Après simplifications, on obtient : 1.200.

Réponse :   1.200 francs.

2° *Solution par la formule générale.* $a = \dfrac{100\,I}{rt}.$

Ici $I = 144, \quad r = 4, \quad t = 3;$

d'où $a = \dfrac{100 \times 144}{4 \times 3} = 1.200 \text{ francs.}$

IV. — Calcul du temps.

448. Problème. — *Pendant combien de temps a été
placée une somme de 2.400 francs qui, à 3 %, a rapporté
164 francs d'intérêt ?*

1º *Solution par la règle de trois.* — On fait généralement le calcul en jours.

Pour produire 3 fr. d'intérêt, 100 fr. mettent :   360 jours.

   »   3 fr.   »   1 fr. met : 360×100 jours.

   »   1 fr.   »   1 fr.   » $\dfrac{360 \times 100}{3}$

   »   164 fr.   »   1 fr.   » $\dfrac{360 \times 100 \times 164}{3}$

   »   164 fr.   »   2.400 fr. mettent : $\dfrac{360 \times 100 \times 164}{3 \times 2.400}$

Réponse :

     820 jours   ou   2 ans 3 mois 10 jours.

2º *Solution par la formule générale.* $t = \dfrac{100\,I}{ra}$.

Ici $I = 164$, $r = 3$, $a = 2.400$.

On trouve : $t = \dfrac{100 \times 164}{3 \times 2.400} = \dfrac{41}{18}$.

On obtient ainsi : $\dfrac{41}{18}$ années.

Soit p le nombre de jours ; ce nombre de jours représente :

$$\frac{p}{360} \text{ années.}$$

Donc $\dfrac{p}{360} = \dfrac{41}{18}$; d'où $p = \dfrac{41 \times 360}{18} = 820$.

REMARQUE. — On aurait eu le nombre de jours immédiatement en appliquant la formule

$$\frac{p}{360} = \frac{100\,I}{ra}.$$

V. — Calcul du taux.

449. **Problème.** — *A quel taux a été placée une somme de 3.000 francs qui a rapporté 37ⁱʳ,50 d'intérêt du 17 mai au 25 août de la même année ?*

Solution par la règle de trois. — Calcul du temps :

Mai	$31 - 16 = 15$ jours.	
Juin	30	»
Juillet	31	»
Août	24	»
Total :	100 jours.	

3.000 francs ont rapporté en 100 jours : $37^{fr},50$

3.000 francs rapportent   en   1 jour : $\dfrac{37,50}{100}$

»   »   en 360 jours : $\dfrac{37,5 \times 360}{100}$

100 francs rapportent 30 fois moins : $\dfrac{37,5 \times 360}{100 \times 30}$

Simplifions. On trouve : 4,50.

Réponse. — Le taux est :

$$4,50 \text{ }^0/_0 .$$

Solution par la formule générale.

Appliquons la formule générale :

$$r = \frac{100\,I}{a\,t}.$$

Ici $I = 37,5, \quad a = 3.000, \quad t = \dfrac{100}{360}$;

d'où $r = \dfrac{100 \times 37,5 \times 360}{3.000 \times 100} = 4,5.$

VI. — Capital réuni à ses intérêts.

450. Problème. — *Une somme placée à 3 $^0/_0$ pendant 8 mois et 20 jours est devenue, réunie à ses intérêts, 12.873 francs. Quelle était cette somme ?*

On pourrait résoudre ce problème par une règle de trois comme les précédents.

Appliquons la formule générale :

$$b = \frac{a(100 + rt)}{100} ;$$

d'où $a = \dfrac{100\,b}{100 + rt} ,$

$$100\,b = 128.730, \quad t = \frac{260}{360} = \frac{13}{18} ,$$

$$100 + rt = 100 + \frac{3 \times 13}{18} = 100 + \frac{13}{6} = \frac{613}{6} .$$

Donc $a = \dfrac{128.730 \times 6}{613} = 12.600 \text{ francs.}$

VII. — Problèmes à deux inconnues.

451. Problème I. — *Une somme inconnue placée à un taux inconnu pendant 3 ans est devenue, réunie à ses intérêts, 9.534 francs; la même somme, placée au même taux pendant 14 mois, est devenue 8.841 francs. Quelle est cette somme et quel est le taux du placement?*

Solution. — La différence entre 9.534 et 8.841 est égale à l'intérêt rapporté par la somme cherchée pendant 3 ans moins 14 mois, ou 22 mois.

Donc la somme cherchée a rapporté en 22 mois :

$$9.534 - 8.841 = 693 \text{ francs.}$$

En 1 mois, elle rapporterait 22 fois moins, ou $\dfrac{693}{22}$,

et en 14 mois, 14 fois plus, ou $\dfrac{693 \times 14}{22} = 441$ francs.

La somme placée est donc :

$$8.841 - 441 = 8.400 \text{ francs.}$$

Cherchons le taux :

8.400 fr. ont rapporté en 14 mois : 441 fr.

»   rapportent   en 1 mois : $\dfrac{441}{14}$

»   »   en 12 mois ou 1 an : $\dfrac{441 \times 12}{14}$

1 fr. rapporte   » $\dfrac{441 \times 12}{14 \times 8.400}$

et 100 fr. rapportent   » $\dfrac{441 \times 12 \times 100}{14 \times 8.400}$

En simplifiant, on trouve : 4,5.

Réponse. — La somme est :
                  8.400 francs.
Le taux est :   4,5 %.

452. Problème II. — *Un certain capital placé à intérêts simples pendant un temps inconnu et au taux de 3,5 % est devenu, réuni à ses intérêts, 11.461ʳ,50; le même capital, placé pendant le même temps et à 5 %, est devenu, réuni à ses intérêts, 11.745 francs. Calculer le capital et le temps inconnus.*

Solution. — La différence entre 11.745 francs et 11.461ʳ,50 est égale à l'intérêt que rapporte la somme inconnue pendant le temps cherché, et placé à un taux qui est la différence des deux taux, c'est-à-dire placée à

$$5 - 3{,}5 = 1{,}5\ {}^{0}/_{0}.$$

Donc le capital cherché rapporte à 1,5 % pendant le temps demandé :

$$11.745 - 11.461{,}50 = 283^{fr}{,}50.$$

Si elle était placée à 1 %, elle rapporterait pendant ce temps :

$$\frac{283{,}50}{1{,}5}\,,$$

et placée à 3,5 %, elle rapporte pendant ce temps :

$$\frac{283{,}5 \times 3{,}5}{1{,}5} = 661^{fr}{,}50.$$

Donc le capital a rapporté $661^{fr}{,}50$ à 3 %.

Le capital inconnu est donc :

$$11.461^{fr}{,}50 - 661^{fr}{,}50 = 10.800\ \text{francs}.$$

Cherchons le temps pendant lequel 10.800 francs à 3,5 % rapportent $661^{fr}{,}50$. On est ramené à un problème déjà traité. On trouve :

$$\frac{100 \times 661{,}5}{3{,}5 \times 10.800} = \frac{7}{4}\ \text{années}$$

ou

$$21\ \text{mois}.$$

Réponse. — Le capital est 10.800 francs ; le temps ou durée du placement, 21 mois.

453. *On peut résoudre ces deux problèmes et les problèmes analogues en appliquant la formule générale.*

1º Reprenons le premier problème.

Soient a la somme et r le taux cherchés.

On a d'abord :

$$(1) \quad \begin{cases} 9.534 = a + \dfrac{3ra}{100}\,; \\[2mm] 8.841 = a + \dfrac{14ra}{1.200} = a + \dfrac{7ra}{600}. \end{cases}$$

et

En retranchant membre à membre :

$$693 = \frac{ra}{100}\left(3 - \frac{7}{6}\right) = \frac{11ra}{600}\,;$$

d'où

$$ra = \frac{600 \times 693}{11} = 37.800.$$

Connaissant ra, la première relation (1) permet de calculer a.

$$a = 9.534 - \frac{3ra}{100} = 9.534 - \frac{3 \times 37.800}{100}\,;$$

d'où

$$a = 8.400.$$

Pour avoir r, on divise ra par a, ce qui donne :

$$r = \frac{37.800}{8.400} = 4,5.$$

2° *Reprenons le deuxième problème.*

Soient a le capital et t le temps inconnu. On a :

$$(1) \quad \begin{cases} 11.461,50 = a + \dfrac{3,5at}{100} ; \\[2mm] 11.745 = a + \dfrac{5at}{100} . \end{cases}$$

En retranchant membre à membre, on obtient :

$$283,50 = \frac{1,5at}{100} ;$$

d'où

$$at = \frac{28.350}{1,5} = 18.900.$$

Connaissant at, la seconde relation donne a :

$$a = 11.745 - \frac{5at}{100} = 11.745 - \frac{5 \times 18.900}{100} = 10.800.$$

On obtient t en divisant at par a ; donc

$$t = \frac{18.900}{10.800} = \frac{7}{4} \quad \text{ou} \quad t = 21 \text{ mois.}$$

§ 2. — CALCUL ABRÉGÉ DES INTÉRÊTS

1° Méthode des Diviseurs.

454. La formule qui donne l'intérêt d'un capital a placé aux taux r pendant p jours est :

$$I = \frac{arp}{36.000} .$$

On peut l'écrire :

$$I = \frac{ap}{\dfrac{36.000}{r}} .$$

On appelle diviseur le quotient de 36.000 par le taux.

Les diviseurs des taux simples sont donnés par le tableau suivant, qu'il est bon de savoir par cœur :

Taux	1	1,5	2	2,50	3
Diviseurs...	36.000	24.000	18.000	14.400	12.000

Taux.......	3,60	4	4,5	5	6
Diviseurs...	10.000	9.000	8.000	7.200	6.000

On appelle **nombre** le produit du capital a par le nombre de jours p.

REMARQUE. — La formule $I = \dfrac{arp}{36.000}$ s'écrit encore

$$I = \dfrac{\dfrac{ap}{100}}{\dfrac{360}{r}},$$

et l'on appelle souvent aussi : **nombre** le produit $\dfrac{ap}{100}$ de la centième partie du capital par le nombre de jours ; **diviseur** le quotient de 360 par le taux.

Les **diviseurs** sont dans cette manière d'opérer 100 fois plus petits que les **diviseurs** indiqués dans le tableau précédent.

Lorsqu'on opère de cette seconde manière, on néglige dans la pratique les centimes du capital a et dans le produit $\dfrac{ap}{100}$, ou **nombre**, la partie décimale.

455. Règle. — *Pour calculer l'intérêt, on divise le nombre par le diviseur.*

EXEMPLE. — Calculer l'intérêt de 4.500 francs à 3 % pendant 72 jours.

Le *nombre* est : 4.500×72.

Le *diviseur* est : 12.000.

Donc l'intérêt est :

$$\frac{4.500 \times 72}{12.000} = 27 \text{ francs.}$$

2° Méthode des parties aliquotes.

456. Une **partie aliquote** d'un nombre est un autre nombre contenu un nombre entier exact de fois dans le premier.

Le quotient complet du premier nombre par le second est donc un nombre entier.

On se propose d'abord de chercher au bout de combien de temps l'intérêt est égal au centième du capital.

Si le capital est 100 francs, il faut que l'intérêt soit 1 franc ; le temps est donné par

$$t = \frac{100\,I}{ra} \quad \text{avec } I = 1, \quad a = 100,$$

$$t = \frac{1}{r} \text{ année.}$$

Si on calcule en jours, on obtient :

$$\frac{360}{r} \text{ jours.}$$

Le nombre ainsi trouvé se nomme *la base*.

Le tableau suivant donne ce nombre de jours pour les divers taux usuels :

Taux : 1,5   2   2,50   3   3,60   4   4,50   5   6
Bases : 240   180   144   120   100   90   80   72   60.

Ces nombres sont les centièmes des diviseurs.

457. Règle. — *Pour calculer l'intérêt par la méthode des parties aliquotes, on cherche combien le nombre de jours contient de fois la base ou différentes parties aliquotes de la base ; l'on calcule l'intérêt pour chacune des parties et on fait la somme de ces intérêts.*

EXEMPLES. — Soit à calculer l'intérêt de 2.880 francs à 5 % pendant 42 jours.

Pour 72 jours, l'intérêt est :   28^{fr},80

»	36	»	»	14^{fr},40
»	6	»	»	2^{fr},40
»	42 jours	»	»	16^{fr},80

458. Taux 6 %. — La base du calcul de l'intérêt à 6 % est 60. Or ce nombre 60 a beaucoup de parties aliquotes. Aussi la plupart du temps calcule-t-on l'intérêt à 6 %, pour en déduire, comme on va le voir, l'intérêt à un autre taux quelconque.

459. Calcul de l'intérêt à 6 %.

Comme on l'a vu plus haut, on a donc immédiatement l'intérêt d'un capital à **6 %** *pendant* **60 jours**; *il suffit pour cela de* **diviser ce capital par 100**.

Ayant l'intérêt du capital pendant 60 jours, on a l'intérêt :

Pendant 30 jours (ou un mois), en divisant l'intérêt précédent par 2;

»	20	»	»		»	3 ;
»	15	»	»		»	4 ;
»	10	»	»		»	6 ;
»	6	»	»		»	10 ;
»	3	»	»		»	20 ;
»	2	»	»		»	30 ;
»	1	»	»		»	60.

Il est donc facile d'avoir l'intérêt pendant un nombre quelconque de jours.

On divise ce nombre autant qu'on le peut en 60 jours, puis 30 ou 20 jours, puis 15 ou 10, puis 6, puis 3 jours, puis 2 jours ou 1 jour.

EXEMPLE I. — *Calculer l'intérêt de 7.600 francs à 6 % pendant 78 jours.*

Solution. $78 = 60 + 15 + 3.$

Intérêt de 7.600 fr. à 6 % pendant 60 jours : 76^{fr}

      »   »   15 jours : $\dfrac{76}{4} = 19^{fr}$

      »   »   3 jours : $\dfrac{19}{5} = 3^{fr},80$

                              Total : $98^{fr},80$

Réponse : $98^{fr},80.$

EXEMPLE II. — *Calculer l'intérêt de 4.500 francs à 6 % pendant 137 jours.*

Solution. $137 = 60 + 60 + 15 + 2.$

Intérêt de 4.500 fr. pendant $60 + 60$ jours : $45 + 45 = 90^{fr}$

»   »   15 jours : $\dfrac{45}{4} = 11^{fr},25$

»   »   2 jours : $\dfrac{45}{30} = 1^{fr},50$

Total : $\overline{102^{fr},75}$

Réponse : $102^{fr},75.$

460. Taux de $2\,^0/_0$, $3\,^0/_0$, $4\,^0/_0$, $4\dfrac{1}{2}\,^0/_0$, $5\,^0/_0$.

On passe facilement du taux $6\,^0/_0$ aux taux suivants : $2\,^0/_0$, $3\,^0/_0$, $4\,^0/_0$, $4,5\,^0/_0$, $5\,^0/_0$.

On obtient l'intérêt au taux

$$\begin{cases} 2\,^0/_0 \text{ en prenant} & \text{le } \frac{1}{3} \text{ de l'intérêt à } 6\,^0/_0 ; \\ 3\,^0/_0 \quad\quad » & \text{la } \frac{1}{2} \quad\quad » \\ 4\,^0/_0 \text{ en retranchant} & \text{le } \frac{1}{3} \text{ de l'intérêt à } 6\,^0/_0\,[1] ; \\ 4,5\,^0/_0 \quad\quad » & \text{le } \frac{1}{4} \quad\quad » \\ 5\,^0/_0 \quad\quad » & \text{le } \frac{1}{6} \quad\quad » \end{cases}$$

EXEMPLE. — *Intérêt de 4.500 francs à $4\,^0/_0$ pendant 137 jours.*

Solution. — Le calcul au taux $6\,^0/_0$ a été fait plus haut et donne :

         $102^{fr},75$

dont le $\dfrac{1}{3}$ est : $34^{fr},25$

En retranchant, on obtient : $\overline{68^{fr},50}$

Réponse : $68^{fr},50.$

---

[1] On aurait à prendre les $\dfrac{2}{3}$ de l'intérêt calculé à $6\,^0/_0$. Mais pour prendre les $\dfrac{2}{3}$ d'un nombre, il est plus simple d'en retrancher le $\dfrac{1}{3}$.

De même, pour les taux $4,5\,^0/_0$, on aurait à prendre les $\dfrac{3}{4}$, et $5\,^0/_0$, on aurait à prendre les $\dfrac{5}{6}$.

§ 3. — ESCOMPTE

1° Escompte commercial.

461. Dans le commerce, un payement se fait au moyen d'**effets de commerce** payables de un à six mois généralement.

Il y a deux sortes d'effets de commerce :

Le **billet à ordre** est souscrit par l'acheteur qui s'engage à payer au vendeur, ou à celui qui se présente au nom du vendeur (à son ordre), la somme indiquée sur le billet à ordre, à une date indiquée aussi, qui est la date de l'échéance.

EXEMPLE DE BILLET A ORDRE

Paris, le 20 janvier 1912.   B. P. F. 850

Le 20 avril prochain, je payerai à M. (*créancier*) ou à son ordre, la somme de huit cent cinquante francs, valeur reçue en marchandises.

Signature et adresse :

(*Nom du débiteur.*)

La **traite** ou **lettre de change** est écrite par le **vendeur**, qui prie l'acheteur de payer à son ordre une somme déterminée, due à une date indiquée sur la traite, et qui est la **date de l'échéance.**

EXEMPLE DE TRAITE OU LETTRE DE CHANGE

Paris, le 20 janvier 1912.   B. P. F. 850

Au 20 avril prochain, veuillez payer par le présent mandat à mon ordre la somme de huit cent cinquante francs, valeur reçue en marchandises.

A. M. (*Nom du débiteur.*)   Signature et adresse :

(*Nom du créancier.*)

Tous les effets de commerce doivent être *datés et signés*. La somme inscrite sur l'effet doit être *écrite en toutes lettres*. Elle est répétée dans le haut en chiffres à côté des lettres B. P. F. (bon pour francs). L'effet doit énoncer la manière dont la valeur a été fournie : en marchandises, en espèces (argent), etc.

462. Ces deux sortes d'effets représentent donc une somme due à une époque connue. Celui à qui la somme est due peut céder cet effet à une autre personne en payement de sommes qu'il doit à cette troisième personne. A son tour, cette dernière peut la céder à d'autres, et ainsi de suite. A la date de l'échéance, la somme portée sur le billet est due à la personne qui l'a en sa possession. Le billet porte au dos le nom des personnes entre les mains desquelles il a successivement passé. Chacune de celles-ci, avant de le passer à une autre, écrit sur le dos cette formule : *Payez à l'ordre de M...* (nom de celui qui reçoit ou *endosse* le billet), date et signe.

Lorsqu'une personne qui a un effet de commerce en sa possession veut toucher l'argent avant l'échéance, elle le *négocie* à un *banquier,* qui lui paye la somme portée sur l'effet ou valeur *nominale,* moins une retenue appelée **escompte.**

On n'emploie dans le commerce que l'*escompte commercial* ou *escompte en dehors,* dont nous nous occuperons tout d'abord.

463. **Escompte commercial.** — L'escompte *commercial est l'intérêt que rapporterait la somme inscrite sur l'effet placée depuis le moment où cet effet est escompté jusqu'à la date de l'échéance.*

Valeur actuelle. — La valeur actuelle de l'effet est la différence entre la valeur nominale et l'escompte. C'est donc la somme touchée par la personne qui négocie le billet pour le transformer en argent.

Les calculs d'escompte sont donc des calculs d'intérêt simple et se traitent exactement de la même manière.

464. En dehors des deux effets de commerce indiqués plus haut, il existe encore l'*effet à vue*, qui se paye à sa présentation. Il n'est donc pas susceptible d'escompte, puisqu'il est immédiatement remboursable.

465. Tous les effets de commerce sont soumis au droit de timbre qui est de $0^{fr},05$ par 100 francs et fraction de 100 francs jusqu'à 1 000 francs; à partir de 1 000 francs, le timbre n'est appliqué que de 1 000 francs en 1 000 francs.

466. Commission, change de place. — En dehors de l'escompte, le banquier prélève une commission, qui est généralement de $\frac{1}{8}$ $^0/_0$ de la valeur nominale du billet, et une somme appelée *change de place*, qui représente les frais de recouvrement du billet, payable en général dans une autre ville que celle où il a été escompté. Le change de place est variable suivant la ville où le billet a été escompté et celui où il est payable.

La valeur au comptant d'un billet est sa valeur nominale diminuée de l'escompte, de la commission et du change de place. Les trois dernières sommes ensemble se nomment *agio*.

Un effet à vue est soumis à la commission et au change de place.

REMARQUE. — Dans les problèmes, on ne s'occupe de la commission et du change de place que si l'énoncé le demande explicitement.

467. Problème. — *Un négociant a remis le 10 mars 1912 à son banquier les effets suivants : 2.800 francs, le Havre, 25 mai; 650 francs, Rouen, 1er juin; 1.260 francs, Lille, 5 juin; 780 francs, Nancy, 15 mai. L'escompte étant de 4 $^0/_0$, la commission $\frac{1}{8}$ $^0/_0$ et le change de place $\frac{1}{4}$ $^0/_0$, faire le bordereau.*

La méthode la plus pratique est celle des *diviseurs et des nombres.*

BORDEREAU

Valeurs.	Echéances.	Jours.	Nombres.	
2.800	25 mai	76	212.800	$\dfrac{427.850}{9.000} =$
650	1er juin	83	53.950	
1.260	5 juin	87	109.620	47 fr, 54
780	15 mai	66	51.480	
5.490			427.850	

47,54	escompte 6 $^0/_0$	
6,86	commission $\frac{1}{8}$ $^0/_0$	
13,72	change de place $\frac{1}{4}$ $^0/_0$.	
68,12	68,12	
5.421,88	Valeur au 10 mars 1912.	

2° Escompte rationnel ou en dedans.

468. L'escompte commercial conduit à des calculs simples dans la pratique. Mais le banquier retient une somme trop forte ; en d'autre termes, la valeur actuelle calculée ainsi est trop faible.

En effet, cette valeur actuelle devrait logiquement être telle que, réunie à ses intérêts depuis le jour de la négociation jusqu'au jour de l'échéance, elle devienne égale à la valeur nominale. — Le banquier devrait donc calculer l'escompte non pas sur la *valeur nominale*, mais sur la *somme qu'il verse effectivement.*

La différence entre les deux manières d'opérer est relativement très faible pour la durée ordinaire pour laquelle on calcule l'escompte, durée qui dépasse rarement 6 mois. Elle serait appréciable si cette durée était très grande, et dans certains cas, qui jamais ne se rencontrent dans la pratique, la règle de l'escompte en dehors conduirait à des résultats absurdes. Une personne, par exemple, à qui serait due une somme dans

20 ans et qui voudrait la toucher immédiatement se verrait retenir un escompte à 6 °/₀ plus grand que la somme à toucher.

469. Problème. — *On se propose de déterminer la somme qui, réunie à ses intérêts jusqu'au jour de l'échéance, est égale à la valeur nominale; nous l'appellerons encore valeur actuelle. L'escompte rationnel est la différence entre la valeur nominale et cette nouvelle valeur actuelle, ou encore l'intérêt de cette valeur actuelle jusqu'au jour de l'échéance.*

Soient a la valeur nominale en francs,
r le taux de l'escompte,
t le temps en années,
x la valeur actuelle cherchée.

On aura :
$$x\left(1+\frac{rt}{100}\right)=a.$$

La valeur actuelle est donc :
$$x=\frac{100a}{100+rt}\cdot$$

L'escompte rationnel est :
$$E=a-x=a-\frac{100a}{100+rt}=\frac{art}{100+rt}\cdot$$

Le plus souvent le temps t est donné en jours : soit p jours.
On remplacera t par $\frac{p}{360}$. Et l'on trouve :
$$E=\frac{arp}{36.000+rp}=\frac{ap}{d+p},$$

en désignant par d le quotient de 36.000 par r; ce nombre d, connu pour les taux usuels (Voir n° 454), a été déjà nommé *diviseur*.

470. Différence entre l'escompte commercial et l'escompte rationnel. — L'escompte commercial e est l'intérêt du capital a pendant p jours

ou
$$e=\frac{ap}{d}\cdot$$

La différence est :
$$\frac{ap}{d}-\frac{ap}{d+p}=\frac{ap^2}{d(d+p)}\cdot$$

On peut l'écrire :

$$\frac{ap}{d + p} \times \frac{p}{d} \, .$$

Si on considère $\dfrac{ap}{d + p}$ comme un capital, son intérêt pendant p jours est :

$$\frac{ap}{d + p} \times \frac{p}{d} \, .$$

Or $\dfrac{ap}{d + p}$ est l'escompte rationnel. Par conséquent :

La différence entre l'escompte rationnel et l'escompte commercial est égal à l'intérêt, depuis la négociation jusqu'à l'échéance, de l'escompte rationnel.

L'escompte, pour 6 mois au plus, ne représente qu'une faible valeur du billet ; son intérêt est une fraction faible de cet escompte, et par conséquent la différence entre les deux escomptes est relativement faible.

471. Exemple. — *Calculer l'escompte rationnel d'un billet de 2.421 francs payable dans 63 jours au taux 5 %.*

On peut résoudre ce problème par une règle de trois, comme le problème d'intérêts.

Appliquons la formule :

$$E = \frac{ap}{d + p} \, .$$

$$a = 2.421, \quad p = 63, \quad d = 7.200.$$

$$E = \frac{2.421 \times 63}{7.263} = 21 \text{ francs.}$$

Trouver la différence entre l'escompte commercial et l'escompte rationnel dans les conditions ci-dessus.

L'escompte commercial est :

$$\frac{2.421 \times 63}{7.200} = 21^{fr},183.$$

La différence est : $\qquad 0^{fr},183.$

On peut la calculer directement ; c'est l'intérêt de 21 francs à 5 % pendant 63 jours, c'est-à-dire

$$\frac{21 \times 63}{7.200} = 0^{fr},183.$$

3° Échéance commune.

472. *On se propose de calculer la valeur à une date donnée de plusieurs effets dont on connaît les diverses échéances.* On suppose que le taux est le même pour tous les billets. C'est ainsi que l'on peut remplacer plusieurs effets par un seul dont le créancier et le débiteur fixent la date d'accord ; c'est la valeur nominale de cet effet unique qu'il s'agit de déterminer. Tous ces effets sont supposés escomptés d'après l'escompte commercial et au même taux.

Les dates d'échéances étant en général peu éloignées, on calcule les intérêts simples par une des méthodes abrégées indiquées plus haut, le plus souvent par la méthode des diviseurs et des nombres.

473. Problème. — *Remplacer par un effet unique payable le 1ᵉʳ août les effets suivants : 1.250 francs payables le 10 mars ; 800 francs payables le 25 mai ; 680 francs payables le 15 juin ; 1.500 francs payables le 1ᵉʳ septembre ; 1.850 francs payables le 25 septembre. Taux : 4,5 %.*

Certains effets sont payables avant la date de l'échéance, d'autres sont payables après. On doit ajouter à la somme de leurs valeurs les intérêts des premiers, et en retrancher les intérêts des seconds entre leurs échéances relatives et l'échéance commune.

On dispose l'opération comme ci-dessous :

VALEURS NOMINALES	JOURS	NOMBRES A AJOUTER	NOMBRES A SOUSTRAIRE
1.250	144	+ 180.000	
800	68	+ 54.400	
680	47	+ 31.960	
1.500	30		— 45.000
1.850	55		— 101.750
6.080		266.360	146.750
14,95			
6.094,95			

6.094,95   Somme à payer le 1ᵉʳ juillet.

Balance des nombres   + 119.610

Intérêts à ajouter $\dfrac{119.610}{8.000} = 14,95.$

4° Échéance moyenne.

474. On se propose de remplacer plusieurs effets ou billets payables à des dates différentes et escomptés au même taux par un effet ou billet unique. On convient que la valeur nominale de ce billet unique est égale à la somme des valeurs nominales de tous ceux qu'il remplace. C'est la date d'échéance de ce billet unique qu'il s'agit de déterminer, en calculant l'escompte au même taux que pour les autres billets.

L'escompte employé est toujours l'*escompte commercial*.

475. Solution générale. — Soient :

a, a', a'' les valeurs nominales des effets ;
p, p', p'' les jours comptés jusqu'à leurs dates d'échéance.

Les valeurs actuelles de ces billets sont :

$$a\left(1 - \frac{p}{d}\right), \qquad a'\left(1 - \frac{p'}{d}\right), \qquad a''\left(1 - \frac{p''}{d}\right);$$

d étant le diviseur correspondant au taux commun.

Le billet unique a une valeur nominale :

$$a + a' + a''.$$

Soit x le nombre de jours jusqu'à son échéance. Sa valeur actuelle est :

$$(a + a' + a'')\left(1 - \frac{x}{d}\right).$$

On doit avoir :

$$(a + a' + a'')\left(1 - \frac{x}{d}\right)$$

$$= a\left(1 - \frac{p}{d}\right) + a'\left(1 - \frac{p'}{d}\right) + a''\left(1 - \frac{p''}{d}\right);$$

ou encore :

$$\frac{(a + a' + a'')x}{d} = \frac{ap + a'p' + a''p''}{d};$$

d'où

$$x = \frac{ap + a'p' + a''p''}{a + a' + a''}.$$

Règle. — *Pour calculer le nombre de jours qui sépare la date actuelle de l'échéance moyenne, on divise le produit des nombres correspondant aux différents effets par la somme de leurs valeurs. Ce résultat est indépendant du taux.*

476. REMARQUES I. — Si l'on augmente ou l'on diminue à la fois a, a', a'', x d'un même nombre, l'égalité précédente continue à être vérifiée. Par conséquent, on peut compter les jours à partir d'une origine quelconque, par exemple à partir du jour de l'échéance la plus rapprochée.

II. — Si l'on multiplie a, a', a'' par un même nombre, $a + a' + a''$ est aussi multiplié par ce nombre, et la valeur de x n'est pas changée. Donc on peut remplacer les valeurs des différents billets par des valeurs respectivement proportionnelles dans le calcul de l'échéance moyenne.

III. — Quand le nombre de jours calculé plus haut n'est pas entier, on le calcule avec 1 décimale, et on prend le nombre entier approché par défaut quand cette décimale ne dépasse pas 5, par excès dans le cas contraire.

477. Problème. — *Déterminer l'échéance moyenne des effets suivants : 1.800 francs payables le 15 avril; 2.750 francs le 25 avril; 850 francs le 15 juin; 1.280 francs le 1ᵉʳ juillet; 1.300 francs le 10 août.*

Prenons comme origine le 18 avril; on a :

VALEURS NOMINALES	JOURS D'INTÉRÊT	NOMBRES
1.800	0	0
2.750	10	27.500
850	65	55.250
1.280	77	98.780
1.300	117	152.100
7.980		333.630

$$\text{Échéance} \quad \frac{333.630}{7.980} = 41,8.$$

On prendra donc 49 jours.

L'échéance sera donc le 4 juin.

§ 4. — RENTES SUR L'ÉTAT

478. Quand un État veut se procurer de l'argent, il fait un emprunt en émettant des titres de rente. Ces titres sont émis à une valeur nominale égale ou supérieure à la valeur d'émission ou somme versée à l'Etat. L'État verse au possesseur du titre une rente annuelle déterminée à un taux fixé d'avance; cette rente est calculée à ce taux d'après la valeur *nominale* du titre.

L'État se réserve le droit de rembourser le titre à sa valeur nominale; le prêteur ne peut exiger le remboursement de ce titre.

Quand un État fait un emprunt, on dit qu'il fait une **émission** de titres de rente. Le prix de l'émission est la somme versée par le prêteur pour avoir un titre de rente. Ce prix est inférieur ou au plus égal, comme on l'a vu, à la valeur *nominale* du titre.

Si le prêteur veut échanger un titre contre de l'argent, il le vend à une autre personne. La vente se fait à la *Bourse* par l'intermédiaire d'un *agent de change*. Un titre est donc une marchandise qui se vend et s'achète. Le prix d'un titre à un moment donné s'appelle le *cours* du titre à ce moment. Il est variable suivant les circonstances. Le cours est indiqué, chaque jour où il y a Bourse, par les journaux.

Quand le prix auquel se vend ou s'achète un titre est inférieur à sa valeur nominale, on dit que le cours est **au-dessous du pair**.

Quand ce prix est supérieur à la valeur nominale, le cours est **au-dessus du pair**.

Enfin, quand le prix d'achat ou de vente est égal à la valeur nominale du titre, le cours est **au pair**.

Les titres de rentes françaises sont **nominatifs** ou **au porteur**, suivant qu'ils portent ou non le nom de la personne qui les possède. Les titres au porteur se transmettent de la main à la main, le porteur étant réputé propriétaire. Les titres nominatifs ne peuvent changer de propriétaire que par le **transfert** : on appelle ainsi l'opération par laquelle on change le nom du propriétaire sur le titre et sur le grand Livre de la dette publique.

Les titres au porteur portent des coupons ; les arrérages (ou rentes échues) se payent à la présentation des coupons.

Les titres nominatifs ne portent pas de coupons ; le payement des arrérages se fait sur la présentation du titre et est constaté par une estampille placée au revers du titre dans des cases préparées à cet effet.

Certains titres nominatifs, appelés **titres mixtes**, portent des coupons.

Il existe actuellement deux espèces de titres de rente française $3\,^0/_0$:

Les titres de rente perpétuelle, que l'État n'est jamais obligé de rembourser ;

Les titres de rente amortissable, dont l'État rembourse annuellement un certain nombre au pair.

Les arrérages des rentes françaises se payent par quarts aux dates suivantes :

1er janvier, 1er avril, 1er juillet, 1er octobre pour le $3\,^0/_0$ perpétuel, et le 16 des mêmes mois pour le $3\,^0/_0$ amortissable.

Les rentes françaises sont exemptes d'impôts et insaisissables.

479. Frais de vente et d'achat. — Ces frais sont les suivants :

1^0 Le **courtage**, perçu par l'agent de change, qui est de $0{,}1\,^0/_0$ (ou $1\,^0/_{00}$) du capital employé à l'achat de la rente. Ce courtage est payé par l'acheteur et par le vendeur.

2^0 L'**impôt** de $0^{fr}{,}0125$ pour 1.000 francs du capital et fraction de 1.000 francs en plus (pour la rente française seulement).

3º Un timbre-quittance de 0^{fr},10 par bordereau, auquel on ajoute les frais de correspondance de l'agent de change.

Remarque. — La rente ne comporte pas de fractions de franc. Les titres de rentes perpétuelles sont de 2 francs de rente au moins.

Les titres des rentes amortissables sont de 15 francs, 30 francs, 60 francs, 150 francs, 300 francs, 600 francs, 1.500 francs, 3.000 francs de rente.

Remarque. — On ne calcule les frais d'achat ou de vente dans un problème que si l'énoncé le demande explicitement.

Calcul sans les frais.

480. Problème I. — *Une personne achète avec 30.000 fr. de la rente française 3 %* au cours de 96^{fr},60. *Quelle rente annuelle se fait-elle ainsi ?*

$$96^{fr},60 \text{ rapportent} \qquad 3 \text{ fr. de rente ;}$$
$$1 \text{ fr.} \qquad » \qquad \frac{3}{96,6} ;$$
$$30.000 \text{ fr.} \qquad » \qquad \frac{3 \times 30.000}{96,6} = 931^{fr},67.$$

Réponse : 931^{fr},67 de rente.

480 *a*. Problème II. — *On achète de la rente 3 %* à 97 francs. *A quel taux a-t-on placé son argent ?*

$$97 \text{ fr. rapportent} \qquad 3 \text{ francs :}$$
$$1 \text{ fr.} \qquad » \qquad \frac{3}{97} ;$$
$$100 \text{ fr.} \qquad » \qquad \frac{3 \times 100}{97} = 3,09.$$

Réponse. — 3,09 %.

480 *b*. Problème III. — *La rente 3 %* est à 98 francs. *Quel capital faut-il placer pour avoir 2.940 francs de rente ?*

Pour avoir 3 francs de rente, il faut placer 98 francs.

$$\text{« \quad 1 franc \quad » \quad » } \quad \frac{98}{3};$$

$$2.940 \quad \text{» } \quad \frac{98 \times 2.940}{3} = 96.040 \text{ francs.}$$

REMARQUE. — On peut traiter également ces problèmes à l'aide des proportions, comme nous l'avons fait dans les problèmes d'intérêt.

Calcul des frais de vente ou d'achat.

481. 1° *Quelle rente 3 % peut-on acheter avec 30.000 fr au cours de 96ir,60? (On tiendra compte des frais.)*

La somme versée est 30.000 fr.

Le courtage serait 0ir,1 %   30ir.

L'impôt   » 0ir,0125 % 0ir,40 (en réalité 0ir,375, on

Timbre . . . . 0ir,10   arrondit ce chiffre)

Total des frais. . . . 30ir,50

Reste disponible : 30.000 — 30,50 = 29.969,50.

Avec 29.969ir.50 on aura :

$$\frac{3 \times 29.969,50}{96,6} = 930\text{ir},72 \text{ de rente.}$$

On ne peut avoir que 930 francs de rente.

BORDEREAU D'ACHAT		
Coût de 930 fr. de rente $\dfrac{930 \times 96,6}{3} = 29.946$ir.		
Courtage 0,1 %	29.95	(Nombre arrondi.)
Impôt 0,0125 %/00	40	
Frais de correspondance et timbre-quittance	20	
	29.976.55	
Reliquat :	23,45	
	30.000.00	

On paye donc 29.976ir,55 pour 930 francs de rente. Si l'on a versé 30.000 francs, l'agent de change rend 23ir,45.

2° *Avec les données précédentes, quel est le taux du placement?*

On a payé 29.976^{fr},55 pour 930 francs de rente ; le taux est :

$$\frac{93.000}{29.976,55} = 3,10.$$

Le taux est 3,10 %, à 0,01 près.

§ 5. — CAISSES D'ÉPARGNE

482. *On appelle caisses d'épargne des établissements qui reçoivent les petites économies et leur font produire des intérêts.*

Il y a une caisse d'épargne postale dans chaque bureau de poste. Ces caisses sont administrées par l'État ; leur réunion forme la Caisse nationale d'épargne.

Dans beaucoup de villes, les municipalités ont créé et administrent des caisses d'épargne, sous le contrôle de l'État.

Tout versement à une caisse d'épargne est de 1 franc au moins et ne peut se composer que d'un nombre entier de francs. Le montant des versements ne peut dépasser 1.500 francs pour une seule personne[1]. Les versements sont portés sur un livret nominatif donné gratuitement au déposant. Le déposant peut retirer la totalité ou une partie de ses fonds, moyennant certaines formalités.

L'intérêt servi par la Caisse d'épargne postale est de 2,50 %. Les autres caisses versent des intérêts variant de 2,50 à 3 %. L'intérêt court à partir du 1er ou du 16 de chaque mois après le versement, pour la Caisse nationale ou la Caisse postale, et s'arrête à la quinzaine qui précède le remboursement. L'année est divisée en 24 quinzaines[2].

Les intérêts rapportés le 31 décembre de chaque

---

[1] Dès qu'il dépasse ce chiffre, la Caisse achète d'office au déposant un titre de 20 francs de rente française 3 %.

[2] Pour les Caisses municipales, l'intérêt court de la semaine qui suit le versement à celle qui précède le remboursement. L'année est divisée en 52 semaines.

année s'ajoutent au capital déposé, pour produire à leur tour des intérêts.

Il est interdit à une seule personne d'avoir plus d'un livret de caisse d'épargne.

483. Problème. — *Une personne verse à la Caisse d'épargne nationale, le 11 mai, une somme de 320 francs. Quel sera son compte au 1ᵉʳ janvier suivant?*

Solution. — Les 280 francs versés produisent intérêt à partir du 16 mai suivant, donc pendant 15 quinzaines. Calculons cet intérêt.

$$100 \text{ fr. rapportent en } 24 \text{ quinzaines} \quad 2^{fr},50 \,;$$

$$100 \text{ fr.} \qquad » \qquad 1 \qquad » \qquad \frac{2,5}{24} \,;$$

$$1 \text{ fr.} \qquad » \qquad 1 \qquad » \qquad \frac{2,5}{24 \times 100} \,;$$

$$320 \text{ fr.} \qquad » \qquad 1 \qquad » \qquad \frac{2,5 \times 320}{24 \times 100} \,;$$

$$320 \text{ fr.} \qquad » \qquad 15 \qquad » \qquad \frac{2,5 \times 320 \times 15}{24 \times 100} \,;$$

En simplifiant, on trouve 5 francs.

Réponse. — Compte au 1ᵉʳ janvier suivant : 325 francs.

484. Calcul pratique. — A chaque versement, on écrit au livre de la Caisse d'épargne la somme versée et l'on calcule l'intérêt de cette somme jusqu'au 1ᵉʳ janvier suivant, comme il a été dit ; c'est ce qu'on appelle l'**intérêt anticipé**.

A chaque remboursement, on calcule de même l'intérêt jusqu'au 1ᵉʳ janvier suivant en comptant comme complète la quinzaine du remboursement. Cet intérêt est l'**intérêt rétrograde**.

Pour régler un compte à la fin de l'année, par exemple, on retranche des sommes versées et de leurs intérêts anticipés les sommes remboursées et leurs intérêts rétrogrades. Cette différence est la somme due par la Caisse d'épargne au porteur du livret.

§ 6. — ACTIONS ET OBLIGATIONS

485. Pour entreprendre une affaire importante, plusieurs personnes se réunissent et forment une **Société** ou **Compagnie**. La société s'adresse au public pour trouver le capital nécessaire. Ce capital est divisé en parts, qu'on nomme *actions*.

L'**actionnaire** est le possesseur d'une ou de plusieurs actions. Il reçoit rarement un intérêt fixé d'avance, mais touche annuellement une part des bénéfices de l'entreprise, proportionnelle au nombre de ses actions. La somme distribuée par action se nomme *dividende*. Si l'entreprise ne fait pas de bénéfices, l'actionnaire ne touche pas de dividende. Le dividende peut donc être très variable d'une année à l'autre.

Quand la compagnie ou société a besoin de fonds nouveaux, elle émet des *obligations*. Les *obligataires* (possesseurs d'obligations) touchent un intérêt fixe, mais n'ont pas de part aux bénéfices, ni aux pertes de l'affaire. Les obligations sont remboursables dans un délai déterminé, souvent par voie de tirage au sort. Le remboursement se fait d'après la valeur nominale de l'obligation. Pour certains emprunts (Crédit Foncier, Ville de Paris, etc.), certaines obligations sont remboursables *par des lots*, c'est-à-dire par des sommes très supérieures à leur valeur nominale (200.000 francs, 100.000 francs, etc., pour des obligations d'une valeur nominale de 500 francs).

L'actionnaire est donc en partie propriétaire de l'entreprise ; l'obligataire n'est qu'un créancier de la société ou compagnie. En cas de non-réussite et liquidation de la société, les obligations sont remboursées les premières dans la mesure du possible. Le placement par actions peut donc être plus avantageux ; le placement par obligations est toujours plus sûr.

Les actions, comme les obligations, se négocient à la Bourse. Ces titres, comme les titres de rente, sont **nominatifs ou au porteur**.

486. Frais de vente ou d'achat. — Actions ou obligations au porteur. — Courtage: 1 $^0/_{00}$ du montant de l'achat ou de la vente.

Impôt de 1 $^0/_{00}$ par mille francs et fractions de mille francs en sus.

Pour la vente d'un titre nominatif, le vendeur acquitte en plus un droit de 0,75 $^0/_0$ pour le transfert ou la conversion en titre au porteur.

487. Impôts sur les coupons. — 4 $^0/_0$ sur les intérêts, dividendes et montants des primes de remboursement, pour les titres nominatifs et au porteur.

En plus 0,25 $^0/_0$ du capital, pour les titres au porteur seulement.

Les valeurs étrangères d'État ou non, qui se négocient en France, sont soumises aux droits et impôts précédents.

Impôt sur les lots. — 8 $^0/_0$ sur le montant des lots.

Remarque. — Des États étrangers, comme la Russie, l'Espagne, etc., qui ont contracté des emprunts en France, prennent à leur charge les impôts sur les coupons.

Il existe, en outre, un *droit de timbre* sur les titres; les compagnies ou sociétés le prennent à leur charge.

Exercices sur l'intérêt, l'escompte, les rentes, etc.

410. Quel est le principe de la règle d'intérêt simple? — Définir le taux.

411. Quelle convention fait-on relativement au nombre de jours de l'année?

412. Établir la formule fondamentale d'intérêt simple et en montrer les usages.

413. Exposer la méthode des diviseurs dans le calcul abrégé des intérêts.

414. Exposer la méthode des parties aliquotes.

415. Quel est l'avantage du calcul fait au taux de 6 $\%$? — Comment passe-t-on de ce taux aux autres taux usuels ?

416. Qu'est-ce que l'escompte ? — L'escompte commercial ? La valeur nominale ? — La valeur actuelle ?

417. Définir les principaux effets de commerce.

418. Quels sont les droits de timbre ?

419. Parlez de la commission et du change de place.

420. Qu'est-ce que l'escompte rationnel ? — Est-il plus conforme que l'escompte commercial à la notion d'intérêt simple ?

421. A quoi est égale la différence entre l'escompte commercial et l'escompte rationnel ?

422. Établir la formule de cette différence.

423. En quoi consiste la règle d'échéance commune ?

424.   —   —   moyenne ?

425. Qu'appelle-t-on rente sur l'État ? — Titres nominatifs ? — Au porteur ?

426. Quels sont les prix de vente et d'achat de la rente française ?

427. Parlez des Caisses d'épargne.

428. Comment calcule-t-on les intérêts de l'argent déposé aux Caisses d'épargne ?

429. Expliquez ce que sont les actions. — Les obligations.

430. Quels sont les prix de vente et d'achat de ces valeurs ?

431. Quels sont les impôts sur les coupons ? — Les lots ?

Calculer par les deux méthodes abrégées les intérêts de :

432. 4.800 francs à 3 $\%$ pendant 113 jours.

433. 7.800   —   3,60 $\%$ —   49 —

434. 8.750   —   4 $\%$ —   74 —

435. 12.800   — $4\frac{1}{2}$ $\%$ —   142 —

436. 8.840   —   5 $\%$ —   119 —

437. 9.600   —   6 $\%$ —   107 —

438. En achetant de la rente française 3 $\%$ au cours de 94^{fr},20, à quel taux placera-t-on son argent, sans tenir compte des frais ?

439. L'action au porteur de Suez était le 25 septembre 1912 au cours de 5.990 francs et rapportait 179^{fr},55. Quel était le taux de ce placement, sans tenir compte des impôts ?

440. Quel était le taux du placement précédent en tenant compte des impôts ?

441. Une action nominative de la banque de France valait, le 25 septembre 1912, 4.450 francs et rapportait 145^{fr},83. Quel était le taux de ce placement en défalquant les impôts ?

CHAPITRE XVI

PARTAGES, MÉLANGES, ALLIAGES

---

§ 1. — PARTAGES PROPORTIONNELS

I. — Partager un nombre en parties proportionnelles à des nombres donnés.

488. Définition. — *Partager un nombre en parties proportionnelles à des nombres donnés consiste à trouver des nombres respectivement proportionnels aux nombres donnés et dont la somme soit égale au premier nombre.*

Solution générale. — Soit à partager le nombre A en parties proportionnelles à a, b, c.

Soient x, y, z les parties correspondantes à a, b, c.

On a :
$$\frac{x}{a} = \frac{y}{b} = \frac{z}{c},$$

et
$$x + y + z = A.$$

On peut écrire d'après les propriétés des suites de rapports égaux :
$$\frac{x}{a} = \frac{y}{b} = \frac{z}{c} = \frac{x+y+z}{a+b+c} = \frac{A}{a+b+c};$$

d'où
$$\begin{cases} x = \dfrac{Aa}{a+b+c}, \\ y = \dfrac{Ab}{a+b+c}, \\ z = \dfrac{Ac}{a+b+c}. \end{cases}$$

On raisonnerait de même, quel que soit le nombre des parts à trouver.

489. Remarque. — *Si l'on multiplie* a, b, c *par un nombre quelconque* m, *leur somme est multipliée par* m, *et les valeurs de* x, y, z *ne sont pas changées. On peut donc remplacer* a, b, c *par des nombres qui leur sont respectivement proportionnels et plus simples.*

Exemple. — *Partager 1.815 en nombres proportionnels à* $\frac{2}{3}$, $\frac{3}{4}$, $\frac{3}{5}$.

Réduisons ces fractions au même dénominateur; on obtient :

$$\frac{40}{60}, \quad \frac{45}{60}, \quad \frac{36}{60}.$$

Il suffit de partager 1.815 en nombres proportionnels à : 40, 45 et 36. La somme est 121.

On trouve :

$$x = \frac{1.815 \times 40}{121} = 600,$$

$$y = \frac{1.815 \times 45}{121} = 675,$$

$$z = \frac{1.815 \times 36}{121} = 540,$$

$$\text{Somme}: x + y + z = \overline{1.815}.$$

490. Méthode de réduction à l'unité. — *Reprenons l'exemple précédent. Soit à partager 1.815 en parties proportionnelles à 40, 45, 36. La somme est 121.*

Si le nombre à partager était 121, les parts seraient :

$$40, \quad 45, \quad 36.$$

Si le nombre était 1, les parts seraient 121 fois plus petites,

ou

$$\frac{40}{121}, \quad \frac{45}{121}, \quad \frac{36}{121}.$$

Le nombre a partager étant 1.815, les parts sont 1.815 fois plus grandes que ces dernières, ou

$$\frac{1.815 \times 40}{121} = 600, \qquad \frac{1.815 \times 45}{121} = 675, \qquad \frac{1.815 \times 36}{121} = 540.$$

491. *Partager un nombre en parties inversement proportionnelles à des nombres donnés.* — Cela revient à partager le nombre en parties proportionnelles aux inverses des nombres donnés. On est donc ramené au problème précédent.

492. Calculer les parts et le total de partage, connaissant une part et des nombres proportionnels aux parts. — **Problème.** — *On a partagé une somme inconnue en trois parts proportionnelles à* 2, $\dfrac{3}{4}$ *et* $1\,\dfrac{1}{3}$. *La 2ᵉ part est de 63 francs. Quelle sont les autres parts et quelle est la somme à partager?*

Solution. — Cherchons un nombre divisible par 3 et 4. Ce sera 12. (Voir méthode de supposition, Cours moyen. nᵒ 235.)

$2 \times 12 = 24$. La 1ʳᵉ part sera proportionnelle à 24 ;

$\dfrac{3}{4} \times 12 = 9$.   La 2ᵉ   »   9 ;

$1\,\dfrac{1}{3} \times 12 = 16$. La 3ᵉ   »   16.

La 2ᵉ part est 63 au lieu de 9. Donc, pour avoir les parts demandées, il faut multiplier les précédentes par $\dfrac{63}{9} = 7$.

Réponse. — La 1ʳᵉ part est $24 \times 7 = 168$ fr.
           La 2ᵉ   »   63 fr.
           La 3ᵉ   » $16 \times 7 = 112$ fr.

La somme à partager est :   343 fr.

II. — Règle de société.

493. Quand plusieurs associés veulent se partager les bénéfices de l'affaire traitée en commun, on admet que la part que chacun d'eux doit toucher est **proportionnelle** à la somme ou capital qu'il a apporté à la société. Par conséquent, la question revient à partager le bénéfice en nombres proportionnels à l'apport de chaque associé.

Exemple. — *Trois associés ont apporté : le premier 15.000 francs, le deuxième 25.000 francs, le troisième 20.000 francs. Le bénéfice à partager est 9.000 francs. Quelle est la part de chacun?*

Solution. — Il faut partager 9.000 en nombres respectivement proportionnels :

à   15.000   25.000   20.000,
ou à   15   25   20,
ou à   3   5   4.

$$3 + 5 + 4 = 12.$$

Réponse. — La somme est 9.000 francs; les parts sont donc :
pour le premier associé :

$$\frac{3 \times 9.000}{12} = 2.250 \text{ fr.}$$

pour le deuxième associé :

$$\frac{5 \times 9.000}{12} = 3.750 \text{ fr.}$$

pour le troisième associé :

$$\frac{4 \times 9.000}{12} = 3.000 \text{ fr.}$$

494. On suppose parfois que les asssociés n'ont pas fait partie de la société pendant le même temps. Les parts sont alors proportionnelles aux capitaux et aux durées; par conséquent, la part de chaque associé est proportionnelle au produit du capital qu'il a apporté par le temps pendant lequel ce capital a été placé dans la société. Le calcul pratique se fait comme plus haut.

D'ailleurs, cette hypothèse est **purement théorique.** L'entrée d'une nouvelle personne dans une société entraîne la dissolution de cette société et la constitution d'une société nouvelle.

§ 2. — MÉLANGES

495. Quand on mélange des marchandises semblables de prix différents, on obtient une marchandise semblable à chacune d'elles. On se propose de calculer le **prix de l'unité du mélange obtenu ou prix moyen.**

Calcul du prix moyen. — Nous allons montrer sur un exemple comment on traite ce problème.

EXEMPLE. — *Un marchand de vin mélange : 75 litres de vin à 0ʳ,60 le litre, 125 litres de vin à 0ʳ,40 le litre, 100 litres de vin à 0ʳ,45 le litre. Quel est le prix d'un litre de mélange ?*

8*

Solution. — Le mélange comprend :

$$75 + 125 + 100 = 300 \text{ litres.}$$

Cherchons le prix de ce mélange :

Pour le 1ᵉʳ vin : $75 \times 0{,}60 = 45$ francs
   »   2ᵉ   » $125 \times 0{,}40 = 50$ »
   »   3ᵉ   » $100 \times 0{,}45 = 45$ »

Donc en tout :   140 francs.

Réponse. — Le prix est donc :

$$\frac{140}{300} = 0^{\text{fr}},466,$$

à moins de 0,001 près ; pratiquement, $0^{\text{fr}},47$.

Règle. — *Pour trouver le prix de l'unité d'un mélange, on cherche le prix total du mélange et on le divise par le nombre d'unités que contient le mélange.*

496. Calcul de la proportion d'un mélange de deux marchandises.

— On possède deux sortes de marchandises de prix différents. On se propose de les mélanger de telle sorte que l'unité du mélange ait un prix donné, intermédiaire entre les deux·prix précédents, et l'on demande quelle est la **proportion** dans laquelle il faut les mélanger.

EXEMPLE. — *Un marchand a du vin à $0^{\text{fr}},75$ le litre et du vin à $0^{\text{fr}},45$ le litre. Dans quelle proportion doit-il les mélanger pour avoir du vin à $0^{\text{fr}},55$ le litre ?*

Solution. — Le marchand qui vend $0^{\text{fr}},55$ un litre à $0^{\text{fr}},75$, perd :

$$0{,}75 - 0{,}55 = 0^{\text{fr}},20 \text{ par litre.}$$

Le marchand qui vend $0^{\text{fr}},55$ un litre à $0^{\text{fr}},45$, *gagne :*

$$0{,}55 - 0{,}45 = 0^{\text{fr}},10 \text{ par litre.}$$

Donc il perd sur chaque litre du premier $0^{\text{fr}},20$.
    »   gagne   »   » 0^{fr} 10.

Il faut donc qu'il prenne 2 *litres du second pour* 1 *litre du premier.*

Donc :

Règle. — *Le rapport du mélange des deux marchandises est égal à l'inverse du rapport des différences de leurs prix avec le prix moyen ou prix de l'unité du mélange.*

497. Cas particulier. — L'une des matières mélangées n'a pas de valeur. — Problème. — *Un débitant a du vin à 0fr,60 le litre. Dans quelle proportion doit-il y ajouter de l'eau pour que le litre revienne à 0fr, 55?*

Solution. — Le marchand qui vend 0fr,55 un litre à 0fr,60 perd 0fr,05 par litre.

Le marchand qui vend 0fr,55 le litre d'eau gagne 0fr,55.
Donc il perd sur chaque litre de vin 0fr,05.
  »   gagne   »   d'eau   0fr,55.

Réponse. — Il faut donc qu'il prenne 5 litres d'eau pour 55 de vin, ou 1 litre d'eau pour 11 litres de vin.

498. Composition d'un mélange de quantité donnée. — Problème. — *Un débitant a du vin à 0fr,50 le litre et du vin à 0fr,75 le litre. Il veut en faire un mélange à 0fr,65 le litre qui remplisse un tonneau de 225 litres. Combien doit-il prendre de litres de chaque qualité?*

Solution. — On pourrait chercher la proportion du mélange, puis diviser 225 litres proportionnellement aux nombres trouvés (mélanges, partages proportionnels).
On peut aussi opérer directement.
Le prix de 225 litres du mélange sera :

$$225 \times 0,65 = 146^{fr},25.$$

Si le tonneau ne contenait que du vin à 0fr,75, il coûterait :

$$225 \times 0,75 = 168^{fr},75.$$

La différence est 22fr,50. Ce serait une perte pour le débitant.

Chaque fois que le débitant remplace un litre à 0fr,75 par un litre à 0fr,50, il gagne 0fr,25. Donc il prendra autant de litres à 0fr,50 que 0,25 est contenu dans 22,5, c'est-à-dire :

$$\frac{22,5}{0,25} = 90.$$

Réponse. — Le mélange contient :

90 litres à 0fr,50.	*Vérification :* $\begin{cases} 90 \times 0,50 = 45 \text{ francs.} \\ 135 \times 0,75 = 101^{fr},25. \end{cases}$
135 » à 0fr,75.	

$$\overline{146^{fr},25.}$$

§ 3. — ALLIAGES

499. Alliage. — Un alliage est obtenu en fondant ensemble plusieurs métaux différents. Il entre souvent dans l'alliage un métal précieux, tel que l'or ou l'argent ; on l'appelle **métal fin** de l'alliage.

Titre. — *Le titre est le rapport du poids du métal fin contenu dans l'alliage au poids total de l'alliage.*

On exprime généralement le titre en fraction décimale (d'habitude en **millièmes**). Ainsi un alliage au titre de 0,900 contient, pour 1 kilogramme d'alliage, 900 grammes de métal fin et 100 grammes de cuivre.

On a indiqué, à propos des monnaies, les titres des différentes pièces d'or et d'argent.

Dans l'orfèvrerie et la bijouterie, la loi admet 3 titres pour les objets en or (0,920, 0,840 et 0,750) et 2 titres pour les objets en argent (0,950 et 0,800).

Les problèmes sur les alliages se traitent comme les problèmes sur les mélanges.

500. Problème I. — Trouver le titre d'un alliage obtenu en fondant ensemble des lingots de poids et de titre connus.

EXEMPLE. — *On fond ensemble 250 grammes d'un lingot au titre de 0,920 et 150 grammes d'un autre au titre de 0,840. Quel est le titre de l'alliage ainsi obtenu ?*

Solution. — Poids de l'alliage :

$$250 + 150 = 400.$$

Poids du métal fin : 1er lingot : $250 \times 0,920 = 230$ grammes.
    »   »   2e   » $150 \times 0,840 = 126$ »

          Alliage   356 grammes.

Réponse. — Le titre est :

$$\frac{356}{400} = 0,890.$$

502. Problème II. — Rapport dans lequel il faut mélanger des poids de deux alliages de titre connu pour obtenir un alliage de titre donné intermédiaire entre les deux précédents.

EXEMPLE. — *Dans quel rapport de poids faut-il mélanger deux alliages aux titres de 0,920 et 0,840 respectivement, pour obtenir un alliage au titre de 0,900?*

Solution. — Un kilogramme du premier alliage contient 20 grammes de plus que 1 kilogramme de l'alliage cherché.

Un kilogramme du second alliage contient 840 grammes de métal fin, donc 60 grammes **de moins** que 1 kilogramme de l'alliage cherché.

Réponse. — Il faut donc prendre 3 kilogrammes du premier alliage pour 1 kilogramme du second.

On arrive, comme pour les mélanges, à la règle analogue suivante :

Le rapport des poids d'un mélange de deux alliages est égal à l'inverse du rapport des différences des titres de chacun d'eux avec le titre de l'alliage définitif.

502. Modifier le titre d'un alliage. — *On peut modifier le titre d'un alliage soit en ajoutant du métal fin : on élève le titre ; soit en ajoutant du cuivre : on abaisse le titre.*

503. 1° Elever le titre. — **Problème.** — *Combien faut-il ajouter de grammes d'or à un alliage de 225 grammes au titre de 0,850 pour l'amener au titre de 0,900?*

Solution. — D'un alliage à l'autre, le poids du cuivre ne change pas.

Il était de $\qquad 0,150 \times 225$ grammes.

Il doit être les 0,100 du nouvel alliage. Donc on obtient le poids du nouvel alliage en divisant $0,150 \times 225$ par 0,100, ce qui donne :

$$0,150 \times 225 \times 10 = 337,5.$$

L'alliage a augmenté de $337^{gr},5 - 225^{gr} = 112^{gr},5$.

Réponse. — Il faut ajouter $112^{gr},5$ d'or.

504. 2° Abaisser le titre. — **Problème.** — *Combien faut-il ajouter de grammes de cuivre à un alliage de 470 grammes d'or au titre de 0,920 pour l'amener au titre de 0,900 ?*

Solution. — D'un alliage à l'autre, le poids de l'or ne change pas.

Il est dans le premier alliage $470 \times 0,92$.

Il doit être les 0,900 du second alliage.

Donc le poids de ce second alliage s'obtient en divisant $470 \times 0,92$ par 0,900, c'est-à-dire :

$$\frac{470 \times 92}{90} = \frac{47 \times 92}{9} = 480^g,44.$$

Réponse. — Le poids de cuivre est donc :

$$480^g,44 - 470 = 10^g,44.$$

Exercices sur les partages, mélanges et alliages.

442. Qu'entend-on par partager un nombre en parties proportionnelles à des nombres donnés ? — inversement proportionnelles à des nombres donnés ?

443. Donner la solution générale de ce problème.

444. Qu'est-ce que la règle de société ?

445. Qu'appelle-t-on prix moyen d'un mélange ? — Comment le calcule-t-on ?

446. Comment trouve-t-on le rapport du mélange de deux marchandises ?

447. Qu'est-ce qu'un alliage ? — Qu'est-ce que le titre d'un alliage ?

448. Quels sont les alliages autorisés par la loi pour la fabrication des objets en or ? — en argent ?

449. Comment traite-t-on les problèmes sur les alliages ? Donner des exemples.

450. Partager le nombre 3.213 en parties proportionnelles à 2, 4, 5, 6.

451. Partager le nombre 99,12 en parties inversement proportionnelles à $\frac{1}{3}$, $\frac{1}{5}$, $\frac{1}{10}$ et $\frac{1}{15}$.

CHAPITRE XVII

FORMULES FONDAMENTALES DE GÉOMÉTRIE

---

§ 1. — ANGLES ET LONGUEURS

1° Angles.

505. Degrés. — La circonférence est divisée en 360° (degrés), le degré en 60′ (minutes), la minute en 60″ (secondes) et fractions décimales de seconde.

Grades. — La circonférence est divisée en 400 grades et fractions décimales de grade (on désigne le grade en abrégé par la lettre grecque γ, qu'on lit **gamma**) :

$$1\gamma = 0°,9 = 54'$$
$$1° = \frac{10}{9}\,\gamma = 1\gamma, 111 \ .,.$$

1 angle droit $\left(\text{ou } \dfrac{1}{4} \text{ de circonférence}\right)$ vaut 90° ou 100γ.

Angles d'un polygone. — *La somme des angles d'un polygone convexe est égale à autant de fois deux angles droits qu'il y a de côtés moins deux.*

En particulier, *la somme des angles d'un triangle vaut 2 angles droits.*

2° Longueurs.

506. Longueur de la circonférence.
$$C = 2\pi R$$

(C, longueur de la circonférence ; R, rayon).

Longueur d'un arc de circonférence. Soit *l* cette longueur :

$$l = \frac{\pi R m}{180} \qquad (m \text{ étant le nombre de degrés correspondants}).$$

$$l = \frac{\pi R p}{10.800} \qquad (p \text{ étant le nombre de minutes correspondantes}).$$

$$l = \frac{\pi R q}{648.000} \qquad (q \text{ étant le nombre de secondes correspondantes}).$$

$$l = \frac{\pi R K}{200} \qquad (K \text{ étant le nombre de grades et fractions décimales de grade}).$$

Angle inscrit. — *Un angle inscrit est égal à la moitié de l'angle au centre correspondant ou a pour mesure la moitié de la mesure de l'arc intercepté entre ses côtés* (fig. 22).

$$\widehat{AMB} = \frac{\widehat{AOB}}{2} \quad (\text{fig. 23}).$$

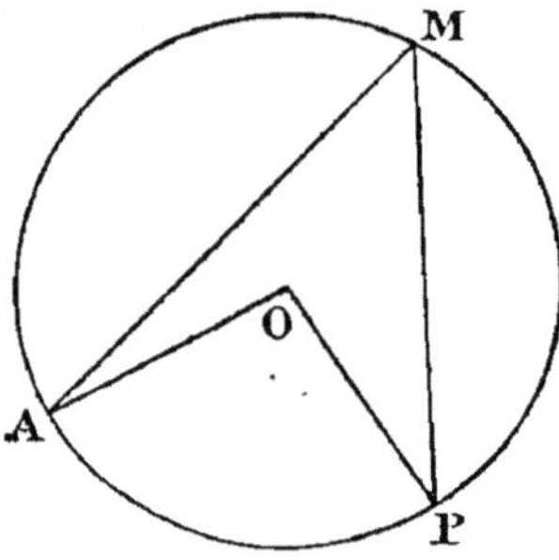

Fig. 22. — Angle inscrit.

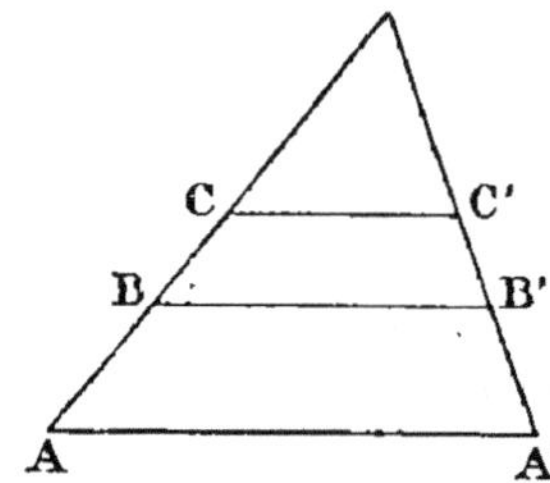

Fig. 23. — Parallèles coupées par deux sécantes.

507. Droites parallèles et sécantes. — *Les segments correspondants déterminés par des parallèles sur deux sécantes sont proportionnels* (fig. 23).

$$\frac{AB}{A'B'} = \frac{BC}{B'C'}.$$

Relation dans le triangle rectangle. — 1° *Un côté de l'angle droit est moyenne proportionnelle entre l'hypoténuse entière et sa projection sur l'hypoténuse.*

2° *La hauteur issue du sommet de l'angle droit est moyenne proportionnelle entre les segments qu'elle détermine sur l'hypoténuse.*

3° *Le carré de l'hypoténuse est égal à la somme des carrés des deux autres côtés.*

Ces propositions s'expriment par les relations suivantes (fig. 24) :

1° $\overline{AB}^2 = BH \times BC \qquad \overline{AC}^2 = CH \times BC.$

2° $\overline{AH}^2 = BH \times CH.$

3° $\overline{BC}^2 = \overline{AB}^2 + \overline{AC}^2.$

Application. — La diagonale du carré est égale au côté multiplié par $\sqrt{2}.$

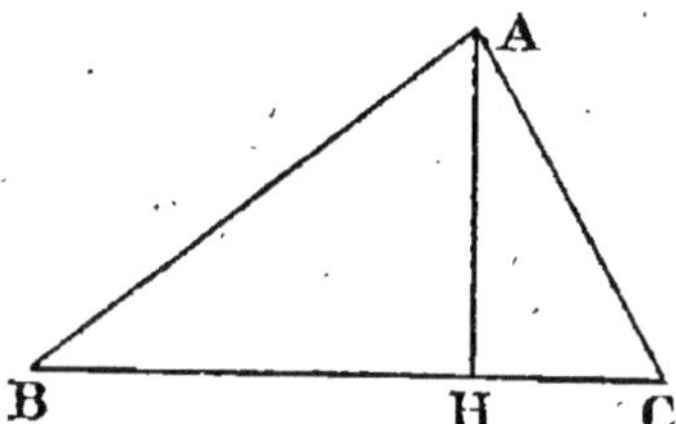

Fig. 24. — Relations dans le triangle rectangle.

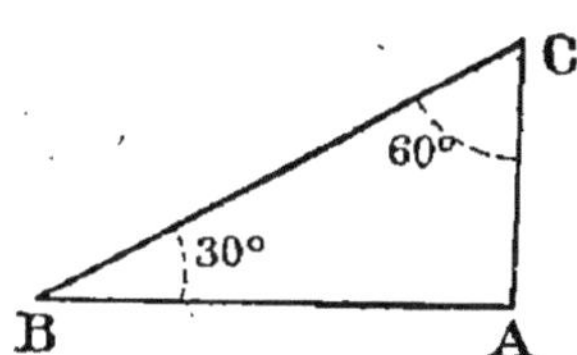

Fig. 25. — Triangle rectangle particulier.

Triangle rectangle particulier. — Quand un triangle rectangle a un angle aigu de 60°, l'autre angle vaut 30° et inversement (fig. 25).

Dans ce cas on a :

$$AC = \frac{1}{2} BC$$

$$AB = \frac{\sqrt{3}}{2} BC,$$

et

$$AB = \sqrt{3}\, AC.$$

509. Triangles quelconques. — *Dans un triangle quelconque, le carré du côté opposé à un angle aigu (ou obtus) est égal à la somme des carrés des deux autres côtés, moins (ou plus) deux fois le produit de l'un d'eux par la projection de l'autre sur lui.*

$$\overline{AC}^2 = \overline{AB}^2 + \overline{BC}^2 - 2\,BC \times BH \qquad \text{(fig. 26)}.$$

$$\overline{AC}^2 = \overline{AB}^2 + \overline{BC}^2 + 2\,BC \times BH \qquad \text{(fig. 27)}.$$

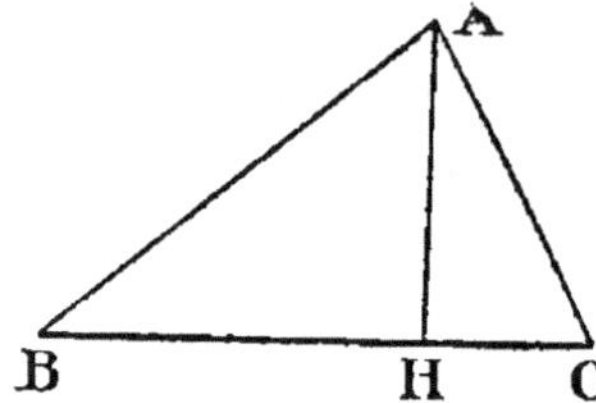

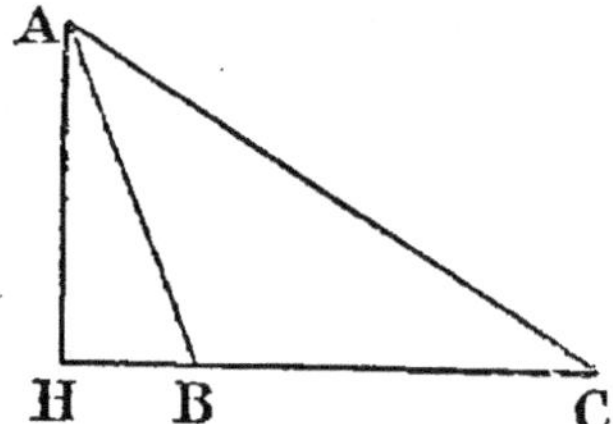

Fig. 26. — Triangle quelconque (angles aigus).   Fig. 27. — Triangle quelconque avec un angle obtus.

509. *Côtés et apothèmes des polygones réguliers inscrits dans une circonférence de rayon* **R.**

	CÔTÉS	APOTHÈMES
Triangle équilatéral	$\sqrt{3}\,R$	$\dfrac{1}{2}\,R$
Carré	$\sqrt{2}\,R$	$\dfrac{\sqrt{2}}{2}\,R$
Hexagone	R	$\dfrac{\sqrt{3}}{2}\,R$
Octogone	$0{,}765 \times R$	$0{,}926\,R$

§ 2. — SURFACES

510. *Surfaces du parallélogramme et du rectangle :*

$$S = ah \qquad (a \text{ base, } h \text{ hauteur}).$$

Surface du triangle :

$$1° \qquad S = \frac{ah}{2} \qquad (a \text{ base, } h \text{ hauteur correspondant à cette base}).$$

$$2° \qquad S = \sqrt{p(p-a)(p-b)(p-c)}$$

$(p = \frac{1}{2}$ périmètre, a, b, c côtés$)$.

Surface du trapèze :

$$S = \frac{1}{2}(B + b)h \qquad (B,\ b \text{ bases},\ h \text{ hauteur}).$$

Surface du losange :

$$S = dd' \qquad (d,\ d',\ \text{diagonales}).$$

511. *Surfaces des polygones réguliers en fonction du côté :*

Triangle équilatéral . . . . . $S = \dfrac{\sqrt{3}}{4}a^2$

Carré . . . . $S = a^2$

Hexagone . . . . $S = 3\dfrac{\sqrt{3}}{2}a^2$

Octogone . . . . $S = 2(1 + \sqrt{2})a^2$

$(S,\ \text{surface})$
$(a,\ \text{côté})$

512. *Surface du cercle :*

$$S = \pi R^2.$$

Surface de la couronne :

$$S = \pi(R^2 - r^2) = \pi(R - r)(R + r)$$

$(R,\ r\ \text{rayons de la couronne}).$

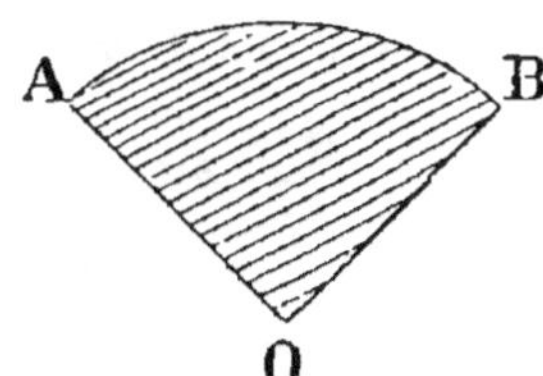

Fig. 28. — Secteur circulaire.

Surface du secteur circulaire :

$$S = \frac{1}{2}Rl \qquad (R \text{ rayon},\ l \text{ longueur de l'arc AB}) \text{ (fig. 28)}.$$

Surface du segment circulaire. — Le segment est l'aire d'un cercle compris entre l'arc et sa corde. Il est égal à la différence ou à la somme, suivant le cas, des aires du secteur circulaire OAMB et du triangle OAB (fig. 29 et 30).

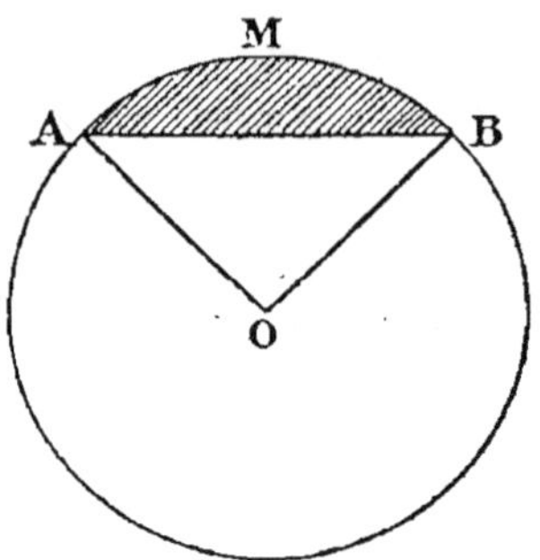

Fig. 29. — Segment circulaire
(1ᵉʳ cas).

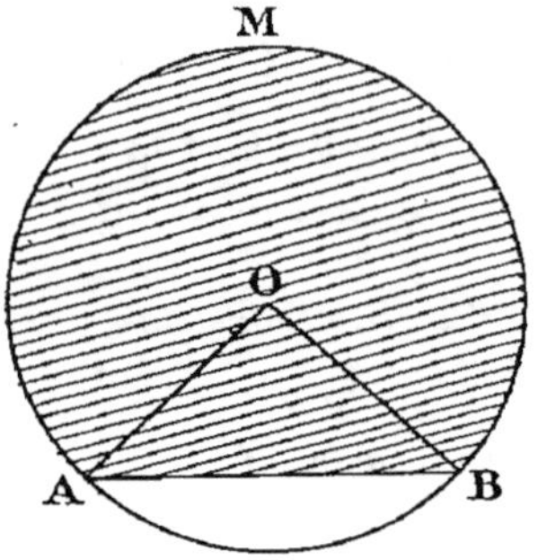

Fig. 30. — Segment circulaire
(2ᵉ cas).

513. *Surface totale du cube :*

$$S = 6a^2 \qquad (a \text{ arête}).$$

Surface latérale du prisme droit :

$$S = ph \qquad (p \text{ périmètre de base}, h \text{ hauteur}).$$

Surface latérale de la pyramide régulière :

$$S = \frac{pK}{2} \qquad (p \text{ périmètre de la base}, K \text{ hauteur d'une face latérale}).$$

Surface latérale du tronc de pyramide régulier :

$$S = \frac{(p + p')K}{2} \qquad (p, p' \text{ périmètres des bases}, K \text{ hauteur d'une face latérale}).$$

514. *Surface latérale du cylindre de révolution :*

$$S = 2\pi Rh \qquad (R \text{ rayon de base}, h \text{ hauteur}).$$

Surface totale du cylindre de révolution :

$$S = 2\pi (R + h)R = 2\pi Rh + 2\pi R^2.$$

Surface latérale du cône :

$$S = \pi RK \qquad (R \text{ rayon de base}, K \text{ génératrice ou arête}).$$

Surface totale du cône :

$$S = \pi R(K + R) = \pi R^2 + \pi RK.$$

Surface latérale du tronc de cône :

$$S = \pi(R + r)K \qquad \text{(R, } r \text{ rayons des bases,}$$
$$\text{K génératrice).}$$

Surface totale du tronc de cône :

$$S = \pi(R + r)K + \pi R^2 + \pi r^2.$$

515. *Surface d'une zone ou d'une calotte sphérique :*

$$S = 2\pi Rh \qquad \text{(R, rayon de la sphère, } h \text{ hauteur}$$
$$\text{de la zone) (fig. 31 et 32).}$$

Surface de la sphère :

$$S = 4\pi R^2.$$

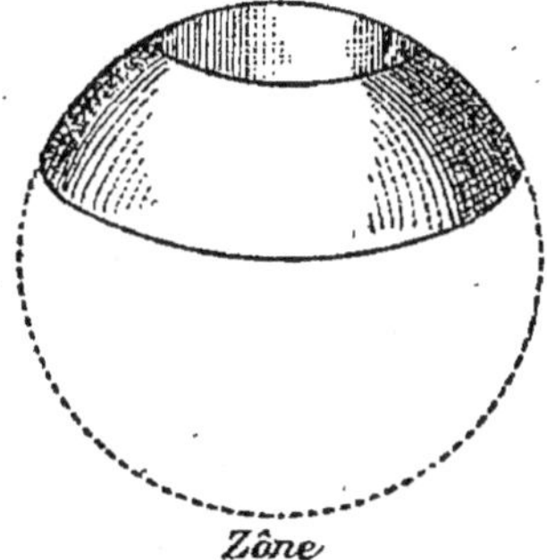
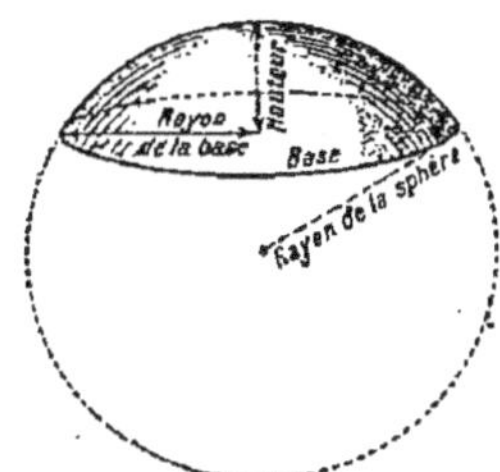

Fig. 31. — Zone sphérique.   Fig. 32. — Calotte sphérique.

516. Ellipse. — L'ellipse est une courbe plane fermée telle que la somme des distances de chacun de ses points à deux points fixes intérieurs, appelés *foyers*, est constante (fig. 33).

L'ellipse a deux *axes de symétrie*, c'est-à-dire que, si on replie le plan de l'ellipse sur lui-même autour de

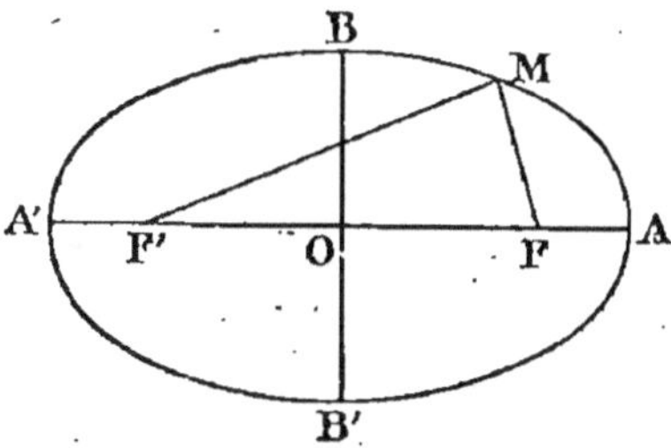

Fig. 33. — Ellipse.

chacun d'eux, cette courbe se superpose à elle-même.

L'un des axes AA' est porté par la droite des foyers FF' prolongée. L'autre BB' est perpendiculaire au premier en son milieu O.

La distance AA′, appelée grand axe, est égale à la constante MF + MF′. On la désigne par $2a$. L'autre axe BB′, ou petit axe, est désigné par $2b$. Si on désigne par $2c$ la distance FF′, on remarque que, si le point M vient en B, les distances FB et F′B sont égales; par suite, chacune d'elles a pour longueur a et le triangle OBF′ donne : $$b^2 = a^2 - c^2.$$

L'ellipse est connue si l'on connaît ses deux axes $2a$ et $2b$.

Surface de l'ellipse :

$$S = \pi ab.$$

§ 3. — VOLUMES

517. *Volume du prisme et du parallélépipède :*

$$V = Bh \qquad \text{(B surface de la base, } h \text{ hauteur)}.$$

Volume du cube :

$$V = a^3 \qquad (a \text{ arête)}.$$

Volume de la pyramide :

$$V = \frac{1}{3} Bh \qquad \text{(B surface de base, } h \text{ hauteur)}.$$

Volume du tronc de pyramide à bases parallèles :

$$V = \frac{1}{3} \left[B + b + \sqrt{Bb} \right] h \qquad \text{(B, } b \text{ surfaces des bases,} \\ h \text{ hauteur)}.$$

Volume du tronc de prisme triangulaire (fig. 34) :

$$V = B \frac{(h + h' + h'')}{3} \qquad \text{(B surface de base, } h,\ h',\ h'' \\ \text{hauteur des trois arêtes)}.$$

518. *Volume du cylindre.*

$$V = \pi R^2 h \qquad \text{(R rayon de base, } h \text{ hauteur)}.$$

Volume du cône :

$$V = \frac{1}{3} \pi R^2 h \qquad (\text{R rayon de base, } h \text{ hauteur}).$$

Volume du tronc de cône :

$$V = \frac{1}{3} \pi h (R^2 + r^2 + Rr) \qquad (\text{R, } r \text{ rayons de bases, } h \text{ hauteur}).$$

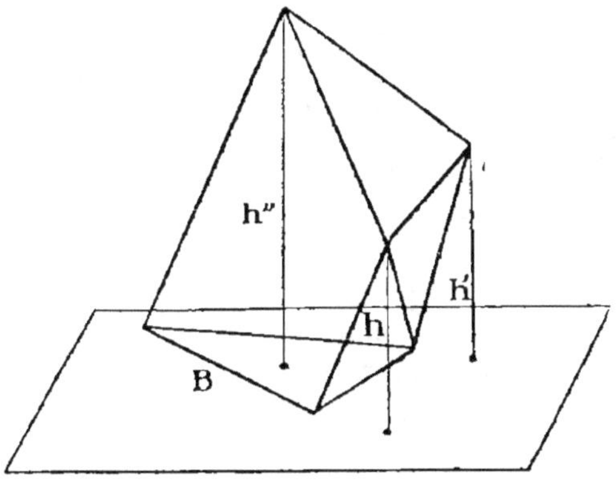

Fig. 34. — Tronc de prisme triangulaire.

Volume de la sphère :

$$V = \frac{4}{3} \pi R^3 = \frac{1}{6} \pi d^3 \qquad (\text{R rayon, } d \text{ diamètre}).$$

519. *Volume du secteur sphérique* ou volume engendré par la rotation d'un secteur circulaire autour d'un diamètre qui ne le coupe pas, *xy* (fig. 35).

$$V = \frac{1}{3} Sh$$

(S surface de la zone, *h* hauteur).

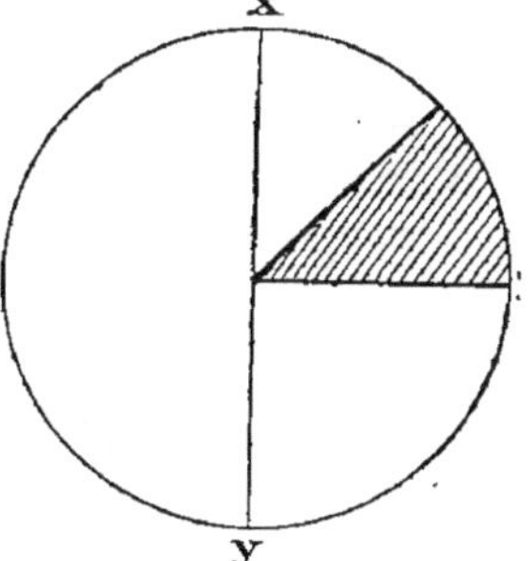

Fig. 35. — Demi-coupe du secteur sphérique.

Volume de l'anneau sphérique ou volume engendré par

la rotation d'un segment circulaire autour d'un diamètre qui ne le coupe pas (fig. 36).

$$V = \frac{1}{6} \; \pi \overline{AB}^2 \times DF.$$

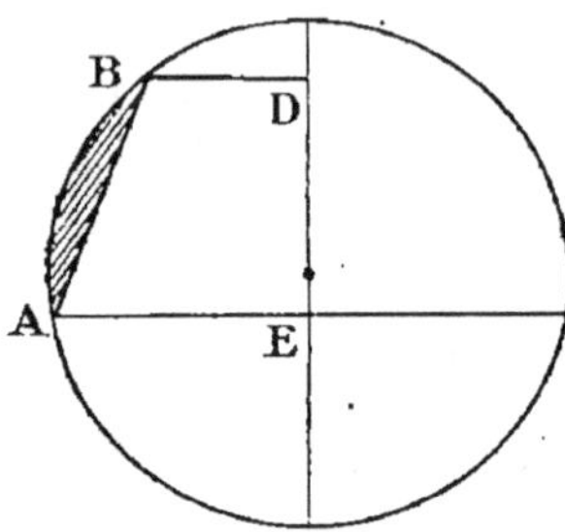

Fig. 36. — Demi-coupe de l'anneau sphérique

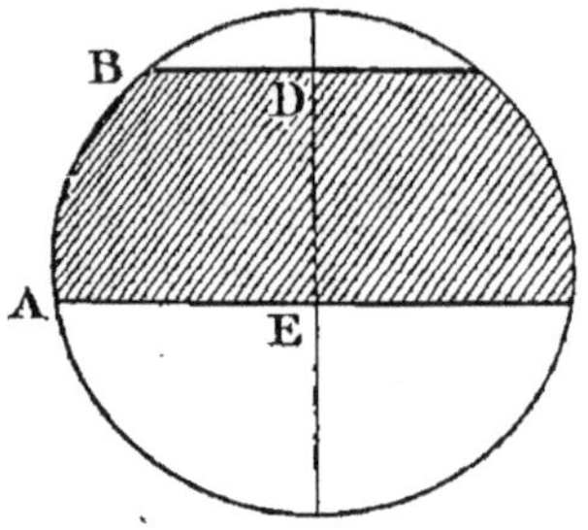

Fig. 37. — Coupe de la tranche sphérique.

Volume de la tranche ou du segment sphérique : partie du volume de la sphère comprise entre deux plans parallèles (fig. 37).

$$V = \frac{1}{6} \; \pi \overline{DE}^3 + \frac{1}{2} \; \pi (\overline{BD}^2 + AE^2) \times \overline{ED}.$$

519 *bis*. **Tore.** — Le tore est le volume engendré par un cercle qui tourne autour d'une droite de son plan qui ne le coupe pas (fig. 38 et 39).

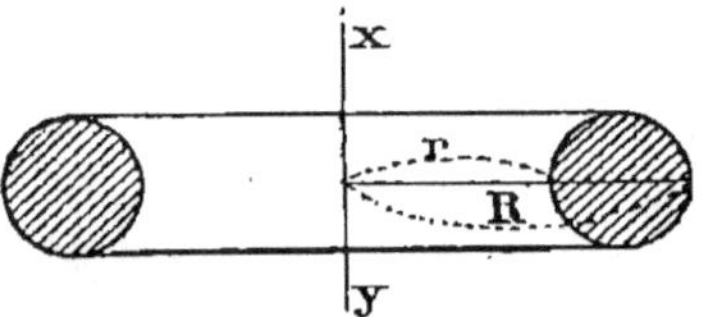
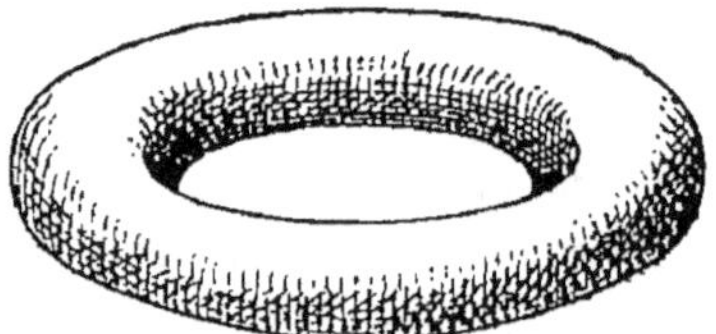

Fig. 38. — Tore (coupe).

Fig. 39. — Tore (élévation).

Surface du tore :

$$S = \pi^2(R + r)(R - r) = \pi^2(R^2 - r^2).$$

Volume du tore :

$$V = \frac{\pi^2(R - r)^2(R + r)}{4}$$

(R, *r* rayons extérieur et intérieur du tore).

Le tore elliptique est engendré par une ellipse qui tourne autour d'une droite de son plan parallèle à un de ses axes de symétrie (fig. 40). Son volume est égal

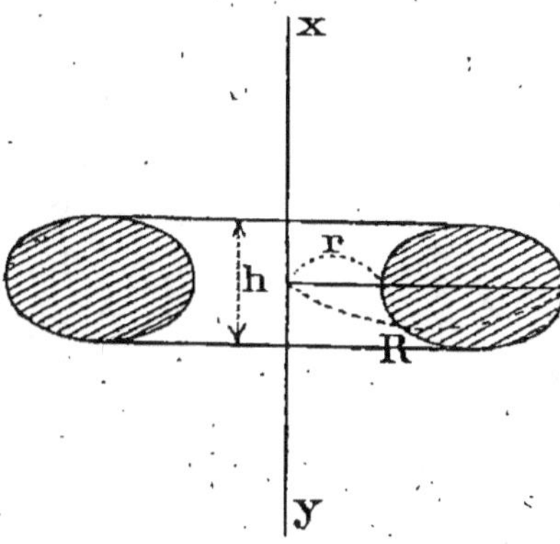

Fig. 40. — Tore elliptique (coupe).

au produit de l'aire de l'ellipse par la longueur de la circonférence décrite par le centre de cette ellipse :

$$V = \frac{\pi^2 (R + r)(R - r)h}{4}$$

520. Volume des tas de pierre ou de sable. — Ce volume à six faces (ou *hexaèdre*) est limité par deux rectangles dont les côtés sont parallèles deux à deux et quatre trapèzes (fig. 41).

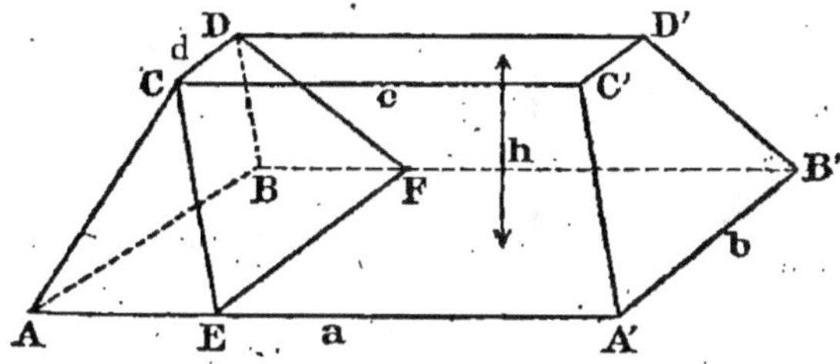

Fig. 41. — Hexaèdre (tas de pierres).

Soient a et b les côtés d'un rectangle ; c et d les côtés correspondants de l'autre ; h la hauteur.

On évalue ce volume en le coupant par un plan CDEF parallèle à la face C′D′A′B′ et qui le décompose en deux prismes, l'un triangulaire, l'autre quadrangulaire, dont on fait la somme des volumes.

On a ainsi :

$$V = \frac{h}{6}\left[ab + cd + (a + c)(b + d)\right].$$

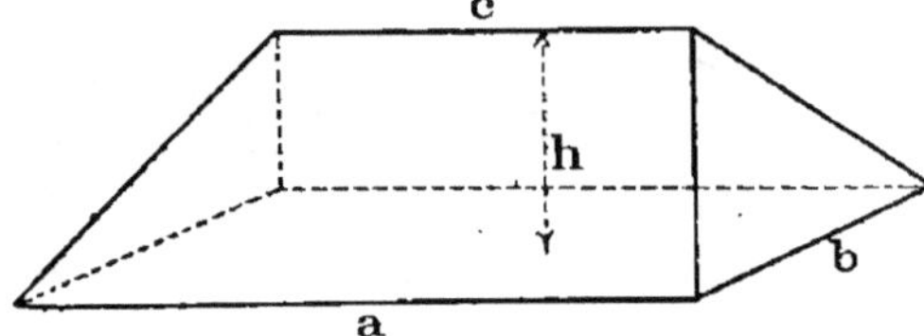

Fig. 42. — Pentaèdre (tas de pierres, toiture).

Dans certains cas, le rectangle supérieur se réduit à une arête (fig. 42); il suffit de faire $d = 0$ dans la formule précédente :

$$V = \frac{(2a + c)bh}{6}.$$

520 bis. Hélice. — L'hélice circulaire est une courbe tracée sur un cylindre de révolution, et qui se

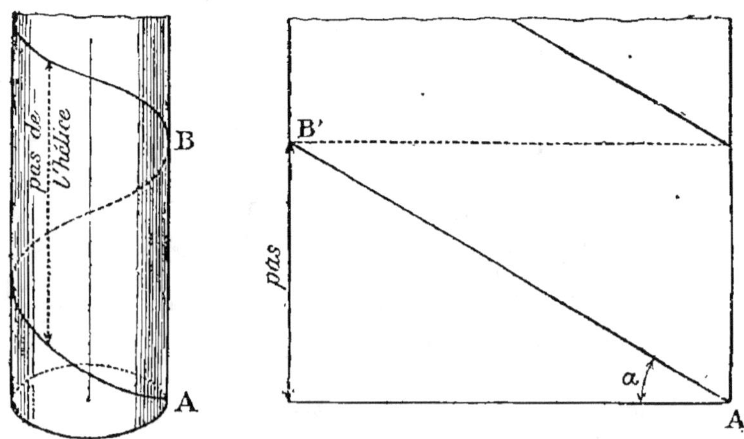

Fig. 43 et 44. — Hélice circulaire et développement.

transforme en une droite lorsqu'on développe ce cylindre sur un plan (fig. 43 et 44). Le *pas* de l'hélice est la distance de deux points de rencontre consécutifs de l'hélice et d'une génératrice du cylindre.

Exercices sur les formules de géométrie.

452. Calculer les angles de chacun des polygones réguliers convexes suivants : hexagone, pentagone, octogone.

453. L'hypoténuse d'un triangle rectangle a 51 centimètres, un des côtés de l'angle droit a $0^m,15$. Calculer la longueur de l'autre côté.

454. Calculer dans le triangle précédent les segments déterminés sur l'hypoténuse par la hauteur qui lui est perpendiculaire, ainsi que cette hauteur.

455. Un trapèze a une hauteur de $1^m,25$ et une surface de 475 décimètres carrés ; une de ses bases a 18 décimètres. Calculer l'autre base.

456. Un triangle a pour longueur de ses côtés $2^m,75$, $3^m,30$, $3^m,95$. Calculer sa surface en décimètres carrés.

457. Calculer à 1 centimètre près les hauteurs du triangle précédent.

458. Dans un parallélogramme, un côté a 48 centimètres, un côté consécutif 36 centimètres et la hauteur perpendiculaire au premier côté 27 centimètres. Quelle est la hauteur perpendiculaire au second côté ?

459. Calculer en degrés, minutes et secondes l'arc d'une circonférence égale au rayon (radian).

460. Calculer dans une circonférence de 108 centimètres de rayon l'arc qui a pour angle au centre $75^\circ 48' 15''$.

461. Calculer dans une circonférence de 54 centimètres de diamètre l'arc qui a un angle au centre de $114^{grades},25$.

462. Calculer en décimètres carrés la surface de l'hexagone régulier dont le côté est égal à 35 centimètres.

463. Calculer en mètres carrés la surface de l'octogone régulier dont le côté a 88 centimètres de côté.

464. Quelle est la surface d'un triangle équilatéral qui a 38 centimètres de hauteur ?

465. La surface d'un cercle est de $7^{m2},824$. Calculer son rayon à 1 centimètre près.

466. Calculer la surface d'un cercle dont la circonférence a $5^m,425$ de largeur.

467. Calculer la surface d'un secteur circulaire de $3^m,28$ de rayon et de $64^\circ 28'$ d'angle au centre.

468. Un angle d'un triangle rectangle vaut 30°, l'hypoténuse est égale à 2^m,48. Calculer à 1 centimètre près les deux autres côtés.

469. La surface d'un secteur circulaire de 25°18′ d'angle au centre est égale à 0^{m2},1835. Calculer le diamètre de la circonférence à 1 millimètre près.

470. Un secteur circulaire a une surface de 72^{dm2},34. Quel est en degrés et minutes l'angle au centre, sachant que le diamètre de la circonférence est 1^m,64?

471. Un triangle rectangle a pour côtés de l'angle droit 0^m,89 et 1^m,74. On veut peindre les trois carrés construits sur les côtés de ce triangle, à raison de 1^{fr},25 le mètre carré. Quelle sera la dépense? — Calculer aussi la longueur du grand côté du triangle. (Brevet, Rodez.)

472. Une droite a une pente de $\dfrac{8}{15}$. Quelle est la distance de deux points de cette droite dont la différence de hauteur est de 34 centimètres?

473. Étant donné un cercle de 45 millimètres de rayon, calculer, à $\dfrac{1}{10}$ de millimètre près, le côté du carré équivalent. (Brevet, Saint-Etienne.)

474. Un cylindre de révolution a une hauteur égale au diamètre de base. Sa surface totale étant de 42^{dm2},26, calculer son volume en décimètres cubes.

475. Une prairie a la forme d'une ellipse dont les deux dimensions principales sont 38 mètres et 22^m,50. Calculer en ares sa surface.

476. Calculer, à 1 centimètre près, l'arête d'un cube qui a un volume de 0^{m3},658503.

477. La surface totale d'un cube est de 17^{m2},34. Calculer son volume en décimètres cubes.

478. Un cube, placé de manière à avoir sa diagonale verticale, a une hauteur totale de 0^m,5196. Calculer son volume en centimètres cubes et sa surface totale en centimètres carrés.

479. Une pyramide a pour base un octogone régulier de 45 centimètres de côté. Sa hauteur est de 1^m,20. Calculer son volume en décimètres cubes.

480. Un tronc de pyramide régulière a pour grande base un carré de 0^m,15 de côté et pour petite base un carré dont le côté est les $\dfrac{9}{25}$ du précédent; sa hauteur est de 6 centimètres. Calculer son volume en décimètres cubes.

481. Calculer la surface totale de la pyramide précédente à 1 centimètre carré près.

482. Une pyramide régulière à base carrée de 0^m,2 de côté a une surface latérale qui est les $\dfrac{2}{3}$ de sa surface totale. Quel est son volume?

483. Calculer le rayon de base d'un cône de révolution qui a une hauteur de 25 centimètres et un volume de 8^{dm3},5 ($\pi = 3,1416$).

484. Un tronc de cône a des rayons de base de 16 centimètres et 9 centimètres et une hauteur de 27 centimètres. Calculer son volume en décimètres cubes.

485. Un tronc de cône a une hauteur de 15 centimètres, des rayons de base de 12 centimètres et 4 centimètres. Calculer sa surface latérale ($\pi = 3,1416$) en centimètres carrés.

486. Calculer en litres la capacité d'une sphère creuse de 28 centimètres de diamètre intérieur.

487. La surface d'une sphère est égale à 28^{dm2},2744. Calculer son volume en décimètres cubes.

488. Dans une sphère, une zone de 35 centimètres de hauteur a une surface de 45^{dm2},38. Calculer son rayon à 1 centimètre près.

489. On coupe une sphère par deux plans perpendiculaires à un diamètre et qui le divisent en trois parties égales. Si la sphère a 3 mètres de diamètre, calculer chacun des trois volumes en décimètres cubes.

490. On coupe une sphère par un cylindre dont l'axe passe par son centre ; le rayon du cylindre est la moitié de celui de la sphère et ce dernier a 45 centimètres. Quel est le volume de la partie de la sphère extérieure au cylindre ?

491. Dans le cas précédent, quel est le volume limité au cylindre et à la sphère ?

492. Trouver le rapport des volumes d'un cylindre dont le diamètre est égal à la hauteur et de la sphère inscrite, ainsi que le rapport de leurs surfaces.

493. Trouver le volume limité par une calotte de 35 centimètres de hauteur dans une sphère de 1^m,20 de diamètre et par le plan de base de la calotte.

494. Calculer le volume d'un tas de sable qui a pour base inférieure un rectangle de 2^m,10 sur 1^m,20, pour base supérieure un rectangle de 1^m,20 sur 0^m,30 et une hauteur de 0^m,50.

495. Calculer la surface d'une toiture à 4 pans égaux deux à deux, limitée en bas par un rectangle de 10 mètres sur 8 mètres, en haut par une arête de 4 mètres de longueur, et d'une hauteur de 4 mètres.

496. Un cône a une hauteur de 1^m,442. A quelle distance du sommet faut-il le couper pour que le tronc du cône formé soit les $\frac{2}{3}$ du cône primitif ?

497. Un cercle a un rayon de 1^m,414. Avec quel rayon faut-il tracer une circonférence concentrique qui le partage en deux parties égales ?

498. On veut diviser un cercle de 3 mètres de diamètre en trois parties égales à l'aide de deux circonférences concentriques à ce cercle. Quels seront les rayons de ces deux circonférences ?

499. Calculer le périmètre de l'hexagone inscrit dans un cercle de $3^{m2},25$ de surface.

500. Un prisme droit a base carrée est coupé par un plan qui détermine sur trois arêtes consécutives des longueurs de $3^m,10$, $2^m,85$, $2^m,60$. Quelle est la longueur déterminée sur la quatrième arête ?

501. En admettant que la base du tronc de prisme précédent ait 45 centimètres de côté, quelle est sa surface latérale ? — Quel est son volume ?

502. Quel est le volume d'un tronc de prisme droit dont la base est un triangle équilatéral de $1^m,732$ de côté et dont les arêtes ont pour longueurs $2^m,10$, $3^m,10$ et $3^m,90$?

503. Calculer la surface d'un tore dont le grand diamètre est de $1^m,20$ et le petit de $0^m,60$.

504. Calculer le volume du tore précédent.

505. Une hélice est enroulée sur un cylindre. Calculer le rayon de ce cylindre, sachant que le pas de l'hélice est de 7 centimètres et la longueur d'une spire de 25 centimètres.

CHAPITRE XVIII

ÉLÉMENTS D'ALGÈBRE

§ 1. — NOMBRES POSITIFS ET NÉGATIFS

521. On opère en algèbre sur les nombres que l'on a étudiés en Arithmétique ou nombres arithmétiques ; on les appelle **nombres positifs**. On suppose que tout nombre positif est précédé du signe $+$; mais le plus souvent on n'écrit pas ce signe, qui est alors sous-entendu.

On opère également sur une nouvelle espèce de nombres, appelés **nombres négatifs** : un nombre négatif est un nombre arithmétique précédé du signe $-$. Ce signe pour le moment fait partie du nombre lui-même et ne doit pas être tout d'abord confondu avec le signe de la soustraction.

On introduit en plus le nombre zéro, qui n'est ni positif, ni négatif.

Les nombres positifs, les nombres négatifs et zéro forment les **nombres algébriques**.

522. **Valeur absolue.** — *On appelle valeur absolue d'un nombre algébrique sa valeur numérique, abstraction faite de son signe.* — La valeur absolue d'un nombre algébrique est, par définition, *essentiellement positive.* *La valeur absolue de zéro est zéro.*

Exemple : (-2) est un nombre algébrique dont la valeur absolue est 2.

523. **Nombres opposés.** — *On appelle nombres opposés deux nombres ayant même valeur absolue, mais affectés de signes contraires.*

524. Comparaison des nombres algébriques.
— 1° On a appris en Arithmétique à reconnaître le plus grand de deux nombres positifs donnés.

2° *Tout nombre négatif est, par définition, plus petit que tout nombre positif.*

3° *De deux nombres négatifs, le plus grand est, par convention, celui qui a la plus petite valeur absolue.*

4° *Deux nombres algébriques sont égaux quand ils ont même valeur absolue et sont affectés du même signe.*

5° *Zéro est plus grand que tout nombre négatif, plus petit que tout nombre positif.*

On écrit les inégalités à l'aide des signes $>$ et $<$, les égalités à l'aide du signe $=$.

De ce qui précède, il résulte que, si un nombre est plus grand qu'un deuxième et si celui-ci est plus grand qu'un troisième, le premier nombre est *à fortiori* plus grand que le troisième.

§ 2. — OPÉRATIONS SUR LES NOMBRES POSITIFS ET NÉGATIFS

I. — Addition.

525. Définition. — *Additionner plusieurs nombres algébriques, c'est déterminer un nouveau nombre algébrique, appelé somme des nombres précédents, de la manière suivante :*

On fait la somme des valeurs absolues de tous les nombres positifs à additionner ; puis la somme des valeurs absolues de tous les nombres négatifs. On forme la différence de ces deux sommes en retranchant la plus petite de la plus grande.

Cette différence, affectée du signe + ou du signe —, suivant que la plus grande des deux sommes précédentes provient des nombres positifs ou des nombres négatifs, est la somme cherchée.

Le signe de l'addition est le même qu'en Arithmétique.

Exemple. — Soit à effectuer la somme :
$$(-4)+(-3)+4+(-5)+7.$$
La somme des valeurs absolues des nombres positifs est :
$$7+4=11.$$
La somme des valeurs absolues des nombres négatifs est ·
$$4+3+5=12.$$
La 2e somme est plus grande que la 1re et leur différence est 1; donc la somme cherchée est :
$$(-1).$$
Quand tous les nombres de la somme sont affectés du même signe, on fait la somme de leurs valeurs absolues, et l'on affecte cette somme du signe commun de tous les termes.

Cas particulier. — La somme de deux nombres opposés est nulle. Inversement, quand deux nombres ont une somme nulle, ils sont opposés.

526. Théorème I. — *L'addition des nombres algébriques est* **commutative.**

En effet, dans la définition de la somme de ces nombres, l'ordre dans lequel on les prend n'intervient pas; et, d'autre part, la somme des valeurs absolues des nombres soit positifs, soit négatifs, est indépendante de l'ordre dans lequel on les prend (n° 46, page 22).

527. Théorème II. — *L'addition des nombres algébriques est* **associative.**

1° Cette proposition résulte de la définition de l'addition des nombres algébriques et du théorème II (n° 47, page 23), lorsqu'on groupe ensemble des nombres de même signe.

2° Nous allons la démontrer lorsqu'on groupe ensemble deux nombres de signes contraires.

Soit la somme des nombres algébriques dont les signes sont en évidence :
$$(1) \qquad a+b+c+(-d)+(-e)+(-f).$$
Elle est égale, par définition, à :
$$a+b+c-(d+e+f) \quad \text{si} \quad a+b+c>d+e+f.$$

Formons :

$$(2) \qquad [a + (-d)] + b + c + (-e) + (-f),$$

je dis que cette nouvelle somme est égale à la somme (1).

En effet, soit $a > d$; la somme (2) est, par définition :

$$(a - d + b + c) - (e + f).$$

L'expression précédente est une différence de deux nombres arithmétiques représentés par des parenthèses; et l'on ne change pas la différence en ajoutant un même nombre aux deux nombres à soustraire; donc la différence précédente peut encore s'écrire :

$$(a - d + b + c + d) - (d + e + f) = (a + b + c) - (d + e + f);$$

elle est donc égale à la somme (1).

Si $a < d$, la somme (2) est égale, par définition, à :

$$b + c - [e + f + (d - a)] = [b + c] - [d + e + f - a].$$

Ajoutons a aux deux parenthèses, il vient :

$$[a + b + c] - [d + e + f - a + a] = (a + b + c) - (d + e + f)$$

qui est encore égale à la somme (1).

Nous avons raisonné dans le cas où

$$a + b + c > d + e + f.$$

On raisonnerait d'une manière analogue dans le cas contraire.

3° La propriété est ainsi démontrée pour deux nombres de la somme; elle s'étend immédiatement à un nombre quelconque de termes de la somme.

528. *Le théorème précédent montre que l'on peut remplacer dans une somme de nombres algébriques plusieurs d'entre eux par leur somme effectuée.*

Inversement, pour additionner à un nombre algébrique une somme d'autres, il suffit d'additionner successivement les parties de cette somme.

II. — Soustraction.

529. **Définition.** — *Soustraire d'un nombre algébrique un second nombre, c'est en trouver un troisième tel que la somme du second nombre donné et de ce troisième soit égale au premier.*

Règle. — *Pour soustraire d'un nombre algébrique un autre, on ajoute au premier le nombre opposé au second.*

Je veux soustraire d'un nombre algébrique A un nombre algébrique B ou effectuer l'opération indiquée de la manière suivante :

$$A - B.$$

Le résultat est :

$$A + B',$$

B' étant le nombre opposé de B.

En effet, formons la somme de $A + B'$, et de B, on a :

$$A + B' + B = A + [B' + B] = A$$

en s'appuyant sur les propriétés suivantes : on peut remplacer dans une somme plusieurs nombres par leur somme effectuée ; la somme de deux nombres opposés est nulle.

530. La soustraction des nombres algébriques est donc ramenée à l'addition d'autres nombres algébriques. Par conséquent, d'après le théorème I (n° 526) :

Dans une suite d'additions et de soustractions, on peut intervertir les opérations d'une manière quelconque, en convenant d'étendre aux nombres algébriques la définition des additions et soustractions successives (n° 63).

531. **Retrancher une somme d'un nombre.** — *Pour retrancher une somme d'un nombre, il suffit de retrancher chacune des parties de la somme.*

Soit à effectuer $A - (B + C).$

Je dis que $A - (B + C) = A - B - C.$

En effet, soient B' et C' les nombres opposés de B et C ; on a, par définition :

$$A - B - C = A + B' + C'.$$

Additionnons $A + B' + C'$ et $B + C$. On a bien :

$$A + B' + C' + B + C = A + [B' + B] + [C' + C] = A.$$

Chaque parenthèse est nulle comme somme de deux nombres opposés.

Conséquence I. — *Si l'on a une suite d'additions et soustractions de nombres algébriques, on peut former la différence de la somme des nombres à additionner et de la somme des nombres à soustraire.*

Conséquence II. — *Pour retrancher une somme d'une autre, on peut retrancher successivement des différentes parties de la première les différentes parties de la seconde.*

532. Retrancher une différence d'un nombre.

— *Pour retrancher une différence d'un nombre, on peut ajouter à ce nombre le second nombre de la différence et en retrancher le premier.*

EXEMPLE. — Soit à effectuer $A - (B - C)$.

Je dis que $A - (B - C) = A + C - B$.

En effet, si C' est le nombre opposé de C,

$$B - C = B + C'.$$

Donc :

$$A - (B - C) = A - (B + C') = A - B - C' =$$
$$A - B + C = A + C - B.$$

Conséquence. — *On ne change pas la différence de deux nombres algébriques en ajoutant à chacun, ou en retranchant de chacun un 3e nombre algébrique.*

533. REMARQUE. — On a vu que, dans une suite d'additions et de soustractions de nombres algébriques, on peut intervertir les opérations d'une manière quelconque. Il peut arriver que le premier nombre soit à soustraire; cela signifie qu'on doit le remplacer par le nombre opposé.

En particulier, on peut avoir à former le nombre $- A$ (A étant un nombre algébrique).

Si A' est le nombre opposé de A, on est donc conduit à la convention suivante :

$$- A = A'.$$

Si a est positif, on voit donc que l'on peut écrire :

$$- a = (- a).$$

Le signe —, qui affecte un nombre négatif, équivaut donc, dans l'addition et la soustraction, au signe de la soustraction, et l'on peut maintenant supprimer les parenthèses relatives aux nombres négatifs.

III. — Multiplication.

534. Définition. — *Le produit de plusieurs nombres algébriques est le nombre algébrique obtenu de la manière suivante : Sa valeur absolue est égale au produit des valeurs absolues des facteurs : il est positif ou négatif suivant que le nombre des facteurs négatifs du produit est pair ou impair.*

Par convention le produit est **nul** si l'un des facteurs est nul. — Inversement, si un produit est nul, l'un des facteurs de produit est nul, car si aucun facteur n'était nul, le produit, d'après la définition, ne pourrait être nul.

De cette définition il résulte évidemment que :

La multiplication des nombres algébriques est commutative.

Remarque. — Si l'on remplace un des facteurs par le nombre opposé, le produit est remplacé par son opposé.

535. Il est évident que, si l'on remplace plusieurs facteurs par leur produit effectué, on ne change pas la valeur absolue du produit ; montrons qu'on ne change pas son signe. Un produit est positif ou négatif suivant qu'il contient un nombre pair ou impair de facteurs. Par conséquent, l'opération que l'on a faite revient soit à supprimer un nombre pair de facteurs négatifs, soit à en remplacer un nombre impair par un seul ; on ne change donc pas la parité du nombre total des facteurs négatifs et par conséquent le signe du produit.

Donc : *La multiplication des nombres algébriques est associative.*

536. Produit d'un nombre algébrique par une somme. — Théorème I. — **A**, **B**, **C** *étant des nombres algébriques, on a toujours l'égalité :*

$$A(B + C) = AB + AC,$$

ou : *La multiplication des nombres algébriques est distributive par rapport à l'addition.*

Remarquons d'abord que, si l'on change le signe de A, les deux membres de l'égalité à démontrer changent simultanément de signe ; on peut donc se borner au cas de $A > 0$. Il en est de même si l'on change les signes de B et C simultanément. Donc il suffit de se borner au cas de $(B + C) > 0$.

Celà posé, si B et C sont positifs, le théorème a été démontré en Arithmétique (n° 79). Si B et C sont de signes contraires, on peut supposer que A soit positif et C négatif, et que la valeur absolue de B soit supérieure à celle de C ; on retombe sur un théorème d'Arithmétique (n° 81).

537. Généralisation. — *On a de même dans tous les cas :*

$$A(B + C + D) = AB + AC + AD.$$

En effet, posons $B + C = E$. On a successivement :
$$A(B + C + D) = A(E + D) = AE + AD = A(B + C) + AD$$
$$= AB + AC + AD.$$

D'une manière plus générale, on a l'égalité analogue, quel que soit le nombre des termes de la somme.

538. Produit d'un nombre par une différence. — **Théorème II.** — *A, B, C étant des nombres algébriques, on a toujours l'égalité :*

$$A(B - C) = AB - AC,$$

ou : *La multiplication des nombres algébriques est distributive par rapport à la soustraction.*

En effet, soit C′ le nombre opposé de C ; on a la suite d'égalités :
$$A(B - C) = A(B + C') = AB + AC' = AB - AC.$$

539. Produit d'une somme ou d'une différence par une somme ou une différence. — De ce qui précède résulte que l'on peut appliquer aux nombres algébriques le théorème IV (n° 86) démontré pour les nombres entiers et étendu ensuite aux fractions.

On peut donc écrire, par exemple :

$$(A + B)(C - D) = AC + BC - AD - BD$$

et les égalités analogues, et inversement opérer des mises en facteur.

540. REMARQUE.— *Le signe —, qui précède un nombre négatif, peut, d'après ce qui précède, être considéré dans la multiplication comme un signe de soustraction.* Les conventions faites dans la multiplication des nombres algébriques reviennent à dire que l'on a toujours : $(a - b)(c - d) = ac - ad - bc + bd$, les signes étant mis en évidence et certaines lettres pouvant représenter 0.

IV. — Division.

541. Définition. — *Diviser un nombre algébrique (dividende) par un second (diviseur), ou former le rapport du premier nombre au second, c'est former un troisième nombre algébrique tel que le produit de ce troisième nombre par le diviseur soit égal au dividende.*

Le nombre·cherché est le **quotient** de dividende par diviseur.

On représente le quotient des deux nombres algébriques A et B (A dividende et B diviseur) par : $\dfrac{A}{B}$.

542. Règle. — *Le quotient de deux nombres algébriques a pour valeur absolue le rapport de la valeur absolue de dividende à celle de diviseur, et est positif ou négatif suivant que le dividende et le diviseur sont de mêmes signes ou de signes contraires.*

La règle précédente est une conséquence immédiate de la définition de la multiplication de deux nombres algébriques.

Soit Q le quotient cherché. On doit avoir :

$$A = BQ.$$

Si on remplace ces nombres par leurs valeurs absolues, représentées par des petites lettres, on a :

$$a = bq ;$$

d'où
$$q = \frac{a}{b},$$

ce qui donne la valeur absolue du quotient.

D'autre part, si A et B sont de même nature, Q est positif.

Si A et B sont de natures différentes, Q est négatif.

543. Fraction algébrique. — Le quotient de deux nombres algébriques écrit sous la forme $\dfrac{A}{B}$ est une *fraction algébrique*. Cette fraction jouit de toutes les propriétés des rapports arithmétiques. On démontre immédiatement, comme en arithmétique pour les fractions généralisées, que l'on peut multiplier ou diviser le numérateur et le dénominateur d'une fraction algébrique par un même nombre (non nul) sans changer sa valeur.

Il **en** résulte que l'on peut simplifier une fraction algébrique, réduire plusieurs fractions algébriques **au** même dénominateur, et que les opérations sur les fractions algébriques se font comme sur les fractions ou les rapports étudiés en arithmétique.

En particulier, toutes les propriétés des rapports et des proportions démontrées au chapitre XIII s'appliquent aux rapports et aux proportions dont les termes sont des nombres algébriques.

V. — Puissances et racines.

544. *On appelle puissance m^{me} (m étant entier) d'un nombre algébrique le produit de* **m** *facteurs égaux à ce nombre.* On le désigne, comme en arithmétique, à l'aide d'un exposant :

$$a^m = aa \ldots a.$$

De cette définition il résulte qu'une **puissance paire** d'un nombre algébrique est toujours un **nombre positif** ; qu'une puissance **impaire** d'un nombre algébrique est affectée du même signe que ce nombre.

545. *On appelle racine m^{me} d'un nombre algébrique un autre nombre dont la puissance m^{me} est égale au nombre donné.*

1° Si m est pair, et $A < 0$, il n'existe aucun *nombre algébrique* dont la puissance m^{me} soit égale à A, d'après ce qui précède.

2° Si m est pair, et $A > 0$, ou bien il existe un nombre positif, entier ou fraction, dont la puissance m^{me} est égale à A (voir n°ˢ 320 et 321), ou bien il existe des nombres positifs dont la puissance m^{me} est aussi voisine qu'on le veut de A ; soit a ce nombre exact ou un des nombres approchés. On a par hypothèse :

$$a^m = A.$$

(égalité exacte ou approchée autant qu'on le veut).
Puisque m est pair,

$$a^m = (-a)^m.$$

Donc si a est racine, $-a$ est aussi racine.

Donc il existe deux nombres opposés dont la puissance m^{me} est égale à A, qu'on désigne par

$$\sqrt[m]{A} \quad et \quad -\sqrt[m]{A}.$$

3° Si m est impair, la racine cherchée est de même signe que A. On la calcule en calculant la racine m^{me} de la valeur absolue de A, qu'on affecte du même signe que A. On désigne ce nombre par $\sqrt[m]{A}$.

VI. — Application des nombres algébriques. Segments dirigés. Mouvement uniforme.

546. Les conventions et les règles des opérations sur les nombres négatifs trouvent leurs applications dans un grand nombre de questions où des grandeurs variables peuvent être **comptées dans deux sens différents.**

547. Représentation des nombres algébriques. — Imaginons une droite indéfinie sur laquelle on a marqué un sens de parcours de gauche à droite, par exemple, et un point fixe O, appelé origine. On dit que la droite est une **droite dirigée** ou **un axe** (fig. 45).

Fig. 45. — *Axe et segment.*

Nous supposerons des segments portés par cette droite, et sur chaque segment nous distinguerons une origine et une extrémité : ainsi le segment $\overline{AB}$ sera le segment dont A est l'origine et B l'extrémité.

Nous conviendrons que tout nombre algébrique mesure un segment porté par l'axe précédent : sa valeur absolue est la mesure de la longueur de ce segment, mesure faite à l'aide d'une unité choisie une fois pour toutes ; le segment, supposé dirigé de son origine vers son extrémité, correspondra à un nombre positif s'il est dirigé dans le sens choisi sur l'axe, à un nombre négatif dans le cas contraire.

548. Comparaison des segments. — Supposons que les deux segments aient la même origine O ; ils correspondent au même nombre algébrique s'ils ont même extrémité. S'ils ont des extrémités différentes, celui qui correspond au plus grand nombre algébrique a son extrémité située à droite de l'autre (l'axe étant dirigé de gauche à droite).

Cette convention coïncide avec la convention faite plus haut (n° 524) relativement à la comparaison de deux nombres algébriques, comme on le voit immédiatement.

On en déduit que : *Si un premier segment est plus grand qu'un second et celui-ci plus grand qu'un troisième, à fortiori le premier est plus grand que le troisième.*

549. Somme de plusieurs segments. — Pour faire la somme de plusieurs segments, donnés dans un ordre déterminé, on donne au premier le point O pour origine, on porte ensuite successivement chaque seg-

ment sur l'axe en lui donnant comme origine l'extrémité du précédent.

L'opération que l'on vient de faire sur des segments
correspond exactement à l'addition des nombres algébriques qui les mesurent.

Nous allons le montrer pour deux segments.

La chose est évidente si les deux segments correspondent à deux nombres positifs ou à deux nombres
négatifs.

Supposons que l'un des segments correspond au
nombre positif $+\,a$ et l'autre au nombre négatif $-\,b$.

1° Soit $a > b$.

On porte $OA = a$ vers la droite, puis $AB = b$ vers la
gauche (fig. 46).

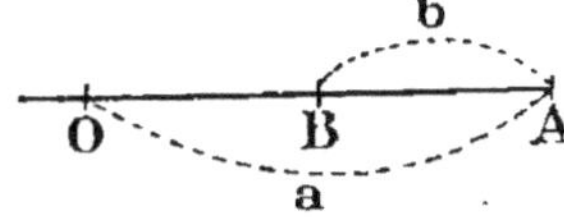

Fig. 46. — Addition de 2 segments (1ᵉʳ cas).

Le segment $\overline{OB}$ correspond au nombre positif $a - b$,
qui est égal à

$$a + (-b).$$

2° Si $a < b$, on fait la même opération (fig. 47);

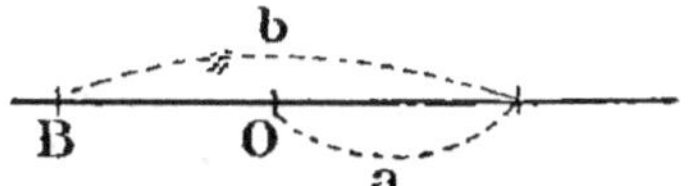

Fig. 47. — Addition de 2 segments (2ᵐᵉ cas).

mais B est à gauche de O, donc $\overline{OB}$ correspond au
nombre négatif; sa longueur est $b - a$, donc il comprend $\left[-(b - a)\right]$ qui est encore égal à :

$$a + (-b).$$

On passerait de là à un nombre quelconque de segments et de nombres algébriques.

Donc les propriétés de l'addition des nombres algébriques s'appliquent immédiatement à l'addition des segments. Il en résulte que :

1° *La somme de plusieurs segments est indépendante de l'ordre dans lequel on les additionne.*

2° *Dans une somme de plusieurs segments, on peut remplacer plusieurs d'entre eux par leur somme.*

On déduit de ce qui précède la conséquence suivante :

Si A,B,C,D sont des points disposés sur un axe *d'une manière quelconque*, on a toujours :

$$\overline{AB} + \overline{BC} + \overline{CD} + \overline{DA} = 0.$$

En effet la somme des segments qui figurent dans le premier membre est un segment dont l'origine coïncide avec l'extrémité et qui est *nul*, par conséquent.

On définirait de même la *différence* de deux segments et l'on interpréterait aussi les propriétés de la soustraction des nombres algébriques d'une manière analogue.

Grâce à la convention qui fait correspondre à un segment d'origine O et d'extrémité quelconque un nombre algébrique qui en est la mesure, on peut à l'aide de ce seul nombre définir l'extrémité du segment, car le nombre algébrique donne à la fois la longueur du segment et son sens.

Il en est de même pour le **temps**. Considérons une origine du temps ou un instant à partir duquel on comptera le temps : tout nombre positif mesurera un temps compté à partir de cet instant et qui le suit ; tout nombre négatif mesurera un temps compté à partir du même instant et qui précède cet instant. Ainsi un nombre algébrique définira un instant précis en donnant le nombre d'heures, minutes et secondes qui séparent cet instant de l'instant initial et en indiquant si l'instant défini précède ou suit l'origine du temps.

550. Mouvement uniforme. — Supposons un mobile qui se déplace sur un axe.

Pour définir sa position M à un instant donné, on se donnera une origine ou point fixe pris une fois pour toutes sur cet axe et la mesure algébrique du segment $\overline{OM}$. Pour définir l'instant qui correspond à cette position, on a choisi une origine du temps et l'on compte le temps à partir de cet instant initial. Soit e la mesure du segment $\overline{OM}$, soit t la mesure du temps correspondant.

1° Supposons que le mouvement ait lieu dans le sens de l'axe dirigé; la variation de e est proportionnelle à la variation de t; si l'on a donc deux valeurs de ces quantités variables, soient e et t, e_0 et t_0, on aura la relation $\qquad e - e_0 = v(t - t_0),$

v étant une quantité constante appelée vitesse. Si t va en croissant, il en est de même de e; donc on a :

$$v > 0.$$

Si l'on représente par une seule lettre a la quantité constante $e_0 - vt_0$, on aura :

$$e = a + vt. \qquad (1)$$

a est le nombre algébrique qui définit la position A du mobile à l'origine du temps, car si dans la formule précédente on fait $t = 0$, on trouve :

$$e = a.$$

Si l'on suppose que le mouvement a eu lieu avant l'instant initial, la formule s'applique encore. Il faut donner à t des valeurs négatives; e est alors plus petit que a et le mobile était à gauche de sa position initiale A.

2° Supposons que le mouvement ait lieu en sens contraire.

e doit décroître quand t croît; mais l'accroissement de e est toujours en valeur absolue proportionnel à celui de t; on aura donc la même formule (1), mais avec v négatif, a correspondant toujours au temps $t = 0$.

Si l'on donne à t des valeurs positives, e est inférieur à a; donc le mobile est à gauche de A. Si l'on donne à t des valeurs négatives, e est supérieur à a, car l'expression vt est alors positive; donc le mobile est à droite de A.

Les conventions faites sur les nombres algébriques et les règles données pour les opérations permettent de définir un mouvement uniforme dans tous les cas possibles par une formule unique. On peut donc dire que la formule (1) est la formule générale d'un tel mouvement.

§ 3. — CALCUL ALGÉBRIQUE

I. — Définitions.

En Algèbre, les lettres représentent des nombres algébriques.

551. Coefficient. — On appelle **coefficient** le premier facteur numérique ou littéral d'un produit de plusieurs facteurs.

EXEMPLE. — Dans $4a^2b$, 4 est un coefficient;
$$ax^3y^3,\ a \text{ est un coefficient.}$$

552. Expression algébrique. — Une expression **algébrique** est un ensemble de lettres réunies par les signes des opérations : addition, soustraction, multiplication, division, élévation aux puissances, extraction de racines.

EXEMPLE. — $\dfrac{7a^2b}{8c^3} + 9a^4b^3 - \dfrac{4a^3\sqrt{ab^2}}{9a^3c^2}$.

553. Expression rationnelle. — Une expression algébrique est **rationnelle** lorsqu'elle ne contient pas de racines à extraire; elle est **irrationnelle** dans le cas contraire.

EXEMPLES. — a^2b^4, $\dfrac{(a+b)(a-b)}{c}$ sont des expressions rationnelles.

$\sqrt[4]{a^3}$, $6ab\sqrt{cd^2}$ sont des expressions irrationnelles.

554. Expression entière, fractionnaire. — Une expression est **entière** lorsqu'elle ne contient aucune lettre en dénominateur :

EXEMPLES. $15a^2 - 8b$; $\dfrac{5ab + 4a^2c}{6}$.

Elle est **fractionnaire** dans le cas contraire.

EXEMPLES. $\dfrac{7a^4b^3}{4c^2}$; $\dfrac{\sqrt{a^3b}}{\sqrt[3]{3a^2c}}$.

555. Valeur numérique d'une expression algébrique. — La *valeur numérique* d'une expression algébrique est le nombre algébrique que l'on obtient en remplaçant les lettres par des nombres donnés et en effectuant les opérations indiquées dans l'expression.

EXEMPLE. — Soit à calculer la valeur numérique de
$$3a - 4a^2b + 3b^2,$$
pour
$$a = -2,$$
$$b = 3.$$

On a à effectuer :
$$3\times(-2) - 4\times(-2)^2\times3 + 3\times(3)^2 = -6 - 48 + 27 = -27.$$

556. Expressions identiques. — Deux expressions contenant les mêmes lettres sont *identiques* quand elles prennent toujours les mêmes valeurs numériques quelles que soient les valeurs numériques données aux lettres qui y figurent.

557. Termes. — Les **termes** sont les différentes parties d'une expression algébrique séparées par les signes $+$ ou $-$.

Les termes sont **positifs** s'ils sont précédés du signe $+$; ils sont **négatifs** s'ils sont précédés du signe $-$.

On n'écrit pas le signe $+$ devant un terme positif seul, ou le premier d'une suite de termes.

558. Monôme. — Un monôme est une expression algébrique formée d'un seul terme.

EXEMPLE. — $108\,\dfrac{a^3b^2}{c^4}$ est un monôme.

559. Polynôme. — Un polynôme est une expression algébrique qui contient plusieurs termes :
$$5a^2 + 3ab - 4b^2.$$
Un **binôme** est un polynôme à deux termes ; un **trinôme** est un polynôme à trois termes.

560. Termes semblables. — On appelle **termes semblables** ceux qui sont composés des mêmes lettres affectées des mêmes exposants.

561. Réduction des termes semblables. — **Réduire** les termes semblables d'une expression algébrique consiste à remplacer tous les termes par un seul qui leur soit équivalent. On s'appuie pour cela sur les propriétés des nombres algébriques démontrés dans le paragraphe précédent.

Le résultat cherché est un terme semblable aux termes considérés et dont le coefficient est la somme algébrique des coefficients supposés affectés chacun du signe du terme correspondant.

EXEMPLE :
$$16a^2bc + 5a^2bc - 25a^2bc = (16 + 5 - 25)a^2bc = -4a^2bc.$$

562. Polynôme entier et rationnel par rapport à une ou plusieurs lettres. — Un polynôme est entier et rationnel par rapport à une lettre quand il ne contient pas cette lettre en dénominateur, ni sous un radical.

Un polynôme est entier et rationnel par rapport à plusieurs lettres, quand il est séparément entier et rationnel par rapport à chacune d'elles.

REMARQUE. — On réserve le plus souvent le nom de polynôme aux polynômes entiers et rationnels par rapport aux diverses lettres qui y figurent. C'est ce qu'on fera dans ce qui suit.

563. Ordonner un polynôme par rapport aux puissances croissantes ou décroissantes d'une lettre.

— Ordonner un polynôme par rapport aux puissances croissantes et décroissantes d'une lettre consiste à écrire tous ses termes, après réduction des termes semblables, dans un ordre tel que les exposants de cette lettre aillent en croissant ou en décroissant.

EXEMPLE. — Soit le polynôme
$$5a^3x^2 - 4a^5 + 2ax^4 + 7a^4x - 6a^2x^3.$$
Si on l'ordonne par rapport aux puissances décroissantes de x, il devient :
$$2ax^4 - 6a^2x^3 + 5a^3x^2 + 7a^4x - 4a^5.$$

II. — Opérations sur les polynômes.

564. Définition.

— *Additionner, soustraire, multiplier ou diviser plusieurs polynômes consiste à trouver un polynôme dont la valeur numérique est égale à la somme, à la différence, au produit ou au quotient des valeurs numériques des polynômes donnés, quels que soient les nombres algébriques que représentent les lettres.*

1° Addition.

565. Règle.

— *Pour additionner plusieurs polynômes, on écrit tous leurs termes à la suite, en conservant leurs signes. — On réduit ensuite les termes semblables s'il y a lieu.*

EXEMPLE. — Soit à additionner les polynômes :
$$4ax^3 - 5a^3x + a^4 \quad \text{et} \quad -2a^2x^2 + 5a^3x + a^4.$$
La somme est :
$$4ax^3 - 5a^3x + a^4 - 2a^2x^2 + 5a^3x + a^4 = 4ax^3 - 2a^2x^2 + 2a^4.$$

Cette règle est une conséquence immédiate des propriétés des nombres algébriques. Il en est de même pour les trois autres opérations fondamentales.

2° Soustraction.

566. Règle. — *Pour soustraire un polynôme d'un autre, on ajoute tous les termes de ce dernier changés de signe ; on réduit ensuite les termes semblables s'y a lieu.*

EXEMPLE. — Soit à effectuer la soustraction
$$(2a^2x^3 - 7a^3x^2 + a^5) - (-3a^2x^3 + 4a^4x + a^5).$$

Le résultat est :
$$2a^2x^3 - 7a^3x^2 + a^5 + 3a^2x^3 - 4a^4x - a^5 = 5a^2x^3 - 7a^3x^2 - 4a^4x.$$

3° Multiplication.

567. Multiplication des monômes. — **Règle.** — *Le produit de plusieurs monômes est un monôme dans lequel le coefficient est le produit des coefficients, et l'exposant de chaque lettre la somme des exposants qu'elle a dans chacun des monômes (en supposant, quand elle ne figure pas dans l'un des monômes, qu'elle y est affectée de l'exposant 0), et qui est affecté du signe + ou du signe — suivant que le nombre des monômes précédés du signe — est pair ou impair.*

I. Soit à calculer le produit
$$5a^3b^2c \times 4ab^3 \times 2bc^3.$$

On peut l'écrire, puisque la multiplication des nombres algébriques est commutative et associative :
$$5 \times 4 \times 2 \times a^3 \times a \times b^2 \times b^3 \times b \times c \times c^3$$
$$= (5 \times 4 \times 2)(a^3a)(b^2b^3b)(cc^3) = 40a^4b^6c^4.$$

II. Soit à calculer le produit
$$7a^3b \times (-5ab^2c).$$

Ce produit est :
$$-7a^3b \times 5ab^2c = -35a^4b^3c.$$

568. Multiplication des polynômes. — **Règle.** — *Pour multiplier deux polynômes, on multiplie succes-*

sivement tous les termes de l'un d'eux par chaque terme de l'autre et l'on donne à chaque produit partiel le signe + si les facteurs sont de même signe et le signe — s'ils sont de signes contraires. On réduit ensuite les termes semblables s'il y a lieu.

EXEMPLE. — 1°

$$(a^2 + ab + b^2)(a - b) = a^3 + a^2b + ab^2 - a^2b - ab^2 - b^3$$
$$= a^3 - b^3.$$

2°

$$(a^2 - 2ab + b^2)(a^2 + 2ab + b^2) = a^4 + 2a^3b + a^2b^2 - 2a^3b$$
$$- 4a^2b^2 - 2ab^3 + a^2b^2 + 2ab^3 + b^4 = a^4 - 2a^2b^2 + b^4.$$

569. Multiplication de plusieurs polynômes.

— Pour multiplier plusieurs polynômes, on multiplie le premier par le second, le produit ainsi obtenu par le troisième polynôme, et ainsi de suite jusqu'au dernier polynôme donné ; le dernier produit obtenu est le produit cherché.

Le produit ainsi obtenu est indépendant de l'ordre dans lequel on multiplie successivement les polynômes facteurs.

EXEMPLE. — Soit à effectuer le produit
$$(a + b)(a - b)(a^2 + b^2).$$

On a :
$$(a + b)(a - b) = a^2 + b^2,$$
$$(a^2 + b^2)(a^2 - b^2) = a^4 - b^4.$$

Donc le produit cherché est :
$$a^4 - b^4.$$

570. REMARQUE.

— Si les deux polynômes sont ordonnés tous les deux suivant les puissances croissantes ou décroissantes d'une lettre, on peut disposer l'opération comme ci-dessous pour trouver le produit ordonné suivant les puissances croissantes ou décroissantes de cette lettre.

EXEMPLE. — Soit à effectuer le produit
$$(a^3 - 2a^2b + 3ab^2 - b^3)(2a^2 + 3ab - b^2).$$

Disposition pratique :

$$a^3 - 2a^2b + 3ab^2 - b^3 \quad \text{multiplicande}$$

Produit du multiplic. $2a^2 + 3ab \quad - b^2 \quad \text{multiplicateur}$

par le 1er terme de mult. $2a^5 - 4a^4b + 6a^3b^2 - 2a^2b^3$

   —   2e   — $3a^4b - 6a^3b^2 + 9a^2b^3 - 3ab^4$

   —   3e   — $- a^3b^2 + 2a^2b^2 - 3ab^4 + b^5$

Somme des produits $2a^5 - a^4b - a^3b^2 + 9a^2b^3 - 6ab^4 + b^5$
partiels

En fait, on n'emploie guère ce procédé et l'on effectue et l'on ordonne à la fois le produit.

4° Division des monômes.

571. Règle. — *Pour diviser un monôme, appelé dividende, par un monôme appelé diviseur, on divise le coefficient du premier par le coefficient du second, on diminue l'exposant de chaque lettre du dividende de l'exposant de cette même lettre dans le diviseur ; on fait précéder le résultat obtenu du signe + ou du signe — suivant que les monômes sont affectés du même signe ou non.*

EXEMPLE. — Soit à diviser $24a^4b^2c$ par $-9a^2b^2$.

Le quotient est : $-\dfrac{8}{3}\, a^2c.$

On écrit donc : $\dfrac{24a^4b^2c}{-9a^2b^2} = -\dfrac{8}{3}\, a^2c.$

572. REMARQUE. — On a supposé que toutes les lettres qui figurent dans le diviseur figurent dans le dividende avec des exposants au moins égaux. S'il n'en est pas ainsi, le quotient se présente sous la forme d'une fraction algébrique, obtenue de la manière suivante : On laisse écrit au numérateur de la fraction les lettres qui figurent dans le dividende avec des exposants au moins égaux à ceux du diviseur et on les affecte de la différence des exposants ; on écrit au dénominateur les lettres qui figurent dans le diviseur avec des exposants au moins égaux à ceux du dividende, et on les affecte d'exposants égaux à la différence des exposants ; on multiplie l'expression ainsi obtenue par le rapport des coefficients et on applique la même règle des signes que plus haut.

EXEMPLE. — Soit à diviser $25a^3b^2c$ par $5ab^3c^2$.

On a :
$$\frac{25a^3b^2c}{5ab^3c^2} = \frac{5a^2}{bc}.$$

III. — Fractions algébriques rationnelles.

573. Définition. — *Une fraction algébrique rationnelle est le quotient de deux polynômes.*

On l'écrit sous la forme d'une fraction ayant pour numérateur le polynôme dividende et pour dénominateur le polynôme diviseur. Dans certains cas, l'un de ces polynômes ou tous les deux peuvent se réduire à un monôme.

EXEMPLE. — $\dfrac{7a^3bc}{9ab^2}$, $\dfrac{a^4 - 3a^2b^2 + b^4}{a^3 - b^3}$,

sont des fractions algébriques.

574. Simplification. — Simplifier une fraction algébrique consiste à la remplacer par une autre qui prenne les mêmes valeurs que la première, quelles que soient les valeurs algébriques données aux lettres qui y figurent, et contienne une ou plusieurs lettres affectées d'exposants plus petits que dans la première.

Pour simplifier une expression algébrique, on supprime les facteurs communs au numérateur et au dénominateur.

EXEMPLES. — $\dfrac{7ab^3c}{9ab^2}$ simplifiée devient : $7bc$.

$\dfrac{a^2 - 2ab + b^2}{a^2 - b^2}$ peut s'écrire :

$$\frac{(a - b)^2}{(a - b)(a + b)},$$

ou, en simplifiant : $\dfrac{a - b}{a + b}$.

575. Remarque. — L'expression donnée et l'expression simplifiée, comme on vient de le dire, *sont identiques*, c'est-à-dire prennent les mêmes valeurs numériques quelles que soient les valeurs algébriques données aux lettres (voir n° 556), sauf pour des valeurs des lettres telles que l'un des facteurs supprimé au numérateur et au dénominateur soit nul. Dans ce cas l'expression donnée se présente sous la forme $\dfrac{0}{0}$, et n'a aucun sens. Au contraire, l'expression simplifiée est *déterminée*.

Exemple. — Soit la fraction $\dfrac{a^2 - b^2}{(a - b)(a^2 + b^2)}$.

En la simplifiant, on trouve :

$$\frac{a + b}{a^2 + b^2}.$$

Si $b = a$, la fraction donnée n'a aucun sens; la fraction simplifiée devient, au contraire :

$$\frac{2a}{2a^2} = \frac{1}{a}.$$

En dehors de ce cas, les deux fractions ont toujours la même valeur numérique, quels que soient les nombres algébriques représentés par a et b.

576. Cas particulier. Symbole $\pm \infty$. — Il peut arriver que, pour certaines valeurs des lettres, le dénominateur s'annule sans qu'il en soit de même du numérateur. Dans ce cas, la fraction se présente sous la forme d'un nombre algébrique divisé par 0; *elle n'a pas de sens*. On convient de dire qu'elle est le symbole de *l'infini* et de la représenter par le signe ∞.

Voici ce qu'il faut entendre par là :

Supposons que l'on considère une fraction dont le numérateur soit un nombre fixe, positif par exemple, et dont le dénominateur, variable et positif par exemple, soit rendu de plus en plus petit. On sait alors que la fraction augmente; si le dénominateur est rendu assez petit, la fraction peut être rendue aussi grande qu'on le veut. En d'autres termes, si le dénominateur se rapproche indéfiniment de zéro, la fraction augmente indéfiniment et dépasse tout nombre positif donné. C'est ce que l'on entend quand on dit que : *la fraction devient infinie ou se présente sous la forme $+\infty$ lorsque son dénominateur tend vers 0.*

Quand le numérateur et le dénominateur ont des signes quelconques (le dénominateur tendant vers 0 et le numérateur ne tendant pas vers 0), la valeur absolue de la fraction augmente indéfiniment. On met le signe $+$ ou le signe $-$ devant le symbole ∞ pour indiquer le signe de la fraction pour des valeurs du dénominateur voisines de 0.

577. Réduction au même dénominateur. — *On dit qu'un polynôme entier, contenant une ou plusieurs lettres, est divisible par un second, quand il est identique au produit de ce second par un troisième. Ce troisième polynôme est le quotient du premier par le second.*

Pour réduire plusieurs fractions algébriques au même dénominateur, on cherche un polynôme qui soit divisible par chacun des dénominateurs séparément ; c'est le dénominateur commun cherché. Puis on multiplie les deux termes de chaque fraction par le quotient de ce dénominateur commun par son dénominateur.

On peut choisir comme dénominateur commun le produit des dénominateurs ; mais il arrive souvent que l'on peut trouver un polynôme plus simple qui peut servir de dénominateur commun.

EXEMPLE I. — Soit à réduire au même dénominateur :

$$\frac{a}{a+b} \quad \text{et} \quad \frac{b}{a-b}.$$

Le dénominateur commun est a^2-b^2, et l'on trouve :

$$\frac{a(a-b)}{a^2-b^2} \quad \text{et} \quad \frac{b(a+b)}{a^2-b^2},$$

ou

$$\frac{a^2-ab}{a^2-b^2} \quad \text{et} \quad \frac{ab+b^2}{a^2-b^2}.$$

EXEMPLE II. — Soit à réduire au même dénominateur :

$$\frac{a}{a+b}, \quad \frac{b}{a-b}, \quad \frac{ab}{a^2-b^2}.$$

Le dénominateur commun sera $a^2 - b^2$, et les fractions réduites seront :

$$\frac{a^2 - ab}{a^2 - b^2}, \quad \frac{ab + b^2}{a^2 - b^2}, \quad \frac{ab}{a^2 - b^2}.$$

Opérations.

578. Les opérations sur les fractions algébriques se définissent comme les opérations sur les polynômes (voir n° 564). Les règles qui suivent sont des conséquences immédiates des propriétés des fractions algébriques et des rapports (543).

579. 1° Addition et soustraction. — *Pour additionner ou soustraire des fractions algébriques, on les réduit au même dénominateur, puis on forme une fraction algébrique ayant pour numérateur la somme ou la différence des numérateurs et pour dénominateur ce dénominateur commun; on simplifie ensuite s'il y a lieu.*

Exemples :

$$1° \quad \frac{a}{a+b} + \frac{b}{a-b} = \frac{a(a-b)}{a^2-b^2} + \frac{b(a+b)}{a^2-b^2}$$
$$= \frac{a^2 - ab + ab + b^2}{a^2 - b^2} = \frac{a^2 + b^2}{a^2 - b^2};$$

$$2° \quad \frac{a}{a-b} - \frac{b}{a+b} = \frac{a(a+b)}{a^2-b^2} - \frac{b(a-b)}{a^2-b^2}$$
$$= \frac{a^2 + ab - ab + b^2}{a^2 - b^2} = \frac{a^2 + b^2}{a^2 - b^2};$$

$$3° \quad \frac{a}{a+b} - \frac{b}{a-b} + \frac{2b^2}{a^2-b^2} = \frac{a(a-b)}{a^2-b^2} - \frac{b(a+b)}{a^2-b^2} + \frac{2b^2}{a^2-b^2}$$
$$= \frac{a^2 - ab - ab - b^2 + 2b^2}{a^2 - b^2} = \frac{a^2 - 2ab + b^2}{(a^2 - b^2)}$$
$$= \frac{(a-b)^2}{(a+b)(a-b)} = \frac{a-b}{a+b}.$$

580. 2° Multiplication. — *Pour multiplier plusieurs fractions algébriques entre elles, on forme une fraction dont le numérateur et le dénominateur sont respectivement le produit des numérateurs et des dénominateurs des fractions données; on simplifie ensuite s'il y a lieu.*

EXEMPLE. — Soit à multiplier les fractions

$$\frac{3ax^2}{4b^2y}, \qquad \frac{20b^2y^2}{6x^2} \qquad et \qquad \frac{3b}{2a^2x}.$$

On trouve :
$$\frac{3\times3\times20ab^3x^2y^2}{4\times6\times2a^2b^2x^3y} = \frac{15by}{4ax}.$$

581. 3° Division. — *Pour diviser une fraction algébrique par une autre, on multiplie la première par l'inverse de la seconde.*

EXEMPLE I. — Soit à diviser

$$\frac{14a^3x^2}{9by} \qquad par \qquad \frac{35ax^3}{6y^2}.$$

L'opération à effectuer s'indique de deux manières différentes, soit :
$$\frac{14a^3x^2}{9by} : \frac{35ax^3}{6y^2};$$

soit sous la forme d'une fraction :

$$\frac{\dfrac{14a^3x^2}{9by}}{\dfrac{35ax^3}{6y^2}}.$$

Le résultat est :

$$\frac{14a^3x^2}{9by} \times \frac{6y^2}{35ax^3} = \frac{6\times14a^3x^2y^2}{9\times35abx^3y} = \frac{4a^2y}{15bx}.$$

EXEMPLE II. — Soit à calculer :

$$\frac{\dfrac{2a}{(a-x)^2}}{1 + \left(\dfrac{a+x}{a-x}\right)^2}.$$

Simplifions le dénominateur :

$$1 + \left(\frac{a+x}{a-x}\right)^2 = \frac{(a-x)^2 + (a+x)^2}{(a-x)^2}$$

$$= \frac{a^2-2ax+x^2+a^2+2ax+x^2}{(a-x)^2} = \frac{2(a^2+x^2)}{(a-x)^2}.$$

L'expression devient :

$$\frac{\dfrac{2a}{(a-x)^2}}{\dfrac{2(a^2+x^2)}{(a-x)^2}} = \frac{2a}{(a-x)^2} \times \frac{(a-x)^2}{2(a^2+x^2)} = \frac{a}{a^2+x^2}.$$

REMARQUE GÉNÉRALE. — Dans tout ce qui précède (opérations sur les polynômes et les fractions rationnelles), nous avons formé des expressions algébriques *identiques* à d'autres (sauf dans le cas des fractions, pour certaines valeurs exceptionnelles des lettres). Nous ne nous sommes pas occupés de savoir si l'on ne pourrait pas en trouver d'autres en opérant autrement. Cette question sort entièrement de l'étude élémentaire de l'algèbre.

____

Exercices de calcul algébrique.

Effectuer les calculs indiqués :

506. $[(+1)+(-3)] \times (-2)$.

507. $[(-3)+(-7)+(+2)] \times \left(+\frac{1}{3}\right)$.

508. $\left[(-2)+\left(-\frac{1}{7}\right)\right] \times (-3)$.

509. $(-4) \times \left[\left(-\frac{2}{3}\right)+\left(-\frac{5}{6}\right)\right]$.

510. $\left[(-2)+\left(-\frac{1}{7}\right)\right] \times (+3)-(-5)\left[\frac{2}{7}+(-1)\right]$.

511. $\left[(-2)+\left(-\frac{1}{7}\right)\right] \times (-3)-(-5)\left(\frac{2}{7}\right)+(-1)$.

Calculer les valeurs numériques de x *dans les formules suivantes :*

512. $$x=a-v_0 t+\frac{1}{2}gt^2$$

pour $\quad a=12,54, \quad v_0=218, \quad g=9,81, \quad t=3,15$.

513. $$x=\frac{3,5t^2+4t-7}{-0,8t^2+9t} \quad \text{pour} \quad t=-\frac{1}{5}.$$

Réduire les termes semblables dans les expressions suivantes :

514. $-2a^3+x^2+\frac{7}{2}a^3-3x^2+\frac{5}{8}-a^3-15$.

515. $x^2y-x^3+\frac{2}{7}yx^2-\frac{5}{3}y^3+xy^2-7y^2x$.

516. $a^3x-\frac{2}{5}b^4+2a^2x^2-\frac{4}{3}a^3x-\frac{3}{10}b^4-\frac{a^2x^2}{8}+15-a^2$.

517. $2x^3+px+3q-4x^3-4px-5q+7q+8px+12x^3$.

Simplifier en réduisant les termes semblables et ordonner suivant les puissances décroissantes de x :

518. $\frac{2}{3}x-5+2x$.

518 *bis.* $\dfrac{3}{5} - \dfrac{4}{3} x + 2x^2 - x - 3x^2$.

519. $\dfrac{x^2}{5} - \dfrac{x}{10} + \dfrac{2x^2}{15} - \dfrac{3x}{5} + 14 - x$.

520. $-5x^3 + 8 - 3x^2 + x^3 - \dfrac{4}{3} + 2x - 7x$.

521. $x^4 - 3x^5 + 2x^3 - 3x^4 - 5x + 8x^3 - 15 + 9 - x^2$.

Additionner, simplifier et ordonner en x :

522. $3x^6 - 4x^5 + 3x^4 + 2x - 1$ et $-2x^6 + 4x^5 + x^3 - 2x + 2$.

523. $\qquad x^4 - 3x^2 + 6x + 1, \qquad -2x^4 + 7x - 2,$
et $\qquad\qquad x^4 + 2x^2 - 13x + 1$.

Soustraire, simplifier et ordonner en x :

524. $-2x^4 + 3x^2 - 5x + 4$ et $2x^4 + 4x^3 - 3x^2 + 5x + 6$.

525. $x^2 + 2xy - y^3 + 4x + 3$ et $2x^2 + 2xy - y^2 + 3x - y + 3$.

Effectuer les produits :

526. $(x - a)(x^2 + ax + a^2)$.

527. $(x + a)(x^2 - ax + a^2)$.

528. $(x - a)(x^4 + ax^3 + a^2x^2 + a^3x + a^4)$.

529. $(x + a)(x^4 - ax^3 + a^2x^2 - a^3x + a^4)$.

530. $(x^2 - 2ax + a^2)(x^2 + 2ax + a^2)$. Expliquer le résultat obtenu.

531. $(x^2 - \sqrt{2}\,ax + a^2)(x^2 + \sqrt{2}\,ax + a^2)$.

532. Mettre $(1 + a^2)$ en facteur dans $(1 - ab)^2 + (a + b)^2$.

533. Calculer le produit :
$$(a + b + c)(a^2 + b^2 + c^2 - ab - bc - ca).$$

534. Calculer : $(x + a)^4$ et $(x - a)^4$.

535. — $(x + a)^3 - (x - a)^3$.

536. — $(x + a)^4 - (x - a)^4$. Peut-on calculer de plusieurs manières cette expression ?

Effectuer les divisons suivantes de monômes :

537. $\dfrac{28a^4b^4c^2}{14a^2b^4c}$.

538. $\dfrac{144a^3b^5cx}{96a^4b^2cx^2}$.

Faire disparaître le radical et simplifier :

539. $\pm\sqrt{x^2 - 4ax + 4a^2}$.

540. $\pm\sqrt{x^2 + 2ax + a^2} \pm \sqrt{x^2 - 2ax + a^2}$. (On prendra les différentes combinaisons de signes possibles.)

Simplifier :

541. $\dfrac{12x}{4}$.

542. $\dfrac{a^2 - b^3}{3(a + b)}$.

543. $\dfrac{14x}{28x}$.

544. $\dfrac{3x^2 + 6}{3 + 6x^2}$.

545. $\dfrac{13ax^2}{a^2}$.

546. $\dfrac{a + b}{a^2 + 2ab + b^2}$.

547. $\dfrac{-12ab^2x^3}{-6a^3b^2x}$.

548. $\dfrac{x^3 - a^3}{x - a}$.

549. $\dfrac{3(a + b)^3}{a^2 + 2ab + b^2}$.

550. $\dfrac{-15a - 3b}{20a + 4b}$.

551. $\dfrac{(x - a)^3}{x^3 - a^3}$.

552. $\dfrac{1 + a + a^2}{a^3 - 1}$.

553. $\dfrac{14abc^2x^3}{-196a^5b^3cd^2x}$.

554. $\dfrac{x + 2a}{3x^2 + 12ax + 12a^2}$.

555. $\dfrac{(-3)^4(a^2 - b^2)}{9(a + b)^2x}$.

556. $\dfrac{(x^2 + 2xy + y^2)^2}{(x + y)^2}$.

557. $\dfrac{a^2 - b^2}{ab} + \dfrac{a}{a - b}$.

558. $\dfrac{17(x^2 - 1)}{-289(x + 1)}$.

559. $\dfrac{a^3 + b^3 - (a + b)}{a^2 + 2ab + b^2}$.

560. $\dfrac{\dfrac{1}{x} + y}{1 + xy}$.

561. $\dfrac{\dfrac{a}{b} + \dfrac{b}{a}}{1 + \dfrac{a^2}{b^2}}$.

Simplifier :

562. $\dfrac{1 - x^2 + 2x^2}{(1 - x^2)^2\left[1 + \dfrac{4x^2}{(1 - x^2)^2}\right]}$.

563. $\dfrac{\sqrt{1 - x^2} - \dfrac{x^2}{\sqrt{1 - x^2}}}{\sqrt{1 - 4x^2(1 - x^2)}}$.

Effectuer les additions et soustractions suivantes :

564. $\dfrac{a - b}{ab} + \dfrac{b - c}{bc} + \dfrac{c - a}{ca}$.

565. $\dfrac{1}{a - b} + \dfrac{1}{a + b} + \dfrac{1}{a^2 - b^2}$.

566. $\dfrac{a - b}{(a - b^2)} + \dfrac{a + b}{a^2 - b^2} - \dfrac{2}{b - b}$.

567. $1 - \dfrac{3b}{x} + \dfrac{3b^2}{x^2} - \dfrac{b^3}{x^3}$.

568. $\dfrac{a}{(a - b)(a - c)} + \dfrac{b}{(b - a)(b - c)} + \dfrac{c}{(c - a)(c - b)}$.

569. $\dfrac{1}{(a - b)(a - c)} + \dfrac{1}{(b - a)(b - c)} + \dfrac{1}{(c - a)(c - b)}$.

Multiplier, et simplifier s'il y a lieu :

570. $\dfrac{a^2 - b^2}{(c - d)} \times \dfrac{c^2 - d^2}{a - b} \times \dfrac{1}{(a + b)(c + d)}$.

571. $\dfrac{2a}{2b-c} \times \left(\dfrac{b+c}{3} - \dfrac{c}{2} \right).$

572. $\dfrac{6ab}{d-3c} \times \left(\dfrac{c+d}{4} - \dfrac{d}{3} \right).$

573. $\dfrac{(x+y)^2 - (x-y)^2}{4xy} \times \dfrac{x+y}{x-y}.$

574. $\dfrac{(x-a)(x^2-a^2)}{4(x+a)} \times \dfrac{16(x-a)^2}{(x+a)^3}.$

575. $\dfrac{a^3+b^3}{a^2-b^2} \times \dfrac{a-b}{a^2-ab+b^2}.$

576. $\dfrac{a^2+b^2}{a^2-b^2} \times \dfrac{a^4-b^4}{(a^2+b^2)^4}.$

Effectuer les opérations suivantes et simplifier.

577. $\dfrac{c+d}{4(a^2-b^2)} \times \dfrac{a+b}{2(c^2-d^2)}.$

578. $\dfrac{a+b}{c+d} : \dfrac{(a+b)^2}{(c+d)^2}.$

579. $\dfrac{9x^2}{a^2-b^2} : \dfrac{3}{a-b}.$

580. $\dfrac{2x^2+3a^2}{a^2-b^2} \times \dfrac{a^2+b}{2x^2+3a^2}.$

581. $\dfrac{a^2}{a^2-b^2} : \dfrac{a^4}{a^4-b^4}.$

582. $\dfrac{x^3-a^3}{x+a} : \dfrac{x-a}{(x+a)^2}.$

583. $\dfrac{1-ax+a(a+x)}{(1-ax)^2} : 1 + \left(\dfrac{a+x}{1-ax} \right)^2.$

Vérifier :

584. $\dfrac{a^2}{(a-b)(a-c)} + \dfrac{b^2}{(b-a)(b-c)} + \dfrac{c^2}{(c-a)(c-b)} = 1.$

585.
$$\dfrac{a+b}{ab}(a^2+b^2-1) + \dfrac{b+1}{b}(b^2+1-a^2) + \dfrac{1+a}{a}(1+a^2-b^2) = 2(a+b+1).$$

586. $(aa'+bb')^2 + (ab'-ba')^2 = (a^2+b^2)(a'^2+b'^2).$

Établir la formule :

587. $\quad (a^2+b^2+c^2)(a'^2+b'^2+c'^2) - (aa'+bb'+cc')^2$
$$= (ab'-ba')^2 + (bc'-cb')^2 + (ca'-ac')^2.$$

Vérifier :

588. $\dfrac{a^3}{(a-b)(a-c)} + \dfrac{b^3}{(b-a)(b-c)} + \dfrac{c^3}{(c-a)(c-b)} = a+b+c.$

CHAPITRE XIX

ÉQUATIONS ALGÉBRIQUES

---

§ 1. — DÉFINITIONS ET PROPRIÉTÉS

582. *On appelle équation une égalité qui contient des quantités connues et d'autres inconnues, et qui n'est vraie que si les quantités inconnues ont des valeurs particulières.*

Résoudre une équation consiste à déterminer ces valeurs des inconnues.

Quand les quantités connues qui figurent dans l'équation comprennent des lettres au lieu de nombres, les valeurs que l'on trouve pour les inconnues sont telles qu'en substituant ces valeurs dans l'équation, les deux membres de cette dernière deviennent des *identités* par rapport à ces lettres.

On désigne ordinairement les inconnues par les lettres x, y, z, t... et les nombres connus par les lettres a, b, c, d...

583. Degré. — *Le degré d'une équation à une inconnue, dont chaque membre est un polynôme entier par rapport à cette inconnue, est le plus haut exposant sous lequel figure cette inconnue.*

EXEMPLE. — L'équation $\quad ax + b = 0\quad$ est du 1er degré.
— $\quad ax^2 + bx + c = 0\quad$ est du 2e degré.
— $\quad x^3 + px + q = 0\quad$ est du 3e degré.

Le degré d'une équation à plusieurs inconnues, dont chaque membre est un polynôme entier par rapport à ces inconnues, est la somme des exposants des inconnues dans le terme où cette somme est la plus grande.

EXEMPLE.

L'équation $ax^2y + bxy + cx^2 + dy = 0$ est du 3ᵉ degré en x et y.

   — $3x^3y^2 - 7xy^3 + 8y - 9 = 0$ —   5ᵉ —   —

Dans ce qui suit on ne s'occupera que des équations dont les deux membres sont des polynômes entiers par rapport aux inconnues.

584. Équations ou systèmes équivalents. — Deux équations ou deux systèmes d'équations sont équivalents quand toute solution de l'un des systèmes est solution de l'autre, et inversement.

Pour montrer que deux systèmes sont équivalents, il faut donc montrer que : 1° toute solution du premier système est solution du deuxième; 2° que toute solution du deuxième est solution du premier.

585. Théorème I. — *Lorsqu'on ajoute aux deux membres d'une équation une même expression qui ne devient ni indéterminée, ni infinie, on obtient une nouvelle équation équivalente à la première.*

Soit l'équation (1) $f(x) = g(x)$,

$f(x)$ et $g(x)$ étant des expressions algébriques contenant l'inconnue x.

Ajoutons une même expression, contenant ou non l'inconnue, aux deux membres de l'équation : soit $h(x)$ cette expression. Je dis que l'équation

(2) $f(x) + h(x) = g(x) + h(x)$

est équivalente à l'équation (1), pourvu qu'aucune solution de (1) ne rende $h(x)$ indéterminé ou infini.

En effet, soit x_0 une solution de l'équation (1); par hypothèse,

$$f(x_0) = g(x_0),$$

et comme d'autre part $h(x_0)$ n'est ni nul ni infini, on a :

$$f(x_0) + h(x_0) = g(x_0) + h(x_0).$$

Donc toute solution de (1) est solution de (2), avec la restriction indiquée.

Inversement, soit x_0 une solution de (2); puisque

$$f(x_0) + h(x_0) = g(x_0) + h(x_0)$$

et que $h(x_0)$ n'est ni indéterminé ni infini, on a :
$$f(x_0) = g(x_0).$$
Donc toute solution de (2) est solution de (1), avec la restriction indiquée.

586. Théorème II. — *Lorsqu'on multiplie ou lorsqu'on divise par une même quantité qui ne devient ni nulle, ni infinie, ni indéterminée, les deux membres d'une équation, on obtient une équation équivalente.*

Soit l'équation (1) : $f(x) = g(x)$.

En multipliant les deux membres par $h(x)$ contenant ou non l'inconnue, on obtient l'équation :
$$(2) \quad f(x)h(x) = g(x)h(x).$$

Soit x_0 une solution de l'équation (1); on a, par hypothèse :
$$f(x_0) = g(x_0).$$

Comme d'autre part $h(x_0)$ n'est ni infini, ni indéterminé, on a aussi :
$$f(x_0)h(x_0) = g(x_0)h(x_0).$$

Inversement, soit x_0 une solution de l'équation (2); on a :
$$f(x_0)h(x_0) = g(x_0)h(x_0).$$

Comme d'autre part $h(x_0)$ n'est ni nul, ni indéterminé, on peut diviser les deux membres de cette égalité par le nombre $h(x_0)$, et l'on obtient :
$$f(x_0) = g(x_0).$$
Donc toute solution de (2) est une solution de (1).

Remarque. — Dans les démonstrations précédentes, nous avons raisonné sur des équations à une seule inconnue; les raisonnements se feraient de la même manière s'il y avait plusieurs inconnues.

587. Théorème III. — *Le système d'équations*
$$A = 0, \quad B = 0$$
est équivalent à l'un des systèmes :

$$A \pm B = 0, \qquad B = 0,$$
$$ou \quad A \pm B = 0, \qquad A = 0,$$
$$ou \quad A + B = 0, \quad A - B = 0.$$

En effet, si l'on a $A = 0$ et $B = 0$ pour un système de valeurs des inconnues, on aura également $A + B = 0$ et $A - B = 0$.

Si l'on a $A = 0$ ou $B = 0$ et $A \pm B = 0$, on en déduit que $B = 0$ ou $A = 0$.

De même, si $A + B = 0$ et $A - B = 0$, la somme des premiers membres de ces deux équations est nulle, et on obtient : $2A = 0$; de même, la différence est nulle, et l'on obtient : $2B = 0$.

588. Conséquences. — 1° *Pour résoudre une équation, on peut faire passer un terme d'un membre dans un autre, à la condition de changer son signe.*

EXEMPLE. — Soit l'équation

$$2x - 3 = 4 - x.$$

Ajoutons 3 aux deux membres de l'équation. On a l'équation équivalente :

$$2x - 3 + 3 = 4 - x + 3,$$

ou, après réduction du premier membre :

$$2x = 4 - x + 3,$$

ce qui revient au même que de changer le terme -3 de membre en changeant son signe.

On opérerait de même sur un terme contenant x.

589. 2° *Pour résoudre une équation, on peut réduire les deux membres de cette équation au même dénominateur et égaler les numérateurs, c'est ce qu'on appelle chasser les dénominateurs; la nouvelle équation obtenue est équivalente à la première, à la condition qu'aucune solution de cette nouvelle équation n'annule l'un quelconque des dénominateurs.*

EXEMPLE. — Soit l'équation

$$(1) \qquad \frac{x + b}{x - a} - \frac{x - b}{x + a} = \frac{2(b - a)}{x}.$$

Multiplions par le produit des dénominateurs $(x^2 - a^2)x$ et égalons les nouveaux numérateurs :

$$(x + b)(x + a)x - (x - b)(x - a)x = 2(b - a)(x^2 - a^2),$$

ou

$$x^3 + (a + b)x^2 + abx - x^3 + (a + b)x^2 - abx$$
$$= 2(b - a)x^2 - 2a^2(b - a),$$

ou (2) $\qquad 4ax^2 + 2a^2(b - a) = 0.$

Pour qu'une solution de cette équation convienne à l'équation (1), il faut qu'elle soit différente de 0, de a et de $-a$, valeurs de x qui annulent les dénominateurs qui figurent dans l'équation (1).

§ 2. — ÉQUATIONS DU PREMIER DEGRÉ

I. — Résolution de l'équation du premier degré à une inconnue.

590. Règle. — *Pour résoudre l'équation générale au premier degré à une inconnue, on chasse les dénominateurs, s'il y en a ; on fait passer dans un membre tous les termes connus, dans l'autre tous ceux qui contiennent* **x**, *et on réduit les termes dans chaque membre ; on divise ensuite le terme connu ainsi trouvé par le coefficient de* **x**.

EXEMPLE. — Soit à résoudre l'équation

$$\frac{x}{a-b} - \frac{a}{a+b} = \frac{x}{a+b} + \frac{b}{a-b} \quad \text{où} \quad a \neq b.$$

Chassons les dénominateurs ; il vient :

$$x(a+b) - a(a-b) = x(a-b) + b(a+b).$$

Faisons passer les termes en x dans le premier membre, les termes connus dans l'autre, il vient :

$$x(a+b) - x(a-b) = a(a-b) + b(a+b)$$

ou

$$2bx = a^2 + b^2 ;$$

d'où

$$x = \frac{a^2 + b^2}{2b}.$$

591. Discussion. — Quand on a fait passer tous les termes contenant x dans un membre, tous les autres dans l'autre, et qu'on a fait les réductions dans chaque membre, l'équation prend la forme

$$ax = b,$$

où a et b sont deux nombres algébriques. Jusqu'ici on ne rencontre jamais d'impossibilité.

1° Si $a \neq 0$, il y a *une solution et une seule*.

2° Si $a = 0$ et $b \neq 0$, l'équation conduit à une *impossibilité* ; il n'existe aucun nombre algébrique dont le produit par zéro soit différent de 0. On dit parfois que la solution de l'équation est infinie (voir n° 576); mais ce n'est qu'une manière de parler.

3° **Si** $a = 0$ **et** $b = 0$, tout nombre mis à la place de x satisfait à l'équation ; dans ce cas, il y a *indétermination*.

II. — Équations qui se ramènent au premier degré.

592. On a parfois à résoudre des équations dont un des membres, au moins, contient l'inconnue x en dénominateur. Si, en chassant les dénominateurs et en réduisant les termes, on obtient une équation du premier degré, on dit que l'équation proposée se ramène au premier degré. Pour la résoudre, on résout l'équation du premier degré obtenue ci-dessus ; la solution de cette équation convient si elle n'annule aucun des dénominateurs que l'on a chassés.

EXEMPLE. — Soit à résoudre l'équation

$$\frac{x}{x-2} + \frac{1}{x} = 1.$$

Chassons les dénominateurs ; il vient :

$$x^2 + x - 2 = x^2 - 2x$$

ou, après réductions : $3x = 2$;

d'où $x = \dfrac{2}{3}$.

Comme $x = \dfrac{2}{3}$ n'annule aucun dénominateur, c'est la solution de l'équation proposée.

III. — Résolution d'un système de deux équations du 1er degré à deux inconnues.

593. On supposera que dans chaque équation l'on a fait passer tous les termes contenant les inconnues dans un membre, tous les autres dans l'autre, de telle sorte que les équations sont de la forme

$$ax + by = c,$$
$$a'x + b'y = c',$$

a, b, c, a, b, c' étant des nombres algébriques connus (dont certains peuvent être nuls).

594. 1° Méthode de substitution. — Règle. —
On résout la première équation par rapport à x et l'on substitue la valeur de x ainsi trouvée dans la seconde équation ; le résultat de cette substitution est une équation du premier degré en y. On résout cette équation en y, et la valeur de x déduite de la première équation permet de calculer x, connaissant y.

EXEMPLE NUMÉRIQUE. — Soit à résoudre le système :

$$2x + 3y = 18,$$
$$5x - 2y = 7.$$

On déduit de la première équation : $x = \dfrac{18 - 3y}{2}$.

On substitue cette valeur dans la deuxième, ce qui donne :

$$\frac{5 \times (18 - 3y)}{2} - 2y = 7,$$

ou $\qquad\qquad 90 - 15y - 4y = 14,$

ou, après réductions : $-19y = -76.$

On en déduit : $\qquad y = \dfrac{-76}{-19} = \dfrac{76}{19} = 4.$

D'où $\qquad\qquad x = \dfrac{18 - 3 \times 4}{2} = 3.$

Les solutions sont donc : $\begin{cases} x = 3 ; \\ y = 4. \end{cases}$

595. Cas particulier. — Il peut arriver que l'une des équations ne contienne qu'une inconnue ; on détermine cette inconnue à l'aide de cette équation ; en substituant la valeur trouvée dans l'autre équation, on obtient une équation du premier degré par rapport à l'autre inconnue.

EXEMPLE. — Soit à résoudre le système :

$$\begin{cases} 2x = 5 ; \\ 3x - 4y = 11. \end{cases}$$

De la première on déduit $x = \dfrac{5}{2}$; en substituant dans la deuxième cette valeur de x, elle devient :

$$\frac{15}{2} - 4y = 11, \quad \text{ou} \quad 4y = \frac{15}{2} - 11 = -\frac{7}{2} ; \quad \text{d'où} \quad y = -\frac{7}{4} \cdot$$

596. 2° Méthode de réduction. — *On multiplie les deux membres de la première équation par un premier nombre, les deux membres de la seconde par un second nombre, tels qu'après ces deux opérations les coefficients de* x *aient même valeur absolue; on additionne ou l'on soustrait membre à membre les deux nouvelles équations suivant que les nouveaux coefficients de* x *sont de signes contraires ou de même signe; on obtient ainsi une équation du premier degré en* y, *qui détermine* y.

Pour déterminer x, *on peut opérer sur* y *comme on l'a fait sur* x, *ou substituer la valeur trouvée de* y *dans l'une des équations, qui devient alors du premier degré en* x *et détermine* x.

EXEMPLE. — Soit à résoudre le système :

$$3x - 4y = -14 ;$$
$$-2x + 3y = 11.$$

Multiplions les deux membres de la première équation par 2, les deux membres de la deuxième équation par 3; elles deviennent :

$$6x - 8y = -28 ;$$
$$-6x + 9y = 33.$$

Additionnons membre à membre ; il vient :

$$y = 5.$$

Pour déterminer x, remplaçons y par 5 dans la deuxième équation donnée, qui a les coefficients les plus simples ; on trouve :

$$-2x + 15 = 11$$
$$\text{ou} \quad -2x = -4, \quad \text{d'où} \quad x = \frac{-4}{-2} = 2.$$

597. REMARQUE. — Il arrive parfois que dans les deux équations données les coefficients d'une même variable ont même valeur absolue; on trouve une équation ne contenant pas cette variable en additionnant ou en retranchant membre à membre les deux équations.

EXEMPLE. — Soit à résoudre :

$$x + y = 13,$$
$$x - y = 5.$$

Retranchons membre à membre ; il vient :

$$2x = 18, \quad \text{d'où} \quad x = \frac{18}{2} = 9.$$

Additionnons membre à membre ; il vient :

$$2y = 8, \quad \text{d'où} \quad y = \frac{8}{2} = 4.$$

598. REMARQUE. — Dans les équations où les coefficients de x sont des nombres entiers, on introduit les plus petits coefficients dans l'équation en y, en multipliant les équations par des entiers tels que le coefficient commun de x soit le plus petit commun multiple des coefficients de cette variable x dans les deux équations données.

EXEMPLE.
$$18x - 27y = 11 ;$$
$$- 12x + 16y = 19.$$

Le plus petit commun multiple de 18 et de 12 est 36. Multiplions les deux membres de la première équation par 2, les deux membres de la deuxième par 3 ; il vient :

$$36x - 54y = 22$$
$$- 36x + 48y = 57$$

Additionnons :
$$- 6y = 79, \quad \text{d'où} \quad y = -\frac{79}{6}.$$

On en déduit :
$$x = \frac{689}{12}.$$

IV. — Résolution des équations littérales et discussion.

599. Un système de deux équations du premier degré à deux inconnues peut s'écrire :

$$ax + by = c,$$
$$a'x + b'y = c'.$$

Nous nous proposons de le résoudre sous cette forme, c'est-à-dire d'exprimer x et y, solution de ce système, à l'aide des lettres a, b, c, a', b', c', de telle sorte que les valeurs ainsi trouvées des inconnues soient des solutions des équations, quelles que soient les valeurs algébriques données aux lettres, certaines en particulier pouvant prendre la valeur 0.

Nous supposerons que les nombres a, a', b, b' ne sont pas nuls à la fois ; l'un d'eux au moins étant différent de 0, soit a par exemple, on peut résoudre la première équation par rapport à x, ce qui donne :

$$x = \frac{c - by}{a}.$$

Substituons cette valeur de x dans la deuxième équation ; elle devient :

$$\frac{a'(c - by)}{a} + b'y = c'.$$

Chassons le dénominateur a, par hypothèse différent de 0 :

$$a'c - a'by + ab'y = ac',$$

ou

$$(ab' - ba')y = ac' - ca',$$

Jusqu'ici nous n'avons pas rencontré d'impossibilité. — Mais il y a maintenant deux cas à distinguer :

Premier cas. — $(ab' - ba') \neq 0$. On obtient :

$$y = \frac{ac' - ca'}{ab' - ba'}.$$

Substituons cette valeur de y dans la valeur trouvée pour x :

$$x = \frac{c - by}{a};$$

on obtient :

$$x = \frac{c - \dfrac{b(ac' - ca')}{ab' - ba'}}{a} = \frac{ab'c - ba'c - bac' + bca'}{a(ab' - ba')}$$

$$= \frac{a(cb' - bc')}{a(ab' - ba')} = \frac{cb' - bc'}{ab' - ba'},$$

après avoir divisé les deux termes de la fraction algébrique par a qui est $\neq 0$.

On trouve donc :

$$\left.\begin{aligned} x &= \frac{cb' - bc'}{ab' - ba'} \\[2mm] y &= \frac{ac' - ca'}{ab' - ba'} \end{aligned}\right\} \text{Solution unique.}$$

Deuxième cas. — $ab' - ba' = 0$. Comme l'on doit avoir : $(ab' - ba')y = ac' - ca'$,

Si $ac' - ca' \neq 0$, il y a **impossibilité**; on dit encore que les équations sont **incompatibles**.

Si $ac' - ca' = 0$, **y est indéterminé.**

Mais les deux relations $ab' - ba' = 0$, $ac' - ca' = 0$ peuvent s'écrire respectivement :

$$\frac{a'}{a} = \frac{b'}{b},$$

et

$$\frac{a'}{a} = \frac{c'}{c},$$

ou

$$\frac{a'}{a} = \frac{b'}{b} = \frac{c'}{c}.$$

Donc les coefficients de la deuxième équation sont proportionnels à ceux de la première. Il en résulte que la seconde équation est vérifiée identiquement (quels que soient x et y), si les coefficients a', b', c' sont nuls, — ou bien qu'elle est équivalente à la première, si a', b', c' ne sont pas nuls tous les trois, — car on la déduit de la première en multipliant celle-ci membre à membre par $\frac{a'}{a}$ qui est $\neq 0$. On obtiendra toutes les solutions dans ce cas en donnant à y une valeur arbitraire et en choisissant ensuite pour x la valeur

$$x = \frac{c - by}{a}.$$

Résumé.

$ab' - ba' \neq 0$ 1 solution,

$ab' - ba' = 0$ $\left\{ \begin{array}{l} ac' - ca' \neq 0 \quad\quad \text{impossibilité,} \\ ac' - ca' = 0 \quad\quad \text{indétermination.} \end{array} \right.$

    $a \neq 0$

600. Cas particuliers. — Dans certains cas particuliers, il est plus simple d'opérer par des méthodes différentes des précédentes.

EXEMPLE I. — Résoudre le système

$$\begin{cases} \dfrac{x}{a} = \dfrac{y}{b} \\ x + y = c. \end{cases}$$

On peut écrire :

$$\frac{x}{a} = \frac{y}{b} = \frac{x+y}{a+b} = \frac{c}{a+b}; \quad \text{d'où} \quad \begin{cases} x = \dfrac{ac}{a+b} \\ y = \dfrac{bc}{a+b}. \end{cases}$$

EXEMPLE II. — Résoudre le système

$$\begin{cases} \dfrac{x}{a} = \dfrac{y}{b} \\ x - y = c. \end{cases}$$

On peut écrire :

$$\frac{x}{a} = \frac{y}{b} = \frac{x-y}{a-b} = \frac{c}{a-b}; \quad \text{d'où} \quad \begin{cases} x = \dfrac{ac}{a-b} \\ y = \dfrac{bc}{a-b}. \end{cases}$$

V. — Systèmes à plus de deux inconnues.

601. *Pour résoudre un système de trois équations du premier degré à trois inconnues, on résout la première par rapport à une inconnue et on substitue cette valeur de la variable dans les deux autres ; on obtient ainsi deux équations du premier degré à deux inconnues ; ayant résolu ces équations, on calcule la valeur de l'inconnue restante à l'aide de la première équation.*

On opère de même pour un système de quatre équations à quatre inconnues, etc.

602. **Cas particuliers.** — Pour certains cas il est plus simple d'opérer autrement.

EXEMPLE I. — Soit à résoudre :

$$\begin{cases} \dfrac{x}{a} = \dfrac{y}{b} = \dfrac{z}{c}, \\ x + y + z = d. \end{cases}$$

On peut écrire :

$$\frac{x}{a} = \frac{y}{b} = \frac{z}{c} = \frac{x+y+z}{a+b+c} = \frac{d}{a+b+c}; \quad \text{d'où} \quad \begin{cases} x = \dfrac{ad}{a+b+c}, \\ y = \dfrac{bd}{a+b+c}, \\ z = \dfrac{cd}{a+b+c}. \end{cases}$$

On a rencontré ce système d'équations dans le problème des partages proportionnels.

EXEMPLE II. — Résoudre le système

$$x + y = a,$$
$$y + z = b,$$
$$z + x = c.$$

Additionnons membre à membre les trois équations :

$$2(x + y + z) = a + b + c,$$

$$\text{ou} \qquad x + y + z = \frac{a + b + c}{2}.$$

Retranchons membre à membre chacune des équations données de celle-ci ; il vient :

$$\begin{cases} x = \dfrac{a + b - c}{2}, \\[2mm] y = \dfrac{a + c - b}{2}, \\[2mm] z = \dfrac{b + c - a}{2}. \end{cases}$$

§ 3. — PROBLÈMES DU PREMIER DEGRÉ

603. Pour traiter un problème par l'algèbre, il faut :

1° *Mettre le problème en équation ;*

2° *Résoudre les équations obtenues ;*

3° *Discuter les solutions trouvées pour savoir si elles conviennent au problème posé.*

Le problème est du premier degré quand les équations obtenues sont du premier degré.

604. **Mettre le problème en équation.** — On désigne par les lettres x, y, z... les inconnues ou nombres à déterminer et l'on traduit par des équations les conditions de l'énoncé. C'est ce que l'on va apprendre à faire sur des exemples.

605. **Résoudre les équations obtenues.** — On applique les règles données précédemment. On peut

arriver soit à des solutions déterminées, soit à une
indétermination, soit à une impossibilité.

606. Discuter les solutions. — Supposons que
l'on ait trouvé des solutions déterminées.

Il faut s'assurer que les nombres trouvés satisfont
aux équations du problème dans les conditions qui
s'appliquent à l'énoncé. Ainsi la nature de l'énoncé
peut exiger comme solution des nombres entiers : le
problème est impossible si les nombres trouvés sont
fractionnaires. Dans d'autres cas, la nature de l'énoncé
peut exiger des nombres positifs ; si les nombres trouvés sont négatifs, ces solutions sont à rejeter. Enfin il
peut se faire que les grandeurs dont on demande de
déterminer des valeurs inconnues puissent se compter
dans les deux sens ; alors il faudra voir si les nombres
trouvés, quand ils sont négatifs, correspondent à l'énoncé
ou s'il faut modifier l'énoncé pour qu'on puisse les
adopter.

Exemples.

607. Problème I. — *Un homme est âgé de 43 ans, son
fils de 7 ans. Dans combien de temps l'âge du premier
sera-t-il le quadruple de l'âge du second ?*

Soit x ce temps exprimé en années. On doit avoir :

$$\frac{43 + x}{7 + x} = 4$$

ou
$$43 + x = 4(7 + x),$$

ce qui donne $\qquad 3x = 15 \qquad$ ou $\qquad x = \frac{15}{3} = 5.$

La solution convient évidemment.

608. Problème II. — *Un homme est âgé de 39 ans, son
fils de 15 ans. Dans combien de temps l'âge du premier
sera-t-il le triple de l'âge du second ?*

Soit x ce temps exprimé en années. On doit avoir :

$$\frac{39 + x}{15 + x} = 3$$

ou
$$39 + x = 3(15 + x),$$

ce qui donne $\qquad 2x = -6, \qquad x = -3.$

On trouve un temps négatif. Le temps peut être compté dans deux sens différents, et l'on peut dire que l'âge du père était le triple de l'âge du fils *il y a trois ans* et non *dans trois ans*. La solution négative convient, à la condition de modifier l'énoncé en conséquence.

609. Problème III. — *On a mélangé deux espèces de marchandises respectivement à 3 francs et 5 francs le kilogramme. Combien y a-t-il de kilogrammes de chaque espèce dans un tel mélange qui pèse 13 kilogrammes et coûte 67 francs le kilogramme?*

Soit x le poids en kilogrammes de la marchandise à 3 francs le kilogramme qui entre dans le mélange.

Le poids de l'autre est $13 - x$.

Le prix total est en francs :

$$3x + 5(13 - x),$$

qui doit être égal à 67 francs.

On a donc l'équation :

$$3x + 5(13 - x) = 67,$$

ce qui donne : $\qquad -2x = 2 \qquad$ ou $\qquad x = -1.$

Dans ce problème la solution devait être essentiellement un nombre positif; donc le problème est *impossible*.

610. Problème IV. — *Trouver un nombre de deux chiffres tel que le chiffre des dizaines soit le triple du chiffre des unités et que si l'on écrit ce nombre à l'envers, il diminue de 54.*

Soient x le chiffre des dizaines, y celui des unités.

On a d'abord : $\qquad x = 3y.$

Le nombre cherché est $10x + y$, ce nombre renversé est $10y + x$; on a donc :

$$10x + y = 10y + x + 54.$$

La seconde équation s'écrit :

$$9x - 9y = 54$$

ou, en divisant les deux membres par 9 :

$$x - y = 6.$$

Le système à résoudre est donc :

$$\begin{cases} x - 3y = 0 \\ x - y = 6, \end{cases}$$

avec la condition que x et y soient des entiers positifs.

Si l'on substitue la valeur de x déduite de la première équation dans la seconde, on trouve :

$$2y = 6 \quad \text{ou} \quad y = 3 \quad \text{et, par suite,} \quad x = 9,$$

qui sont bien des entiers positifs.

Le nombre cherché est donc :

$$93.$$

611. Problème V. — *Trouver une fraction telle qu'en ajoutant 1 à ses deux termes, elle soit égale à* $\dfrac{3}{4}$, *et qu'en leur retranchant 2, elle soit égale à* $\dfrac{1}{3}$.

Soit $\dfrac{x}{y}$ cette fraction.

On a : $\qquad \dfrac{x+1}{y+1} = \dfrac{3}{4} \qquad \text{ou} \qquad \left\{ \begin{array}{l} 4x - 3y = -1 \\[4pt] 3x - y = 4. \end{array} \right.$

et $\qquad \dfrac{x-2}{y-2} = \dfrac{1}{3} \qquad \text{ou}$

Multiplions par 3 les deux membres de la deuxième équation (après avoir chassé les dénominateurs); elle devient :

$$9x - 3y = 12.$$

Retranchons membre à membre la première équation. On trouve :

$$5x = 13, \quad \text{d'où} \quad x = \frac{13}{5}.$$

La seconde équation donne $y = 3x - 4 = \dfrac{3 \times 13}{5} - 4 = \dfrac{19}{5}$.

Discussion. — x et y ne sont pas entiers; il n'existe donc pas de fraction répondant à la question; mais il existe une fraction généralisée qui y satisfait et qui est

$$\dfrac{\dfrac{13}{5}}{\dfrac{19}{5}}.$$

Il suffit donc, pour rendre le problème possible, de remplacer dans un énoncé le mot *fraction* par le mot *rapport*.

612. Problème VI. — *Deux mobiles se déplacent d'un mouvement uniforme sur une droite dirigée, avec des vitesses représentées par les nombres algébriques* v *et* v′. *L'un part à un instant* t_0 *d'une distance* a *de l'origine; l'autre part à l'instant* t'_0 *d'une distance* a′ *de la même origine. On demande de calculer l'instant de leur rencontre et leur position à cet instant.*

La distance à l'origine du premier mobile est, à l'instant t, donnée par l'équation

$$c = a + v(t - t_0).$$

Celle du deuxième mobile est donnée par

$$c' = a' + v'(t - t'_0).$$

A l'instant de la rencontre, on a :

$$a + v(t - t_0) = a' + v'(t - t'_0);$$

d'où
$$(v - v')t = a' - a + vt_0 - v't'_0,$$

équation qui donne t :

$$t = \frac{a' - a + vt_0 - v't'_0}{v - v'}.$$

En substituant cette valeur de t dans l'expression de c ou de c', on a la position des mobiles.

Discussion. — Si $v \neq v'$, on trouve une valeur de t et une seule. Pour qu'elle convienne, il faut que cette valeur soit plus grande que t_0 et t'_0 qui correspondent aux débuts des deux mouvements, à moins que les mouvements n'*aient pu se produire avant ces instants.*

Si $v = v'$, en général $a' - a + vt_0 - v't'_0 \neq 0$ et il n'y a pas de solution. Les deux mobiles ont même vitesse et leur distance reste invariable. Le problème est *impossible.*

Si $v = v'$ et $a' - a + vt_0 - v't'_0 = 0$, les deux mobiles coïncident à un instant quelconque. Le problème est *indéterminé.*

§ 4. — ÉQUATION DU DEUXIÈME DEGRÉ

613. L'équation générale du deuxième degré est de la forme
$$ax^2 + bx + c = 0. \qquad (1)$$

On suppose que a, b, c sont des nombres algébriques donnés et que $a \neq 0$.

L'équation (1) est équivalente à l'équation obtenue en divisant son premier membre par a :

$$x^2 + \frac{b}{a}x + c = 0. \qquad (2)$$

Remarquons que $x^2 + \dfrac{b}{a}\,x$ peut être considéré comme formant les deux premiers termes du développement de $\left(x + \dfrac{b}{2a}\right)^2$. Ce développement est en effet (n° 568) : $\quad x^2 + \dfrac{b}{a}\,x + \dfrac{b^2}{4a^2}$.

On peut donc écrire l'équation (2) sous la nouvelle forme suivante :

$$\left(x + \frac{b}{2a}\right)^2 - \frac{b^2}{4a^2} + \frac{c}{a} = 0,$$

ou encore $\quad \left(x + \dfrac{b}{2a}\right)^2 = \dfrac{b^2}{4a^2} - \dfrac{c}{a},$

ou finalement

$$\left(x + \frac{b}{2a}\right)^2 = \frac{b^2 - 4ac}{4a^2}. \qquad (3)$$

Premier cas : $b^2 - 4ac < 0$. — Le second membre de la dernière équation obtenue est *négatif*. Le premier membre est un carré. Quelle que soit la valeur donnée à x, ce premier membre est *positif ou nul*, il ne peut jamais être négatif. Donc il *n'existe aucun nombre x satisfaisant à l'équation proposée.*

Deuxième cas : $b^2 - 4ac > 0$. — Reprenons l'équation (3).

Si l'on remarque que $\dfrac{b^2 - 4ac}{4a^2}$ est le carré de

$$\frac{\sqrt{b^2 - 4ac}}{2a},$$

on peut écrire l'équation de la manière suivante

$$\left(x + \frac{b}{2a}\right)^2 = \left[\frac{\sqrt{b^2 - 4ac}}{2a}\right]^2.$$

Les deux nombres algébriques

$$x + \frac{b}{2a} \qquad \text{et} \qquad \frac{\sqrt{b^2 - 4ac}}{2a}$$

ont leurs carrés égaux ; donc il sont *égaux* ou *opposés* (n° 545).

Il en résulte que l'on a :

soit
$$x + \frac{b}{2a} = \frac{+ \sqrt{b^2 - 4ac}}{2a},$$

soit
$$x + \frac{b}{2a} = \frac{- \sqrt{b^2 - 4ac}}{2a}.$$

Donc x doit prendre l'une des deux valeurs :

$$x' = \frac{- b + \sqrt{b^2 - 4ac}}{2a},$$

$$x'' = \frac{- b - \sqrt{b^2 - 4ac}}{2a}.$$

Inversement, si x prend l'une de ces valeurs, il en résulte que l'équation (3) est vérifiée, et il en est par conséquent de même de l'équation (1), qui lui est équivalente.

Dans ce cas, il existe deux nombres algébriques, donnés par les formules précédentes et qui satisfont à l'équation (1). Le raisonnement précédent montre qu'il n'en existe pas d'autre. On les appelle **racines** de l'équation du deuxième degré donnée.

Troisième cas : $b^2 - 4ac = 0$. — L'équation devient :
$$\left(x + \frac{b}{2a} \right)^2 = 0.$$

Elle n'admet pas d'autre solution que $x = - \frac{b}{2a}$. Il n'existe donc qu'une valeur de x satisfaisant à l'équation (1).

On peut remarquer que ce cas particulier correspond aux deux racines précédentes x' et x'' dans le cas où elles sont *égales*.

614. Somme et produit des racines de l'équation du deuxième degré. — Soient x' et x'' les racines dans le cas où elles existent; on a :

$$x' + x'' = \frac{-b + \sqrt{b^2 - 4ac}}{2a} + \frac{-b - \sqrt{b^2 - 4ac}}{2a}$$

$$= \frac{-2b}{2a} = \frac{-b}{a};$$

$$x'x'' = \frac{(-b + \sqrt{b^2 - 4ac})(-b - \sqrt{b^2 - 4ac})}{4a^2}$$

$$= \frac{b^2 - (b^2 - 4ac)}{4a^2} = \frac{4ac}{4a^2} = \frac{c}{a}.$$

Application. — Calculer deux nombres, connaissant leur somme et leur produit.

Problème. — *Déterminer deux nombres dont la somme est 5 et le produit* $\dfrac{44}{9}$.

Ces deux nombres seront racines de l'équation du deuxième degré :

$$x^2 - 5x + \frac{44}{9} = 0;$$

ou, en chassant le dénominateur 9 :

$$9x^2 - 45x + 44 = 0.$$

Formons $\quad b^2 - 4ac = 2.025 - 1.584 = 441 = 21^2.$

Donc $\qquad x' = \dfrac{45 + 21}{18} = \dfrac{11}{3};$

$$x'' = \frac{45 - 21}{18} = \frac{4}{3}.$$

Les deux nombres cherchés sont $\dfrac{11}{3}$ et $\dfrac{4}{3}$.

615. D'après ce qui précède, on peut, **sans résoudre** l'équation :

1º Voir si elle admet des racines ;

2º Connaître leurs signes.

10*

$b^2 - 4ac < 0$ Pas de racines.

$b^2 - 4ac = 0$ 2 racines égales à $-\dfrac{b}{2a}$.

$$b^2 - 4ac > 0 \begin{cases} \dfrac{c}{a} > 0 \text{ Racines de } \begin{cases} \dfrac{b}{a} < 0 \text{ 2 racines positives,} \\[2mm] \dfrac{b}{a} > 0 \text{ 2 racines négatives.} \end{cases} \\[4mm] \dfrac{c}{a} > 0 \text{ Racines de signes contraires,} \\ \quad (b=0, \text{ racines opposées.)} \\[3mm] c = 0 \text{ 1 racine nulle, l'autre égale à } -\dfrac{b}{a}. \end{cases}$$

616. Comparer un nombre donné aux racines de l'équation du deuxième degré. — On a vu que, sans résoudre l'équation, on peut connaître les signes des racines ; il suffit pour cela de regarder les signes de $\dfrac{c}{a}$ et de $-\dfrac{b}{a}$.

Cela revient à comparer 0 aux racines de l'équation.

Il est souvent utile de comparer un nombre quelconque donné m à ces racines, dont on s'est d'abord assuré de l'existence en regardant le signe de $b^2 - 4ac$.

Soit l'équation

$$ax^2 + bx + c = 0. \qquad (1)$$

Faisons le changement de variable

$$x = m + y.$$

L'équation devient, après qu'on a ordonné son premier membre en y :

$$ay^2 + (2am + b)y + am^2 + bm + c = 0.$$

On désignera l'expression $ax^2 + bx + c$ par $f(x)$, et de même l'expression $am^2 + bm + c$ par $f(m)$.

L'équation en y devient :

$$ay^2 + (2am + b)y + f(m) = 0. \qquad (2)$$

Si m est compris entre les racines de l'équation (1), l'équation (2) a ses racines de signes contraires, et inversement ; si m est inférieur aux deux racines de l'équation (1), l'équation (2) a ses deux racines positives, et inversement ; enfin, si m est supérieur aux deux racines de l'équation (1), l'équation (2) a ses deux racines négatives. Donc la question est ramenée à l'étude des signes des racines de l'équation (2).

$$\frac{f(m)}{a} < 0$$

ou $f(m)$ du signe contraire à celui de a

l'équation (2) a ses racines de signes contraires,

$$x' < m < x''.$$

$$\frac{f(m)}{a} > 0$$

ou $f(m)$ de même signe que a

$$\begin{cases} 2m + \dfrac{b}{a} < 0 \\ \text{ou } m < -\dfrac{b}{2a} \end{cases} \quad \begin{array}{l}\text{l'équation (2) a ses} \\ \text{racines positives,} \\ \\ m < x' < x''.\end{array}$$

$$\begin{cases} 2m + \dfrac{b}{a} > 0 \\ \text{ou } m > -\dfrac{b}{2a} \end{cases} \quad \begin{array}{l}\text{l'équation (2) a ses} \\ \text{racines négatives,} \\ \\ x' < x'' < m,\end{array}$$

REMARQUE. — Quand $f(m)$ et a sont de signes contraires, l'équation (2) a deux racines; donc il en est de même de l'équation (1) et il est inutile de regarder le signe de $b^2 - 4ac$. Dans les autres cas, il faut au contraire regarder si les racines de l'équation (1) ou (2) existent, avant de se servir du tableau précédent.

§ 5. — PROBLÈMES DU DEUXIÈME DEGRÉ

616 bis. Définition. — *Un problème qui conduit à une équation unique du deuxième degré ou à une équation du deuxième degré et à une ou plusieurs équations du premier, est un problème du deuxième degré.*

Problème I. — *Déterminer les côtés d'un rectangle dont le périmètre est égal à 16 mètres, sachant que, si l'on augmente un de ses côtés de 2 mètres et l'autre de 3 mètres, sa surface est multipliée par 3.*

Soient x et y les côtés du rectangle exprimés en mètres. On a :

$$2(x + y) = 16 \quad \text{ou} \quad \begin{cases} x + y = 8 \end{cases}$$
$$(x + 3)(y + 2) = 3xy \quad \text{ou} \quad \begin{cases} 2xy - 3y - 2x - 6 = 0. \end{cases}$$

La première équation étant du premier degré, déduisons-en la valeur de y, que nous substituerons dans la seconde ; on a :

$$y = 8 - x,$$

qui nous donne y connaissant x ; et

$$2x(8 - x) - 3(8 - x) - 2x - 6 = 0$$

ou, après réductions :

$$2x^2 - 17x + 30 = 0,$$

qui admet pour racine :

$$x' = 6,$$
$$x'' = 2,5.$$

A $x' = 6$ correspond $y' = 8 - 6 = 2$
A $x'' = 2,5$ — $y'' = 8 - 2,5 = 5,5.$

Discussion. — Pour que deux nombres x et y conviennent au problème, il faut et il suffit que ce soient des nombres positifs, condition satisfaite pour les deux solutions précédentes. Donc il y a deux rectangles répondant à la question et qui ont pour côté :

Le premier :   6 mètres   et   2 mètres.
Le deuxième : $2^m,5$ et $5^m,5.$

Problème II. — *On donne une circonférence de rayon R et une tangente fixe **TAT′**, un diamètre variable de **BC**, et l'on considère le tronc de cône engendré par la rotation de **BC** autour de **TAT′**. Déterminer le rayon d'une des bases de ce tronc de cône, de telle sorte que sa surface totale soit égale à une quantité donnée $2\pi m^2$. Discuter.*

(Certificat d'études primaires supérieures, Paris, 1912.)

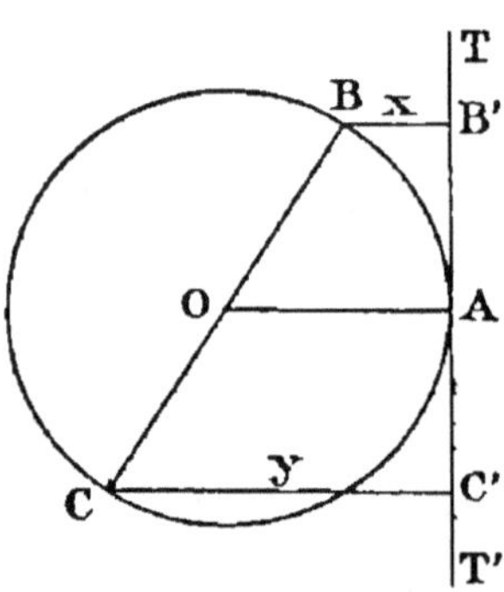

Fig. 48.

Soient x et y les rayons de base (fig. 48).

Le point O est le milieu de BC ; donc

(1) $x + y = 2\overline{OA} = 2R.$

D'autre part, on doit avoir :

$$\pi x^2 + \pi y^2 + \pi(x + y)2R = 2\pi m^2,$$

ou, en remplaçant $x + y$ par 2R et en divisant les deux membres par π :

(2) $x^2 + y^2 + 4R^2 = 2m^2.$

Élevons au carré deux membres de l'équation (1); on a :

$$(3) \qquad x^2 + y^2 + 2xy = 4R^2.$$

En retranchant membre à membre (1) et (3), on trouve, en divisant par 2 :

$$(4) \qquad xy = 4R^2 - m^2.$$

On a donc à déterminer deux nombres, connaissant leur somme 2R et leur produit $4R^2 - m^2$. Ils sont racines de l'équation

$$x^2 - 2Rx + 4R^2 - m^2 = 0.$$

Discussion. — Il faut : 1° que ces racines existent ;
2° Qu'elles soient comprises entre 0 et 2R.

1° Condition d'existence ou de réalité :

$$4R^2 - 4(4R^2 - m^2) \geqq 0$$

ou
$$m^2 \geqq 3R^2.$$

2° Voyons dans quel cas ces racines sont comprises entre 0 et 2R.

$$f(0) = 4R^2 - m^2,$$
$$f(2R) = 4R^2 - m^2.$$

Si $\qquad 4R^2 - m^2 < 0 \qquad$ ou $\qquad m^2 > 4R^2,$

0 et 2R sont compris entre les racines ; le problème est *impossible*.

Si $4R^2 - m^2 > 0$; 0 et 2R ne sont pas compris entre les racines ; il faut comparer 0 et 2R à R ; 0 est plus petit que R, donc les deux racines sont supérieures à 0 ; 2R est supérieur à R, donc les deux racines sont inférieures à 2R. *Les deux racines conviennent.*

Donc la condition de possibilité du problème est :

$$4R^2 \geqq m^2 > 3R^2.$$

Exercices sur la résolution des équations.

Résoudre les équations suivantes du 1er degré à 1 inconnue :

589. $8x - 90 = 10 - 12x.$ | **590.** $3x + 24 = 17 + 4x.$

591. $\dfrac{x}{6} - \dfrac{x-1}{3} - \dfrac{x-3}{2} = -x + \dfrac{2}{9}.$

592. $\dfrac{a-x}{b} = \dfrac{a+x}{-b}.$ | **594.** $\dfrac{1}{x-1} + \dfrac{2}{7} = \dfrac{4}{5(x-1)}.$

593. $\dfrac{a-x}{b} - \dfrac{b-x}{a} = a^2 - b^2.$ | **595.** $\dfrac{3}{5x} + \dfrac{1}{10x} = \dfrac{3}{2x} - \dfrac{1}{2}.$

Résoudre les systèmes suivants du 1er degré à 2 inconnues.

596. $\begin{cases} x + y = 7, \\ x - y = 3. \end{cases}$

597. $\begin{cases} 3x - 2y = 5, \\ 5x - 3y = 3. \end{cases}$

598. $\begin{cases} 3x + 2y = 2, \\ 6x - 2y = 1. \end{cases}$

599. $\begin{cases} \dfrac{x}{a} + \dfrac{y}{b} = 1, \\[2mm] \dfrac{x}{b} - \dfrac{y}{a} = 1. \end{cases}$

600. $\begin{cases} x - b = 3(y + a), \\ y - a = 3(x + b). \end{cases}$

601. $\begin{cases} ax + by = c, \\[2mm] \dfrac{a}{b + y} = \dfrac{b}{a + x}. \end{cases}$

602. $\begin{cases} x + y = 1, \\[2mm] \dfrac{x}{a} = \dfrac{y}{b}. \end{cases}$

603. $\begin{cases} ax + 2ay = b, \\ 2bx - by = a. \end{cases}$

604. $\begin{cases} \dfrac{x}{a} + \dfrac{x}{b} - \dfrac{1}{c} = 0, \\[2mm] \dfrac{x}{b} - \dfrac{y}{a} + \dfrac{1}{c} = 0. \end{cases}$

605. $\begin{cases} x + ay = a^2, \\ x + by = b^2. \end{cases}$

606. $\begin{cases} 16x + 12y = 5, \\ 12x + 9y = 7. \end{cases}$

607. $\begin{cases} 15x + 12y = 3, \\ 10x + 8y = 2. \end{cases}$

608. $\begin{cases} ax + by = 2ab, \\ bx + ay = a^2 + b^2. \end{cases}$

609. $\begin{cases} x - y = 4ab, \\[2mm] \dfrac{x}{a + b} + \dfrac{y}{a - b} = 2a. \end{cases}$

Résoudre les équations suivantes du 2e degré :

610. $2x^2 - 4x - 6 = 0.$

611. $4x^2 - 7x + 3 = 0.$

612. $x^2 - x + 4 = 0.$

613. $x^2 - 6x + 9 = 0.$

614. $x^2 - 2ax + a^2 - b^2 = 0.$

615. $x^2 - 2ax + a^2 + b^2 = 0.$

616. Trouver deux nombres dont la somme est 22 et le produit 117.

617. Démontrer que le signe de $b^2 - 4ac$ est le même que celui de $(2am + b)^2 - 4a(am^2 + bm + c)$, quel que soit le nombre algébrique **m**.

CHAPITRE XX

PROGRESSIONS, LOGARITHMES,
INTÉRÊTS COMPOSÉS

§ 1. — PROGRESSIONS ARITHMÉTIQUES

617. Définition. — *On appelle progression arithmétique une suite de termes tels que la différence d'un terme au précédent est un nombre constant.* Ce nombre constant se nomme la *raison* de la progression arithmétique. La progression est croissante ou décroissante, c'est-à-dire ses termes successifs vont en croissant ou en décroissant, suivant que la raison est positive ou négative.

EXEMPLE. — Les nombres entiers consécutifs compris entre deux entiers, les nombres impairs consécutifs compris entre deux nombres impairs, les multiples successifs d'un même nombre compris entre deux de ces multiples, forment des progressions arithmétiques.

618. Théorème I. — *Dans une progression arithmétique, un terme quelconque est égal à la somme du premier et du produit de la raison par le nombre de termes qui le précèdent.*

Soit une progression de premier terme a et de raison r.
Le premier terme est a.
Le deuxième terme est $a + r$.
Le troisième terme est $a + 2r$,
et d'une manière générale le n^e terme est :

$$a + (n - 1)r.$$

Or il y a dans la progression $n - 1$ termes avant le n^e.

Conséquence. — Une progression arithmétique de $(n + 1)$ termes peut s'écrire :

$$a, \quad a + r, \quad a + 2r, \quad \dots, \quad a + (n - 1)r, \quad a + nr.$$

619. Théorème II. — *Dans une progression arithmétique, la somme de deux termes équidistants des extrêmes est égale à la somme des extrêmes.*

Un terme situé p rangs après le premier est $\qquad a + pr,$

— $\qquad p$ rangs avant le dernier est $\qquad a + (n - p)r,$

si la progression contient $n + 1$ termes ; la somme est : $2a + nr.$

Or les termes extrêmes sont a et $a + nr$, dont la somme est :
$$2a + nr.$$

620. Somme des termes d'une progression arithmétique. — **Théorème III.** — *La somme des termes d'une progression arithmétique est égale au produit de la demi-somme des termes extrêmes par le nombre des termes.*

Soit la progression arithmétique $a, b, c, \dots k, l$, qui contient n termes. La somme est :
$$S = a + b + c \dots + k + l,$$
ou encore
$$S = l + k + \dots + b + a,$$
en renversant l'ordre des termes.

Additionner membre à membre en remarquant que la somme de deux termes écrits l'un au-dessous de l'autre est égale à la somme des termes extrêmes. Il vient :
$$2S = n(a + l),$$
ou
$$S = \frac{n(a + l)}{2}.$$

REMARQUE. — Si l'on met en évidence la raison r, on a :
$$l = a + (n - 1)r;$$
d'où
$$S = \frac{n[2a + (n - 1)r]}{2}.$$

621. Applications. — Somme des n premiers nombres entiers.

Si
$$a = 1, \qquad l = n,$$
$$S = \frac{n(n + 1)}{2}.$$

2° Somme des n premiers nombres impairs.

Si $\qquad a = 1, \qquad l = 2n - 1,$

$$S = \frac{n(1 + 2n - 1)}{2} = n^2.$$

622. Problème. — Insérer un nombre donné de moyens entre deux termes consécutifs d'une progression arithmétique.

On se propose de former une nouvelle progression arithmétique dont les termes extrêmes soient les deux termes consécutifs de la progression donnée et qui contiennent p termes entre ces deux extrêmes (p étant un entier donné).

Soient b et c les termes consécutifs de la progression donnée.

c doit être le $(p + 2)^e$ terme d'une progression dont b est le premier. Si r est la raison, on doit avoir :

$$c = b + (p + 1)r.$$

On en déduit : $\qquad r = \frac{c - b}{p + 1} \, .$

623. Théorème IV. — *Si entre tous les termes consécutifs d'une progression arithmétique, on insère le même nombre de moyens, on forme ainsi une nouvelle progression arithmétique.*

En effet, la différence de deux moyens compris entre les termes b et c de la première progression est $\frac{c - b}{p + 1}$, la différence entre deux termes moyens compris entre deux autres termes f et g de la première progression est : $\frac{g - f}{p + 1}$. Ces différences sont égales, car

$$c - b = g - f.$$

Exemple. — Insérer **4** moyens entre tous les termes consécutifs de la progression

$$1 \quad 5 \quad 9 \quad 13.$$

La raison est 4. La raison de la nouvelle progression est :

$$\frac{4}{5} = 0,8.$$

Donc la nouvelle progression est :

$$1 \quad 1,8 \quad 2,6 \quad 3,4 \quad 4,2 \quad 5 \quad 5,8 \quad 6,6 \quad 7,4 \quad 8,2$$
$$9 \quad 9,8 \quad 10,6 \quad 11,4 \quad 12,2 \quad 13.$$

§ 2. — PROGRESSIONS GÉOMÉTRIQUES

624. Définition. — *On appelle progression géométrique une suite de termes tels que le quotient d'un terme par le précédent est un nombre constant.* Ce nombre constant se nomme la *raison* de la progression géométrique.

625. Théorème I. — *Dans une progression géométrique, un terme quelconque est égal au produit du premier par la puissance de la raison dont l'indice est égal au nombre de termes qui le précèdent.*

Soit la progression de premier terme a et de raison q.
Le 1er terme est a.
Le 2e   — aq.
Le 3e   — aq^2.

. . . .

et, d'une manière générale, le n^e terme est aq^{n-1}.

Conséquence. — Une progression géométrique de $(n + 1)$ termes peut s'écrire :

$$a, \quad aq, \quad aq^2, \quad \dots, \quad aq^{n-1}, \quad aq^n.$$

626. Théorème II. — *Dans une progression géométrique, le produit de deux termes à égale distance des extrêmes est égal au produit des termes extrêmes.*

Un terme situé p rang après le premier est aq^p.
     — p rang avant le dernier est aq^{n-p},

si la progression renferme $(n + 1)$ termes; le produit de ces deux termes est a^2q^n.

Or les termes extrêmes sont a et aq^n, dont le produit est a^2q^n.

627. Somme des termes d'une progression géométrique.

Soit la progression géométrique

$$a, b, c, \ldots, l.$$

Sa somme est : $\quad S = a + b + \ldots + l.$

Multiplions les deux membres de cette égalité par la raison q : $\quad Sq = b + \ldots + l + lq,$

en remarquant que
$$b = aq,$$
$$c = bq, \quad \text{etc.}$$

Retranchons membre à membre ces deux égalités; il vient :
$$S(q - 1) = lq - a ;$$

d'où
$$S = \frac{lq - a}{q - 1}.$$

REMARQUE. — Si la progression contient n termes on a : $\quad l = aq^{n-1}.$

Donc
$$S = \frac{a(q^n - 1)}{q - 1}, \quad \text{ou} \quad S = \frac{a(1 - q^n)}{1 - q}.$$

On a ainsi la somme, en fonction du premier terme, de la raison et du nombre de termes.

628. Cas particulier. — Progression géométrique indéfinie. — Supposons que la raison ait une valeur absolue plus petite que 1 et voyons ce que devient la somme des n premiers termes de la progression supposée prolongée indéfiniment, quand n croît indéfiniment. On peut écrire :

$$S = \frac{a}{1 - q} - \frac{aq^n}{1 - q}.$$

Par hypothèse, q est un nombre dont la valeur absolue est plus petite que 1. Donc sa puissance n^e sera en valeur absolue aussi petite que l'on veut, et, si n grandit indéfiniment, tendra vers zéro.

Donc la somme des n premiers termes de la progression tend vers $\dfrac{a}{1-q}$ quand n grandit indéfiniment.

629. Applications aux fractions décimales périodiques.

Soit la fraction décimale périodique simple
$$0{,}253\,253\,253\ldots$$

Elle est la limite de la somme de la progression géométrique indéfinie
$$\frac{253}{1.000} + \frac{253}{1.000^2} + \frac{253}{1.000^3} + \cdots.$$

Donc le premier terme est $\dfrac{253}{1.000}$ et la raison $\dfrac{1}{1.000}$. La limite de cette somme est donc :
$$\frac{\dfrac{253}{1.000}}{1 - \dfrac{1}{1.000}} = \frac{253}{999}.$$

Le raisonnement précédent montre que si l'on prolonge de plus en plus la fraction décimale, on trouve des nombres successifs qui diffèrent d'aussi peu que l'on veut de
$$\frac{253}{999}.$$

On peut donc écrire :
$$0{,}253\,253\ldots = \frac{253}{999}.$$

On raisonnerait de même dans le cas d'une fraction périodique mixte.

630. Problème. — Insérer un nombre donné de moyens entre deux termes consécutifs d'une progression géométrique.

Le problème que l'on se propose se définit comme le problème correspondant pour une progression arithmétique (n° 622).

Soient b et c les deux termes consécutifs de la progression donnée, p le nombre de moyens à insérer. c doit être le $(p+2)^e$ terme d'une progression géométrique dont la raison est q et dont le premier terme est b; donc

$$c = bq^{p+1}, \quad \text{d'où} \quad q = \sqrt[p+1]{\frac{c}{b}}.$$

Discussion. — Le problème est toujours possible quand p est pair et n'admet qu'une solution. — Quand p est impair, il faut que c et b soient de même signe. Dans ce cas, il y a deux solutions; les deux progressions géométriques que l'on peut trouver ont des raisons opposées.

Le plus souvent les termes b et c sont positifs et l'on veut trouver une progression nouvelle à termes *tous positifs*; on prendra la valeur positive ou arithmétique du radical.

631. Théorème III. — *Si entre tous les termes consécutifs d'une progression géométrique on insère le même nombre de moyens, en prenant de plus le même signe pour la raison dans chaque intervalle, on obtient une nouvelle progression géométrique.*

En effet, soient b et c deux termes consécutifs de la première progression; le rapport de deux moyens consécutifs insérés entre b et c est : $\sqrt[p+1]{\dfrac{c}{b}}$.

De même, soient k et l deux autres termes consécutifs de la première progression; le rapport de deux moyens consécutifs insérés entre k et l est : $\sqrt[p+1]{\dfrac{l}{k}}$; mais $\dfrac{c}{b} = \dfrac{l}{k}$ puisque chacun de ces rapports est égal à la raison de la première progression. Donc on obtient une progression géométrique à la condition de prendre les radicaux avec le même signe dans le cas où p est impair.

Remarque. — Si le nombre de moyens insérés est très grand, la différence entre deux moyens consécutifs est très petite. En effet, le rapport d'un moyen au précédent est $\sqrt[p+1]{\dfrac{c}{b}}$; or on a vu que si $p+1$ est pris suffisamment grand, cette racine est aussi voisine de 1 que l'on veut (n° 324). Il en résulte que les deux moyens considérés diffèrent d'aussi peu que l'on veut.

§ 3. — LOGARITHMES

1° Nombres plus grands que 1.

632. Définition. — Considérons deux progressions, l'une arithmétique, l'autre géométrique, la première commençant par 0, la seconde par 1, et faisons correspondre les termes de même rang dans les deux progressions. On aura :

$$0 \quad r \quad 2r \quad 3r \quad \dots \quad nr \quad \dots \qquad \text{Progr. arithm.}$$
$$1 \quad q \quad q^2 \quad q^3 \quad \dots \quad q^n \quad \dots \qquad \text{Progr. géom.}$$

q^n correspond à nr.

On appelle **logarithme d'un nombre de la progression** *géométrique le nombre correspondant de la progression arithmétique.*

On supposera r et q positifs dans ce qui suit.

633. *Soit un nombre* **A** *compris entre deux nombres de la progression géométrique;* on se propose de définir son logarithme.

Pour cela insérons entre tous les termes consécutifs de chaque progression le même nombre de moyens p; nous formons deux progressions nouvelles.

Nous appellerons toujours logarithme d'un nombre de la progression géométrique le terme correspondant de l'autre progression. Cette définition est une généralisation de celle que l'on avait donnée plus haut.

Ceci posé, il y a deux hypothèses à faire.

1° *On peut trouver un nombre* p *tel que* A *soit un terme de la nouvelle progression géométrique.* Son logarithme est alors défini ci-dessus.

2° *Il n'existe aucun nombre* p *tel que* A *soit un terme de la nouvelle progression.* Le logarithme de A ne pourra être défini que d'une manière approchée.

A se trouve compris entre deux termes de la progression nouvelle. On conviendra de prendre pour valeur approchée par défaut de son logarithme le logarithme du terme immédiatement moindre que lui, pour valeur approchée par excès le logarithme du terme immédiatement supérieur à lui.

Si le nombre p de moyens insérés est très grand, les deux termes de la nouvelle progression géométrique qui comprennent A diffèrent d'aussi peu que l'on veut; il en est de même de leurs logarithmes.

On peut donc définir exactement ou par approximation le logarithme d'un nombre A plus grand que 1, comme on a défini par approximation la racine carrée d'un nombre qui n'est pas carré parfait.

634. *Inversement, nous appellerons antilogarithme d'un nombre de la progression arithmétique le nombre correspondant de la progression géométrique.* En opérant sur la progression arithmétique comme on l'a fait ci-dessus sur la progression géométrique, on définira l'antilogarithme exact, ou approché autant qu'on le veut d'un nombre *positif* donné.

635. On pourra pratiquement raisonner dans la seconde hypothèse, dans laquelle le logarithme (ou l'antilogarithme) est approché, comme dans le cas où il est exact, l'erreur que l'on fait en remplaçant un de ces nombres par un nombre approché autant qu'on veut pouvant être rendue aussi faible que le nécessite la précision des calculs.

2° Nombres plus petits que 1.

636. Ce qui précède permet de calculer le logarithme d'un nombre plus grand que 1, et l'antilogarithme d'un nombre positif.

Pour définir les logarithmes des nombres positifs plus petits que 1, et l'antilogarithme des nombres négatifs, on suppose que les progressions précédentes sont prolongées dans l'autre sens :

$$\ldots, \quad -nr, \quad \ldots, \quad -2r, \quad -r, \quad 0.$$

$$\ldots, \quad \frac{1}{q^n}, \quad \ldots, \quad \frac{1}{q^2}, \quad \frac{1}{q}, \quad 1.$$

On définit le logarithme et l'antilogarithme exact ou approché d'un nombre positif inférieur à 1 comme plus haut.

En résumé, les deux progressions étant données, tout nombre positif a un logarithme et un seul; inversement, tout nombre positif ou négatif donné peut être considéré comme le logarithme d'un nombre positif respectivement supérieur ou inférieur à 1.

Propriétés des logarithmes.

637. Théorème I. — *Le logarithme d'un produit de facteurs est égal à la somme des logarithmes de ces facteurs.*

Soient les nombres q^a, q^b, q^c de la progression géométrique, a, b, c étant des entiers ; leurs logarithmes sont ar, br, cr.

Le produit est q^{a+b+c} ; le logarithme du produit est $(a+b+c)r$. Donc le logarithme du produit est égal à la somme des logarithmes des facteurs.

Ce qui précède suppose que les nombres donnés sont plus grands que 1 ; si l'un d'eux est plus petit que 1, on le supposera de la forme $\frac{1}{q^b}$. Soient les nombres q^a, $\frac{1}{q^b}$.

Le produit est q^{a-b} si $a > b$; le logarithme du premier nombre est ar, le logarithme du deuxième est $-br$, et le logarithme du produit est $(a-b)r$, ce qui démontre la proposition, en considérant les logarithmes comme des nombres algébriques. On raisonnerait d'une manière analogue si $b > a$ ou si les facteurs étaient plus petits que 1.

On peut donc écrire, dans tous les cas où A, B, C sont positifs :

$$\log \mathrm{ABC} = \log \mathrm{A} + \log \mathrm{B} + \log \mathrm{C}.$$

638. Théorème II. — *Le logarithme d'un quotient est égal à la différence entre le logarithme du dividende et celui du diviseur.*

Soient les nombres A et B positifs, soit C leur rapport ; on a :
$$A = BC,$$
d'où $$\log A = \log B + \log C ;$$
On en déduit : $$\log C = \log A - \log B.$$

639. Théorème III. — *Le logarithme d'une puissance d'un nombre positif est égal au produit du logarithme de ce nombre par l'exposant de la puissance.*

Soit le nombre A. On a :
$$A^n = \overbrace{A \times A \times A \ldots \times A}^{n\ \text{facteurs}}.$$
En appliquant le théorème I :
$$\log A^n = \overbrace{\log A + \log A \ldots + \log A}^{n\ \text{termes}}.$$
ou $$\log A^n = n \log A.$$

640. Théorème IV. — *Le logarithme de la racine arithmétique d'un nombre positif est égal au quotient du logarithme de ce nombre divisé par l'indice de la racine.*

Soit $$B = \sqrt[n]{A}.$$
Cette égalité est équivalente à
$$B^n = A.$$
On a donc $$n \log B = \log A, \quad \text{(théorème III)}$$
d'où $$\log B = \frac{\log A}{n}.$$

Systèmes de logarithmes.

641. Pour définir un système de logarithmes, il faut, d'après ce qui précède, connaître les deux progressions, c'est-à-dire les nombres r et q.

Mais, en réalité, ces deux progressions peuvent être remplacées par d'autres, obtenues en insérant le même nombre de moyens entre deux termes consécutifs. On pourra ainsi ramener la progression arithmétique à une progression contenant le nombre 1 ou un nombre aussi voisin qu'on le veut de 1. Le système de logarithmes sera défini si l'on connaît le terme *de la progression géométrique qui correspond à 1 dans la progression arithmétique, ou l'antilogarithme de 1.* Ce nombre s'appelle la **base** du système considéré de logarithmes.

Dans le système des logarithmes usités couramment, ou **logarithme vulgaire**, la base est 10.

Les progressions sont :

$$\ldots \quad -3 \quad -2 \quad -1 \quad 0 \quad 1 \quad 2 \quad 3 \quad 4 \quad \ldots \quad \text{Prog. arithm}$$
$$\ldots \quad \frac{1}{1.000} \quad \frac{1}{100} \quad \frac{1}{10} \quad 1 \quad 10 \quad 100 \quad 1.000 \quad 10.000 \ldots \quad - \text{ géom.}$$

prolongées dans les deux sens, et celles qu'on en déduit en insérant le même nombre de moyens entre deux termes consécutifs de ces deux progressions.

642. Tables de logarithmes vulgaires. — Les tables de logarithmes donnent les logarithmes exacts ou approchés des nombres entiers de à 1 à 10.000 ou de 1 à 100.000, calculés avec 5 ou 7 décimales.

Pour calculer le logarithme d'un nombre compris entre deux nombres entiers et exprimé en décimales, on opère de la manière suivante.

1° *Soit à trouver le logarithme de 52,83.*

On peut écrire :

$$52,83 = \frac{5.283}{100}.$$

Donc $\log 52,83 = \log 5.283 - \log 100.$

Or la table donne :

$$\log 5.283 = 3,72288,$$

et l'on sait que $\log 100 = 2.$

Donc $\log 52,83 = 1,72288.$

2° *Soit de même à calculer le logarithme de 0,5283.*

On a : $0,5283 = \dfrac{5.283}{10.000}.$

Donc

$$\log 0{,}5283 = \log 5.283 - \log 10.000 = 3{,}72288 - 4$$
$$= 0{,}72288 - 1.$$

On convient d'écrire ce nombre $\overline{1}{,}72288$, le signe — placé au-dessus de la partie entière exprimant que cette partie est négative, la partie décimale étant positive.

643. Caractéristique et mantisse. — La partie entière positive ou négative d'un logarithme s'appelle **caractéristique** ; la partie décimale s'appelle **mantisse**.

De ce qui précède il résulte que : *Lorsqu'on multiplie ou qu'on divise un nombre par une puissance de 10, la mantisse toujours positive de son logarithme ne change pas ; seule la caractéristique varie.*

La caractéristique du logarithme d'un nombre plus grand que 1 exprimé à l'aide de chiffres entiers ou décimaux est égale au nombre de chiffres de la partie entière moins 1 ; la caractéristique du logarithme d'un nombre décimal plus petit que 1 est égale au rang du premier chiffre significatif après la virgule.

644. Pour calculer la mantisse d'un logarithme, on amène le nombre à être compris entre 1.000 et 10.000 s'il a au moins quatre chiffres significatifs, entre 100 et 1.000 s'il en a trois, etc., en déplaçant la virgule vers la droite ou vers la gauche. — (La table est supposée aller de 1 à 10.000.)

La caractéristique d'un logarithme s'obtient immédiatement. Aussi les tables ne donnent-elles que les mantisses des différents nombres entiers.

Exemple. — On a :
$$\log 52830 = 4{,}72288,$$
$$\log 528{,}3 = 2{,}72288,$$
$$\log 5.283 = 0{,}72288,$$
$$\log 0{,}05283 = \overline{2}{,}72288.$$

Usage des tables.

645. 1° Trouver le logarithme d'un nombre donné. — On ramène d'abord le nombre à être dans la table ou compris entre deux nombres de la table.

1° *Le nombre est dans la table.*

La table donne immédiatement la mantisse ; la règle énoncée plus haut donne la caractéristique.

2° *Le nombre est compris entre deux nombres de la table.*

On admet que les différences entre les logarithmes sont sensiblement *proportionnelles* aux différences entre les nombres, ce qui est vrai avec une très grande approximation pour de petites différences.

EXEMPLE. — Soit à calculer le logarithme de 5283,6.
Ce nombre est compris entre
$$5.283 \quad \text{et} \quad 5.284.$$
La différence des logarithmes de 5.283 et de 5.284 est 0,00008.
Pour une différence de 1 entre les nombres, la différence est 0,00008 ; donc, pour une différence de 0,6, elle sera :
$$0,00008 \times 0,6 = 0,000048.$$
La table donne :
$$\log 5.283 = 3,72288.$$
On aura donc :
$$\log 5.283,6 = 3,72288 + 0,000048 = 3,72293.$$
On force la cinquième décimale quand le chiffre suivant dépasse 5, et l'on n'écrit pas ce chiffre suivant.
La différence tabulaire est la différence entre les mantisses de deux logarithmes consécutifs, considérées comme des nombres entiers de 5 chiffres. Ainsi, dans le cas précédent, la différence est 8. On dispose l'opération ainsi :

$\log 5.283 = 3,72288$	Diff. tabulaire :	8
Partie proportionnelle 5		0,6
$\log 5.283,6 = 3,72293$		4,8

646. 2° Trouver l'antilogarithme d'un nombre donné. — Pour les mêmes raisons que plus haut, on ne s'occupe que de la partie décimale du logarithme donné, ramenée à être positive.

Premier cas. — *Cette partie décimale est dans les tables.* On a immédiatement l'antilogarithme à une puissance de 10 près ; on détermine la place de la virgule à l'aide de la caractéristique du logarithme donné.

Deuxième cas. — *La partie décimale est comprise entre deux parties logarithmiques de la table.*

(On suppose que l'on opère dans la partie de la table qui va, pour les nombres, de 1.000 à 10.000.)

On s'appuie sur le même principe que plus haut.

Soit à trouver le nombre dont le logarithme est :

$$\overline{2},92204.$$

La mantisse, abstraction faite de la virgule, est 92204, compris entre les mantisses :

92200   dont l'antilogarithme est   8.356,

et   92205   dont l'antilogarithme est   8.357.

On aura donc :

		log.	antilog.	
Diff. tabulaire	92200	....	8.356	Partie proportionnelle à ajouter.
	$\dfrac{4}{5} =$		0,8	
	92204	....	8.356,8	

Donc $\overline{2}$,92204 est le logarithme de 0,083568.

647. Remarques sur les calculs de logarithmes. Cologarithme. — 1° *Pour additionner plusieurs logarithmes, on additionne les mantisses, puis on fait la somme algébrique des caractéristiques et de la retenue des mantisses s'il y en a une.*

2° *Si l'on a à soustraire un logarithme, on ajoute un cologarithme, ou le nombre opposé de ce logarithme.*

Proposons-nous de calculer le cologarithme d'un nombre connaissant son logarithme.

Soit : $\log a = 4{,}83256.$

On a : $\operatorname{colog} a = \overline{3}{,}16744.$

Soit de même $\log b = \overline{3}{,}21453.$

On a : $\operatorname{colog} b = 2{,}78547.$

Pour former le cologarithme d'un nombre, connaissant son logarithme, on retranche de 10 le dernier chiffre significatif à droite de sa mantisse et de 9 tous les autres ; on change le signe de la caractéristique, après avoir diminué sa valeur absolue d'une unité.

Avec ce qui précède on a :

$$\log a - \log b = \log a + \operatorname{colog} b = 4,83256 + 2,78547$$
$$= 7,61803.$$

De même,

$$\log b - \log a = \log b + \operatorname{colog} a = \bar{3},21453 + \bar{3},16744$$
$$= \bar{6},38197.$$

3° *Pour multiplier un logarithme par un nombre, on multiplie sa mantisse par ce nombre et l'on garde la partie décimale de ce produit, puis on fait la somme algébrique de la partie entière retenue et du produit de la caractéristique par le nombre donné.*

4° *Pour diviser un logarithme par un nombre entier, on amène sa partie caractéristique, quand elle est négative, à être un multiple de cet entier.*

EXEMPLE. — Soit à calculer $\dfrac{\log a}{7}$, sachant que

$$\log a = \bar{4},53607.$$

On peut écrire :

$$\log a = -7 + 3,53607 ;$$

d'où

$$\frac{\log a}{7} = \bar{1},50515.$$

§ 4. — INTÉRÊTS COMPOSÉS ET ANNUITÉS

1° Intérêts composés.

648. Définition. — *On suppose que, chaque année, l'intérêt de la somme placée s'ajoute au capital pour produire à son tour des intérêts.*

Soit a le capital placé.

Au bout de 1 an il est devenu :

$$a(1 + r),$$

r étant le taux divisé par 100.

Donc le nouveau capital $a(1 + r)$, placé au bout de la première année, est devenu au bout de la deuxième

$$a(1 + r)(1 + r) = a(1 + r)^2.$$

De même, au bout de la troisième année, il est devenu :

$$a(1 + r)^3,$$

et au bout de n années

$$a(1 + r)^n.$$

Si A désigne le capital a réuni à ses intérêts composés et placé pendant n années, on a la formule

$$A = a(1 + r)^n ;$$

d'où
$$\log A = \log a + n \log (1 + r).$$

On peut inversement calculer a, r ou n.

$$\log a = \log A - n \log (1 + r),$$

$$\log (1 + r) = \frac{\log A - \log a}{n},$$

$$n = \frac{\log A - \log a}{\log (1 + r)}.$$

On peut résoudre les mêmes problèmes à l'aide de la table de la page 372, qui donne ce que devient 1 franc, placé à intérêts composés, au bout de n années, ou

$$(1 + r)^n.$$

649. REMARQUE. — Le nombre n qui figure dans les formules précédentes est supposé **entier**.

Supposons que le capital soit placé pendant n années et une fraction d'année suivant la n^e, soit, par exemple, p jours. On admet que la somme trouvée au bout de n années est placée pendant les p jours suivants à

1. — Valeur de 1 fr. à intérêt composé à la fin de chaque année.

ANNÉES	3,50 %	4 %	4,50 %	5 %	5,50 %	6 %
1	1,035000	1,040000	1,045000	1,050000	1,055000	1,060000
2	1,071225	1,081600	1,092092	1,102500	1,113025	1,123600
3	1,108718	1,124864	1,141166	1,157625	1,174241	1,191016
4	1,147523	1,160859	1,192519	1,215506	1,238825	1,262477
5	1,187686	1,216653	1,246182	1,276282	1,306960	1,338226
6	1,229255	1,265319	1,302260	1,340096	1,378843	1,418519
7	1,272279	1,315932	1,360862	1,407100	1,454679	1,503630
8	1,316809	1,368569	1,422101	1,477455	1,534687	1,593848
9	1,362897	1,423312	1,486095	1,551328	1,619094	1,689479
10	1,410599	1,480244	1,552969	1,628895	1,708144	1,790848
11	1,459070	1,539454	1,622853	1,710339	1,802092	1,898299
12	1,511069	1,601032	1,695881	1,795856	1,901207	2,012196
13	1,563956	1,665074	1,772196	1,885649	2,005774	2,132928
14	1,618695	1,731676	1,851945	1,979932	2,116091	2,260904
15	1,675349	1,800944	1,935282	2,078928	2,232476	2,396558
16	1,733986	1,872981	2,022370	2,182875	2,355263	2,540352
17	1,794676	1,947900	2,113377	2,292018	2,484802	2,692773
18	1,857489	2,025817	2,208479	2,406619	2,621466	2,854339
19	1,922501	2,106849	2,307860	2,526950	2,765647	3,025600
20	1,989780	2,191123	2,411714	2,653298	2,917757	3,207135
21	2,059431	2,278768	2,520241	2,785963	3,078234	3,399564
22	2,131512	2,369919	2,633652	2,925261	3,247537	3,603537
23	2,206114	2,464716	2,752166	3,071524	3,426152	3,819750
24	2,283328	2,563304	2,876014	3,225100	3,614590	4,048935
25	2,363245	2,665836	3,005434	3,386355	3,813392	4,291871
26	2,445950	2,772470	3,140679	3,555673	4,023129	4,549383
27	2,531567	2,883369	3,282010	3,733456	4,244401	4,822346
28	2,620177	2,998703	3,429700	3,920129	4,477843	5,111687
29	2,711878	3,118051	3,584036	4,116136	4,724124	5,418388
30	2,806794	3,243398	3,745318	4,321942	4,983951	5,743491
31	2,905031	3,373133	3,913857	4,538039	5,258069	6,088101
32	3,006708	3,508059	4,089981	4,764941	5,517262	6,453387
33	3,111942	3,648381	4,274030	5,003189	5,852362	6,840590
34	3,220800	3,794316	4,466362	5,253348	6,174242	7,251025
35	3,333590	3,946089	4,667348	5,516015	6,513825	7,686087
36	3,450266	4,103933	4,877378	5,791816	6,872085	8,147252
37	3,571025	4,268090	5,096860	6,081407	7,258050	8,636087
38	3,696011	4,438813	5,326219	6,385477	7,648803	9,154252
39	3,825372	4,616366	5,565899	6,704751	8,069487	9,703507
40	3,959260	4,801021	5,816365	7,039989	8,513300	10,285718
41	4,097834	4,993061	6,078101	7,391988	8,981541	10,902801
42	4,241258	5,192784	6,351015	7,761588	9,575526	11,557033
43	4,389702	5,400495	6,637438	8,149667	9,996679	12,250455
44	4,543342	5,616515	6,936123	8,557150	10,546497	12,985482
45	4,702359	5,841176	7,248248	8,985008	11,126554	13,764611
46	4,866941	6,074823	7,574420	9,434258	11,738515	14,590487
47	5,037234	6,317816	7,915268	9,905971	12,384133	15,465917
48	5,213589	6,570528	8,271456	10,401270	13,065260	16,393872
49	5,396065	6,833349	8,643671	10,921333	13,783849	17,377504
50	5,584927	7,106683	9,032636	11,467400	14,541961	18,420154

intérêts simples. Or la somme a, au bout de p années, est devenue : $a(1 + r)^n$;

réunie à ses intérêts pendant p jours, elle devient :

$$(1) \qquad A = a(1 + r)^n \left(1 + \frac{pr}{360}\right).$$

On aurait une formule analogue si la fraction d'année restante était exprimée en mois, soit q mois :

$$(2) \qquad A = a(1 + r)^n \left(1 + \frac{qr}{12}\right).$$

Ces formules permettent de calculer soit A, soit a, connaissant les autres données du problème.

Pour le calcul du temps on détermine d'abord n en remarquant que

$$a \left(1 + \frac{r}{100}\right)^n < A < a(1 + r)^{n+1},$$

ou

$$n < \frac{\log A - \log a}{\log (1 + r)} < n + 1.$$

Donc n est le plus grand entier contenu dans

$$\frac{\log A - \log a}{\log (1 + r)}.$$

n étant ainsi calculé, l'une des formules précédentes (1) ou (2) permet de calculer p ou q.

Mais le calcul de r d'après les formules (1) ou (2), connaissant toutes les autres données du problème, ne peut se faire que par tâtonnements.

On on a des valeurs approchées en remplaçant les formules (1) et (2) par

$$(1') \qquad A = a(1 + r)^{n + \frac{p}{360}} \,{}^*.$$

$$(2') \qquad A = a(1 + r)^{n + \frac{q}{12}}.$$

650. Problème I. — *Trouver ce que devient une somme de 2.000 francs placée à intérêts composés à 4 %, pendant 12 ans.*

---

* On opérera sur les exposants fractionnaires comme sur les exposants entiers dans les calculs logarithmiques.

1° Appliquons la formule :

$$A = a(1 + r)^n.$$

d'où
$$\log A = \log a + n \log (1 + r)$$
$$\log a = 3,38103$$
$$n \log (1 + r) = 0,20440$$
$$\log A = 3.50543 \qquad A = 3.202^{fr},06.$$

2° Servons-nous de la table de la page 372.

1 fr. devient en 12 ans $1^{fr},601032$

2.000 fr. deviennent en 12 ans :
$$2.000 \text{ fr.} \times 1,601032 = 3.202^{fr},06.$$

651. Problème II. — *Quelle somme faut-il placer à intérêts composés à 4 %, pour avoir au bout de 15 ans une somme de 25.000 francs ?*

1° Appliquons la formule :
$$\log a = \log A - n \log (1 + r)$$
$$\log A = 4,39794$$
$$n \log (1 + r) = 0,25545$$
$$\log a = 4,14249 \qquad a = 13.882 \text{ fr.}$$

2° Servons-nous de la table, p. 372.
$$a = \frac{25.000}{1,800944} = 13.882 \text{ fr.}$$

652. Problème III. — *Au bout de combien de temps un capital de 15.000 francs, placé à intérêts composés au taux de 4,25 %, est-il devenu avec ses intérêts égal à 24.000 francs ?*

Le nombre d'années n est le plus grand entier contenu dans
$$\frac{\log A - \log a}{\log (1 + r)} = \frac{0,24412}{0,01807},$$
ce qui donne 11 ans.

Au bout de 11 ans, le capital primitif est devenu (problème analogue au problème I) 23.710 fr.

Il faut chercher pendant combien de jours doit être placé à 4,25 %, un capital de 23.710 fr. pour rapporter
$$24.000 - 23.710 = 290 \text{ fr. d'intérêts.}$$

On trouve :　　　　　　　103 jours.

Donc il faut placer le capital pendant 11 ans 103 jours.

653. Problème IV. — *A quel taux faut-il placer une somme de 14.800 francs pour qu'elle devienne, avec ses intérêts composés pendant 12 ans, 25.800 francs ?*

Appliquons la formule :

$$\log(1 + r) = \frac{\log A - \log a}{n}.$$

On a ici :

$$\log(1 + r) = \frac{4,41162 - 4,17026}{12} = \frac{0.24136}{12} = 0,20113;$$

d'où
$$1 + r = 1.588.$$

Le taux est donc : $5,88 \,{}^0/_0$.

2° Annuités.

654. Définition. — *On appelle annuités des sommes égales que l'on verse chaque année et qui restent placées à intérêts composés, soit pour constituer un capital, soit pour rembourser une dette. Dans le premier cas, chaque annuité est versée au début de chaque année; dans le second, elle est versée à la fin de chaque année.*

I. — Constitution d'un capital.

655. Soit a l'annuité versée, et soit r le taux divisé par 100.

Au bout de 2 ans, la somme placée sera :

$$a(1 + r)^2,$$

provenant de la 1re annuité, et

$$a(1 + r),$$

provenant de la 2e, c'est-à-dire :

$$a(1 + r) + a(1 + r)^2.$$

De même, au bout de n années, la somme placée sera :

$$A = a(1 + r) + a(1 + r)^2 + \ldots + a(1 + r)^n,$$

et l'on aura fait en tout n versements.

En appliquant la formule qui donne la somme d'une progression géométrique, on trouve :

$$(1) \qquad A = \frac{a(1 + r)\left[(1 + r)^n - 1\right]}{r}.$$

Cette formule permet de calculer l'un des nombres A, a, r, n, connaissant les trois autres.

656. Calcul de l'annuité a. — On a :

$$(2) \qquad a = \frac{Ar}{(1 + r)\left[(1 + r)^n - 1\right]}.$$

657. Calcul du nombre d'années n. — De la

formule (1) on déduit :

$$(1 + r)^n - 1 = \frac{Ar}{a(1 + r)},$$

ou

$$(1 + r)^n = \frac{Ar}{a(1 + r)} + 1 = \frac{Ar + a(1 + r)}{a(1 + r)}.$$

On en déduit, en prenant les logarithmes des deux membres :

$$n = \frac{\log\left[Ar + a(1 + r)\right] - \log a - \log(1 + r)}{\log(1 + r)},$$

ou

$$n = \frac{\log\left[Ar + a(1 + r)\right] - \log a}{\log(1 + r)} - 1.$$

658. Calcul du taux. — Le calcul de r ne peut se

faire que par tâtonnements ou à l'aide de la table de la page 378. On a :

$$\frac{A}{a} = \frac{(1 + r)\left[(1 + r)^n - 1\right]}{r}.$$

La table donne pour chaque valeur de r et de n la valeur du deuxième membre de l'équation précédente. On en déduit la valeur r, connaissant n.

II. — Remboursement d'une dette ou amortissement.

659. Soit A la dette, soit a l'annuité versée à la fin de chaque année.

A la fin de la première année, la dette est devenue :

$$A(1 + r),$$

et on a remboursé l'annuité a ; la dette est donc :

$$A(1 + r) - a.$$

A la fin de la deuxième année, cette dette est devenue.

$$[A(1 + r) - a](1 + r),$$

mais doit être diminuée de la nouvelle annuité versée; donc la dette est :

$$A[(1 + r) - a](1 + r) - a = A(1 + r)^2 - a(1 + r) - a.$$

En opérant ainsi de proche en proche, on trouve qu'au bout de n années (après n versements effectués), la dette est devenue :

$$A(1 + r)^n - a(1 + r)^{n-1} - a(1 + r)^{n-2} \ldots - a$$
$$= A(1 + r)^n - \frac{a[(1 + r)^n - 1]}{r}.$$

La dette primitive est amortie si ce nombre est nul. On a donc :

$$A(1 + r)^n = \frac{a[(1 + r)^n - 1]}{r}.$$

660. On en déduit :

$$A = \frac{a[(1 + r)^n - 1]}{r(1 + r)^n}.$$

$$a = \frac{Ar(1 + r)^n}{(1 + r)^n - 1}.$$

$$n = \frac{\log a - \log (a - Ar)}{\log (1 + r)}.$$

Le calcul de r ne peut se faire que par tâtonnements.

661. **Problème I.** — *Quelle annuité faut-il placer chaque année pour que l'on possède au bout de 25 ans, à intérêts composés au taux de 3,5 %, un capital de 50.000 francs ?*

     ARITHMÉTIQUE

II. — Somme produite au bout de n années, par le placement à intérêt composé de 1 fr. au commencement de chaque année.

ANNÉES	3,50 %	4 %	4,50 %	5 %	5,50 %	6 %
1	1,035 000	1,040 000	1,045 000	1,050 000	1,055 000	1,060 000
2	2,106 225	2,121 600	2,137 025	2,152 500	2,168 025	2,183 600
3	3,214 943	3,246 464	3,278 191	3,310 125	3,342 266	3,374 616
4	4,362 466	4,416 323	4,470 710	4,525 631	4,581 091	4,637 093
5	5,550 152	5,632 975	5,716 892	5,801 913	5,888 051	5,975 319
6	6,779 408	6,898 294	7,019 152	7,142 008	7,266 894	7,393 838
7	8,051 687	8,214 226	8,380 014	8,549 109	8,721 573	8,897 468
8	9,368 496	9,582 795	7,802 114	10,026 564	10,256 260	10,491 316
9	10,731 393	11,006 107	11,288 209	11,577 893	11,875 354	12,180 795
10	12,141 992	12,486 351	12,841 179	13,206 787	13,583 498	13,971 643
11	13,601 962	14,025 805	14,464 032	14,917 127	15,385 591	15,869 944
12	15,113 030	15,626 838	16,159 913	16,712 983	17,286 798	17,882 138
13	16,676 986	17,291 911	17,932 109	18,598 632	19,292 572	20,015 066
14	18,295 681	19,023 588	19,784 054	20,578 564	21,408 663	22,275 970
15	19,971 030	20,824 531	21,729 337	22,657 492	23,641 140	24,672 528
16	21,705 016	22,697 512	23,741 707	24,840 366	25,996 403	27,212 880
17	23,499 091	24,645 413	25,855 084	27,232 385	28,481 205	29,905 653
18	25,357 180	26,674 229	28,063 562	29,539 004	31,102 671	32,759 992
19	27,279 682	28,778 079	30,371 423	32,065 954	33,868 318	35,785 591
20	29,269 471	30,969 202	32,783 137	34,719 252	36,786 076	38,992 727
21	31,328 902	33,247 970	35,303 378	37,505 214	39,864 310	42,392 290
22	33,460 414	35,617 889	37,937 030	40,430 475	43,111 847	45,995 828
23	35,666 528	38,082 604	40,689 196	43,501 999	46,537 998	49,815 577
24	37,949 857	40,645 908	43,465 210	46,727 099	50,152 588	53,864 512
25	40,313 102	43,311 745	46,570 645	50,113 454	53,965 981	58,156 383
26	42,759 060	46,084 214	49,711 324	53,669 126	57,989 109	62,705 766
27	45,290 627	48,967 583	52,993 333	57,402 583	62,233 510	67,528 112
28	47,910 799	51,966 286	56,423 033	61,322 712	66,711 354	72,639 798
29	50,622 677	55,084 938	60,007 070	65,438 847	71,435 478	78,058 186
30	54,429 471	58,328 335	63,752 388	69,760 790	76,419 429	83,801 677
31	56,334 502	61,701 469	67,666 245	74,298 829	81,677 498	89,889 778
32	59,341 210	65,209 527	71,756 226	79,063 771	87,224 760	96,343 165
33	62,453 152	68,857 909	76,030 256	84,066 959	93.077 122	103,183 755
34	65,674 013	72,652 225	80,496 018	89,320 307	99,251 364	110,434 780
35	69,007 603	76,598 314	85,163 964	94,836 323	105,765 189	118,120 867
36	72,457 869	80,702 246	90,041 344	100,628 439	112,637 274	126,268 119
37	76,028 895	84,970 336	95,138 205	106,709 546	119,887 324	134,904 206
38	79,724 906	89,409 150	100,464 424	113,095 023	127,536 127	144,058 458
39	83,550 278	94,025 516	106,030 324	119,799 774	135,605 644	153,761 966
40	87,509 537	98,826 536	111,846 688	126,839 763	144,118 923	164,047 684
41	91,607 371	103,819 598	117,924 789	134,231 751	153,100 464	174,950 545
42	95,848 629	109,012 382	124,276 401	141,903 339	162,575 989	186,507 577
43	100,238 331	114,412 377	130,913 842	150,143 006	172,572 669	198,758 032
44	104,781 673	120,029 892	137,849 965	158,700 456	183,119 165	211,743 514
45	109,484 031	125,870 568	145,098 214	167,685 164	194,245 719	225,508 125
46	114,350 973	131,945 390	152,672 633	177,119 422	205,984 234	240,098 612
47	119,388 257	138,263 206	160,587 902	187,025 393	218,368 367	255,564 529
48	124,601 846	144,833 734	168,859 357	197,426 663	231,433 627	271,958 401
49	129,997 910	151,667 084	177,503 028	208,347 996	245,217 476	289,335 905
50	135,582 837	158,773 767	186,535 662	219,815 395	259,759 440	307,756 059

1° Appliquons la formule :

$$a = \frac{Ar}{(1+r)\left[(1+r)^n - 1\right]} \cdot$$

Calculons d'abord $(1+r)^n$; on peut le faire soit à l'aide des logarithmes, soit à l'aide du tableau de la page 372. Ce dernier donne, pour un taux de 3.5 °/₀ et 25 ans, la valeur 2,363245.

Donc

$$a = \frac{50.000 \times 3,5}{100 \times \left(1 + \frac{3,5}{100}\right) \times 1,363245} = \frac{175.000}{103,5 \times 1,363245} \, ;$$

d'où
$$\log a = 175.000 - \log 103,5 - \log 1,363245$$

$$\left.\begin{array}{l}\log 103,5 = 2,01494 \\ \log 1,363245 = 0,13458\end{array}\right\} \begin{array}{ll}\log & 175,000 = 5,24304 \\ \operatorname{colog} & 103,5 = \bar{3},98506 \\ \operatorname{colog} 1,363245 = \bar{1},86542\end{array}$$

$$\overline{\log a \qquad\qquad = 3,09352}$$

d'où
$$a = 1.240^{\text{fr}},30.$$

2° Servons-nous du tableau de la page 378.

En plaçant 1 fr. par an, on possède au bout de 25 ans :
$$40^{\text{fr}},313102.$$

Donc l'annuité cherchée s'obtient en divisant 50.000 par 40,313102. c'est-à-dire :

$$a = \frac{50.000}{40,313102} = 1240^{\text{fr}},30.$$

---

662. Problème II. — *On emprunte une somme de 80.000 francs à 5 °/₀. Quelle annuité faut-il verser pour l'amortir en 25 ans ?*

Appliquons la formule :
$$a = \frac{Ar(1+r)^n}{(1+r)^n - 1} \cdot$$

On a ici :
$$(1+r)^n = (1,05)^{25} = 3,386355.$$

Donc
$$a = \frac{80.000 \times 5 \times 3,386355}{100 \times 2,386355} = \frac{4.000 \times 3,386355}{2,386355} = \frac{13.545,42}{2,386355} \, ,$$
$$a = 5.676 \text{ fr.}$$

Exercices sur les progressions, logarithmes, intérêts composés.

648. Quel est le dix-huitième terme de la progression :
3, 7, 11, 15, … ?

649. Quel est le premier terme d'une progression arithmétique dont le quinzième terme est 248 et la raison 6 ?

620. Insérer entre les termes de la progression arithmétique suivante cinq nouveaux moyens : 4, 7, 10, 13, ...

621. Insérer entre 1.792 et 28 cinq moyens géométriques.

622. Trouver la somme des 25 multiples successifs de 5 à partir de 5.

623. Calculer la somme des nombres de la table de Pythagore.

624. Calculer la somme des termes de la progression géométrique qui a pour premier terme 2, pour raison 3, et qui a douze termes en tout.

625. Calculer la somme des termes de la progression géométrique indéfinie $\quad 1 + \dfrac{1}{2} + \dfrac{1}{2^2} + \dfrac{1}{2^3} + \ldots$

626. Calculer des même les sommes suivantes :

$$1 + \frac{1}{3} + \frac{1}{3^2} + \ldots,$$

$$1 - \frac{1}{2} + \frac{1}{2^2} - \frac{1}{2^3} + \frac{1}{2^4} - \ldots$$

Calculer à l'aide des logarithmes les expressions suivantes :

627. $\qquad \dfrac{(0,525)^3 \sqrt[4]{6.187}}{(9,1816)^2}.$

628. $\qquad -3,1416 \sqrt{\dfrac{18,49}{9,8088}}.$

629. Quelle somme retire-t-on si l'on place 1.800 francs à intérêts composés au taux de 4,75 $^0/_0$ pendant 14 ans ?

630. Quelle somme faut-il placer à intérêts composés à 3,5 $^0/_0$, pour retirer au bout de 18 ans un capital de 100.000 francs ?

631. Quelle somme faut-il placer chaque année pour constituer, avec les intérêts composés à 4 $^0/_0$, un capital de 200.000 francs en 25 ans ?

632. Quelle annuité faut-il verser par an pour amortir au bout de 25 ans une dette de 50.000 francs, le taux étant 4 $^0/_0$?

TABLEAU DES DENSITÉS

Densité des solides et des liquides usuels, celle de l'eau
à 4° étant prise pour unité.

1. — SOLIDES.

Platine	21,45	Acier forgé	7,84
Or	19,26	Fer fondu	7,20
Mercure	13,60	— forgé	7,89
Plomb	11,25	Etain	7,29
Argent	10,47	Fonte grise . . 7,00 (moyenne)	
Cuivre	8,88	— blanche 7,64 (moyenne)	
Nickel	8,28	Zinc . . . . :	7,15
Acier doux	7,833	Aluminium fondu	2,56

2. — LIQUIDES.

Lait de vache . . .	1,032	Alcool à 90°	0,834
Eau de mer	1,026	— absolu . . .	0,834
Huile d'olive . . .	0,919	Pétrole distillé . .	0,78 à 0,81
— de colza . .	0,913	Naphte . . . . 0,72 (moyenne)	
Benzine	0,833		

Densité des gaz en prenant celle de l'air
à 0° et 760^{mm} de mercure pour unité.

Chlore	2,29	Azote	0,967
Cyanogène	1,806	Acétylène	0,9056
Acide carbonique .	1,526	Ammoniaque . . .	0,597
Oxyde de carbone	1,258	Hydrogène	0,0693
Oxygène	1,105		

APPENDICE

CALCULS APPROCHES — ERREURS

§ 1. — ERREURS ABSOLUES

663. Les nombres sur lesquels on opère ne sont le plus souvent connus que d'une manière approchée. En effet, ils représentent en général des mesures de grandeurs, et toute mesure expérimentale est entachée d'une erreur, qui dépend du degré de précision de l'appareil employé.

On appelle **erreur absolue** ou simplement **erreur** d'un nombre approché, la différence, prise en valeur absolue, entre ce nombre approché et le nombre exact. On ne connaît en général pas cette erreur absolue ; mais on sait qu'elle est inférieure à un nombre donné, que l'on appelle *limite supérieure de l'erreur*. Dans certains cas, on sait que le nombre approché l'est par défaut ou par excès ; dans d'autres, et ce sont les plus fréquents en pratique, on ne connaît pas le sens de l'approximation.

Si l'on fait des opérations sur des nombres approchés, le résultat obtenu n'est lui aussi qu'approché. On peut se proposer deux problèmes différents :

1° *Étant données les limites supérieures des erreurs commises sur des nombres donnés, trouver une limite supérieure de l'erreur commise sur le résultat;* — et, si les sens des premières erreurs sont connus, voir si l'on peut en déduire le sens de l'erreur commise sur le résultat.

2° *Étant donnés des nombres que l'on peut connaître avec telle approximation que l'on veut, choisir pour chacun le degré d'approximation, de telle sorte que le résultat de certaines opérations sur ces nombres soit affecté d'une erreur inférieure à une limite donnée et dans certains cas de sens connu.*

I. — Premier problème.

664. Nous allons traiter le premier problème sur les quatre opérations fondamentales, la racine carrée et la racine cubique. Diviser deux nombres dans ce cas doit être entendu dans le sens de former le quotient complet ou le rapport de ces deux nombres.

665. Addition et soustraction. — Théorème I. — *L'erreur absolue d'une somme ou d'une différence est inférieure à la somme des limites supérieures des valeurs absolues des différents termes.*

Cette propriété est évidente.

REMARQUE. — Dans une somme, si tous les nombres sont approchés dans un même sens, la somme est approchée dans le même sens.

Une différence est approchée par défaut si le plus grand nombre est approché par défaut, et le plus petit par excès; la différence est approchée par excès, si le plus grand nombre est approché par excès et le plus petit par défaut. Si les deux nombres sont approchés dans le même sens, on ne sait pas le sens dans lequel est approchée la différence.

666. Multiplication. — Théorème II. — *L'erreur absolue d'un produit est inférieure à la somme de tous les produits obtenus en multipliant la limite inférieure de l'erreur de chaque facteur par tous les autres facteurs pris par excès.*

1° *Supposons d'abord deux facteurs* a *et* b.

Soient $a + a'$ et $b + b'$ leurs valeurs rapprochées (a' et b' étant positifs ou négatifs). On désignera par $|a'|$ la valeur absolue du nombre algébrique a'.

La valeur approchée du produit est :
$$(a + a')(b + b') = ab + ab' + a'b + a'b'.$$
Soit a_1 supérieur à $a + |a'|$.
$$b_1 \quad - \quad b + |b'|.$$

L'erreur est inférieure en valeur absolue à
$$a|b'| + b|a'| + |a'|\,|b'| < |b'|\big[a + |a'|\big] + |a'|b.$$
et, *à fortiori*, elle est inférieure à
$$|b'|a_1 + |a'|b_1.$$

2° *Supposons plusieurs facteurs.*

On a pour deux facteurs, d'après ce qui précède, en appelant e l'erreur de leur produit en valeur absolue :
$$\frac{e}{a_1 b_1} < \frac{|a'|}{a_1} + \frac{|b'|}{b_1}.$$

Si l'on prend trois facteurs a, b, c, soit e' la valeur absolue de l'erreur faite sur leur produit, et soit c' l'erreur faite sur c. Soit comme plus haut $c_1 > c + |c'|$.

On remarque que $abc = (ab)c$.

On a :
$$\frac{e'}{a_1 b_1 c_1} < \frac{e}{a_1 b_1} + \frac{|c'|}{c_1} < \frac{|a'|}{a_1} + \frac{|b'|}{b_1} + \frac{|c'|}{c_1};$$
d'où
$$e' < |a'|b_1 c_1 + |b'|a_1 c_1 + |c'|a_1 b_1.$$

Donc le théorème est établi par trois facteurs. On passerait ainsi de proche en proche à un nombre quelconque de facteurs.

REMARQUE. — Si tous les facteurs sont approchés dans le même sens, le produit l'est dans le même sens.

667. Division. — **Théorème III.** — *L'erreur absolue sur un quotient complet est inférieure à une fraction dont le dénominateur est le carré du diviseur pris par défaut, et le numérateur, la somme du produit obtenu en multipliant la limite supérieure de chaque nombre par l'autre pris par excès.*

Soit le quotient $\dfrac{a}{b}$.

Soient $a + a'$, $b + b'$ les valeurs approchées du dividende et du diviseur.

Soient $\qquad b_1 > b + |b'|, \qquad a_1 > a + |a'|,$
et, d'autre part, $\qquad b_2 < b - |b'|.$

Le quotient approché est : $\dfrac{a+a'}{b+b'}$.

L'erreur est donc :

$$\frac{a+a'}{b+b'} - \frac{a}{b} = \frac{a'b - ab'}{b(b+b')}.$$

La valeur absolue de cette erreur est donc inférieure à

$$\frac{|a'|b_1 + |b'|a_1}{b_2^{\ 2}}.$$

REMARQUE. — Si le dividende est approché par défaut et le diviseur par excès, le quotient est approché par défaut.

Si le dividende est approché par excès et le diviseur par défaut, le quotient est approché par excès.

668. Racine carrée. — Théorème IV. — *L'erreur absolue sur la racine carrée d'un nombre est inférieure à la limite supérieure de l'erreur commise sur ce nombre divisé par le double de la racine carrée du nombre donné pris par défaut.*

Soient a le nombre donné, $a + a'$ sa valeur approchée.

Posons : $\qquad a_2 < a - |a'|$.

On obtient pour valeur approchée de la racine carrée :

$$\sqrt{a + a'}.$$

L'erreur est donc :

$$\sqrt{a + a'} - \sqrt{a} = \frac{a'}{\sqrt{a + a'} + \sqrt{a}}.$$

Sa valeur absolue est donc inférieure à

$$\frac{|a'|}{2\sqrt{a_2}}.$$

REMARQUE. — La racine carrée est approchée dans le même sens que le nombre.

669. Racine cubique. — Théorème V. — *L'erreur absolue sur la racine cubique d'un nombre est inférieure à la limite supérieure de l'erreur commise sur ce nombre divisé par le triple de la racine cubique du carré du nombre, prise par excès.*

Soit a le nombre, $a + a'$ sa valeur approchée. L'erreur est :

$$\sqrt[3]{a + a'} - \sqrt[3]{a} = \frac{a'}{\sqrt[3]{(a+a')a} + \sqrt[3]{(a+a')^2} + \sqrt[3]{a^2}},$$

11*

en multipliant et en divisant le premier membre de l'égalité

par $\qquad \sqrt[3]{(a+a')^2} + \sqrt[3]{(a+a')a} + \sqrt[3]{a^2}$,

et en se servant de l'identité

$$x^3 - y^3 = (x - y)(x^2 + xy + y^2).$$

La valeur absolue de cette erreur est inférieure à

$$\frac{|a'|}{3\sqrt[3]{a_2^2}},$$

en prenant, comme plus haut :

$$a_2 < a - |a'|.$$

II. — Deuxième problème.

670. Pour traiter le deuxième problème, on raisonne comme dans les théorèmes précédents.

Nous allons en donner quelques exemples.

EXEMPLE I. — *Soit à calculer* $\dfrac{\pi}{e}$ *à 0,001 près.*

Sachant que $\qquad \begin{cases} \pi = 3,141\,592\ldots \\ e = 2,7182\,818\ldots \end{cases}$

Prenons π par défaut, e par excès, chacun avec la même approximation a. L'erreur est :

$$\frac{\pi}{e} - \frac{\pi - a}{e + a} = \frac{a(\pi + e)}{e(e + a)} < \frac{a(\pi + e)}{e^2}.$$

Remplaçons $\pi + e$ dans le numérateur par un nombre plus grand, 6 par exemple ; et e^2 dans le numérateur par un nombre plus petit, 7 par exemple.

L'erreur est inférieure à

$$\frac{6a}{7} < a.$$

Comme, d'autre part, on fera une erreur dans la division décimale, prenons $a < 0,0001$. On devra donc diviser 3,1415 par 2,7183. On trouve le quotient à moins de 0,0001 près par défaut : 1,1556.

Ce quotient est entaché de deux erreurs : l'une qui provient de ce que les deux nombres étaient approchés, l'autre de ce que la division elle-même n'a été poussée que jusqu'à la quatrième décimale ; chacune de ces erreurs est inférieure à 0,0001 ; donc le quotient est compris entre

$$1,1556 \quad \text{et} \quad 1,1556 + 0,0002 + 1,15562.$$

Donc 1,155 est le quotient approché par défaut à moins de 0,001 près.

671. Dans la cas précédent, on a pris la même approximation sur e et π, car ces nombres étaient peu différents. Dans d'autres cas, il y a avantage à prendre des approximations différentes.

EXEMPLE II. — *Soient :* $\qquad$ **a = 0,3752 ...**

et $\qquad\qquad$ **b = 29,3583 ...**

et soit à calculer $\dfrac{a}{b}$ *à moins de* **0,01** *près.*

Prenons : $\qquad a - a' \qquad$ et $\qquad b + b'$.

L'erreur est :

$$\frac{a}{b} - \frac{a - a'}{b + b'} < \frac{a'b + b'a}{b^2} < \frac{30a' + 0,4b}{800}.$$

Prenons : $\qquad a' < 0,01, \qquad b' < 1.$

On a une erreur inférieure à

$$\frac{0,3 + 0,4}{800} = \frac{0,7}{800} < 0,001.$$

Donc il suffit de diviser $\;0,37\;$ par $\;29$.

Le quotient à moins de 0,001 près par défaut est $\;0,012$.

Les deux erreurs sont inférieures à 0,002 ; donc le résultat est compris entre 0,012 et 0,014. Ce résultat est donc 0,01 à moins de $\dfrac{1}{100}$ près par défaut.

EXEMPLE III. — *Soit à calculer* $\dfrac{\pi^2}{e}$ *à moins de* **0,001** *près.*

Prenons π^2 par défaut, e par excès à moins de a près ; l'erreur est inférieure à $\qquad \dfrac{(\pi^2 + e)a}{e^2}.$

Si $\;a < \dfrac{1}{10^4}$, l'erreur est inférieure à

$$\frac{1}{10^4}\,\frac{\pi^2 + e}{e^2} < \frac{13}{7 \times 10^4} < 0,0002.$$

On prendra donc pour e 2,7183. (L'erreur sur e est inférieure à 0,00002.)

Calculons maintenant π^2 à moins de 0,0001 près. Soit b l'erreur par défaut commise sur π. L'erreur sur π^2 est inférieure à

$$2\pi b < 7\,b.$$

Prenons pour π 3,14159 ; alors $\;b < 0,000003$. On a :

$$(3,14159)^2 = 9,8695877281.$$

L'erreur sur π^2 est donc, si l'on prend $\pi^2 = 9,86958$, inférieure à
$$0,00003.$$

D'autre part, l'erreur sur e est inférieure à 0,00002.

Donc l'erreur sur $\dfrac{\pi^2}{e}$ est inférieure à

$$\frac{0,00002 \cdot \pi^2 + 0,00003e}{e^2}.$$

Cette erreur est donc inférieure, *à fortiori*, à
$$\frac{0,00002 \times 10 + 0,00003 \times 3}{7} < 0,00042.$$

On divise 9,86958 par 2,7183, ce qui donne 3,63079, à moins de 0,00001 par défaut. Le nombre cherché est donc compris entre   3,63079   et   3,630842

Donc **3,630** est sa valeur approchée par défaut à moins de 0,001.

Chiffres exacts d'un nombre approché.

672. *On dit qu'un nombre approché contient n chiffres exacts, lorsque le nombre obtenu en conservant les n premiers chiffres du premier diffère du nombre exact de moins d'une unité de l'ordre de ce n^e chiffre.*

Si le nombre qui contient n chiffres exacts est approché par défaut, les n premiers chiffres coïncident avec ceux du développement décimal du nombre exact.

§ 2. — ERREURS RELATIVES

673. *On appelle erreur relative d'un nombre approché le rapport de l'erreur absolue à la valeur exacte du nombre.*

Comme on ne connaît par la valeur exacte du nombre, on se sert de ce qu'on appelle l'erreur relative par excès :

On appelle erreur relative par excès le rapport d'une limite supérieure de l'erreur absolue au nombre approché par défaut.

L'erreur relative par excès est toujours supérieure à l'erreur relative.

674. Théorème I. — *L'erreur relative du produit de plusieurs facteurs est en général moindre que la somme des erreurs relatives par excès des facteurs.*

Conservons les notations du numéro 666, et supposons, par exemple, trois facteurs a, b, c. On a vu que, si l'on appelle e une limite supérieure de l'erreur du produit, on a :

$$\frac{e'}{a_1 b_1 c_1} < \frac{|a'|}{a_1} + \frac{|b'|}{b_1} + \frac{|c'|}{c_1}.$$

On en déduit :

$$\frac{e'}{abc} < \frac{|a'|}{a_1}\frac{a_1 b_1 c_1}{abc} + \frac{|b'|}{b_1}\frac{a_1 b_1 c_1}{abc} + \frac{|c'|}{c_1}\frac{a_1 b_1 c_1}{abc}.$$

Si l'on remplace dans le premier terme du deuxième membre $\dfrac{|a'|}{a_1}$ par $\dfrac{|a'|}{a_2}$, on augmente ce rapport ; on conçoit que si a_1, b_1, c_1 sont *très voisins* de a, b, c, le rapport $\dfrac{|a'|}{a_2}$ pourra être pris supérieur à $\dfrac{|a'|}{a_1}\dfrac{a_1 b_1 c_1}{abc}$.

De même pour les autres ; on aura alors :

$$\frac{e'}{abc} < \frac{|a'|}{a_2} + \frac{|b'|}{b_2} + \frac{|c'|}{c_2}.$$

675. Théorème II. — *L'erreur relative d'un quotient complet est moindre que la somme des erreurs relatives par excès des deux nombres à diviser.*

Conservons les notations du numéro 667. On a vu que, e étant l'erreur absolue, on a :

$$e < \frac{|a'|b_1 + |b'|a_1}{b_2^2}.$$

L'erreur relative est inférieure à

$$e : \frac{a_1}{b_2},$$

c'est-à-dire :

$$\frac{|a'|}{a_1} + \frac{|b'|}{b_2},$$

qui est elle-même à *fortiori* inférieure à

$$\frac{|a'|}{a_2} + \frac{|b'|}{b_2}.$$

ce qui démontre le théorème.

676. Théorème III. — *L'erreur relative de la racine carrée est moindre que la moitié de l'erreur relative par excès du nombre dont on extrait la racine.*

Gardons les notations du numéro 668. Une limite e de la valeur absolue de l'erreur est :

$$e = \frac{|a'|}{2\sqrt{a_2}}.$$

L'erreur relative par excès est $\dfrac{e}{\sqrt{a_2}}$; donc l'erreur relative par excès est $\dfrac{|a'|}{2a_2}$, ce qui démontre le théorème.

677. Théorème IV. — *L'erreur relative de la racine cubique est moindre que le $\dfrac{1}{3}$ de l'erreur relative par excès du nombre dont on extrait la racine cubique.*

Ce théorème se démontre d'une manière analogue à la démonstration du précédent.

§ 3. — OPÉRATIONS ABRÉGÉES

678. Les opérations abrégées ont pour but de calculer avec une approximation connue un résultat numérique provenant d'une addition, d'une soustraction, d'une multiplication ou d'une division par un procédé plus rapide que celui des opérations ordinaires. Mais en général les règles de ces opérations ne donnent pas le sens de l'approximation.

I. — Addition abrégée.

679. Règle. — *Pour additionner moins de dix nombres à moins d'une unité d'un certain ordre indiqué, on les ajoute en conservant seulement dans chacun d'eux les unités dix fois plus petites que celles du degré d'approximation demandé, puis, au résultat, on supprime le dernier chiffre à droite, et l'on augmente d'une unité le précédent.*

S'il y a plus de dix nombres à additionner et moins de cent, on conserve dans chacun d'eux les unités cent fois plus petites que celles du degré d'approximation. Au résultat, on supprime,les deux derniers chiffres à droite, et l'on augmente le chiffre précédent d'une unité.

II. — Soustraction abrégée.

680. Règle. — *On obtient, à une unité près d'un certain ordre, la différence de deux nombres, en conservant seulement dans chacun d'eux autant d'unités entières ou décimales qu'on veut en avoir au résultat. La soustraction ainsi réduite s'effectue comme à l'ordinaire.*

La démonstration de ces deux règles est immédiate.

Supposons pour l'addition que l'on veuille calculer à 0,0001 près la somme de 8 nombres. On les prend chacun avec 5 décimales et on fait leur somme. On obtient ainsi une somme A' approchée par défaut et l'erreur est inférieure à

$$\frac{8}{10^5} < \frac{1}{10^4}.$$

Soit A la somme exacte. On a :

$$A = A' + a,$$

avec
$$a < \frac{1}{10^4}.$$

Si on force la quatrième décimale de A' et qu'on néglige la cinquième, on augmente A' d'un nombre $b < \frac{1}{10^4}$. On a ainsi un nombre A'', qui est le résultat de l'opération approchée, et
$$A'' = A' + b,$$
ou
$$A'' = A - a + b;$$

mais a et b sont tous les deux inférieurs à $\frac{1}{10^4}$. Donc A'' diffère de A de moins de $\frac{1}{10^4}$, sans qu'on puisse dire d'avance, en général, le sens de l'approximation.

On raisonnerait d'une manière analogue pour la soustraction.

III. — Multiplication abrégée.

681. Règle d'Oughtred[1]. — *On renverse l'ordre des chiffres du multiplicateur et l'on place le chiffre de ses unités sous le chiffre du multiplicande qui représente des unités cent fois plus petites que celles de l'approximation demandée. Alors on multiplie tout le multiplicande successivement par les chiffres du multiplicateur en commençant chaque produit partiel par le chiffre du multiplicande qui est au-dessus du chiffre du multiplicateur correspondant. On dispose dans une même colonne verticale les premiers chiffres à droite de chacun de ces produits.*

Leur somme étant obtenue, on barre les deux premiers chiffres à droite de cette somme et l'on augmente d'une unité celui qui les précède.

On fait ensuite exprimer au dernier chiffre du nombre ainsi obtenu des unités de l'ordre d'approximation demandé.

EXEMPLE. — Soit à calculer le produit, à moins de 0,01 près,
de	35,8435175	par	41,5427843.

$$
\begin{array}{r}
\textit{Opération abrégée :} \quad 358435175 \\
\overline{3}48724514 \\
\hline
14337401 \\
358435 \\
179215 \\
14336 \\
716 \\
245 \\
24 \\
\hline
14890375
\end{array}
$$

Le résultat est 1489,04, d'après la règle donnée plus haut.

Démonstration. — Chacun des produits partiels de l'opération abrégée représente des dix millièmes ; en effet, ces produits sont les suivants :

$$\frac{3584351}{10^5} \times 40, \qquad \frac{358435}{10^5} \times 1, \qquad \frac{35843}{10^3} \times 5, \quad \text{etc.}$$

On doit donc les écrire comme l'indique la règle, pour les additionner.

---

[1] Oughtred, mathématicien anglais né en 1574, mort en 1660.

Voyons les erreurs commises.

1° Dans chaque multiplication on a négligé au multiplicande des nombres respectivement inférieurs à

$$\frac{1}{10^5}, \quad \frac{1}{10^4}, \quad \frac{1}{10^3}, \quad \frac{1}{10^2}, \quad \text{etc.}$$

qui auraient dû être multipliées respectivement par

$$40, \quad 1, \quad \frac{5}{10}, \quad \frac{4}{10^2}, \quad \text{etc.}$$

Il en résulte une erreur a par défaut, inférieure à

$$40 \times \frac{1}{10^5} + 1 \times \frac{1}{10^4} + \frac{5}{10} \times \frac{1}{10^3} + \dots < \frac{4+1+5+4+2+7+8}{10^4}.$$

S'il y a dans la partie utilisée du multiplicateur moins de 10 chiffres, cette erreur est inférieure à celle qu'on obtiendrait en remplaçant tous ces chiffres dans l'expression précedente par des 9; elle est donc inférieure à

$$\frac{9 \times 10}{10^4} = \frac{9}{10^3}.$$

2° On n'a pas formé le produit du multiplicande par 0,0000043. Il en résulte une nouvelle erreur par défaut b, inférieure à 0,00043, puisque le multiplicande est inférieur à 100.

La somme des deux erreurs a et b, toutes les deux par défaut, est donc inférieure à 0,00943 ou, *à fortiori*, à 0,01.

3° On a augmenté le produit trouvé d'un nombre au plus égal à 0,01. On a ainsi une erreur par excès moindre que 0,01.

L'erreur $a + b$, par défaut, étant de sens contraire à cette dernière, prise par excès, et chacune des deux étant inférieure à 0,01, le nombre trouvé est bien approché à moins de 0,01 près.

682. REMARQUE I. — Si l'on avait eu à utiliser au multiplicateur plus de 10 chiffres, il aurait fallu modifier la règle et placer le chiffre des unités du multiplicateur sous le chiffre du multiplicande qui représente des unités mille fois plus petites que celles de l'approximation ; puis il aurait fallu barrer 3 chiffres à la droite du produit au lieu de 2, et forcer le dernier chiffre restant.

683. REMARQUE II. — En général, en suivant la règle d'Oughtred, on ne connaît pas le sens de l'approximation du produit. Si donc on veut obtenir un produit approché dans un sens déterminé, on devra le calculer

avec un chiffre de plus que l'on n'en veut conserver : on supprimera le dernier chiffre, sans changer le précédent, si le produit doit être approché par défaut ; au contraire, on forcera cet avant-dernier, si le produit doit être approché par excès.

IV. — Division abrégée.

684. Règle. — *Pour obtenir à une unité près d'ordre p le quotient d'un nombre par un autre, on détermine d'abord le nombre de chiffres n du quotient. On prend ensuite à la gauche du diviseur assez de chiffres pour que le nombre ainsi formé soit au moins égal à n, puis on écrit à sa suite les n chiffres suivants du diviseur donné. On obtient ainsi le diviseur abrégé. Pour former le dividende abrégé, on prend assez de chiffres à la gauche du dividende donné pour que le nombre ainsi formé renferme une fois au moins, et moins de 10 fois, le diviseur abrégé. On opère ensuite comme pour une division ordinaire ; mais, au lieu d'abaisser un chiffre du dividende à la droite de chaque reste partiel, on barre le dernier chiffre à droite du diviseur précédent. L'opération est terminée quand on a n chiffres au quotient. On fait exprimer au dernier de ces chiffres à droite des unités de l'ordre p (entier ou décimal) donné.*

Exemple. — Soit à calculer le quotient à 0,001 près de

8,7.546.233.783   par   0,314.569.278.

Le diviseur a 9 chiffres décimaux et le quotient doit en avoir 3 ; on aurait à supprimer la virgule du diviseur et à avancer celle du dividende de $9+3=12$ rangs vers la droite. On aurait ensuite à calculer le quotient à 1 unité près de 8.754.623.378.300 par 314.569.278 (Voir, n° 271). Dans l'opération abrégée, on opère comme l'indique la règle donnée ci-dessus et l'opération effectuée est la suivante :

$$
\begin{array}{r|l}
8.754.623.\overline{378.300} & 314.569.2\overline{78} \\
\hline
2.463.239 & 27.830 \\
261.256 & \\
9.608 & \\
173 &
\end{array}
$$

Les parties surmontées d'un trait du dividende et du diviseur ne sont pas utilisées dans l'opération abrégée.

Démonstration. — L'opération effectuée ci-dessus diffère de l'opération complète de deux manières :

1° A la droite de chaque dividende partiel écrit, on n'a pas abaissé les chiffres successifs de la partie négligée au dividende : 378.300.

2° Les dividendes successifs employés sont trop grands, car dans la soustraction qui leur donne naissance, on a retranché seulement le produit du chiffre précédent du quotient par une partie du diviseur.

Voyons quels sont les effets de ces deux modifications apportées à l'opération.

Soient A le dividende et B le diviseur donnés rendus entiers.

Soit Q le quotient trouvé dans l'opération abrégée.

Soit A' le dividende obtenu en remplaçant la partie de A dont on ne s'est pas servi par des zéros. On a ici :

$$A = A' + 378.300. \qquad (1)$$

'D'autre part, formons le produit BQ ; ce produit est égal à A', diminué du reste donné par l'opération abrégée 173.000.000, et augmenté de la somme des produits partiels que l'on n'a pas utilisés dans les soustractions successives, et qui sont :

$$2.000 \times 78 \qquad < 10^7,$$
$$7.000 \times 278 \qquad < 10^7,$$
$$800 \times 9.278 \qquad < 10^7,$$
$$30 \times 69.278 \quad < 10^7,$$
$$0 \times 569.278 < 10^7,$$

ce qui donne une somme C inférieure à 5×10^7, *à fortiori*, inférieure à 31×10^7 et, *à fortiori*, inférieure au diviseur.

On a donc : $$BQ = A' - 173.000.000 + C. \qquad (2)$$

De (1) et de (2) on déduit :

$$BQ = A - 378.300 - 173.000.000 + C.$$

Mais $$378.300 + 173.000.000 = 173.378.300$$

est toujours inférieur à B ; il en est de même de C.

Donc la différence entre BQ et A est inférieure à B.

Par suite, Q est le quotient approché par *excès* ou par *défaut* à une unité près de A par B.

En général, on ne pourra pas dire à l'avance si l'approximation a lieu par excès ou par défaut.

685. REMARQUE. — Il peut se faire, que dans l'opération abrégée, un dividende partiel contienne 10 fois le diviseur correspondant.

Dans ce cas, on force le chiffre précédemment obtenu au quotient d'une unité et on remplace par des zéros tous ceux qui restent à obtenir.

Exercices sur les calculs d'approximation.

633. Calculer à 0,001 près le produit de $\pi\sqrt{2}$.

634. Calculer avec 3 décimales exactes la valeur de $\dfrac{\pi\sqrt{3}}{\sqrt{3}-1}$.

(Ecole d'arts et métiers.)

635. Sachant que le mètre est la dix-millionième partie du quart du méridien terrestre, on demande de calculer la surface de la terre, supposée sphérique, à moins de 1 kilomètre carré près. (Ecole d'arts et métiers.)

636. Quelles doivent être, à 1 centimètre près, les valeurs du côté d'un cône de révolution dont le diamètre de base est égal au côté : 1° pour que sa surface convexe soit de 1 mètre carré? 2° pour que son volume soit de 1 mètre cube?

(Ecole d'arts et métiers.)

637. Le rayon des deux bases d'un tronc de cône et sa génératrice ont respectivement pour longueurs, à 1 centimètre près :

$$R = 15^m,23, \qquad r = 8^m,45, \qquad a = 14^m,18.$$

Avec quelle approximation pourra-t-on avoir : 1° sa surface totale? 2° son volume?

638. Le volume d'une sphère est $1^{m3},4286$ à 100 centimètres cubes près. Avec quelle approximation au plus peut-on avoir son rayon?

PROBLÈMES

PREMIÈRE PARTIE

MÉTHODES DE RÉSOLUTION
DES PROBLÈMES D'ARITHMÉTIQUE

---

686. Il n'exite pas, en arithmétique, de méthode générale pour résoudre les problèmes. A ce point de vue, l'arithmétique diffère essentiellement de l'algèbre, qui procède toujours de la même manière dans la solution des questions proposées. Cependant beaucoup de problèmes d'arithmétique peuvent se ramener à quelques types généraux, dans chacun desquels on emploie la même méthode. Ce sont ces types de problèmes, et surtout les méthodes propres à les résoudre, que nous allons étudier successivement. Nous ne nous occuperons pas, dans ce qui va suivre, des problèmes dont la solution est immédiate et s'obtient à l'aide d'une opération évidente ou par l'application d'une formule connue, et des solutions algébriques.

I. — Méthode des proportions.

687. Un grand nombre de problèmes sont des applications des propriétés des rapports et des proportions. Nous citerons tous ceux qui se rattachent directement

aux grandeurs proportionnelles (règles de trois et du tant pour cent), aux questions simples d'intérêt et de partages proportionnels (règles de société, questions des mélanges et d'alliage).

La manière d'appliquer les propriétés arithmétiques des rapports, des proportions et des suites de rapports égaux à ces questions a été exposée sur un assez grand nombre d'exemples dans cet ouvrage, pour que nous n'y insistions pas dans ce qui suit.

II. — Méthode de supposition.

688. Principe de la méthode. — On veut trouver un ou plusieurs nombres satisfaisant à des conditions données. On suppose pour cela un ou plusieurs nombres auxiliaires (dans ce dernier cas on s'arrange pour que le plus des conditions déjà données puissent être satisfaites); on opère avec ce ou ces nombres comme s'il vérifiait les données du problème.

On voit alors à quels résultats on arrive, et l'on déduit de la comparaison des résultats obtenus et des résultats cherchés la multiplication à faire subir au nombre auxiliaire ou à ces nombres auxiliaires pour satisfaire à toutes les conditions du problème.

1° On n'a à supposer qu'un seul nombre auxiliaire.

Problème. — *Un marchand achète une pièce d'étoffe à 5 francs le mètre. Il en vend le $\frac{1}{3}$ à 6 francs le mètre, le $\frac{1}{4}$ à 7 francs et le reste au prix coûtant. Il réalise ainsi un bénéfice de 70 francs. Quelle est la longueur de la pièce ?*

Solution. — Je suppose un nombre de mètres qui soit divisible par 3 et par 4 : le plus petit nombre satisfaisant à cette condition est 12.

Si le marchand achète 12 mètres, il dépense : $12 \times 5 = 60$ fr.

Il en vend le $\frac{1}{3}$, c.-à-d. $\frac{12}{3} = 4$ m. à 6 fr. ;

il reçoit . . . . $4 \times 6 = 24$ —

Il en vend le $\frac{1}{4}$, c.-à-d. $\frac{12}{4} = 3$ m. à 7 fr.

Il reçoit . . . . $3 \times 7 = 21$ —

Il en vend le reste, c.-à-d. $12 - (4 + 3) = $
5 m. à 5 fr. . . . . $5 \times 5 = 25$ —

Il reçoit donc en tout pour la vente $\overline{70\ \text{fr.}}$

Son bénéfice sur 12 mètres est donc de 10 francs.

Donc la pièce contient autant de fois 12 mètres que 10 est contenu de fois dans 70 ; elle a donc pour longueur :

$$\frac{12 \times 70}{10} = 12 \times 7 = 84.$$

Réponse. — La pièce a 84 mètres.

2º On a à supposer plusieurs nombres auxiliaires.

689. Ce cas se présente dans des problèmes de partages, lorsqu'on n'applique pas la méthode des proportions, et dans quelques types de problèmes du genre de ceux qui suivent.

Partages.

1º On connaît les rapports des parts prises deux à deux.

Problème. — *Un patron doit payer 153 francs à trois ouvriers, qui gagnent la même somme par jour ; le premier a travaillé 7 jours, le deuxième 12 jours, le troisième 15 jours. Combien chacun touchera-t-il ?*

Solution. — Si le premier touchait 7 francs, le deuxième toucherait 12 francs et le troisième 15 francs, et l'on aurait à leur payer :

$$7 + 12 + 15 = 34 \text{ francs.}$$

Comme ils ont à se partager 153 francs, ils toucheront autant de fois les sommes précédentes que 34 est contenu dans 153. On divise donc 153 par 34, ce qui donne 4,5 pour quotient.

Réponse :
Le premier ouvrier touche $4,5 \times 7 = 31^{\text{fr}},50$
Le deuxième   — $4,5 \times 12 = 54^{\text{fr}}$
Le troisième   — $4,5 \times 15 = 67^{\text{fr}},50$

Vérification :   Total $153^{\text{fr}},00$ (somme partagée).

2º On connaît les rapports des parts augmentées ou diminuées de quantités connues.

Problème. — *Un troupeau de moutons est partagé en trois parties. La première et la deuxième sont égales ; la première, augmentée de 4 moutons, est égale au triple de la troisième augmentée de 3 moutons. Combien y a-t-il de moutons dans chaque partie du troupeau, s'il y en a a 143 en tout ?*

Solution. — Si l'on augmente la première et la deuxième partie de 4 moutons chacune, et la troisième de 3 moutons, le troupeau est augmenté de

$$2 \times 4 + 3 = 11 \text{ moutons.}$$

Il compte alors 154 moutons et il est divisé en 3 parties nouvelles, dont la première et la deuxième sont égales, et chacune d'elles est le triple de la troisième.

Pour un mouton que contient la troisième, la première et la deuxième contiennent 3 moutons chacune ; donc les 3 parties contiennent 7 moutons en tout pour 1 de la première. Il y a autant de moutons dans la première partie que 7 est contenu de fois dans 154, c'est-à-dire $\dfrac{154}{7} = 22$. Et dans les autres, il y a :

$$3 \times 22 = 66 \text{ moutons.}$$

Diminuons 22 des 3 unités ajoutées, on trouve 19 ; de même, diminuons 66 de 4, on trouve 62.

Réponse. — Première et deuxième parties : 62 moutons ; troisième partie : 19 moutons.

3º Déterminer deux nombres, connaissant leur quotient et leur différence.

690. EXEMPLE. — *La différence de deux nombres est 54, leur quotient est 7 ; trouver ces deux nombres.*

Si l'un des nombres était 1, l'autre serait 7.
Et la différence serait 6.
Or la différence est 54. Donc chacun des deux nombres est égal à autant de fois 1 et 7 respectivement que 6 est contenu dans 54.

Le premier nombre est donc : $\dfrac{54}{6} = 9$.

Le second nombre est donc : $\dfrac{54}{6} \times 7 = 9 \times 7 = 63$.

Problème. — *Un enfant a 8 ans ; un père a 38 ans. Dans combien de temps l'âge du père sera-t-il triple de celui du fils ?*

Solution. — La différence des âges du père et du fils restera la même ; elle sera toujours $38 - 8 = 30$ ans.

Donc, quand l'âge du père sera le triple de celui du fils, ces deux âges seront deux nombres dont la différence sera 30 et le quotient 3.

Si l'un des nombres était 1, l'autre serait 3 et la différence serait 2. Pour que la différence soit 30, il faut rendre les nombres précédents autant de fois plus grands que 2 est contenu de fois dans 30, c'est-à-dire 15. Donc les âges seront 15 et 45.

Le père aura 45 ans ; le fils 15. On a le temps demandé, en retranchant, soit 8 de 15, soit 38 de 45 ; ce qui donne 7.

Réponse. — 7 ans.

III. — Problèmes de rencontre (mouvement uniforme).

691. On peut ramener à une des questions précédentes les problèmes de rencontre.

Dans cette manière d'opérer, on commence par ramener les mobiles à avoir le même instant de départ. On remarque ensuite que le chemin parcouru par chaque mobile pendant un même temps est proportionnel à sa vitesse.

Si les deux mobiles vont l'un vers l'autre, on a donc à partager leur distance initiale en parties proportionnelles à leurs vitesses : on obtient ainsi leur point de rencontre et l'on en déduit le temps cherché.

Si les mobiles vont dans le même sens, les distances de leur point de rencontre à leurs points de départ sont proportionnelles à leurs vitesses ; par suite, on est ramené à déterminer deux nombres, connaissant leur quotient et leur différence.

On peut aussi traiter directement ces problèmes comme dans les exemples suivants.

EXEMPLE I. — **Mobile marchant dans le même sens.** — **Problème.** — *Un bicycliste part d'une ville A et* *fait 18 kilomètres à l'heure. Un autre part* $1^h 23^m \frac{1}{3}$ *plus tard d'une ville B située à 35 kilomètres de la première, sur la route suivie par le premier, et fait 14 kilomètres à l'heure en marchant dans le même sens. Au bout de combien de temps après le départ du second la rencontre aura-t-elle lieu?* (fig. 49).

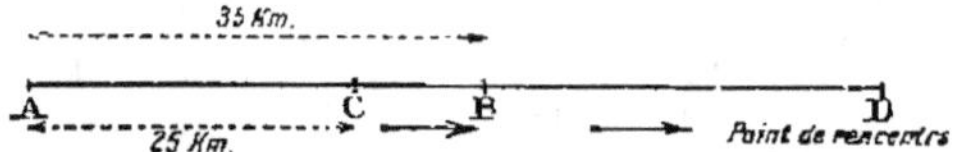

Fig. 49. — Rencontre de deux mobiles marchant
dans le même sens.

Solution. — Cherchons les positions des deux bicyclistes à un même instant, par exemple au moment du départ du deuxième.

Le premier sera en C à 25 kilomètres de A.

Donc il sera à $35 - 25 = 10$ kilomètres en arrière du second.

A ce moment, tous les deux sont en marche. Le premier gagne sur le deuxième $18 - 14 = 4$ kilomètres par heure. Pour gagner 10 kilomètres, il faudra qu'il marche pendant les $\frac{10}{4}$ de 1 heure, ou $2^h \frac{1}{2}$.

Réponse. — $2^h \frac{1}{2}$ ou 2 heures 30 minutes.

EXEMPLE II. — **Mobiles marchant en sens contraire.** — **Problème.** — *Deux trains marchent l'un vers l'autre : le premier part de A à* $7^h 35^m$ *du matin et fait 51 kilomètres à l'heure ; l'autre part de B à* $9^h 15^m$ *du matin et fait 39 kilomètres à l'heure. Sachant que les points A et B sont à 325 kilomètres de distance, à quelle heure et à quelle distance de A et de B se rencontrent-ils?* (fig. 50).

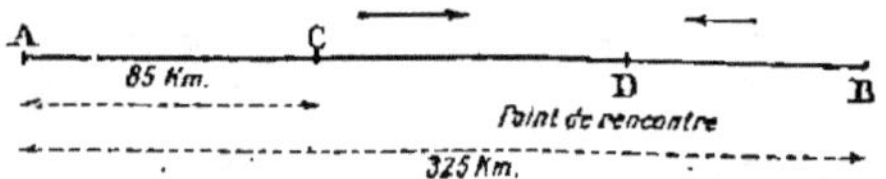

Fig. 50. — Rencontre de deux mobiles marchant
en sens inverse.

Cherchons la position du premier train à $9^h 15^m$ du matin. Il a marché pendant

$$9^h 15^m - 7^h 35^m = 1^h 40^m \quad \text{ou} \quad 1^h \frac{2}{3}.$$

Il a donc parcouru :

$$51 \times 1\frac{2}{3} = \frac{51 \times 5}{3} = 85 \text{ kilomètres.}$$

Il est donc en C, à 85 kilomètres de A, du côté B, ou à

$$325 - 85 = 240 \text{ kilomètres de B.}$$

A ce moment, les deux trains marchent simultanément. En chaque heure, ils se rapprochent de

$$51 + 39 = 90 \text{ kilomètres.}$$

Donc ils mettront autant d'heures avant de se rencontrer que 90 est contenu de fois dans 240, ou un nombre d'heures exprimé par

$$\frac{240}{90} = \frac{8}{3} \text{ d'heure ou 2 heures 40 minutes.}$$

Réponse. — La rencontre aura donc lieu à

$$9^h 15^m + 2^h 40^m = 11^h 55^m \text{ du matin.}$$

La distance de B sera la distance parcourue par le deuxième train, ou

$$39 \times \frac{8}{3} = 104 \text{ kilomètres.}$$

La distance de C sera la distance parcourue par le premier pendant $\frac{8}{3}$ d'heure, ou

$$51 \times \frac{8}{3} = 136 \text{ kilomètres.}$$

Vérification. — La somme est bien de

$$136 + 104 = 240 \text{ kilomètres.}$$

692. Les problèmes qui consistent à trouver à quel moment l'angle que font les aiguilles d'une montre entre deux heures données a une valeur donnée, et en particulier leurs instants de rencontre, se traitent comme les problèmes de rencontre.

Problème. — *A quelle heure entre 2 et 3 heures la grande aiguille fait-elle un angle de 83° avec la petite après l'avoir dépassée ?*

Solution. — A 2 heures, la grande aiguille est en retard sur la petite de

$$2 \times 30 = 60°.$$

A chaque minute, elle gagne $\frac{11}{2}$ de degré sur la petite. Il faut qu'elle gagne en tout :

$$60 + 83 = 143°.$$

Donc il faut qu'il s'écoule autant de minutes que $\dfrac{11}{2}$ est contenu de fois dans 143, c'est-à-dire :

$$\frac{143 \times 2}{11} = 26 \text{ minutes.}$$

Réponse. — Il sera 2ʰ26ᵐ.

IV. — Méthode de fausse position.

693. Cette méthode est un cas particulier de la méthode de supposition; mais elle est d'un emploi si fréquent qu'il y a intérêt à la traiter à part.

Principe de la méthode. — Soit un nombre à partager en deux parties de manière à satisfaire à des conditions déterminées. On le partage d'abord en deux parties d'une manière arbitraire : c'est là une première hypothèse. Les solutions ainsi trouvées ne vérifient pas en général l'énoncé. On fait alors un nouveau partage arbitraire (deuxième hypothèse) et on cherche de combien le nouveau résultat obtenu s'éloigne ou se rapproche des conditions de l'énoncé. Si la variation de résultat est d'une hypothèse à l'autre proportionnelle à la variation des parts, on obtient par une règle de trois la variation qu'il faut faire subir aux nombres du premier partage pour satisfaire aux conditions demandées.

Problème. — *Dans une salle de spectacle, il y a des places à 2ᶠʳ,50 et à 6 francs. Il est entré 1.080 personnes et la recette a été de 4.275 francs. Dire combien on a distribué de places à 2ᶠʳ,50 et de places à 6 francs.*

Solution. — Si tous les spectateurs avaient pris des places à 6 francs (première hypothèse), la recette aurait été de

$$1.080 \times 6 = 6.480 \text{ francs.}$$

Différence avec la recette véritable : $6.480 - 4.275 = 2.205$ fr.

Si l'on remplace une place à 6 francs par une place à 1ᶠʳ,50 (deuxième hypothèse), on perd $6 - 2,5 = 3$ᶠʳ,50. Donc le nombre des places à 2ᶠʳ,50 est égal au nombre de fois que 3ᶠʳ,50 est contenu dans 2.205 francs, ce qui donne 630.

Réponse $\left\{ \begin{array}{l} \text{Il y avait 630 places à 2ᶠʳ,50} \\ \text{et } 1.080 - 630 = 450 \text{ places à 6 francs.} \end{array} \right.$

V. — Actions simultanées.

694. Parmi les problèmes sur les fractions, nous traiterons deux sortes de questions : les actions simultanées et les questions que l'on résout par la méthode rétrograde.

Deux robinets rempliraient un bassin, l'un en 7 heures, l'autre en 9 heures. Un troisième robinet viderait le bassin en 11 heures. On ouvre les deux premiers robinets pendant 2 heures ; on ouvre ensuite le troisième, et les trois robinets coulent à la fois. Au bout de combien de temps le bassin sera-t-il achevé de remplir ?

Solution. — Le 1er robinet remplit par heure $\dfrac{1}{7}$ du bassin.

Le 2e — — — $\dfrac{1}{9}$ —

Les deux ensemble remplissent donc par heure :

$$\frac{1}{7} + \frac{1}{9} = \frac{16}{63} \text{ du bassin,}$$

et en 2 heures ils remplissent les $\dfrac{32}{63}$ du bassin.

Il reste donc encore les $\dfrac{31}{63}$ du bassin à remplir au bout de 2 heures.

A partir de ce moment, le bassin ne se remplit plus par heure que de

$$\frac{16}{63} - \frac{1}{11} = \frac{113}{693}.$$

Comme il faut en remplir les $\dfrac{31}{63}$, le temps employé sera en heures :

$$\frac{31}{63} : \frac{113}{693} = \frac{341}{113} = 3\,\frac{2}{113}.$$

En transformant en minutes et secondes, on trouve 3^{h}1^{m}3^s, à moins de 1 seconde près par défaut.

Réponse. — **Le temps total est donc : 3^{h}1^{m}3^s.**

VI. — Méthode rétrograde.

695. **Principe.** — Dans certains problèmes, l'énoncé comporte plusieurs parties successives, le résultat de chacune d'elles servant à déterminer le résultat de la

suivante. La donnée est le résultat de la dernière partie, l'inconnue est le nombre qui détermine le résultat de la première partie. Pour trouver cette inconnue, on commence le résultat par la fin : le dernier résultat connu permet de trouver le précédent, celui-ci à son tour permet de trouver celui qui le précède, et ainsi de suite en remontant de proche en proche jusqu'à l'inconnue cherchée.

EXEMPLE. — *Un spéculateur engage dans une affaire commerciale un capital. Au bout de la première année, il a perdu le $\frac{1}{3}$ de ce capital moins 6.000 francs ; au bout de la deuxième année, il s'en faut de 8.000 francs qu'il n'ait doublé ce qui lui restait à la fin de la première année. Au bout de la troisième année, il perd le $\frac{1}{5}$ de ce qu'il possédait à la fin de la deuxième et il lui reste 80.000 francs. Quel était le capital primitif engagé et qu'était-il devenu à la fin de chacune des deux premières années ?*

Solution. — Les $\frac{4}{5}$ de ce qui restait au bout de la deuxième année valent 80.000 francs.

Donc il restait au bout de la deuxième année :

$$80.000 \times \frac{5}{4} = 100.000 \text{ francs.}$$

Si l'on ajoute 8.000 francs, on trouve 108.000 francs, qui représentent le double de ce qui restait à la fin de la première année ; il restait donc à la fin de la première année :

$$54.000 \text{ francs.}$$

Or ces 54.000 francs représentent les $\frac{2}{3}$ du capital primitif, plus 6.000 francs.

Donc les $\frac{2}{3}$ du capital primitif valent :

$$54.000 - 6.000 = 48.000 \text{ francs.}$$

Donc le capital primitif vaut : $48.000 \times \frac{3}{2} = 72.000$ francs.

Réponse. — Capital primitif : 72.000 francs.

Capital au bout de la première année :   54.000 francs.
—   —   deuxième   —   100.000   —

VII. — Problèmes à deux inconnues.

696. Nous traiterons d'abord ces problèmes sur quelques exemples.

Problème I. — *Un marchand de vins a deux qualités de vin. Pour la vente de 52 litres de la première qualité et de 18 litres de la deuxième, il a touché 27^{fr},20. Pour la vente de 37 litres de la première qualité et de 18 litres de la deuxième, il a touché 21^{fr},60. Quel est le prix du litre de chaque qualité?*

Solution. — Disposition des données :

52 litres 1re qualité + 18 litres 2e qualité valent 27^{fr},20,
37 litres 1re — + 18 litres — — 21^{fr},60.

Il y a la même quantité de vin de 2e qualité dans les deux ventes.
Faisons la différence :

52 — 36 ou 16 litres de 1re qualité valent 27,20 — 21,60 = 5^{fr},60.

Donc le vin de 1re qualité vaut, par litre : $\dfrac{5,60}{16} = 0^{fr},35.$

Pour déterminer le prix de l'autre qualité, servons-nous de l'une des ventes, la 2e, par exemple :
36 litres 1re qualité valent : 0,35 × 36 = 12^{fr},60.
Donc : 18 litres 2e qualité valent : 21^{fr},60 — 12^{fr},60 = 9 francs.
Donc 1 litre 1re qualité vaut : $\dfrac{18}{9} = 0^{fr},50.$

Réponse : 1re qualité, 0^{fr},35 ; 2e qualité, 0^{fr},50.

Problème II. — *On a payé, pour 18 mètres de drap et 12 mètres de soie, 187^{fr},80; pour 7 mètres du même drap et 11 mètres de la même soie, on payerait 100^{fr},90. Quel est le prix du mètre de drap et celui du mètre de soie ?*

Solution.

18^m de drap + 12^m de soie valent 187^{fr},80,
7^m » + 11^m » » 100^{fr},90.

Il n'y a la même quantité ni de drap, ni de soie dans aucun des deux achats. Pour avoir la même quantité de drap, multiplions le premier achat par 7 et le deuxième par 18. Il vient :

(18 × 7)^m de drap + (12 × 7)^m de soie valent 187^{fr},80 × 7
(7 × 18)^m » + (11 × 18)^m » » 100^{fr},90 × 18

Il y a cette fois la même quantité de drap. Retranchons le premier achat du deuxième.

$$18 \times 11 = 198 \qquad\qquad 100,90 \times 18 = 1.816^{fr},20$$
$$12 \times 7 = \underline{84} \qquad\qquad 187,80 \times 7 = \underline{1.314^{fr},60}$$
$$114^m \text{ de soie valent} \ldots \ldots \quad 501^{fr},60$$

Donc 1 mètre de soie vaut : $\dfrac{501,6}{114} = 4^{fr},40$.

Pour avoir le prix de 1 mètre de drap, utilisons un des achats, le deuxième, par exemple, qui est le plus simple.

Prix de la soie : $11 \times 4,40 = 48^{fr},40$.

Donc il reste pour 7 mètres de drap : $100,90 - 48,40 = 52^{fr},50$.

Donc 1 mètre de drap coûte : $\dfrac{52,50}{7} = 7^{fr},50$.

Réponse : Drap, $7^{fr},50$ le mètre ; soie, $4^{fr},40$ le mètre.

Problème III. — *Une première fontaine coulant pendant 5 minutes et une deuxième fontaine coulant pendant 8 minutes ont donné 730 litres d'eau. La première coulant pendant 7 minutes donne 99 litres de plus que la deuxième coulant pendant 3 minutes. Quel est le débit de chaque fontaine à la minute ?*

Solution.

5 fois le débit de la 1re $+$ 8 fois le débit de la $2^e = 730^l$,
7 fois   » $-$ 3 fois   » $= 99^l$.

Employons la même méthode que dans le problème précédent. Multiplions les résultats précédents respectivement par 3 et par 8.

15 fois le débit de la 1re $+$ 24 fois le débit de la $2^e = 2.190^l$;
56 fois   » $-$ 24 fois   » $= 792^l$.

Nous ajoutons ces deux résultats. On obtient :

      $(15 + 56)$ fois le débit de la $1^{re} = (2.190 + 792)$ litres
ou   71 fois le débit de la $1^{re} = 2.982$ litres.

Donc le débit de la 1re fontaine est $\dfrac{2.982}{71}$ litres $= 42$ litres.

Pour avoir le débit de la 2e, on se sert d'un des premiers résultats :

$5 \times 42 = 210$ est le débit de la 1re fontaine en 5 minutes ;
$730 - 210 = 520$ est donc le débit de la 2e en 8 minutes.

La 1re fontaine donne donc 520 litres en 8 minutes. Son débit par minute est : $\dfrac{520}{8} = 65$ litres.

Réponse : 1re fontaine, 42 litres ; 2e fontaine, 65 litres par minute.

Problème IV. — *Dix hommes ont touché 37 francs de plus que 5 femmes pour une journée de travail; 5 hommes ont touché 7^{fr},65 de plus que 6 femmes pour une journée, le salaire étant le même dans les deux cas. Quel est le salaire journalier d'un homme? — d'une femme?*

Solution.

10 journées d'homme — 5 journées de femme valent   37^{fr}
5   »   »   — 6   »   »   »   7^{fr},65.

Multiplions les premiers résultats par 6, les seconds par 5; on trouve :

60 journées d'homme — 30 journées de femme valent 222^{fr}
25   »   »   — 30   »   »   »   38^{fr},25

Retranchons :

35 journées d'homme valent. . . . . 183^{fr},75

Donc une journée d'homme vaut : $\dfrac{183,75}{35} = 5^{fr},25$.

10 journées d'homme valent donc 52^{fr},50; 5 journées de femme valent : 52^{fr},50 — 37^{fr} = 15^{fr},50.

Donc une journée de femme vaut : $\dfrac{15,5}{5} = 3^{fr},10$.

Réponse : Salaire d'un homme, 5^{fr},25; d'une femme, 3^{fr},10.

Remarques sur les problèmes à deux inconnues.

697. I.— La méthode appliquée aux quatre problèmes traités ci-dessus est la même que la méthode de réduction d'un système de deux équations du premier degré à deux inconnues.

Reprenons l'un de ces problèmes, le dernier par exemple, et traitons-le par l'algèbre.

Solution algébrique.

Soient x la valeur d'une journée d'homme;
y »   »   de femme.

Ces équations, qui expriment l'énoncé du problème, sont les suivantes :

$$10x - 5y = 37$$
$$5x - 6y = 7,65.$$

Pour avoir une équation ne contenant que x, on multiplie les deux membres de la première équation par 6, les deux membres de la seconde par 5, et l'on retranche membre à membre les nouvelles équations obtenues, ce qui donne :

$$35x = 183,75 ;$$

d'où

$$x = \frac{183,75}{35} = 5^{fr},25.$$

y peut se calculer soit d'une manière analogue, en multipliant les deux membres de la deuxième équation par 2 et en la retranchant ensuite de la première, soit directement de l'une des équations données, x étant connu.

698. Conséquence. — On voit qu'au fond les deux méthodes reviennent au même. C'est la méthode algébrique, générale, qui a donné l'idée de la solution arithmétique, particulière. — Dans bien d'autres cas, où l'on ne voit pas une manière simple de traiter directement un problème par l'arithmétique, la solution algébrique pourra de même mettre sur la voie d'une solution purement arithmétique. Nous aurons l'occasion de revenir plus loin sur cette remarque.

II. — Les problèmes que l'on a traités par la méthode de fausse position ne sont qu'un cas particulier des problèmes précédents à deux inconnues: l'une des équations donne la somme des deux inconnues.

Reprenons l'exemple traité plus haut comme application de la méthode de fausse position (n° 693).

Solution algébrique. — Soient x le nombre des places à $2^{fr},50$, y celui des places à 6 francs.
On a :

$$x + y = 1.080$$
$$2,5x + 6y = 4.275.$$

Ces équations montrent bien que ces sortes de problèmes pourraient se traiter comme des problèmes à deux inconnues; mais il y a le plus souvent avantage à employer la méthode de fausse position.

VIII. — Problèmes qui ne ramènent pas immédiatement à l'un des exemples précédents.

699. En dehors des problèmes analogues à ceux que l'on vient d'étudier, il y en a une foule d'autres que l'on peut également traiter par une méthode plus directe,

ou qui ne ramènent pas d'une manière immédiate aux cas étudiés plus haut.

Nous allons examiner quelques-uns de ces problèmes. On ne peut pas donner de méthode générale pour les résoudre ; l'étude attentive de l'énoncé peut seule indiquer la méthode particulière propre à résoudre un problème déterminé. Cependant il sera parfois bien de se servir de la solution algébrique, d'un emploi toujours commode et qui ne souffre aucune exception, pour se mettre sur la voie d'une solution purement arithmétique. C'est ainsi que l'emploi des formules d'intérêt explique facilement la marche suivie pour résoudre les problèmes d'intérêt à deux inconnues traités aux nos 451 et 452.

Nous allons donner quelques exemples de problèmes que l'étude de leur énoncé permet de résoudre par une méthode appropriée ou de ramener d'une manière détournée aux méthodes étudiées précédemment.

Problème I. — *Pierre dit à Paul : j'ai 4 fois plus de billes que toi ; si tu m'en gagnais 15, tu en aurais autant que moi. Combien chacun a-t-il de billes ?*

Solution. — Quand Paul gagne une bille à Pierre, Paul en a une de plus, Pierre une de moins ; la différence entre les nombres de billes qu'ils possèdent a donc diminué de 2 unités. Si donc Paul gagne 15 billes, la différence a diminué de 30 unités ; comme elle est alors nulle, c'est qu'elle était au début de 30 unités.

Donc Pierre avait 4 fois plus de billes que Paul, et Paul en avait 30 de moins que Pierre. On est donc ramené au problème :

Trouver deux nombres, connaissant leur rapport 4 et leur différence 30. On trouve, en appliquant l'une des méthodes données plus haut, que :

Réponse. — Paul avait 10 billes ;
Pierre — 40 —

Problème II. — *Trouver deux nombres dont le rapport soit égal à $\frac{3}{4}$ et tels que, si on les augmente tous les deux de 9 unités, leur rapport devienne $\frac{9}{11}$.*

Solution. — Appelons, pour abréger le langage, A le premier nombre et B le second.

$$A \text{ est les } \frac{3}{4} \text{ de B.}$$

D'autre part,

$$A + 9 \text{ est égal aux } \frac{9}{11} \text{ de } (B + 9),$$

ou $A + 9$ est égal aux $\frac{9}{11}$ de B, plus $\frac{81}{11}$;

ou encore :

les $\frac{3}{4}$ de B plus 9   sont égaux aux $\frac{9}{11}$ de B, plus $\frac{81}{11}$.

Cette condition revient à dire que la différence entre les $\frac{9}{11}$ et les $\frac{3}{4}$ de B est égale à

$$9 - \frac{81}{11} = \frac{18}{11},$$

et, puisque

$$\frac{9}{11} - \frac{3}{4} = \frac{3}{44},$$

on dira donc : les $\frac{3}{44}$ de B valent

$$\frac{18}{11}.$$

Donc B est égal à $\dfrac{18}{11} \times \dfrac{44}{3} = 24.$

Il en résulte que $A = 24 \times \dfrac{3}{4} = 18.$

Réponse. — Les deux nombres sont donc

18   et   24.

REMARQUE. — La solution précédente est à rapprocher de la solution algébrique, que l'on obtiendrait en prenant le second nombre à trouver comme inconnue.

Problème III. — *Deux personnes, séparées par une distance de 3.600 mètres, vont l'une vers l'autre : la rencontre se fait à 1.980 mètres du point de départ de la première. Si la seconde était partie 4 minutes plus tôt, la rencontre se serait faite à 1.782 mètres du point de départ de la première. Quelle est la vitesse de chaque personne et combien ont-elles mis de temps à se rencontrer dans la première hypothèse ?*

Solution. — Dans le premier cas, la première personne a parcouru 1.980 mètres, et la deuxième personne :

$$3.600 - 1.980 = 1.620 \text{ mètres}$$

avant la rencontre. Ces chemins sont proportionnels aux vitesses respectives des deux personnes; donc le rapport de ces vitesses est :

$$\frac{1.980}{1.620} = \frac{11}{9} .$$

Dans la deuxième hypothèse, la première personne parcourt 1.782 mètres; donc pendant ce temps la deuxième parcourt :

$$\frac{9}{11} \times 1.782 = 1.458 \text{ mètres.}$$

Par conséquent, quand la deuxième personne a marché pendant 4 minutes, sa distance à la première, au lieu d'être de 3.600 mètres, est devenue :

$$1.782 + 1.458 = 3.240 \text{ mètres.}$$

Par suite, en 4 minutes la deuxième personne parcourt :

$$3.600 - 3.240 = 360 \text{ mètres.}$$

Elle parcourt donc 90 mètres à la minute.
La première parcourt :

$$90 \times \frac{11}{9} = 110 \text{ mètres à la minute.}$$

Comme dans la première hypothèse, la deuxième personne parcourt 1.620 mètres, elle met pour cela :

$$\frac{1.620}{90} = 18 \text{ minutes.}$$

Réponse.

Vitesse de la première personne : 110 mètres à la minute.
— deuxième — 90 — —
Durée qui précède la rencontre : 18 minutes.

Problème IV. — *Deux bicyclistes partent en même temps de deux points différents, et marchent chacun avec une vitesse constante. Le premier arrive au point de départ du deuxième* $2^h \frac{1}{2}$ *après leur rencontre, et le deuxième arrive au point de départ du premier* $3^h 36^m$ *après leur rencontre. Quelles étaient les vitesses des deux bicyclistes et quel était leur point de rencontre, sachant que les deux points de départ étaient distants de 99 kilomètres ?*

Solution. — Quand deux mobiles partis en même temps en sens contraire de deux points différents se rencontrent, les chemins qu'ils ont parcourus sont proportionnels à leurs vitesses respectives. Après la rencontre, les chemins qu'ils ont à parcourir pour atteindre chacun le point de départ de l'autre sont inversement proportionnels à ces vitesses ; par conséquent, les temps qu'ils mettent à parcourir ces nouveaux chemins sont inversement proportionnels aux carrés de leurs vitesses respectives.

Formons le rapport de ces temps :

$$2^{\mathrm{h}}\frac{1}{2} \quad \text{et} \quad 3^{\mathrm{h}}36.$$

Ce rapport est :
$$\frac{2\frac{1}{2}}{3\frac{3}{5}} = \frac{25}{36}.$$

La racine carrée de ce rapport est $\frac{5}{6}$; donc les vitesses sont dans le rapport de 5 à 6. Comme la distance est de 99 kilomètres, il faut partager 99 en parties proportionnelles à 5 et 6, ce qui donne :

$$\frac{99\times 5}{11} = 45 \text{ kilomètres} \quad \text{et} \quad \frac{99\times 6}{11} = 54 \text{ kilomètres.}$$

Donc le point de rencontre est à 54 kilomètres du point de départ du bicycliste le plus rapide. Ce bicycliste a à parcourir après la rencontre 45 kilomètres, et comme il met $2^{\mathrm{h}}\frac{1}{2}$ pour cela, sa vitesse en kilomètres à l'heure est :

$$\frac{45}{2\frac{1}{2}} = 18 \text{ kilomètres à l'heure.}$$

La vitesse de l'autre est :

$$18 \times \frac{5}{6} = 15 \text{ kilomètres à l'heure.}$$

Réponse.

Vitesse du premier bicycliste : 18 kilomètres à l'heure.
    —   deuxième   —   15   —   —
        Point de rencontre : à 54 kilomètres du point de départ du premier bicycliste.

Problème V. — *Un marchand possède deux bonbonnes de vin : l'une contenant 65 litres à $0^{\mathrm{fr}},40$ le litre ; l'autre contenant 35 litres à $0^{\mathrm{fr}},60$ le litre ; il veut enlever à chacune une même quantité de vin, de manière qu'en versant dans la première ce qu'il a enlevé à la deuxième et inversement, il obtienne deux mélanges de même prix. Quelle est cette quantité de vin ?*

Première solution. — Une fois le double transversement opéré, tout se passera comme si les contenus des deux bonbonnes avaient été mélangés ensemble, puis versés dans chaque bonbonne.

Cherchons donc le prix d'un litre de ce mélange; il est égal à

$$\frac{65 \times 0,4 + 35 \times 0,6}{65 + 35} = 0^{fr},47.$$

Il faut maintenant remplir la première bonbonne avec du vin à $0^{fr},40$ le litre et avec du vin à $0^{fr},60$ le litre, de manière que le mélange revienne à $0^{fr},47$ le litre.

Pour 13 litres de vin à $0^{fr},40$, il faudra prendre 7 litres de vin à $0^{fr},60$.

Donc pour obtenir 65 litres, il faudra :

$$\frac{13 \times 65}{20} = 42^l,25 \text{ de vin à } 0^{fr},40,$$

et

$$\frac{7 \times 65}{20} = 22^l,75 \text{ de vin à } 0^{fr},60.$$

Réponse. — Par conséquent, la quantité de liquide à transverser est $22^l,75$.

Deuxième solution. — Traitons d'abord le problème général en remplaçant les nombres par des lettres.

Soient N le contenu de la première bonbonne, a le prix du litre de vin qu'elle contient;

Soient N' le contenu de la deuxième bonbonne, a' le prix du litre de vin qu'elle contient.

Le prix du litre de mélange est :

$$\frac{aN + a'N'}{N + N'}.$$

Soient x la quantité de vin qu'on laissera dans la première bonbonne;

y la quantité de vin qu'on remplace par du vin de la deuxième bonbonne.

Le prix du litre de mélange doit être le prix calculé précédemment. On aura donc :

$$x + y = N,$$
$$\frac{ax + a'y}{x + y} = \frac{aN + a'N'}{N + N'}.$$

La deuxième relation s'écrit :

$$(ax + a'y)(N + N') = (x + y)(aN + a'N'),$$

ou, en développant :

$$x(aN + aN') + y(a'N + a'N') = x(aN + a'N') + y(aN + a'N').$$

Simplifions ; il vient :

$$aN'x + a'Ny = a'N'x + aNy ;$$

d'où l'on déduit :

$$N'(a - a')x = N(a - a')y.$$

Si $a \neq a'$, on a donc : $N'x = Ny,$

ou

$$\frac{x}{N} = \frac{y}{N'} ;$$

d'où l'on déduit : $y = \dfrac{NN'}{N + N'} .$

Or y est la quantité à transvaser.

On arrive donc à la conclusion très intéressante suivante :

Le mélange dans la première bonbonne doit être fait en parties proportionnelles aux capacités des deux bonbonnes ; il en est de même dans la deuxième, car rien ne distingue une bonbonne de l'autre dans le raisonnement précédent.

Donc les mélanges, et en particulier la quantité de liquide à transvaser, sont indépendants des prix de chaque qualité, et ne dépendent que des capacités des deux récipients.

L'analyse précédente nous permet donc non seulement de traiter le problème numérique particulier proposé, mais de trouver une loi très générale et très simple pour résoudre toutes les questions analogues.

Il faut constituer pour la première bonbonne un mélange de 65 litres de vin en prenant des quantités de vin à $0^{fr},40$ et à $0^{fr},60$ respectivement proportionnelles à 65 et à 35. Cette dernière partie représente la quantité à transvaser demandée dans le problème ; elle est égale à :

Réponse. $\dfrac{65 \times 35}{35 + 65} = 22^l,75.$

DEUXIÈME PARTIE

PROBLÈMES

DONNÉS AUX BREVETS, AU CERTIFICAT D'ÉTUDES PRIMAIRES SUPÉRIEURES
ET A DIFFÉRENTS EXAMENS

ET PROBLÈMES DIVERS

PROBLÈMES SUR LA NUMÉRATION
ET LES QUATRE OPÉRATIONS

639. Quel est le nombre de pages d'un dictionnaire dont la pagination a nécessité 3.897 caractères d'imprimerie ?

(Ecole normale, Guéret.)

640. On écrit la suite naturelle des nombres entiers sans séparer les différents chiffres ; déterminer la valeur absolue du chiffre qui occupe le 18.243^e rang.   (Ecole normale, Seine.)

641. Une division, dont le diviseur est 372, a donné pour quotient 15 et pour reste 208. Dire, sans faire aucun calcul, quels seraient le quotient et le reste, si l'on divisait par 15 le dividende de la première division. Justifier le résultat.

(Brevet, Constantine.)

642. Si dans une école on met 8 élèves par banc, 4 élèves n'auront point de place ; si l'on en met 9 par banc, il restera 2 places vides au premier banc. Combien y a-t-il d'élèves et combien de bancs ?

(Concours Surnumérariat des Postes et Télégraphes.)

643. On a payé pour 10 journées de travail d'hommes et 18 de femmes 137 francs ; et pour 7 journées d'hommes et 12 de femmes 93^{fr},50. Quel est le prix de la journée d'un homme ? — d'une femme ?

644. Déterminer deux nombres, sachant que leur somme est 624 et que le premier dépasse le double du second de 63.

645. Quel nombre faut-il diviser par 119 pour que la somme du quotient et du reste soit 381 et que la somme du quotient et du double du reste soit 499 ?   (Ecole normale, Blois.)

646. Un convoi de chemin de fer contient 143 voyageurs de première et de seconde classes ; les uns payent 16 francs et les autres 13 francs. La recette totale est de 2.039 francs. Combien y a-t-il de voyageurs de chaque classe ?

(Concours Surnumérariat des Postes et Télégraphes.)

647. Déterminer trois nombres, sachant que la somme du premier et du second est égale à 46, la somme du second et du troisième à 80, la somme du troisième et du premier à 72.

648. On met en souscription, au profit des inondés, un immeuble valant 1700 francs. On demande : 1° le nombre des billets émis ; 2° la valeur de chacun d'eux, sachant qu'en mettant le billet à 3^{fr},50, on perdrait autant qu'on gagnerait en le mettant à 5 francs. (Brevet, Albi.)

649. On coule, dans une usine, 490 pièces en fonte : les unes pèsent 15 kilogrammes et les autres 20 kilogrammes ; le poids total de ces pièces atteint 8.300 kilogrammes. On demande le nombre de pièces de chaque espèce.

(Concours Postes et Télégraphes.)

650. Un commerçant a acheté du drap et du velours, en tout 225 mètres pour 4.675 francs. On sait que 3 mètres de velours coûtent autant que 5 mètres de drap et que le commerçant a acheté deux fois plus de drap que de velours. Quels sont les prix respectifs par mètre du drap et du velours ?

(Brevet, Paris.)

651. Trois bourses contiennent de l'argent : dans les deux premières il y a 795 francs, dans la première et la troisième 851 francs, enfin dans la deuxième et la troisième 1.012 francs. Combien y a-t-il dans chaque bourse séparément ?

652. Sur l'héritage de leur père défunt, des enfants doivent toucher chacun 38.400 francs. L'un d'eux meurt et sa part divisée revient aux autres qui touchent alors 48.000 francs. Quelle était la fortune du père et le nombre des enfants ?

653. La différence entre la fortune de deux personnes est de 50.000 francs. Chaque année l'avoir de chacune d'elles augmente de 2.000 francs, et au bout de 5 ans l'une possède deux fois autant que l'autre. Quel était l'avoir de chaque personne ?

(Brevet, Nord.)

654. Un négociant achète du drap et du velours. Le métrage total est de 300 mètres et comprend trois fois plus de drap que de velours. De plus, 5 mètres de velours coûtent autant que 7 mètres de drap. Calculer la longueur du drap et celle du velours et leurs prix respectifs, sachant que le prix total est de 3.300 francs. Déterminer le prix de vente de chaque coupe si le marchand veut gagner 18 % sur le prix d'achat.

(Brevet, Grenoble.)

655. Deux personnes séparées par une distance de 3.600 mètres partent au même moment et vont l'une vers l'autre. La rencontre a lieu à 2.000 mètres d'un des points de départ. Si, la vitesse restant la même, la personne qui va le moins vite était partie 6 minutes plus tôt, la rencontre aurait eu lieu à moitié route. Combien chaque personne parcourt-elle de mètres par minute ?   (Brevet, Paris.)

656. Un marchand a acheté 12 mètres de toile et 25 mètres de drap pour 236 francs. S'il avait acheté 25 mètres de toile et 12 mètres de drap, il aurait dépensé 65 francs de moins. Quel est le prix du mètre de chaque étoffe ?   (Brevet, Aix.)

657. Dans une école payante, il y a deux catégories d'élèves. Les uns payent $2^{fr},50$ et les autres $1^{fr},25$. Le nombre des élèves de la deuxième catégorie surpasse de 11 celui de la première ; de plus, la somme perçue par l'instituteur est de 115 francs. On demande le nombre total d'élèves.

658. Un régiment part à 4 heures du matin et marche au pas de 5 kilomètres à l'heure. Chaque fois qu'il a parcouru 4 kilomètres, il lui est accordé 10 minutes de repos. Vers le milieu de l'étape, un temps de repos est porté de 10 minutes à une heure. Sachant que ce régiment est arrivé à midi, on demande la longueur de l'étape.   (Ecole normale, Besançon.)

659. Cinq pièces de 5 francs et 12 pièces de 1 franc en argent, en contact et bien alignées, forment une longueur de 461 millimètres, tandis que 7 pièces de 5 francs et 11 pièces de 1 franc forment une longueur de 512 millimètres. Calculer, d'après ces données, les diamètres de chacune des deux pièces.

(Brevet, Besançon.)

660. Un navire a des vivres pour 60 jours ; il rencontre sur mer 20 naufragés qu'il recueille. Il ne lui reste alors que 25 jours de vivres. De combien d'hommes se composait l'équipage de ce bateau ?   (Brevet, Marne.)

661. Un bicycliste qui part en excursion calcule qu'en faisant 20 kilomètres à l'heure il arriverait un quart d'heure plus tôt qu'en parcourant seulement 920 mètres en 3 minutes. Quelle distance doit-il franchir pour parvenir au terme de son voyage ?   (Ecole normale, Paris.)

662. Quatre mètres d'étoffe de première qualité et 5 mètres de deuxième qualité valent ensemble 76 francs. On sait en outre que 6 mètres de la première et 4 mètres de la deuxième valent ensemble 100 francs. Trouver le prix du mètre d'étoffe de chaque qualité.   (Brevet, Rouen.)

663. Un vigneron veut acheter un champ avec le produit de son vin. S'il vend le vin 140 francs la pièce, il pourra acheter le champ et il lui restera 300 francs ; s'il ne vend la pièce que 120 francs, il faudra qu'il ajoute 60 francs pour payer le champ. Dites le prix du champ et le nombre de pièces de vin.

(Brevet, Paris.)

664. On a payé pour le transport de Paris à New-York 2.000 francs pour un chargement de 500 tonnes de fer et 250 tonnes de cuivre ; une autre fois on a payé 1.800 francs pour le transport de 400 tonnes de fer et de 300 tonnes de cuivre. Quel est le prix du transport d'une tonne de fer et celui d'une tonne de cuivre ? (Brevet, Vannes.)

665. La longitude de Constantinople est 26° 38′ 50″ Est ; celle de Rome est 10° 7′ 13″ Est, et celle de New-York, 77° 20′ 12″ Ouest. Quelle heure est-il à Constantinople et à New-York, lorsqu'il est 10ʰ 1/4 à Rome ? (Brevet, Lyon.)

666. Un vigneron achète une maison qu'il veut payer avec sa récolte de l'année. S'il vend son vin 145 francs la pièce, il payera sa maison et il lui restera 840 francs ; mais s'il ne le vend que 120 francs la pièce, comme on propose de le lui payer, il lui manquera 360 francs pour payer sa maison. On demande le nombre de pièces de vin et le prix de la maison. (Brevet, Perpignan.)

667. Un marchand achète un certain nombre de chevaux pour 25.200 francs ; il en perd 6, et en vendant au prix coûtant le cinquième des chevaux qui lui restent, il reçoit 4.200 francs. Quel est le nombre de chevaux achetés et quel est le prix de chaque cheval ? (Brevet, Paris.)

668. Quelqu'un veut mettre sa montre en loterie en faisant un certain nombre de billets. A 4 francs le billet, il perdrait 30 francs sur le prix de sa montre ; il gagnerait au contraire 50 francs, à 5 francs le billet. Combien a-t-il fait de billets et quel est le prix de la montre ? (Bourse d'enseignement primaire supérieur, Vendée.)

669. Un ouvrier a travaillé pendant 60 jours chez deux patrons : le premier lui a donné 4 francs par jour, et le second 5 francs ; il a gagné en tout 276 francs. Combien de jours a-t-il travaillé chez chaque patron ? (Brevet, Bordeaux.)

670. Un convoi de chemin de fer composé de 410 voyageurs de première et deuxième classe, a produit une recette de 4.665 francs. Le prix de la première classe étant en moyenne de 15 francs par personne et celui de la deuxième de 9ᶠʳ,50, on demande le nombre de voyageurs de chaque classe. (Brevet, Poitiers.)

671. On engage un ouvrier pour 56 jours, à la condition qu'on lui donnera 4 francs pour chaque jour de travail, mais qu'on lui retiendra 2ᶠʳ,50 chaque jour qu'il ne travaillera pas. On demande combien il aurait travaillé : 1° s'il avait reçu 133 francs ; 2° s'il n'avait rien reçu. (Brevet, Privas.)

672. Douze personnes devaient payer la même somme chacune. Trois étant insolvables, les autres ont payé 42 francs de plus que ce qu'elles devaient payer d'abord. Quelle était la somme due par chaque personne ?

673. Quatorze personnes devaient payer chacune 36 francs ; mais, plusieurs étant insolvables, chacune a dû payer 20 francs de plus. Combien y avait-il de personnes insolvables ?

674. Quatre joueurs, A, B, C, D, conviennent, en se mettant au jeu, que le perdant doublera la somme de chacun des autres. Ils perdent chacun une partie dans l'ordre indiqué par les lettres A, B, C, D, et ils se retirent avec 100 francs chacun. Combien avaient-ils en commençant ?

675. Une voiture, qui fait 12 kilomètres à l'heure, part de la ville A pour la ville B. Un piéton, qui fait 4 kilomètres à l'heure, part, à la même heure que la voiture, de la ville B pour faire une promenade sur la route qui conduit de B en A. Lorsque le piéton rencontre la voiture, il y monte pour rentrer chez lui, et il met une heure de moins, pour s'en retourner, qu'il n'avait mis à aller à pied jusqu'à la rencontre de la voiture. On demande la distance qui sépare les deux villes A et B.   (Brevet.)

676. Un banquier, sur le point d'acheter une maison, se propose de retirer d'entre les mains de ses débiteurs la somme nécessaire pour en payer le montant. En demandant à chacun 4.800 francs, il lui manquerait 8.400 francs, et il aurait 3.500 francs de trop s'il leur demandait 6.500 francs à chacun. Trouver le nombre des débiteurs et la somme que le banquier doit demander à chacun.   (Brevet, Paris.)

677. Deux entrepreneurs achètent 300 mètres cubes de sable à $1^{fr},75$ le mètre ; ils en prennent des quantités différentes. Le premier transporte ce sable à 2 kilomètres, le second à 3 kilomètres ; les frais de transport du mètre cube sont de $0^{fr},50$ par kilomètre. Sachant que le second a payé 225 francs de plus que le premier, déterminer le nombre de mètres cubes pris par chacun et la somme qu'il a déboursée.
                (Concours École nationale d'agriculture.)

678. Deux voitures sont inégalement chargées. Si l'on ôtait de la deuxième, pour le mettre dans la première, un tonneau de quatre quintaux, la charge de la première serait ensuite double de celle de la deuxième. Si l'on ôtait, au contraire, de la première, 4 caisses de chacune 6 quintaux pour les mettre dans la deuxième, la charge de celle-ci serait alors le quadruple de la première. Quelle est la charge de chaque voiture ?

679. Pour s'acquitter d'une dette, une personne se décide à retirer d'entre les mains de ses débiteurs la somme nécessaire pour en payer le montant. En demandant à chacun 1.520 francs, il lui manquerait 3.110 francs ; tandis qu'elle aurait 205 francs de trop si elle leur demandait 1.715 francs. Trouver le nombre de débiteurs et le montant de la dette.
                          (École normale, Pas-de-Calais.)

680. Les fils de fer employés pour construire un pont suspendu peuvent supporter 80 kilogrammes par mètre carré de section transversale ; le tablier pèse 2.050 quintaux et doit pouvoir supporter une charge de 50 tonnes. S'il est soutenu par 20 câbles dont chacun est formé de fils de fer dont la section a $3^{mm2},25$, de combien de fils devra se composer chacun des câbles ?

681. On demandait à un berger le nombre de ses moutons. J'en ai 20 de plus dans ce champ que dans l'autre, et le premier troupeau contient autant de fois 6 moutons que le second en contient de fois 4. Combien en a-t-il, et combien dans chaque champ ?

682. La différence entre deux nombres est 18. On les augmente chacun de 4 ; le plus grand devient alors le quadruple du petit. Quels sont ces nombres ?

(Ecole normale, Lot-et-Garonne).

683. On dépense dans une fabrique 22.800 francs par semaine pour le salaire des ouvriers qui sont divisés en trois catégories. Les ouvriers de la première catégorie reçoivent 30 francs par semaine, ceux de la deuxième 35 francs, et ceux de la troisième 40 francs. On compte 4 ouvriers du premier groupe pour 12 du deuxième et 4 du second pour 5 du troisième. Quel est le nombre d'ouvriers de chaque catégorie ?

(Brevet, Dijon.)

684. Un marchand a reçu deux caisses contenant chacune 150 kilogrammes de thé ; il a payé pour le tout 4.800 francs et l'une des caisses lui coûte 600 francs de plus que l'autre. Le marchand vend 100 kilogrammes de ces thés en faisant 2 francs de bénéfice par kilogramme. S'il a donné 20 kilogrammes de moins de l'espèce la moins chère que de l'autre, quelle somme doit-il réclamer ? (Brevet, Haute-Garonne.)

685. Une première fontaine coulant pendant $\frac{1}{4}$ d'heure et une deuxième pendant $\frac{1}{2}$ heure donnent ensemble 2.370 litres ; la première fontaine coulant pendant $\frac{1}{2}$ heure et la seconde pendant $\frac{1}{4}$ d'heure donnent 2.655 litres. Quel est le débit de chaque fontaine en 8 minutes ?

PROBLÈMES SUR LE PLUS GRAND COMMUN DIVISEUR ET LE PLUS PETIT COMMUN MULTIPLE

686. On veut construire un escalier avec le moins de marches possible et tel que ses trois parties, respectivement de $3^m,36$, $4^m,48$, $5^m,28$, comprennent chacune un nombre entier de marches égales. Quel est le nombre total de marches ?

687. Une pépinière contient un nombre d'arbres compris entre 700 et 800 ; si on les compte par groupes de 8, de 12 et de 15, on trouve toujours un nombre entier de groupes. Quel est le nombre d'arbres?

688. Une caisse en forme de parallélipipède a 2^m,10 de longueur, 1^m,65 de largeur et une capacité intérieure de 6.756^l,75. Quel est le plus petit nombre de morceaux cubiques de savon qui peut la remplir entièrement?

689. Une route est bordée de poteaux télégraphiques distants de 50 mètres et d'arbres également distants, dont on sait seulement qu'ils sont éloignés de 5 mètres au moins. En un point de la route, un poteau et un arbre sont en face l'un de l'autre, et ce fait s'est reproduit 8 fois sur une distance de 1^{km},3. Quelle est la distance de deux arbres?

690. Déterminer un nombre de trois chiffres, sachant que la somme de ces chiffres est égale à 14, qu'il est divisible par 11 et que, si on le retourne, il diminue de 99.

691. L'étendue d'une commune est à la fois un nombre exact de centaines d'arpents et un nombre exact d'hectares. Quelle est cette étendue, sachant que le nombre d'hectares est représenté par un nombre de 4 chiffres et celui des arpents par un nombre de 5 chiffres? L'arpent vaut 51.072 dixièmes de mètre carré, et l'hectare vaut 10.000 mètres carrés.

692. On veut entourer d'arbres un champ rectangulaire ayant pour dimensions 525 mètres et 285 mètres. Les arbres devront être régulièrement espacés, et la distance entre deux arbres consécutifs sera un nombre exact de mètres inférieur à 6; de plus, il y aura un arbre à chaque sommet du rectangle. On demande : 1° la distance comprise entre deux arbres ; 2° le nombre d'arbres nécessaires pour entourer le champ.

(Ecole normale, Charente.)

693. On place à côté l'une de l'autre trois règles de manière qu'elles se touchent et qu'elles aient une extrémité commune. Chacune est divisée en parties égales, mais les divisions de la première valent 7 millimètres, celles de la deuxième 12 millimètres et celles de la troisième 20 millimètres. Déterminer les traits de division qui coïncident sur les trois règles.

(Brevet, Montpellier.)

694. Un omnibus, partant de la place de l'Alma, met 55 minutes pour effectuer son trajet, stationne 11 minutes et revient à son point de départ en 50 minutes. Il repart après 10 minutes de stationnement. Un second omnibus part du même point pour une autre destination; il effectue son trajet en 46 minutes, stationne 9 minutes, revient au point de départ en 45 minutes et repart après 8 minutes de stationnement. Ces deux omnibus sont partis en même temps à 6 heures du matin de la place de l'Alma. A quelle heure repartiront-ils de nouveau en même temps pour la première fois?

(Brevet Paris.)

PROBLÈMES SUR LES FRACTIONS

695. Calculer l'expression :

$$\frac{(17^2 - 13^2) \times 343 \times (10^2 - 1)}{7^2 \times 4 \times (12^2 - 9^2) \times (7 + 4) \times (7 - 4)}.$$

(Concours d'adm. École normale, Sarthe.)

696. Une personne charitable dispose d'une somme déterminée pour ses pauvres. Elle donne $\frac{1}{12}$ de cette somme à l'un, $\frac{1}{3}$ à un autre, $\frac{1}{8}$ à un troisième, $\frac{1}{4}$ à un quatrième, et au cinquième elle donne $\frac{1}{5}$ moins 4 francs. Il ne lui reste plus que 5 francs. Trouver la somme primitive.

(Brevet, Nevers.)

697. Une somme de 2.100 francs doit être partagée entre trois personnes ; la part de la première doit être les $\frac{2}{3}$ de celle de la deuxième, la part de la deuxième, les $\frac{4}{5}$ de celle de la troisième. Combien revient-il à chaque personne ?

(Brevet, Orléans.)

698. Le poids du blé à volume égal est les $\frac{8}{10}$ du poids de l'eau distillée ; le blé réduit en farine perd $\frac{16}{100}$ de son poids, tandis que la farine convertie en pain gagne, en absorbant de l'eau, les $\frac{4}{10}$ de son poids. On suppose enfin que 30 gerbes de blé fournissent 1 hectolitre de grain. Cela posé, calculer en kilogrammes le poids du pain fabriqué avec le blé de 135 gerbes.   (Brevet, Périgueux.)

699. Deux ouvriers de force inégale travaillent à un même ouvrage qu'ils peuvent faire ensemble en 12 jours. Au bout de 4 jours de travail, le plus habile tombe malade; l'autre achève alors l'ouvrage en 18 jours. Combien chacun d'eux, travaillant seul, aurait-il mis de temps pour faire l'ouvrage en entier ?

(Brevet, Paris.)

700. Les frais de construction d'un chemin vicinal qui relie cinq localités ont été supportés de la manière suivante : $\frac{1}{3}$ par la première localité, $\frac{1}{4}$ par la seconde, $\frac{1}{6}$ par la troisième, $\frac{1}{12}$ par la quatrième. La cinquième a eu à faire pour sa part une longueur de 800 mètres. Sachant que les frais se sont élevés à 2.500 francs le kilomètre, on demande de déterminer la dépense supportée par chacune des cinq localités et la longueur du chemin.   (Brevet, Paris.)

701. Quels sont les plus petits nombres de dents que l'on peut donner à deux roues dentées pour que l'une fasse 87.120 tours quand l'autre en fait 61.776 ?

702. Une fraction étant donnée, est-il toujours possible de trouver une autre fraction qui soit égale à la première et qui ait un dénominateur donné ? Dire quelle condition doit remplir ce dénominateur donné. Exemple : on donne $\frac{84}{133}$. Est-il possible de trouver une fraction égale dont le dénominateur soit 210 ? Est-il possible de trouver une fraction égale dont le dénominateur soit 209 ?   (Brevet, Académie de Grenoble.)

703. Un tonneau de 1 hectolitre est rempli de vin ; on en retire 10 litres que l'on remplace par de l'eau ; on retire 10 litres du mélange que l'on remplace par de l'eau ; on retire 10 litres du nouveau mélange que l'on remplace par du vin. On demande quelle est, après ces trois opérations, la composition en eau et en vin du liquide contenu dans le tonneau.

(Concours École supérieure de commerce de Bordeaux.)

704. Une barrique contenait 216 litres de vin ; on en retire 36 litres, que l'on remplace par de l'eau ; puis on retire les $\frac{5}{12}$ du mélange, et l'on achève de nouveau de remplir la barrique avec de l'eau ; enfin on retire les $\frac{2}{5}$ du nouveau mélange, que l'on remplace par du vin. Combien la barrique contient-elle d'eau et de vin après ces opérations ?

705. Démontrer que si deux fractions sont égales, le produit du dénominateur de la première par le numérateur de la deuxième est égal au produit du numérateur de la première par le dénominateur de la deuxième. Soit, d'après cela, la fraction $\frac{12}{33}$ qui est égale à une autre fraction dont le numérateur est 8. Trouver le dénominateur de cette fraction.
                                        (Brevet, Clermont.)

706. Un tonneau est plein de vin. On tire $\frac{1}{12}$ de ce vin qu'on remplace par une égale quantité d'eau. On tire encore les $\frac{5}{19}$ du contenu du tonneau, que l'on remplace de même par une égale quantité d'eau. Il ne reste alors dans le tonneau que 154 litres de vin pur. Combien le tonneau contenait-il de litres ?

707. Un joueur gagne dans une partie les $\frac{2}{3}$ de son argent. Il perd dans une deuxième partie 56 francs. Il possède alors la $\frac{1}{2}$ de ce qu'il avait au début. Combien avait-il ?

708. Deux personnes ont le même revenu. La première économise le $\frac{1}{5}$ de son revenu, tandis que la deuxième dépense 800 francs de plus que l'autre. Il en résulte qu'au bout de 3 ans, la deuxième a 852 francs de dettes. Quel est leur revenu commun ?　　　(Brevet, Nancy.)

709. Au commencement du repas, une personne remplit son verre avec de l'eau ; puis elle en boit le $\frac{1}{4}$ et le remplit avec du vin ; elle vide ensuite les $\frac{3}{4}$ de son verre et le remplit encore une fois avec du vin, mais jusqu'aux $\frac{2}{3}$ seulement.

Dans quel rapport l'eau et le vin sont-ils alors mélangés dans le verre de cette personne ?　　　(Brevet, Lille.)

710. Combien pèsent deux masses de fer, sachant que les $\frac{2}{5}$ de la première pèsent 96 kilogrammes de moins que les $\frac{3}{4}$ de la seconde et que les $\frac{5}{8}$ de la seconde pèsent autant que les $\frac{4}{9}$ de la première ?

711. On achète une pièce d'étoffe à raison de 7 francs les 5 mètres, on la revend 16 francs les 11 mètres et l'on gagne 24 francs. Quelle est la longueur de la pièce d'étoffe ?

712. Un père de famille consacre $\frac{1}{5}$ de son revenu annuel à son logement, les $\frac{3}{8}$ du reste à la nourriture de sa famille, les $\frac{2}{5}$ du nouveau reste à ses vêtements, puis les $\frac{2}{3}$ de ce qui lui reste à l'instruction de ses enfants, et enfin $\frac{1}{4}$ du surplus aux dépenses imprévues. Ses économies au bout de l'année sont de 975 francs. Trouver son revenu, et former le budget de ses dépenses.

713. Une personne se met au jeu et perd dans une première partie les $\frac{2}{5}$ de son argent, puis dans une seconde elle gagne la moitié de ce qui lui restait après la première. Sachant qu'elle avait alors 36 francs, combien avait-elle d'argent avant de jouer ?

714. Un négociant déclaré en faillite ne peut payer que 35 % à ses créanciers. Avec 7.513^{fr} de plus, il pourrait payer les $\frac{3}{7}$ de ce qu'il doit. Quel est son actif et quel est son passif?

715. Un négociant met 135.000 francs dans le commerce. La première année, il gagne $\frac{1}{15}$ du capital engagé; la deuxième année, il gagne 10.000 francs. Au commencement de la troisième année, il perd $\frac{1}{5}$ de ce qu'il possède; mais à la fin de cette même année, il se trouve avoir 125.000 francs. Quelle somme a-t-il gagnée dans le courant de la troisième année?

716. Partager 520 francs en trois parties telles que la première soit les $\frac{5}{7}$ de la seconde, et que la troisième soit le double de la seconde.

717. On sait que deux tonneaux pleins contiennent ensemble 495 litres de vin; on sait de plus qu'après avoir soutiré les $\frac{2}{5}$ du contenu du premier et le $\frac{1}{13}$ du deuxième, il reste le même nombre de litres dans chaque tonneau. Ce vin, rendu à domicile, revient à 48 francs l'hectolitre. On demande la capacité de chaque tonneau et le prix du vin contenu dans chaque tonneau.   (École normale, Niort.)

718. Deux personnes ont hérité d'une somme de 18.300 francs. La première ayant dépensé les $\frac{2}{5}$ de sa part et la seconde les $\frac{3}{7}$ de la sienne, il reste à la première deux fois plus qu'à la seconde. Quelles sont les deux parts de l'héritage?
                                        (Brevet, Paris.)

719. Un premier ouvrier ferait seul un ouvrage en 15 jours et un second en 12 jours, en travaillant 10 heures par jour. Ils travaillent deux jours ensemble, puis le premier est remplacé par un troisième ouvrier et à partir de ce moment l'ouvrage est achevé en 4 jours 8 heures. Quel temps le troisième ouvrier seul mettrait-il à faire tout le travail?

720. Un commerçant est établi depuis 4 ans. Pendant la première année, son capital s'est accru de ses $\frac{3}{7}$; pendant la deuxième, il a diminué de $\frac{1}{9}$ de ce qu'il était après la première. Le bénéfice de la troisième année représente le $\frac{1}{17}$

du capital primitif. Enfin, pendant la quatrième année, le gain est égal à celui de l'ensemble des trois premières. Au bout de 4 ans, l'avoir du commerçant s'élève à 106.500 francs. Combien avait-il en entrant dans les affaires ?

(Brevet, Paris.)

721. Trois mobiles, A, B, C, vont sur une même ligne et dans le même sens. Le premier parcourt 20 kilomètres à l'heure ; le deuxième, 10 kilomètres ; et le troisième, 5 kilomètres. A est en avance de 3 kilomètres sur B, et C est en retard de 6 kilomètres sur B. On demande : 1° quand la distance de A à B sera les $\frac{2}{3}$ de celle de B à C ; 2° la distance parcourue par A et par B, depuis le point initial de B.

(Brevet, Belfort.)

722. Un train part de A à 7 heures du matin ; il arrive à B à 11ʰ $\frac{1}{2}$. Il parcourt d'abord les $\frac{3}{5}$ du trajet à une vitesse de 42 kilomètres à l'heure ; dans la seconde partie du trajet, la vitesse diminue de $\frac{1}{6}$. Quelle est la distance de A à B ?

(Brevet élém., Acad. de Toulouse.)

723. Trois personnes associées ont réalisé un bénéfice égal aux $\frac{5}{8}$ de leurs mises. Le partage des mises et bénéfices fait, la première a les $\frac{3}{11}$, la seconde les $\frac{5}{12}$ et la troisième 31.980 francs. Calculez la mise et le bénéfice de chacune d'elles.

(Brevet, Paris.)

724. Un caissier donne les $\frac{2}{5}$ de ce qu'il avait dans sa caisse ; il reçoit ensuite 2.662 francs, et la valeur primitive de sa caisse se trouve augmentée de $\frac{1}{3}$. Combien avait-il d'abord dans sa caisse ?

(Concours d'admiss. à l'École norm., Pas-de-Calais.)

725. A la rentrée des classes, le cours supérieur d'une école comprenait le $\frac{1}{4}$ de l'effectif total, le cours moyen les $\frac{7}{20}$ et le cours élémentaire le reste. Six mois après, l'effectif était doublé ; le cours supérieur comprenait alors le $\frac{1}{5}$ du nouvel effectif, le cours moyen les $\frac{3}{8}$ et le cours élémentaire le reste. Sachant qu'à ce moment le cours supérieur comptait 15 élèves de plus qu'à la rentrée des classes, on demande quels étaient, aux deux époques, les effectifs de chaque cours.

(Brevet, Montpellier.)

726. Un caissier paye trois effets de commerce. Pour le premier, il donne le $\frac{1}{5}$ de ce qu'il a en caisse ; pour le second, il donne les $\frac{2}{3}$ de ce qu'il a en caisse ; pour.le troisième, il donne le $\frac{1}{3}$ de ce qu'il a en caisse. Il lui reste 3.000 francs en caisse. On demande combien il y avait dans sa caisse avant le payement de ces trois effets. (Brevet, Privas.)

727. Les élèves d'un externat payent les uns 80 francs par an, les autres 60 francs. Le nombre total des élèves est de 61, parmi lesquels 4 gratuits dont 3 de la première classe et 1 de la seconde. La somme représentant le prix de pension de ces quatre élèves est égale aux $\frac{5}{72}$ de la rétribution totale des autres. On demande combien cet externat reçoit d'élèves de chaque catégorie. (Brevet, Le Puy.)

728. Partager 8.550 francs entre trois personnes de manière que la deuxième part soit les $\frac{2}{5}$ de la première et la troisième les $\frac{4}{7}$ de la deuxième.

729. Une maison a été vendue aux enchères. A la première enchère, l'augmentation a été de $\frac{1}{8}$ de la mise à prix ; à la deuxième, du $\frac{1}{6}$ de la nouvelle mise à prix, et à la troisième, du $\frac{1}{12}$ de la nouvelle mise à prix. Sachant que la propriété a été adjugée à 10.738 francs, quelle était la première mise à prix ?

730. Quatre personnes devaient payer chacune la même somme, mais l'une d'elles n'a pu payer que le $\frac{1}{4}$ de ce qu'elle devait ; les autres ont alors payé chacune 54 francs de plus que leur part. Combien chacune devait-elle primitivement payer ?

731. Après avoir perdu successivement les $\frac{3}{8}$ de sa fortune, $\frac{1}{9}$ du reste, puis $\frac{5}{12}$ du nouveau reste, une personne hérite de 60.800 francs. La perte est ainsi réduite à la moitié de la fortune primitive. On demande combien cette personne possédait d'abord et combien elle a successivement perdu.
(Brevet, Paris.)

732. Un vase plein d'eau perd, pendant la première heure, le $\frac{1}{3}$ de sa contenance ; pendant la deuxième heure, le $\frac{1}{5}$ du reste ; pendant la troisième heure, le $\frac{1}{6}$ du reste ; pendant la quatrième heure, le $\frac{1}{4}$ du reste, et il y a encore 15 litres d'eau dans le vase. Quelle est la capacité de ce vase ?

(Concours général.)

733. Un bicycliste parcourt une route accidentée comprenant des parties en palier, des montées et des descentes ; sa vitesse moyenne par minute est de 385 mètres sur les paliers ; les vitesses moyennes sur les montées et les descentes sont les $\frac{9}{11}$ et les $\frac{9}{7}$ de la précédente. Sachant que les longueurs des paliers, montées et descentes, sont proportionnelles aux nombres $\frac{4}{5}$, $\frac{1}{2}$ et $\frac{7}{9}$, et que le temps nécessaire au parcours des paliers est de 54 minutes, déterminer : 1º les temps employés à parcourir les montées et les descentes ; 2º les longueurs des différentes parties de la route ; 3º le temps employé pour effectuer le même chemin au retour, les différentes vitesses n'étant plus alors que $\frac{10}{11}$ des précédentes.

(Conc. Ecole nat. des arts et métiers.)

734. Une personne a cultivé les $\frac{2}{5}$ de ses terres en blé, le $\frac{1}{3}$ en avoine, et les 15ʰᵃ,8156 qui restent en betteraves. Le bénéfice qu'elle fait par hectare est, pour le blé, les $\frac{3}{4}$, et pour l'avoine, les $\frac{7}{9}$ de celui qu'elle fait par hectare sur la récolte de betteraves. Son bénéfice total étant 6.548ᶠʳ,75, trouver le bénéfice qu'elle fait par hectare pour chaque espèce de récolte.

735. On propose de partager 34.100 francs entre quatre personnes, de manière que la part de la première soit les $\frac{4}{5}$ de celle de la deuxième, que celle de la deuxième soit les $\frac{7}{4}$ de celle de la troisième, que celle de la troisième soit les $\frac{3}{2}$ de celle de la quatrième.

736. Une pierre renferme les $\frac{87}{100}$ de son poids de calcaire pur ; lorsqu'on la calcine, le calcaire perd les $\frac{11}{25}$ de son poids, et les autres matières conservent leur poids. On calcine 1.800 kilogrammes de cette pierre. Combien pèsera le résidu de la calcination ?

737. Une personne augmente chaque année sa fortune du tiers de sa valeur et à la fin de chaque année elle prélève 1.000 francs pour sa dépense. A la fin de la troisième année, sa fortune a doublé. Combien possédait-elle d'abord ?

738. Une personne possède une fortune égale à 1 fois $\frac{1}{2}$ celle d'une autre personne ; la première dépense les $\frac{3}{5}$ de la sienne ; la deuxième les $\frac{2}{3}$ de la sienne. Il reste alors à la première 3.200 francs de plus qu'à la seconde. Quels sont les avoirs de ces deux personnes ?   (Brevet, Paris.)

739. Pendant une première année, une personne augmente son avoir des $\frac{2}{15}$ de sa valeur ; pendant l'année suivante, elle augmente également des $\frac{2}{15}$ de sa valeur ce qu'elle possédait à la fin de la première année. Si chaque fois l'augmentation, au lieu d'être des $\frac{2}{15}$, eût été de $\frac{1}{5}$, cette personne aurait eu au bout de la deuxième année 10.500 francs de plus. On demande d'évaluer le montant de son avoir primitif et de vérifier le résultat obtenu.   (Brevet, Paris.)

740. Un groupe de travailleurs, composé de 18 hommes, 15 femmes et 20 enfants, a gagné en commun 3.320 francs. Répartir cette somme entre les ouvriers de manière que la part d'une femme soit les $\frac{2}{3}$ de celle d'un homme, et la part d'un enfant les $\frac{2}{3}$ de celle d'une femme.   (Brevet, Dijon.)

741. Deux ouvrières se sont engagées à ourler un même nombre de mouchoirs. La première en ourle 7 en 3 heures ; la deuxième 5 en 2 heures. La deuxième se met à l'ouvrage quand la première en a déjà ourlé 28. A partir de ce moment, les deux ouvrières travaillent ensemble et s'arrêtent quand elles ont ourlé le même nombre de mouchoirs. On demande : 1° le temps employé par chacune d'elles ; 2° le nombre de mouchoirs faits par chacune. Vérifier le résultat obtenu.

          (Brevet, Paris.)

742. Une personne a employé successivement trois ouvriers pour faire un travail. Le premier en a fait les $\frac{5}{8}$, le deuxième a fait les $\frac{16}{35}$ de ce qu'a fait le premier, et le troisième a fait le reste. Sachant que le premier a reçu 42 francs de plus que les deux autres réunis, on demande le prix total de l'ouvrage et ce qu'a reçu chaque ouvrier.   (Brevet, Paris.)

743. Deux ouvriers travaillent ensemble; le premier gagne par jour $\frac{1}{3}$ de plus que le second. Au bout d'un certain temps, le premier, qui a travaillé 5 jours de plus que le second, a reçu 100 francs, tandis que l'autre n'a reçu que 60 francs. Combien chacun gagnait-il par jour?

744. On a engagé un journalier et son fils pour bêcher un jardin. On sait que le père et le fils, travaillant ensemble, mettraient 12 heures pour faire tout le travail et que le père tout seul mettrait 20 heures. Ils ont travaillé un jour ensemble pendant 8 heures, et, le lendemain, le père achève les 90 centiares qui restaient à bêcher. On demande : 1º combien de temps le père a travaillé le deuxième jour; 2º la contenance du jardin; 3º combien de mètres carrés chacun a bêchés.

(Brevet, Paris.)

745. Une personne a mis un certain capital dans une entreprise. A la fin de la première année, elle a augmenté son capital de $\frac{4}{15}$; pendant la deuxième année, elle perd $\frac{1}{8}$ de ce qu'elle avait à la fin de la première année; et pendant la troisième année, elle a gagné les $\frac{9}{13}$ du bénéfice qu'elle a fait dans l'ensemble des deux premières années. Elle possède alors 10.934 francs. On demande quel était son capital primitif.

(Brevet, Paris.)

746. Un spéculateur a augmenté au bout d'un an sa fortune de $\frac{1}{17}$ de sa valeur; il l'a augmentée l'année suivante des $\frac{6}{11}$ de sa nouvelle valeur, et enfin la troisième année, des $\frac{4}{18}$ de sa nouvelle valeur. Cette fortune est alors de 428.690 francs. On demande ce qu'elle était trois ans auparavant.

(Brevet, Deux-Sèvres.)

747. On a divisé un terrain en deux portions. Les $\frac{3}{7}$ de la première représentent les $\frac{2}{5}$ de la deuxième, et si l'on retranche les $\frac{11}{20}$ de la première des $\frac{9}{13}$ de la deuxième, on obtient 13ha 96a. Evaluer en mètres carrés la surface de chacune des deux portions.

(Brevet, Toulouse.)

748. En cinq années, un commerçant a pu mettre de côté 54.000 francs. Sachant que la deuxième année il a mis de côté $\frac{2}{9}$ en plus de ce qu'il avait mis de côté la première; la troisième année, 12.885 francs; la quatrième année, $\frac{1}{11}$ en moins de ce qu'il avait mis de côté la seconde; et enfin la cinquième année autant que la seconde, plus 115 francs; combien a-t-il économisé chaque année ?   (Brevet, Foix.)

749. Un marchand achète un lot de moutons à trois prix. Il a payé le $\frac{1}{3}$ à raison de 25 francs par tête, les $\frac{2}{5}$ à raison de 19 francs et le reste à raison de 15 francs. Il revend le tout pour la somme de 1.794 francs et gagne ainsi $\frac{1}{5}$ du prix d'achat. De combien de moutons se composait le lot?

750. Un négociant prélève au commencement de chaque année, sur les fonds qu'il a dans le commerce, 2.700 francs pour ses dépenses personnelles. Chaque année son fonds augmente du $\frac{1}{3}$ de ce qui reste après ce prélèvement. Au bout de 3 ans, les fonds qu'il avait au commencement de la première année sont doublés. Combien le négociant avait-il au début?
                          (Ecole normale, Saint-Lô.)

751. Un candidat au brevet obtient un total de 36 points $\frac{3}{4}$ pour l'ensemble des trois épreuves d'orthographe, d'arithmétique et de composition française; la note d'arithmétique surpasse de 2 points $\frac{1}{2}$ la note d'orthographe, qui surpasse à son tour de 1 point $\frac{3}{4}$ celle de la composition française. Quelles sont ces notes?   (Brevet, Acad. de Toulouse.)

752. Un propriétaire possède $2^{km}\frac{1}{4}$ de chemins, sur les bords desquels il plante des arbres de chaque côté, et à 17 mètres de distance les uns des autres. Ces arbres lui coûtent 270 francs le cent. Au bout de 15 ans, les $\frac{1}{5}$ ont une valeur de 20 francs chacun, 34 sont morts. Chacun des autres ne vaut que les $\frac{7}{10}$ de l'un des premiers. On admet d'ailleurs que la dépense primitive faite par le propriétaire, placée à intérêts composés, représenterait alors une somme double. Combien pourra-t-il, avec le surplus du profit, acheter d'ares et de centiares d'une terre qui vaut $0^{fr},75$ le mètre carré ?
                (Examen d'entrée à l'école d'agr. de Montpellier.)

753. Une personne distribue à trois œuvres respectivement $\frac{1}{4}$, $\frac{1}{7}$, $\frac{2}{11}$ de sa fortune. Le reste, placé à 4,5 %, produit 1.179 francs au bout de l'année. On demande : 1º quel est le montant de la donation faite à chaque œuvre; 2º à combien se monte le reste de la fortune.   (Brevet, Paris.)

754. Un spéculateur a acheté, à raison de 600 francs l'hectare, une terre en mauvais état; il y fait exécuter des améliorations qui lui coûtent 75.000 francs. Il revend alors le $\frac{1}{3}$ de cette propriété à raison de 1.200 francs l'hectare, et les deux autres tiers à raison de 1.100 francs. Le bénéfice qu'il réalise ainsi est de 45.000 francs. On demande quelle est la contenance de cette terre. (Brevet, départements.)

755. Une famille se compose du père, de la mère, d'un garçon et d'une fille. Les âges du père et de la mère réunis font 100 ans. Les âges du garçon et de la fille font 36 ans. D'ailleurs, l'âge du fils est les $\frac{4}{9}$ de l'âge de la mère et les $\frac{4}{11}$ de l'âge du père. Trouver l'âge de chacune de ces quatre personnes.

756. Une cuisinière se rend au marché pour faire ses provisions avec une certaine somme dans sa poche. Elle achète de la viande et y emploie la $\frac{1}{2}$ de cette somme ; elle dépense les $\frac{11}{20}$ de ce qui lui reste pour acheter des légumes et les $\frac{5}{9}$ du surplus pour acheter des fruits. Elle veut en outre acheter une volaille, dont on lui demande un prix égal au $\frac{1}{3}$ de ce qu'elle vient de dépenser. Il se trouve qu'elle ne peut l'acheter parce qu'il lui manque 2 francs pour cela. Dire quelle somme elle avait en venant au marché et ce que lui ont coûté ses différents achats. (Brevet, Paris.)

757. Une personne dispose de sa fortune ainsi qu'il suit : elle donne les $\frac{5}{8}$ à ses héritiers, $\frac{1}{4}$ du reste à un hospice, les $\frac{3}{5}$ du nouveau reste aux pauvres de la localité, et enfin elle destine les 4.932 francs qui complètent tout son avoir à l'amélioration du matériel d'une école. Quelle était toute la fortune du testateur ? — Quelle est la part de ses héritiers, celle des pauvres, celle de l'hospice ? (Brevet, Paris.)

758. On a partagé une somme entre quatre personnes. La première en a eu la $\frac{1}{2}$, la deuxième le $\frac{1}{5}$, la troisième le $\frac{1}{6}$ et la quatrième, qui a eu le reste, reçoit 48 francs de moins que la troisième. Quelle est la somme partagée?

(Brevet, le Mans.)

759. On a dépensé 276 francs pour acheter une pièce de soie et une pièce de velours. Ces deux pièces ont la même longueur. Le prix d'un mètre de velours est les $\frac{5}{3}$ du prix d'un mètre de soie et il surpasse de 6 francs le prix d'un mètre de soie. Cela étant, on demande : 1° le prix d'un mètre de soie et celui d'un mètre de velours ; 2° la longueur commune des deux pièces de soie et de velours.   (Brevet, Paris.)

760. Une personne parcourt une route en 3^h42^m ; au retour, comme elle fait $16^m\frac{2}{3}$ de moins par minute, elle met $4^h37^m\frac{1}{2}$ à parcourir le même chemin. Quelle est la longueur de la route ? — Quel est le temps employé pour parcourir un kilomètre, tant à l'aller qu'au retour ?   (Brevet.)

761. Deux tiroirs d'une banque sont pleins, l'un de pièces de 5 francs, l'autre de pièces de 2 francs. Le premier contient une somme double de celle du second. Pour régler un compte, le banquier prend 100 pièces dans le premier tiroir et 300 dans le second. La somme qui reste dans le second n'est plus alors que les $\frac{2}{5}$ de la somme restée dans le premier. Quelles étaient les sommes contenues dans chaque tiroir ?

762. Pour faire un ouvrage, on a employé deux ouvriers. Le premier a travaillé seul pendant 8 jours ; puis les deux ouvriers ont travaillé ensemble pendant 9 jours ; enfin, le premier cessant de travailler, le second termine l'ouvrage en 18 jours. Sachant que le premier aurait mis 32 jours à lui seul pour faire l'ouvrage entier, on demande : 1° la fraction d'ouvrage faite par chaque ouvrier ; 2° le temps que le second mettrait à lui seul pour faire tout l'ouvrage ; 3° quel doit être le prix de la journée du deuxième si le premier reçoit $4^{fr}.50$ par jour. La journée de travail est de 10 heures.

                                        (Brevet, Avignon.)

763. On a dans un vase A, 12 litres de vin et 4 litres d'eau ; dans un vase B, 8 litres de vin et 3 litres d'eau. On retire 4 litres du vase A et 4 litres du vase B et on les change de vase. Combien y aura-t-il d'eau et de vin dans chacun des vases ?   (Brevet, Aix.)

764. Deux groupes d'ouvriers pourraient faire un travail, l'un en 9 jours, l'autre en 12 jours. On prend le $\frac{1}{4}$ des ouvriers du premier groupe et la $\frac{1}{2}$ de ceux du deuxième groupe, et on leur confie le travail. En combien de jours ce travail sera-t-il achevé ?   (Brevet, Chambéry.)

765. Deux ouvriers travaillent ensemble et le premier gagne $\frac{1}{6}$ de plus que l'autre. Ils ont reçu pour salaire total la somme de 330 francs. On demande la part revenant à chaque ouvrier, sachant que le premier a travaillé pendant 32 jours et le second pendant 36 jours.   (Brevet, Dijon.)

766. Un train partant d'une station A et marchant avec une vitesse moyenne de 42 kilomètres à l'heure arriverait à la sta-

tion B après avoir marché pendant 9 heures. Ce train est obligé à un arrêt imprévu d'une demi-heure en un point C situé à 126 kilomètres de A. On demande : 1° avec quelle vitesse moyenne le train devra reprendre sa route pour que l'heure de son arrivée à la station B ne soit pas changée; 2° le rapport de la distance AC à la distance AB.

767. La distance entre Paris et Rouen, qui est de 136 kilomètres, est parcourue en 15 heures par un courrier. La vitesse moyenne d'un train de chemin de fer étant 4 myriamètres à l'heure, on demande : 1° le rapport des vitesses du courrier et du chemin de fer; 2° la durée du trajet du chemin de fer, pour aller de l'une à l'autre de ces deux villes.   (Brevet.)

768. Un commerçant est établi depuis 4 ans. Pendant la première année, son capital s'est accru de ses $\frac{2}{7}$; pendant la seconde, il a diminué de $\frac{1}{8}$ de ce qu'il était la première année. Le bénéfice de la troisième année représente $\frac{1}{12}$ du capital primitif. Enfin, pendant la quatrième année, le gain est égal à celui de l'ensemble des trois premières. Au bout de ces quatre années, l'avoir du commerçant s'élève à 52.360 francs. Combien avait-il en entrant en affaires?   (Brevet, Aix.)

769. Un père en mourant partage sa fortune de la manière suivante : l'aîné a les $\frac{3}{7}$ de cette fortune, le deuxième le $\frac{1}{3}$ de la part de l'aîné plus 12.600 francs, et le troisième le $\frac{1}{4}$ de la fortune plus 900 francs. Quelle est la valeur de la part de chaque enfant? Vérification.   (Brevet, Paris.)

770. Un négociant achète une pièce de drap pour 400 francs. Il en revend le $\frac{1}{3}$ à 4 francs le mètre, le $\frac{1}{4}$ à 10 francs et le reste à 6 francs. Il réalise un bénéfice de 10 % sur le prix d'achat. Quelle est la longueur de la pièce?

(Brevet, Clermont.)

771. Un employé me disait l'autre jour : Ma mère me donne chaque année une somme égale au $\frac{1}{6}$ de mes appointements; de cette manière, je couvre tous mes frais. Si mes appointements étaient doublés, je pourrais envoyer 600 francs à ma mère, et garder le $\frac{1}{6}$ pour moi. Quels sont ses appointements?

PROBLÈMES SUR LES FRACTIONS DÉCIMALES

772. Un rapide part de Paris à $9^h 30^m$ et arrive au Mans à $12^h 40^m$; un train omnibus part du Mans à $8^h 4^m$ et arrive à Paris à $14^h 30^m$. À quelle heure se rencontrent-ils, et, sachant que la distance de Paris au Mans est de 211 kilomètres, à quelle distance de Paris ?

773. Sachant qu'en brûlant 100 kilogrammes de bois de chêne, on retire 3 kilogrammes de cendres et que 15 kilogrammes de cendres renferment 1 kilogramme de carbonate de potasse, on demande quel poids de carbonate de potasse on pourra retirer de l'incinération de $2.540^{kg},5$ de bois de chêne. (Brevet, Nice.)

774. On a acheté une pièce d'étoffe pour la somme de 175 francs. On demande : 1º le prix du mètre ; 2º le prix d'une robe de cette étoffe, sachant qu'il en faut $7^m,50$. On sait en outre que, si la pièce contenait $2^m,50$ de plus, il y en aurait assez pour faire 7 robes.

(Concours des Contributions indirectes.)

775. Trois ouvrières travaillent chez un fabricant : la première et la deuxième ont gagné $97^{fr},20$ en 18 jours ; la première et la troisième $103^{fr},50$ en 15 jours ; la deuxième et la troisième 150 francs en 20 jours. Combien chacune d'elles gagne-t-elle par jour ? (Brevet, Paris.)

776. Un bicycliste est parti d'une ville à $7^h 28^m$ du matin et marche à une vitesse de $14^{km},8$ à l'heure. On envoie à sa poursuite une automobile qui part à $10^h 45^m$. Après avoir marché pendant 53 minutes à la vitesse de 42 kilomètres à l'heure, l'automobile est obligé de s'arrêter pendant $11^m 30^s$ à cause d'une panne. De combien devra être augmentée sa vitesse, si l'on veut que la rencontre ait lieu comme si l'automobile avait marché sans interruption à 42 kilomètres à l'heure ?

777. On remplit un bassin aux $\dfrac{2}{3}$ en faisant couler l'eau d'une fontaine qui remplirait le bassin complètement en 10 heures. On achève de remplir le bassin au moyen d'une seconde fontaine qui, seule, le remplirait complètement en 6 heures. 1º Pendant combien de temps chacune des fontaines a-t-elle coulé ? 2º Combien de temps les deux fontaines coulant ensemble mettront-elles à remplir le bassin ?

(Brevet, Paris.)

778. La distance moyenne de la terre au soleil égale 24.068 fois le rayon de l'équateur qui est égal à 6.377.398 mètres. Combien faudrait-il d'années pour parcourir cette distance, à une locomotive animée d'une vitesse de 40.000 mètres à l'heure ? Durée de l'année, 365 jours $\frac{1}{4}$.

(Brevet, Bordeaux.)

779. On a acheté une pièce de toile à raison de $1^{fr},25$ le mètre ; on en a revendu la moitié à $1^{fr},75$, le $\frac{1}{4}$ à $1^{fr},80$ et le reste à $1^{fr},90$. Le bénéfice total étant de 88 francs, trouver la longueur de la pièce.

780. Dans une compagnie, la composition de l'effectif est la suivante : 83 soldats de deuxième classe, 27 soldats de première classe, 10 caporaux, 5 sous-officiers. La solde du sous-officier est les $\frac{20}{11}$ de celle du caporal ; la solde du caporal est les $\frac{9}{5}$ de celle du soldat de première classe ; la solde du soldat de première classe est les $\frac{11}{9}$ de celle du soldat de deuxième classe ; cette dernière est de $0^{fr},05$ par jour. Calculer sur ces données un prêt pour 5 jours.

(Concours d'admission à Saint-Maixent.)

781. On a fait les $\frac{2}{3}$ d'un voyage en chemin de fer en payant 9 centimes et $\frac{1}{4}$ de centime par kilomètre et le dernier tiers en voiture au prix de 16 centimes par kilomètre. Le coût total a été de $10^{fr},35$. Quel est le nombre de kilomètres parcourus ?

(Brevet, Paris.)

782. Pour faire une robe, on achète $12^{m},50$ d'une étoffe qui a $0^{m},60$ de largeur et qui coûte $4^{fr},80$ le mètre. On désire doubler entièrement cette robe avec une étoffe de $\frac{3}{4}$ de mètre de largeur, dont le prix est les $\frac{3}{8}$ du précédent. On demande : 1° le nombre de mètres de doublure ; 2° le prix total des deux étoffes ; 3° la réduction opérée sur la facture si l'on paye comptant avec une remise de 2,25 %.　(Brevet, Bar-le-Duc.)

783. Une marchande a acheté des pommes à $0^{fr},55$ la douzaine ; elle en forme trois tas : l'un, de qualité supérieure, comprend $\frac{1}{4}$ de son achat ; le second, de qualité moyenne, représente le $\frac{1}{3}$, et le troisième, de qualité médiocre, comprend le reste. Elle se propose de revendre la première partie $0^{fr},80$ la douzaine, la deuxième partie $0^{fr},70$ et la troisième $0^{fr},60$. Dans ces conditions, elle réalise un bénéfice de $75^{fr},20$. Combien de douzaines de pommes avait-elle achetées ?　(Brevet, Clermont.)

784. Une pièce de soie devrait être vendue 15 francs le mètre. Par suite d'un accident qui a défraîchi l'étoffe, les $\frac{3}{7}$ de la pièce ne sont vendus que 13 francs le mètre et le reste 11 francs. Il en est résulté une perte de 198 francs. Quelle était la longueur de la pièce ?   (Brevet, Seine.)

785. On achète des pains de sucre de deux qualités. On paye pour les uns 1.122 francs et pour les autres 620 francs. Sachant qu'un pain de sucre de deuxième qualité coûte 3^{fr},20 de moins qu'un pain de première qualité, et que deux pains, un de chaque qualité, coûtent ensemble 34^{fr},20, on demande de calculer le nombre de pains de chaque qualité achetés.

(Brevet, Paris.)

786. Deux ballots renferment chacun 8 pièces de toile de 38^m,05 chacune. Le premier contient en outre 5 pièces de calicot de 31^m,04 chacune et le deuxième 7 pièces ayant ensemble 208^m,40. Sachant que le premier ballot vaut 591^{fr},12 et le deuxième 604^{fr},42, trouver le prix du mètre de toile et celui du mètre de calicot.   (Brevet, Rodez.)

787. Une dame possède deux sacs de café : le premier, qui contient 8 kilogrammes de moka et 7 de martinique, a coûté 59^{fr},10 ; l'autre, renfermant 4 kilogrammes de moka et 3 de martinique, a coûté 28^{fr},10. Calculer le prix du kilogramme de chaque espèce.   (Brevet, Clermont.)

788. On offre à un cultivateur d'acheter son blé à 23^{fr},75 l'hectolitre. Il préfère le vendre à raison de 32 francs les 100 kilogrammes, parce qu'il gagne ainsi 12^{fr},50. L'hectolitre de ce blé pesant 75 kilogrammes, on demande le nombre de doubles-décalitres vendus par le cultivateur, et quel aurait dû être le prix du double-décalitre pour que la vente au poids n'eût donné aucun bénéfice.

789. Une famille qui consomme, en moyenne, 1$^{kg}\frac{1}{2}$ de viande par jour, a dépensé 64^{fr},80 dans un mois de 30 jours pour cet objet de consommation. Sachant que pendant les douze derniers jours elle a payé, par kilogramme, 0^{fr},10 de plus que les jours précédents, on demande quel a été le prix du kilogramme de viande pour les deux périodes.

(Brevet, Lyon.)

790. Une personne a dépensé d'abord les $\frac{3}{5}$ de ce qu'elle avait moins 4 francs, puis le $\frac{1}{4}$ du reste plus 3 francs, enfin les $\frac{2}{5}$ du nouveau reste, plus 1^{fr},20 ; il lui reste 24 francs. Quelle somme avait-elle ?

791. Un patron emploie dans son usine des ouvriers et des ouvrières au nombre de 300. Le salaire de 3 ouvriers vaut celui de 5 ouvrières. Au bout d'une semaine de 6 jours de travail, la différence entre le salaire des hommes et celui des femmes est de 2.700 francs. Sachant que le salaire journalier d'un ouvrier est de 4^{fr},50, dire quel est le nombre des ouvriers et celui des ouvrières employés.

(C. ét. prim. sup., Toulouse.)

792. Une personne va de A en B par la grande route à l'aide d'une voiture qui fait 125 mètres par minute. Après être restée 25 minutes en B, elle revient en A à pied par un sentier raccourci qui n'a que les $\frac{4}{5}$ de la longueur de la grande route . elle fait d'ailleurs 75 mètres par minute. La durée totale de sa course a été de 2^{h}52^m. On demande la longueur de la grande route de A en B. (Brevet, Paris.)

793. La houille du commerce pèse $\frac{1}{5}$ de moins que l'eau et produit, à la distillation, 250 litres de gaz par kilogramme. On perd $\frac{1}{15}$ du gaz par l'épuration et par les fuites. Une usine doit fournir journellement 9.800 mètres cubes de gaz, et paye l'hectolitre de houille 5^{fr},40. On demande : 1º quelle quantité de charbon l'usine emploie par jour ; 2º combien elle dépense en achat de houille ; 3º combien elle doit vendre le mètre cube de gaz pour réaliser 15 % de bénéfice sur le prix de revient. On suppose que les frais divers de l'usine sont couverts par la vente du coke et du goudron.

(École normale, Rouen.)

794. On pourrait faire une robe avec 6^m,50 d'étoffe de 1^m,20 de largeur. Mais l'étoffe dont on dispose n'a que 0^m,75 de largeur et elle coûte 0^{fr},50 le double décimètre. Le montant de la façon et des fournitures devant s'élever aux $\frac{5}{6}$ des $\frac{2}{3}$ du prix du tissu, quel sera le prix de la robe avec la deuxième étoffe ? (Brevet, Mayenne.)

795. Une ménagère achète 5^{kg},320 de groseilles pour faire des confitures. Ces groseilles fournissent $\frac{4}{7}$ de leur poids de jus, et ce jus est mêlé à un poids égal de sucre à l'état de sirop. Le mélange est ensuite chauffé et clarifié, ce qui lui fait perdre $\frac{3}{152}$ de son poids. L'opération terminée, la confiture est mise dans des pots de 0^l,149 de capacité. On demande combien on pourra remplir de ces pots, sachant que le litre de confiture pèse autant que 1^l,25 d'eau.

796. On a vendu les $\frac{7}{12}$ d'une propriété à raison de 1.280 francs l'hectare, et le reste à raison de 1.125 francs l'hectare. Si on avait vendu la propriété tout entière à raison de

1.209^{fr},65 l'hectare, on aurait perdu 16.954 francs. Trouver le contenu de la propriété et le prix qu'on en a retiré.

(Brevet, Nancy.)

797. On achète, pour faire des confitures, 5 kilogrammes de raisin qui fournissent $\frac{5}{7}$ de leur poids de jus. Ce jus est mêlé à poids égal à un sirop de sucre. Le mélange chauffé et clarifié perd les $\frac{3}{100}$ de son poids. La confiture est mise dans des pots de 2 décilitres. Combien pourra-t-on remplir de pots? Un litre de confiture pèse 1^{kg},25.

(École normale, Nevers.)

798. Les $\frac{2}{3}$ d'un champ ont été vendus 2.047^{fr},50 de moins que n'auraient été vendus les $\frac{9}{10}$ du champ aux mêmes conditions. Quel est le prix du champ et le prix de chaque lot ?

799. Une cuve est pleine d'eau. On en retire une certaine quantité et on la remplit avec une certaine quantité de vin. Après cette opération, la cuve pèse 18^{kg},07 de moins que lorsqu'elle ne renfermait que de l'eau. Les volumes du vin et de l'eau du mélange sont dans le rapport des nombres $\frac{5}{12}$ et $\frac{7}{18}$. Le poids du vin est les $\frac{9}{10}$ de celui de l'eau. On demande : 1º le nombre de litres de vin ; 2º le nombre de litres d'eau du mélange.

(Brevet, Arras.)

800. Un cultivateur va au marché avec une certaine somme. Il en dépense d'abord la $\frac{1}{2}$, puis il vend au comptant 20 doubles décalitres de blé à 17^{fr},50 l'hectolitre. Pour payer un dernier achat, il doit débourser les $\frac{2}{5}$ de la somme qu'il possédait après la vente de son blé. Il rentre chez lui avec 102 francs. Combien avait-il en partant?

801. La distance de deux villes situées sur le même méridien est de 84.400 mètres ; on demande le nombre de degrés, minutes et secondes que comprend l'axe de méridien qui joint ces deux villes.

(Brevet, Besançon.)

802. Une automobile ayant une vitesse de 60^{km},8 à l'heure est partie de Paris pour Bordeaux par Tours à 12 heures. Une seconde automobile est partie à 14^h $\frac{1}{2}$ de Tours pour Bordeaux, avec une vitesse de 48 kilomètres à l'heure. On demande : 1º à quelle heure elles se rencontreront ; 2º et à quelle distance de Bordeaux. La distance de Paris à Tours est de 232 kilomètres, celle de Paris à Bordeaux est de 585 kilomètres.

(Brevet, Paris.)

803. Deux trains effectuent le trajet de Paris à Toulouse : le premier en 15^h40^m, le deuxième en 25^h22^m. On sait qu'en une heure le premier fait $18^{km}\frac{1}{3}$ de plus que le deuxième. On demande de calculer : 1° à un décamètre près, la vitesse de chaque train ; 2° à un kilomètre près, la distance de Paris à Toulouse. *(Brevet, Toulouse.)*

804. Deux trains partent de Besançon pour Paris : le premier à 5^h20^m en faisant 30 kilomètres à l'heure ; le deuxième à 7^h45^m en faisant 45 kilomètres à l'heure. A quelle distance de Besançon et à quelle heure le second train atteindra-t-il le premier ? *(Brevet, Besançon.)*

805. Un train doit parcourir l'espace compris entre deux gares à la vitesse de 75 kilomètres à l'heure. Aux $\frac{2}{3}$ du chemin, un accident de machine oblige le train à un arrêt d'une $\frac{1}{2}$ heure, et le reste du chemin est parcouru à la vitesse de 15 kilomètres à l'heure. Le train arrive avec 2^h54^m de retard. Quelle est la distance des deux gares ? *(Brevet, Rennes.)*

806. Une personne peut disposer de 2 heures pour faire une promenade et part dans une voiture qui fait 12 kilomètres à l'heure. A combien de kilomètres du point de départ doit-elle quitter la voiture pour qu'en revenant à pied à 4 kilomètres à l'heure, elle soit de retour à l'heure indiquée ? *(Brevet.)*

807. Une famille consomme en moyenne $3^{kg}\frac{1}{4}$ de pain par jour. Le sac de farine pèse 150 kilogrammes et coûte 65 francs ; 2 kilogrammes de farine donnent à peu près $2^{kg},60$ de pain ; enfin le bois employé pour la cuisson du pain de cette famille pendant toute l'année vaut 22 francs. On demande : 1° la dépense totale de l'année ; 2° le prix de revient du kilogramme de pain. *(Brevet, département.)*

808. On emploie, dans une exploitation industrielle, une machine qui a coûté 4.575 francs et peut durer quinze ans, si elle est bien entretenue. La dépense d'entretien est d'environ $0^{fr},20$ par jour, et l'emploi de cette machine exige trois ouvriers, payés chacun à raison de 875 francs par an. On demande combien elle coûte en réalité par jour, en tenant compte de l'usure, si elle travaille pendant 300 jours.

(Brevet, Nantes.)

809. Une voiture part d'un certain endroit avec une vitesse de 12 kilomètres à l'heure. 1^h45^m après, un piéton et un cycliste partent du même endroit et dans la même direction, en marchant à des vitesses respectivement de 6 kilomètres et 18 kilomètres à l'heure. Dès que le cycliste a rejoint la voiture, il rebrousse chemin et se porte à la rencontre du piéton. On demande à quelle distance du point de départ commun se fera la rencontre. (Brevet, Paris.)

810. On a acheté un lot de marchandises se composant de 18 mètres de toile, de 14^m,20 de drap et de 12^m,60 de soie pour 447^{fr},85. Quel est le prix du mètre de chaque étoffe, sachant que, en ajoutant au prix de 1 mètre de drap le prix de 1 mètre de toile, qui n'en est que le $\frac{1}{4}$, on obtient le prix de 1 mètre de soie. (Brevet, Dijon.)

811. Une personne achète un certain nombre de mètres d'une première étoffe pour 21 francs et un autre nombre de mètres d'une deuxième étoffe pour 18^{fr},90. Le prix du mètre de la deuxième étoffe est les $\frac{3}{4}$ du prix du mètre de la première et la personne achète en tout 11 mètres d'étoffe. Trouver : 1° le prix du mètre de chaque étoffe; 2° le nombre de mètres de chaque étoffe. (Brevet, Rennes.)

812. Une personne achète un tapis rectangulaire dont la largeur est les $\frac{7}{8}$ de la longueur. Elle veut l'entourer d'une frange qui coûte 2^{fr},50 le mètre tout placé. Sachant que le prix total de la frange est les $\frac{5}{9}$ du prix d'achat du tapis, et que le tapis tout fait revient à 60^{fr},90, on demande la longueur de la frange et les dimensions du tapis. (Brevet, Dijon.)

813. Une montre retarde de 3 minutes par jour. Elle a été mise à l'heure exacte, sur une horloge bien réglée, avant-hier à midi. D'après cette montre, il serait maintenant 8 heures du matin. Quelle heure est-il réellement ? (Brevet, Paris.)

814. Deux ouvrières font un certain ouvrage. Ensemble elles le termineraient en 12 jours. Après qu'elles y ont travaillé toutes les deux pendant 5 jours, l'une d'elles tombe malade et l'autre achève seule le travail en 17 jours. Calculer combien il revient à chacune de ces ouvrières pour le travail qu'elle a accompli, sachant que le tout a été payé 64 francs. Vérifier le résultat obtenu. (Brevet, Paris.)

815. Un propriétaire a entouré d'un mur de 0^m,40 d'épaisseur sur 3 mètres de hauteur un jardin rectangulaire dont la largeur est les $\frac{3}{8}$ de la longueur. Le salaire des maçons, à 1^{fr},25 le mètre carré de mur, s'est élevé à 594 francs, somme qui représente les $\frac{3}{5}$ de la dépense totale. On demande : 1° la surface du jardin; 2° le prix de revient de 1 mètre cube de maçonnerie. (Brevet, Paris.)

816. Un propriétaire vend, à raison de 48 francs l'hectolitre, deux tonneaux de vin dont les $\frac{3}{4}$ du premier égalent en contenance les $\frac{13}{16}$ du second. Sachant que le prix du premier tonneau dépasse de 23^{fr},40 le prix du second, on demande quelle est la contenance de chacune des deux pièces.

(Brevet, Académie de Chambéry.)

817. Une horloge avance de 4 minutes en 12 heures et une autre retarde de 4 minutes en 24 heures. On les règle le lundi à midi. Déterminer l'heure indiquée par chaque horloge lorsqu'une avancera de 16^m $\frac{1}{2}$ sur l'autre et quel jour elle aura lieu.

(Brevet, Paris.)

818. Pour vider un fût plein de vin, on fait couler à la fois un siphon introduit par la bonde et un robinet placé à la partie inférieure. Le siphon, coulant seul, pourrait vider le tonneau en 10 heures, mais sa petite branche se trouvant trop courte, il cesse de couler après 3^{h}20^m. Le tonneau est alors vidé aux $\frac{3}{4}$. Combien de temps, à partir de ce moment, durera encore l'opération ?

(Concours d'admission aux Écoles normales, Laval.)

819. Une lampe brûle en 15^h $\frac{1}{4}$ un kilogramme d'huile coûtant 1^{fr},35. Pour avoir la même clarté, il faut employer 6 bougies qui durent 12^h $\frac{1}{2}$ et coûtent 1^{fr},25. Quel est l'éclairage le plus économique ?

(Brevet, Paris.)

820. Un train express, faisant 75 kilomètres à l'heure, passe dans une gare A à 9^{h}17^m. Un train ordinaire, allant dans la même direction à la vitesse de 48 kilomètres à l'heure, a quitté la même gare à 8^{h}40^m. Comme il est de règle qu'un train doit être garé pour laisser passer un train plus rapide, s'il ne peut atteindre le point de garage suivant 15 minutes au moins avant le passage du train le plus rapide, on demande à quelle gare doit être retenu le train ordinaire, sachant que les voies de garage sont aux points B, C. D, E, distants de A de 15 kilomètres, 27 kilomètres, 35 kilomètres et 50 kilomètres. A quelle heure chacun des deux trains arrivera-t-il à la gare où le train express doit dépasser le train ordinaire ?

(Brevet, Constantine.)

821. Une mère de famille fait faire pour ses garçons quatre vêtements. Le tailleur les lui aurait fournis tout faits au prix de 78 francs l'un. Elle préfère les faire confectionner elle-même et elle réalise une économie de 63^{fr},40. Elle calcule qu'ainsi la façon et les fournitures ne lui coûtent que les $\frac{7}{12}$ de ce qu'elles auraient coûté chez le marchand tailleur. Le drap d'ailleurs est de même qualité et de même prix. Sachant que chaque vêtement exige 3^m,12 de drap, dire : 1° le prix du mètre de ce drap ; 2° le prix de revient d'un complet ; 3° les frais de façon et de fournitures payés par cette mère de famille pour un complet.   (Brevet, Nancy.)

822. Le minerai d'une usine à plomb contient 23 % de ce métal ; le plomb qu'on en retire contient lui-même 0,003 d'argent. La perte en plomb est de 10 % ; la perte en argent est regardée comme nulle. Le prix du plomb est de 55 francs les 100 kilogrammes, celui de l'argent 222^{fr},22 le kilogramme. Les produits de l'usine s'élèvent à 1.795.000 francs par an. On demande : 1° quelle a été la quantité de minerai traitée dans l'usine ; 2° combien on a extrait de plomb et combien d'argent.

823. Le poids de cendre provenant de la combustion du bois de chêne est les 0,03 du poids de ce bois, et le poids du carbonate de potasse contenu dans la cendre est la quinzième partie du poids de cette cendre. Calculer, avec ces données, le poids de carbonate de potasse que l'on retirera des cendres obtenues en brûlant 1.170 kilogrammes de bois de chêne.

824. Les salaires journaliers de deux ouvriers diffèrent entre eux de 1^{fr},25. Le premier dont le salaire est le moins élevé gagne en 21 jours 75^{fr},75 de moins que le deuxième en 32 jours. Pendant quel temps les deux ouvriers doivent-ils travailler simultanément pour que leurs salaires réunis forment la somme de 209^{fr},25 ?   (Brevet, Dijon, 1911.)

825. On pourrait faire une robe avec 6^m,50 d'étoffe de 1^m,20 de largeur ; mais l'étoffe dont on dispose n'a que 0^m,70 de largeur et elle coûte 2^{fr},60 le mètre. Le montant de la façon et des fournitures s'élevant à 15 francs, quel sera le prix de la robe avec la deuxième étoffe ?

                        (Brevet, Haute-Garonne.)

826. Un jardinier pépiniériste a loué une pièce de terre de 75^a,08, au prix annuel de 120 francs. Il y plante des arbres qu'il achète à raison de 0^{fr},90 le pied. Les frais de culture coûtent tous les ans 0^{fr},30 par arbre planté, conservé ou non. Au bout de trois ans, la moitié des arbres a péri, et le pépiniériste vend le reste 2.100 francs, en faisant un bénéfice de 843^{fr},60. On demande combien il a vendu d'arbres, et combien il a vendu chaque arbre.   (Brevet.)

827. Deux bicyclistes partent à la même heure de Toulouse ; l'un fait 39^{km},6 en 2^{h}15^m, l'autre 22 kilomètres en 1^{h}40^m. Après 3 heures de marche, le premier, qui veut attendre le second, ne fait plus que 10 kilomètres à l'heure. A quelle distance aura lieu la rencontre ?   (Brevet, Toulouse.)

828. Un observateur compte 10 secondes entre l'instant où il entend le bruit de l'explosion d'une torpille transmis par l'eau et celui où il entend le bruit de l'explosion transmis par l'air. Dans les conditions de température où l'on se trouve, la vitesse du son par seconde est, dans l'air, de 340 mètres, et, dans l'eau, de 1.430 mètres. Déterminer d'après ces données, et à une unité près du deuxième ordre décimal, à combien de kilomètres de l'observateur se trouvait la torpille.

(Concours Ecoles nationales d'arts et métiers.)

829. Deux villes A et B sont reliées par un chemin de fer de 472 kilomètres. Le quintal de farine coûte 32 francs à A et 39^{fr},90 à B. On demande à quel point de la route il est indifférent de faire venir la farine de A ou de B, en admettant que le transport revienne à 0^{fr},60 par tonne et par kilomètre.

(Brevet, Arras.)

830. Une voiture et une bicyclette partent d'Agen à 6$^h \frac{1}{2}$ du matin pour se rendre à Toulouse et revenir : la voiture fait 12 kilomètres à l'heure et s'arrête 3 heures à Montauban, distant d'Agen de 70 kilomètres. La bicyclette fait 18 kilomètres à l'heure et s'arrête 4 heures à Toulouse distant d'Agen de 128 kilomètres. Dire : 1° à quelle distance d'Agen aura lieu la rencontre ; 2° à quelle heure se produira cette rencontre.

(Ecole normale, Lot-et-Garonne.)

831. En un point fixe se trouve un appareil qui émet un son de 575 vibrations à la seconde. Si on s'avance vers ce point, puis qu'on le dépasse avec une vitesse de 90 kilomètres à l'heure, combien de vibrations entendra-t-on par seconde avant et après l'avoir dépassé ?

832. Un appareil émet un son de 890 vibrations à la seconde. Quel nombre de vibrations par seconde percevra-t-on si l'appareil se rapproche ou s'éloigne avec une vitesse de 25 mètres à la seconde ?

833. Un bateau à vapeur parcourt 1160 lieues marines de 5555^m,55 chacune en 8 jours 3 heures 25 minutes. Un train de voyageurs fait 520 kilomètres en 15^{h}48^m. Quel est celui qui marche le plus vite et quelle est la différence des espaces parcourus en 12 heures ? (Brevet, Nantes.)

834. On demande quelle est la distance qui sépare un observateur du point de l'atmosphère où a jailli une étincelle électrique, sachant qu'il s'est écoulé 8 secondes entre l'apparition de l'éclair et l'audition du premier éclat de tonnerre, la température étant de 29°. On admet que la vitesse du son dans l'air à la température de 10° est de 337^m,02 par seconde, et qu'elle s'accroît de $\frac{5}{6}$ de mètre par chaque augmentation de 1 degré dans la température. (Brevet, Bordeaux.)

835. La betterave donne environ 6 °/₀ de son poids de sucre ; l'hectare de terrain produit 32.000 kilogrammes de betteraves, que l'on vend au prix de 14 francs les 1.000 kilogrammes. 1° Quelle étendue de terrain faut-il ensemencer pour fournir des betteraves à une fabrique de sucre qui produit 75.000 kilogrammes de sucre par an ? 2° Quelle sera la valeur de la récolte obtenue ?

836. Un marchand a acheté une pièce de drap à 12^{fr},25 le mètre. Il en a vendu le $\frac{1}{4}$ à 15^{fr},50 le mètre, le $\frac{1}{5}$ à 15 francs, le $\frac{1}{3}$ à 14^{fr},50 et le reste à 15^{fr},25. Il a gagné ainsi 266 francs sur le marché. Combien de mètres avait la pièce de drap ?
(Brevet, Poitiers.)

837. Un Arabe va au marché pour vendre des oranges en gros au prix de 0^{fr},45 la douzaine. Avec le prix de cette vente, il a l'intention d'acheter une demi-douzaine de poulets et il lui restera 1^{fr},20. Mais il trouve à vendre ses oranges au détail à raison de 0^{fr},55 les 13 oranges. Il achète alors au prix qu'il s'était fixé la demi-douzaine de poulets et il lui reste 2^{fr},20. On demande : 1º le nombre d'oranges ; 2º le prix d'un poulet.
(Brevet, Alger.)

838. Un industriel achète, en Angleterre, de la fonte de fer au prix de 47 shillings 6 pence la tonne anglaise. Sachant que le shilling vaut 1^{fr},25 et se divise en 12 pence et que la tonne anglaise pèse 1.015 kilogrammes, on demande de calculer en francs et en centimes, à un demi-centime près, le prix d'une tonne française de cette fonte.
(Brevet.)

839. On emploie 145 mètres d'une étoffe ayant $\frac{5}{4}$ de mètre de largeur pour faire des robes d'uniforme aux 25 élèves d'un pensionnat. Deux ans après, l'uniforme étant changé, et le pensionnat augmenté de 7 élèves, on demande combien il faut de mètres de la nouvelle étoffe, qui n'a de large que $\frac{5}{6}$ de mètre, et ce qu'il faudra payer pour cet achat si le mètre coûte 5^{fr},25.

840. Un marchand de Paris est appelé pour ses affaires à Bordeaux ; chaque heure de repos jusqu'à son arrivée lui coûte 2^{fr},75. En prenant le train express, il pourra partir à 10^{h}45^m du matin, il arrivera à Bordeaux à 10^{h}18^m du soir et le trajet lui coûtera 71^{fr},20. En prenant un train ordinaire, il partira de Paris à 11^{h}45^m du matin, il arrivera à Bordeaux le lendemain à 4^{h}49^m du matin, et le trajet lui coûtera 53^{fr},40. Quelle est la voie la plus économique et à combien s'élèvera la dépense totale ?
(Brevet, Auxerre.)

841. La graine de colza contient environ 47 % de son poids d'huile ; mais on ne retire guère par la pression que les $\frac{8}{11}$ de cette huile. Le litre d'huile de colza pèse 92 décagrammes. Combien devra-t-on presser de kilogrammes pour avoir un hectolitre d'huile ?

842. Cinq décimètres cubes de cuivre et 3^{dm3},5 de zinc pèsent ensemble 69^{kg},2 ; 3 décimètres cubes de cuivre pèsent 12 kilogrammes de plus que 2 décimètres cubes de zinc. Quelle est la densité de chacun de ces métaux ?

843. Un père pendant 3 jours et le fils pendant 5 jours ont gagné ensemble 40^{fr},50 ; le père pendant 5 jours et le fils pendant 3 jours ont gagné ensemble 43^{fr},50. Quel est le salaire journalier de chacun ?

844. Dans une certaine ville, les droits d'octroi sont de 6 francs par hectolitre de vin et 10 francs par hectolitre d'alcool. L'année dernière, la quantité d'alcool qui est entrée a été le $\frac{1}{10}$ de celle du vin et l'octroi a perçu 32.025 francs de plus pour le vin que pour l'alcool. La population de la ville étant de 30.000 âmes, on demande quelle a été la consommation moyenne par jour et par habitant pour chaque liquide, si l'on admet que la consommation n'a porté que sur le vin et sur l'alcool introduits dans la ville pendant l'année.

(Brevet, Arras.)

845. Une propriété est divisée en trois parcelles : la première est les $\frac{3}{8}$ de la propriété totale ; la deuxième en est les $\frac{5}{12}$. La troisième ayant 5856 mètres carrés de superficie, on demande en hectares, ares et centiares, la contenance de toute la propriété et celle de chacune des deux premières parcelles.

846. Dans un atelier, on emploie 6 femmes et 3 enfants qui reçoivent ensemble 12^{fr},30 par jour. On demande le salaire journalier d'une femme et celui d'un enfant, sachant que 9 journées de femmes valent 16 journées d'enfants.

(Brevet, Privas.)

847. Un train comprenant 380 voyageurs, tant de première classe que de deuxième, a rapporté à la compagnie du chemin de fer 3.720^{fr},75 pour un parcours de 121 kilomètres. On demande combien il y avait de voyageurs de première classe et combien de voyageurs de deuxième classe, sachant que chaque voyageur de première classe a payé 0^{fr},10 et chaque voyageur de deuxième classe 0^{fr},075 par kilomètre.   (Brevet, Auch.)

848. Deux localités A et B sont distantes de 360 kilomètres. Dans la première le prix de la houille est de 25^{fr},50 la tonne ; dans la seconde, ce prix est de 27^{fr},50. On paye le transport 0^{fr},03 par tonne et par kilomètre. On demande en quel point situé entre les localités A et B un industriel aurait un avantage égal à s'approvisionner de houille d'un côté ou de l'autre.

(Certificat d'études primaires supérieures, Toulouse.)

849. Un ouvrier gagne 6^{fr},50 par jour ; un deuxième ouvrier gagne 7^{fr},25. Ils ont travaillé tous deux à un certain ouvrage, mais le deuxième ouvrier a fait 17 journées de moins que le premier. L'ouvrage ayant été payé au moyen d'une somme comprenant 100 grammes de monnaie d'or, 990 grammes de monnaie d'argent et 125 grammes de monnaie de bronze, combien chaque ouvrier a-t-il reçu pour son travail ?

(Brevet, Paris.)

850. Pour remplir un bassin, on fait couler pendant 3 heures un premier robinet qui pourrait remplir seul le bassin en 18 heures. On ouvre ensuite un deuxième robinet qui coule avec le premier pendant 2 heures. Ce deuxième robinet ne donne que les $\frac{4}{5}$ du premier. Après ces 5 heures, on ouvre un troisième robinet qui coule avec les deux précédents, et remplirait seul le bassin en 24 heures. Combien de temps les trois robinets couleront-ils ensemble pour achever de remplir le bassin ?

851. Un minerai de plomb argentifère contient 23 % de son poids de plomb et $\frac{8}{1.000}$ % de son poids d'argent. Le quintal de plomb vaut 55 francs, et le kilogramme d'argent vaut 222 francs $\frac{2}{9}$. Quelle est la valeur de tout le plomb et de tout l'argent contenu dans 2.500 tonnes de minerai ?

852. En 121 jours de travail, une machine à vapeur a consommé 851.950 kilogrammes de charbon ; elle travaillait 12 heures par jour. On apporte à sa construction un perfectionnement qui permet de ne brûler que 2.960 kilogrammes de charbon en 37 heures. Trouver l'économie annuelle due à ce perfectionnement, en supposant que la machine fonctionne 330 jours dans l'année et que le charbon coûte 3^{fr},50 les 100 kilogrammes.

853. On a deux espèces de froment : si l'on mêle 20 hectolitres de la première espèce avec 10 hectolitres de la deuxième, l'hectolitre du mélange vaudra 20 francs ; si l'on mêle 21 hectolitres de la première espèce avec 24 hectolitres de la deuxième, l'hectolitre du nouveau mélange vaudra 19^{fr},40. Quel est le prix de chaque espèce de froment ?

854. Sur un parcours donné, les grandes roues d'une voiture ont fait en moyenne 6 tours en 7 secondes, et les petites 5 tours en 3 secondes. Sachant que les petites ont fait 13.600 tours de plus, dire quelle a été la durée du trajet.

855. La distance entre la gare de la petite vitesse du P.-L.-M. à Paris et la gare de Clermont est de 420 kilomètres. Un train de marchandise part de la première en même temps qu'un train de voyageurs de la deuxième. Ils vont en sens inverse. Le premier possède (arrêt compris) une vitesse moyenne de 44^{km},545 à l'heure, le deuxième, de 70 kilomètres. On demande à quelle distance de la gare de Paris se fera la rencontre. *(Brevet, Clermont.)*

856. Une bille tombe sur une dalle de pierre et rebondit chaque fois à une hauteur égale au tiers de celle dont elle est tombée. Au moment où elle touche la dalle pour la troisième fois, elle a parcouru en tout une longueur de 1^m,36. Trouver la hauteur de la première chute.

857. Le père et le fils se promènent ensemble. Le père fait des pas de 0ᵐ,75 et le fils des pas de 0ᵐ,55. Quelle distance auront-ils parcourue quand le fils aura fait 800 pas de plus que son père ? *(Brevet, Paris.)*

858. Deux fontaines coulant dans un bassin le rempliraient la première en 5 heures et la deuxième en 9 heures. On laisse couler successivement la première pendant $1^h \frac{1}{2}$, puis la deuxième pendant 50 minutes. Calculez le temps après lequel les deux fontaines coulant ensemble, le bassin sera rempli. *(Brevet, Basses-Pyrénées.)*

859. Un litre d'huile pèse 950 grammes et un litre de pétrole 750 grammes. On alimente une lampe avec de l'huile et une autre avec du pétrole. La première brûle $\frac{3}{5}$ de litre d'huile pendant que l'autre brûle 1.560 centimètres cubes de pétrole. On demande, en supposant que les éclairages soient équivalents, ce qu'il faut estimer le litre de pétrole si on paye l'huile 1ᶠʳ,20 les 500 grammes. *(Certificat d'études primaires supérieures, Poitiers.)*

860. Un bassin rectangulaire a 2 mètres de long sur 1ᵐ,50 de large. Il contient l'eau jusqu'au $\frac{1}{4}$ de sa hauteur. On y fait couler pendant 31 minutes 15 secondes de l'eau amenée par un robinet à raison de 6 litres par minute et l'eau s'élève au tiers du bassin. On demande : 1º quelle est la capacité du bassin ; 2º quelle en est la profondeur. *(Brevet, Alger.)*

861. 24 kilogrammes de sucre, 25 kilogrammes de chocolat et 10ᵏᵍ,5 de thé ont coûté 256ᶠʳ,30. On demande de trouver le prix du kilogramme de chacune de ces denrées en admettant que 2ᵏᵍ,25 de chocolat coûtent autant que 9 kilogrammes de sucre et que 7 kilogrammes de thé coûtent autant que 20 kilogrammes de chocolat. *(Brevet, Paris.)*

862. Un fabricant de bronzes veut faire un bénéfice de 3.000 francs sur un certain nombre d'exemplaires d'une statuette ; le modèle lui a coûté 2.500 francs ; la confection du moule 500 francs. Chaque sujet vaudra 10 francs et pèsera 1200 grammes. Le prix du bronze employé est de 7ᶠʳ,50 le kilogramme. La main-d'œuvre et les frais accessoires sont estimés à 463 francs. Combien le fabricant devra-t-il fondre de statuettes pour obtenir le bénéfice indiqué ? *(Certificat d'études primaires supérieures, Poitiers.)*

863. Avec une pièce de toile écrue de 36 mètres de longueur et 0ᵐ,80 de largeur, qui se retire par le blanchissage de 0ᵐ,012 par mètre sur la longueur et de 0ᵐ,015 sur la largeur on confectionne des draps de lit en mettant deux lés de largeur. Quelle largeur auront les draps après le blanchissage, si la couture prend 0ᵐ003 ? Quelle longueur de toile écrue faut-il pour un drap, si les ourlets des extrémités prennent chacun 0m,008 pour que le drap cousu ait juste 2m,80 ? Combien peut-on confectionner de draps avec la pièce, et combien restera-t-il de toile ?   (Brevet, Rennes.)

864. Deux barriques sont pleines de vin à 0fr,80 le litre et elles sont vendues à des prix qui diffèrent de 36 francs. On sait que les $\frac{5}{6}$ de la capacité de la première valent les $\frac{10}{13}$ de de la capacité de la seconde. Quelle est, en litres, la capacité des deux barriques ?   (Brevet, Paris.)

865. Un propriétaire morcelle son domaine en trois lots : le premier lot contient les $\frac{3}{8}$ de la superficie du domaine ; le deuxième lot contient le $\frac{1}{3}$ du reste plus 3ha $\frac{1}{2}$; le troisième lot a une superficie de 27ha $\frac{3}{4}$. Quelle est la superficie exacte du domaine entier ?   (Brevet, Académie de Grenoble.)

866. Une personne prend à la gare de Tours un billet de troisième classe pour Paris et fait enregistrer ses bagages qui pèsent 65 kilogrammes. Elle a payé en tout pour son billet et pour ses bagages 19fr,05. Sachant que le prix d'un billet de troisième classe est calculé à raison de 0fr,067 par kilomètre, que chaque voyageur a droit au transport gratuit de 30 kilogrammes de bagages et que pour l'excédent il paye 0fr,40 par tonne et par kilomètre, on demande quelle est, à un kilomètre près, la distance de Tours à Paris.   (Brevet, Tours.)

867. En moyenne, 132 kilogrammes de blé fournissent 100 kilogrammes de farine ; 60 kilogrammes de farine donnent avec de l'eau 90 kilogrammes de pâte, et cette pâte se réduit par la cuisson de manière que 46 kilogrammes de pâte laissent seulement 39 kilogrammes de pain. On demande le poids de pain obtenu par hectolitre de blé, sachant que le double décalitre pèse 15kg,5.

868. Un train part de Paris à 8h25m du matin et arrive à Nancy à 1h37m du soir. Un autre train part de Paris à 5h20m du soir et arrive le même jour à 11h30m à Nancy. En une heure, le premier train parcourt 10km,644 de plus que le second. Calculer en kilomètres, d'après ces données, la distance de Paris à Nancy.   (Brevet, Nancy.)

869. Deux frères se partagent une somme de 5.225fr,60. Le premier dépense les $\frac{2}{9}$ de sa part ; le second perd le $\frac{1}{5}$ de la sienne, et ils ont alors la même somme. Quelles avaient été les deux parts ?   (Brevet, Lille.)

870. Un marchand vend les $\frac{2}{5}$ d'une pièce de toile à 1fr,05 le mètre et fait ainsi un bénéfice de 51 francs ; il vend ensuite

le reste de la pièce à 1^{fr},12 le mètre et réalise un nouveau bénéfice de 112^{fr},20. Trouver la longueur de la pièce de toile et le prix d'achat du mètre. Le marchand ne touche le montant de ses deux ventes qu'au bout de six mois. A quel taux a-t-il placé son argent ? (Brevet, Saint-Etienne.)

871. Deux tonneaux sont pleins d'un vin qui vaut 0^{fr},75 le litre, et sont vendus à des prix qui diffèrent entre eux de 49 francs ; on sait que les $\frac{5}{7}$ de la capacité du premier tonneau valent les $\frac{11}{13}$ de celle du deuxième. On demande la capacité de chaque tonneau. (Brevet, Lyon.)

872. Dans un atelier, le salaire d'une femme est les $\frac{3}{4}$ de celui d'un homme, et celui d'un enfant les $\frac{5}{9}$ de celui d'une femme. Douze hommes, 8 femmes, 6 enfants ont été payés en tout 110^{fr},70. Quel est le salaire de chacun ?

(Brevet, Marseille.)

873. Un canotier parcourt 50 mètres par minute en descendant une rivière et 20 mètres en remontant. Trouver à quelle distance il peut descendre d'un point donné pour que, en partant à 10^{h}25^m du matin, il soit de retour au point de départ à 3^h 5^m du soir. (Brevet, Ajaccio.)

874. Un bassin, dont la contenance est 3 mètres cubes, est alimenté par deux robinets. Le premier fournit 8 litres d'eau par minute. Les deux robinets, coulant simultanément, rempliraient les $\frac{7}{10}$ du bassin en 2^h $\frac{1}{2}$. On demande combien de temps il faut laisser couler chaque robinet séparément pour remplir le bassin en 7 heures. (Brevet, Paris.)

875. Un marchand a acheté une pièce de toile de 58 mètres et l'a fait laver ; elle s'est retirée sur la longueur des $\frac{3}{48}$; s'il la revendait au prix d'achat, il perdrait 9^{fr},10. Combien doit-il la revendre par mètre pour avoir un bénéfice total net de 32^{fr},25 ? (Brevet, Aisne.)

876. Un automobile a marché pendant 2^h 34^m. Quel chemin a-t-il parcouru, sachant qu'il en a fait les $\frac{3}{7}$ à une vitesse de 35 kilomètres à l'heure, et le reste à une vitesse de 48 kilomètres ?

877. En vendant son blé 19 francs l'hectolitre, un fermier pourrait acheter un champ et il aurait 34 francs de reste ; mais en vendant son blé 17^{fr},50 l'hectolitre, il lui faudrait emprunter 62 francs pour faire cette acquisition. 1° Combien a-t-il de blé ? 2° Quelle est la surface du champ à 788 francs l'hectare ? 3° Quelle en est la longueur si la largeur est de 75 mètres, sachant que ce champ est rectangulaire ?

PROBLÈMES SUR LA RACINE CARRÉE
ET LA RACINE CUBIQUE

878. Un champ triangulaire a une superficie de $3^{ha},25$. Quelle est à $0^m,1$ près la base de ce champ, sachant que la hauteur en est les $\dfrac{3}{4}$?

879. Montrer que si l'on connaît la somme des carrés de deux nombres et leur produit, on peut facilement déterminer la somme et la différence de ces deux nombres et par suite ces nombres eux-mêmes. Que faut-il pour que le problème soit possible ?

880. En s'appuyant sur ce qui précède, calculer deux nombres, sachant que la somme de leurs carrés est 371.873 et leur produit 28.576.

881. Si l'on exprime en seconde la durée t d'une oscillation d'un pendule de longueur l (en mètres), ce temps est donné par la formule

$$t = \pi \sqrt{\dfrac{l}{g}},$$

dans laquelle g représente l'intensité de la pesanteur ($g = 9^m,809$ à Paris), et $\pi = 3,1459...$ le rapport de la circonférence au diamètre. Calculer la longueur du pendule qui bat la seconde à Paris.

882. Un prisme droit à base rectangulaire contient $10^{m3},648$. On sait que les côtés de la base sont l'un le double, l'autre le quadruple de la hauteur. On demande les trois dimensions de ce prisme.   (École nationale de céramique de Sèvres.)

883. Un corps tombe dans le vide d'une hauteur de 185 mètres. Quelle est la durée de la chute à $0^s,01$ près, et la vitesse en bas en mètres et en centimètres à la seconde [1] ?

884. On lance un corps verticalement de bas en haut avec une vitesse de 55 mètres à la seconde. À quelle hauteur parvient-il ? Quel temps met-il pour parvenir à cette hauteur [1] ?

PROBLÈMES SUR LE SYSTÈME MÉTRIQUE
ET LES MESURES DE SURFACE, DE VOLUME, ETC.

885. La roue de devant d'une bicyclette a 40 centimètres de rayon, la roue de derrière a 73 centimètres de diamètre ; sur un certain parcours la petite roue a fait 415 tours de plus que la grande. Calculer ce parcours.

---

[1] Voir Cours moyen, p. 224, note.

886. On a mesuré une longueur avec un mètre trop long de 0^m,002 et l'on a trouvé 23^m,45. Quelle est, à 1 millième près, la valeur réelle de cette longueur? (Brevet, Dijon.)

887. La distance de deux villes situées sur le même méridien est de 53.600 mètres. On demande le nombre de degrés, minutes et secondes que comprend l'arc méridien qui joint ces deux villes. (Brevet, Besançon.)

888. Bourges et Paris sont à une distance de 232 kilomètres sur le même méridien. Évaluer cet arc de méridien en degrés, minutes et secondes.

889. Un train a mis 8 secondes à passer devant un observateur et 36 secondes à traverser entièrement un tunnel de 630 mètres de longueur. Quelle est la longueur du train et sa vitesse en kilomètres à l'heure?

890. Dunkerque et Perpignan sont sensiblement sur le même méridien que Paris. La latitude de Dunkerque est $51°2'8''$ et celle de Perpignan est $42°40'2''$. Quelle est en kilomètres la distance de ces deux villes? Quelle est la latitude d'une ville située à 225 kilomètres au sud de Dunkerque? (Brevet, Paris.)

891. Quel est en centimètres le rayon d'une circonférence dans laquelle un arc de $18°43'18''$ a une longueur de 1^{dam},275?

892. Une étoffe perd au lavage $\frac{1}{20}$ de sa longueur et $\frac{1}{16}$ de sa largeur. Quelle longueur de cette étoffe faut-il pour obtenir, après lavage. 85^{m2} $\frac{1}{2}$. la largeur première étant de 8^m,80 ? (Brevet. Poitiers.)

893. Une locomotive parcourt en moyenne 1.020 mètres par minute. Quel temps (heures, minutes et secondes) a-t-elle mis à franchir une distance de 63^{km}7^{hm} ? (Brevet. Paris.)

894. Un vase plein d'eau pèse 8^{kg},500. On y plonge un corps de 4 décamètres cubes et dont la densité est de 1,6. Dites le poids du vase après l'immersion du corps.

(Admission à l'École normale, Vosges.)

895. Pour la fabrication d'un hectolitre de bière. on emploie 475 grammes de houblon à 2^{fr},75 le kilogramme et 48 litres d'orge pesant 63 kilogrammes l'hectolitre et valant 21 francs le quintal. Les frais de fabrication s'élèvent aux $\frac{5}{6}$ de la valeur des substances employées. On demande le gain du brasseur sur la vente de 24 hectolitres à 2^{fr}.60 le décalitre.

(Bourses d'enseignement primaire supérieur, Paris.)

896. Combien pourrait-on faire de kilogrammes de pain avec un sac de blé de 160 litres? Le poids de ce blé n'est que les $\frac{3}{4}$ du poids du même volume d'eau ; il perd les 0,28 de son poids par la mouture, et 3 kilogrammes de farine donnent 4 kilogrammes de pain. Quel serait le prix de ce pain à raison de 0ᶠʳ,325 le kilogramme ? (Brevet, Châlons.)

897. La récolte du blé en France a été en 1912 de 118.008.000 hectolitres pesant 89.878.700 quintaux. Quel est le poids moyen en kilogrammes du double décalitre de blé ?

898. Une place circulaire a une superficie de 1ʰᵃ,273. Quel est son diamètre à 0ᵐ,1 près ?

899. La hauteur du Canigou au-dessus du niveau de la mer est de 1.428 toises 5 pieds 6 pouces. Calculer cette hauteur en mètres d'après les données du problème 1045.

900. Deux villes ont la même longitude, c'est-à-dire qu'elles sont situées sur le même méridien ; elles sont l'une et l'autre dans l'hémisphère boréal et ont respectivement pour latitude 40°5′ et 39°58′. 1° Calculer en kilomètres la distance qui les sépare, la terre étant supposée sphérique ; 2° calculer, en hectares et fractions d'hectare, l'aire d'un rectangle dont le contour serait égal à cette distance, l'une des dimensions du rectangle étant les $\frac{3}{5}$ de l'autre.

(Brevet, Académie de Clermont.)

901. Un terrain rectangulaire a une longueur de 35ᵐ,70 et une largeur de 23ᵐ,45. On construit sur ce terrain un mur de clôture de 0ᵐ,30 d'épaisseur qui l'entoure entièrement et qui, fondations comprises, a 2 mètres de hauteur. On demande de calculer : 1° la contenance en ares et en centiares du terrain qui reste à l'intérieur du mur de clôture ; 2° le prix de revient de ce mur, sachant que le prix de revient est payé à l'entrepreneur à raison de 12ᶠʳ,50 le mètre cube.

(Brevet, Clermont.)

902. Un trapèze dont une des bases est le double de l'autre et dont la hauteur est de 24ᵐ,50 a une surface de 264ᵐ²,60. Calculer ses deux bases et l'aire du triangle obtenu en prolongeant ses deux côtés non parallèles.

903. On achète une pièce de toile de chanvre à raison de 1ᶠʳ,80 le mètre carré, une pièce de coton à raison de 1ᶠʳ,20, une pièce de soie à raison de 9ᶠʳ,50. Les dimensions de la première sont de 12 mètres de long et 0ᵐ,90 de large ; celles de la deuxième, 18 mètres de long et 0ᵐ,96 de large ; celles de la troisième, 2 mètres de long et 0ᵐ,62 de large. On demande quel sera le prix d'achat de la pièce. On fait teindre ces pièces, et le teinturier fait payer 0ᶠʳ,60 le mètre carré pour la toile teinte, 0ᶠʳ,80 pour le coton teint et 1ᶠʳ,40 pour la soie teinte. Quelle sera la nouvelle dépense, sachant que la première étoffe a éprouvé un retrait de $\frac{1}{10}$ en longeur et $\frac{1}{30}$ en largeur ; la deuxième, $\frac{1}{12}$ en longueur et $\frac{1}{22}$ en largeur ; la troisième, un allongement de $\frac{1}{16}$ en longueur et de $\frac{1}{30}$ en largeur ?

(Brevet, Rodez.)

904. Dans un champ de 78 ares 56 centiares, l'épaisseur de la couche arable est en moyenne de $0^m,35$. On veut y introduire $\frac{1}{300}$ de son volume de chaux. Le prix de la chaux est de $1^{fr},05$ les 100 kilogrammes, le transport coûte $0^{fr},45$ par tombereau de 8 hectolitres et l'épandage $0^{fr},45$ par décamètre carré. Calculer la dépense à faire, le mètre cube de chaux pesant 1.750 kilogrammes. De combien doit s'augmenter la valeur moyenne par are de la récolte pendant 3 ans pour que cette augmentation couvre les frais ?

(Ecole normale, Douai.)

905. Un particulier a fait répandre uniformément, dans une cour de forme rectangulaire, une couche de sable de 3 centimètres d'épaisseur, au prix de $4^{fr},50$ le mètre cube. Sachant que la dépense s'est élevée à $136^{fr},89$ et que la largeur de la cour est exactement les $\frac{2}{3}$ de la longueur, on demande les deux dimensions de cette cour.

906. Une personne fait placer à chacune des deux fenêtres d'une chambre une paire de petits rideaux de mousseline de $1^m,85$ de hauteur, et une paire de grands rideaux de perse de $2^m,70$. On demande à combien lui revient l'ensemble de ces garnitures de fenêtres, en sachant : 1° que le mètre de perse coûte $3^{fr},60$, et le mètre de mousseline $\frac{1}{5}$ du prix du mètre de perse ; 2° que la façon et la pose représentent 25 °/₀ du prix d'acquisition.

907. Un jardin a la forme d'un rectangle dont la largeur est les $\frac{3}{5}$ de la longueur. On l'entoure d'une palissade de $1^m,50$ de hauteur et qui revient une fois posée à $0^{fr},50$ le mètre carré. La dépense ainsi faite est de 180 francs. On demande : 1° quelles sont la longueur et la largeur de ce jardin ; 2° le prix de l'are, y compris les frais de clôture, sachant que le prix d'acquisition a été de 660 francs.

(Ecole normale, Lozère.)

908. Un jardin carré ayant été entouré d'un mur de $0^m,40$ d'épaisseur, sa surface a diminué de 84 centiares. Quelle était la surface du jardin ?

(Certificat d'études primaires supérieures.)

909. Une boule d'or de 0^m,02 de diamètre est au titre des monnaies françaises. Quel est son poids ? la densité 17,65, et son prix ?

910. Calculer la surface d'un triangle rectangle dont l'hypoténuse a 3^m,40 et dont l'un des côtés de l'angle droit est les $\frac{8}{15}$ de l'autre.

911. Calculer en ares et centiares la surface d'un secteur circulaire dont le rayon est 37^m,50 et dont l'angle au centre est égal à 49°25′30″.

912. Un cône de révolution a son angle au sommet de 60°, et une circonférence de base de 6^m,45 de longueur. Calculer sa surface totale.

913. Combien faudra-t-il de pavés hexagonaux de 12 centimètres de côté pour paver une salle rectangulaire de 4^m,75 sur 3^m,90 ?

914. Un tronc de cône a 18 centimètres de hauteur ; les rayons de ses bases sont 4 centimètres et 8 centimètres. Il est rempli d'eau jusqu'à la moitié de sa hauteur, la grande base étant en bas. Quel est le poids de cette eau ?

915. Une sphère creuse a un diamètre extérieur de 25 centimètres et une épaisseur de 2 centimètres. Quel est son poids sachant qu'elle est en cuivre, de densité 8,8 ? Quelle est sa contenance intérieure ?

916. Le quintal métrique de bois se vend au consommateur 6^{fr},25, ce qui correspond à 28^{fr},125 le stère. Mais les bûches que l'on empile pour former un stère laissent entre elles un espace vide. Calculer cet espace, la densité du bois étant supposée égale à 0,64. *(Brevet, Ajaccio.)*

917. Un tas de bois, en forme de parallélépipède rectangle, a 6 mètres de longueur, 1^m,50 de largeur et 3 mètres de hauteur. Quel est le poids de ce tas, sachant que la densité moyenne du bois est 0,8 ? Quel est son prix, à raison de 2^{fr},50 les 100 kilogrammes ?

918. On a laminé une plaque d'acier de densité 7,7 et ayant 0,80 de largeur, 2^m,75 de longueur et 45 millimètres d'épaisseur. Après l'opération, la densité est devenue 7,88. La longueur est de 3^m,20, la largeur de 0^m,88. Calculer l'épaisseur à 0^{mm},1 près.

919. Trouver en décimètres cubes le volume d'un prisme triangulaire droit, dont la base est un triangle équilatéral de côté égal à 1 mètre et dont la hauteur est égale à 1 mètre.

920. Un bec de gaz consomme un hectolitre de gaz en trois quarts d'heure. La dépense de quatre becs de gaz, allumés en moyenne 5 heures par jour pendant 30 jours, a été de 24 francs. Quel est le prix du mètre cube de gaz ? *(Brevet, Paris.)*

13*

921. Un cylindre en bois de 4 centimètres de diamètre et d'une hauteur de 11 centimètres est lesté à sa partie inférieure par un poids de plomb. Quel doit être ce poids pour que le cylindre se tenant droit n'émerge plus dans l'eau que de 3 centimètres ? (On sait que la densité du bois est de 0,65 et celle du plomb 11,3.)

922. Calculer la surface d'un triangle rectangle dont un côté de l'angle droit a $4^m,50$ et dont l'hypoténuse est les $\dfrac{17}{8}$ de l'autre côté.

923. On doit employer 100 francs en achat de bois de chauffage ; on demande s'il vaut mieux, pour en avoir la plus grande quantité possible, acheter du bois à 23 francs le stère, ou le même bois à 55 francs les 1.000 kilogrammes. On sait que le poids spécifique de ce bois est 0,86 et qu'un stère de bois ne fait que les $\dfrac{5}{11}$ d'un mètre cube. Donner aussi le résultat en stères, si on donne la préférence à l'achat par 1.000 kilogrammes, ou en kilogrammes, si on donne la préférence à l'achat par stères. (Brevet, Pau.)

924. Un fil cylindrique de platine a 680 mètres de longueur et pèse 692 grammes. Trouver son rayon, la densité du platine étant 21,5.

925. Un vase cylindrique pèse $3^{kg},250$; plein d'un liquide de densité 0,93, il pèse 246 kilogrammes. Déterminer : 1° le rayon de la base de ce cylindre ; 2° la surface latérale de ce cylindre, sachant que la hauteur et le diamètre sont dans le rapport 3 à 2. (Conc. des écoles commerciales.)

926. Dans un ménage on consomme annuellement 15 stères de bois que l'on paye $12^{fr},50$ le stère, non compris les frais de débitage qui s'élèvent à $8^{fr},50$ pour 4 stères. Sachant que 800 kilogrammes de bois donnent la même quantité de chaleur que 450 kilogrammes de houille, et que la houille revient à $5^{fr},60$ les 100 kilogrammes, on demande quel est le mode de chauffage le plus économique. Un stère de bois pèse 475 kilogrammes. On calculera l'économie réalisée annuellement.

(Brevet, Besançon.)

927. Un bec de gaz brûle 175 litres de gaz par heure un quart. On a payé pour 12 becs brûlant 5 heures par jour pendant 60 jours la somme de 126 francs. Quel est le prix de 1 mètre cube de gaz ?

928. Un marchand de farine a acheté 154 hectolitres de blé pesant, en moyenne, 76 kilogrammes l'hectolitre. Il a payé en outre pour le transport $1^{fr},50$ par quintal métrique, et $0^{fr},62$ pour la mouture de 100 kilogrammes. On sait que 100 kilogrammes produisent 74 kilogrammes de farine et 24 kilogrammes de son valant $0^{fr},14$ le kilogramme. Le marchand vend sa farine 54fr,50 les 150 kilogrammes, sans perte ni gain. Combien lui a coûté ce blé?

929. Une prairie, dont les frais de culture s'élèvent à 48fr,75 par hectare, produit en moyenne 750 kilogrammes de foin par 40 ares de superficie. Quelle doit en être l'étendue si, pour 1.000 francs de valeur, on fait un bénéfice de 48 francs? On sait que le regain équivaut au quart de la récolte, qu'on a payé cette prairie 6.250 francs et que le foin se vend à 4fr,25 le quintal.

930. Un particulier se proposait d'acheter un pré rectangulaire dont les dimensions sur le plan étaient 220 mètres et 80 mètres; mais il apprend que le décamètre employé comme chaîne d'arpenteur pour mesurer la parcelle du pré était de 1 décimètre trop court. Il s'adresse alors au propriétaire, qui fait procéder à une mesure exacte et qui, afin de compenser l'erreur commise dans l'évaluation de la surface, augmente la largeur du pré d'une certaine quantité. Déterminer cette quantité.

931. On demande combien il faudra d'acide sulfurique et de zinc pour gonfler un ballon de 123 mètres cubes de capacité, sachant : 1° qu'il faut 60kg,75 d'acide sulfurique additionné d'eau et 41kg,25 de zinc pour obtenir 1kg,25 d'hydrogène; 2° que le litre d'hydrogène pèse 0g,069.   (Brevet, le Mans.)

932. La surface d'un triangle équilatéral est égale à 62m2,3520. Calculer le volume du cône ayant pour base le cercle inscrit dans ce triangle et pour hauteur le côté du triangle.
                              (Cert. Et. prim. sup., Lyon.)

933. Une personne, pour se libérer d'une dette, en paye $\frac{1}{3}$ avec du vin à 0fr,50 le litre, la moitié du reste en pièces d'argent et le restant en pièces d'or pesant ensemble 150 grammes. Combien devait cette personne et quelle quantité de vin a-t-elle fournie?   (Brevet, Corse.)

934. La densité de la glace est égale à 0,92. Sachant qu'un bloc de glace flotte en supportant un homme du poids de 75 kilogrammes et que les $\frac{19}{20}$ du volume du bloc sont immergés, on demande de déterminer quel est le volume et le poids de ce bloc.   (Ecole normale, Besançon.)

935. Un champ a la forme d'un rectangle : le périmètre est égal à 780 mètres; la différence entre la base et la hauteur est 150 mètres. Quelle est la surface du champ? Ce champ a été acheté 10.000 francs; on le revend à raison de 35 francs l'are. Quel est le bénéfice total ? — quel est le bénéfice pour cent?   (Brevet, Académie de Besançon.)

936. Quel est le volume d'un bloc de bois ayant la forme d'un parallélépipède rectangle des dimensions suivantes : 4 décimètres, 77 centimètres, 142 millimètres? Si une ouverture circulaire de 5 centimètres de rayon traverse le bloc en ligne droite, perpendiculairement à la grande face, et ressort par la face opposée, sans toucher les arêtes, quel est le volume restant du bloc? (On prendra pour valeur du rapport de la circonférence au diamètre 3,14.)

(Concours d'admission à Saint-Maixent.)

937. Un réservoir est formé d'un cylindre de 35 centimètres de diamètre et de 58 centimètres de longueur, terminé à chacune de ses extrémités par un hémisphère. Calculer en litres la capacité de ce réservoir, les dimensions étant supposées prises à l'intérieur.

938. Calculer le volume d'un obélisque formé d'un tronc de pyramide à bases carrées, surmonté d'une pyramide ayant pour base la base supérieure du tronc. La hauteur totale est de 24^m,60; la hauteur du tronc est de 23^m,90; les côtés des bases sont respectivement 1^m,20 et 80 centimètres.

939. Pour trouver la surface d'une île d'une forme irrégulière allongée, on a mesuré sa longueur totale qui est de 154 mètres, on a divisé cette longueur en dix parties égales et on a mesuré la largeur au milieu de chaque division; on a trouvé les nombres suivants : 2^m,5, 7^m,80, 10^m,30, 15^m,40, 16^m,1, 16^m,2, 15^m,30, 10^m,8, 6^m,60, 3^m,10. Évaluer la surface de l'île en ares et en centiares.

940. Calculer le rayon intérieur d'un tube de verre cylindrique qui pèse vide 90 grammes et pèse 200 grammes quand on y a introduit une colonne de mercure de 9 centimètres, la densité du mercure étant 13,568.

941. Une feuille de carton a la forme d'un secteur circulaire dont l'angle au centre est de 10° et le rayon 0^m,48. Par une coupure circulaire, faite à 26 centimètres du centre, on détache du secteur un trapèze à bases circulaires qu'on enroule ensuite de façon à obtenir un tronc de cône. Calculer le volume de ce tronc de cône. (Brevet, Paris.)

942. Un cône droit à base circulaire a une hauteur de 0^m,725 et une surface de base de 525 centimètres carrés; on développe sa surface latérale sur un plan. Calculer en degrés et minutes l'angle au centre du secteur circulaire obtenu.

943. Dans la courbe d'une voie de chemin de fer, la corde est de 328 mètres et la flèche de 13^m,65. Quel est le rayon de la courbe?

944. En fondant ensemble 230 grammes de cuivre et un certain nombre de couverts d'argent au titre de 0,950, on a obtenu un lingot d'argent au titre de 0,835. On demande combien on pourra fabriquer de pièces de 1 franc avec ce lingot.

(Brevet, Perpignan.)

945. Un fourneau brûle 0,3 de stère de bois par semaine. Si l'on remplace le bois par la houille, l'économie sera de

2^{fr},10. Calculer ce qu'on brûlerait de houille en 18 semaines, sachant que le bois vaut 17 francs le stère et la houille 4^{fr},50 les 100 kilogrammes. (Brevet, Amiens.)

946. On extrait de 100 kilogrammes de froment 53 kilogrammes d'amidon ; l'hectare de terre produit 1.363 litres de froment, et l'hectolitre pèse 78 kilogrammes. On a porté à une fabrique d'amidon la récolte d'un terrain de 2^{ha}33^{ca}. Quel est le poids d'amidon qu'on pourra retirer ?

(Brevet, Montpellier.)

947. Sachant que l'eau, en se congelant, augmente de $\frac{1}{15}$ de son volume, dites quel serait le volume de la glace qui pèserait autant que 12.400 francs en or. (Brevet, Privas.)

948. On a fait deux achats de charbon ; au moment du second, le charbon a augmenté du cinquième de sa première valeur. Si l'on a payé la seconde fois 21 francs la tonne, combien a-t-on payé la première fois l'hectolitre, sachant que le quintal de charbon contient 1^{hl},25.

949. Une personne achète un tapis de forme rectangulaire et dont la largeur est les $\frac{4}{5}$ de la longueur. Elle veut l'entourer d'une frange qui coûte 1^{fr},75 le mètre. Le prix total de la frange est les $\frac{2}{7}$ du prix d'achat. Sachant que le tapis tout fait revient à 68^{fr},04, on demande quelles sont ses dimensions.

(Brevet, Académie de Clermont.)

950. Un industriel, dont l'usine est située à 75 kilomètres d'une mine de houille, a fait venir de cette mine 11 wagons contenant chacun 9 tonnes 715 kilogrammes de houille. Il a payé 0^{fr},06 par tonne et par kilomètre pour le transport, et 0^{fr},20 par quintal pour frais divers. Trouver combien il a payé le wagon de houille pris à la mine, en sachant que s'il revendait le tout au prix de 2^{fr},04 l'hectolitre pesant 88 kilogrammes, il réaliserait un bénéfice de 500 francs.

(Concours Contributions indirectes.)

951. Calculer la surface d'une sphère pleine en cuivre dont le poids est de 53^{kg},250, sachant que la densité du cuivre est 8,8.

952. Un lingot d'argent pur pèse autant que 2^{l},50 d'eau pure. On veut le monnayer et en faire autant de pièces de 5 francs que de 2 francs. Combien aura-t-on de pièces de chaque espèce et quelle sera la valeur totale de ces pièces ?

(Brevet, Foix.)

953. Une sphère creuse en cuivre a une épaisseur de 1 centimètre et un diamètre extérieur de 0^{m},75. On en remplit les $\frac{2}{5}$ d'un liquide de densité inconnue. Déterminer la densité de ce liquide, sachant que la sphère serait alors complètement immergée dans l'eau.

954. Calculer les rayons extérieur et intérieur d'un manchon en fer dont l'épaisseur est 5 centimètres, la longueur 1^m,35 et le poids 1^t,486, sachant que la densité du fer est 7,79.

955. Un litre d'eau pèse 1 kilogramme, et 1 litre d'acide nitrique pèse 1^{kg},480. On demande quelle sera la quantité d'eau qu'il faut ajouter à 1 kilogramme d'acide nitrique pour que le litre du mélange pèse 1^{kg},290.

(Brevet, Chartres.)

956. Une tour cylindrique de 2^m,85 de rayon extérieur est recouverte d'une toiture conique, dont la hauteur est de 3^m,75. On veut recouvrir cette toiture depuis sa base jusqu'à 60 centimètres du sommet de plaques d'ardoise ayant chacune 125 centimètres carrés. Quel est le prix de l'ardoise nécessaire, si le cent de ces plaques revient à 5^{fr},50 ?

957. Une barre de fer a pour section un carré de 40 millimètres de côté et pour longueur 3 mètres ; on l'étire en la faisant passer, en dernier lieu, dans un orifice carré de 24 millimètres de côté. Quelle longueur aura la barre après cette opération ?

(Concours surnumérariat des Postes et Télégraphes.)

958. Calculer les dimensions du litre destiné à mesurer le vin et du litre destiné à mesurer l'huile.

959. On veut faire une boîte avec une feuille de carton qui a 48 centimètres de long et 30 centimètres de large. A chacun des angles, on enlève un carré de 36 centimètres carrés de surface et on relève les côtés. On demande : 1° la capacité de la boîte obtenue ; 2° si on recouvrait le fond de cette boîte avec des pièces de 0^{fr},10, quelle serait l'aire des vides laissés entre les pièces, sachant que leur diamètre est de 30 millimètres. (Brevet, le Puy.)

960. Un lingot d'argent pur pèse autant que 2^l,52 d'eau pure. On veut le monnayer et en faire autant de pièces de 5 francs que de pièces de 2 francs. Combien aura-t-on de pièces de chaque espèce et quelle sera la valeur totale de ces pièces ? (Si une partie du lingot n'est pas employée, en faire connaître le poids.) (Brevet, Toulouse.)

961. Un bloc de glace en forme de parallélépipède a pour dimensions 3^{dm},5, 25 centimètres, 0^m,18. Quelle quantité de chaleur faudra-t-il dépenser pour le faire fondre et porter l'eau à la température de 35° centigrades, sachant qu'il faut 79,25 calories pour faire fondre 1 kilogramme de glace et que l'eau, en se congelant, augmente de $\dfrac{1}{15}$ de son volume.

962. Calculer le rayon d'une sphère pleine en cuivre, qui pèse 45^{kg},175.

963. Quelle est en décimètres carrés la surface intérieure du décalitre employé pour mesurer les liquides ordinaires ?

964. On plonge un morceau de cuivre, ayant la forme d'un cylindre de 1 centimètre de rayon, dans un vase entièrement plein d'un mélange d'eau ou d'alcool qui pèse 840 grammes par litre. Le liquide qui s'échappe pèse 26^g,88 et représente les $\frac{4}{17}$ du poids total du mélange. On demande : 1º la capacité du vase ; 2º la hauteur du cylindre de cuivre ; 3º les quantités d'alcool et d'eau qui entrent dans la composition du mélange, sachant que le litre d'alcool pèse 780 grammes.

(Brevet, Lille.)

965. Un cylindre de fer pesait 36.285^g,48. Sans en altérer la longueur totale, on a façonné les deux extrémités en forme de cônes dont la hauteur égale le diamètre, qui est celui du cylindre ; cette modification a diminué le poids du corps de 8.063^g,44. On sait que la densité du fer est 7,7. Trouver la longueur et le diamètre du cylindre. On prendra $\pi = 3{,}1416$.

(Brevet, Paris.)

966. Calculer le côté d'un cube en or pur d'une valeur de 1 million de francs. La densité de l'or est 19,26 et la valeur du kilogramme d'or 3.444^{fr},44.

967. Un lingot d'argent pur ayant 0^{m3},00003575 de volume est porté à la Monnaie. Calculer le nombre de pièces de 5 francs qu'on pourra en faire et le poids du cuivre à y ajouter, sachant que la densité de l'argent est de 10,47.

(Brevet, Saint-Etienne.)

968. Trouver la valeur d'un kilogramme d'or pur, sachant que les frais de fabrication de l'or monnayé sont fixés par la loi à 6^{fr},70 le kilogramme.   (Brevet, Paris.)

969. Combien valent au change 1 kilogramme d'or pur et 1 kilogramme d'argent pur, sachant que les frais de fabrication par kilogramme de monnaie sont : pour l'or 6^{fr},70 et pour l'argent 1^{fr},50 ?   (Brevet, Mâcon.)

970. Un thermomètre à mercure a une capacité intérieure sphérique de 1^{cm},05 de diamètre prolongée par un tube de 0^{mm},75 de diamètre intérieur, à la température de 0º centigrade. A cette température, le mercure s'élève à une hauteur de 45 millimètres dans le tube. Graduer ce thermomètre de 10º en 10º, sachant que le coefficient de dilatation cubique du verre est 0,0000258 et le coefficient de dilatation cubique du mercure est 0,000179.

971. Deux tubes communiquant par le bas ont un diamètre de 28 millimètres ; du mercure les remplit jusqu'à une certaine hauteur. Dans l'un des tubes on verse 7^{dl},25 d'alcool de densité 0,91 ; de quelle hauteur, à 0^{mm},1 près, le niveau du mercure monte-t-il dans l'autre tube ?

972. La quantité de chaleur fournie par 1 kilogramme de houille est les $\frac{141}{72}$ de celle que fournirait 1 kilogramme de bois. Le stère de bois pèse environ 450 kilogrammes, et l'hectolitre de houille pèse 82 kilogrammes. Enfin 7^{hl},5 de houille coûtent 30 francs. Quel devait être, à moins d'un centime près, le prix du stère de bois pour que le chauffage au bois coûtât le même prix que le chauffage à la houille ?

(Brevet, Quimper.)

973. Une boîte cubique, qui mesure intérieurement 0^m,1 de côté, pèse, pleine d'eau, 1.040 grammes. On place dedans un certain nombre de pièces de 5 francs en argent : une partie de l'eau s'écoule, le poids de la boîte est alors de 1.990 grammes. On demande : 1° quelle est la somme d'argent qui a été glissée dans la boîte ; 2° à quelle hauteur s'élèverait le niveau de l'eau si on retirait les pièces (la densité de l'argent monnayé est 10,5). (Brevet, Bordeaux.)

974. Une lampe à incandescence a une résistance de 1.210 ohms ; elle est branchée sur deux conducteurs dont la différence de potentiel est 110 volts et sa surface est de 1^{dm2},25. Elle est placée dans une salle dont la température est maintenue à 16°. Sachant que toute l'énergie électrique consommée dans la lampe se transforme en chaleur, que la perte de chaleur par refroidissement dans l'air équivaut à $\frac{1}{200}$ de watt par centimètre carré et par degré centigrade de différence de température, à quelle température se maintiendra la lampe ?

975. Un moteur à pétrole actionne une pompe ; cette pompe refoule 18^{hl},5 d'eau en 7 minutes $\frac{1}{2}$ à une hauteur de 3^m,35. Sachant que le rendement du moteur à pétrole est 0,24, celui de la pompe 0,72, que 1 kilogramme de pétrole développe en brûlant 10.500 calories, et que le litre de pétrole pèse 0^{kg},81, combien de litres le moteur use-t-il par heure ?

976. Dans un tube cylindrique qui a 10 centimètres carrés de fond, on verse du mercure, de l'eau et de l'huile ; il y a 420 grammes de mercure, 127^g,80 d'eau et 765 grammes d'huile. On demande à quelle hauteur ces trois liquides s'élèveront dans le tube, sachant qu'un litre de mercure pèse 13^{kg},5 et qu'un litre d'huile pèse 0^{kg},90.

977. Un propriétaire veut faire creuser une citerne ouverte dans un terrain horizontal. Il désire qu'elle ait la forme d'un prisme rectangulaire droit qui, à l'intérieur, aura 4 mètres de largeur et 6 mètres de longueur, et dont les parois verticales, en maçonnerie cimentée, aient 0^m,50 d'épaisseur. Pour creuser le sol, on lui demande 3 francs par mètre cube de terre enlevée ; pour la maçonnerie, on exige 9 francs par mètre cube façonné. Le fond ne coûtera rien, étant de roche imperméable. Comme le propriétaire entend ne dépenser en tout que 969 francs, on demande combien de barriques, de 228 litres chacune, pourra contenir la citerne qu'on lui construira à ce prix-là.   (Brevet, Paris.)

978. Un réservoir à essence a la forme d'un cylindre, dont le diamètre est la moitié de la longueur, terminé à chaque extrémité par un cône de révolution dont l'arête est égale au diamètre de la base. Sachant que le réservoir est en tôle mince pesant 175 grammes par décimètre cube et a un poids de 1^{kg},840, calculer à 1 centimètre cube près son volume intérieur.

979. Un bloc de marbre en forme de prisme à base hexagonale de 35 centimètres de côté et de 28 centimètres de hauteur a été évidé suivant une demi-sphère de 38 centimètres de diamètre. Quel est son poids, la densité du marbre étant 2,72?

980. Calculer en grammes le poids d'une haltère formée de deux sphères de 6^{cm},5 de diamètre réunies par une partie cylindrique de 22 centimètres de longeur et 18 millimètres de diamètre, le poids du fer étant de 7^{kg},8 par décimètre carré.

981. On a une sorte de betterave qui donne en sucre $7\frac{2}{3}$ °/₀ de son poids. Un mètre carré de terrain produit approximativement 3^{kg},145 de betteraves. 1.000 kilogrammes de betteraves valent 7^{fr},85. On demande : 1° quelle superficie il faudrait ensemencer pour fournir de betteraves une fabrique qui doit produire annuellement 96.700 kilogrammes de sucre; 2° quelle serait la valeur de la betterave obtenue.

(Brevet, Cahors.)

982. Quelle étendue de terrain exprimée en hectares, ares et centiares faut-il pour produire le blé qu'une famille de cinq personnes consomme dans une année commune, sachant qu'une personne mange 750 grammes de pain par jour, que 112 kilogrammes de blé donnent 92 kilogrammes de farine, que 5 kilogrammes de farine donnent 6^{kg},500 de pain, et que l'on récolte 7^{kg},250 de blé sur 40 mètres carrés? (Brevet, Auch.)

983. Le gaz d'éclairage pèse, à volume égal, les 0,97 du poids d'un volume d'air et 1 litre d'air pèse 1^g,293. Dans un magasin, il y a 65 becs brûlant chacun 123 litres de gaz par heure, et chacun d'eux reste allumé 5 heures par soirée en hiver. Calculer : 1° le poids du gaz dépensé par mois de 30 jours; 2° la dépense de l'éclairage, sachant que le gaz coûte 0^{fr},29 le mètre cube.   (Brevet, Montpellier.)

984. Quel poids de platine faut-il ajouter à une sphère en fer de 85 millimètres de diamètre pour l'immerger complètement dans le mercure? (Densité du fer 7,8, du mercure 13,6, du platine 21,55.)

985. On plonge un morceau de cuivre dans un vase entièrement plein d'un mélange d'eau et d'alcool, qui pèse 840 grammes par litre; le liquide qui s'écoule pèse 26^g,3 et représente les $\frac{4}{19}$ de la totalité dudit mélange. On demande le volume du morceau de cuivre et la capacité du vase.　(Brevet.)

986. Un voyageur quitte une ville pour se rendre dans une autre avec une voiture automobile qui parcourt 32 kilomètres à l'heure ; il reste 2 heures dans cette ville et revient ensuite à son point de départ avec une vitesse de 40 kilomètres à l'heure. Entre son départ et son arrivée, il s'est écoulé 11 heures. Quelle est la distance des deux villes ? (Brevet, Chaumont.)

987. On a 180 litres d'alcool marquant 80° à l'alcoomètre centésimal, ce qui signifie que les $\frac{80}{100}$ du volume de ce liquide sont de l'alcool pur et le reste de l'eau. On les mélange avec 270 litres marquant 70° à l'alcoomètre. On demande combien de degrés ce mélange devra marquer et combien on devra y ajouter d'eau pour que le nouveau mélange ne soit plus qu'à 50°. (Brevet, Laval.)

988. On achète 16ʰˡ,20 de blé, au prix de 2ᶠʳ,40 le double décalitre ; avec le produit de la vente, on achète, à raison de 13ᶠʳ,50 l'are, un champ dont la forme est celle d'un trapèze. Calculer : 1° la surface du champ ; 2° ses bases, sachant que l'une est double de l'autre et que la hauteur est de 12 mètres. (Bourses d'enseign. prim. sup., Paris.)

989. Dans un litre de fer-blanc, ayant 108ᵐᵐ,4 de profondeur, on verse de l'eau jusqu'à une hauteur de 60 millimètres. On y met un morceau de plomb de densité 11,256 qui fait monter l'eau jusqu'à une hauteur de 86 millimètres. Quel est le poids de ce plomb ? (Concours d'admission École normale, Corse.)

990. On veut graduer en demi-décilitres une éprouvette cylindrique dont le rayon intérieur est 3ᶜᵐ,4. Quelle doit être la distance de deux traits successifs de la graduation ?

991. Une éprouvette cylindrique est graduée en centilitres. Sachant que 8 divisions valent 6ᶜᵐ,4, on demande quel est le diamètre intérieur de l'éprouvette.

992. Une plate-bande d'une surface de 3ᵃ,25 entoure un bassin circulaire de 9 mètres de rayon. On veut entourer cette plate-bande à l'extérieur d'une bordure qui coûte 0ᶠʳ,85 le mètre. Quel est le prix de la bordure ?

993. Un boulet sphérique creux en fonte a un rayon extérieur de 14 centimètres et pèse 58ᵏᵍ,450. Calculer en centimètres cubes le volume du creux intérieur, la densité de la fonte étant 7,2.

994. Quel est le poids d'un pilier en maçonnerie, dont la base hexagonale a 32 centimètres de côté et dont la hauteur est de 6ᵐ,60, la densité de la maçonnerie étant 2,4 ?

995. Une meule de gerbes de 6ᵐ,30 de hauteur et de 10 mètres de circonférence s'élève à 4ᵐ,50 en forme de cylindre et se termine ensuite par un cône. Quel est le volume de cette meule?

(Concours surnumérariat des Postes et Télégraphes.)

996. Sachant que deux points de l'équateur sont à une distance de 1.254 kilomètres, quelle est la différence d'heures de ces deux points?

997. Une barre de fer de $1^m,852$ de longueur a une section carrée de $2^{cm},8$ de côté. On la fait passer par une filière, et sa longueur devient $2^m,438$. En admettant que la section est encore carrée, quelle est la longueur de son côté?

998. Calculer le poids d'un tas de pierres dont la base est un rectangle de $1^m,60$ sur $0^m,90$, dont l'arête supérieure a une longueur de $0^m,85$ et dont la hauteur est de 75 centimètres, la pierre ayant une densité de 1,7, en tenant compte des vides, qui occupent 30 % du volume total.

999. On sait que lorsqu'on décompose l'eau par l'électrolyse, on trouve deux volumes d'hydrogène pour un d'oxygène; les densités de ces gaz sont respectivement 0,069 et 1,106. Cela posé, combien de litres d'eau faudra-t-il décomposer pour remplir d'hydrogène un ballon sphérique de $0^m,50$ de diamètre?

1000. Une chute d'eau actionne, par l'intermédiaire d'une turbine, une dynamo qui fournit un courant de 125 ampères sous 110 volts; le rendement de la dynamo est 0,87, le rendement de la turbine 0,78. Sachant que la chute d'eau a $5^m,25$ de hauteur, quel est son débit en litres à la seconde?

1001. Un cylindre de révolution en bois flotte sur l'eau, ses génératrices étant horizontales. On remarque que la partie de chacune de ses bases qui émerge de l'eau correspond à un angle au centre de 30°. Quelle est la densité du bois dont est formé le cylindre?

1002. Un gazomètre est formé d'une partie cylindrique de $12^m,50$ de diamètre et $7^m,40$ de hauteur, surmontée d'une calotte sphérique de $1^m,85$ de hauteur. Sachant que son poids est de 518 tonnes, quelle est son épaisseur, la densité du fer qui la forme étant 7,8?

1003. Une niche, qui a la forme d'un demi-cylindre de révolution surmonté d'un quart de sphère et limité en bas par un demi-cercle, a une surface totale de $2^{m2},425$. Quel est son volume, sachant que le diamètre du cylindre est la moitié de la hauteur totale?

1004. Un tronc de pyramide a pour grande base un triangle équilatéral de $0^m,90$ de côté, pour petite base un autre triangle équilatéral de $0^m,35$ de côté et une hauteur de $1^m,35$. Calculer son volume à 1 décimètre cube près.

1005. Un tronc de cône a une hauteur de $2^m,50$, le rayon d'une base égale 3 mètres et la circonférence de l'autre base égale $5^m,75$. Calculer sa surface latérale, sa surface totale et son volume.

1006. Un vase cylindrique de 0^m,16 de diamètre est rempli d'alcool aux $\frac{2}{3}$. Après avoir retiré 0^l,75 de ce liquide, on place le vase sur un des plateaux d'une balance et on lui fait équilibre avec une somme de 430^{fr},50 en argent. Le poids du vase vide est de 250^g,10, et la densité de l'alcool 0,82. On demande, d'après cela, de déterminer la hauteur du vase.

(Bourses d'enseign. prim. sup., Somme.)

1007. Une toiture a pour base un rectangle de 15 mètres sur 8 mètres. Elle est formée de deux trapèzes et de deux triangles, la pente est partout égale à $\frac{3}{4}$. On recouvre cette toiture d'ardoises à 4^{fr},75 le mètre carré. Quel est le prix de l'ardoise employée ?

1008. Dans le cylindre d'une machine à vapeur, on a relevé les valeurs suivantes en atmosphères des pressions moyennes pour dispositions équidistantes de piston : 9,16, 9,12, 7,86, 6,07, 4,95, 4,04, 3,15, 2,53, 1,75, 1,09. Sachant que la pression au condenseur équivaut à 22^{cm},5 de mercure et que le diamètre du cylindre est de 27 centimètres et la course de piston de 39^{cm},5, quelle est la puissance de la machine de chevaux-vapeurs, si l'ombre sur lequel agit le piston fait 18 tours en 10 secondes $\frac{1}{2}$?

1009. Dans un calorimètre contenant 0^l,850 d'eau à 15° et dont la capacité calorifique est équivalente à 80 grammes d'eau, on place une lampe à incandescence dont la résistance est de 1.210 ohms et la différence de potentiel aux extrémités de 110 volts; on suppose que toute l'énergie dépensée dans la lampe se transforme en chaleur. Quelle sera la température de l'ensemble au bout de 12^{m}30^s ? (On suppose que la lampe a une capacité calorifique négligeable et l'on sait que 1 calorie équivaut à 425 kilogrammètres.)

1010. Une auge demi-cylindrique en fonte a 0^m,50 de diamètre intérieur, 0^m,03 d'épaisseur et 1^m,40 de longueur extérieure. Quel est son poids, sachant que la densité de la fonte employée est 6,85? Quelle sera la dépense pour faire peindre toutes les faces de cette auge à raison de 1^{fr},25 le mètre carré ?   (Cert. études prim. sup., Poitiers.)

1011. Plein de vin, un vase ferait équilibre à une somme de 7.754 francs composée de 7.750 francs en or et 4 francs en argent. Plein d'huile, il pèse 2^{kg},42. Or on sait qu'à volume égal le vin contenu dans le vase pèse les 0,95 de l'eau pure et l'huile les 0,90 de l'eau. Calculer : 1° la capacité du vase ; 2° le poids du vin ; 3° le poids de l'huile.

(Brevet, Académie de Clermont.)

1012. On met dans un plateau d'une balance des poids P et dans l'autre plateau des poids triples 3P. On rétablit ensuite l'équilibre en plaçant dans un plateau 3 litres d'huile contenus dans un récipient et dans l'autre 620 francs en or. Le récipient qui contient l'huile pèse 400 grammes et la densité de l'huile est 0,9. Quelle est la valeur des poids P?

(Brevet, Toulouse.)

1013. Trois pièces de 5 francs altérées par l'usage ne pèsent que 73ᵍ,475; 11 pièces de 2 francs ne pèsent que 106ᵍ,324. Combien les unes et les autres ont-elles perdu d'argent pur en poids, à moins d'un milligramme près, et combien ont-elles perdu en valeur, à moins d'un millime près?

(Brevet, Arras.)

1014. Un bassin plein d'eau a la forme d'un prisme hexagonal régulier de 3 mètres de côté et de 0ᵐ,75 de profondeur. Calculer le nombre d'hectolitres de liquide qu'il renferme. Il est muni de deux orifices fermés par des vannes. Ouverts en même temps, les deux orifices vident le bassin en deux heures. Ouvert seul, le plus petit le viderait en 7 heures. Combien de temps (heures et minutes) le plus grand orifice, ouvert seul, mettrait-il pour vider le bassin?

(Cert. ét. prim. sup., Bordeaux.)

1015. Quel est le poids du vin contenu dans une petite cuve cylindrique dont les dimensions intérieures sont : rayon 0ᵐ,25, hauteur 1ᵐ,50, la densité du vin étant 0,994? Quelle est sa valeur à raison de 0ᶠ,45 la bouteille de 0ˡ,765?

(Brevet, Paris.)

1016. Une cour de forme rectangulaire a 14 mètres de long sur 8ᵐ,75 de large, elle doit être recouverte d'une couche de gravier de 3 centimètres d'épaisseur. On demande combien il faudra de mètres cubes de gravier et quelle sera la dépense, si le tombereau contenant 735 décimètres cubes de gravier coûte 5ᶠʳ,65.

(Brevet, Paris.)

1017. Un cultivateur a acheté du blé à raison de 21ᶠʳ,50 l'hectolitre; après nettoyage, la quantité a diminué de $\frac{1}{5}$; il a semé ce blé sur 38ʰᵃ,3ᵃ, à raison de 178 litres par hectare; la récolte a été de 28 hectolitres de blé et de 45 quintaux de paille par hectare. On demande le bénéfice du cultivateur en supposant : 1° que le blé ait été vendu 20ᶠʳ,20 l'hectolitre; 2° que la paille ait été vendue 18 francs les 100 bottes pesant chacune 4ᵏᵍ,900; 3° que les frais de culture aient été de 198 francs par hectare.

(Brevet, Paris.)

1018. Un tas de terre tassée a pour base inférieure un rectangle de 16ᵐ,2 sur 6ᵐ,4, pour base supérieure un rectangle de 14ᵐ,4 sur 4ᵐ,6 et une hauteur de 2ᵐ,10; on veut étendre cette terre sur un champ d'une superficie de 1ʰᵃ,25. Quel sera l'exhaussement de ce champ, si l'on admet que la terre augmente de $\frac{1}{5}$ de son volume à cause du foisonnement?

Arith. pr. Camman. — C. supér.   14

1019. Un ballon sphérique a 12 mètres de diamètre. Il est gonflé d'hydrogène impur qui contient $\frac{1}{10}$ d'air en volume. Le taffetas verni de l'enveloppe pèse 275 grammes par mètre carré. Les agrès ont un poids de 195 kilogrammes. Quel poids utile peut-il enlever? Le litre d'air pèse 1^g,293 et l'hydrogène pèse 14,5 fois moins que l'air.

1020. Le souverain, monnaie d'or anglaise, pèse 7^g,988, et contient les 0,916 de son poids d'or pur. Combien faut-il prendre de souverains pour avoir autant d'or pur qu'il y en a dans 465 pièces d'or françaises de 20 francs?

1021. Une certaine somme formée de pièces de 5 francs, les unes en or et les autres en argent, pèse 825 grammes. Le nombre des pièces d'or est 31 fois plus grand que celui des pièces d'argent. Trouver combien il y a de pièces de chaque espèce.

1022. Trouver la densité de l'alliage que l'on emploie pour fabriquer en France les monnaies d'argent, sachant que la densité de l'argent est 10,47 et celle du cuivre 8,85.

1023. Quelle quantité de houille faut-il pour obtenir le gaz nécessaire à l'éclairage d'une salle où se trouvent 280 becs consommant chacun 150 litres par heure? On sait : 1° que la salle doit être éclairée de 6^h $\frac{3}{4}$ jusqu'à 11 heures du soir; 2° que 100 kilogrammes de houille donnent 25 mètres cubes de gaz.

1024. D'un vase rempli d'alcool aux $\frac{3}{4}$ on retire 0^l,75 de ce liquide. On met alors le vase dans l'un des plateaux d'une balance et on lui fait équilibre en mettant dans l'autre plateau une somme de 340^{fr},50 en monnaie d'argent. Le poids du vase vide est de 25 décagrammes, et le poids de l'alcool est les 0,82 du poids de l'eau sous le même volume. Quelle est la capacité de ce vase?   (Brevet, Paris.)

1025. L'hectolitre de pommes de terre pèse environ 80 kilogrammes, et le demi-quintal vaut 3^{fr},25. Calculer la valeur de la récolte d'une terre de 1^{ha}37^a,83 ensemencée en pommes de terre, sachant que le rendement a été de 104^l,65 par are.

                                   (Brevet, Paris.)

1026. Pour l'alignement d'une rue de Paris, on a besoin d'une portion de terrain ayant la forme d'un trapèze dans lequel la somme des deux bases et de la hauteur est de 45^m,5; la hauteur est le $\frac{1}{12}$ de la somme des bases. Ce terrain a été payé 25.725 francs, ce qui représente les $\frac{7}{10}$ du prix demandé par le propriétaire; à combien ce dernier estimait-il le mètre carré?   (Brevet, Paris.)

1027. Un rectangle a 71^m,25 de longueur sur 37^m,50 de largeur. Quel est le côté du carré qui lui est équivalent en surface? Vaut-il mieux vendre ce champ 3.630 francs l'hectare ou 1.837 francs l'arpent de 51 ares?   (Brevet, Paris.)

1028. Avec une perche égale aux $\frac{2}{5}$ de 1 décamètre, on a mesuré un terrain rectangulaire. On a trouvé que la longueur de la perche était comprise 25 fois $\frac{1}{2}$ dans la longueur et 18 fois $\frac{1}{2}$ dans la largeur. Dites la superficie du terrain et son prix à raison de 28 francs le décamètre carré.

(Brevet, Paris.)

1029. Un champ a la forme d'un trapèze. L'une des bases a 41 mètres de plus que l'autre et la hauteur a 48 mètres. Il est partagé en trois lots. Le premier, comprenant $\frac{1}{3}$ du terrain, a été vendu à 20 francs l'are; le deuxième, d'une superficie de 21^a,10, à 35 l'are; le troisième, à 40 francs l'are. La vente ayant produit 4.104^{fr},50, calculez la longueur des bases du trapèze.

1030. Deux vases de même capacité pèsent ensemble vides 6.760 grammes, mais le poids du premier n'est que les $\frac{6}{7}$ de celui du deuxième. Quand le deuxième est plein d'huile et le premier plein de lait, le premier pèse 415 grammes de plus que le deuxième. La densité du lait étant 1,03 et celle de l'huile 0,92, on demande le poids de chaque vase vide et leur capacité commune.   (Brevet, Paris.)

1031. Un vase plein de vin pèse autant qu'une somme de 6.950 francs composée de 6.820 francs en or et de 130 francs en argent. Plein d'huile, ce vase pèse 2^{kg},760. Etant donné qu'à volume égal le vin pèse les 0,95 et l'huile les 0,90 de l'eau pure, on demande : 1° quelle est la capacité du vase; 2° le poids du vin qu'il pourrait contenir; 3° le poids de l'huile qu'il peut renfermer.

1032. Les monnaies versées au bureau du change des hôtels des monnaies n'y sont reçues que pour la valeur du métal précieux pur qu'elles renferment. On demande de calculer dans ces conditions la valeur du double frédéric de Prusse, sachant que cette pièce d'or est au titre de 0,897 et pèse 13^g,364. On sait d'ailleurs qu'un kilogramme d'or vaut 3.437 francs. On devra toutefois expliquer comment cette donnée essentielle de la question a été établie.   (Brevet, Châteauroux.)

1033. Le pavage d'une rue longue de 280 mètres a coûté 29.040 francs, dont 1.540 francs pour la main-d'œuvre. Chaque pavé occupe une surface de 2$^{dm^2}$,8. Sachant que les pavés reviennent à 250 francs le mille, on demande de faire connaître : 1° le nombre des pavés employés; 2° le prix de revient du mètre carré de pavage; 3° la largeur de la rue.

1034. Une cuve a la forme d'un tronc de cône de 3^m,15 de diamètre inférieur, de 2^m,30 de diamètre supérieur et de 3^m,20 de hauteur. On veut la remplir à l'aide d'une pompe dont le cylindre a 80 millimètres de diamètre intérieur et dont le piston a une course de 19 centimètres. Sachant que l'on donne 108 coups de pompe à la minute, combien faudrait-il de temps en jours, heures et minutes pour remplir la cuve?

1035. Une chambre à air d'automobile en forme de tore est destinée à être montée sur une roue qui a 80 centimètres de diamètre; la section de cette chambre à air a 7^{cm},5 de diamètre intérieur. On la remplit d'air comprimé à 4^{kg},800 par centimètre carré. Combien faudra-t-il pomper de litres d'air à la pression atmosphérique normale de 765 millimètres de mercure?

1036. Une conduite d'eau a un diamètre intérieur de 56 centimètres. Quel est le poids de la partie en forme de tore qui forme un coude à angle droit de 118 centimètres de rayon moyen, sachant que l'épaisseur de métal est de 12^{mm},5?

1037. Un rond de cuir a une section en forme d'ellipse; son rayon extérieur est de 25 centimètres, son rayon intérieur de 6^{cm},5 et sa hauteur de 9 centimètres. On veut le bourrer de crin, de telle sorte que ce crin pèse 140 grammes par décimètre cube. Quel est le prix de ce crin à 6^{fr},50 le kilogramme?

1038. Quelle est en centimètres carrés la surface d'un anneau de rideau rond qui a 8 centimètres de diamètre intérieur et 11 centimètres de diamètre extérieur?

1039. Calculer, à 1 franc près, le prix d'un champ de 5 arpents, 28 perches $\frac{2}{3}$, situé dans un pays où l'hectare coûte 3.000 francs. On sait qu'une toise équivaut à 1^m,94904, et que l'arpent est composé de 100 perches ayant chacune 3 toises de côté. (Arts et Métiers.)

1040. Un jardin carré ayant été entouré d'un mur de 40 centimètres d'épaisseur, sa surface a été diminuée de 84 mètres carrés. Quel était le côté, et quelle était la surface de ce jardin? (Cert. d'ét. prim. sup.)

1041. Trouver en millimètres cubes le volume d'une pièce de 10 centimes; les densités du cuivre, du zinc et de l'étain sont respectivement : 8,85, 7,2 et 7,3.

1042. Sur un hectare de forêt, il croît chaque année 6 stères de bois pesant chacun 450 kilogrammes; et de 3.600 kilogrammes de bois on retire 1.600 kilogrammes de charbon. A quel prix reviendra la tonne de charbon à l'industriel qui paye 400 francs la coupe d'un hectare âgée de 25 ans, et donne en outre 50 francs pour frais d'exploitation? Si pour fabriquer un quintal de fonte il faut 300 kilogrammes de minerai et 150 kilogrammes de charbon, quelle sera l'étendue de forêt à couper pour produire 860 tonnes de fonte?

(Brevet, Tours.)

1043. On verse dans un vase une certaine quantité de vin, puis de l'eau, et le vase est rempli jusqu'aux $\frac{8}{15}$ de sa capacité. On sait : 1º que le vase après qu'on a eu versé le vin pesait 627ᵍ,3 ; 2º que, après addition de l'eau, il pèse 650 grammes ; 3º que le volume du vin est triple de celui de l'eau ; 4º que la densité du vin est 0,985. D'après cela, déterminer la capacité du vase et son poids quand il est vide.

(Ecole normale, Orléans.)

1044. On a planté 324 arbustes sur un terrain rectangulaire ABCD. Ces arbustes forment des rangées équidistantes parallèles à AB (la première étant sur AB et la deuxième sur DC), et des rangées équidistantes parallèles à BC (la première sur BC et la dernière sur DA). La distance de deux rangées parallèles consécutives est de 4 mètres, et l'un des côtés du rectangle est de 32 mètres. Trouver l'autre côté du rectangle et la surface de ce rectangle. Peut-il se faire que la distance de deux arbustes consécutifs soit de 0ᵐ,80 et, si cela est possible, combien le terrain contiendra-t-il d'arbustes?

(Brevet, Paris.)

1045. Avant l'introduction du système métrique, l'ancienne mesure de longueur était la toise, qui se divisait en 6 pieds, le pied en 12 pouces, le pouce en 12 lignes, la ligne en 12 points ; sachant que le quart du méridien terrestre a été trouvé égal à 5.130.740 toises, calculer la longueur d'une toise et de ses divisions en mètres et sous-multiples du mètre. Calculer inversement le mètre et ses sous-multiples en toises et divisions de la toise.

1046. Sur une carte au $\frac{1}{40.000}$ un chemin est formé d'une partie rectiligne de 4ᶜᵐ,55 et d'une partie circulaire dont le rayon est de 113 mètres sur le terrain et dont l'angle au centre est de 28º45′ ; la différence de hauteur entre les extrémités de la route étant de 28ᵐ,50, on demande quelle est la pente de cette route supposée constante.

1047. Un fil très fin est enroulé en forme d'hélice sur un cylindre de 63ᵐᵐ,6 de diamètre ; le pas de l'hélice est égal à 15 centimètres. Quelle est la longueur du fil enroulé sur une longueur de 19ᵈᵐ,5 du cylindre?

1048. Une petite cuve en forme de parallélépipède a pour base un rectangle de 1ᵐ,15 sur 0ᵐ,85. A quelle hauteur s'élèvera l'eau, quand on y verse le contenu de 45 seaux en forme de tronc de cône de 40 centimètres et 32 centimètres de diamètre de base et 45 centimètres de hauteur?

1049. Une salle de 8 mètres de longueur, 4^m,50 de largeur et 3^m,50 de hauteur présente 5 ouvertures, portes et fenêtres, d'égale grandeur, ayant chacune 0^m,80 de largeur. Sachant que le papier employé pour tapisser complètement les murs de cette salle a coûté 166^{fr},95 à raison de 2^{fr},10 le mètre carré, on demande la hauteur de chacune de ces ouvertures.

(Brevet, Arras.)

1050. Un disque de plomb de 15 centimètres de diamètre et de 2 centimètres de hauteur tombe d'une hauteur de 8^m,75 dans le vide sur un disque semblable. En admettant que toute l'énergie acquise par la chute se dépense en chaleur également répartie sur les deux disques, quelle sera l'élévation de température des deux disques, la densité du plomb étant 11,35 et sa chaleur spécifique 0,0314 ?

1051. Un propriétaire veut faire creuser un fossé autour d'un terrain carré ayant une aire de 5^{ha}15^a,29. Ce fossé doit avoir une largeur de 1^m,35 et une profondeur de 1^m,45. On demande : 1° le prix de revient du fossé, sachant que le mètre cube de terrassement est payé à raison de 1^{fr},22 ; 2° quel exhaussement subirait le terrain si l'on répandait uniformément sur le sol la terre provenant du fossé. On sait qu'un trou de 1 mètre cube produit 1^{m3},35 de terre par suite du foisonnement.

(Concours, Ecole normale, Lyon.)

1052. Une statuette en argent est creuse intérieurement. Son poids dans l'air est de 395^g,45 ; dans l'eau, son poids est de 348^g,5. Quel est le volume de la cavité intérieure ? La densité de l'argent est 10,5. Si on faisait fondre cette statuette et qu'on ajoutât du cuivre en quantité suffisante, combien, avec le lingot obtenu, pourrait-on fabriquer de pièces de 50 centimes ?

(Brevet, Dijon.)

PROBLÈMES SUR LES PROPORTIONS
LES GRANDEURS PROPORTIONNELLES
ET LE TANT POUR CENT

1053. Une longueur mesurée avec un mètre inexact a été trouvée égale à 13^m,545 ; sa longueur véritable est 13^m,425. Le mètre dont on s'est servi était-il trop long ou trop court et de combien ?

1054. Par quel nombre faut-il mesurer une vitesse exprimée en kilomètres à l'heure pour avoir sa mesure en mètres à la seconde ?

1055. La superficie d'un champ est de 0^{ha},872 ; si on la déduit de ses dimensions mesurées avec une chaîne d'arpenteur inexacte, on trouve 8.680 mètres carrés. Cette chaîne d'arpenteur est-elle trop longue ou trop courte et de combien ?

1056. Un vase d'une contenance de 16ˡ,5 est complètement rempli de mercure et d'eau. Le poids de son contenu est 858 hectogrammes. Quel est le rapport du volume du mercure à celui de l'eau ? — du poids du mercure à celui de l'eau ? (La densité du mercure est 13,6.)

1057. Le rendement thermique d'une machine à vapeur est égal au rapport de la différence des températures centigrades de la vapeur à la chaudière et au condenseur, à la température à la chaudière augmentée de 273°. Sachant que la vapeur à la chaudière est à une température de 180°, et que le rendement thermique est 0,209, quelle est la température du condenseur ?

1058. Un aéroplane a mis 18 minutes pour faire un trajet dans un sens et 29ᵐ45ˢ pour faire le même trajet en sens inverse. Sachant qu'il a toujours marché à la vitesse de 78ᵏᵐ,5 à l'heure, trouver la longueur de ce trajet en kilomètres et la vitesse du vent en mètres à la seconde.

1059. Pour que les charpentes travaillent dans les mêmes conditions, le rapport du poids de la coque nue d'un navire à son poids total varie proportionnellement à ses dimensions, quand ses dimensions conservent des rapports constants. Si le poids de la coque nue d'un navire de 14.865 tonnes est les 0,34 du poids total, quelle sera la limite du tonnage d'un navire semblable pour lequel ce rapport ne doit pas dépasser 0,55 ? (On sait que deux volumes semblables sont entre eux comme les cubes de leurs dimensions.)

1060. Trois pièces de drap de même qualité ont une longueur totale de 88 mètres et une largeur de 3ᵐ,15. Leurs prix sont respectivement de 325 francs, 520 francs et 390 francs. On sait de plus que les deux premières ont la même longueur et les deux dernières la même largeur. Quelles sont les dimensions de ces trois pièces ?

1061. Calculer à quelle heure entre 6 et 7 heures coïncident les aiguilles d'une montre dont le cadran est divisé en 12 heures.

1062. Deux mobiles partent en même temps de deux points, marchent l'un vers l'autre ; le temps que met chacun d'eux à aller du point de rencontre au point de départ de l'autre est inversement proportionnel au carré de sa vitesse.

1063. Une masse de gaz occupe sous la pression atmosphérique et à la température de 15° un volume de 0ᵐ³,45. Quel volume occupera-t-elle sous la pression de 2ᵏᵍ,5 par centimètre carré et à la température de 37° ? On sait que le volume, à une même température, est inversement proportionnel à la pression, et que le coefficient de dilatation du gaz est $\frac{1}{273}$.

1064. Quand peut-on dire que deux grandeurs A et B sont proportionnelles? Si un train parcourt une première fois 505 kilomètres en 8^h25^m et une deuxième fois $302^{km},5$ en 6^h3^m, peut-on dire que l'espace parcouru est proportionnel au temps employé? (Brevet, Arras.)

1065. Une montre avance de $\frac{3}{4}$ d'heure en 48 heures. Elle a été remise à l'heure à 5 heures du matin. Quelle sera l'heure vraie lorsqu'elle marquera $10^h\frac{3}{4}$ le soir du même jour? (Concours d'admiss. à l'Ecole norm. de Douai.)

1066. Une vis avance de $\frac{3}{10}$ de millimètre par 25 tours. Combien devra-t-elle faire de tours pour avancer de 4 millimètres et demi?

(Concours Ecoles nation. d'arts et métiers.)

1067. Une masse de gaz occupait une capacité de $25^l,4$ sous la pression atmosphérique et à une température de $8°$ au-dessous de 0. Cette masse de gaz est portée à une température de $85°$ et son volume est réduit à $0^{m3},0136$. Quel est l'accroissement de pression subi par décimètre carré? (Voir probl. 1063.)

1068. Un industriel engage dans une entreprise un certain capital. La première année, il perd 13 $°/_0$ de ce capital; la deuxième année, il perd 8 $°/_0$ de ce qui restait après la première année; enfin, la troisième année, il gagne 10 $°/_0$ du capital restant à la fin de la deuxième année, et il s'en faut alors de $11.358^{fr},20$ qu'il n'ait reconstitué son capital primitif. Quel était ce capital? (Brevet, Nancy.)

1069. Un litre d'un mélange formé de 75 $°/_0$ d'alcool et de 25 $°/_0$ d'eau pèse 960 grammes. On demande le poids d'un litre d'un mélange contenant 48 $°/_0$ d'alcool et 52 $°/_0$ d'eau.

(Concours, Ecoles nation. d'arts et métiers.)

1070. Dans les essais d'un paquebot, la consommation a été de 675 grammes de charbon par cheval-heure. Sachant que le charbon employé produit 8.050 calories par kilogramme, quel est le rendement total de la machine en tant $°/_0$?

1071. Le capitaine d'un navire de pêche revient avec une cargaison de 97.432 kilogrammes de poisson, qu'il vend à raison de $0^{fr},32$ le kilogramme. Il a dépensé les $\frac{2}{9}$ du produit de cette vente pour location du navire et les $\frac{7}{12}$ pour solde de l'équipage et frais divers. Mais il reçoit, comme prime de l'Etat, 2,50 $°/_0$ de cette même somme. On demande quel est son bénéfice. (Brevet, la Roche-sur-Yon.)

1072. On a pesé un corps en le mettant successivement sur les deux plateaux de la balance et l'on a trouvé 250 grammes et $270^{gr},4$. Quel est son poids exact? — Quelle erreur aurait-on fait $°/_{00}$ en prenant la moyenne des deux poids précédents?

1073. Le coefficient de dilatation linéaire du fer est $\dfrac{1}{81.900}$; celui du zinc est $\dfrac{1}{34.000}$. On demande quelle sera la longueur d'une barre de zinc qui se dilate autant, pour le même accroissement de température, qu'une barre de fer de 2 mètres de longueur.

1074. Une jeune fille achète 3^m,50 de drap et 11 mètres d'indienne pour 125 francs. Quelques jours après, elle achète 3 mètres de drap et 13 mètres d'indienne ; on lui fait une remise de 4 % et elle ne paye que 120 francs. Quel est le prix de chaque mètre d'étoffe ? (Brevet, Mont-de-Marsan.)

1075. On veut drainer un champ long de 132^m,45 et large de 72 mètres. Les tuyaux sont espacés de 8 mètres et disposés, dans le sens de la longueur, d'un bout à l'autre du champ. La première rangée de chaque côté sera posée à 4 mètres de la limite du champ. Le cent de tuyaux, longs de 45 centimètres, coûte 5^{fr},75, et on perd en les emboîtant l'un dans l'autre 10 % de la longueur. Calculer le prix des tuyaux nécessaires à ce drainage.

1076. Le nombre de vibrations transversales qu'une corde exécute dans une seconde varie proportionnellement à la racine carrée du poids qui la tend et en raison inverse de la longueur, du diamètre et de la racine carrée de la densité. Ceci posé, une corde d'acier ayant 1 mètre de longueur, $\dfrac{4}{10}$ de millimètre de diamètre, et tendue par un poids de 10 kilogrammes, exécute en 100 secondes 15.815 vibrations ; l'on demande le nombre de vibrations que ferait en une seconde une corde de cuivre longue de 0^m,456 qui aurait 0^{mm},85 de diamètre et qui serait tendue par un poids de 24 kilogrammes. Les densités de l'acier et du cuivre sont respectivement 7,716 et 8,85.

1077. La douzaine de paires de bas de coton se vend en magasin 23^{fr},76. Dans ces conditions, le détaillant gagne 20 % relativement au prix de fabrique. Le fabricant gagne lui-même 20 % relativement au prix de revient. La matière première nécessaire à la confection d'une douzaine de paires de bas coûte 5^{fr},50. On demande à quel prix la confection de 12 douzaines de paires de bas est payée à l'ouvrier.

(École normale, Besançon.)

1078. Un cultivateur laboure, dans le sens de la longueur, un champ de 231 mètres de long et dont la surface est de 1$^{ha}\dfrac{14}{31}$. Sachant : 1° que 9 sillons ont une largeur de 4 mètres ; 2° que 82 pas du laboureur font 60 mètres ; 3° que le laboureur fait 90 pas en 1$^m\dfrac{1}{4}$, on demande combien de temps cet homme mettra pour terminer son travail. (Brevet, Alger.)

1079. Une personne qui avait acheté à 4.560 francs l'hectare une propriété rectangulaire de 288 mètres de périmètre, l'a revendue 0^{fr},50 le mètre carré. Combien a-t-elle gagné pour cent sur cet achat et combien en tout? On sait d'ailleurs que la largeur de la propriété est le $\frac{1}{5}$ de la longueur.

1080. Un marchand a deux espèces de thé qui lui reviennent, la première à 14 francs, la deuxième à 18 francs le kilogramme. Il fournit à un de ses correspondants une caisse de 100 kilogrammes de thé et reçoit en payement 1.930 francs. On demande combien il y en avait de chaque espèce, sachant qu'il a gagné 15 % sur son marché. (Brevet, Clermont.)

1081. Pour porter 66 kilogrammes d'eau à l'ébullition, il faut brûler un kilogramme de coke, tandis qu'un kilogramme de tourbe ne peut faire bouillir que 30 kilogrammes d'eau; d'autre part, la tourbe coûte 15 francs les 1.000 kilogrammes, et le coke 3 francs les 40 kilogrammes. Quel est le plus économique de ces deux combustibles? (Brevet, le Puy.)

1082. La durée d'oscillation d'un pendule simple est proportionnelle à la racine carrée de sa longueur. Sachant qu'un pendule d'une longueur de 2^m,45 a une $\frac{1}{2}$ durée d'oscillation de 1^s,57, combien d'oscillations fera en 5^{m}14^s un pendule de 392 millimètres de longueur?

1083. Un ménage brûle 20 stères de bois par an, au prix de 18 francs le stère. On demande quelle économie il pourrait faire en substituant la houille au bois de chauffage, sachant : 1° que 800 kilogrammes de bois ordinaire donnent la même quantité de chaleur que 300 kilogrammes de houille ; 2° que le quintal métrique de houille coûte 5^{fr},20 ; 3° que le stère de bois pèse 560 kilogrammes. (Brevet, le Mans.)

1084. Un litre d'eau de mer pèse 1.026 grammes et contient 27 grammes de sel. On demande à quel volume il faut réduire, par l'évaporation, 200 litres d'eau de mer pour que le nouveau liquide renferme 15 % de son poids de sel. Quelle quantité de houille faudra-t-il consommer pour l'évaporation de cette eau, sachant que 1 kilogramme de houille donne 7 kilogrammes de vapeur?

1085. Une pompe destinée à élever de l'eau pour le service d'une usine met 10^{h}25^m pour remplir le réservoir, quand elle fonctionne bien. Par suite d'un accident, le rendement de cette pompe se trouve diminué de $\frac{1}{3}$, alors que le bassin n'a encore reçu que le $\frac{1}{4}$ de l'eau qu'il peut contenir. Combien faudra-t-il de temps ce jour-là pour remplir le réservoir?
(Brevet, Guéret.)

1086. Un litre d'air pèse 1^{gr},29 ; à volume égal, le poids de la vapeur d'eau est les $\frac{5}{8}$ de celui de l'air. On demande quel volume occuperaient, à l'état liquide, 3.198 litres de vapeur d'eau. On sait que le poids d'un corps est le même à l'état liquide et à l'état de vapeur.

1087. Le rendement par 100 kilogrammes de houille distillée dans des cornues à gaz est en moyenne de 30 mètres cubes de gaz, 72 kilogrammes de coke, 5 kilogrammes de goudron. Combien retirera-t-on de mètres cubes de gaz, d'hectolitres de coke, de quintaux de goudron de la distillation de 125 tonnes de houille? La densité du coke est 1,15.

(C. E. prim. sup. Seine-Inférieure.)

1088. Une machine à vapeur a consommé en 103 jours de travail 851.080 kilogrammes de charbon. Un perfectionnement apporté à sa construction permet, en obtenant la même force, de ne brûler que 2.860 kilogrammes en 37 heures. Trouver l'économie annuelle due à ce perfectionnement, en supposant 330 jours de travail par an, et le prix du charbon de 3^{fr},75 les 100 kilogrammes.   (Brevet, Lyon.)

1089. Un négociant achète une certaine quantité de blé à 22^{fr},50 l'hectolitre. Il en a revendu $\frac{1}{3}$ avec perte de 10 %, $\frac{1}{4}$ avec bénéfice de 20 % et le reste avec bénéfice aussi de 10 %. En définitive, il a gagné 614^{fr},25 sur le tout. On demande combien il avait d'hectolitres de blé.

(École normale, Besançon.)

1090. Un marchand vend une pièce de drap en trois fois ; le premier coupon est les $\frac{2}{7}$ de la pièce ; le second coupon est les $\frac{4}{5}$ du reste, et le troisième, qui a une longueur de 8 mètres, est vendu 22 francs. Dans chacune de ces ventes, le marchand réalise un bénéfice de 10 %. On demande : 1° combien de mètres contenait la pièce ; 2° le prix de vente total ; 3° le prix d'achat.   (Brevet, Acad. de Besançon.)

1091. Sachant que 75 bœufs ont mangé en 12 jours l'herbe d'un pré de 60 ares, et que 81 bœufs ont mangé en 15 jours l'herbe d'un pré de 72 ares, on demande combien de bœufs mangeront en 18 jours l'herbe d'un pré de 96 ares. On suppose que l'herbe est à la même hauteur au moment où les bœufs entrent dans le pré, et qu'elle croît uniformément.

(Problème de Newton.)

1092. Six cents terrassiers, travaillant 10 heures par jour, ont mis 50 jours pour creuser un canal de 1.500 mètres de long sur 8 de large et 4 de profondeur. En combien de jours 720 ouvriers, travaillant 8 heures par jour, creuseront-ils un autre canal de 2.000 mètres de long sur 7 de large et 3 de profondeur, dans un terrain deux fois plus difficile que le premier ?

1093. Les carrés des temps des révolutions des planètes autour du soleil sont entre eux comme les cubes de leurs distances à cet astre (troisième loi de Képler). Calculer à un jour près la durée de la révolution de la planète Neptune, sachant que sa distance au soleil est représentée par 30,037, si la distance de la terre au soleil est prise pour unité, et que la durée de la révolution de la terre est $365^j 6^h 9^m$.

1094. La durée de la révolution de la planète Vénus autour du Soleil est de $224^j,7$. Calculer sa distance au Soleil. La durée de la révolution de la Terre est $365^j,25$ et l'on connaît d'ailleurs la troisième loi de Képler (Voir problème précédent). La distance de la terre au soleil est de 24.068 rayons terrestres.

1095. Avec 492 grammes d'acide sulfurique et 345 grammes de zinc, on obtient 10 grammes d'hydrogène. Calculer combien on emploiera d'acide sulfurique et de zinc pour remplir d'hydrogène un ballon d'une capacité de 100 mètres cubes ; on admet que le décimètre cube d'air pèse $1^{gr},3$, et que la densité de l'hydrogène, par rapport à l'air, est 0,069.

1096. Un marchand revend, de la manière suivante, une pièce d'étoffe qui lui a coûté 576 francs : d'abord le $\frac{1}{3}$ en faisant un bénéfice de 10 %, puis la moitié en réalisant un bénéfice de 12 %, et enfin le reste pour la somme de 102 francs en faisant un bénéfice de $0^{fr},75$ par mètre. Calculer la longueur de la pièce et le bénéfice total réalisé.

(Brevet, Paris.)

1097. Un négociant a acheté 12 balles de café pesant chacune 125 kilogrammes. Il en a revendu 4 avec un bénéfice de 10 %, puis 6 avec un bénéfice de 15 % sur le prix d'achat. Mais le reste du café étant avarié, il l'a revendu avec une perte de 20 %. Sachant que sur ce marché le négociant a réalisé un bénéfice total de 405 francs, on demande quel était le prix d'achat du quintal de café.   (Brevet, Paris.)

1098. Un marchand a acheté un tas de bois pour 2.700 francs. Combien devra-t-il revendre le quintal de ce bois pour réaliser un bénéfice de 15 % sur le prix d'achat ? On sait que les 3 dimensions de ce tas de bois sont entre elles comme les fractions $\frac{1}{2}$, $\frac{3}{5}$, $\frac{18}{7}$; que la somme de ces dimensions est $25^m,70$ et que le décastère de bois pèse 4.238 kilogrammes.

(Brevet, Alger.)

1099. Un libraire a vendu 328 exemplaires d'un ouvrage : la moitié au prix du catalogue, l'autre moitié avec une remise de 10 % sur ce prix. Il avait obtenu lui-même de l'éditeur une remise de 25 % sur la totalité de la livraison. Il a ainsi gagné 98^{fr},40. Quel est le prix porté au catalogue ?

(Brevet, Poitiers.)

1100. Quel poids, en tonnes, de minerai, faut-il employer pour obtenir du plomb dont la valeur est 142.480 francs, à raison de 60 francs les 100 kilogrammes ? On sait : 1° que ce minerai contient 24 % de son poids de plomb ; 2° que le traitement de ce minerai lui fait perdre 8 % du plomb qu'il contient.

(Brevet, Paris.)

1101. En admettant : 1° que la chaleur fournie par 1 kilogramme de bois de hêtre égale les $\frac{14}{19}$ de celle qui est fournie par 1 kilogramme de houille ; 2° que le stère de bois de hêtre coûte 13^{fr},50 et pèse 465 kilogrammes, et que l'hectolitre de houille pèse 84 kilogrammes, on demande quel doit être le prix de l'hectolitre de houille pour que les deux modes de chauffage soient aussi avantageux l'un que l'autre.

(Brevet, Melun.)

1102. Un libraire fait une réduction de 30 % sur les prix marqués au catalogue et donne le treizième en plus. Quelle réduction pour 100 devrait-il faire pour vendre ces livres dans les mêmes conditions, s'il ne faisait pas la remise du treizième ?

1103. Un libraire fait une réduction de 25 %. Quelle réduction pour 100 devrait-il faire pour vendre ses livres dans les mêmes conditions, s'il faisait la remise du treizième ?

1104. Le café perd 14 % de son poids par la torréfaction. Combien faut-il prendre de décagrammes de café vert pour obtenir 27^{hg},95 de café torréfié ?

1105. Dans une presse hydraulique le petit piston a un diamètre de 3 centimètres, et le grand un rayon de 0^m,18 ; on agit sur le petit piston à l'aide d'un levier dont la distance du point d'appui à la puissance est 0^m,80 et à la résistance 0^m,18. Si l'on exerce une force de 39^{kg},4 sur le levier, quelle est la force exercée sur le grand piston ?

1106. L'huile d'olive vaut, en fabrique, 2^{fr},15 le litre. Sachant que les olives rendent environ 12 % de leur poids d'huile, on demande combien un fabricant d'huile doit payer l'hectolitre d'olives pour faire un bénéfice de 20 %. Le litre d'huile pèse 915 grammes et l'hectolitre d'olives 45^{kg},75.

(Concours d'admiss. à l'École norm., Laval.)

1107. Le minerai employé dans une usine à plomb contient les 0,795 de son poids de métal. L'usine possède 4 fourneaux pouvant traiter chacun 1.295 kilogrammes de minerai en 2^{h}35^m. Dans ce traitement, la perte en plomb est de 11 % du poids du métal contenu dans le minerai. Combien doit-on travailler de jours (de 24 heures) pour obtenir 16.000 quintaux de plomb ?

(Brevet, Paris.)

1108. Il faut 130 journées de travail pour retourner la terre à la bêche jusqu'à une profondeur de 0m,50 pour une étendue de 10 ares. Combien faut-il de journées, si le défoncement se fait à 0m,40 pour une étendue de 4.800 mètres carrés? (Si l'on trouve une fraction de jour, on l'exprimera en heures et minutes, sachant que la journée de travail est de 11 heures.)

1109. Un marchand a acheté 11.922kg,8 d'huile de colza, au prix de 62 francs l'hectolitre. Il paye comptant, et on lui fait un escompte de 7 %. Il revend les $\frac{5}{6}$ de cette huile au prix de 73 francs les 100 kilogrammes, et le reste, en bloc, 1.890 francs. Calculer son bénéfice. Un litre d'huile pèse 913 grammes.

1110. Une marchandise étrangère paye à la frontière un droit de 12 % de sa valeur. Ce droit venant à être réduit dans une certaine proportion, l'importation augmente de moitié, et le produit des droits d'entrée de cette marchandise diminue de $\frac{1}{3}$. De combien pour 100 le droit a-t-il été abaissé?

(Brevet, Auxerre.)

1111. Un industriel doit fournir 28 quintaux de plomb. Combien devra-t-il employer de tonnes de minerai? On sait que la teneur ou rendement du minerai en plomb est de 12 %, et que le plomb perdu dans le traitement du minerai s'élève aux $\frac{2}{100}$ du métal que le minerai contient. Quelle somme l'industriel recevra-t-il pour la vente, en supposant qu'il a un bénéfice de 13fr,05 par quintal, et que les frais nécessaires pour l'extraction du plomb s'élèvent à 58fr,50 par tonne de minerai traité?

(Brevet, Paris.)

1112. Un observateur voit constamment en coïncidence un train et une bicyclette qui se meuvent sur deux chemins parallèles. Le train fait 18 kilomètres en 22 minutes $\frac{1}{2}$, et la bicyclette fait 4m,8 par seconde. Sachant que les deux chemins sont à une distance de 1.360 mètres l'un de l'autre, quelle est la distance de l'observateur à chacun d'eux?

1113. Un ouvrier qui peut exercer sur une extrémité d'un levier une force de 58kg,5 veut soulever un poids de 0t,458 à l'aide d'un levier de 1m,60 de longueur, en plaçant le point d'appui entre le poids à soulever et lui. A quelle distance de chaque extrémité du levier devra être pris ce point d'appui?

1114. Avec les mêmes données numériques, mais en supposant que le point d'appui est à une extrémité du levier, où doit être placé le poids à soulever?

1115. Dans une bicyclette, la roue du pédalier porte 48 dents, le pignon de la roue d'arrière porte 20 dents. Quel nombre de coups de pédale faut-il donner pour parcourir 4km,785, sachant que la roue d'arrière a un diamètre de 78 centimètres?

1116. On paye 10.500 francs pour du minerai de cuivre à 18^{fr},50 le quintal. Les frais d'extraction sont de 5^{fr},50 par quintal de minerai, qui contient 15 % de son poids de cuivre ; il se perd dans l'opération 2 % du cuivre que contient le minerai. On demande : 1° à combien revient le kilogramme de cuivre ; 2° combien on obtient de kilogrammes de ce métal.

(Brevet, le Mans.)

1117. En admettant qu'un hectolitre de blé pèse 75 kilogrammes, que 3^{hl},12 de ce blé fournissent 157 kilogrammes de farine, et que 157 kilogrammes de farine donnent 51 pains de 4 kilogrammes, on demande : 1° combien on peut tirer de farine et de pain d'un kilogramme de blé ; 2° combien il faut de blé et de farine pour produire 1 kilogramme de pain ; 3° combien le blé perd de son poids pour 100 en passant à l'état de farine et à l'état de pain.   (Brevet, Nîmes.)

1118. Un négociant, déclaré en faillite, ne peut payer que 31 % à ses créanciers ; avec 5.000 francs de plus, il pourrait payer les $\frac{4}{7}$ de ce qu'il doit. Quel est son actif ? — Quel est son passif ?   (Brevet, Poitiers.)

1119. Une substance coûte 865 francs la tonne ; les préparations qu'on lui fait subir pour la revendre coûtent 0^{fr},18 le kilogramme, et occasionnent un déchet de 3,50 %. On demande combien il faudra revendre le kilogramme pour gagner 12 % sur le prix de revient.

1120. On sait que 7^{ha}9^{a} de vigne valent 15^{ha}30^{a} de prairie, et 28 hectares de prairie valent 62^{ha}5^{a} de bois. Quel est le prix d'un hectare de bois quand l'hectare de vigne vaut 5.300 francs ?

1121. On veut graduer en kilogrammes un manomètre cylindrique à air comprimé. Sachant que l'air, à la pression de 765 millimètres de mercure, occupe une hauteur de 48 centimètres, on demande de calculer les distances des divisions successives.

1122. Un automobile part à 9^{h}15^{m} du matin ; un autre part du même endroit à 10^{h}27^{m} ; ils se rencontrent à 14^{h}21^{m}. Sachant que le second fait à l'heure 12 kilomètres de plus que le premier, quelles sont leurs vitesses respectives et à quelle distance du point de départ se rencontrent-ils ?

1123. Un train part de Paris à 23^{h}1^{m} et arrive à Mantes à 0^{h}8^{m} ; un autre train part de Mantes à 23^{h}5^{m} et arrive à Paris à 24 heures. A quelle distance de Paris se rencontrent-ils, si la distance de Paris à Mantes est de 58 kilomètres ?

1124. Les adjudications d'immeubles ordonnées par les tribunaux donnent droit à 1 % sur les 10.000 premiers francs ; à $\frac{1}{2}$ % sur les 40.000 francs suivants, à $\frac{1}{4}$ sur les 50.000 francs suivants. A quel chiffre se montre l'adjudication d'une propriété qui a rapporté au notaire 375 francs d'honoraires ?

(Brevet, Mâcon.)

1125. Un éditeur publie un livre ; les frais d'impression et autres s'élèvent à 2.000 francs. Il vend ce livre par douzaines en faisant d'abord la remise de 25 % sur le prix fort, qui est de 4 francs l'exemplaire, puis la remise du treizième (c'est-à-dire 13 exemplaires pour 12). Dans ces conditions, il gagne 5.200 francs lorsque toute l'édition est écoulée. On demande à combien d'exemplaires l'ouvrage a été tiré. (Brevet, Paris.)

1126. Le colza d'hiver rend en moyenne 32 % de son poids d'huile, et le navette d'été 30 %. Dans une fabrique on a obtenu, avec 4.700 kilogrammes de graines des deux espèces, 1.468 kilogrammes d'huile. On demande le prix de cette huile si le colza vaut 42 francs les 100 kilogrammes et la navette $40^{fr},20$ les 100 kilogrammes.

(Admission Ecole normale, Pas-de-Calais.)

1127. Un propriétaire a refusé, le 20 avril, de vendre 12 quintaux métriques de blé, à raison de $28^{fr},50$ le quintal. Le 10 juillet, il est obligé de vendre son blé à raison de $27^{fr},25$. Le blé a perdu, par la dessiccation, 2 % de son poids. Quelle est la perte éprouvée par le propriétaire, y compris la perte d'intérêt calculé à 4 % par an ? (Brevet, Rennes.)

1128. Un viticulteur peut vendre sa récolte soit à raison de $18^{fr},50$ les 100 kilogrammes de raisin, soit à raison de 27 francs l'hectolitre de vin. Sachant qu'il faut en moyenne 135 kilogrammes de raisin pour 1 hectolitre de vin, et que les frais de fabrication du vin sont plus élevés de $2^{fr},70$ par barrique de 225 litres, quelle est la vente la plus avantageuse ?

1129. Une usine exploite un minerai qui contient les $\dfrac{4}{27}$ de son poids de fer ; mais dans la transformation du minerai en métal, on fait une perte de 7 % du fer qu'il contient. Calculer la quantité de minerai employé annuellement par l'usine, sachant qu'elle produit en moyenne 7 tonnes $\dfrac{1}{5}$ de fer par jour et qu'elle fonctionne 304 jours dans l'année.

(Brevet, Limoges.)

1130. Un négociant a acheté une première fois 20 sacs de blé et 24 sacs d'avoine, une deuxième fois 30 sacs de blé et 40 sacs d'avoine. On lui fait une remise de 5 % sur le prix de vente ; il paie $558^{fr},60$ la première fois et 874 francs la seconde. On demande le prix de vente ou prix de facture d'un sac de blé et d'un sac d'avoine. (C. ét. prim. sup. Toulouse.)

1131. Un fil d'acier de 25 millimètres de diamètre subit un allongement de 0,06 % sous l'action d'un poids de 235 kilogrammes. En admettant que l'allongement d'un fil est proportionnel au poids qu'il supporte et à sa longueur et inversement proportionnel à sa section, quelle sera la longueur d'un fil d'acier de 17^m,75 de longueur à l'état naturel, quand il supporte un poids de 11 kilogrammes par millimètre carré de section ?

1132. Un négociant achète une pièce de drap qu'il paye à raison de 3^{fr},50 le mètre. Il en vend une première fois les $\frac{3}{7}$ avec un bénéfice de 18 $^0/_0$ sur le prix d'achat ; une deuxième fois, il vend le $\frac{1}{4}$ du reste avec 2^{fr},75 de bénéfice par mètre ; enfin le dernier reste est vendu avec une perte de 4 $^0/_0$ sur le prix d'achat. On demande la longueur totale de la pièce, sachant que le bénéfice total réalisé a été de 42^{fr},20.

(Brevet, Alger.)

1133. Un aubergiste a acheté un certain nombre de litres de vin. Il les revend en détail à 0^{fr},60 le litre, en faisant un bénéfice de 20 $^0/_0$. Sachant que le prix de vente de 15 litres représente les $\frac{3}{40}$ du prix de tous les litres, on demande : 1° quel était le prix d'achat du litre ; 2° combien de litres l'aubergiste avait achetés.

(Brevet.)

1134. Un marchand a vendu à un client 5 pièces de drap contenant ensemble 258^m,40, à raison de 8^{fr},50 le mètre, le tout payable dans 4 mois $\frac{1}{2}$; mais on s'aperçoit que la mesure employée est trop courte de 2$^{cm}\frac{1}{2}$ par mètre. D'autre part, le client désire payer comptant et bénéficier ainsi d'une remise de 3 $^0/_0$. Quelle somme doit-il remettre au marchand ?

(Brevet, Vesoul.)

1135. Un voyageur de commerce est payé à raison de 11^{fr},50 par jour de tournée, non compris un bénéfice de 2 $^0/_0$ sur les commissions qu'il prend. Après soixante-dix jours de voyage, il se trouve avoir économisé ainsi 411 francs : sa dépense quotidienne s'élevant à 13^{fr},20, on demande de déterminer le chiffre des affaires faites par lui.

1136. Une ménagère achète pour faire des chemises une pièce de toile de 36 mètres à 1^{fr},50 le mètre. Elle paye comptant et on lui fait une remise de 5 $^0/_0$. Sachant que cette toile se rétrécit au lavage de $\frac{1}{5}$ de sa longueur, qu'il faut 2^m,80 de tissu lavé pour faire une chemise et que la façon s'élève aux $\frac{4}{9}$ du prix de l'étoffe, on demande : 1° combien la ménagère fera de chemises ; 2° la dépense totale ; 3° le prix de revient d'une chemise.

(Brevet, Montpellier.)

1137. Un propriétaire vend un terrain de 45 ares et fait à l'acheteur, qui paye comptant, un rabais de 2 $^0/_0$ sur le prix convenu ; d'autre part, il reçoit les $\frac{4}{5}$ de la somme à perce-

voir en monnaie d'or et le $\frac{1}{5}$ en monnaie d'argent. Calculer le prix du mètre carré du champ, sachant que le vendeur a reçu 2^{kg},774 de monnaie.   (Brevet, Paris.)

1138. Une construction communale est mise en adjudication au rabais. Un premier soumissionnaire offre de la faire pour la somme de 14.861 francs ; un second demande 46^{fr},20 de plus que le premier, et il fait un rabais de 3,2 % sur le montant du devis. On demande quel est le montant de ce devis, et quel rabais pour 100 offrait le premier soumissionnaire.

1139. Un limonadier paye le café en grains 3^{fr},70 le kilogramme. Le café brûlé et moulu perd 20 % de son poids primitif. Sachant que, sur une tasse de café qu'il vend 0^{fr},40 et pour laquelle il fournit 0^{fr},06 de sucre, le limonadier gagne 26 centimes, on demande le poids de café qu'il emploie pour une tasse.

1140. Le foin perd par la fenaison 48 % de son poids, et le foin sec subit dans un grenier une perte de 12 % du poids qu'il avait quand on l'a rentré. Un propriétaire pourrait vendre son foin sur pied à raison de 210 francs l'hectare ; il refuse cette proposition et ne vend son foin que 8 mois après la récolte à raison de 4^{fr},25 les 50 kilogrammes. On demande combien il a perdu ou gagné à cette opération, sachant que la prairie produit 68 quintaux métriques de foin vert à l'hectare ; que la récolte pesait, quand on l'a remisée, 26.000 kilogrammes, et qu'enfin, s'il avait vendu son foin sur pied, il aurait pu placer à 6 % le prix de vente et les 165 francs de frais que la récolte lui a occasionnés.

                          (École normale, Clermont-Ferrand.)

1141. Un marchand a acheté deux pièces d'étoffe de même qualité, dont les prix sont entre eux comme 12 est à 19. La première a 15 mètres de moins que la seconde, et sa largeur n'est que les $\frac{3}{4}$ de celle de la seconde. Il les a revendues 2.557^{fr},50, et a fait un bénéfice de 10 % sur le prix d'achat. On demande le prix et la longueur de chaque pièce.

1142. Une personne a acheté deux pièces d'étoffe mesurant chacune 25 mètres. Le prix du mètre de la seconde étoffe est les $\frac{2}{3}$ du prix du mètre de la première. Comme cette personne paie comptant, elle bénéficie d'une remise de 2 %. Elle paie cet achat moitié en pièces de 5 francs, moitié en monnaie divisionnaire d'argent. Le poids du cuivre contenu dans toutes ces pièces étant de 324^{gr},625, on demande le prix du mètre de chaque étoffe avant la remise.   (Brevet, Laon.)

1143. Dans une usine à huit fourneaux, on carbonise annuellement 62^{das},5 de bois de chêne par fourneau ; 100 kilogrammes de bois donnent 29 kilogrammes de charbon et 19^{kg},5 d'acide pyroligneux. On demande : 1° la valeur du charbon produit dans une année, sachant que le stère de bois pèse 450 kilogrammes, et que le charbon vaut 8^{fr},20 le quintal métrique ; 2° combien d'hectolitres de vinaigre de bois on obtient par an, sachant qu'une pièce d'acide pyroligneux pèse 233^{kg},5, et que chaque pièce a produit 13^{kg},75 de vinaigre. L'hectolitre de vinaigre pèse 106^{kg},3.   (Brevet, Albi.)

1144. Pour faire de la marmelade de prunes, un épicier emploie 150 kilogrammes de fruits bruts à 0^{fr},34 le kilogramme. Le déchet résultant de la suppresion des noyaux et des fruits gâtés est de 12 %. Avant la cuisson, il ajoute à la partie restante la moitié de son poids de sucre. L'évaporation amenée par la cuisson réduit le mélange de $\frac{2}{5}$. A combien revient le kilogramme de marchandise ? Le sucre employé a coûté 108 francs le quintal.   (Brevet, Laval.)

1145. Un marchand a acheté du charbon à 35^{fr},40 la tonne. Il paie 223^{fr},60 de transport et de frais. Il revend son charbon à raison de 4^{fr},95 l'hectolitre en faisant, sur son prix de revient, un bénéfice de 20 %. Le mètre cube de charbon pesant 937$^{kg}\frac{1}{2}$, on demande le poids du charbon qu'il a acheté.

(Brevet, Paris.)

1146. Un marchand a acheté une pièce d'étoffe pour 250 francs ; il en revend le $\frac{1}{3}$ à 4 francs le mètre et le reste à 3^{fr},50 le mètre ; il réalise ainsi un bénéfice total de 10 % du prix d'achat. Calculer la longueur de la pièce.

(Brevet, Académie de Besançon.)

1147. En revendant 4.125 francs les $\frac{5}{12}$ d'un champ, on a gagné les $\frac{2}{11}$ du prix d'achat de ces $\frac{5}{12}$. Quel est le taux pour 100 du bénéfice fait sur le champ entier si l'on a vendu les $\frac{4}{7}$ du reste à des conditions 20 % plus avantageuses que celle de la première vente, et si, en vendant le dernier reste, on a perdu les $\frac{3}{14}$ du prix d'achat correspondant ?

(École normale, Périgueux.)

1148. Trois libraires vendent le même ouvrage dans les conditions suivantes. Le premier fait une remise de 25 % sur le prix marqué ; le deuxième accorde seulement 18 $\frac{3}{4}$ %, mais il donne 13 volumes pour 12 ; le troisième fait une remise de 22,5 % sans le treizième volume, mais il accorde en outre un escompte de 3 % sur le prix réduit. Quel est celui qui offre à l'acheteur les conditions les plus avantageuses ?

(Brevet, Paris.)

1149. Un négociant achète 5.544 hectolitres de blé pour 116.424 francs ; il en vend les $\frac{3}{7}$ au prix de 61.776 francs, et les $\frac{6}{11}$ de ce qui lui reste au prix de 19.008 francs. A quel prix devra-t-il donner ce qui lui reste de ces deux ventes pour réaliser un bénéfice de 25 % sur le prix d'achat ?

1150. Dans une faillite, on distribue 37 % aux créanciers. Un créancier perd 3.213 francs. Combien lui était-il dû ? Combien a-t-il touché ?

1151. Un épicier paie 110 francs les 100 kilogrammes de pâtes d'Italie, et, à cause de la concurrence, il est obligé de revendre cette marchandise 50 centimes le demi-kilogramme. Mais il achète du vermicelle à bon compte, et ne le paie que 60 francs les 100 kilogrammes. Combien devra-t-il vendre le kilogramme, s'il veut gagner dans la vente des deux articles 10 % du prix d'achat ? Il vend autant de vermicelle que de pâte.

1152. On paye à une compagnie d'assurances 10^{fr},90 pour assurer une maison de 16.000 francs et un mobilier de 6.000 francs ; on paye, d'autre part, 19 francs pour une maison de 25.000 francs et un mobilier de 12.000 francs. Combien paye-t-on %$_{00}$ sur la valeur d'un immeuble ? — d'un mobilier ?

1153. Un libraire a vendu 164 exemplaires d'un ouvrage, la moitié au prix du catalogue et l'autre moitié avec 10 % de remise. Lui-même avait obtenu 25 % de réduction sur le tout. S'il a gagné 98^{fr},40, quel est le prix fort d'un volume ?

1154. Un propriétaire fait assurer sa maison, estimée 7.600 francs, à raison de 0^{fr},25 %$_{00}$; son mobilier, évalué à 3.800 francs, à 0^{fr},60 %$_{00}$. Que devra-t-il payer pour la prime d'assurance, y compris 8 % de la prime pour impôt ?

1155. Un négociant avait acheté 40 mètres de drap qu'il revend à un prix tel que le gain est les $\frac{15}{100}$ du prix d'achat. S'il eût vendu ce drap de manière à gagner 15 % sur le prix qu'il retire de cette vente, il eût eu 24^{fr},15 de bénéfice en plus. A quel prix le négociant avait-il acheté le mètre de son drap ? Vérifier le résultat. (Brevet, Acad. de Nancy.)

1156. Un marchand avait un lot de café. En le vendant à 2 francs le kilogramme, il aurait perdu 318^{fr},75 ; s'il l'avait vendu 2^{fr},20 le kilogramme, sa perte aurait été de 63^{fr},75. Or il a cédé tout le café pour 3.213 francs. Combien en avait-il de kilogrammes, et combien pour 100 a-t-il gagné sur son prix d'achat ?   (Brevet, Paris.)

1157. En vendant les bas qu'il fait fabriquer, un manufacturier gagne 25 % sur le prix qu'il paie pour la fabrication et les frais généraux. Un marchand lui a acheté une douzaine de paires de bas qu'il a vendue 45 francs en gagnant 20 % sur le prix d'achat. Sachant que le manufacturier a payé 2^{fr},10 pour la fabrication d'une paire de bas, trouver quels ont été ses frais généraux par douzaine de paires de bas. Vérifier le résultat obtenu.   (Brevet, Paris.)

1158. On a payé 10.000 francs pour du minerai de cuivre acheté à raison de 16^{fr},75 le quintal. Les frais d'extraction s'élèvent à 6^{fr},30 par quintal de minerai. Le minerai contient 15 % de son poids de cuivre, et le traitement du cuivre donne un déchet de 2 $\frac{1}{2}$ %. A combien revient la tonne de cuivre, et combien vaut tout le cuivre obtenu ?

1159. Un marchand, en vendant 240 mètres d'une première étoffe à raison de 2^{fr},60 le mètre, a fait une perte de 25 % sur le prix d'achat ; d'un autre côté, il a vendu pour 476 francs un lot d'une deuxième étoffe qui lui avait coûté 418 francs. On demande : 1° combien il a gagné ou perdu pour 100 sur l'ensemble des deux marchés ; 2° combien il aurait dû vendre le mètre de la première étoffe pour ne faire ni gain ni perte sur cet ensemble.   (École normale, Vaucluse.)

1160. On veut fumer un hectare de terre à raison de 45 kilogrammes d'azote et 60 kilogrammes d'acide phosphorique. On répand d'abord 5 tonnes métriques de fumier de ferme titrant, pour 1.000, 4 d'azote et 2 d'acide phosphorique. Calculer la composition de l'engrais complémentaire en employant du nitrate de soude à 15 % d'azote et du superphosphate de chaux à 16 % d'acide phosphorique.

(Brevet, Académie de Besançon.)

1161. Une marchande qui veut réaliser un bénéfice de 18 % sur ses achats a des robes qui lui reviennent à 60 francs et à 75 francs la pièce. Un client lui achète 23 robes pour 1.787^{fr},70. Combien la marchande a-t-elle livré de robes de chaque sorte ?   (Brevet, Seine.)

1162. Un épicier achète le café à 360 francs les 100 kilogrammes et vend le café brûlé 1^{fr},50 la boîte de 0^{kg},250. Sachant qu'en brûlant, le café perd $\frac{1}{5}$ de son poids et que les frais de cette opération sont de 0^{fr},40 par 5 kilogrammes de café brûlé, on demande : 1° quel bénéfice brut fait cet épicier par balle de 125 kilogrammes ; 2° combien il gagne pour 100 sur le prix de revient ; 3° quel bénéfice il a réalisé lorsqu'il a vendu pour 100 francs de café brûlé.

(École normale, Grenoble.)

1163. Les militaires voyageant en chemin de fer ne payent que $\frac{1}{4}$ de place. On sait d'ailleurs que le tarif de la première classe dépasse de 82 % celui de la troisième. On demande si un officier, qui se rend en première d'Aix-les-Bains à Paris, paye plus ou moins qu'un petit commerçant qui prend les troisièmes pour aller d'Aix-les-Bains à Tonnerre. La distance d'Aix-les-Bains à Tonnerre est de 386 kilomètres. La distance de Tonnerre à Paris est de 197 kilomètres. (Brevet, Marseille.)

1164. Un marchand a acheté deux pièces de soie A et B ayant pour longueur commune 40 mètres ; mais le prix d'achat de la pièce A surpasse le prix d'achat de la pièce B. Il vend la pièce A avec un bénéfice de 25 % et la pièce B avec un bénéfice de 20 %. Sachant que la somme des prix de vente des pièces A et B est égale à 1.476 francs, et que le prix de vente de la pièce A surpasse de 324 francs le prix de vente de la pièce B, on demande le prix d'achat du mètre des pièces A et B. Vérifier le résultat obtenu. (Brevet, Paris.)

1165. Le 25 novembre 1910, un cultivateur refuse de vendre au comptant sa récolte de blé au prix de 25^{fr},20 le quintal. Le 23 février 1911, il vend au comptant cette récolte au prix de 27^{fr},50 le quintal. Le blé s'étant desséché, il y a alors une perte de 397 kilogrammes sur la récolte totale. De plus, le cultivateur pouvait placer à 5 % le prix de sa récolte. Sachant que le cultivateur n'a ni gagné ni perdu, trouver le nombre de quintaux de sa récolte. (Brevet, Paris.)

1166. La toile écrue perd au blanchissage 15 % de sa longueur. Un marchand qui avait acheté 12 pièces de toile écrue les revend, après le blanchissage, au prix de 2^{fr},10 le mètre, et retire du tout une somme de 535^{fr},50, y compris un bénéfice de 85^{fr},50. Quels étaient, à l'achat, la longueur de chaque pièce et le prix d'un mètre de toile écrue ? (Brevet.)

1167. Un kilogramme de houille donne 7.665 unités de chaleur ; 1 kilogramme de bois en donne 3.600. Un stère de bois pèse 360 kilogrammes, et 1 hectolitre de houille pèse 84 kilogrammes. Un stère de bois coûte 13 francs, tandis que la houille coûte 28 francs les 15 hectolitres. On demande de comparer les prix de ces deux modes de chauffage.

(École de céramique de Sèvres.)

PROBLÈMES SUR LES INTÉRÊTS, L'ESCOMPTE
ET LES RENTES

1168. Un capital inconnu est devenu, réuni à ses intérêts, au bout de 3 mois, 12.221 francs ; le même capital, placé au même taux, est devenu 12.584 francs en un an. Quel est le capital et quel est le taux ?

1169. Un propriétaire vend une ferme de $62^{\text{h}}8^{\text{a}}$ qu'il louait $0^{\text{fr}},35$ l'are. Avec le produit de cette vente, il achète de la rente 3 $^0/_0$ au cours de $81^{\text{fr}},60$. On demande quel a été le prix de vente, sachant qu'il a maintenant autant de revenu qu'auparavant.   (Brevet, Paris.)

1170. Un particulier emprunte une somme au taux de 4 $^0/_0$ l'an ; 4 mois plus tard, il en emprunte une autre au taux de 5 $^0/_0$; et 5 mois après le deuxième emprunt, il rembourse pour les capitaux et les intérêts une somme de 1.800 francs. Les intérêts des deux capitaux étant égaux, trouver ces capitaux.
(Concours d'admiss. à l'Ecole norm. de la Seine.)

1171. On a payé $17^{\text{fr}},16$ pour l'escompte à 6 $^0/_0$ de deux valeurs, l'une de 1.254 francs, l'autre de 846 francs. La seconde est payable 40 jours plus tard que la première. A quelle échéance sont ces deux valeurs ?   (Brevet, Lyon.)

1172. Si deux billets, l'un de 700 francs, payable au 24 juin, l'autre de 900 francs, payable au 15 août de la même année, sont remplacés par un billet unique de 1.600 francs, quelle devra être l'échéance de ce dernier ? Est-il nécessaire, pour déterminer la date précise de cette échéance, de connaître la date du jour où ce billet unique de 1.600 francs est souscrit ?
(Brevet, Paris.)

1173. Un billet, dont l'échéance est à 72 jours et escompté en dedans à 5 $^0/_0$, a subi un escompte de $29^{\text{fr}},50$. Quelle était la valeur nominale de ce billet ?

1174. L'escompte en dehors d'un billet au taux de 5 $^0/_0$ est égal à $20^{\text{fr}},25$; l'escompte en dedans de ce même billet est de 20 francs. On demande dans combien de jours arrive l'échéance du billet et quel en est le montant.   (Brevet, Rennes.)

1175. Une personne place les $\dfrac{3}{8}$ de sa fortune à 5 $^0/_0$ et le reste à 4 $^0/_0$. La deuxième rapporte en 9 mois 600 francs de plus que la première en 6 mois. Quel est le montant de cette fortune ?   (Brevet, Nancy.)

1176. Une personne qui a souscrit à un même créancier deux billets, l'un de 800 francs payable dans 90 jours et l'autre de 1.200 francs payable dans 60 jours, a été autorisée à remplacer ces deux billets par un seul payable dans 45 jours. Le taux de l'escompte pris en dehors, étant de 6 $^0/_0$, calculer la valeur nominale du billet unique.   (Brevet, Périgueux.)

1177. On a vendu les $\dfrac{7}{12}$ d'une propriété à raison de 1.280 francs l'hectare et le reste à raison de 1.125 francs l'hectare. Si l'on avait vendu la propriété tout entière à raison de 1.209^{fr},65 l'hectare, on aurait perdu 1.695 francs. Trouver l'étendue de la propriété et le prix qu'on en a retiré par la vente en deux lots.   (Brevet, Acad. de Lyon.)

1178. On a placé deux capitaux à intérêt simple, le premier à 5 $^0/_0$ et le deuxième à 4 $^0/_0$. Au bout de 3 ans $\dfrac{2}{5}$, on a retiré en tout, capital et intérêts compris, la somme de 13.875 francs. Trouver les deux capitaux, sachant que le deuxième est les $\dfrac{5}{7}$ du premier.   (Brevet, Quimper.)

1179. Une personne signe deux billets : l'un de 789^{fr},75 payable dans 225 jours, l'autre de 577^{fr},45 payable dans 315 jours. Elle remplace ces deux billets, 75 jours après, par un billet unique de 1.400^{fr},45 payable dans 15 mois. Quel est le taux de l'escompte ?   (Brevet, Alger.)

1180. Une personne a placé à 4 $^0/_0$ une somme de 21.600 francs. Elle place 8 mois après à 5 $^0/_0$ une somme de 20.880 francs. On demande en années, mois et jours, combien de temps après le premier placement les intérêts rapportés par les deux sommes sont devenus égaux.   (C. él. prim. sup. Jura.)

1181. Une personne a placé à 3,5 $^0/_0$ une somme de 15.600 francs. Elle place 8 mois après une somme de 14.900 francs au taux de 4,5 $^0/_0$. On demande au bout de combien de temps, années, mois, jours, après le premier placement, les intérêts rapportés par chacun des capitaux seront égaux.   (Brevet, Toulouse.)

1182. Deux capitaux qui sont entre eux dans le rapport de 5 à 6 ont été placés, savoir : le plus petit pendant 3 années $\dfrac{1}{4}$ à 4 $^0/_0$; l'autre pendant 2 années $\dfrac{2}{3}$ à 3 $\dfrac{1}{4}$ $^0/_0$. L'intérêt produit par le premier a surpassé de 201^{fr},20 celui qu'a donné le second. Déterminer ces deux capitaux.   (Brevet.)

1183. Une personne divise une somme de 2.400 francs en deux parties. Elle place la première à 6 $^0/_0$ et la deuxième à 4 $^0/_0$. Sachant que la deuxième a rapporté en 1 an le double de ce qu'a rapporté la première, calculer à combien s'élève le revenu total de la personne.   (Brevet, Bordeaux.)

1184. Une personne a mis des fonds dans une entreprise et reçoit au bout de 5 ans 6 mois 120.000 francs, capital et bénéfice réunis. Le bénéfice est les $\frac{2}{5}$ du capital. Quel est le taux du placement? — Quelle était la somme placée?

(Brevet, Foix.)

1185. Une maison a coûté 21.000 francs. Elle est louée 1.175 francs par an. Les impôts, à la charge du propriétaire, sont de 87^{fr},70 et les dépenses d'entretien s'élèvent à 100 francs en moyenne. A quel taux le propriétaire a-t-il placé son argent?

(Brevet, Foix.)

1186. Deux billets, l'un de 840 francs, payable dans 84 jours, l'autre de 820 francs, payable dans 48 jours, sont escomptés au même taux. Le porteur de ces deux billets reçoit pour le premier 16^{fr},10 de plus que pour le second. Quel est le taux de l'escompte? Dans ce calcul, on supposera l'année de 360 jours et l'on prélèvera l'escompte suivant la méthode des banquiers.

1187. Une personne possède de la rente sur l'Etat à 3 %; elle la vend au cours de 99^{fr},18 et achète avec le produit de sa vente 125 obligations d'un chemin de fer, au cours de 450 francs, rapportant chacune 13^{fr},70 par an, impôts déduits. On demande quel était le revenu de cette personne et de combien il se trouve actuellement augmenté.

1188. Un père de famille a placé deux capitaux à intérêts simples, le premier à 3 %, le deuxième à 4,5 %. Au bout de 3 ans et 7 mois, il a retiré 9.465^{fr},95, capitaux et intérêts réunis. On demande : 1° quels sont les capitaux, si le premier n'est que les $\frac{7}{9}$ du deuxième ; 2° le revenu total que ce père de famille retire de ces deux capitaux. Vérifier le résultat obtenu.

(Brevet, Paris.)

1189. On veut placer 18.000 francs en rentes françaises 3 % au cours de 95^{fr},15. Etablir le bordereau d'achat en tenant compte des frais.

1190. Une personne doit à un banquier 4.500 francs payables dans 216 jours, 5.800 francs payables dans 180 jours et 12.000 francs payables dans 60 jours. Elle s'acquitte seulement au bout d'un an en payant 22.954^{fr},15. A quel taux a-t-on compté les intérêts qu'elle a dû payer? (On comptera l'année de 360 jours.)

(C. ét. prim. supér., Paris.)

1191. Deux sommes, l'une de 4.800 francs, l'autre de 5.400 francs, sont placées à intérêt simple, la première au taux de 5 %, et la deuxième à 4 %. On demande dans combien de temps ces deux capitaux augmentés de leurs intérêts seront devenus égaux.

(Brevet, Paris.)

1192. Deux personnes placent la même somme, l'une à 5 %. l'autre à 3 % ; le revenu de la première surpasse de 700 francs celui de la seconde. Quelle est la somme placée?

(Brevet, Nevers.)

14*

1193. Une personne a déposé à la Caisse d'épargne 500 francs au 1er janvier, la même somme au 1er avril, au 1er juillet et au 1er octobre. Son compte réglé au 1er janvier de l'année suivante, avec bonification des intérêts à $2\frac{1}{2}$ % par an, dépasse alors la limite réglementaire, et le déposant, pour réduire son crédit, demande un achat de 10 francs de rente 3 % au cours du jour, qui est de 84 francs. Quelle est la somme qui reste inscrite au livret? (Brevet, Bourges.)

1194. Une personne possède deux capitaux qui s'élèvent ensemble à 22.970 francs. Ils sont placés à des taux différents et ont produit en deux ans 2.202^{fr},50 d'intérêt. Sachant que le premier surpasse l'autre de 4.070 francs et rapporte 250^{fr},75 de plus par an, à quels taux ces deux capitaux sont-ils placés? (Brevet, Lyon.)

1195. Un capital, augmenté de ses intérêts pendant 10 mois, donne 33.604 francs. On obtiendrait la même somme en augmentant le taux de 1 franc et en diminuant le temps de 2 mois. Quel est le capital et quel est le taux? (Bourses d'enseignem. prim. sup., Paris.)

1196. Un propriétaire possède un terrain dont le contour mesure 1.200 mètres et dont la largeur est les $\frac{7}{8}$ de la longueur. Il le vend, emploie les $\frac{3}{5}$ de l'argent qu'il retire à payer une dette et place le reste à intérêts simples à 4 %. Au bout de 3 ans 9 mois, il reçoit pour le capital et les intérêts réunis 10.304 francs. On demande le prix du mètre carré de terrain. (Brevet, Rhône.)

1197. Une personne possède une certaine somme qu'elle place partie à 3 %, partie à 4 % et partie à 5 %. Elle a ainsi un revenu annuel de 1.450 francs. Si la somme entière avait été placée à 4 %, son revenu serait augmenté de 150 francs. On demande de calculer quel est le capital de cette personne, ainsi que les sommes placées à 3 %, à 4 % et à 5 %, sachant que la somme placée à 5 % est le $\frac{1}{3}$ de celle qui est placée à 4 %. (École normale, Besançon.)

1198. Une personne possède un capital de 25.000 francs. Elle en place $\frac{1}{4}$ à 4 %, $\frac{1}{5}$ à 5 %, et le reste à 4,80 %. Trouver le taux moyen du placement.

1199. Un capital, augmenté des intérêts qu'il a produits en 10 mois, donne 29.760 francs. Ce même capital, diminué des intérêts qu'il a produits en 17 mois, égale 27.168 francs. Trouver le capital et le taux. (Brevet, Alençon.)

1200. Une somme de 2.190 francs a été placée pendant 48 jours. Quel est le taux du placement, sachant que la différence des intérêts, suivant qu'on calcule l'année de 360 ou de 365 jours, est 0^{fr},18?

1201. Une personne avait placé un certain capital pour un an ou 365 jours ; obligée de le retirer au bout de 200 jours, elle touche 3.720 francs, capital et intérêts. Si elle avait pu attendre la fin de l'année, elle aurait retiré pour le tout 3.819 francs. Quel était le capital et à quel taux était-il placé ?

(Brevet, Rouen.)

1202. Un capital est divisé en deux parties : la première partie est placée à 3,20 $^0/_0$; la deuxième, qui est les $\frac{3}{5}$ de la première, est placée à 4,40 $^0/_0$. On sait que si la première partie avait été placée à 4,40 $^0/_0$ et la deuxième à 3,20 $^0/_0$, l'intérêt annuel aurait été augmenté de 204 francs. On demande : 1º à quel taux moyen a été placé le capital ; 2º quel était ce capital.   (Brevet, Melun.)

1203. On a placé à intérêt simple deux sommes, l'une en argent à 6 $^0/_0$ et l'autre en or à 4 $\frac{1}{2}$ $^0/_0$. Trouver ces deux sommes, sachant qu'elles ont le même poids et que la différence de leurs intérêts, au bout de 4 mois, est de 956^{fr},25.

1204. La différence des fortunes de deux personnes est 30.000 francs ; l'une a placé son capital sur l'État et ne touche que 3 francs pour 100 francs. L'autre a placé ses fonds dans un commerce et en retire 15 francs pour 100 francs. Les revenus des deux personnes sont égaux. Quels sont les capitaux ?

1205. Une personne, en plaçant les $\frac{3}{4}$ de son capital à 3 $^0/_0$, et le reste à 5 $^0/_0$, possède un certain revenu. Si son capital, diminué de 3.600 francs, était placé à 4 $^0/_0$, le revenu annuel serait augmenté de 95 francs. Quel est le capital ?

1206. Une usine à gaz emploie chaque mois 500.000 kilogrammes de houille. On sait que 200 kilogrammes de houille produisent 45 mètres cubes de gaz et 50 kilogrammes de coke. Le bénéfice net est de 1^{fr},50 par 1.000 hectolitres de gaz et de 3^{fr},50 par tonne de coke. Un capitaliste achète cette usine. On demande quelle somme il en a donnée, sachant que son argent a été placé au taux de 8 $^0/_0$.

(Concours d'admiss. aux Écoles norm., Toulouse.)

1207. Un propriétaire possédait un champ de forme rectangulaire ayant une largeur égale aux $\frac{2}{3}$ de sa longueur. Il l'a vendu à raison de 140 francs l'are. La somme provenant de cette vente a été placée au taux de 4,50 $^0/_0$, et au bout de deux ans elle est devenue, capital et intérêts compris, 58.598^{fr},40. Quelles étaient les dimensions du champ ?   (Brevet, Paris.)

1208. On vend trois obligations foncières 3 % 79 au cours de 498^{fr},50 et 125 francs de rente Russe 5 % au cours de 106^{fr},10 pour acheter de la rente française 3 % au cours de 94^{fr},65. Faire le bordereau des deux opérations en tenant compte des frais.

1209. On a vendu quatre actions nominatives de la Banque de France au cours de 4.450 francs pour acheter vingt-quatre obligations Nord 3 % au cours de 428^{fr},75 et placer le reste en rente française 3 % au cours de 92^{fr},45. Etablir le bordereau de ces opérations en tenant compte des frais.

1210. Une personne place deux sommes égales à intérêt simple : la première à 5 % et, 6 mois après, la seconde à 6 %. Dix-huit mois après le second placement, elle reçoit en monnaie d'or la totalité des intérêts de la première somme, et en monnaie d'argent la totalité des intérêts de la seconde. La somme reçue pèse 26.910 grammes. Quel est : 1° le total des intérêts ? 2° le capital ?

1211. Une propriété de 35^{ha}8^{a} est vendue, et le prix de vente est partagé en 3 parts placées à des taux différents. Ces parts sont des équimultiples des taux correspondants. Si le prix de vente total avait été partagé en 3 parties égales avec les mêmes taux, les revenus partiels correspondants auraient été de 595 francs, 765 francs et 807^{fr},50. Sachant que si le taux le plus faible était augmenté de $\frac{1}{2}$ %, le revenu correspondant serait augmenté de 70 francs, on demande le prix de vente de l'hectare et les trois taux de placement.

1212. Une personne a placé les $\frac{2}{5}$ de son capital à 6 % et le reste à 4,5 %. La première partie rapporte par an 939^{fr},60. Trouver : 1° la deuxième partie; 2° le revenu total ; 3° le taux auquel il faudrait placer le capital entier pour trouver le même résultat. (Brevet, Paris.)

1213. On a deux capitaux qui sont dans le rapport de 3 à 2. Le premier rapporte annuellement 90 francs de plus que le deuxième. Si le taux du premier était augmenté de 1 franc et celui du second de 2 francs, ils rapporteraient autant l'un que l'autre, soit 1.080 francs chacun. Quels sont ces capitaux et à quels taux sont-ils placés ? (Ecole normale, Orléans.)

1214. Une prairie rapporte en moyenne 735 kilogrammes de foin pour 40 ares de superficie, et le regain équivaut au $\frac{1}{4}$ de la récolte du foin. Les frais de culture, d'imposition et de fauchage sont évalués à 36^{fr},25 par hectare, et le prix du foin est de 35^{fr},75 les 1.000 kilogrammes. Quelle doit être l'étendue de cette prairie pour que, en la payant 3.700 francs, on ait placé son argent à 5 $\frac{1}{2}$ % ?

1215. Un capital placé à un certain taux a rapporté, en 15 mois, 900 francs d'intérêt. Un second capital, inférieur de 6.000 francs au premier, mais placé à un taux supérieur de $\frac{1}{2}$ % au taux précédent, a rapporté, en 18 mois, 945 francs d'intérêt. Quels étaient ces deux capitaux et à quels taux étaient-ils placés? (Certificat d'études primaires supérieures, Seine.)

1216. La rente française 3 % étant à 99fr,24 et la rente 3 % amortissable à 99 francs, combien faut-il échanger de la première contre autant de la seconde pour réaliser un bénéfice de 240 francs?   (Brevet.)

1217. Un rentier a placé une partie de sa fortune dans une entreprise industrielle qui lui rapporte 6 % et l'autre partie en valeurs qui lui rapportent 3 %. Le revenu de la première partie est supérieur de 2.160 francs au revenu de la seconde, et l'on sait que si le rentier avait placé en valeurs la somme placée dans l'entreprise industrielle et inversement, ces deux sommes auraient rapporté le même revenu. Quelles sont les deux parts de la fortune?

1218. Une personne a placé la moitié d'une somme à 4 $\frac{1}{2}$ %; elle dépose l'autre moitié dans une banque où l'intérêt est seulement de 2 %. Elle retire cette seconde moitié au bout de quatre mois, et l'intérêt qu'elle touche est inférieur de 50 francs à celui que la première moitié aurait rapporté au bout du même temps. Quelle est la somme?

1219. Calculer un capital et le taux auquel il est placé, sachant que si l'on ajoutait 1.000 francs à ce capital, et que si l'on augmentait en même temps le taux de 1 %, le revenu augmenterait de 80 francs, et que si on augmentait encore le capital de 500 francs et le taux de 1 %, le revenu primitif serait augmenté de 160 francs.   (Brevet, colonies.)

1220. Une personne a acheté au prix de 50 francs l'are un jardin rectangulaire dans lequel on peut faire un nombre exact de lots de 120, 150 et 180 mètres carrés. Sa longueur est double de sa largeur et sa surface est inférieure à 20 ares. Elle le fait entourer d'une palissade qui coûte, toute posée, 2fr,50 le mètre courant. Étant obligée ensuite de quitter le pays, elle cède ce jardin au prix de revient, achat et palissade, payable le 15 juillet; mais l'acquéreur lui donne le 1er mai un acompte de 450 francs et au 1er juin un deuxième acompte de 400 francs. On demande à quelle époque le payement du reste devra avoir lieu pour qu'il y ait compensation.

(Certificat d'études primaires supérieures, Paris.)

1221. Un particulier laisse à ses héritiers les $\frac{2}{3}$ de sa fortune; il en donne $\frac{1}{5}$ aux pauvres, et il désire que le reste soit placé à 4 % pendant 3 ans au profit du bureau de bienfaisance. Au bout de 3 ans, le bureau se trouve possesseur d'une somme de 784 francs ; on demande la fortune du défunt, la part des héritiers et celle des pauvres.

1222. On place, au même taux, 437 francs pendant 2 ans 4 mois, et 612 francs pendant 3 ans 7 mois. La différence des intérêts que rapportent ces deux sommes est 70fr,40 ; quel est le taux des deux placements ?

1223. Une personne a souscrit trois billets : l'un de 60 francs, payable dans 4 mois ; le deuxième de 1.500 francs, payable dans 8 mois ; le troisième de 700 francs, payable dans 10 mois. Elle désire remplacer ces trois billets par un billet unique à l'échéance d'un an. Quel en sera le montant, le taux de l'intérêt étant de 4,50 % ?

1224. Un négociant doit une somme de 3.000 francs. Il remet à son créancier 2 billets de 1.500 francs chacun payables l'un dans 90 jours, l'autre dans 120 jours. Il paye le complément de sa dette en espèces. Quelle somme devra-t-il verser ? Taux, 4,50 %.

(Certificat d'études primaires supérieures, Moulins.)

1225. Régler en un payement unique au 15 août les dettes suivantes : 1.250 francs au 25 avril ; 800 francs au 10 mai ; 1.640 francs au 1er août ; 1.300 francs au 30 août ; 2.250 francs au 15 septembre.

1226. On a placé à intérêt simple au taux de 5 % pendant un an deux sommes ayant même poids, l'une en argent, l'autre en or. Trouver ces deux sommes, sachant que la différence des intérêts qu'elles ont produits est de 1.218 francs.

(Certificat d'études primaires supérieures, Rennes.)

1227. Un cultivateur a vendu 17 sacs de blé à raison de 21fr,50 le quintal. L'acheteur ne pouvant payer comptant fait un billet payable à trois mois. Quel sera le montant de ce billet, qui comprendra le prix d'achat et l'intérêt à 5 % par an ? Un sac de blé contient un hectolitre $\frac{1}{2}$, et l'hectolitre de blé pèse 75 kilogrammes.   (Brevet, Troyes.)

1228. Un chemin de fer long de 312 kilomètres a coûté 84 millions ; les 0,6 du capital sont formés par des actions de 1.000 francs, le reste a été produit par l'émission d'un emprunt en obligations au cours de 262fr,50. La compagnie paye par obligation un intérêt annuel de 15 francs ; en outre, on compte 1fr,20 par obligation et par an pour l'amortissement de l'emprunt en obligations. Quelles doivent être les recettes brutes par kilomètre pour que la Compagnie serve aux actionnaires un dividende représentant un intérêt de 6 % du capital souscrit par eux, en supposant que les frais d'exploitation absorbent 45 % des recettes ?   (Brevet, Rouen.)

1229. Deux billets, dont l'un est payable au bout de 60 jours et l'autre au bout de 45 jours, sont escomptés ensemble au taux de 6 %. La somme des montants des billets est de 17.000 francs, et la somme des escomptes est de 157^{fr},50. Quel est le montant de chaque billet ? On suppose qu'il s'agit de l'escompte commercial ou légal. (Brevet, Rennes.)

1230. Deux capitaux ont une somme égale à 459.000 francs. L'un vaut les $\frac{6}{11}$ de l'autre. Le premier étant placé à 4,4 % et le deuxième à 6,6 % 45 jours après le premier, on demande au bout de combien de temps les deux capitaux auront produit le même intérêt.

1231. Un employé dépose, le 1er janvier d'une année, 180 francs par mois à la Caisse d'épargne et place tous les trois mois la même somme. Deux ans après le 15 avril, il retire ce qu'il a a placé. Combien retire-t-il, sachant que, lorsque son dépôt a dépassé 1.500 francs, on lui a acheté sans frais, au cours de 94^{fr},80, 15 francs de rente 3 % ?

1232. Pour acquitter une dette de 8.410^{fr},80 on donne en payement : 1° un billet de 3.528 francs, payable dans 25 jours ; 2° un billet de 2.523 francs, payable dans 53 jours ; 3° un autre billet payable dans 60 jours. On demande : 1° le montant de ce troisième billet ; 2° quels seraient le montant et le moment de l'échéance d'un billet à échéance moyenne équivalent à l'ensemble des trois billets dont il s'agit. Le taux d'escompte est de 6 % par an.

1233. Une personne a placé deux sommes à intérêts simples ; la première, qui est en argent, est placée à 6 %, et la seconde, qui est en or, à 4,50 %. Ces deux sommes ont même poids, et la différence de leurs intérêts est de 2.868^{fr},75. Trouver ces deux sommes. (Brevet, Albi.)

1234. Une personne, ayant une certaine somme à sa disposition, achète une maison et une propriété dont le prix est les $\frac{3}{4}$ de celui de la maison. Il lui reste ainsi $\frac{1}{5}$ de la somme. Elle place le $\frac{1}{3}$ de ce reste à 4 % et l'autre partie à 4,5 %. Le placement lui rapporte 910 francs. On demande : 1° le prix de la maison ; 2° le prix de la propriété ; 3° la somme totale que possédait cette personne. (Brevet, Poitiers.)

1235. Avec les $\frac{5}{8}$ de son capital une personne achète un terrain qui lui rapporte 1.200 francs par an. Avec les $\frac{2}{3}$ du reste elle achète une maison, qu'elle loue 930 francs par an. Elle a un nouveau reste, qu'elle place à 4,5 % par an. Sachant que l'intérêt annuel qu'elle retire ainsi est de 270 francs, trouver le capital primitif, le prix de la maison, le prix du terrain, le taux du capital. (Brevet, Paris.)

1236. Une somme placée pendant 6 mois devient 765 francs; la même somme placée pendant 10 mois au même taux devient 775 francs, capital et intérêts réunis chaque fois. Calculer cette somme et le taux de placement.

1237. Un marchand achète une pièce de toile de 86 mètres de longueur. Il en revend les $\frac{3}{7}$ au prix de $1^{fr},65$ le mètre, les $\frac{2}{5}$ au prix de $1^{fr},80$ le mètre, et le reste à $1^{fr},55$ le mètre. Il réalise ainsi un bénéfice de 8 % sur le prix d'achat, combien a-t-il payé le mètre de cette toile?

(Bourses d'enseignement primaire supérieur.)

1238. Deux industriels possèdent chacun un capital qu'ils placent dans l'industrie de la verrerie. Celui du premier produit 6 %, et celui du second, qui surpasse de 9.000 francs celui du premier, produit 8 %. Sachant que le second touche annuellement, en intérêts, 1.160 francs de plus que le premier, on demande le montant des deux capitaux.

1239. Une personne place 23.320 francs à 5 % et sept mois après 26.640 francs à 6 %. Calculer, en mois et en jours, le temps au bout duquel les intérêts simples produits par les deux capitaux auront la même valeur.

(Certificat d'études primaires supérieures, Lyon.)

1240. Un propriétaire possède un terrain rectangulaire ayant $57^m,20$ de longueur et $27^m,50$ de largeur. Il le revend, emploie les $\frac{2}{3}$ de l'argent qu'il reçoit à payer une dette et place le reste à 5 %. Au bout de 1 an 1 mois 6 jours, il retire, capital et intérêts, $11.616^{fr},60$. On demande le prix du mètre carré de terrain.

1241. Un billet escompté en dehors à 5,66 % a donné le même résultat que s'il avait été escompté rationnellement à 6 %. A combien de jours était l'échéance du billet?

1242. Un capital, placé à 4,5 % pendant un temps inconnu, est devenu, avec ses intérêts, 9.081 francs; le même capital, placé à 5,75 % pendant le même temps, est devenu $9.103^{fr},50$; calculer le capital et le temps inconnus.

1243. On a vendu 708 ares de terrain dont le prix doit être payé dans 3 ans. Mais l'acheteur anticipe le payement et verse $\frac{1}{3}$ comptant, le jour où l'acte est passé; un an après $\frac{1}{5}$, avec les intérêts échus à 5 %; un an plus tard, $\frac{1}{6}$, avec les intérêts échus et le reste à la fin de la troisième année. Sachant que ce dernier payement s'élève à 16.120 francs, capital et intérêts compris, on demande : 1° le prix total du terrain et celui de l'hectare; le montant de chacun de ces versements.

(Certificat d'études primaires supérieures, Orléans.)

1244. Un propriétaire a acheté un terrain 4.700 francs, payable en trois échéances avec un intérêt de 5 %/0 : 1.500 francs dans 45 jours, 1.800 francs dans 64 jours, 1.400 francs dans 90 jours. Il voudrait se libérer par un payement unique. Dire dans combien de temps il devra l'effectuer.

1245. Une personne possède 183.000 francs. Elle consacre une partie de cette somme à l'acquisition d'une maison; de plus, elle achète une propriété qui lui coûte les $\frac{5}{8}$ du prix de la maison. Elle place le reste, moitié à 5 %/0, moitié à 4,50 %/0, et ce placement lui procure une rente de 4.370 francs. On demande : 1º le prix d'achat de la maison; 2º celui de la propriété; 3º quelle somme a été placée à chaque taux.

(Brevet, Orléans.)

1246. Une certaine somme a été placée à intérêts simples pendant 3 ans. L'intérêt annuel était égal au vingtième du capital. Sachant que si l'on ajoute à ce capital les intérêts produits pendant les 3 ans, la somme est égale à 4.025 francs, on demande : 1º quel était le taux ; 2º quelle était la somme placée.

(Brevet, Annecy.)

1247. Une personne hérite d'une certaine somme dont elle consacre $\frac{1}{5}$ à l'achat d'une maison d'habitation et $\frac{3}{8}$ à l'acquisition d'une ferme qui lui rapporte annuellement 450 francs. Le reste est placé en rente française 3 %/0 achetée au cours de 98 francs, courtage compris, et lui donne un revenu de $624^{fr}\frac{24}{49}$. On demande le montant de l'héritage et le taux de l'argent employé à l'achat de la ferme.   (Brevet, Rennes.)

1248. Une personne emploie les $\frac{3}{8}$ d'une somme dont elle dispose, et successivement les $\frac{2}{5}$ de ce qui lui reste, et le $\frac{1}{4}$ du nouveau reste. Elle place à 3,6 %/0 ce qui lui reste en dernier lieu, et elle en retire un revenu annuel de 810 francs. Calculer la valeur de la somme primitive. (Brevet, Seine.)

1249. On place successivement, et à 17 mois $\frac{1}{2}$ d'intervalle, deux capitaux à intérêts simples : le premier, de 6.000 francs à 4 $\frac{1}{4}$ %/0 par an ; le deuxième, de 6 400 francs à 5 %/0 par an. On demande combien de temps après le premier placement ces deux capitaux auront rapporté le même intérêt.

(Brevet, Tulle.)

1250. Une propriété est louée 3.750 francs. Les impôts s'élevant annuellement à $5\frac{1}{2}$ % et les frais d'entretien montant à $10\frac{1}{2}$ % du prix de location restent à la charge du propriétaire. Cette propriété est mise en vente, et un amateur voudrait en l'achetant se constituer un revenu de $3\frac{1}{2}$ % au minimum. On demande à quelle somme il devra limiter son enchère, sachant que les frais d'acte et les droits d'enregistrement doivent absorber $4\frac{1}{4}$ % du prix d'adjudication.

(Brevet, Nantes.)

1251. Un spéculateur achète une propriété de 256ʰᵃ8ᵃ, au prix de 447.116 francs. Il ne la garde que deux ans, et elle ne lui rapporte que 3 % par an ; tandis que s'il eût placé la somme qu'il a déboursée, il en eût retiré 5,15 %. A quel prix doit-il revendre l'hectare, pour faire un bénéfice réel de 7 %, en tenant compte et du prix d'achat et de la perte des intérêts qu'il a éprouvée ?

1252. Un propriétaire achète à crédit, à raison de 5.400 francs l'hectare, deux terrains dont le second a la moitié de la contenance du premier plus 3 ares. Au bout de 15 mois, il paye, prix d'achat et intérêt à 4 % compris, la somme de 13,948ᶠʳ,20. On demande les surfaces de ces deux terrains.

(Brevet, Hérault.)

1253. Un débiteur demande à son créancier de lui remplacer deux billets : l'un de 540 francs payable à 60 jours, l'autre de 720 francs payable à 70 jours, par un billet unique payable à 90 jours. Le créancier accepte et fait souscrire à son débiteur un billet unique de 1.265ᶠʳ,75. A quel taux le créancier prête-t-il son argent ?   (Brevet, Montpellier.)

1254. Une personne achète, le 1ᵉʳ octobre 1901, 40 francs de rente russe 4 % au cours de 99ᶠʳ,70. Elle a revendu le titre au 1ᵉʳ août 1902 au cours de 105 francs. Le courtage a été de 2ᶠʳ,50 pour 1.000 francs tant sur la vente que sur l'achat. Sachant que la personne a touché 3 coupons d'intérêt de 10 francs chacun, calculer, en tenant compte de l'accroissement du capital, à quel taux réel celui-ci a été placé.

(Brevet, Paris.)

1255. Un métallurgiste, qui établit ses prix de vente sur un bénéfice de 8 %, vend la tonne de fer 266 francs. Il emploie dans son usine un minerai qui renferme 70 % de fer ; mais le traitement de ce minerai entraîne un déchet de 4 % du fer qu'il contient. Combien ce métallurgiste a-t-il traité de tonnes de minerai dans une année où il a gagné 28.600ᶠʳ,32 ?

(Brevet, Paris.)

1256. Une somme est déposée chez un banquier où elle porte intérêt à 3 %. On la retire au bout de 255 jours, et l'on touche 2.859^{fr},50 pour le capital et les intérêts. Quelle somme eût-on retiré si on avait placé au même taux une somme 3 fois plus grande pendant 51 jours seulement?

1257. Un ménage dépense en moyenne par mois 254 francs, et il a un revenu annuel de 3.800 francs. S'il achète à la fin de l'année, avec ses économies, de la rente 3 % au prix de 81 francs, de combien son revenu sera-t-il augmenté l'année suivante?   (Brevet, Mont-de-Marsan.)

1258. Une personne place une partie de sa fortune à 5 % et l'autre à 4 %, elle a ainsi 1.240 francs de revenu. Si la somme placée à 4 % l'était à 5 % et réciproquement, son revenu augmenterait de 40 francs. On demande les sommes placées à 5 % et à 4 %.   (Brevet, Paris.)

1259. Une personne dépose une certaine somme chez un banquier qui lui en paye l'intérêt à 3,6 % par an. Au bout de 5 mois, cette personne retire son argent avec les intérêts produits et emploie le tout à l'acquisition d'un titre de 100 francs de rente 3 %. Elle paye ce titre 100^{fr},40 pour 3 francs de rente, plus le courtage, qui est de 0^{fr},125 % du prix d'achat. Ses frais payés, il lui reste encore 97^{fr},45. Quelle était la somme primitive déposée chez le banquier?   (Brevet, Ain.)

1260. Un fonctionnaire de l'État, dont le traitement est soumis à la retenue de 5 %, a économisé en 1900 les $\frac{2}{5}$ de ce qu'il a touché moins 124 francs. Il a placé lesdites économies à une caisse d'épargne, où elles ont produit intérêt à 3 % à partir du 1er janvier 1901. Après 7 mois $\frac{1}{2}$ il a retiré la somme déposée et les intérêts formant un total de 1.353 francs. On demande le chiffre de son traitement.   (Brevet, Paris.)

1261. Un propriétaire vend deux pièces de terre à 48^{fr},75 l'are. L'une de ces pièces a la forme d'un rectangle et mesure 100 mètres et 54 mètres de côté. L'autre est triangulaire avec 95 mètres de base et 64 mètres de hauteur. Avec le prix qu'il reçoit, le propriétaire achète de la rente 3 % au cours de 82^{fr},29. Quel est le montant de la rente achetée?

(Brevet, Paris.)

1262. Un terrain, qui a été acheté 1.250 francs le « journal » de 48^{a},65, produit 16 hectolitres de blé par hectare. Ce blé pèse 15 kilogrammes par double décalitre et se vend en moyenne 21 francs les 100 kilogrammes. Sachant que les frais de culture s'élèvent à 170 francs par hectare, calculer à quel taux l'acquéreur a placé son argent. Pour amender ce terrain, il faudrait une dépense de 150 francs par hectare, et on estime que si l'on augmentait alors les frais de culture du quart de leur valeur actuelle, la récolte augmenterait de $\frac{1}{5}$. Le propriétaire élèverait-il ou diminuerait-il son taux de placement en adoptant cette modification ?

(École normale, Rennes.)

1263. Une somme de 292^{fr},50 est partagée entre 3 indigents. Le premier reçoit le double du deuxième plus 2^{fr},50, et le second a 25 francs de moins que le troisième. Quelle est la part de chacun ? Le premier indigent prélève 30 francs sur la sienne pour se procurer un livret de caisse d'épargne de cette valeur, de quelle somme disposera-t-il dans 3 ans ? On calculera l'intérêt à 3 %. (Brevet, Dijon.)

1264. Un plancher circulaire ayant 8^m,75 de diamètre a été payé, six mois et demi après son achèvement, 314^{fr},20, prix principal et intérêts à 5 % compris. A combien serait revenu le mètre carré si le propriétaire eût payé le jour de l'achèvement du plancher? (Brevet, Montpellier.)

1265. Une somme composée de monnaie d'or et de monnaie d'argent pèse 12^{kg},645 et vaut 11.229 francs. On demande : 1° quelle est la valeur de l'or et de l'argent contenus dans cette somme ; 2° quel serait le revenu annuel que l'on pourrait se procurer avec cette somme en achetant de la rente 3 % au cours de 101^{fr},80 et tenant compte du courtage de $\frac{1}{10}$. (Brevet, Seine.)

1266. Un propriétaire a dû faire subir à ses vignes trois traitements ; les prix du second traitement ont été les $\frac{5}{6}$ de ceux du premier, et ceux du troisième les $\frac{3}{5}$ de ceux du second. On demande à combien revient chaque traitement par hectare, sachant que la somme qu'il a déposée a réduit de 5 % à 4,5 % le revenu de sa propriété, qui contient 60.000 mètres carrés et qui est estimée 63.000 francs.

(Brevet, Lyon.)

1267. J'achète un terrain de 1^{ha} $\frac{1}{2}$. Ne pouvant payer immédiatement, je paye les intérêts du prix d'achat à $3\frac{1}{3}$ %. Au bout de 3 ans je verse, pour le prix d'achat et les intérêts, une somme dont les $\frac{9}{10}$ en monnaie d'or et le reste en argent. Cette somme pèse 24^{kg} 5. Quel est le prix d'achat de l'are de ce terrain? (Brevet, Paris.)

1268. On achète du bois à raison de 18 francs le stère et on le revend 2^{fr},50 les 100 kilogrammes. On place le bénéfice provenant de cette vente à 5 %. Après 2 ans 6 mois on retire 196^{fr},85 en tout, capital et intérêts compris. On demande combien de stères on avait achetés. Le bois pèse les $\frac{79}{100}$ du poids de l'eau pure sous le même volume.

(École normale, Amiens.)

1269. Une personne a placé au taux de 5 % une somme dont le revenu lui permet d'acheter, au prix de 0^{fr},75 le mètre carré, un champ de forme rectangulaire. Sachant que le périmètre de ce champ a 262 mètres et que sa longueur a 39 mètres de plus que sa largeur, on demande la somme placée au taux de 5 %. (Brevet, Académie de Clermont.)

1270. Un propriétaire achète une vigne de 123^{a},75, qu'il paye à raison de 8.000 francs l'hectare. Cette vigne rapporte en moyenne 22 litres de vin par are, et ce vin se vend 38 francs l'hectolitre. Les frais de culture et les impositions s'élèvent à 550 francs par an. A quel taux l'agriculteur a-t-il placé son argent à un centime près ?

(Certificat d'études primaires supérieures, Vosges.)

1271. Un vigneron pouvait vendre, le 1er mai dernier, 80 barriques de vin à 45 francs l'une, payables à 60 jours ; mais il a refusé de vendre, car il supposait que la récolte future serait médiocre et qu'une hausse du cours se produirait. On demande combien il devra vendre l'hectolitre de vin au 1er octobre prochain pour réaliser un bénéfice de 7 % sur le marché qu'il a rejeté. On supposera que dans l'intervalle il s'est produit un déchet de 10$^{\text{l}}\frac{2}{3}$ par barrique et que les frais de manipulation pour tout le vin se sont élevés pendant cette période à 20 francs. La barrique contient 220 litres. Les intérêts seront comptés à 5 %. (École normale, Toulouse.)

1272. Les grains, en se desséchant au grenier, perdent, par année, les $\frac{9}{200}$ environ de leur volume. Si après la récole on avait acheté du blé au prix de 18^{fr},50 l'hectolitre, à combien reviendrait, après une année, l'hectolitre de ce même blé, si l'on tient compte de la diminution de volume éprouvée par le grain, et des intérêts à 5 % de la somme employée à l'achat ?

1273. Deux sommes, l'une de 12.000 francs et l'autre de 12.800 francs, placées pendant le même temps, la première au taux de 5 % par an, la deuxième au taux de 3 % par an, ont acquis, au bout de ce temps, la même valeur par l'addition de l'intérêt au capital. On demande : 1° quelle a été la durée du placement ; 2° quelle est cette commune valeur acquise.

(Brevet, Mayenne.)

1274. Une personne achète une maison et obtient de s'acquitter de la façon suivante : dans 8 mois elle fera un versement de 76.797 francs, comprenant la moitié du prix d'achat et les intérêts du prix total calculés pour ces 8 mois à 4,5 %. Elle fera ensuite un second et dernier versement de 73.536^{fr},75, comprenant la seconde moitié du prix d'achat et ses intérêts à 4,5 % calculés depuis la date du premier versement. 1° Quel est le prix d'achat de la maison ? 2° Combien de temps après le premier le second versement sera-t-il fait ?

(Brevet, Paris.)

1275. Un vigneron vend son vin 90 francs la pièce et place son argent à intérêts simples au taux de 2,78 % ; au bout de 9 mois, il retire, capital et intérêts réunis, une somme de 3.675^{fr},06, sur laquelle il prélève 146^{fr},70 et emploie le reste à l'achat d'un terrain carré qu'il paye 6400 francs l'hectare. On demande combien il a vendu de pièces de vin et quelle est la longueur du côté de carré. Vérifier le résultat obtenu.

(Brevet, Paris.)

1276. Deux capitaux diffèrent de 2.030 francs. On place le plus grand pendant 20 mois au taux de 3 %. Pour obtenir le même intérêt, il faut placer l'autre au taux de 4 % pendant 21 mois. Quels sont les deux capitaux ? Vérifier les résultats.

(Brevet, Oise.)

1277. Une personne entre en possession d'un héritage et laisse aux mains du notaire 10^{fr},50 % du montant de cet héritage, à titre de frais de succession. De la somme qu'elle a recueillie, elle fait l'emploi suivant : elle dépense 7.500 francs augmentés des $\frac{5}{7}$ de la succession nette pour acheter 1.200 francs de rente 3 % au cours de 98^{fr},15 ; avec le reste elle acquiert une maison. On demande : 1° le prix de la rente ; 2° celui de la maison ; 3° le montant total de la succession. (Brevet, Dijon.)

1278. La différence entre deux capitaux est 45.000 francs. Le plus grand, placé au taux de 4 % pendant 60 jours, rapporte un intérêt triple de celui que donne le plus petit au taux de 5 % pendant 112 jours. Trouver les deux capitaux. Quel devrait être le rapport de ces deux capitaux pour que, dans les conditions énoncées de taux et de temps, les deux intérêts fussent égaux ? (Ecole normale, Auch.)

1279. Un capital, placé à intérêts simples pendant 3 ans et 4 mois, au taux de 5,25 %, a acquis une valeur de 100.953^{fr},65. Ce capital représente primitivement les $\frac{7}{9}$ du prix de vente d'un champ carré. Sachant que ce terrain a été vendu 7.650 francs l'hectare, on demande de calculer le côté du carré. (Certificat d'études primaires supérieures, Allier.)

1280. On porte chez un banquier un billet de 1.500 francs payable dans 6 mois et un billet de 1.470 francs payable dans 10 jours. Le banquier prend l'escompte commercial des deux billets au même taux et donne pour le deuxième billet 42^{fr},55 de plus que pour le premier. Quel est le taux de l'escompte ?

Si ces deux billets étaient remplacés par un billet unique payable dans 3 mois, quel en serait le montant, le taux de l'escompte étant le précédent?   (Brevet, Chambéry.)

1281. Une personne s'est engagée à payer une somme de 515 francs dans six mois; mais au bout de 3 mois elle donne un acompte de 200 francs.

1° Que lui reste-t-il à payer au jour convenu?

2° A quelle date pourrait-elle reporter le payement des 315 francs restants?

3° Si elle ne paye ce qui reste que deux mois plus tard qu'il est convenu, quelle somme donnera-t-elle? Le taux de l'escompte est 6 %.

(Certificat d'études primaires supérieures, Chambéry.)

1282. Une personne achète 20 obligations au porteur, de 500 francs 3 %, d'un chemin de fer, au cours de 464 francs. Quelle somme dépensera-t-elle pour cet achat, sachant qu'elle paye $\frac{1}{8}$ % pour le courtage de l'agent de change? Quel sera son revenu net et à quel taux place-t-elle son argent, sachant qu'il est retenu comme impôt sur l'intérêt brut de l'obligation: 1° 4 % de cet intérêt; 2° 0,25 % de la valeur de l'obligation au cours de la Bourse?   (Brevet, Chambéry.)

1283. Une personne qui possède un certain capital voudrait acheter un pré qui lui coûterait, tous frais compris, les $\frac{13}{15}$ de ce capital et une vigne qui lui en coûterait le $\frac{1}{6}$. Calculer: 1° pendant combien de temps elle devrait placer son capital à 5 % par an pour que les intérêts simples produits fussent égaux à la somme qui lui manque pour payer les deux propriétés; 2° quel est le capital qu'elle possède, sachant que si elle le plaçait à 5 % pendant 10 mois, les intérêts produits surpasseraient de 500 francs la somme qui lui manque pour faire son achat.   (Brevet, Clermont.)

1284. Les $\frac{5}{8}$ d'un capital sont placés à 3 % et le reste à 4,5 %. Un deuxième capital, inférieur de 3.000 francs au premier, est placé à 4 %. Le revenu du deuxième capital surpasse celui du premier de 125 francs. Trouver les deux capitaux.   (Brevet, Toulouse.)

1285. Deux marchands ont mis dans les affaires un même capital qui rapporte à chacun d'eux un égal revenu. Le second économise annuellement les $\frac{2}{11}$ du sien. Le premier, qui dépense par an 600 francs de plus que le second, n'absorbe pas seulement tout son revenu; au bout de 3 ans il doit 1.140 francs. Pour quelles sommes sont-ils engagés, en supposant qu'elles leur rapportent 6,05 % chaque année?

(Certificat d'études prim. sup., Seine-Inférieure.)

1286. Un propriétaire qui a emprunté 10.000 francs pour un an à raison de 6 % trouve, au bout de quelque temps, à emprunter à $4\frac{1}{2}$ %. En conséquence, il rembourse le premier prêteur et à la fin de l'année il a payé en tout 512^{fr},50 d'intérêts. Combien de temps a-t-il gardé l'argent du premier prêteur? Cette somme de 10.000 francs a servi à l'achat d'un terrain rectangulaire qui a été payé 200 francs l'are. Trouver les dimensions de cette propriété, sachant que sa largeur est les $\frac{2}{3}$ de sa longueur. (Brevet, Chambéry.)

1287. Une personne a divisé un capital de 42.000 francs en deux parties ; elle a placé la première à 6 % pendant 84 jours et la seconde à 4 % pendant 72 jours. La somme des intérêts est de 446^{fr},40. Trouver le montant des sommes placées.

(Brevet, Lyon.)

PROBLÈMES SUR LES PARTAGES, MÉLANGES ET ALLIAGES

1288. Deux personnes achètent ensemble 200 mètres cubes de sable et en prennent chacune une partie différente. La première fait transporter le sable à 3 kilomètres et la seconde à 4 kilomètres. Le mètre cube de sable coûte 1^{fr},75 et le transport 0^{fr},50 par mètre cube et par kilomètre. Combien chacune d'elles a-t-elle acheté de sable, sachant qu'elles ont déboursé la même somme? (École normale, Laon.)

1289. Un père partage sa fortune entre ses trois enfants. À l'aîné il en donne les $\frac{3}{8}$; au deuxième il donne 2.000 francs de moins qu'au premier. La part du troisième placée à 6 % dans le commerce lui donne une rente de 3.000 francs. Quelle était la fortune du père et quelle est la part de chaque enfant?

(Brevet, Paris.)

1290. Une société est composée de quatre associés : le premier a versé 28.000 francs qui sont restés pendant toute l'année, le deuxième 16.000 francs pendant 9 mois, le troisième 12.000 francs pendant 6 mois, le quatrième 6.000 francs pendant 4 mois ; en outre, deux employés sont intéressés, le premier à 2 %, et le second à 1 % dans les bénéfices. Les bénéfices s'étant élevés à 25.000 francs, combien revient-il à chacun des deux employés et des quatre associés?

1291. Un capital de 29.625 francs est divisé en trois parts : le rapport de la première part à la seconde est $\frac{5}{3}$ et celui de la seconde à la troisième est $\frac{8}{15}$. On demande : 1° la valeur de chacune de ces parts. 2° Ces parts ont été placées : la première pendant 7 mois, la deuxième pendant 4 mois et la troisième pendant 16 mois, et les taux auxquels ces parts ont été placées sont respectivement proportionnels aux nombres 1, $1\frac{1}{2}$ et 2. On propose de trouver ces taux, sachant que l'intérêt total produit par les trois parts est de 847^{fr},50.

(Cert. ét. prim. sup., Tulle.

1292. Deux propriétés valant ensemble 168.600 francs rapportent, l'une 3 $\frac{3}{4}$ %, l'autre 5 $\frac{1}{2}$ %. Si les conditions de fermage de l'une étaient appliquées à l'autre, et *vice versa*, le revenu du propriétaire s'accroîtrait de 738^{fr},50. Calculer le revenu du propriétaire et la valeur de chacune des propriétés.

1293. Une maison a quatre étages. Le locataire du second paye un loyer égal aux $\frac{4}{5}$ de celui du premier; celui du troisième paye un loyer égal aux $\frac{4}{5}$ de celui du second, et ainsi de suite. Le propriétaire, qui occupe le rez-de-chaussée, reçoit chaque année, de ces quatre locataires, une somme totale de 4.132^{fr},80. Dire à combien s'élève le loyer de chacun (vérifier).   (Brevet, Moulins.)

1294. Trois personnes se sont associées pour une entreprise. La première a mis 12.000 francs, la deuxième 15.400 francs, la troisième 19.550 francs. Elles ont fait un bénéfice de 25.000 francs au bout de 3 ans et demi. Faire le partage proportionnel de ce bénéfice, en défalquant l'intérêt simple des mises à 3 %.   (Brevet, Rodez.)

1295. Deux personnes ont mis dans une entreprise, la première 15.000 francs pendant 5 ans; la deuxième 10.000 francs pendant 10 ans. Le bénéfice est consacré à l'acquisition d'un terrain rectangulaire ayant 30 mètres de base et 18 mètres de hauteur. Partager ces terrains entre les deux associés par une parallèle à la hauteur et donner les dimensions de chaque parcelle.   (École normale, Rhône.)

1296. Trois personnes ont mis chacune une certaine somme dans une spéculation. La mise de la deuxième est 0,75 de celle de la première; celle de la troisième est 0,50 de celle de la deuxième. Elles ont fait un bénéfice de 263^{fr},50, qui représente 20 % du capital engagé. Trouver ce qui revient de ce bénéfice à chacune et le capital engagé. (Brevet, Chambéry.)

1297. Partager 28.000 francs en deux parties de manière que l'une, placée à 4 % par an, produise autant d'intérêt que l'autre placée à 3 % pendant le même temps.

(Brevet, Seine-Inférieure.)

1298. Une personne distribue à trois œuvres respectivement $\frac{1}{4}$, $\frac{1}{7}$ et $\frac{2}{11}$ de sa fortune. Le reste placé à $4\frac{1}{2}$ % produit 1.179 francs au bout de l'année. On demande : 1° quel est le montant de la donation faite à chaque œuvre ; 2° à combien se monte le reste de la fortune. (Brevet, Paris.)

1299. Dans une fabrique où l'on emploie des hommes, des femmes et des enfants, on a payé 132 francs pour 25 journées d'hommes, 21 de femmes et 26 d'enfants. Les prix sont tels que 9 journées de femme coûtent autant que 16 journées d'enfants, et 8 d'hommes autant que 15 de femmes. Quels sont les prix : 1° d'une journée d'homme ; 2° d'une journée de femme ; 3° d'une journée d'enfant ?

1300. Trois entrepreneurs ont construit une maison qui leur a été payée 123.650 francs. Le premier avait avancé 42.000 francs pendant 8 mois. le deuxième 26.000 francs pendant 15 mois, le troisième 31.000 francs pendant 4 mois. Quel est le bénéfice de chacun ? (Brevet, Paris.)

1301. Deux capitaux font ensemble 25.300 francs. Le premier, placé à $4\frac{1}{2}$ % pendant 8 mois, a donné un revenu double de celui du deuxième placé à 3 % pendant 5 mois. Quels sont les deux capitaux ? (Brevet, Paris.)

1302. Trois négociants associés ont gagné 18.000 francs dans une entreprise qui a duré 3 ans et demi : le premier a mis 25.000 francs, dès le commencement ; le deuxième 20.000 francs, 5 mois après : enfin le troisième, 8 mois plus tard, a mis 17.500 francs. On demande le bénéfice de chaque associé.

(Brevet, Clermont-Ferrand.)

1303. Trois personnes ont fondé une industrie : la première a apporté un brevet à raison duquel elle a droit au prélèvement de 7 % sur les bénéfices avant le partage, et. sur le reste, une part égale à celle qui reviendrait à une mise de 2.640 francs. La deuxième apporte 6.540 francs, et la troisième 8.250 francs. L'industrie a produit un bénéfice de 15.642^{fr},75, dont les $\frac{2}{7}$ sont réservés à l'amélioration de l'industrie ; le reste est partagé entre les associés. Que revient-il à chacun ?

1304. Un capital de 12.500 francs est placé à intérêt pendant un an, partie à 4 francs, et partie à $4\frac{1}{2}$ %. Le capital placé à $4\frac{1}{2}$ rapporte 40 francs de plus que l'autre. Quelles sont les deux sommes placées et quel est l'intérêt de chacune d'elles ?

1305. Un particulier achète, au prix de 240 francs l'are, un terrain rectangulaire ayant 178 mètres de long sur 50 mètres de large. Il en revend une partie à raison de 350 francs l'are et le reste à raison de 200 francs l'are, et il réalise ainsi un bénéfice de 4.000 francs. Calculer la superficie des deux parties du terrain.

1306. Une personne a divisé sa fortune en deux parties ; les deux placements lui assurent un revenu annuel total de 1.300 francs. On demande de calculer la fortune de cette personne, sachant : 1° que le taux du premier placement est de 4 %, celui du deuxième de 5 % ; 2° que le quart du montant du premier placement rapporte autant en 9 mois que le sixième du montant du deuxième placement en 2 mois.

1307. Un héritage se compose de $\frac{2}{7}$ en terres, de $\frac{1}{4}$ en une maison, de $\frac{2}{9}$ en mobilier et le reste en 14.640 francs en argent. Cet héritage doit être partagé proportionnellement à l'âge de trois enfants respectivement âgés de 3, 5 et 7 ans. Quelles sont les valeurs respectives des terres, de la maison et du mobilier, et quelle sera la part de chaque enfant à sa majorité, si les parts sont placées à $3\frac{1}{2}$ % d'intérêt simple ?

(Brevet, Paris.)

1308. Trois personnes ont entrepris en commun un travail qui leur a été payé 678fr,60. La première a travaillé 5 heures et 7 heures par jour ; la deuxième, 6 heures par jour pendant 4 jours, et la troisième 4 heures par jour pendant 7 jours. Combien chacune d'elles a-t-elle reçu ?   (Brevet, Paris.)

1309. On a payé 8.000 francs un champ de 3ha9a. Une partie de ce champ, ensemencée en blé, donne un revenu net de $4\frac{1}{2}$ % ; l'autre partie, ensemencée en seigle, ne donne que $3\frac{1}{2}$ %. Le revenu total ayant été de 315 francs, on demande quelle est la superficie de chacune des deux parties.

(Ecole normale, Privas.)

1310. Une personne a fait deux parts de son avoir : la première part placée à $4\frac{1}{2}$ % lui donne le même revenu que la seconde placée à $3\frac{1}{2}$ %. Au bout de 20 mois, ces deux sommes sont retirées avec les intérêts produits, et le capital ainsi formé permet d'acheter 1.116 francs de rente 3 % au cours de 99 francs. Quelles étaient les parts primitivement placées ?

(Brevet, Toulouse.)

1311. Une propriété est vendue 20.000 francs, et le produit de cette vente est distribué entre trois créanciers auxquels il est dû 10.000 francs, 15.000 francs et 25.000 francs ; les frais de poursuite et de vente s'élèvent à 15 % du prix de vente. Combien chaque créancier recevra-t-il ?

1312. Une personne laisse 16.600 francs à répartir entre trois bureaux de bienfaisance avec la condition que les infirmes recevront deux fois autant que les autres pauvres. Le premier bureau a 420 pauvres dont $\frac{2}{3}$ d'infirmes; le deuxième a 490 pauvres dont $\frac{3}{7}$ d'infirmes; le troisième a 560 pauvres dont $\frac{1}{4}$ d'infirmes. Combien chaque bureau doit-il recevoir? Combien faudra-t-il donner à chaque pauvre et à chaque infirme? (Ecole normale, Auxerre.)

1313. Un mortier hydraulique contient 945 kilos de chaux et 4t,320 de sable. La densité de la chaux étant 0,7 et celle du sable 1,6, quelle est en volumes la proportion de ces deux matières?

1314. En fondant ensemble des bijoux d'or aux titres de 0,920, 0,840 et 0,750, on a obtenu 3.410 grammes d'alliage au titre des monnaies. Calculer les poids des deux premiers alliages, le troisième pesant 180 grammes. (Ecole normale, Paris.)

1315. Trois personnes se sont associées et ont apporté : la première 2.400 francs, la deuxième 35.000 francs et la troisième 29.000 francs. Afin d'étendre les opérations de la maison, le premier associé, au bout de 3 mois, verse de nouveau 10.000 francs, le deuxième apporte 12.000 francs 5 mois plus tard, et le troisième 12.000 francs au bout d'un an. L'association a duré 2 ans et demi; le bénéfice a été de 70.000 francs. Comment doit-on le répartir?

1316. Deux négociants, s'étant associés pour deux ans, ont fait un bénéfice de 60.000 francs. L'un a mis 12.000 francs au commencement de la société, a retiré 5.000 francs au bout de 15 mois, et, 5 mois plus tard, a ajouté 1.000 francs. L'autre a mis 16.000 francs 9 mois après le commencement de la société, et, 9 mois plus tard, a ajouté 1.000 francs. On demande le bénéfice de chacun, à raison de ses mises et du temps qu'elles sont restées dans le commerce.

1317. Un entrepreneur a occupé des ouvriers dans deux chantiers : dans le premier, 32 ouvriers pendant 12 jours; dans le second, 38 ouvriers pendant 15 jours; chacun des ouvriers du second chantier a reçu un salaire quotidien égal aux $\frac{10}{9}$ de celui d'un ouvrier du premier chantier. Sachant que la somme totale payée par l'entrepreneur aux deux groupes d'ouvriers s'est élevée à 4.578 francs, on demande quels étaient les salaires dans chaque groupe. (Vérifier.) (Brevet.)

1318. Trois personnes, dont les droits respectifs peuvent être représentés par 3, 5 et 7, ont vendu une propriété qui leur appartenait en commun. L'acquéreur a payé successivement $\frac{2}{7}$, $\frac{1}{4}$ et $\frac{2}{9}$ du prix convenu; il redoit encore 26.730 francs. On demande combien cette propriété a été vendue, et combien il revient sur le prix total à chacun des propriétaires.

1319. Quatre personnes ont 8.745 francs à se partager, de manière que la deuxième ait le double de la première; la troisième, la moitié de la somme des deux premières, et la quatrième, le tiers de la somme des précédentes. Combien revient-il à chacune?   (Banque de France.)

1320. Un capital placé à 5 % rapporte un intérêt égal au $\frac{1}{8}$ de sa valeur. 1º Quelle est la durée du placement? 2º Le capital ainsi augmenté de son intérêt s'élève à 8.100 francs; cette somme est partagée entre trois personnes, la part de la première étant les $\frac{3}{4}$ de celle de la deuxième et les $\frac{5}{6}$ de celle de la troisième. Quelle est la part de chacune?
                (Brevet, Poitiers.)

1321. Une somme de 1.477^{fr},05 se compose de monnaies de cuivre, d'argent et d'or dont les poids sont proportionnels aux nombres 7, 3, 2. On demande quelle valeur représente chacune de ces monnaies dans la somme totale.   (Brevet, Lille.)

1322. Une femme et une jeune fille termineraient ensemble un ouvrage de couture en 10 jours. La femme tombant malade après 2 jours de travail commun, la jeune fille achève la besogne commencée en 12 jours. Si le prix de l'ouvrage est de 60 francs, quelle somme revient à chacune d'elles?
                (Brevet, Nancy.)

1323. Un oncle laisse en héritage un terrain de 9^{ha}95^{ca} à partager entre trois neveux âgés respectivement de 30 ans, 25 ans et 20 ans, à condition que les parts seront en raison inverse de leurs âges. On demande quelle est la fraction d'héritage qui doit revenir à chacun. Trouver aussi le nombre de mètres carrés que chacun doit avoir et quelle somme serait représentée par chacune des trois parts, en admettant que la valeur du mètre carré soit de 0^{fr},55. Si l'aîné gardait tout le terrain, quelle somme devrait-il donner à chacun des deux autres?   (Brevet, Paris.)

1324. On a partagé une somme inconnue entre deux personnes. La part de la première égale les $\frac{3}{4}$ de celle de la deuxième, et l'on sait de plus qu'en ajoutant $\frac{1}{10}$ de la première aux $\frac{4}{5}$ de la seconde, on obtient 105. Trouver la somme entière de chacune des parties.

1325. Une personne lègue sa fortune à trois de ses parents de la manière suivante : elle donne d'abord à chacun d'eux le $\frac{1}{5}$ de son avoir total, puis une certaine somme pour chacun des fils et les $\frac{2}{3}$ de cette somme pour chacune des filles. Calculer la fortune à partager et la part de chaque parent, sachant que le premier a 2 garçons et 3 filles, le deuxième 1 garçon et 2 filles, le troisième 2 garçons et 2 filles, et que ce dernier a eu pour sa part 19.600 francs.   (Brevet, Paris.)

1326. Pour terminer un travail pressé, un chef de maison a dû demander des heures supplémentaires à ses employés ; 5 d'entre eux ont prolongé leur travail quotidien de 2^h20^m pendant 15 soirées ; 4 autres ont travaillé chacun $2^h\frac{3}{4}$ pendant 12 soirées ; enfin un dernier groupe de 7 employés a donné, pour chacun de ses membres, 2^h56^m de travail supplémentaire pendant 18 jours. Trouver, à 1 centime près, ce qui revient à chaque employé, sachant que le patron leur a accordé une gratification totale de 1.300 francs.   (Brevet.)

1327. On partage une somme entre quatre personnes : la première en a les $\frac{3}{10}$, la seconde $\frac{1}{4}$, la troisième $\frac{1}{3}$ et la quatrième le reste qui égale 5.000 francs. Quelle est la somme partagée? On demande de plus quel est son poids, sachant que les $\frac{3}{4}$ sont composés de pièces d'or et le dernier quart de pièces d'argent.   (Brevet, Bourges.)

1328. Un propriétaire offre 48 francs à deux fermiers pour défricher une propriété. L'un emploie un attelage de bœufs, l'autre un attelage de chevaux. Ceux-ci font cinq sillons pendant que les bœufs en font trois. Ils ont mis ensemble 20 heures pour achever le travail. On demande : 1° ce qui revient à chaque attelage ; 2° quel temps chaque attelage aurait mis pour faire seul le travail.

(Conc. d'admiss. École normale, Indre.)

1329. On a un seau de bois de $3^{kg},500$ et d'une capacité de $10^l,2$. On le remplit de terre à modeler, ou pâte formée d'eau et d'argile. Il pèse alors $22^{kg},15$. Quels poids d'eau et d'argile entrent dans cette pâte, la densité de l'argile étant 2.3 ? On considère le mélange comme égal à la somme des volumes de l'argile et de l'eau.

(Conc. d'admiss. École normale, Laval.)

1330. Dans quelle proportion faut-il mélanger de l'huile à $2^{fr},50$ le kilogramme et de l'huile à $0^{fr},85$ le $\frac{1}{2}$ kilogramme, pour que l'on gagne 15 $^0/_0$ en revendant le mélange à $2^{fr},30$ le kilogramme ?

1331. Un marchand a vendu 81 hectolitres de vin pour $2.851^{fr},20$, en réalisant un bénéfice de 10 $^0/_0$ sur le prix

d'achat. Il avait obtenu ces 81 hectolitres en mélangeant du vin qui lui coûtait 28^{fr},25 l'hectolitre avec du vin qui lui coûtait 37^{fr},25 l'hectolitre. Combien y en avait-il de chaque sorte ?
(Concours d'admission Ecole normale, Doubs.)

1332. Le florin d'Autriche est une pièce d'argent qui pèse 12^g,345 et dont le titre est $\dfrac{900}{1.000}$; le titre du demi-florin n'est que $\dfrac{835}{1.000}$. Quel est le poids de cette dernière pièce ?
(Brevet, Chartres.)

1333. On a une somme de 500.000 francs en pièces de 5 francs. On veut transformer cette somme en pièces de 2 francs et de 1 franc. Combien faut-il ajouter de cuivre à l'alliage de cette somme et quelle somme ressort de ces opérations ?
(Brevet, Rouen.)

1334. On fond ensemble une pièce française de 100 francs en or, un souverain (monnaie anglaise) pesant 7^g,988 ; 28^g,644 d'or pur et 6^g,11 de cuivre. On obtient ainsi un lingot au titre de $\dfrac{13}{15}$. Quel est le titre du souverain ?
(Brevet, Limoges.)

1335. On veut fabriquer des pièces de 2 francs en fondant ensemble 167 décagrammes d'argent au titre de 0,950 et une certaine quantité de cuivre. Combien pourra-t-on faire de pièces de 2 francs ?   (Brevet, Paris.)

1336. Le centimètre cube d'or pèse 19^g,3 ; le centimètre cube d'argent pèse 10^g,05. On propose d'allier à 250 grammes d'or un poids d'argent tel que le centimètre cube de l'alliage pèse 13^g,6. On supposera que l'alliage se fait sans changement de volume.

1337. Deux sources lumineuses, l'une de 20^{bougies},5, l'autre de 16^{bougies},3, sont placées à une distance de 2^m,68. Trouver à 1 millimètre près en quel point intermédiaire de la droite qui les joint il faut placer une feuille mince de manière que ses deux faces soient également éclairées, sachant que l'éclairement d'un objet est inversement proportionnel au carré de sa distance à la source lumineuse.

1338. Un automobile a parcouru une distance de 148 kilomètres en marchant la moitié du temps à une vitesse de 54 kilomètres à l'heure, le tiers à une vitesse de 40 kilomètres et le reste du temps à 15 kilomètres à l'heure. Combien a-t-il mis de temps pour parcourir la distance totale ?

1339. Une personne prête au même taux deux sommes dont le total s'élève à 54.400 francs. La première somme rapporte 784 francs en 5 mois 10 jours, et la deuxième 540 francs en

7 mois et demi. Trouver le montant de chacun de ces prêts et le taux auquel ils ont été effectués.

(Ecole normale, Orléans.)

1340. On a partagé une certaine somme entre quatre personnes : la première a eu les $\frac{2}{9}$ de la somme totale ; la deuxième les $\frac{2}{5}$ du reste et la troisième les $\frac{3}{7}$ du second reste ; la quatrième a eu le reste de la somme. Sachant que la part de la quatrième, placée au taux de 4 $^0/_0$, est devenue au bout de 5 mois, capital et intérêts compris, 2.440 francs, on demande de calculer : 1° la somme qui a été partagée ; 2° la valeur de chacune des parts. (Brevet, Toulouse.)

1341. Trois créanciers ont à se partager, à la suite d'une faillite, une somme de 8.729 francs qui, restée placée pendant 3 ans chez un banquier, a rapporté 3^{fr},75 $^0/_0$ d'intérêts par an. Leurs créances sont 7.528^{fr},44 pour le premier, les $\frac{7}{12}$ de cette somme pour le second et les $\frac{3}{5}$ de la somme des deux premières créances pour le troisième. On demande ce que recevra chacun d'eux. (Brevet, Moulins.)

1342. Trois personnes ont mis dans une certaine entreprise : la première 9.000 francs qu'elle y a laissés 4 ans ; la deuxième 15.000 qu'elle y a laissés 3 ans ; la quatrième 21.000 francs qu'elle y a laissés 2 ans. L'entreprise ayant rapporté un bénéfice total de 9.840 francs, on demande : 1° la part de ce bénéfice qui revient à chaque associé ; 2° le bénéfice annuel pour cent. (Brevet, Paris.)

1343. Vingt-cinq ouvriers et 25 ouvrières travaillent dans une fabrique. Le salaire journalier d'une ouvrière est les $\frac{2}{3}$ de celui d'un ouvrier. Sachant que le patron paye chaque jour, à ces deux groupes de travailleurs, une somme totale de 312^{fr},50, on demande ce que chaque ouvrier et chaque ouvrière gagnent par jour. (Brevet.)

1344. Les surfaces de trois pièces de terre sont : 1^{ha}3^{a}15^{ca}, 75^{a}3^{ca}, 1^{ha}24^{a}94^{ca}. On les vend et, après avoir payé des frais qui représentent 5 $^0/_0$ du prix de vente, on touche net 12.884^{fr},28. Le prix de vente du mètre carré de la seconde pièce de terre est les $\frac{2}{3}$ de celui du mètre carré de la première, et le prix de vente du mètre carré de la troisième est les $\frac{7}{8}$ de celui du mètre carré de la seconde. Quels sont les prix de vente des trois pièces de terre ? (Brevet, Paris.)

1345. Trois personnes se sont associées pour placer dans une entreprise une somme d'argent qui s'est augmentée du quart de sa valeur et est ainsi devenue 60.500 francs. Trouver la part de chaque personne dans le bénéfice, sachant que la première avait déposé les $\frac{3}{8}$ de la somme, la deuxième les $\frac{2}{5}$ et la troisième le reste.   (Brevet, Paris.)

1346. La liquidation d'une faillite s'est opérée le 15 juillet 1889. L'actif comprenait un capital de 17.280 francs et une rente sur l'Etat de 600 francs en 3 % au cours de 83^{fr},20. Il existe deux créanciers : le premier à qui il est dû 25.300 francs, ainsi que l'intérêt simple de cette somme à 5 % depuis le 25 octobre 1888 ; le deuxième qui a souscrit un billet de 17.200 francs payable, sans intérêt, au 1er novembre 1889. Selon les usages du commerce, ce billet doit subir l'escompte de 6 % par an. On demande de partager l'actif entre les deux créanciers.   (Brevet, Laon.)

1347. Une somme d'argent doit être partagée entre deux personnes. Le total de ce qu'elles réclament dépasse de 4.900 francs cette somme. Le partage étant fait proportionnellement à leurs demandes, elles reçoivent 20.250 francs et 16.500 francs. Combien chacune réclamait-elle ?

1348. Un calorimètre contient 0^l,85 d'eau ; le calorimètre et ses accessoires équivalent à 0^{kg},127 d'eau comme capacité calorifique. La température du calorimètre étant de 13°,8 centigrades, on y laisse tomber une masse de cuivre à 100° pesant 225 grammes. Sachant que la chaleur spécifique du cuivre est de 0,095, calculer quelle sera la température finale du calorimètre.

1349. Dans le calorimètre précédent, on a laissé tomber une masse de fer à 100° pesant 0^{kg},435 ; la température qui était de 14°,5 est devenue 18°,67. Quelle est la chaleur spécifique du fer ?

1350. Une masse métallique pesant 3^{kg},800 est formée de fer et de platine. On sait de plus qu'elle est juste complètement immergée dans le mercure, de densité 13,6. Quel est le volume occupé par le fer et celui occupé par le platine, les densités respectives de ces métaux étant 7,8 et 21,5 ?

1351. Un alliage d'or et d'argent pèse 875^g,5 dans le vide et 819^g,7 dans l'eau. Si l'on séparait l'or et l'argent qu'il contient pour les monnayer au titre de 0,900, quelle serait sa valeur ?

1352. Un bloc de bronze, formé de cuivre et d'étain, a un volume de $\frac{1}{2}$ mètre cube et un poids de 4.260^{kg},5. Sachant que la densité du cuivre est 8,8, celle de l'étain 7,25, que le cuivre vaut 1^{fr},95 le kilogramme et l'étain 5^{fr},70, quel est le prix de ce bloc ?

1353. Un marchand remplit une pièce de 228 litres avec deux sortes de vin ordinaire qui lui coûtent, l'un 0^{fr},50, et l'autre 0^{fr},65 le litre, et avec du vin de Bordeaux qui lui revient à 0^{fr},80 le litre. Il met cinq fois plus de vin de Bordeaux que de vin à 0^{fr},50 et six fois moins à 0^{fr},50 que de vin à 0^{fr},65. On demande : 1° combien il entre de litres de chaque pièce de vin dans le liquide obtenu ; 2° à quel prix le marchand de vin vendra le litre de mélange pour réaliser un bénéfice de 20 %. *(Arts et métiers.)*

1354. On a deux sortes de vin : l'hectolitre du premier peut être cédé au prix de 78^{fr},50 payable à 90 jours ; l'hectolitre du second est estimé 63^{fr},25 payable dans 150 jours. Combien faut-il prendre de chacun d'eux pour composer 87 hectolitres d'un mélange qui pourrait être cédé sans perte ni gain à 70^{fr},45 l'hectolitre, payable dans 6 mois ? L'escompte est 6 % par an.

1355. Un mortier hydraulique contient 73^{kg},5 de chaux et 2^{q},66 de sable. La densité de la chaux étant 0,7 et celle du sable 1,6, quelle est la composition en volume de ce mortier ?

1356. On a acheté 12 litres de lait. Pour savoir si le marchand y a mis de l'eau, on le pèse et on trouve 12^{kg},3. Sachant qu'un litre de lait pèse 1^{kg},03, cherchez la quantité d'eau que renferment les 12 litres. *(Brevet, Angers.)*

1357. On a deux lingots d'or : l'un au titre de 0,950 et l'autre au titre de 0,800. On les fond dans un creuset en y ajoutant 2 kilogrammes d'or pur. L'unique lingot ainsi obtenu est au titre de 0,906 et pèse 25 kilogrammes. Trouver les poids des deux lingots. *(Brevet, Mende.)*

1358. Sachant que l'air pèse 1^{g},293 le litre et contient 4 parties en volume d'azote pour 1 d'oxygène, on demande quel est le poids d'un litre d'oxygène, la densité de l'azote (par rapport à l'air) étant 0,971.

1359. Un mélange formé de 2 parties en volume d'hydrogène et de 1 d'oxygène occupe sous la pression de 95 centimètres de mercure un volume de 1^{m3},550. Une étincelle électrique en provoque l'explosion et transforme le mélange en eau. Quel est en litres le volume d'eau recueillie et refroidie à 4° ?

1360. J'achète un stère de bois dont le poids est de 400 kilogrammes ; il est rempli de chêne et de sapin. La densité du chêne est de 0,45, celle du sapin 0,325. Le mètre cube de chêne fournit 1.200.000 calories ou unités de chaleur, et le mètre cube de sapin en fournit 880.000. Combien de calories seront développées par le bois acheté ?

1361. Un marchand de vin fait un mélange de 80 litres de vin à 50 francs l'hectolitre et de 100 litres de vin d'une autre qualité. En vendant ce mélange à raison de 70 francs l'hectolitre, il réalise un bénéfice de 20 %. Combien lui coûte l'hectolitre de la deuxième pièce de vin ? *(Brevet, Paris.)*

1362. Le double décalitre d'avoine valant 2^{fr},40 et celui d'orge 1^{fr},70, on mélange 24 hectolitres d'avoine à une quantité d'orge telle qu'en vendant 2^{fr},50 le double décalitre du mélange, on gagne 25 % sur le prix d'achat. La totalité du mélange remplissant un coffre ayant la forme d'un parallélépipède rectangle dont les dimensions sont proportionnelles à 5, 10 et 14, on demande : 1° le nombre d'hectolitres d'orge mélangés ; 2° les dimensions du coffre.   (Brevet, Amiens.)

1363. Une laitière, voulant vérifier si le lait qu'on lui vend contient de l'eau, en achète 807 décilitres ; elle le pèse et trouve que le poids est de 827 hectogrammes. Combien ce lait contient-il de litres d'eau, sachant qu'un litre de lait pèse 1.030 grammes.   (Brevet, Seine-Inférieure.)

1364. Sachant que le décalitre d'avoine coûte 1^{fr},20 et le demi-hectolitre d'orge 4^{fr},25, quelle quantité d'orge faudra-t-il mélanger à 36 hectolitres d'avoine pour qu'en vendant le mélange 6^{fr},25 le demi-hectolitre, on gagne 20 % sur le prix de vente ?

1365. On mélange 10 kilogrammes de café à 6 francs le kilogramme. avec deux autres espèces valant respectivement 4^{fr},75 et 3^{fr},80 le kilogramme. Comment devra se faire ce mélange pour qu'on ait 60 kilogrammes en tout valant 4^{fr},40 le kilogramme ?   (Brevet, Paris.)

1366. Un vin pur a une densité de 0,98. On en reçoit une barrique de 250 litres, qui pèse vide 23^{kg},5 et pleine 279 kilogrammes. On demande si le vin contenu dans la barrique est pur et, dans le cas contraire, combien on y a ajouté d'eau.

1367. On mêle 20 litres de vin à 1^{fr},20 le litre avec 40 litres à 0^{fr},60. A combien revient le litre du mélange, sachant qu'on y a ajouté une quantité d'eau égale au tiers du nombre de litres mélangés ?

1368. Un tonneau de 800 litres est rempli en partie par 252 litres de vin et 363 litres d'eau. Un second tonneau contient 400 litres de vin et 100 litres d'eau. Combien faut-il verser de litres du second tonneau dans le premier pour qu'il y ait autant de vin que d'eau ?

1369. On a deux sortes de vins. L'hectolitre du premier peut être cédé à 95^{fr},25, payables dans 80 jours ; l'hectolitre du second est évalué à 70^{fr},35, payables dans 30 jours. Combien doit-on prendre de chacun d'eux pour composer 105 hectolitres qu'on puisse vendre sans perte ni gain 80 francs l'hectolitre, payables dans 90 jours ? Le taux de l'escompte est 6 %.

1370. Une marne argileuse contient 32 % de calcaire et 68 % d'argile ; une autre marne sableuse contient 37 % de calcaire et 60 % de sable. On mêle 62 kilogrammes de la première et 64 kilogrammes de la deuxième. On demande la teneur du mélange en calcaire, sable et argile.

(École nat. de céramique de Sèvres.)

1371. On a rempli un tonneau de 228 litres avec trois espèces de vins estimés 15 francs, 18 et 20 francs l'hectolitre. Sachant : 1° que lorsqu'on met 2 litres à 15 francs l'hectolitre, on en met 3 à 18 francs l'hectolitre ; 2° qu'en revendant le litre du mélange à raison de 0ᶠʳ,19, on réalise un bénéfice total de 3ᶠʳ,80, on demande combien on a employé de litres de chacune des trois espèces. (Brevet, Alger.)

1372. Dans un sac se trouvent des monnaies d'or, d'argent et de bronze. L'ensemble des monnaies d'or a une valeur dix fois plus grande que l'ensemble des monnaies d'argent, et l'ensemble des monnaies d'argent a une valeur dix fois plus grande que l'ensemble des monnaies de bronze. Le tout pèse autant que l'eau qui serait contenue dans un récipient rectangulaire ayant 10 centimètres de long, 5 centimètres de large et 11ᶜᵐ,3 de hauteur. Quelle est, en francs et en centimes, la valeur de la somme renfermée dans le sac ?

(Brevet, Paris.)

1373. Combien pourrait-on fabriquer de pièces de bronze de 0ᶠʳ,10, de 0ᶠʳ,05, de 0ᶠʳ,02 et de 0ᶠʳ,01 avec une masse de cuivre pesant 2.356 grammes, après y avoir ajouté l'étain et le zinc réglementaires ? On impose cette condition que la valeur de l'ensemble des pièces de chaque espèce soit la même.

(Brevet, Paris.)

1374. Pour remplir une barrique de 300 litres, on mélange des vins à 40 francs, 44 francs et 55 francs l'hectolitre ; pour 2 litres de vin à 40 francs, on met 6 litres à 44 francs et on ajoute 1 litre d'eau par 24 litres de vin ; en vendant le mélange 12 francs le double décalitre, on gagne 27 francs. Quelles sont les quantités de vins mélangés ?

1375. Deux vases de même capacité contiennent, l'un du vin ayant coûté 0ᶠʳ,40 le litre, l'autre du vin ayant coûté 0ᶠʳ,50 le litre. Le premier est rempli au tiers, l'autre à moitié. On verse dans le premier la moitié du contenu du second ; puis on verse dans le second la moitié du mélange ainsi obtenu. Le vin contenu dans ce second vase vaut alors 15ᶠʳ,25. 1° Trouver la capacité des deux vases. 2° Trouver la hauteur de ces deux vases, sachant qu'ils ont la forme d'un cylindre dont le rayon de base est 0ᵐ,30. On prendra $\pi = 3,1416$.

(Brevet, Poitiers.)

1376. Un lingot est composé de cuivre et d'argent, le poids de l'argent surpassant de 1.845 grammes le poids du cuivre. Si l'on y ajoutait un poids d'argent pur égal au tiers du poids d'argent pur qu'il contient déjà, on pourrait en faire de la monnaie divisionnaire. Quels sont le poids et le titre de ce lingot ? Quel est le poids d'argent pur qu'il faudrait y ajouter pour le rendre monnayable, et combien pourrait-on en fabriquer de pièces de 0ᶠʳ,50 ? (Cert. ét. prim. sup., Seine.)

1377. On fond du cuivre avec 400 pièces de 5 francs en argent pour fabriquer de la monnaie divisionnaire. 1° Quelle quantité de cuivre faut-il ajouter pour opérer cette transformation ? 2º Combien pourra-t-on fabriquer de pièces de 1 franc avec le nouvel alliage ?   (Brevet, Académie de Rennes.)

1378. Les $\frac{3}{4}$ d'un hectare de pré coûtent 5 fois plus que les $\frac{2}{3}$ d'un décamètre carré de vigne. On achète une vigne et un pré coûtant ensemble 9.452 francs. La surface du pré est les $\frac{2}{3}$ de celle de la vigne. Calculer le prix de la vigne et du pré.   (Brevet, Lyon.)

1379. On veut convertir un somme de 1 million de francs actuellement représentée par des pièces de 5 francs au titre de 0,900 en pièces de 1 franc au titre de 0,835. On demande : 1º le poids du cuivre qu'il faut ajouter à l'alliage que cette somme représente ; 2º quelle sera la somme nouvelle qui résultera de cette conversion.   (Brevet, Paris.)

1380. Le rapport de deux capitaux est égal à $\frac{5}{7}$; si l'on augmente chacun d'eux de 500 francs, leur rapport devient égal à $\frac{8}{11}$. On demande : 1º le montant de ces deux capitaux ; 2º le taux auquel est placé le second capital, sachant que le taux du premier est 4 francs et que le rapport de l'intérêt produit par le premier capital en 6 mois à l'intérêt du second en 4 mois est $\frac{5}{7}$.   (Ecole normale, Guéret.)

1381. La production totale des mines d'argent d'Amérique, en 1890, a été de 1.103.075 kilogrammes. On admet que le métal fourni par les mines n'est pas exactement pur et qu'il contient environ 3 % de matières étrangères. On demande : 1º combien on pourrait faire de pièces de 1 franc avec cette quantité d'argent ; 2º quel poids total de cuivre contiendraient toutes ces pièces.   (Brevet, Paris.)

1382. Un lingot, alliage d'argent et de cuivre, qui a pour titre 0,840, a été obtenu en faisant fondre dans un même creuset deux lingots dont les titres sont différents, qui ont fourni, l'un 1.417ᵍ,5, et l'autre 15.781ᵍ,5 d'argent fin. Celui qui a fourni le plus grand poids d'argent a aussi apporté 2.961 grammes de cuivre de plus que l'autre. Quels sont les titres de ces lingots ?   (Brevet, Paris.)

1383. Un bijou d'une valeur de 1.000 francs a été obtenu en fondant ensemble des volumes égaux d'or et d'argent. Etant admis que la densité de l'argent est de 10,47, celle de l'or de 19,26, que 1 kilogramme d'or pur vaut 3.437 francs et 1 kilogramme d'argent pur 220ᶠʳ,56, on demande : 1º quels sont les volumes d'or et d'argent que l'on a fondus ensemble ; 2º quels sont leurs poids ; 3º quelle est la valeur de chaque métal en particulier.   (Brevet, Paris.)

1384. On a un lingot d'argent au titre de 0,950 pesant 2^{kg},6. On y ajoute du cuivre de manière à obtenir un alliage au titre des monnaies divisionnaires. Combien pourra-t-on, avec l'alliage obtenu, fabriquer de pièces de 0^{fr},50? Le lingot d'argent a été acheté 450 francs; le kilogramme de cuivre coûte 2 francs, les frais de fabrication sont de 7 francs par kilogramme d'argent monnayé. Quel bénéfice a-t-on fait?

(Brevet, Académie de Toulouse.)

1385. En ajoutant 390 grammes d'argent pur à une certaine somme d'argent monnayé au titre de 0,835, on a élevé le titre à 0,900. Quelle est cette somme?

1386. On a trois alliages aux titres : 0,7, 0,8, 0,9. On veut obtenir un lingot pesant 1^{kg},5 au titre de 0,82. Quel poids faut-il prendre des deux premiers alliages si l'on prend 600 grammes du troisième? (Brevet, Paris.)

1387. La densité de l'or étant 19,3 et celle du cuivre 8,8, quels sont les poids de l'or et du cuivre qui rentrent dans la composition d'un alliage de densité 14,8 pesant 790 grammes?

1388. Un mélange d'air et d'acide carbonique occupe sous la pression atmosphérique un volume de 0^{m3},524 et pèse 0^{kg},906. Quel est le nombre de litres de chaque gaz de mélange à la pression atmosphérique? La densité de l'acide carbonique est 1,529 et le poids du litre d'air 1^g,293.

1389. Partager 100 en deux parties telles que le quotient de l'une par 8 et de l'autre par 9 aient pour somme 12.

(Concours surnumérariat des Postes et Télégraphes.)

1390. Quand on mélange des volumes égaux d'eau et d'alcool, il se produit une contraction, c'est-à-dire que le volume du mélange est moindre que la somme des volumes des deux liquides qui le composent. Cela posé, on constate qu'un litre de ce mélange pèse 936 grammes; on sait, d'autre part, qu'un litre d'alcool pur pèse 79 décagrammes. On demande de calculer, à un demi-centilitre près, les volumes égaux d'eau et d'alcool qu'il faut mélanger pour avoir 1 hectolitre de mélange. (Brevet, le Mans.)

1391. On a trois lingots d'or aux titres de 0,750, de 0,800 et de 0,900. On veut obtenir un lingot pesant 800 grammes et au titre de 0,825. Quels poids doit-on prendre de chaque lingot, si l'on impose la condition de prendre autant du deuxième lingot que du premier?

1392. Un sac d'argent pèse 5 kilogrammes non compris le poids du sac et il renferme un nombre égal de pièces de 5 francs, de 2 francs et de 1 franc. On demande le montant de la somme contenue dans le sac ainsi que le poids d'argent pur. Quel serait le titre du lingot obtenu en fondant toutes ces pièces et quelle somme pourrait-on obtenir en pièces de 1 franc en ajoutant à ce lingot un poids convenable de cuivre?

(Brevet, Chambéry.)

1393. Un tube cylindrique droit en or pur a un diamètre extérieur de 2^{cm},5, un diamètre intérieur de 2 centimètres. Il a $1^{dm}\frac{1}{2}$ de hauteur. On le remplit exactement avec du cuivre. On demande : 1° le poids du lingot d'or et de cuivre ainsi obtenu ; 2° ce qu'il faudrait ajouter d'or ou de cuivre au lingot si on voulait le fondre pour le transformer en pièces de 20 francs ; 3° combien après cette opération pourrait-on fabriquer de pièces de 20 francs. Densité de l'or, 19,5 ; densité du cuivre, 8,8.   (Brevet, Dijon.)

1394. Un alliage de 300 kilogrammes contient 90 parties de cuivre et 10 parties d'étain. Quelles quantités de cuivre et d'étain faut-il lui ajouter pour obtenir un nouvel alliage formé de 67 parties de cuivre et 33 d'étain et pesant 540 kilogrammes ?   (Brevet, Paris.)

1395. On fond ensemble 100 pièces de 1 franc, 50 pièces de 5 francs en argent et 700 grammes de cuivre. Déterminer le poids d'argent pur qu'il faut ajouter au lingot ainsi obtenu pour que son titre soit 0,950.   (Brevet, Quimper.)

1396. Le dollar est une monnaie d'argent qui pèse 26^g,729 et dont le titre est 0,900. Le thaler est une autre monnaie d'argent qui pèse 22^g,273 et dont le titre est 0,75. On demande combien il faudra de dollars pour faire une somme de 5.460 thalers. Il est bien entendu que l'on ne tiendra compte que de l'argent pur.   (Cert. études primaires supérieures.)

1397. On a trois lingots d'alliage d'argent et de cuivre, le premier au titre de 0,75, le deuxième au titre de 0,67 et le troisième au titre de 0,56. On mêle les deux premiers dans le rapport de 1 à 3, puis, avec l'alliage résultant et le troisième lingot, on veut faire un nouvel alliage au titre de 0,62. Quels poids des trois alliages donnés contiendra 1 kilogramme de l'alliage définitif ?

1398. A volume égal, le poids de l'or s'obtient en multipliant le poids de l'eau par 19,26, le poids du cuivre en multipliant celui de l'eau par 8,85. On fait fondre 57^g,78 d'or avec le poids de cuivre nécessaire pour constituer un alliage monétaire, et, supposant que le volume de l'alliage résultant de cette fusion est égal à la somme des volumes des éléments fondus ensemble, on demande par quel nombre il faudra multiplier le poids d'un égal volume d'eau pour avoir le poids de l'alliage.
                    (Brevet, Angoulême.)

PROBLÈMES SUR LES ÉQUATIONS
DU PREMIER DEGRÉ

1399. Résoudre le système formé par les deux équations
$$ax - by = 5a - 3,$$
$$2x + (a - 7)y = 29 - 7a.$$

Ce système étant résolu, on demande de déterminer a de manière que les équations soient : 1° compatibles ; 2° incompatibles ; 3° indéterminées ; 4° de manière aussi que les valeurs de x et de y soient égales.

(Certif. d'aptit. au professorat industriel.)

1400. Un nombre est composé de deux chiffres, dont la différence est 5 ; si l'on renverse les chiffres, le nombre ainsi obtenu ne sera que les $\frac{3}{8}$ du précédent. Quel est ce nombre ?

1401. Une personne place le $\frac{1}{3}$ de sa fortune à 2,80 $^{o}/_{o}$ et a un revenu annuel de 1.456 francs. A quel taux doit-elle placer le reste pour avoir un revenu total de 4.680 francs ?

1402. Diophante passa dans l'enfance le $\frac{1}{6}$ de sa vie et dans l'adolescence le $\frac{1}{12}$; puis il s'est marié et a passé dans cette union le $\frac{1}{7}$ de sa vie plus 5 ans, avant d'avoir un fils auquel il survécut 4 ans, et qui n'a atteint que la moitié de l'âge auquel son père est parvenu. A quel âge Diophante est-il mort ?

1403. Les contenances de deux fûts pleins de bière sont entre eux comme 10 est à 7. Quand on a tiré 40 litres du premier et 60 litres du deuxième, il reste dans le premier six fois plus de bière que dans le deuxième. Trouver les contenances de chacun de ces fûts.

1404. Pierre dit à Jean : Donne-moi 11 billes et j'en aurai autant que Paul et toi. Jean lui répond : Si tu me donnais 18 billes, j'en aurais deux fois plus que Paul; et si tu donnais une bille à Paul, il en aurait autant que toi. Combien chacun avait-il de billes ?

1405. Trois joueurs conviennent que celui qui perdra une partie doublera la mise des deux autres; après avoir perdu chacun une partie, ils se retirent chacun avec 36 francs. Quelle était la mise de chacun ?

1406. Un père a 43 ans et son fils en a 19. Dans combien de temps l'âge du père sera-t-il le quintuple de celui du fils ? —

Le problème est-il possible? Dans le cas contraire, comment faut-il interpréter la solution algébrique trouvée?

1407. Hiéron de Syracuse fit faire une couronne d'or pesant 7.465 grammes. Pour savoir combien l'orfèvre y avait mis d'argent, Archimède la plongea dans l'eau, où elle perdit 467 grammes de son poids. Quel poids d'or et quel poids d'argent contenait-elle? La densité de l'or est 19,26 et celle de l'argent est 10,47.

1408. Un homme part à $5^h 50^m$ et parcourt 4.800 mètres à l'heure; il est suivi par un cavalier qui part $2^h \frac{1}{4}$ plus tard et qui parcourt $12^{km},4$ à l'heure. A quelle distance du point de départ et à quelle heure, à une minute près, se rencontrent-ils?

1409. Une personne interrogée sur son âge répond : « J'ai deux fois l'âge que vous aviez quand j'avais l'âge que vous avez; quand vous aurez l'âge que j'ai, nous aurons ensemble 63 ans. » Quels sont les âges des deux personnes?

1410. Le chiffre des centaines d'un nombre de trois chiffres vaut les $\frac{3}{5}$ du chiffre des unités et le chiffre des dizaines est la moitié de la somme des deux autres. Trouver ce nombre, sachant qu'en lui ajoutant 198, on obtient ce nombre renversé.

1411. Je connais un père dont l'âge actuel divisé par celui de son plus jeune fils donne un quotient égal à 7 fois celui qu'on obtiendra dans 7 ans, si l'on divise alors l'âge du père par celui du fils. Quels sont leurs âges, sachant de plus que, dans 11 ans, l'âge du fils sera le $\frac{1}{5}$ de l'âge du père?

1412. Deux personnes jouent au billard à 1 franc la partie : avant de commencer, la première avait 42 francs et la deuxième 24 francs; au bout d'un certain nombre de parties, la première a 5 fois plus que l'autre. Combien a-t-elle gagné de parties de plus que l'autre?

1413. Un commandant veut former son bataillon par files en carré. Après un premier essai, il lui reste 40 hommes. En mettant un homme de plus par file et en formant un nouveau carré, il lui manque 21 soldats. Quel est le nombre de soldats du bataillon?

1414. Calculer les rayons de trois circonférences tangentes entre elles deux à deux et ayant pour centres les sommets d'un triangle donné de côtés a, b, c.

1415. Un officier laisse dans un premier poste la $\frac{1}{2}$ de ses soldats plus un; dans un deuxième, il laisse la $\frac{1}{2}$ de ce qui lui reste plus un; enfin dans un troisième il laisse la moitié

de ce qui lui reste plus un. Combien avait-il de soldats, sachant
qu'il en reste 5 avec lui ?

1416. Trouver un nombre de trois chiffres, sachant que la
somme des chiffres est 11, que trois fois le chiffre des centaines
plus deux fois celui des dizaines donne pour somme 22, enfin que
la différence entre le nombre cherché et ce nombre retourné
est 297.

1417. Cinq hommes et 4 femmes ont fait, en un jour, $34^m.50$
d'ouvrage ; 3 hommes et 5 femmes ont fait, en un jour, $28^m,50$
d'ouvrage. Combien de mètres fait en un jour : 1º un homme ?
2º une femme ?

1418. Une première fontaine, coulant pendant 35 minutes,
et une seconde pendant $\frac{1}{2}$ heure, ont donné ensemble $35^{hl},7$
d'eau ; la première fontaine, coulant pendant une heure, et la
seconde pendant une heure $\frac{1}{2}$, donnent 801 décalitres. Quel
est le débit de chaque fontaine à la minute ?

PROBLÈMES SUR L'ÉQUATION
DU DEUXIÈME DEGRÉ

1419. Existe-t-il un triangle rectangle dont les côtés, mesurés
en mètres, soient exprimés par trois nombres entiers consécutifs ?

1420. Trouver trois nombres entiers consécutifs tels que leur
produit égale cinq fois leur somme.

1421. Quelle est la base du système de numération dans
lequel le nombre décimal 351 s'écrit 253 ?

1422. Une somme de 9.000 francs escomptée en dehors et
en dedans à une échéance de 144 jours a donné une différence
de $2^{fr},864$. Quel est le taux de l'escompte ?

1423. Une somme de 12.000 francs escomptée en dehors et
en dedans à 6 $^0/_0$ a donné une différence d'escompte de $7^{fr},51$.
A combien de jours était l'échéance ?

1424. Sachant que le mouvement d'un corps lancé de bas
en haut dans le vide est donné par la formule

$$e = v_0 t - 4,91 . t^2,$$

le temps étant compté à partir du moment où le mobile est
lancé, et exprimé en secondes, calculer à quel moment un
mobile lancé avec une vitesse de 45 mètres à la seconde sera
à une hauteur de $37^m,50$. Combien y a-t-il de solutions ?

1425. Calculer les côtés d'un rectangle de 20 mètres carrés
de surface, sachant que si l'on augmente un côté de 1 mètre
et l'autre de 3 mètres, sa surface est doublée.

1426. Trouver une fraction telle que la somme de cette fraction et de son inverse soit égale à $4\frac{1}{4}$.

1427. Deux robinets coulant ensemble dans le même bassin le remplissent en 48 minutes; le premier coulant seul mettrait pour le remplir 40 minutes de moins que le deuxième. Combien de temps mettrait chacun pour remplir le bassin?

1428. Trouver un nombre de deux chiffres tel que, divisé par le produit de ses deux chiffres, il donne pour quotient $\frac{16}{3}$, et que, si on en retranche 9, on obtient le nombre renversé.

1429. Deux mobiles partent de deux points A et B et vont l'un vers l'autre; l'un d'eux se met en mouvement 5 secondes après l'autre et parcourt 4 mètres de plus que lui par seconde. Ils se rencontrent au milieu de AB, dont la longueur est de 1.250 mètres. Combien chacun des mobiles parcourt-il de mètres à la seconde?

1430. On achète des pêches pour $1^{fr},20$; si pour le même prix on en avait eu 2 de plus, la douzaine aurait coûté $0^{fr},10$ de moins. Combien a-t-on acheté de pêches et quel est le prix de la douzaine?

1431. La superficie d'une place rectangulaire est de 15 ares. Sur deux côtés consécutifs sont plantés des arbres à 5 mètres l'un de l'autre. Il y a 17 arbres en tout; de plus, il y a un arbre à chaque extrémité des deux côtés. Calculer les dimensions de la place.

1432. Un héritage de 18.400 francs a été partagé également entre plusieurs héritiers. S'il y avait eu 2 héritiers de moins, chacun aurait touché 460 francs de plus. Combien y avait-il d'héritiers?

1433. Un particulier place 7.500 francs à un certain taux pendant un an; puis il place ce capital réuni à ses intérêts à 1 franc de plus pour 100; son revenu annuel est alors de $472^{fr},50$. Quel est le premier taux?

1434. Déterminer deux nombres, connaissant leur somme a et la somme de leurs cubes b. Application numérique : $a = 4,9$ et $b = 42,679$.

1435. On laisse tomber une pierre dans un puits; il s'est écoulé $7^s,4$ entre l'instant où l'on a lâché la pierre et celui où l'on entend le bruit de sa chute dans l'eau. A quelle profondeur l'eau est-elle dans le puits?

1436. Calculer les côtés d'un triangle rectangle, connaissant la hauteur égale à 4 mètres et l'hypoténuse égale à 17 mètres.

1437. Calculer les côtés d'un triangle rectangle, connaissant le périmètre égal à $8^m,40$ et l'hypoténuse égale à $3^m,70$.

1438. Étant donné un rectangle, on enlève quatre petits carrés aux quatre angles et on relève les parties rectangulaires ainsi déterminées sur les quatre côtés, de manière à former une boîte en forme de parallélépipède droit. Déterminer le côté des petits carrés de manière que le volume de cette boîte soit égal à un nombre donné K. On appellera a et b les côtés du rectangle. Discuter le problème suivant les valeurs de K et en déduire le maximum du volume précédent.

PROBLÈMES SUR LES PROGRESSIONS

1439. Un charretier doit verser un tombereau de gravier tous les 5 mètres le long d'une route. Sachant qu'il va chercher le gravier à une distance de 450 mètres du premier tas, quel chemin aura-t-il fait quand il aura déposé des tas de gravier sur une longueur de 25 décamètres de route?

1440. Les trois côtés d'un triangle rectangle forment une progression arithmétique dont la raison est 5. Calculer ces trois côtés.

1441. Des ouvriers qui creusent un puits sont payés 1fr,80 pour le premier mètre ; 2fr,50 pour le deuxième ; 3fr,20 pour le troisième, et ainsi de suite, le salaire augmentant de 0fr,70 par mètre. Combien devra-t-on leur payer pour un puits de 23 mètres de profondeur?

1442. La première demi-oscillation d'un pendule amorti est de 14°30′. Sachant qu'à chaque demi-oscillation l'amortissement est de 3 %, calculer en degrés et minutes le chemin parcouru par le pendule en 7 oscillations complètes.

1443. Une balle rebondit chaque fois à une hauteur égale aux $\frac{2}{3}$ de celle d'où elle est tombée. Quel est le chemin parcouru par la balle qui tombe d'abord d'une hauteur de 5m,30 au moment où elle touche le sol pour la dixième fois?

1444. On fait le vide dans une sphère dont le diamètre est 55 centimètres à l'aide d'une machine pneumatique dont le corps de pompe a un diamètre de 65 millimètres et une longueur de 19 centimètres. La pression initiale dans la sphère étant la pression atmosphérique correspondant à une colonne de mercure de 765 millimètres de hauteur, quelle sera, après 25 coups de pompe, la pression en grammes par centimètre carré?

1445. Traiter le même problème que le précédent en supposant que le piston ne descend qu'à une distance de 0mm,8 du fond du cylindre. Qu'arrive-t-il si le nombre de coups de piston augmente indéfiniment?

1446. La population de l'Allemagne était en 1905 de 60.641.489 habitants et en 1910 de 64.925.993 habitants. En admettant que l'accroissement soit constamment proportionnel à la population, quel serait le nombre d'habitants de ce pays en 1928?

1447. Calculer la somme suivante :

$$a + 2a^2 + 3a^3 + \ldots + na^n,$$

a étant un nombre donné.

1448. Des ouvriers qui creusent un puits demandent 2 centimes pour le premier mètre, 4 pour le deuxième, et ainsi de suite en doublant à chaque mètre. Combien leur doit-on, si l'on a trouvé l'eau à 14 mètres de profondeur ?

1449. Un joueur joue 5 francs à chaque partie ; quand il gagne, on lui double sa mise. Il perd d'abord 8 parties et gagne la neuvième. A-t-il perdu ou gagné et combien ?

PROBLÈMES SUR LES INTÉRÊTS COMPOSÉS
ET LES ANNUITÉS

1450. Trouver au bout de combien d'années une somme placée à intérêts composés à 5 $^0/_0$ double de valeur.

1451. Un agriculteur a emprunté 25.000 francs remboursables par annuités en 25 ans au taux de 4 $^0/_0$; au bout de 15 ans, il veut s'acquitter en versant ce qu'il doit encore. Quel est ce versement ?

1452. On a deux billets, l'un de 1.500 francs, payable dans un an, l'autre de 2.350 francs, payable dans cinq ans. On veut les remplacer par un seul billet payable dans trois ans. Quel en devra être le montant ? Les intérêts composés seront calculés à raison de 5 $^0/_0$.

1453. On place 12.000 francs à 4 $^0/_0$, de telle sorte que tous les 6 mois, l'intérêt soit ajouté au capital pour rapporter à son tour un intérêt. Quelle somme touchera-t-on au bout de 15 ans ? Si l'on plaçait la même somme au même taux et en ajoutant les intérêts au capital à la fin de chaque année seulement, toucherait-on davantage ou non au bout des 15 ans et quelle serait la différence ?

1454. Une personne vient d'emprunter une certaine somme qu'elle acquittera en trois payements égaux de 1.000 francs chacun, le premier dans 1 an, le deuxième dans 2 ans, le troisième dans 3 ans. On demande quelle est la somme empruntée. L'intérêt est de 4 $^0/_0$ et l'on a égard aux intérêts composés.

1455. Une grande ville se propose d'emprunter un capital de 100 millions, et de faire à cet effet une émission d'obligations 500 francs 3 $^0/_0$ remboursables en 75 ans par des tirages annuels. Les premiers numéros sortis à chaque tirage bénéficieront des lots suivants : un lot de 100.000 francs, deux lots de 50.000 francs, deux lots de 25.000 francs, vingt lots de 1.000 francs ; mais les obligations perdront, en gagnant un lot, le droit au remboursement au pair et au prorata des intérêts. Quel doit être le nombre des obligations émises? — Quel doit être le prix net d'émission pour ménager aux souscripteurs un taux réel de 4 $^0/_0$? On supposera que la ville veut obtenir le capital net de 100 millions, et on estimera les frais d'émission à 1 $^0/_0$ de ce capital.

(Certif. d'aptit. au professorat commercial.)

1456. Un capital primitif de 100.000 francs a été placé à intérêts composés. Actuellement on sait que si on laissait le capital placé un an de plus, le capital formé serait augmenté de 4.499^{fr},46, et que si on le laissait placé une deuxième année de plus, il serait de nouveau augmenté de 4.679^{fr},43. On demande de déterminer le taux du placement et la durée actuelle de ce placement.

(Certif. d'aptit. au professorat industriel.)

1457. Une grande ville emprunte, au taux de $3\frac{1}{2}$ $^0/_0$, un capital de 100 millions remboursable par 75 annuités légales. Calculer le montant de l'annuité. Comment sera-t-elle répartie en intérêts et amortissements à la fin de la première, de la trentième, de la soixante-quinzième année? Quel sera l'état de la dette après le payement de la trentième annuité?

(Certif. d'aptit. au professorat commercial.)

1458. Un fonctionnaire débute à 3.600 francs par an. Son traitement est augmenté tous les 5 ans de 400 francs. Sachant que 5 $^0/_0$ de ce traitement est retenu pour la retraite, on demande le capital formé par ces retenues placées à intérêts composés quand le fonctionnaire prend sa retraite au bout de 32 ans de service.

1459. Si l'on a amorti une dette de 10.000 francs au moyen de 6 annuités de 1.907^{fr},62 chacune, quelle annuité faudra-t-il payer pendant le même temps pour amortir une dette de 84.600 francs, le taux de l'intérêt étant supposé le même?

1460. On assure un immeuble valant 48.000 francs; la prime à payer est de 0,40 $^0/_{00}$. On verse immédiatement la première prime. Immédiatement après le versement de la dix-huitième prime, l'immeuble est détruit par un incendie et il est remboursé intégralement 1 an après par la compagnie d'assurance. Quel avantage a-t-on eu à s'assurer? On tiendra compte des intérêts composés des primes d'assurance.

TROISIÈME PARTIE

QUESTIONS DE THÉORIE ET PROBLÈMES
DONNÉS AU BREVET

QUESTIONS DE THÉORIE

1461. Démontrer que pour retrancher d'un nombre n la différence $a - b$ de deux autres, il suffit d'ajouter à n le second terme b de la différence et de retrancher du résultat le terme a. *(Brevet, Poitiers.)*

1462. Diviser 45.612 par 342 et faire la théorie de l'opération. Dire ce que devient le quotient quand on augmente ou diminue le dividende d'un nombre donné.

(Brevet, Grenoble.)

1463. Définir le quotient entier de 354.328 par 729. Pourquoi ce quotient a-t-il trois chiffres ? Prouver que le chiffre des centaines de ce quotient est égal au quotient entier de 3.543 par 729. — Donner la règle pour trouver le chiffre des plus hautes unités d'un quotient entier. *(Brevet, Paris.)*

1464. Démontrer qu'on n'altère pas le produit de plusieurs facteurs en intervertissant l'ordre des facteurs.

(Brevet, Besançon.)

1465. Différence des carrés de deux nombres entiers consécutifs. Énoncer et démontrer la règle qui permet de reconnaître qu'on a employé un chiffre trop faible dans la suite des opérations qui donnent la racine carrée d'un nombre entier.

(Brevet, Grenoble.)

1466. Exposer la théorie de la division du troisième cas sur l'exemple suivant : 885.624 divisé par 247. *(Brevet, Caen.)*

1467. En divisant 79 et 116 par le même nombre entier, on trouve respectivement pour restes 7 et 8. Quel est ce nombre ? — S'il y en a plusieurs, quels sont-ils ?

(Brevet, Bordeaux.)

1468. Comment peut-on obtenir le reste de la division de 85.673 par 11 sans faire l'opération ? Énoncer et démontrer la

règle. — Démontrer que la différence entre le nombre 85.673 et le nombre 37.658 est divisible par 11. La différence entre un nombre donné et le nombre obtenu en changeant l'ordre des chiffres du premier est-elle toujours divisible par 11 ?
(Brevet, Bordeaux.)

1469. Démontrer que, si deux nombres divisés chacun par un troisième donnent des restes égaux, leur différence est divisible par ce troisième. (Brevet, Paris.)

1470. Après avoir fait une division, on la recommence en augmentant le diviseur d'une unité. Dans quel cas retrouve-t-on le même quotient et comment le deuxième reste se déduit-il du premier ? (Brevet, Aix.)

1471. Démontrer que si un nombre est séparément divisible par deux nombres premiers entre eux, il est divisible par leur produit. (Brevet, Deux-Sèvres.)

1472. Démontrer que tout nombre qui divise un produit de deux facteurs et qui est premier avec l'un d'eux, divise l'autre. Trouver tous les nombres premiers avec 18 qui divisent : 18×190. (Brevet, Basses-Pyrénées.)

1473. Démontrer qu'un nombre est premier lorsque, étant inférieur au carré d'un autre nombre, il n'admet pas de diviseur premier plus petit que cet autre. Appliquer ce théorème à la détermination des nombres premiers en prenant pour exemple le nombre 487. (Brevet, Paris.)

1474. Tout nombre qui n'est pas premier est un produit de facteurs premiers. En déduire la règle pour décomposer un nombre en ses facteurs premiers. (Brevet, Besançon.)

1475. Un nombre n'est décomposable qu'en un seul système de facteurs premiers. (Brevet, Caen.)

1476. Exposer la théorie du plus grand commun diviseur de deux nombres par la méthode des divisions successives.
(Brevet, Grenoble.)

1477. Exposer la théorie du plus petit commun multiple de deux nombres. (On ne supposera pas les nombres décomposés facteurs premiers.) (Brevet, Clermont.)

1478. Démontrer que tout nombre premier absolu qui divise un produit de facteurs entiers divise au moins l'un des facteurs de ce produit. (Brevet, Paris.)

1479. Si une fraction a ses termes premiers entre eux, toute fraction équivalente a des termes équimultiples de ceux de la première. Trouver une fraction irréductible qui ne change pas de valeur quand on ajoute 9 au numérateur et 45 au dénominateur. (Brevet, Alger.)

1480. Fraction irréductible : définition. À quel caractère reconnaît-on qu'une fraction est irréductible ? La fraction $\dfrac{57.330}{83.780}$ est-elle irréductible ? Sinon, la rendre irréductible. Quel procédé emploie-t-on ? (Brevet, Besançon.)

1481. a étant un nombre impair, démontrer que la fraction $\dfrac{a}{a+4}$ est irréductible.   (Brevet, Bordeaux.)

1482. Démontrer que la somme de deux fractions irréductibles dans lesquelles les dénominateurs sont inégaux ne peut être un nombre entier.   (Brevet, Lyon.)

1483. Condition nécessaire et suffisante pour que la somme de deux fractions irréductibles soit une fraction irréductible.   (Brevet, Grenoble.)

1484. Que devient le quotient d'une division quand on multiplie le dividende par $\dfrac{3}{4}$ et le diviseur par $\dfrac{5}{7}$?

(Brevet, Chambéry.)

1485. Quelle condition doivent remplir les deux fractions irréductibles $\dfrac{a}{b}$ et $\dfrac{c}{d}$ pour que leur quotient soit un nombre entier. Démonstration.   (Brevet, Clermont.)

1486. Trouver à $\dfrac{1}{1.000}$ près par défaut le quotient de 3 par $\dfrac{7}{9}$.   (Brevet, Chambéry.)

1487. Prouver que les quotients de deux nombres par leur plus grand commun diviseur sont premiers entre eux. *Application:* Trouver deux nombres, connaissant leur somme 63 et leur plus grand commun diviseur 9.   (Brevet, Grenoble.)

1488. Démontrer que la suite des nombres premiers est illimitée.   (Brevet, Rennes.)

1489. Condition nécessaire et suffisante pour qu'un nombre entier A soit divisible par un autre nombre entier B. Plus petit commun multiple et plus grand commun diviseur de deux nombres. Ce que donne leur produit.   (Brevet, Nièvre.)

1490. Le nombre 7.854 est divisible par 3 et par 6; l'est-il par 18? Il est aussi divisible par 3 et par 7; l'est-il par 21? A quelle condition un nombre divisible par deux autres l'est-il par leur produit? Démonstration.   (Brevet, Bordeaux.)

1491. Démontrer que le plus grand commun diviseur de deux nombres est le même que le plus grand commun diviseur de l'un d'eux et de leur différence. Dans quel cas ce principe permet-il de diminuer le nombre des opérations dans la recherche du plus grand commun diviseur de deux nombres? Exemples.   (Brevet, Orne.)

1492. Etablir la condition nécessaire et suffisante pour qu'une fraction ordinaire irréductible soit égale à une fraction décimale. Nombre de chiffres décimaux de cette dernière fraction; moyens de la trouver.   (Brevet, Aix-Marseille.)

1493. Convertir la fraction décimale périodique 0,363 636... en fraction ordinaire. Montrer l'identité de cette fraction avec une progression géométrique convenablement choisie.

(Brevet, Rennes.)

1494. Faire comprendre pourquoi la recherche de la fraction décimale équivalente à $\dfrac{5}{7}$ ne se termine pas.

(Brevet, Eure.)

1495. Les nombres entiers 1.045, 3.225, 5.625 sont-ils des carrés parfaits? Condition nécessaire et suffisante pour qu'un nombre entier terminé par un 5 soit carré parfait.

(Brevet, Chambéry.)

1496. A quoi est égal le carré de la somme de deux nombres? Justifiez votre réponse. — Faire le carré de $10d + u$. Si $u = 5$, peut-on tirer de cette opération un procédé rapide pour élever au carré un nombre terminé par un 5?   (Brevet, Nancy.)

1497. Extraire la racine carrée de 3.457 à $\dfrac{1}{100}$ près et justifier l'opération.   (Brevet, Paris.)

1498. Calculer deux nombres, sachant que l'un est double de l'autre et que la somme de leurs carrés est égale à 308.898.

(Brevet, Bordeaux.)

1499. Trouver à $\dfrac{1}{10}$ près par défaut la racine carrée de 218,4484.   (Brevet, Bordeaux.)

1500. Qu'appelle-t-on racine carrée d'un nombre entier à une unité près par défaut? — Qu'appelle-t-on reste de l'opération? — Démontrer que le nombre des dizaines de la racine carrée d'un nombre entier A à une unité près par défaut est égal à la racine carrée du nombre des centaines de A à une unité près par défaut.   (Brevet, Lyon.)

1501. Théorie de l'extraction de la racine carrée à 1 unité près du nombre 4.538.   (Brevet.)

1502. Définir et calculer la racine carrée à $\dfrac{1}{100}$ près du nombre $\dfrac{19}{7}$.   (Brevet, Toulouse.)

1503. Condition nécessaire et suffisante pour qu'une fraction irréductible soit le carré d'une autre fraction.

(Brevet, Poitiers.)

1504. La différence entre les cubes de deux nombres entiers consécutifs est 1.951. Calculer ces deux nombres. (Brevet sup.)

1505. Lorsque plusieurs fractions sont égales, si l'on fait d'une part la somme des numérateurs, d'autre part celle des dénominateurs, quelle est la valeur de la fraction que l'on obtient en prenant pour numérateur la première somme et pour dénominateur la deuxième? Démonstration à l'appui.

(Brevet, Loiret.)

1506. A quel caractère reconnaît-on si un nombre entier donné est la différence des cubes de deux nombres entiers consécutifs? S'il en est ainsi, comment trouve-t-on ces deux cubes? Application au nombre 547.   (Brevet, Vendée.)

1507. Quand une grandeur est-elle mesurable ? — Qu'appelle-t-on mesure d'une grandeur ? — Quels sont les divers procédés employés pour obtenir la mesure des grandeurs ? — *Application :* Etablir la mesure de l'aire du rectangle.

(Brevet, Nancy.)

1508. Systèmes des mesures CGS. On définira exactement les unités fondamentales de ce système ainsi que les principales unités dérivées.   (Brevet.)

1509. Expliquer comment, de la proportion $\dfrac{5}{7} = \dfrac{15}{21}$, on peut déduire la proportion $\dfrac{5}{7+5} = \dfrac{15}{21+15}$.

(Brevet, Alger.)

1510. Soit une suite de rapports égaux : $\dfrac{a}{m} = \dfrac{b}{n} = \dfrac{c}{p}$. Comparer aux précédents le rapport $\dfrac{a+b+c}{m+n+p}$. On pourra remplacer les lettres par des nombres.   (Brevet, Jura.)

1511. Exposer la différence qu'il y a entre l'escompte en dedans et l'escompte en dehors. Faire comprendre cette différence en déterminant l'escompte en dedans et l'escompte en dehors d'un billet de 105 francs payable dans un an. Taux de 5 %.   (Brevet.)

1512. Donner la définition précise des termes usités dans les règles d'escompte : billet, échéance de billet, escompte de billet, taux de l'escompte, valeur nominale, valeur actuelle, escompte commercial ou en dehors, escompte rationnel ou en dedans. Calculer l'escompte d'un billet de 784 francs à 72 jours au taux de 4 %. Trouver sa valeur actuelle en appliquant les deux méthodes (commerciale et rationnelle). Pourquoi les deux méthodes donnent-elles des résultats fort peu différents ?

(Brevet.)

1513. Démontrer que, si une équation du deuxième degré $ax^2 + bx + c = 0$ a deux racines x' et x'', elles sont liées aux coefficients de l'équation par les relations :

$$x' + x'' = -\frac{b}{a} \qquad \text{et} \qquad x'x'' = \frac{c}{a}.$$

Etablir que réciproquement, si deux nombres x', x'' satisfont à ces relations, ils sont racines de l'équation $ax^2 + bx + c = 0$.

(Brevet, Lyon.)

1514. Trouver l'expression de la somme des carrés et de la somme des cubes des racines de l'équation $ax^2 + bx + c = 0$, sans chercher ces racines.   (Brevet.)

1515. Progressions arithmétiques : définition, calcul du terme de rang n et de la somme des n premiers termes.

(Brevet, Poitiers.)

PROBLÈMES SUR LES NOMBRES ENTIERS
ET LES FRACTIONS

1516. On demande de trouver deux nombres, sachant :
1º que le plus grand, diminué du tiers du plus petit, donne
comme reste 155 ; 2º que le plus grand, divisé par le plus
petit, donne comme quotient 3 et comme reste un nombre,
qui, ajouté à la somme des deux nombres cherchés, donne
pour total 250.   (Brevet, Moulins.)

1517. Une dette comprise entre 1.000 et 1.500 francs peut
être exactement acquittée en shillings (1^{fr},20), en florins
d'Autriche (2^{fr},50), en roubles (4 francs), en guinées (25^{fr},20)
et en pièces de 20 francs. Quelle est cette dette ?

(Brevet, Albi.)

1518. 1º Démontrer que deux nombres entiers consécutifs
sont premiers entre eux ; 2º que deux nombres impairs consécutifs sont premiers entre eux ; 3º que si deux nombres sont
premiers entre eux, leur somme et leur produit sont premiers
entre eux.   (Brevet, Toulouse.)

1519. Un voyageur qui se rend à pied de la ville A à la
ville B part à midi en faisant 70 mètres par minute. A une
certaine distance, il monte dans un tramway qui part de A
à midi 20 minutes pour aller également à B, en faisant
150 mètres par minute. Le voyageur arrive ainsi à destination
20 minutes plutôt que s'il avait continué de marcher à pied.
On demande : à 1º quelle distance du point de départ il est
monté dans le tramway ; 2º quelle est la distance de A à B.

(Brevet, Dijon.)

1520. Deux personnes séparées par une distance de
8.200 mètres partent au même moment et vont l'une vers
l'autre. La rencontre a lieu à 4.400 mètres de l'un des points
de départ. Les vitesses restant les mêmes, si la personne la
plus lente était partie 5 minutes avant l'autre, la rencontre
aurait eu lieu à 4.200 mètres du même point de départ. Combien chaque personne parcourt-elle par minute ?

(Brevet, Clermont.)

1521. Une dame veut acheter des mouchoirs et consacre à
cet achat une somme déterminée. Dans le magasin où elle s'est
rendue, elle hésite entre trois qualités parmi celles qui lui
sont présentées, mais elle se décide enfin pour la qualité
moyenne ; elle a remarqué qu'avec la meilleure qualité, qui
vaut 0^{fr},60 de plus par douzaine, elle achèterait une demi-
douzaine de moins, et qu'avec la qualité inférieure, qui vaut

0fr,50 de moins par douzaine, elle achèterait une demi-douzaine de plus. .

Déduire de ce qui précède le nombre de douzaines et le prix de la douzaine de mouchoirs achetés.   (Brevet, Chambéry.)

1522. Un héritage s'élève à 405.000 francs et doit être partagé en parties égales entre un certain nombre d'héritiers. Trois d'entre eux renoncent à leurs droits, et, par ce fait, la part de chacun est augmentée de 22.500 francs. Combien y avait-il d'héritiers ?   (Brevet, Lille.

1523. On partage une somme de 10.000 francs entre quatre personnes. La première aura deux fois autant que la deuxième moins 2.000 francs ; la seconde aura trois fois autant que la troisième moins 3.000 francs ; et la troisième six fois autant que la quatrième moins 4.000 francs. Quelle est la part de chaque personne ?   (Brevet, Agen.)

1524. La longitude de Vienne est de 14°2′36″ E.; celle de Londres 2°26′12″ O. Quand il est minuit à Vienne, quelle heure est-il à Londres?   (Brevet, Alençon.)

1525. On a un terrain rectangulaire dont on peut faire un nombre exact de lots de 150, 120 et 180 mètres carrés. La surface totale est inférieure à 20 ares. Quelles sont les dimensions de ce terrain, sachant que sa longueur est double de sa largeur ?   (Brevet, Marseille.)

1526. Deux phénomènes ont été observés en même temps, le 1er janvier 1907 à midi. Le premier se reproduit périodiquement après des intervalles égaux de 3h28m15s. Le deuxième se reproduit périodiquement après des intervalles égaux de 1h20m51s. On demande : 1° quel jour et à quelle heure ils se sont reproduits simultanément pour la première fois ; 2° le nombre des apparitions simultanées en 384h18m.

(Brevet, Paris.)

1527. Des omnibus partent d'une même station pour trois directions différentes. Ceux de la première ligne reviennent à leur point de départ au bout de 2h10m et séjournent 20 minutes à la station ; ceux de la deuxième ligne reviennent au bout de 1h48m et séjournent 12 minutes ; enfin ceux de la troisième ligne reviennent au bout de 1h36m et séjournent 4 minutes. Ceci posé, trois omnibus partent en même temps de la station commune le lundi matin à 7 heures, un dans chaque direction. On demande à quelle heure ils repartiront ensemble de la même station.   (Brevet, Paris.)

1528. On veut planter le long d'une plate-bande rectangulaire un certain nombre de rosiers également espacés, de manière que la distance d'un rosier au suivant soit au moins de 1 mètre et moindre de 2 mètres et qu'il y ait un rosier à chaque coin de la plate-bande. La longueur de celle-ci est de 14m,84 et sa largeur de 10m,60. Combien faut-il avoir de rosiers ?   (Brevet, Nevers.)

1529. Un propriétaire a fait une plantation de 700 sapins au plus. Si on les compte par 6, par 8, par 10 et par 12, il en reste toujours 5. Mais, si on les compte par 11, il n'en reste pas. Combien y a-t-il d'arbres dans la plantation ?

(Brevet, Paris.)

1530. Un voyageur quitte Bordeaux pour se rendre dans une autre ville en prenant un train qui fait 70 kilomètres à l'heure. Il revient dans un train qui fait 55 kilomètres à l'heure. La durée du voyage, aller et retour, est de 5 heures. Quelle est la distance des deux villes ? (Brevet, Paris.)

1531. Sur un parcours de 114 kilomètres, les grandes roues d'une voiture ont fait en moyenne 7 tours en 8 secondes et les petites 5 tours en 4 secondes. Sachant que les petites roues ont fait 10.800 tours de plus que les grandes, dire quelle a été la durée du trajet, en supposant qu'il n'y ait pas eu d'arrêt et quel est le diamètre de chaque roue. (Brevet, Amiens.)

1532. Un commerçant augmente la première année sa fortune des $\frac{2}{5}$ de sa valeur ; pendant la deuxième année, il augmente le nouveau capital des $\frac{2}{5}$. A la fin de la troisième année, il s'aperçoit que, si sa fortune, au lieu d'augmenter des $\frac{2}{5}$, avait augmenté des $\frac{2}{3}$, il aurait 63.640 francs de plus qu'il ne possède. Quelle somme avait-il au commencement de la première année, et quelle somme possède-t-il actuellement ?

(Brevet, Auch.)

1533. Une salle de spectacle contient 975 places composées de premières, de secondes et de troisièmes. Le prix d'une seconde est la $\frac{1}{2}$ des prix réunis d'une première et d'une troisième et surpasse de 1fr,50 celui d'une troisième. 1° Sachant que trois places d'espèces différentes coûtent 10fr,50, trouver le prix d'une place de chaque espèce ? 2° Sachant qu'il y a 350 secondes et qu'une représentation a rapporté 3.075 francs, trouver le nombre des premières et des troisièmes.

(Brevet, Bordeaux.)

1534. Un marchand achète 70 tonnes de charbon. Le transport lui coûte $\frac{1}{10}$ du prix d'achat ; l'entrée en magasin lui coûte 125 francs. En revendant ce charbon 1fr,35 le sac, il gagne 189 francs sur le prix de revient. S'il l'avait vendu 1fr,10 le sac, il aurait perdu 283fr,50. On demande à quel prix il avait acheté la tonne de charbon et quel est le poids d'un sac.

(Brevet, Rennes.)

1535. Un voyageur demande à la gare de Strasbourg un billet pour Mayence ; il donne 25 francs et on lui rend 2 thalers et 8 centimes. Au retour il donne 5 thalers, et on lui rend 1fr,05. Quelle est la valeur du thaler en francs et centimes ?

(Brevet, Lyon.)

1536. On sait qu'une masse d'air augmente de 0,00367 de son volume pour une augmentation de température de 1 degré ; on demande de calculer quelle serait, à la température de 0 degré et sous la pression normale de 760 millimètres, le volume d'une masse d'air qui, à la température de 23 degrés et sous la pression de 749 millimètres, occuperait un volume de 28m3,479dm3. (Brevet, Albi.)

1537. Une personne doit verser un arrosoir d'eau sur chacun des arbres qui composent une rangée en ligne droite. Ces arbres sont au nombre de 50 ; ils sont à 5 mètres l'un de l'autre, et la source est à 25 mètres du premier. On demande le chemin parcouru quand la personne aura fini son travail et qu'elle sera revenue à la source. (Brevet, Alger.)

1538. Deux courriers M et N partent à midi, l'un de A pour aller en B, l'autre de B pour aller en A. Leurs vitesses sont constantes et telles que le premier arrive en B 9 heures après la rencontre et le second arrive en A 4 heures après la rencontre. Quel est le temps employé par chaque courrier pour parcourir la distance AB ? — Un automobile part de A à 5 heures du soir pour se rendre en B ; sa vitesse est de 28 kilomètres à l'heure. La distance AB est égale à 120 kilomètres. Cet automobile rencontre les deux courriers M et N sur son parcours. On demande : 1o les heures de ces rencontres ; 2o la position des points de rencontre. (Brevet, Toulouse.)

1539. Un champ rectangulaire a pour dimensions deux nombres premiers : 47 mètres et 23 mètres. Calculer le côté du carré tel que son aire, ajoutée à celle du champ, donne un nombre entier représentant l'aire d'une surface carrée. Le côté demandé devra être un nombre entier. (Brevet, Nancy.)

1540. Quatre bateaux partent en même temps du même port d'attache. Le premier met 15 jours pour l'aller et le retour et repart immédiatement ; le second met 25 jours, le troisième 30 jours et le quatrième 45 jours. On demande au bout de combien de temps les quatre bateaux rentreront ensemble au port. (Brevet, Chambéry.)

1541. Dix minutes après le départ d'un train un voyageur qui espère rejoindre ce train à la station suivante monte dans un automobile qui marche à la vitesse de 45 kilomètres à l'heure. Mais le train, arrivé à cette deuxième station $\frac{1}{4}$ d'heure avant lui, est reparti. Le voyageur attend 3h $\frac{1}{2}$, puis se décide au retour. Au bout de 15 minutes un accident survenu au moteur oblige le mécanicien à ralentir l'allure, et l'automobile ne marche plus qu'à la vitesse de 25 kilomètres à l'heure. Le voyageur est de retour à 13h 50m. Sachant qu'il est parti à 8^h30^m, quelle est la vitesse exacte du train? quelle est la distance exacte des deux stations ?   (Brevet, Alger.)

1542. Deux industriels se sont associés pour une entreprise, et l'un d'eux apporte 6.000 francs de plus que l'autre. Ils font un bénéfice de 10.000 francs, sur lequel le premier touche 2.500 francs de plus que l'autre. Combien chacun d'eux avait-il engagé dans cette affaire ?   (Brevet, Épinal.)

1543. Une ligne ferrée présente entre deux points A et B un point culminant S, une rampe de A vers S et une autre de B vers S. Les trains se dirigeant de A vers B ont une vitesse de 30 kilomètres de A en S et de 60 kilomètres de S en B. Les trains se dirigeant de B vers A ont une vitesse de 15 kilomètres de B à S et de 45 kilomètres de S à A. 1° Calculer les distances AS, SB, sachant que AS a une longueur triple de SB et que le trajet AB s'effectue en 1^h45^m ; 2° calculer le temps pendant lequel s'effectuera le trajet BA ; 3° deux trains partant simultanément de A et de B, et allant l'un vers l'autre, à quelle distance de A et au bout de combien de temps la rencontre a-t-elle lieu ?   (Brevet, Paris.)

1544. La différence des valeurs de deux pièces d'étoffe de même longueur est de 126 francs. Quatre mètres de la qualité a plus chère coûtent $13^{fr},50$ de plus que 3 mètres de l'autre, tandis que 3 mètres de la première et 4 mètres de la deuxième coûtent ensemble $38^{fr},25$. Trouver les longueurs des pièces et le prix du mètre de chacune d'elles.

(Brevet, Aix - Marseille.)

1545. Deux bateaux à moteur mécanique partent en même temps de deux points A et B, situés à 80 kilomètres l'un de l'autre sur la même rivière, dont le courant a une vitesse de 800 mètres à l'heure. Le bateau parti de A a une vitesse propre de 12 kilomètres à l'heure et remonte le courant, tandis que le bateau parti de B descend le courant, sa vitesse propre étant de 8 kilomètres à l'heure. On demande à quelle distance de A ils se rencontreront, sachant que le bateau qui remonte a dû traverser deux écluses et que celui qui descend a dû en traverser trois. La perte de temps à chaque écluse est de 17 minutes.   (Brevet, Rennes.)

1546. Une personne est allée faire des achats avec une certaine somme dans sa poche. Pour le premier achat elle a dépensé le $\frac{1}{4}$ de son argent; pour le deuxième, le $\frac{1}{6}$ de ce qui lui restait. Enfin le montant du troisième achat représentait exactement ce qui lui restait dans sa bourse après le deuxième achat; mais comme on lui a fait un escompte de $1\frac{1}{2}$ %, elle rentre avec $0^{fr},90$ dans sa bourse. Combien avait-elle en sortant de chez elle, et quel est le montant de chaque achat ?   (Brevet, Bordeaux.)

1547. Pour 44^{fr},50, on a acheté 8 kilogrammes de sucre, 7 kilogrammes de chocolat et 2 kilogrammes de thé. On sait que 3 kilogrammes de chocolat ont la même valeur que 5 kilogrammes de sucre, et que 2 kilogrammes de thé valent 6 kilogrammes de chocolat. Combien vaut le kilogramme de chacune de ces trois substances ? (Brevet, Cahors.)

1548. Comment payer une somme de 271 francs avec 68 pièces, les unes de 5 francs, les autres de 2 francs ?

1549. On vend à une première personne le $\frac{1}{5}$ d'une pièce de drap, à une seconde les $\frac{2}{3}$ du reste, et à une troisième les 20 mètres qui restent. Sachant que la deuxième a payé pour son achat 150 francs, on demande : 1º le nombre de mètres de la pièce ; 2º le bénéfice réalisé par le marchand qui avait payé le mètre de drap 2^{fr},50. (Brevet, Guéret.)

1550. Dans un département, le nombre des écoles de filles est les $\frac{5}{8}$ du nombre des écoles de garçons, et le nombre des écoles mixtes est les $\frac{2}{7}$ du nombre des écoles de filles. De plus, la population moyenne de chaque école est de 95 élèves. La population scolaire du département est les $\frac{15}{100}$ de la population totale ; et la population totale est de 383.800 habitants. Trouver le nombre des écoles de garçons. (Brevet, Moulins.)

1551. La sœur dépensière d'une communauté religieuse reconnaît que la viande qui vient d'être livrée à la maison renferme une trop forte proportion d'os. Elle est en effet de $\frac{1}{5}$, tandis que, d'après les conditions du marché, elle ne devrait jamais dépasser $\frac{1}{6}$. Elle refuse donc la livraison. Le boucher ajoute alors à la viande déjà fournie 15^{kg},500 de viande sans os, et la proportion d'os se trouve réduite exactement à $\frac{1}{6}$. 1º Quel est le poids total de sa première fourniture ? Combien y a-t-il maintenant de viande nette ? (Brevet, Paris.)

1552. Une affaire commerciale rapporte, la première année, les $\frac{3}{11}$ du capital engagé ; la seconde année, elle rapporte les $\frac{4}{5}$ de ce qu'elle a rapporté la première ; la troisième et la quatrième année, les $\frac{5}{7}$ de ce qu'elle a rapporté la seconde ; en tout 358.800 francs pour les deux dernières années. Quel était le capital engagé ? (Brevet, Mézières.)

1553. Qu'appelle-t-on fraction irréductible ? Condition nécessaire et suffisante pour qu'une fraction soit irréductible. Le plus petit dénominateur commun que l'on puisse donner à la fraction $\dfrac{108}{168}$ et à la fraction irréductible $\dfrac{21}{a}$ est 770. Déterminer a, sachant que ce nombre est premier avec le dénominateur de la fraction irréductible équivalente à $\dfrac{108}{168}$.

(Brevet, Rennes.)

1554. Un entrepreneur construit deux sections de chemin de fer d'égale importance au point de vue du travail, et emploie 80 ouvriers dans chacune. Au bout de 50 jours, il s'aperçoit que l'on a fait les $\dfrac{3}{8}$ du travail dans la première section et les $\dfrac{5}{7}$ de celui de la seconde. On demande combien il faudrait ajouter d'ouvriers de la deuxième section à ceux de la première, pour que le travail de cette première section soit terminé en 120 jours en tout. (Brevet, Toulouse.)

1555. Un marchand achète 630 hectolitres de blé de trois qualités différentes. Le nombre d'hectolitres de la première qualité est les $\dfrac{3}{4}$ de celui de la deuxième et le nombre d'hectolitres de la troisième est la moyenne arithmétique de ceux de la première et de la deuxième. Calculer : 1° combien d'hectolitres il a achetés de chaque qualité ; 2° le prix d'un hectolitre de la première qualité, sachant que, s'il vend l'hectolitre de la deuxième qualité 0^{fr},50 de plus que celui de la première, et celui de la troisième 0^{fr},75 de plus que celui de la deuxième, la vente totale lui rapporte autant que s'il vendait 630 hectolitres au prix unique de 25 francs l'hectolitre. (Brevet, Bordeaux.)

1556. Une personne se proposait de faire un cadeau à 9 enfants en donnant à chacun 4^m,40 d'une certaine étoffe. Il se présente 12 enfants au lieu de 9. Elle distribue alors une étoffe qui coûte 0^{fr},80 par mètre de moins que la première, et il se trouve qu'en dépensant la même somme totale, elle peut donner la même quantité d'étoffe, 4^m,40 à chacun des 12 enfants. Quel est le prix du mètre de chaque étoffe ?

(Brevet, Chambéry.)

1557. Deux cyclistes sont séparés par une distance de 263^{km},76. S'ils vont à la rencontre l'un de l'autre, ils mettent 6 heures pour se rencontrer ; s'ils vont dans le même sens, ils mettent 28 heures. On demande : 1° le nombre de kilomètres que chacun d'eux parcourt par heure ; 2° les chemins parcourus par chacun d'eux dans les deux cas ; 3° le nombre de tours faits par la grande roue d'un vélocipède qui aurait 70 centimètres de diamètre, la distance parcourue étant de 263^{km},76 et la valeur de π étant supposée égale à 3,14. (Brevet, Paris.)

1558. Un train qui fait 60 kilomètres à l'heure part de Paris pour se diriger sur Marseille. Arrivé à Lyon, il est remplacé par un train qui ne fait que 56 kilomètres à l'heure. Sachant que la distance de Paris à Marseille est de 862 kilomètres et que la durée totale du parcours a été de 14^h47^m, calculer la durée et la longueur de chacun des deux parcours partiels.

(Brevet, Orléans.)

1559. Un bateau, pour le prix total de 14.120 francs, a transporté d'Alger à Marseille 275 voyageurs payant par kilomètre et par tête 10 centimes en première classe, 7 centimes $\frac{1}{2}$ en deuxième classe, et 5 centimes $\frac{1}{2}$ en troisième classe. Le nombre des voyageurs de deuxième classe est les $\frac{7}{18}$ du nombre des voyageurs de troisième classe. Combien y avait-il de voyageurs de chaque classe, la distance d'Alger à Marseille étant de 800 kilomètres ? (Brevet, Alger.)

1560. Trois villes A, B, C sont situées sur la même route. Un courrier, avec une vitesse de 8 kilomètres à l'heure, parcourt la distance de A à B. Aussitôt après son arrivée en B, un piéton part de B et parcourt la distance BC, à raison de 4 kilomètres à l'heure. Trouver la durée de chacun de ces deux parcours, sachant que leur durée totale a été de 18 heures et que la distance de A à C est de 100 kilomètres.

(Brevet, Alençon.)

1561. Une mère, à l'occasion de sa fête, donne une robe à chacune de ses filles. Celle de l'aînée, dans laquelle entrent $8^m,40$ d'étoffe et $2^m,90$ de doublure, coûte $43^{fr},11$; celle de l'autre, qui a absorbé $5^m,10$ d'étoffe et $1^m,60$ de doublure, revient à $28^{fr},243$. Cela posé, on demande de faire connaître la valeur : 1° du mètre d'étoffe ; 2° du mètre de doublure. On sait d'ailleurs que la façon et les fournitures entrent dans les deux robes respectivement pour les $\frac{2}{7}$ et les $\frac{2}{5}$ du prix de l'étoffe et de la doublure. (Brevet, Seine.)

1562. Une usine, située entre deux mines d'où elle tire du charbon, se trouve à 27 kilomètres de l'une et à 54 kilomètres de l'autre. Le charbon de la première mine coûte, sur place, 41 francs la tonne ; celui de la deuxième mine coûte, pris aussi sur place, $3^{fr},80$ le quintal ; les frais de transport sont de $0^{fr},18$ par tonne et par kilomètre. Trouver à quelle distance des deux mines devrait s'établir l'usine pour que le prix de revient du charbon, en tenant compte des frais de transport, soit le même, qu'on le fasse venir de l'une des mines ou de l'autre. (Brevet, Tours.)

1563. Un livre doit se composer de 32 feuilles. L'éditeur donne 42 francs par feuille pour la composition ; le papier coûte 14^{fr},25 la rame de 500 feuilles ; le cartonnage revient à 0^{fr},61 par exemplaire ; on paye 8 francs pour la correction des épreuves, et les annonces ont coûté 131 francs. Combien faut-il tirer d'exemplaires, pour que l'éditeur puisse gagner 1.800 francs, chaque exemplaire se vendant 5^{fr},35 ?

(Brevet, Moulins.)

1564. Deux terrassiers ont à déblayer l'un 80 mètres cubes, l'autre 70 mètres cubes. Le premier ne travaille pas le dimanche et enlève 4 mètres cubes par jour. Le second se repose le dimanche et le lundi et enlève 3^{m3},25 par jour. Ils commencent leur travail un mardi. Quand leur restera-t-il à faire la même quantité de travail et combien de mètres cubes chacun aura-t-il déblayés ? (Brevet, Toulouse.)

1565. Un service de tramways relie deux stations A et B. De A les tramways partent de 10 minutes en 10 minutes et un tramway part à midi. De B les tramways partent de 10 minutes en 10 minutes et un tramway arrive à midi 5. A midi, un piéton qui parcourt 4 kilomètres à l'heure part de A et suit la voie du tramway. Il arrive en B à 1^{h}44^m. Le second tramway parti de A le dépasse à midi 13^{m}30^s. 1° Quel est le chemin parcouru par un tramway pendant une heure ? 2° A quelle heure le piéton est-il dépassé par un troisième, un quatrième tramway, etc. ? Combien de tramways l'ont dépassé au moment où il est arrivé en B ? 3° Combien a-t-il rencontré de tramways allant de B en A ? On supposera que tous les tramways ont la même vitesse et n'ont pas d'arrêt entre les stations A et B. (Brevet, Lyon.)

1566. Deux trains partent en même temps de deux villes A et B et vont à la rencontre l'un de l'autre. Le train qui part de A fait 10 kilomètres à l'heure de plus que l'autre, mais il subit un arrêt de 15 minutes après chaque heure de marche. L'autre n'a qu'un seul arrêt de 12 minutes. Les trains se rencontrent, 5 heures après leur départ, au milieu de AB. Trouver la vitesse de chaque train et la distance des deux villes. (Brevet, Toulouse.)

1567. 1° Un train met 20 secondes à défiler devant un poteau télégraphique et 50 secondes à traverser un tunnel de 150 mètres. Calculer la vitesse et la longueur de ce train. 2° Ce train en marche est rencontré par un second train d'une longueur de 98 mètres venant en sens inverse. Sachant que la durée du passage de ces trains, l'un devant l'autre, a été de 8 secondes, calculer la vitesse de ce second train.

(Brevet, Paris.)

PROBLÈMES SUR LE SYSTÈME MÉTRIQUE

1568. La différence des rayons de deux cercles concentriques situés dans un même plan est de 3 mètres ; la surface de la couronne limitée par ces deux cercles est de 1.065 mètres carrés. 1° Calculer les rayons des deux circonférences. 2° Calculer à 0m,01 près la longueur d'une corde AB de la grande circonférence tangente à la petite. 3° Calculer à 1 mètre près la longueur de chaque circonférence.
$\left(\text{On prendra } \pi = \dfrac{355}{113}\cdot\right)$ (Brevet, Poitiers.)

1569. Une feuille de papier carrée a 0m,825 de côté ; on veut la diviser en trois parties égales en traçant deux carrés situés l'un dans l'autre et dont le centre soit celui de la feuille. A quelle distance du bord de la feuille tracera-t-on le côté de chacun des carrés ? Calculer chaque distance à 1 millimètre près.
                    (Brevet, Toulouse.)

1570. Une étoffe a une surface de 4m²,3725 ; la largeur est les $\dfrac{3}{5}$ de la longueur. On en enlève sur le pourtour une bande de 0m,15 de largeur. On demande quel est le rapport de l'ancienne surface à la nouvelle.   (Brevet, Oran.)

1571. Deux trains de chemin de fer parcourent la même distance, le premier en 6h25m et le second en 7 heures, et le premier fait 3 kilomètres à l'heure de plus que le second. On demande le nombre de kilomètres que chaque train fait à l'heure, et la distance parcourue.   (Brevet, Mende.)

1572. Une pièce de toile longue de 45 aunes $\dfrac{5}{6}$, large de $\dfrac{3}{4}$ d'aune, coûte 2fr,60 ; en outre, trois fils juxtaposés forment une longueur d'un millimètre. On demande quel serait, à $\dfrac{1}{2}$ centime près, le prix d'une pelote composée de 180 mètres de fil de même qualité que celui qui a servi à fabriquer la toile.

Nota. — On observera que l'aune vaut 1m,20 et que la toile est formée de deux séries de fils, les uns parallèles à la longueur, et les autres à la largeur.   (Brevet, le Puy.)

1573. Une étoffe se réduit, après avoir été mouillée, de $\dfrac{1}{15}$ de la longueur et de $\dfrac{1}{16}$ de la largeur. Quelle longueur d'étoffe neuve faut-il employer pour avoir 100 mètres carrés d'étoffe après le lavage ? Cette étoffe, avant d'être mouillée, a 0m,80 de largeur.   (Brevet, Bourges.)

1574. Trois courriers partent en même temps de trois points A, B, C, situés en ligne droite, et se dirigent dans un même sens ; le premier part de A avec une vitesse de 1ᵐ,25 par seconde, le deuxième de B avec une vitesse de 0ᵐ,80, le troisième de C avec une vitesse de 1 mètre par seconde : les distances AB et AC sont respectivement 1.000 mètres et 1.800 mètres. Au bout de combien de temps le premier sera-t-il placé entre les deux autres et à égale distance des deux autres ? (Brevet, Laon.)

1575. Trois carrés mesurant ensemble 136ᵐ²,8725 ont été peints à raison de 1ᶠʳ,20 le mètre carré. La peinture de l'un des carrés vaut 43ᶠʳ,20, et l'on sait que la différence de prix pour les deux autres est de 52ᶠʳ,353. Trouver les côtés des trois carrés. (Brevet, Evreux.)

1576. Deux cercles ont le même centre, et leurs rayons sont 7 mètres et 3 mètres. On demande l'aire de la couronne circulaire comprise entre les deux circonférences.

(Brevet, Alger.)

1577. Une salle de classe doit avoir une surface de 1ᵐ²,25 par élève. De combien doit-on agrandir, dans le sens de la longueur, une classe de 46 mètres carrés dont la longueur est de 6ᵐ,50, pour qu'elle puisse contenir 50 élèves ?

1578. Un tapis circulaire de laine noire est bordé d'une bande de laine rouge formant couronne. La surface totale du tapis et de la couronne est de 9.847 centimètres carrés ; celle de la couronne seule, de 1.356 centimètres carrés. Trouver le rayon du cercle formé par la laine noire.

(Brevet, Limoges.)

1579. Un cultivateur a répandu, sur un champ de luzerne de 2ʰᵃ39ᵃ, 37 hectolitres de plâtre immédiatement après la première coupe. Le produit de la deuxième coupe vaut alors les $\frac{4}{3}$ du produit de la première. Le produit de la première coupe était de 7.955 kilogrammes par hectare. D'autre part, la luzerne vaut 48 francs les 1.000 kilogrammes et l'hectolitre de plâtre coûte 3 francs. Quel bénéfice le cultivateur a-t-il retiré de l'emploi du plâtre ?

(Brevet, Lyon.)

1580. Deux frères ont à se partager également une succession composée d'un champ et d'une somme de 12.500 francs. Le notaire fait deux lots : l'un comprend une partie pouvant être vendue comme emplacement à bâtir et valant 4ᶠʳ,50 le mètre carré ; l'autre comprend la somme de 12.500 francs et le reste du champ, estimé à 2.300 francs l'hectare, et qui est d'une superficie dix fois plus grande que le terrain à bâtir. Les deux frères sont également partagés. On demande la contenance des deux portions du champ.

(Brevet, Paris.)

1581. On a couvert d'une toile cirée une table ronde ayant 1^m,20 de diamètre. Cette toile est carrée ; elle a 55 décimètres carrés de plus que la table. Quelle est, à un millimètre près, la longueur de chaque côté de cette toile cirée ?

(Brevet, Paris.)

1582. Une pompe qui alimente régulièrement un bassin dont les dimensions intérieures sont : longueur 1^m,50, largeur 1^m,30, profondeur 0^m,90, pourrait le remplir en 45 minutes. D'autre part, un robinet le viderait en 18 minutes. En supposant qu'il y ait dans le bassin une quantité d'eau égale à 1.170 litres, on demande au bout de quel temps il sera vide, si on l'alimente avec la pompe et si on ouvre en même temps le robinet.

(Brevet, Draguignan.)

1583. Un propriétaire veut faire creuser un fossé autour d'un champ dont la contenance est de 3^{ha}18^{a}25^{ca} et dont la forme est celle d'un carré parfait. Le fossé doit avoir 1^m,25 de largeur, 1^m,35 de profondeur, et les parois doivent être verticales. On demande combien lui coûtera ce fossé, s'il paye 1^{fr},50 par mètre cube de terre à enlever.

(Brevet, Saint-Brieuc.)

1584. Pour un degré d'élévation de température, et en partant de 4° au-dessus de zéro, l'eau augmente en moyenne des 0,000 466 de son volume. Quelle doit être la capacité d'un récipient destiné à contenir exactement 250 kilogrammes d'eau à 80° ?

(Brevet, Paris.)

1585. Un propriétaire fait construire un hangar dont la hauteur est de 3^m,25 et la largeur de 6^m,05. Quelle longueur au moins faut-il lui donner pour qu'il puisse contenir 242 stères de bois ? Cette longueur étant évaluée en mètres et fraction ordinaire de mètre, on la réduit à sa partie entière en négligeant la fraction. De combien de décimètres cubes la contenance du hangar se trouve-t-elle ainsi diminuée ?

(Brevet, Gap.)

1586. Un bassin d'une contenance de 30 mètres cubes est alimenté par deux robinets ; en les ouvrant successivement, le premier pendant 3$^h\frac{1}{2}$ et le second pendant 5 heures, ils ont fourni à eux deux 640 litres d'eau. Puis le premier ayant coulé pendant 6 heures et le second pendant 4$^h\frac{1}{2}$, ils ont donné 720 litres d'eau. On demande combien chaque robinet donne de litres d'eau par heure, et combien il leur faudrait de temps pour remplir le bassin, s'ils étaient ouverts ensemble.

(Brevet, Quimper.)

1587. On veut faire un réservoir contenant 1.299^{hl},375. Ce réservoir doit avoir la forme d'un parallélipipède dont les dimensions sont entre elles comme les nombres 4, 7 et 11. Calculer ces dimensions.

(Brevet, Avignon.)

1588. Trouver la capacité et les dimensions d'une boîte rectangulaire en fer-blanc sans couvercle, sachant : 1° que le fond de cette boîte est un rectangle dont un côté est double de l'autre et que la profondeur est égale au plus petit côté du rectangle de la base ; 2° que le fer-blanc dont la boîte est formée pèse 2 décagrammes par décimètre carré et que le poids total de la boîte est de 90 grammes.   (Brevet, Bordeaux.)

1589. Un tube cylindrique en cuivre, ouvert à ses deux bouts, a une longueur de $0^m,10$, une épaisseur de $0^m,005$. Son poids est de $1,181^g,7$, et sa densité $8,85$. On demande de calculer à $\dfrac{1}{10}$ de millimètre près le diamètre de ce tube.

(Brevet, Paris.)

1590. Un vase contient du mercure qui remplit $\dfrac{1}{4}$ de sa capacité ; les $\dfrac{4}{5}$ du reste contiennent de l'eau, et on achève de le remplir avec de l'huile. Le vase pèse alors 880 grammes ; vide, il pèse $1^{kg},13928$. Calculez sa capacité, sachant que la densité du mercure est $13,6$ et celle de l'huile $0,9$.

(Brevet, Pau.)

1591. Quel volume de mercure déplace une sphère en fonte de 1 décimètre de rayon qui flotte dans la cuve à mercure ? (Densité de la fonte, $7,2$; du mercure, $13,6$).

(Brevet, Paris.)

1592. On fabrique avec de l'or, dont la densité est de $19,362$, des feuilles qui ont $0^m,000001$ d'épaisseur. On demande quelle surface on pourra recouvrir avec 60 grammes de ces feuilles.

. (Brevet, Paris.)

1593. Un vase est rempli d'un mélange d'eau-de-vie et d'eau distillée, pesant 75 kilogrammes. On demande le poids de l'eau qui remplirait ce vase, sachant que le mélange contient quatre fois autant d'eau-de-vie que d'eau distillée, et que le poids de l'eau-de-vie, à volume égal, est les $\dfrac{19}{20}$ du poids de l'eau.

(Brevet, Montpellier.)

1594. La longueur d'un tapis rectangulaire a 1 mètre de plus que la largeur. On entoure ce tapis d'une bande de 10 centimètres de largeur, et la surface du tapis augmente de $1^{m2},44$. Calculer les dimensions et la surface du tapis primitif.

(Brevet, Poitiers.)

1595. Une prairie triangulaire ABC est coupée par une ligne de chemin de fer parallèle au côté AC. On a mesuré les longueurs DE et GF interceptées sur la ligne par le triangle, et la largeur FH de la ligne à la base du remblai :

$$DE = 78^m,90 ; \quad GF = 60^m,60 ; \quad FH = 18 \text{ mètres.}$$

1° Quelle est la surface occupée par la ligne et quelle est sa valeur à 3.200 francs l'hectare ? 2° Le propriétaire voudrait, sans faire arpenter son terrain, connaître la surface des deux portions découpées par la ligne. Il sait que AC mesure 125 mètres. Quelle est la surface de chacune des portions ?

(Brevet, Rennes.)

1596. Un ferblantier construit un arrosoir conique de 9 centimètres de rayon et de 12 centimètres de hauteur. Quel est le rayon AO et quelle est l'amplitude (en degrés) de l'arc AMB du secteur circulaire AMBO dont il a dû se servir pour fabriquer cet arrosoir ? — Quelle en est la capacité ? On prendra $\pi = \dfrac{22}{7}$ et on supposera que la soudure des bords AO, OB se fait sans diminution de volume.   (Brevet, Caen.)

1597. Un terrain carré a été mesuré avec une chaîne d'arpenteur que l'on croyait d'une longueur de 10 mètres, mais qui avait 3 centimètres de moins. On a trouvé que la surface du terrain était de 6^{ha}15^{a}4^{ca}. Quelle est la véritable superficie ? — Quel est le côté du carré ?   (Brevet, Dijon.)

1598. On veut construire un vase tronconique ouvert à sa grande base. Indiquer les figures à tracer sur une feuille de tôle d'épaisseur négligeable pour former les parois latérales et le fond. — Sachant que ce vase a une capacité de 100 litres, que sa hauteur égale le diamètre de sa grande base, que le rayon de la petite base est les $\dfrac{7}{12}$ de celui de la grande, calculer les nombres qu'il faut connaître pour construire exactement les figures précédentes.   (Brevet, Besançon.)

1599. Un jardin rectangulaire a une longueur double de sa largeur ; il est fermé par un mur de 0^m,50 d'épaisseur. Le long de ce mur se trouve une plate-bande de 2^m,50 de largeur et d'une surface totale de 748 mètres carrés. On demande combien a coûté la construction du mur à raison de 12^{fr},50 le mètre courant compté à l'extérieur.   (Brevet, Guéret.)

1600. Dans un bassin rectangulaire dont la largeur est les $\dfrac{5}{8}$ de la longueur, l'eau monte à une hauteur de 0^m,56 ; le bassin contient alors 37.408 litres. 1° Trouver la longueur et la largeur à moins de 1 centimètre près. 2° Définir ce que l'on entend par racine carrée d'un nombre à moins de $\dfrac{1}{100}$ près, et faire voir que la longueur a bien été obtenue à moins de $\dfrac{1}{100}$ près.   (Brevet, Nevers.)

1601. Un corps dont le poids réel est de 650 grammes pèse dans l'eau pure 430 grammes. On demande : 1° son volume ; 2° quel effort il faudrait faire pour le soutenir dans un liquide de densité 1,80 dans lequel il serait complètement immergé ; 3° la densité d'un liquide qui exercerait sur ce corps une poussée de 176 grammes.   (Brevet, Lille.)

1602. On a soudé à un cylindre en fer de 25 centimètres de hauteur un cylindre de platine de même diamètre et de 5 centimètres de hauteur. On a plongé cet ensemble dans du mercure. Quelle sera la hauteur de la partie immergée ? Densité du fer, 7,8 ; du mercure, 13,60 ; du platine, 21,2.

(Brevet, Caen.)

1603. Trouver le volume de la maçonnerie qui entoure un puits cylindrique de 1ᵐ,20 de diamètre intérieur, sachant que l'épaisseur uniforme de cette maçonnerie est de 0ᵐ,40 et que pour rejointer la surface intérieure du puits, on paie 17ᶠʳ,71 à raison de 0ᶠʳ,50 par mètre carré. (Brevet, Lille.)

1604. Un propriétaire a une pièce de terre de la forme d'un rectangle de 17ᵃ28ᶜᵃ dont la hauteur est les $\frac{3}{4}$ de la base. On trace une route de 10 mètres de largeur qui doit traverser cette propriété diagonalement ; l'un des côtés de cette route suit la diagonale. On offre au propriétaire de lui payer le champ entier à 30 francs l'are. Il refuse et se laisse exproprier. Le jury lui alloue 75 francs par are du terrain occupé par la route. On demande ce qu'il a gagné ou perdu en se laissant exproprier, sachant qu'il a revendu le terrain qui lui restait à raison de 18 francs l'are. (Brevet, Paris.)

1605. Un vase a la forme d'un parallélépipède rectangle. Les dimensions intérieures de sa base sont proportionnelles aux nombres 3 et 4, et sa profondeur est 0ᵐ,30. Plein d'eau, il pèse 15ᵏᵍ,030 ; plein d'un liquide de densité 0,95, il pèse 14ᵏᵍ,382. Calculer : 1° la capacité du vase ; 2° son poids quand il est vide ; 3° les dimensions de sa base.

(Brevet, Arras.)

1606. La hauteur d'une boîte cylindrique en carton est égale à son diamètre, qui a lui-même 0ᵐ,50. Pour faire cette boîte, on a découpé le carton nécessaire dans une bande dont la largeur est égale à la hauteur de la boîte et qui pèse 200 grammes au mètre linéaire. On demande : 1° la capacité de la boîte ; 2° la surface totale ; 3° la longueur du carton nécessaire ; 4° le poids de la boîte. (Brevet, Mende.)

1607. Deux champs de forme rectangulaire valent, l'un 1.300 francs, l'autre 1.000 francs. Le premier a 500 mètres de longueur et 65 mètres de largeur ; le deuxième a 400 mètres de longueur. On sait que si les deux largeurs étaient interverties, la diminution de la valeur du premier champ serait égale à l'augmentation de la valeur du deuxième. Calculer : 1° la largeur du deuxième champ ; 2° le prix du mètre carré de chaque champ. (Brevet, Paris.)

1608. On fait la tare d'un flacon vide avec de la monnaie d'or, puis on remplit ce flacon d'eau distillée ; pour faire équilibre au poids du flacon plein, il suffit de remplacer la monnaie d'or par la même somme en argent, et l'on a employé en tout 62 pièces de 5 francs, autant en or qu'en argent. Quel est le volume du flacon ?   (Brevet, Nancy.)

1609. L'air est un mélange de deux gaz, l'oxygène et l'azote. On sait que 1.000 litres d'air renferment 209 litres d'oxygène et 791 litres d'azote. On sait d'autre part que dans 1.000 grammes d'air il y a 231 grammes d'oxygène et 769 grammes d'azote. Le litre d'air pesant $1^g,293$, on demande de calculer, à 0,001 près, la densité de chacun de ces deux gaz.

(Brevet, Nevers.)

1610. Un cylindre fermé à ses deux extrémités est formé d'un métal mince qui pèse 25 grammes par décimètre carré. Le poids du cylindre est égal à 327 grammes et la hauteur est égale à son rayon. Calculer son volume à 1 centimètre cube près.

1611. Dans un vase rectangulaire de $1^m,86$ de long sur $0^m,78$ de large, on verse deux bonbonnes d'huile d'olive pesant net chacune $16^{kg},500$. Jusqu'à quelle hauteur s'élève dans le vase l'huile déjà versée si sa densité est de 0,95 ? Combien pourrait-on encore en verser de litres pour qu'elle s'élève dans ce vase aux $\dfrac{5}{6}$ de sa hauteur, qui est de $0^m,84$?

(Brevet, Mende.)

1612. Un corps solide dont la densité est 2,17 pèse 525 grammes ; on l'attache à un fil et on le suspend au plateau d'une balance. Quel poids faudrait-il mettre dans l'autre plateau pour maintenir la balance en équilibre : 1° si l'on plonge le corps dans l'eau ? 2° si on le plonge dans un liquide dont la densité égale 0,79 ?   (Brevet, Versailles.)

1613. Une sphère métallique de 9 centimètres de rayon pèse 850 grammes. On la soumet à la dorure galvanique, et, après un certain temps d'immersion, on s'assure que son poids s'est accru de 12 grammes. On demande l'épaisseur de la couche d'or, dont la densité est de 19,26.   (Brevet, Nantes.)

1614. La valeur intrinsèque d'une chaîne d'or pesant 72 grammes est de $231^{fr},90$. Quel en est le titre ?

(Brevet, Nîmes.)

1615. On a deux lingots d'or : le premier, qui est au titre de 0,900, pèse 820 grammes de moins que le second, qui est au titre de 0,850. On demande le poids de chacun d'eux, en sachant que le second vaut $1.693^{fr},441$ de plus que le premier. Le prix du cuivre est à négliger.   (Brevet.)

1616. Un seau en bois, du poids de 6 kilogrammes et d'une capacité de 20 litres, est rempli d'une pâte liquide formée de kaolin et d'eau ; il pèse alors $36^{kg},4$. On demande le poids du kaolin et celui de l'eau, sachant que la densité du kaolin sec est 2,3.

1617. On sait que l'or monnayé vaut 15 fois $\frac{1}{2}$ l'argent monnayé, à poids égal, et que les frais de fabrication de la monnaie d'or sont réglés à 6^{fr},50 par kilogramme d'or monnayé au titre de 0,900. D'après cela, on propose de trouver, en francs, décimes et centimes, la valeur d'un décagramme d'or pur. (Brevet, Auxerre.)

1618. Un voyageur arrive à Bade avec une somme de 4.000 francs. Combien recevra-t-il de ducats en échange, sachant que le ducat est une pièce d'or au titre de 0,980, qu'il pèse 3^g,490 ; que le gramme d'or pur vaut 3^{fr},437, et que le changeur prélève 1 $^0/_0$ pour son bénéfice ? (Brevet, Bar-le-Duc.)

1619. En admettant qu'à poids égal l'or ait une valeur 15,5 fois plus grande que celle de l'argent, sachant d'ailleurs qu'un centimètre cube d'or pèse 19^g,26, un centimètre cube d'argent 10^g,51 et que le kilogramme d'or vaut 3.437^{fr},50, on demande la valeur d'une sphère d'argent de 3 centimètres de rayon, recouverte d'une couche d'or de $\frac{1}{10}$ de millimètre d'épaisseur ; cette épaisseur est comprise dans le rayon de 3 centimètres. (Brevet, Nîmes.)

1620. On a un cône d'argent fin de 0^m,95 de circonférence à la base et de 1^m,25 de hauteur. On demande : 1° quelle quantité de cuivre il faudrait y ajouter pour mettre ce cône au titre des monnaies ; 2° quelle valeur représenterait cet alliage. La densité de l'argent est de 10,474. (Brevet, Paris.)

1621. Une personne ayant acheté une terre donne en payement : 1° 69 actions de chemin de fer au cours de 687^{fr},50 ; 2° 387 obligations au cours de 308^{fr},75 ; 3° 4 sacs d'argent monnayé pesant chacun 3^{kg},500 ; 4° 1 sac de monnaie d'or du même poids. Le compte fait, elle doit encore les $\frac{3}{26}$ du prix de la propriété. Quel est ce prix ? (Brevet, le Mans.)

1622. Quel est le volume d'une sphère dont la surface est égale à celle d'un cube de 1^{dm},8 de côté ? (Brevet, Rennes.)

1623. On a transformé en vigne un champ carré. Les plants que l'on a employés ont coûté 896 francs et ont été achetés à 14 francs le 100. Ces plants sont à 1^m,20 de distance les uns des autres, la première rangée étant à 1^m,20 du bord. Le champ a été acheté à 3.000 francs le journal de 29^a,36. On demande quel a été le prix du champ. (Brevet, Chambéry.)

1624. La longueur d'un tapis rectangulaire a 1^m,50 de plus que la largeur. On entoure ce tapis d'une bande de 15 centimètres de largeur, et la surface du tapis augmente ainsi de 2^{m2},04. Calculer les dimensions et la surface du tapis primitif.

PROBLÈMES DE GÉOMÉTRIE ET D'ALGÈBRE

1845. 1° Inscrire un hexagone régulier dans un cercle. — 2° Évaluer l'aire de cet hexagone en fonction du rayon. — 3° On joint les milieux des côtés consécutifs de cet hexagone. Démontrer que la figure ainsi obtenue est un hexagone régulier, et comparer sa surface à celle de l'hexagone primitif. — 4° On continue indéfiniment la construction précédente. On demande de trouver la somme des aires des polygones ainsi obtenus. (Brevet, Tarbes.)

1846. Dans un trapèze isocèle ABCD, la base AD = 168 mètres, la base BC = 40 mètres et les côtés AB et CD sont égaux chacun à 80 mètres. On demande : 1° la surface du trapèze ; 2° la surface du triangle OAD obtenu en prolongeant les côtés AB et CD en O ; 3° les dimensions du rectangle équivalent au triangle OAD, sachant que leur somme est 152 mètres.

(Brevet, Paris.)

1847. Sur le fond horizontal d'un vase cylindrique contenant un liquide, on place une sphère d'un rayon R, et la surface devient tangente à cette sphère. On remplace cette sphère par une autre dont le rayon vaut n fois R, et la surface du liquide est encore tangente à la sphère. Trouver le rayon du cylindre et le volume du liquide quand on connaît n et R. Valeur de ce rayon et de ce volume pour $n = 1{,}5$ et R $= 0^m,324$. Le rayon devra être calculé à $\dfrac{1}{1.000}$ près et le volume à 1 décimètre cube près. (Brevet, Nevers.)

1848. Calculer le volume engendré par un triangle équilatéral ABC tournant autour d'une droite XY parallèle au côté AC. Le côté du triangle équilatéral est égal à la distance de XY au côté AC et vaut $1^m,75$. Calculer le volume à 1 décimètre cube près ; XY et B sont de part et d'autre de AC.

(Brevet, Caen.)

1849. Un terrain a la forme d'un trapèze isocèle de bases 110 mètres et 80 mètres, et de hauteur 60 mètres. Un chemin projeté de 6 mètres de large doit le traverser, son axe se trouvant sur une des diagonales. Quelle est l'indemnité à payer au propriétaire si le terrain cédé est évalué 150 francs l'are ?

(Brevet, Chambéry.)

1850. On donne graphiquement deux longueurs l et a et on demande de construire un rectangle dont le demi-périmètre soit égal à l et dont la surface soit égale à celle du carré de côté a. Condition de possibilité. — Calculer ensuite les longueurs des côtés x et y de ce rectangle en supposant que l

et a désignent des nombres connus. Trouver la relation entre l et a pour que l'un des côtés de ce rectangle soit double de l'autre. (Brevet, Lille.)

1851. Dans un cercle de rayon R, soient AB, CD deux cordes parallèles situées d'un même côté par rapport au centre O, et étant respectivement le côté de l'hexagone régulier inscrit et le côté du triangle équilatéral inscrit. Quelle est l'aire du trapèze ABDC? Ce trapèze est isocèle : pourquoi? Quelle est la valeur en degrés de chacun de ces angles?

(Brevet, Bordeaux.)

1852. Dans une progression arithmétique on donne le nombre de termes 17, la somme des termes 595 et le produit des extrêmes 201. Trouver le premier et le dernier terme ainsi que la raison. Calculer le rayon du cercle inscrit dans un triangle équilatéral dont le périmètre serait égal à la somme des circonférences ayant pour rayons les termes de la progression arithmétique précédente. (Brevet, Aix.)

1853. Dans un triangle ABD, on donne $BC = a$, $AB = c$, $\widehat{A} = 60°$. 1° Calculer la longueur x du troisième côté; 2° déterminer pour quelles valeurs de a le problème est possible; 3° expliquer géométriquement les résultats obtenus.

(Brevet, Paris.)

1854. Dans un cercle de rayon R est inscrit un trapèze isocèle ABCD; la diagonale AC fait un angle de 45° avec la base AB et un angle de 30° avec le côté AD. On propose : 1° d'évaluer les arcs sous-tendus par les côtés du trapèze, ainsi que l'angle des deux diagonales; 2° de calculer l'aire du trapèze. Effectuer le calcul pour $R = 1^m,40$.

(Brevet, Poitiers.)

1855. Mener dans un cercle donné une corde AB telle que, si l'on abaisse de ses extrémités des perpendiculaires sur une tangente parallèle, on détermine un rectangle dont la diagonale ait une longueur donnée. Discuter.

(Brevet, Aix-Marseille.)

1856. Étant donné un demi-cercle de diamètre AOB, trouver sur la circonférence un point M tel que l'on ait :

$$\overline{AM}^2 + \overline{MP}^2 = l^2.$$

AM est la corde qui joint le point cherché M à l'une des extrémités du diamètre, MP est la perpendiculaire abaissée de M sur le diamètre, et l une longueur donnée.

(Brevet, Caen.)

1857. Un jardinier achète un terrain ayant la forme d'un trapèze rectangle ABCD, dans lequel la hauteur AC est égale à la petite base AB, qui est elle-même les $\frac{2}{3}$ de la grande base CD. Il entoure ce terrain d'une clôture métallique valant

1fr,25 le mètre et qui lui coûte 260 francs. 1° Calculer les dimensions de ce terrain. 2° Le jardinier veut creuser un puits à l'intersection des deux diagonales AB et CD. A quelle distance sera-t-il de la hauteur AC?   (Brevet, Toulouse.)

1858. Dans une pyramide triangulaire SABC, l'angle trièdre S est trirectangle ; en outre, SA = 75 mètres, SB = 100 mètres, SC = 80 mètres. Calculer : 1° la surface totale de cette pyramide ; 2° la hauteur SH abaissée du sommet S sur le plan ABC.   (Brevet, Clermont.)

1859. Le rayon de base d'un cône de révolution est égal à 3 décimètres et sa hauteur à 4 décimètres. 1° Calculer à quelle distance de la base du cône il faut mener un plan parallèle à cette base pour diviser la surface latérale du cône en deux parties équivalentes. Trouver le rapport du volume du cône donné au volume du tronc de cône compris entre la base et la section précédente.   (Brevet, Paris.)

1860. Etant donnée une demi-circonférence de diamètre AB = 2R, on demande de déterminer sur cette courbe un point D tel que les aires engendrées par l'arc DA et par la corde DB tournant autour de AB soient équivalentes. — On prendra pour inconnue la distance AC = x, projection de l'arc AD sur AB. On calculera cette distance AC à 1 millimètre près en supposant R = 1 mètre. On donnera ensuite une construction du point C en supposant que R est donné graphiquement et non numériquement.   (Brevet, Lille.)

1861. Un prisme droit a pour base un triangle ABC rectangle en A et dont les côtés de l'angle droit valent, l'un 24 centimètres et l'autre 32 centimètres ; l'arête latérale issue de A est égale à 85 centimètres et se projette sur le plan de base dans la direction du plus petit côté suivant une droite égale à 40 centimètres. Calculer le volume du prisme et l'aire de sa section droite.   (Brevet, Paris.)

1862. Un prisme droit a pour côté un octogone régulier de rayon R et sa hauteur égale le côté du carré inscrit dans un cercle de même rayon. Calculer en fonction de R : 1° la surface de la base du prisme ; 2° le volume du solide ; 3° sa surface latérale. Appliquer au cas où R = 0m,28.

                    (Brevet, Bordeaux.)

1863. Soit un trapèze rectangle ABCD dans lequel on donne la hauteur AD = h et la surface mh. On demande de calculer les bases AB et CD, sachant que le rapport de la surface engendrée par le côté BC, en tournant autour de AD, à la surface du trapèze proposé, est égal à $\dfrac{4\pi}{\sqrt{3}}$. (Brevet, Lille.)

1864. Un cône dont l'arête égale le diamètre de la base est inscrit dans une sphère. Couper la sphère par un plan parallèle à la base du cône, de telle façon que la différence des aires des sections obtenues dans la sphère et dans le cône soit égale à l'aire de la base du cône. (Brevet, Besançon.)

1865. On considère un $\frac{1}{2}$ cercle de diamètre $AB = 2R$. Mener une corde MP parallèle à AB et telle que le volume engendré par le trapèze AMPE en tournant autour de AB soit égal à m fois le volume de la sphère ayant pour diamètre l'excès de l'une des bases sur l'autre. (Brevet, Nancy.)

1866. Deux triangles équilatéraux ABC et CDE sont disposés l'un à côté de l'autre de façon à avoir un sommet commun C et leurs bases en ligne droite. On joint les deux sommets A et D par une droite. Calculer l'aire du quadrilatère ABDE en fonction des côtés a et b des deux triangles. Si l'on prolonge la droite AD jusqu'à sa rencontre en F avec BE prolongé, et qu'on fasse tourner la figure ABF autour de BF, elle engendre un solide. Calculer le volume de ce solide. Appliquer les formules pour $a = 12$ décimètres et $b = 8$ décimètres. (Brevet, Lyon.)

1867. Une pyramide a 12 décimètres de hauteur et 96 décimètres cubes de volume. Elle a pour base un losange dont l'une des diagonales est égale aux $\frac{3}{4}$ de l'autre. On demande : 1° la longueur de chaque diagonale ; 2° la surface du cercle inscrit dans le losange. (Brevet, Chambéry.)

1868. Exprimer le volume engendré par un hexagone régulier de côté a qui effectue une révolution entière autour d'une droite passant par l'un de ses sommets et perpendiculaire au rayon de l'hexagone qui aboutit à ce sommet. Si l'on considère ce volume comme le produit de l'aire de l'hexagone régulier et d'un autre facteur, quel est ce facteur ? Et quel théorème peut-on tirer de là ? (Brevet, Paris.)

1869. Un tombereau a pour base le rectangle ABCD, pour faces latérales des trapèzes isocèles égaux deux à deux ; on donne :

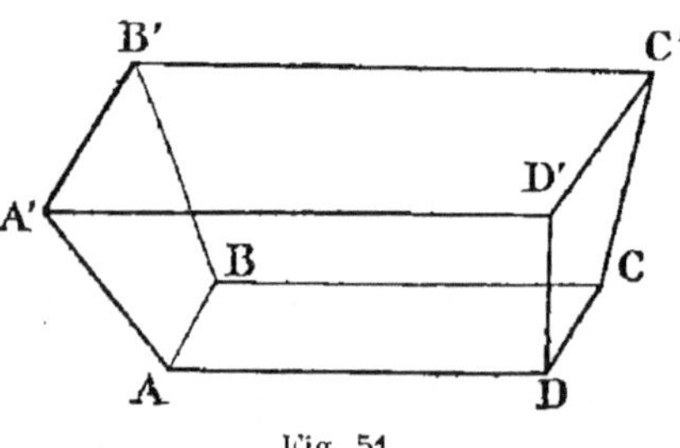

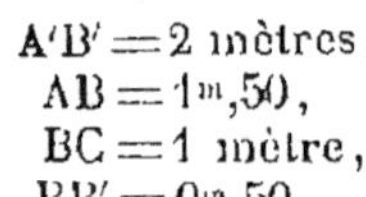

$A'B' = 2$ mètres,
$AB = 1^m,50$,
$BC = 1$ mètre,
$BB' = 0^m,50$

(fig. 51). L'angle dièdre de la face A'ABB' avec la base ABCD est égal à 120°. Calculer la capacité de ce tombereau. On suppose la base horizontale et on verse dans ce tombereau jusqu'au $\frac{1}{3}$ de la hauteur du sable, dont la surface libre est horizontale. Calculer le volume de ce sable. (Brevet, Alger.)

Fig. 51.

1625. Une caisse rectangulaire est divisée en trois comparti-ments par deux cloisons perpendiculaires à sa longueur. En enle-vant les cloisons, alors que le premier compartiment est rempli et les autres vides, l'eau s'élève dans la caisse à 0^m,12 de hau-teur. Dans les mêmes conditions, l'eau remplissant le deuxième compartiment s'élèverait à 0^m,18, et l'eau remplissant le troi-sième à 0^m,30. La capacité de la caisse est de 920^l,205 et sa longueur est le triple de sa largeur. Calculer les dimensions de la caisse et celles des trois compartiments.

(Brevet, Angers.)

1626. Une sphère creuse de métal a un rayon de 5 centi-mètres. La cavité sphérique est concentrique à la grande sphère et a un diamètre de 3 centimètres. À l'extérieur et sur une épaisseur de 0^{mm},1, la sphère est composée d'une couche d'or pur dont la densité est de 19,25. Le reste est en argent pur de densité égale à 10,5. Si l'on emploie l'argent et l'or de la sphère pour fabriquer de la monnaie d'argent au titre de 0,835 et de la monnaie d'or au titre de 0,9, on demande la valeur de chacune des deux sommes obtenues.

(Brevet, Chambéry.)

1627. Un propriétaire a fait construire un pavillon hexagonal de 5 mètres de hauteur au-dessus du sol, au prix de 14^{fr},05 le mètre cube de maçonnerie, y compris la pierre de taille. Le rayon de l'hexagone extérieur servant de base au pavillon est de 8 mètres, l'épaisseur des murs est de 0^m,80, les fonda-tions atteignent 1^m,20 de profondeur au-dessous du sol, les ouvertures occupent $\dfrac{1}{12}$ de la surface moyenne des murs. Combien le propriétaire doit-il au maître maçon?

(Brevet, Besançon.)

1628. Quelle est exactement, en poids et en volume, la quan-tité de cuivre qui entre, comme alliage, dans une statuette d'or pesant 13^{kg},5072 et qui élève de 0^m,06 le niveau de l'eau contenue dans un bassin où on la plonge? Ce bassin a la forme d'un parallélépipède rectangle de 0^m,14 de longueur et 0^m,09 de largeur. La densité de l'or est 19 et celle du cuivre 8,8.

(Brevet, Epinal.)

1629. On veut draper une colonne cylindrique de 15 centi-mètres de rayon et de 1^m,50 de hauteur, de façon à recouvrir la surface latérale et le dessus. On demande : 1° la surface du velours strictement nécessaire pour cette opération ; 2° si l'on suppose que le velours à acheter a une surface qui est les $\dfrac{4}{5}$ de la surface précédente, que l'étoffe employée a 0^m,75 de lar-geur et coûte 10^{fr},50 le mètre, quel est le prix d'achat de cette étoffe?

(Brevet, Nancy.)

1630. On achète, moyennant 2.553^{fr},56 versés au propriétaire, un terrain rectangulaire dont la longueur est le quadruple de la largeur. Il revient à 98 francs l'are, y compris les frais de notaire et d'enregistrement montant au $\frac{1}{13}$ du prix payé au vendeur. On l'entoure d'un mur de 0m,35 d'épaisseur, construit exactement à la limite du champ, enfoncé en terre de 0m,45, saillant de 2 mètres au-dessus du sol, et payé 9fr,50 le mètre cube. Calculer le prix de l'are de la surface cultivable du champ ainsi créé. (Brevet, Nevers.)

1631. Une chaudière a la forme d'un cylindre terminé par deux hémisphères de même rayon que le cylindre. La surface totale est de 6 mètres carrés. La longueur totale est de 5 mètres. On demande : 1° le rayon du cylindre ; 2° le volume de la chaudière, en faisant abstraction de l'épaisseur des parois. (Brevet, Laon.)

1632. Un vase cylindrique vertical dont le fond est un cercle horizontal de 0m,06 de rayon intérieur contient 5 kilogrammes d'eau à la température de 4° ; on y plonge une sphère de 0m,035 de rayon. A quelle hauteur s'élèvera le niveau du liquide ? (Brevet, Paris.)

1633. Dans une fabrique, on extrait du froment les $\frac{13}{25}$ de son poids d'amidon. Combien pourrait-on tirer de quintaux d'amidon de la récolte d'un terrain qui produit 16q,5 de froment par an ? Ce terrain est rectangulaire : la somme de ses côtés est de 496 mètres et sa longueur est égale aux $\frac{16}{15}$ de sa largeur. De plus, le poids de l'hectolitre de froment qu'il produit est égal aux $\frac{5}{8}$ de celui de l'eau qui remplit un cube de $\frac{1}{2}$ mètre de côté. (Brevet, Amiens.)

1634. Dans un terrain circulaire on a creusé un bassin circulaire ayant même centre que le terrain ; il ne reste plus alors autour du bassin qu'une bande circulaire ayant 18ha72a64ca. On demande de déterminer le rayon du terrain circulaire, sachant que le grand rayon est égal à 35 fois le $\frac{1}{3}$ du petit. (On prendra $\pi = \frac{22}{7}$.) (Brevet, Paris.)

PROBLÈMES SUR LES GRANDEURS PROPOR-
TIONNELLES ET LE TANT 0/0

1635. Ce qu'on entend par grandeurs directement ou inversement proportionnelles. Démontrer que, si deux grandeurs directement proportionnelles sont exprimées par des nombres, leur quotient est constant. Et, comme application au cas où une grandeur dépend de plusieurs autres, résoudre en l'expliquant le problème suivant :

Le nombre des oscillations exécutées par un pendule en un temps donné étant proportionnel à la racine carrée de l'intensité de la pesanteur au lieu d'observation, et sachant qu'à Paris la longueur du pendule à secondes est de 0m,994 et l'intensité de la pesanteur étant 9,809, trouver la longueur du pendule qui, à l'équateur, fait 100.000 oscillations par jour ; l'intensité de la pesanteur à l'équateur est 9,781.

(Brevet, Bourg.)

1636. Une couturière s'est engagée à fournir un trousseau en 12 jours. A cet effet, elle estime qu'elle doit employer 3 ouvrières qui travaillent 10 heures par jour et reçoivent 3fr,60 par jour. Après 6 jours de travail, la cliente demande que le trousseau soit livré 2 jours plus tôt. La couturière met alors à ce travail une personne de plus, et propose, moyennant une augmentation de salaire proportionnelle, de prolonger la journée de manière à livrer le trousseau dans les délais demandés. De combien faut-il prolonger la journée et quelle augmentation faut-il donner à chaque ouvrière ?

(Brevet, Grenoble.)

1637. 1º Trouver en francs la valeur du plus petit diamant dont le prix est exprimé par un nombre entier de roubles, de livres sterling, de marks et de francs. Le rouble vaut 4 francs, la livre sterling 25fr,20, le mark 1fr,25. 2º Quel est le poids en carats de ce diamant, sachant qu'un diamant de 3 carats vaut 227 francs, et qu'on admet que le prix du diamant est proportionnel au carré du poids ? 3º Ce diamant venant à se briser en deux morceaux dont le poids de l'un est le double de l'autre, on demande la perte subie sur ce diamant.

(Brevet, Paris.)

1638. Cent trente-cinq grammes de poudre dégagent 14 grammes d'azote et 66 grammes d'acide carbonique. Sachant que 1 litre d'azote pèse 1g,256, que 1 litre d'acide carbonique pèse 1g,97, et que la densité de la poudre est 0,95, on demande le rapport du volume total des gaz dégagés au volume de la poudre. (Brevet, Toulouse.)

1639. Une personne ayant acheté une certaine quantité de marchandises, en a vendu les $\frac{3}{8}$ à 20,42 º/₀ de bénéfice, les $\frac{2}{5}$ à 18,35 º/₀ de bénéfice, et le reste à 7 º/₀ de perte. Elle a réalisé sur ces marchandises un bénéfice de 2.683fr,25. Quelle somme avait-elle dépensée pour leur achat ?

(Brevet, Lyon.)

1640. Un libraire achète 15 douzaines de livres dont le prix fort est de 3fr,50 par exemplaire. On lui donne 13 exemplaires pour 12 et on lui fait en outre une remise de 20 º/₀ sur le

prix fort. Calculer : 1° le montant de son achat; 2° le bénéfice pour 100 qu'il fera sur son prix de revient net, s'il accorde
à ses clients une remise de 10 % sur le prix fort de chacun
des exemplaires et s'il en cède 5 gratuitement.

1641. Un marchand a acheté 1.192^{Mg}28^{bg} de colza, au prix
de 62^{fr},75 l'hectolitre; il paye comptant, on lui fait un escompte
de $3\frac{1}{2}$ %. Il revend les $\frac{5}{6}$ de l'huile au prix de 74 francs
les 100 kilogrammes et le reste au prix de 65^{fr},50 l'hectolitre.
Calculer son bénéfice. Un litre d'huile pèse 913 grammes.

(Brevet, la Rochelle.)

1642. Un marchand a acheté 350 francs d'huile pour
412 francs; il a vendu 117 kilogrammes de cette huile pour
156 francs. Combien devra-t-il vendre chaque litre de ce qui
reste pour faire sur toute la vente un bénéfice de 12 %? Le
poids d'un hectolitre d'huile est de 91 kilogrammes.

(Brevet, Vannes.)

1643. La farine blanche contient environ 10,66 % de matière
azotée et l'on sait qu'un sac de 167 kilogrammes de farine
doit donner 102 pains de 2 kilogrammes. Or on trouve que
le pain blanc de Paris ne contient que 7,02 % de matière
azotée. On demande combien il faut supposer que les boulan-
gers, par addition de matières étrangères, font de pains de
2 kilogrammes en sus des 102 que doit donner le sac de farine
pour expliquer cette différence.　　　　(Brevet, Versailles.)

1644. Un cultivateur a récolté, dans 17^{ha}85^{a}72^{ca}, des betteraves qu'il vend au prix de 19 francs les 1.000 kilogrammes.
La quantité moyenne de la récolte est de 63.457 kilogrammes
par hectare. Mais le fabricant lui décompte 7,50 % sur le
poids des 36 premiers centièmes de ces betteraves, 12,85 %
sur les 48 centièmes suivants, et 23,6 % sur le reste. Il a
dépensé par hectare, savoir : fermage, 175 francs; frais de
culture et de transport, 187^{fr},60; engrais, 348^{fr},75. Trouver le
bénéfice ou la perte.　　　　(Brevet, Arras.)

1645. Deux dames entrent successivement dans un magasin
de nouveautés : la première achète les $\frac{2}{5}$ d'une pièce de
velours de soie; la seconde, la moitié du reste. Sachant qu'elles
ont payé 23 francs le mètre, et qu'elles ont 2^{m},95 de velours
de plus l'une que l'autre, chercher le gain total du négociant,
qui gagne 15 % après avoir vendu le reste de la pièce au
même prix.　　　　(Brevet, Mende.)

1646. Un aubergiste a acheté un certain nombre de litres
de vin. En le revendant en détail, 10 litres sont perdus. Néanmoins, la partie vendue lui fait réaliser un bénéfice égal à
17 % de la somme qu'il avait payée pour son acquisition
entière. Sachant que si les 10 litres perdus avaient pu être
vendus au même prix de détail que les autres, ils auraient

produit une somme égale aux 3 % du prix de l'achat total, on demande combien de litres il avait achetés. — Vérifier, en supposant que l'aubergiste ait payé 0fr,50 le litre de vin acheté, et dire si la vérification réussirait en supposant un prix quelconque.   (Brevet, Nice.)

1647. Deux commerçants font, l'un pour 340.380 francs d'affaires, l'autre pour 692.400 francs. Le premier fait un bénéfice de 13 % et prélève sur ce bénéfice $16\frac{1}{2}$ % pour ses dépenses personnelles. Calculer à combien pour 100 s'élève le bénéfice du second, sachant qu'il prélève sur ce bénéfice $20\frac{1}{4}$ % pour ses dépenses personnelles et que ses économies ne valent que les $\frac{4}{5}$ de celles du premier commerçant.

(Brevet, Pau.)

1648. Le prix d'un diamant est proportionnel au carré de son poids. On sait, d'autre part, qu'un diamant qui pèse 0g,2027 vaut 100 francs. Trouver, à 0g,001 près, le poids d'un diamant qui vaut 654 francs.   (Brevet, Pau.)

1649. Une montre marque ce soir 4^h32^m; hier à midi elle marquait 12^h28^m, et l'on sait de plus qu'elle avance de 5 minutes en 24 heures. On demande l'heure qu'il est.

(Brevet, Dijon.)

1650. Dans une mine de fer, on extrait du minerai de deux qualités différentes. L'une contient 72 % de fer, l'autre 52 %. On les mélange en quantités convenables pour avoir un minerai contenant 65 % de fer, proportion que l'on s'est engagé à toujours atteindre dans les livraisons. L'extraction annuelle s'élève à 450.000 tonnes. Combien, en moyenne, doit-on extraire, par jour, de chaque qualité de minerai, en supposant 310 jours de travail dans l'année?

(Brevet, le Puy.)

1651. Un marchand achète à un fermier 100 sacs de blé, à raison de 32fr,25 le sac, à la condition que chaque sac pèsera 118 kilogrammes. Or, vérification faite, 25 sacs seulement pèsent le poids convenu; 20 sacs pèsent 116kg,075; 30 pèsent 115kg,475; 12 sacs pèsent 119kg,350, et 13 pèsent 118kg,085. Quelle somme le marchand doit-il donner, si, en payant comptant, il obtient un escompte de $3\frac{1}{2}$ %?

(Brevet, Moulins.)

1652. Un Etat alloue à un établissement pénitentiaire une somme de 0fr,80 par jour pour chaque enfant qu'il reçoit. Sans le travail des enfants, cet établissement aurait perdu la somme versée, laquelle représente les $\frac{15}{100}$ de ses dépenses totales. Mais, grâce à ce travail, il se trouve qu'il a pu réaliser, sur ces mêmes dépenses, un bénéfice de 2 %. L'établissement ayant reçu 312 enfants pendant une moitié de l'année et 340 pendant l'autre moitié, on demande ce qu'a rapporté le travail des enfants et quelles sont les dépenses totales de l'Etat.

(Brevet, Limoges.)

1653. On a une cuve rectangulaire dont la longueur est de $0^m,63$ et la largeur de $0^m,51$. On y a mis de l'eau salée que l'on a fait évaporer et dont on a retiré $4^{kg},6$ de sel marin. On sait que 1 kilogramme d'eau de mer contient 50 grammes de sel et que la densité de l'eau de mer est 1,025. Cela étant, on demande : 1° quel était le volume de l'eau de mer ; 2° quelle était la hauteur de cette eau dans la cuve.   (Brevet, Paris.)

1654. Une commune dépense 350 francs pour la distribution des prix. Le libraire fait une remise de 25 % sur les livres qu'il fournit. Combien y a-t-il d'élèves dans les écoles de cette commune, sachant que chacun reçoit pour $0^{fr},70$ de livres dans le cours élémentaire, pour $1^{fr},10$ dans le cours moyen et pour $1^{fr},50$ dans le cours supérieur, valeur calculée sur le prix fort du catalogue? On sait que le nombre des élèves du cours moyen est les $\frac{7}{5}$ de celui des élèves du cours supérieur et les $\frac{2}{3}$ de celui des élèves du cours élémentaire; de plus, l'estrade et les autres frais absorbent $11^{fr},75$.

(Brevet, Aurillac.)

1655. Un fournisseur a acheté du drap de deux qualités : à $9^{fr},50$ et à $12^{fr},50$ le mètre. Il en fait confectionner des tuniques, au nombre de 6 douzaines, dont il a retiré, défalcation faite de la façon et des fournitures, $1.527^{fr},66$. Sachant que sur cette somme il a un bénéfice net de 15 %, qu'il a employé $1^m,80$ d'étoffe pour chaque tunique, on demande la quantité par lui achetée des deux qualités de drap.   (Brevet, Alger.)

1656. Le capital engagé dans une usine est de 675.000 francs, dont une moitié représente le capital fixe (machine et bâtiments), et dont l'autre moitié forme le fonds de roulement. Cette usine produit annuellement 7.640 tonnes de fonte, qui se vend $126^{fr},50$ la tonne. Le prix de revient des 100 kilogrammes de fonte est de $8^{fr},72$; le capital fixe paye $11^{fr},50$ % d'intérêt annuel, et le fonds de roulement $7^{fr},15$ %. Quel est le bénéfice annuel?   (Brevet, Saint-Etienne.)

1657. Un capitaliste engage dans une entreprise un certain capital. La première année il y perd 12 % de cette somme, et la seconde année 8 % de ce qui reste. La troisième année, il regagne 6 % de ce qui lui restait après la seconde année et il s'en faut de $3.545^{fr},60$ qu'il n'ait reconstitué son capital primitif. Quelle est la valeur de ce capital?   (Brevet, Périgueux.)

1658. Une personne qui avait acheté un terrain au prix de 4.500 francs l'hectare le revend à raison de 5.000 francs l'hectare. En mesurant le terrain pour vente, on trouve que sa contenance est inférieure de 15 ares à l'évaluation qui en avait été faite au moment de l'achat; néanmoins, le vendeur gagne $5 \frac{115}{117}$ % sur le prix d'achat. Calculer la contenance de ce terrain. (Brevet, Corrèze.)

1659. Un entrepreneur s'est engagé à faire 785 mètres de fossés pour drainage au prix de 0^{fr},90 le mètre, à la condition que, s'il n'a pas terminé dans 5 jours, il ne lui sera payé que ce qui sera fait, avec un rabais de 15 %. Pendant 5 jours, l'entrepreneur a employé 16 ouvriers, qui ont fait en moyenne chacun 7 mètres par jour. Combien est-il dû à l'entrepreneur? — Pour terminer le travail, le propriétaire emploie à son compte 12 ouvriers pendant 4 jours. Combien doit-il les payer au plus par jour, pour ne pas perdre sur son premier marché? (Brevet, Orléans.)

1660. Un marchand reçoit une barrique de vin qui lui revient à 225 francs. Dans le transport, un certain nombre de litres se sont perdus. Le marchand veut gagner autant pour 100 sur le prix d'achat qu'il y a eu de litres perdus. S'il établit le prix de vente sur la contenance de la barrique, il vendra le litre 1 franc; s'il établit le prix de vente sur le contenu de la barrique, il vendra le litre 1^{fr},05. Calculer : 1° la contenance de la barrique ; 2° le nombre de litres perdus. Vérifier les résultats obtenus. (Brevet, Paris.)

1661. En vendant une marchandise, un commerçant a gagné 15 % sur le prix d'achat. S'il l'avait vendue 55 francs de plus, son bénéfice aurait été égal à 14 % du prix de vente. Calculer le bénéfice réel. (Brevet, Poitiers.)

1662. Un voyageur descend dans un hôtel où il convient de payer, par jour, 4 francs pour la chambre seule et 10 francs pour la chambre et la nourriture ensemble. En quittant cet hôtel, où il est resté 36 jours, le voyageur paie 315 francs. Sachant que, outre le prix payé par convention, il a payé 32 francs pour frais divers et qu'il a profité d'une remise de 10 % sur sa dépense totale dans l'hôtel, trouver pendant combien de jours il a payé 4 francs et pendant combien de jours il a payé 10 francs. (Brevet, Paris.)

1663. Un propriétaire achète un terrain rectangulaire à raison de 6.000 francs l'hectare. Après l'avoir mesuré, il trouve que ce terrain contient 6 ares de moins qu'il n'en a payé; mais il ne fait aucune réclamation, car il peut le revendre à 7.500 francs l'hectare. Il gagne ainsi $16 \frac{2}{3}$ % sur le prix d'achat. Trouver les dimensions de ce champ, sachant que la largeur est les $\frac{3}{7}$ de la longueur. (Brevet, Ardèche.)

1664. Un marchand a deux pièces de drap dont la première a 15 mètres de plus que la deuxième et qu'il vend aux prix respectifs de 18 francs et de 16 francs le mètre. Un client achète ces deux pièces de drap, et, pour payer son achat, propose au marchand, qui accepte, de la toile à $2^{fr},80$ le mètre. Le marchand gagne 3 francs par mètre de la première pièce et $3^{fr},20$ par mètre de la seconde ; mais, de son côté, le client gagne 40 % sur le prix auquel il avait payé la toile. Sachant que le bénéfice du client surpasse de 120 francs le bénéfice du marchand, trouver les longueurs des deux pièces de drap et celle de la toile cédée en échange. (Brevet, Paris.)

PROBLÈMES SUR LES INTÉRÊTS, L'ESCOMPTE ET LES RENTES

1665. Une personne ayant emprunté à $4\frac{1}{2}$ % par an une certaine somme, le 1er février, a rendu le 15 avril de la même année, pour capital et intérêts, la somme de 646 francs. Quelle somme avait-elle empruntée ? (Brevet, Chambéry.)

1666. Deux personnes placent la même somme, l'une à 5 %, l'autre à 3 % ; le revenu de la première surpasse de 700 francs celui de la seconde. Quelle est la somme placée ?
(Brevet, Nevers.)

1667. Un agriculteur a du blé à vendre, et on lui en offre $28^{fr},50$ le quintal métrique. Ayant refusé cette offre, il ne peut s'en défaire que 5 mois plus tard, à $26^{fr},40$; à cette époque, son blé, s'étant desséché, a perdu 2 % de son poids. Combien cet agriculteur a-t-il perdu par quintal en refusant la première offre, et en tenant compte de l'intérêt de l'argent à 4 % ? (Brevet, Rouen.)

1668. Deux capitaux qui sont entre eux dans le rapport de 5 à 6 ont été placés, savoir : le plus petit pendant trois années $\frac{1}{4}$ à 5 % ; l'autre pendant deux années $\frac{2}{3}$ à $4\frac{1}{4}$ %. L'intérêt produit par le premier a surpassé de $291^{fr},50$ celui qu'a donné le second. Déterminer ces deux capitaux. (Brevet, Orléans.)

1669. Si à un capital on ajoute ses intérêts de 18 mois $\frac{2}{3}$, on trouve un nombre qui est à ce capital comme 674 est à 625. Calculer le taux. (Brevet.)

1670. Un capital a été placé à un taux tel qu'après onze mois, le capital et les intérêts simples s'élevaient à $6.302^{fr},50$, et, après deux ans et demi, à 6.825 francs. Quel est ce capital et à quel taux a-t-il été placé ? (Brevet, Nancy.)

1671. Deux sommes sont placées, l'une pendant 6 mois, l'autre pendant 9 mois, au taux de 6 $^0/_0$. Le revenu de la première dépasse de 240 francs celui de la seconde. Trouver ces deux sommes, sachant qu'elles sont comme 5 est à 3.
(Brevet, Poitiers.)

1672. Deux personnes, en réunissant leur avoir, ont 167.280 francs. La première place ses fonds à 4 $^0/_0$ pendant 3 mois, et elle se fait un revenu double de celui que toucherait la seconde en plaçant les siens à 5 $^0/_0$ pendant 7 mois. Quel est l'avoir de chacune d'elles? (Brevet, Bourges.)

1673. On a placé à intérêts simples deux capitaux qui sont entre eux comme $3\frac{3}{4}$ est à $4\frac{5}{6}$. Sachant que le premier capital, placé à 4 $^0/_0$ pendant 6 ans 4 mois, a produit 1.071 francs d'intérêt de plus que le second capital placé à raison de 3 $^0/_0$ pendant 4 ans $\frac{1}{2}$, on demande quels sont ces capitaux.
(Brevet, Paris.)

1674. Une personne a placé à intérêt simple, au taux de $4\frac{1}{2}$ $^0/_0$, un certain capital, et au taux de 5 $^0/_0$ un autre capital. Le second est égal aux $\frac{11}{8}$ du premier. Les capitaux et les intérêts réunis se sont élevés, au bout de 12 ans 7 mois, à 33.000 francs. Quels étaient les deux capitaux placés?
(Brevet, Albi.)

1675. Un capitaliste, voulant créer une ferme, achète, avec les $\frac{3}{8}$ de sa fortune, un terrain qui lui revient à 3.528 francs l'hectare, et il consacre les $\frac{2}{3}$ du reste à la construction des bâtiments d'exploitation. Les $\frac{3}{5}$ du capital encore disponible étant placés à 4,50 $^0/_0$ et le reste définitif à 6 $^0/_0$, ces deux dernières parts produisent ensemble un revenu de 2.805 francs par an. On demande : 1° la fortune totale du capitaliste ; 2° la contenance du terrain et le montant de chacune des deux dernières sommes placées séparément. (Brevet, Digne.)

1676. Quelqu'un a acheté, au prix de 45 francs l'are, un terrain ayant la forme d'un trapèze dont la hauteur est 80 mètres et l'une des bases 24 mètres. Après un délai de 145 jours, en y comprenant l'intérêt simple au taux de 4 $^0/_0$ par an, il a versé, pour s'acquitter, la somme de 1.024^{fr},24. Quelle était l'autre base du trapèze? (Brevet, Paris.)

1677. Une personne qui a emprunté 5.750 francs a souscrit en même temps, pour s'acquitter, trois billets de 2.000 francs chacun, payables : le premier dans 4 mois, le deuxième dans 9 mois, le troisième dans 14 mois. Quel est le taux de l'escompte? (Brevet, Clermont-Ferrand.)

1678. Un minotier a acheté 785 hectolitres de blé à raison de 28^{fr},70 les 80 kilogrammes. Vérification faite, on trouve que l'hectolitre pèse 78 kilogrammes; l'acheteur donne argent comptant 12.500 francs et solde le reste en billets à ordre, payables à 5 mois de date. Quel devra être le montant de ces billets, pour que leur valeur actuelle complète la somme due pour le blé acheté? (Escompte en dehors ou commercial, taux 6 $^0/_0$ par an.) (Brevet, Rennes.)

1679. On escompte à 4 $\frac{1}{2}$ $^0/_0$ les trois billets suivants : le premier de 1.550 francs, payable dans 6 mois 20 jours; le deuxième de 1.990 francs, payable dans 3 mois 10 jours; le troisième de 2.480 francs, payable dans 5 mois 25 jours. Quelle somme recevra-t-on? (Brevet, Lyon.)

1680. Un rentier a placé les $\frac{4}{7}$ de sa fortune en rentes sur l'Etat et le reste en valeurs industrielles. La première partie lui donne un revenu annuel de 1.041^{fr},25 et la deuxième partie lui donne un revenu de 1.176 francs. En ajoutant, pendant la deuxième année, 12.400 francs à chaque placement, le revenu total de cette deuxième année est augmenté de 1.820^{fr},60. On demande : 1° quelle était la somme primitivement placée par le rentier; 2° quel est le taux de chaque placement.

(Brevet, Niort.)

1681. Un négociant doit une somme de 3.000 francs. Il remet à son créancier : 1° un billet de 1.500 francs, payable dans 90 jours; 2° un billet de 1.500 francs, payable dans 120 jours; 3° le complément de la dette en espèces. Quelle somme d'argent devra-t-il verser? Le taux de l'intérêt sera compté à raison de 4 $\frac{1}{2}$ $^0/_0$. (Brevet, Avignon.)

1682. Pour payer 5 milliards, on a fait un emprunt couvert par une émission de rentes 4,50 $^0/_0$; d'autre part, pour construire des écoles qui coûtent en moyenne 18.000 francs, on fait des emprunts couverts par des rentes 4 $^0/_0$. Combien pourrait-on construire de ces écoles avec les rentes du premier payement? (Brevet, Rodez.)

1683. Une société industrielle s'est formée au capital de 200 actions de 500 francs chacune pour l'exploitation d'une petite fabrique. Elle a fait, dans le cours d'une année, un bénéfice de 12.532^{fr},40. Les statuts allouent au gérant 30 $^0/_0$ du bénéfice total, et à chaque associé 5 $^0/_0$ de son fonds social. Ces conditions remplies, quel est le dividende qui reste à répartir entre les associés? — Que revient-il en tout à un actionnaire qui a souscrit 5 actions, et combien ses fonds lui rapportent-ils pour 100? (Brevet, Paris.)

1684. Un billet de 1.270 francs, payable le 16 novembre, est présenté à l'escompte le 11 octobre. L'escompte étant calculé à raison de 5 %, on demande quelle somme le banquier remettra au porteur? Calculer d'après la méthode des nombres et des diviseurs fixes et celle des parties aliquotes et expliquer les opérations. (Brevet, Ajaccio.)

1685. Au 1er janvier d'une année bissextile, un négociant a souscrit deux billets de 2.500 francs chacun, payables : l'un le 25 juin, l'autre le 11 avril de la même année. A quelle date a-t-il dû les acquitter, sachant que l'escompte obtenu pour le second fut les $\frac{2}{5}$ de celui du premier? — Taux de l'escompte : 6 % par an. (Brevet, Tours.)

1686. Une personne souscrit un billet de 2.540 francs payable dans 110 jours et un autre de 3.425 francs payable dans 84 jours. Elle veut les remplacer par un billet unique payable dans 3 mois. Quel doit être le montant du billet unique, le taux de l'escompte étant de 5 %? Résoudre le problème en supposant : 1º l'escompte en dehors ; 2º l'escompte en dedans. (Brevet, Niort.)

1687. Quelle doit être la valeur nominale d'un billet payable après 2 ans et 2 mois, pour que, ce billet étant escompté au taux de 6 % par an, la différence entre l'escompte en dehors et l'escompte en dedans soit de 8ᶠʳ,97? (Brevet, Besançon.)

1688. Une personne, qui avait placé les $\frac{4}{5}$ de son capital à 4,5 % et le reste à 3 %, le retire. Elle dépense 2.000 francs et place ce qui lui reste à 4 %. Elle se trouve avoir un revenu inférieur de 180 francs à celui qu'elle avait tout d'abord. On demande quel était le capital primitif de cette personne. (Brevet, Pas-de-Calais.)

1689. Une personne achète un champ de forme rectangulaire dont la superficie totale est de 2ʰᵃ59ᵃ20ᶜᵃ, et dont la largeur n'est que le $\frac{1}{5}$ de la longueur. On demande : 1º les dimensions de ce champ ; 2º quelle est, en litres, la contenance du réservoir circulaire qui s'y trouve, sachant qu'il a 3 mètres de rayon et 0ᵐ,80 de profondeur ; 3º quelle fortune possède cette personne, sachant qu'elle a payé ce terrain 0ᶠʳ,60 le mètre carré et qu'elle a employé à cette acquisition le revenu de 3 années d'un capital placé à 4 %. (Brevet, le Puy.)

1690. Un propriétaire possède 240.000 francs. Il dépense une partie de cette somme à bâtir une maison, et place le $\frac{1}{4}$ du reste à 4 %, et les trois autres quarts à 5 %. Il obtient ainsi en revenu une somme de 3.325 francs. Dites combien la maison lui a coûté. (Brevet, Saint-Brieuc.)

1691. Une personne a fait deux placements : le premier de 12.000 francs et le deuxième de 16.000 francs; ils lui rapportent ensemble au bout d'un an 1.430 francs. L'année suivante, elle ajoute 500 francs à chaque placement, et son revenu devient alors égal à 1.480 francs. Quel est le taux de chaque placement? (Brevet, Orléans.)

1692. Une somme de 10.000 francs a été placée à intérêts simples. Si la durée du placement eût été augmentée de 30 jours, l'intérêt total eût augmenté de 50 francs; si le taux eût été diminué de $0^{fr},80$ $^0/_0$, l'intérêt eût diminué de 150 francs. On demande le taux et la durée du placement, l'année étant comptée pour 360 jours. (Brevet, Quimper.)

1693. Une personne a placé à intérêt simple, au taux de $4\frac{1}{2}$ $^0/_0$, un certain capital, et au taux de 5 $^0/_0$ un autre capital. Le second capital est les $\frac{8}{11}$ du premier. Les capitaux et les intérêts réunis se sont élevés, au bout de 12 ans 7 mois, à 33.000 francs. Quels étaient les deux capitaux placés? (Brevet.)

1694. Une personne a placé à intérêts simples deux capitaux, l'un à 5 $^0/_0$, et l'autre, valant deux fois le premier, à 4 $^0/_0$. La somme que cette personne a retirée au bout de 5 ans 8 mois, capitaux et intérêts compris, est $6.372^{fr},40$. Quels sont ces capitaux? (Brevet, Guéret.)

1695-1696. Une personne dépose une certaine somme chez un banquier qui lui en paye l'intérêt à raison de $3\frac{1}{2}$ $^0/_0$ l'an. Au bout de 5 mois, cette personne retire son argent avec les intérêts produits et emploie le tout à l'acquisition d'un titre de 200 francs de rente 5 $^0/_0$. Elle paye ce titre à raison de $115^{fr},20$ pour 5 francs de rente, plus le courtage de l'agent de change, qui est de $\frac{1}{8}$ $^0/_0$ du prix d'achat; ces frais payés, il lui reste encore $2^{fr},60$. On demande quelle était la somme primitivement déposée chez le banquier. (Brevet, Nantes.)

1697. Une personne achète des marchandises pour 1.780 francs et profite d'un escompte de 3 $^0/_0$. Quatre mois après, elle revend ces mêmes marchandises pour 1.980 francs, payables dans deux mois. Les frais d'emmagasinage et de transport s'élèvent à 20 francs, qu'elle paye le jour où elle vend ses marchandises. On demande combien elle a gagné, en tenant compte de l'intérêt de son argent à 6 $^0/_0$. (Brevet, Châlons-sur-Marne.)

1698. Un capital de 15.000 francs est placé, partie à 4,60 $^0/_0$, et partie à 5 $^0/_0$. On place à 4,50 $^0/_0$ les $\frac{2}{5}$ de l'intérêt reçu pour un an, les $\frac{3}{4}$ du reste de cet intérêt à 4,75 $^0/_0$, et le surplus à 4,25 $^0/_0$. On obtient ainsi un supplément annuel de $33^{fr},0315$. Quelle est la valeur de chacune des parties du capital primitif? (Brevet, Laon.)

1699. Un propriétaire a vendu un terrain ayant la forme d'un trapèze à 15.000 francs l'hectare ; le produit de la vente, placé à un certain taux, s'est élevé, avec ses intérêts simples, à 41.034ᶠʳ,70 après 5 mois, et à 42.380ᶠʳ,10 après 1 an et 3 mois. Sachant que la hauteur du trapèze est 124 mètres et la différence de ses bases 86 mètres, on demande : 1º le taux du placement ; 2º le capital placé ; 3º la superficie du terrain et les bases du trapèze.   (Brevet, Lille.)

1700. On suppose que les bénéfices d'un négociant dans le courant de chaque année représentent $\frac{1}{4}$ de la somme dont il disposait au commencement de cette année et qu'il engage ses nouveaux capitaux dans son commerce comme il le faisait pour les précédents. Au bout de 3 ans, il se retire avec une fortune qui, placée à 6 %, par an, lui permet de dépenser 342 francs par mois. Quelle était sa première mise de fonds ?

                    (Brevet, Guéret.)

1701. On fait payer en bois, au prix de 12ᶠʳ,50 le décistère payé comptant, une cour rectangulaire de 18 mètres de longueur. Les blocs employés ont 0ᵐ,12 de hauteur et couvrent chacun une surface rectangulaire de 0ᵐ,15 sur 0ᵐ,09. Le pavage a été terminé le 20 octobre ; mais le propriétaire, n'ayant payé que le 7 juin de l'année suivante, a dû servir à l'entrepreneur un intérêt de 4 $\frac{1}{2}$ %, par an. La dépense totale s'est élevée alors à 3.333ᶠʳ,15. On demande la largeur de la cour et le nombre de blocs employés.   (Brevet, Grenoble.)

1702. Deux sommes diffèrent de 2.030 francs. On place la plus grande à 4 %, pendant 20 mois ; l'autre produit le même intérêt simple si elle est placée à 4 $\frac{1}{2}$ %, et reste 4 mois de moins. Quelles sont ces deux sommes ?   (Brevet, Amiens.)

1703. Un teneur de livres reçoit le 1ᵉʳ mai trois billets : le premier de 275 francs, payable le 30 juin ; le deuxième de 548 francs, payable le 15 octobre ; le troisième de 1.250 francs, payable le 30 novembre de la même année. Pour simplifier les écritures, il porte à l'avoir du client une somme égale à la somme des valeurs nominales des trois billets. A quelle date doit-il fixer l'échéance commune ? Au 31 décembre, quelle somme portera-t-il à l'avoir du client, l'intérêt étant de 6 % ?

                    (Brevet, Paris.)

1704. Un banquier escompte le même jour, au même taux, deux billets dont les valeurs nominales diffèrent de 185 francs. L'un de ces billets est payable dans 75 jours et l'autre dans 60 jours. Les escomptes en dehors des deux billets étant égaux, calculer le montant de chacun d'eux et montrer que le résultat ne dépend pas de la valeur du taux. Quelle serait la différence des escomptes des mêmes billets si on les calculait par la méthode rationnelle au taux de 5 %? (Brevet, Nord.)

1705. Une personne possède un capital de 30.000 francs. Elle en place une partie à 5 % et avec le reste elle achète de la rente 3 % au cours de 90 francs. Les 30.000 francs ainsi divisés lui rapportent en tout 1.200 francs de revenu annuel. Quelle somme a-t-elle placée à 5 % et quelle somme a-t-elle employée en achat de rente? (Brevet, Belfort.)

1706. Deux rentiers placent : l'un son capital à 4 %, l'autre le sien à $5\frac{1}{2}$ %. La somme de leurs revenus est 3.035 francs. Si le premier place son capital à $5\frac{1}{2}$ % et le deuxième le sien à 4 %, la somme de leurs revenus est 3.018 francs. Quels sont les capitaux de ces deux rentiers?

(Brevet, Clermont.)

1707. Un négociant, en se retirant des affaires, emploie les $\frac{3}{8}$ de sa fortune à acheter une propriété qui lui revient à 3.750 francs l'hectare. Les $\frac{3}{4}$ du reste sont employés à l'achat d'obligations qui lui reviennent à 937^{fr},50 chacune, frais compris, et qui lui rapportent 40 francs l'une. Le capital qui lui reste après ces deux opérations lui rapporte un revenu de 4.527^{fr},50, étant placé les $\frac{3}{4}$ à $4\frac{1}{2}$ % et le reste à 5 %. On demande : 1º la fortune du négociant; 2º le taux auquel il a placé l'argent employé à l'achat des obligations; 3º les sommes qu'il a placées à $4\frac{1}{2}$ et à 5 %, et enfin la contenance en hectares, ares et centiares de la propriété qu'il a achetée.

(Brevet, Bourg.)

1708. Une personne place à 5 % une certaine somme. Au bout de deux ans, elle en retire les $\frac{2}{5}$; six mois après, elle en retire les $\frac{3}{10}$, et enfin elle retire ce qui reste à la fin de la troisième année. La somme totale des intérêts qu'elle a ainsi reçus est de 11.243 francs. On demande quelle était la somme primitive qu'elle avait placée. (Brevet, Paris.)

1709. Une personne présente à l'escompte le même jour deux billets, l'un payable dans 30 jours, et l'autre dans 45 jours. L'escompte est fait à 6 %, et on prélève une commission de $\frac{1}{2}$ %. Quelles étaient les sommes portées sur les deux billets, sachant qu'elles valent ensemble 3.000 francs et que la personne a touché 3.557^{fr},25? (Brevet, la Rochelle.)

1710. Un négociant a acheté 27 barriques de vin dont le poids total est de 24.453 kilogrammes pour 2.945 francs. Le poids des barriques vides est la douzième partie du poids du vin, et la densité de ce vin est 0,99. Le négociant en vend 26 hectolitres avec un bénéfice brut de 12 $^0/_0$; l'acheteur le paye avec un billet qu'il fait le 1er novembre, jour de l'achat, et dont l'échéance est le 1er mars de l'année suivante. On demande le montant de ce billet, sachant que le vendeur exige un escompte de 5 $\frac{2}{3}$ $^0/_0$ par an. (Brevet, Draguignan.)

1711. Une personne a versé chez un banquier, le 6 avril, une somme dont on doit lui servir les intérêts au taux de 3 $\frac{1}{2}$ $^0/_0$. Le 16 août suivant, elle a reçu en remboursement 4.557^{fr},50. On demande quelle somme elle avait le 6 avril. (On devra, pour le calcul des intérêts, compter exactement le nombre de jours écoulés depuis le jour du versement jusqu'à celui du remboursement, en n'y comprenant, toutefois, que l'un de ces deux jours, mais l'année entière ne sera évaluée qu'à 360 jours au lieu de 365.) (Brevet, Agen.)

1712. Un fonctionnaire dont le traitement est de 4.200 francs économise les $\frac{2}{7}$ de ce traitement et les place à la fin de chaque année, à intérêts simples, au taux de 4 $\frac{1}{2}$ $^0/_0$. A la fin de la cinquième année, il emploie les sommes qu'il a économisées et les intérêts qu'elles lui ont rapportés à acheter de la rente à 3 $^0/_0$ au prix de 95 francs. Quel revenu annuel se fera-t-il ainsi ? (Brevet, Nantes.)

1713. Une personne possède deux capitaux qu'elle a placés pendant le même temps : le premier à 5 $\frac{1}{2}$ $^0/_0$, le deuxième à 6 $\frac{1}{2}$ $^0/_0$. Le premier capital a produit 6.378^{fr},75 ; le deuxième, qui surpasse le premier de 8.100 francs, a donné 11.846^{fr},35 d'intérêt. On demande : 1º le temps pendant lequel ces deux capitaux ont été placés ; 2º le montant de chacun d'eux.
(Brevet, Laon.)

1714. Un libraire de province reçoit d'un éditeur de Paris 78 volumes à 2^{fr},50 l'un, et il paie 3 francs de port. Le libraire ne verse le prix de la fourniture qu'au bout de treize mois, et il a, comme remise, le treizième volume par douzaine, plus 25 $^0/_0$ sur le prix ci-dessus. Un mois après l'envoi de l'éditeur, il vend ses volumes en bloc à 2 francs l'un, mais il n'est payé que quatre mois après cette vente. Combien le libraire a-t-il gagné pour 100, en tenant compte de l'intérêt de son argent à 6 $^0/_0$? (Brevet, la Rochelle.)

1715. Un marchand, possédant 300 pièces de vin, désire acheter avec le produit de leur vente une maison de 44.850 francs ; mais, de cette vente, il n'a pu retirer qu'une somme telle que, pour payer la maison, il faudrait ajouter à cette somme la dixième partie de cette somme plus 1.950 francs. On demande le prix de vente de chaque pièce de vin, et pendant combien de temps on devra placer le produit de la vente à 6 $^0/_0$, à intérêts simples, pour que les intérêts ajoutés au capital constituent une somme égale au prix de la maison.

(Brevet, Aix.)

1716. Une personne donne en payement à une autre personne deux billets, l'un de 600 francs payable dans 3 mois, l'autre de 800 francs payable dans 6 mois. Deux mois plus tard, elle offre de remplacer ces deux billets par un seul, payable au bout de 6 mois en tenant compte des intérêts, et son offre est acceptée. Sachant que le billet unique est de 1.430 francs, déterminer le taux de l'intérêt. (Brevet, Niort.)

1717. Pour acquitter une dette, un commerçant a souscrit trois billets : le premier de 1.800 francs, payable dans 50 jours ; le deuxième de 1.500 francs, payable dans 80 jours ; le troisième de 700 francs, payable dans 90 jours. Le débiteur propose à son créancier de remplacer ces trois billets par un billet unique de 4.000 francs. Dans combien de jours ce billet sera-t-il payable ? Le taux de l'escompte est de 6 $^0/_0$.

(Brevet, le Mans.)

1718. Une personne qui a souscrit à un même créancier deux billets, l'un de 800 francs payable dans 90 jours, et l'autre de 1.200 francs payable dans 60 jours, a été autorisée à remplacer ces deux billets par un billet unique payable dans 45 jours. Le taux de l'escompte, pris en dehors, étant de 6 $^0/_0$, calculer le montant de ce billet unique.   (Brevet, Niort.)

1719. Une personne achète une propriété de 60.000 francs, et il est convenu qu'elle payera le premier quart de cette somme comptant, le deuxième quart au bout de 2 mois, le troisième quart au bout de 4 mois, et le reste dans 6 mois. On lui propose ensuite de payer la somme de 60.000 francs en une seule fois. A quelle époque devra s'effectuer le payement ?

(Brevet, Paris.)

1720. Une personne doit trois billets : le premier, de 520 francs, payable dans 6 mois ; le deuxième, de 740 francs, payable dans 8 mois ; le troisième, dont le montant n'est pas connu, payable dans 165 jours. Ces trois billets peuvent être équitablement remplacés par un billet unique de 2.200 francs, payable dans 7 mois. Quel est le montant du troisième billet ? (L'escompte est pris en dehors, à 6 $^0/_0$.)

1721. Un marchand qui achète un fonds de magasin s'est engagé à le payer comme il suit : le $\frac{1}{4}$ dans 60 jours, le $\frac{1}{3}$

du reste 80 jours après le premier payement, les $\frac{2}{3}$ du nouveau reste 70 jours après le second payement, enfin le solde, c'est-à-dire 4.100 francs, 60 jours après le troisième payement. On demande : 1° le prix de ce fonds de magasin ; 2° l'échéance commune de tous ces payements, c'est-à-dire le nombre de jours à dater de celui de l'achat au bout desquels le marchand pourrait se libérer en n'effectuant qu'un seul payement.

(Brevet, Avignon.)

1722. Pour s'acquitter d'une dette de 1.185 francs, un marchand devait faire trois payements : le premier dans 7 mois ; le deuxième, qui était le double du premier plus 15 francs, était payable dans 9 mois, et le troisième, qui était le double des deux premiers, moins 21 francs, était payable dans 1 an. Le marchand désire ne faire qu'un seul payement. Quand devra-t-il l'effectuer ?   (Brevet, Lyon.)

1723. Une personne, pour s'acquitter d'une dette, a donné à son créancier deux billets : l'un de 840 francs, payable dans 8 mois ; l'autre de 564 francs, payable dans 11 mois. Trois mois plus tard, elle offre à son créancier de remplacer ces deux billets par un seul, payable dans un an. Le créancier accepte, mais à la condition que le payement sera de 1.453^{fr},50. A quel taux prête-t-il son argent ?   (Brevet, Quimper.)

1724. Un billet payable dans 120 jours est escompté en dehors par un banquier à 6 % l'an. Si l'escompte avait été fait en dedans, le porteur aurait reçu 10^{fr},94 de plus. On demande : 1° le montant du billet ; 2° la somme remise au porteur.

(Brevet, Paris.)

1725. Un billet payable dans 6 mois a subi, au taux de 6 % par an, un escompte en dehors de 599^{fr},46. On demande : 1° quel est le montant du billet ; 2° quel serait l'escompte en dedans ; 3° ce que représente la différence entre les deux escomptes.   (Brevet, Privas.)

1726. La différence entre l'escompte en dehors et l'escompte en dedans d'un même billet, payé 4 mois avant l'échéance, est 0^{fr},60. Le taux de l'escompte étant 6 %, on demande le montant du billet.   (Brevet, Besançon.)

1727. Un billet est payable dans 45 jours. On l'escompte à 6 %. Quelle est la valeur nominale de ce billet, sachant que la différence entre l'escompte commercial et l'escompte rationnel est égale à 0^{fr},09 ?   (Brevet, Caen.)

1728. On présente à un banquier deux billets dont l'un est payable dans 40 jours et l'autre dans 90 jours ; l'escompte au taux de 4 % s'élève à 33^{fr},20. Si l'escompte avait lieu 10 jours plus tard, au taux de 5 %, il s'élèverait à 35^{fr},50. Quel est le montant de chacun de ces deux effets ? (Brevet, Clermont.)

1729. Une personne achète un terrain à raison de 2^{fr},50 le mètre carré. Elle s'acquitte en cinq versements égaux, échelonnés de 3 mois en 3 mois, et chaque fois elle verse en même temps les intérêts dus au taux de 3,6 $^0/_0$. Le premier versement est fait au bout de 3 mois et s'élève avec les intérêts à 2.211^{fr},22. On demande : 1° le prix du terrain ; 2° le montant de chaque versement ; 3° les dimensions du terrain qui a la forme d'un trapèze dont la hauteur est le $\frac{1}{4}$ de la somme des bases et dont la petite base est les $\frac{10}{13}$ de la grande.

(Brevet, Bordeaux.)

1730. Une personne achète un champ de forme rectangulaire à 2^{fr},50 le mètre. Le périmètre du champ est 90 mètres et la longueur 21 mètres. L'acheteur, ne pouvant payer comptant, fait un billet payable à 3 mois. Le vendeur, ayant besoin d'argent, veut négocier le billet le jour même de la signature et en fixe le montant de telle sorte qu'il touchera chez le banquier la même somme que si la vente avait été faite au comptant. Le taux de l'escompte étant de 4 $^0/_0$, calculer le montant du billet : 1° dans le cas où le banquier prélèverait l'escompte rationnel ; 2° dans le cas où le banquier prélèverait l'escompte commercial.   (Brevet, Bordeaux.)

1731. Une personne a acheté avec les $\frac{3}{8}$ de sa fortune un terrain qui lui revient, tous frais payés, à 3.528 l'hectare ; les $\frac{3}{8}$ du reste ont été employés à l'achat d'une maison. Le capital dont elle dispose encore après ces deux opérations produit un revenu de 2.805 francs, les $\frac{3}{5}$ de ce capital étant placés à 4 $\frac{1}{2}$ $^0/_0$ et le reste à 6 $^0/_0$. On demande la fortune de cette personne, le prix de sa maison, les sommes placées à 4 $\frac{1}{2}$ $^0/_0$ et à 6 $^0/_0$, et la contenance de son terrain en hectares, ares et centiares.   (Brevet, Paris.)

1732. Un agriculteur a vendu les $\frac{3}{8}$ de son blé à raison de 18 francs le quintal, 8 quintaux à 20 francs et le reste à 22 francs, le tout pour une somme de 804 francs. Il a reçu en payement deux billets qui, escomptés à 4 $^0/_0$ pour 90 jours, l'un en dehors, l'autre en dedans, ont subi le même escompte. Trouver la valeur nominale de chaque billet et le nombre de quintaux de blé.   (Brevet, Lyon.)

1733. Un capitaliste emploie une partie de sa fortune à l'achat de rente 3 $^0/_0$ au cours de 97^{fr},50 ; une deuxième partie à l'achat de valeurs diverses donnant en moyenne un intérêt de 3,15 $^0/_0$; enfin la troisième partie est employée à l'achat d'une maison qu'il loue et qui lui rapporte net 4 $^0/_0$. On demande la somme placée à chaque taux ; le montant total des intérêts annuels est 4.948^{fr},40, et les diverses parties sont entre elles comme les nombres 1, 2, 4.   (Brevet, Nancy.)

1734. Deux personnes ont placé leurs fortunes, l'une à 5 %, l'autre à 6 %. La fortune de la deuxième surpasse de 82.000 francs celle de la première, et le revenu de la deuxième surpasse celui de la première de 6.420 francs. Calculer les revenus des deux personnes. Quelles seraient les deux fortunes, si le revenu de la seconde personne était le double des revenus de la première ?   (Brevet, Aix.)

1735. Un terrain rectangulaire dont l'une des dimensions est les $\frac{4}{9}$ de l'autre, a la même étendue qu'un autre terrain carré de 35^m,40 de côté. 1º Calculer les dimensions du premier terrain. 2º Calculer les valeurs de ces terrains, sachant que celle du premier surpasse celle du deuxième de 3.132^{fr},90 et que si l'on plaçait la première valeur à 3,6 % et la deuxième à 4 % par an, elles produiraient le même revenu. 3º Calculer le prix de l'are de chaque terrain.   (Brevet, Nord.)

1736. La différence entre les superficies de deux terrains est de 2^a,64. La différence des périmètres est de 32 mètres. Ces deux terrains ayant été vendus, le grand a été payé comptant ; pour le petit, on a accepté un billet de 1.912^{fr},50 payable dans 4 mois. Le prix du mètre carré étant le même pour les deux terrains, on demande quel est ce prix. Taux de l'escompte : 6 %.   (Brevet, Montpellier.)

1737. Un capitaliste place une partie de sa fortune à 5 % et l'autre à 3 %. Il se fait ainsi un revenu de 1.810 francs par an. Si les placements étaient intervertis, la personne perdrait 180 francs par an. Quelle est sa fortune ? (Brevet, Manche.)

1738. Deux capitaux ont été placés, pendant le même temps, le premier à 4,75 % et le deuxième à 5,25 %. Le premier a produit 3.800 francs d'intérêt, et le deuxième, qui surpassait le premier de 8.000 francs, a produit 5.600 francs. Avec le deuxième capital, on achète un terrain de forme rectangulaire, dont la largeur est les $\frac{2}{3}$ de la longueur, à raison de 3$^{fr}\frac{1}{3}$ le mètre carré. On demande : 1º le montant des deux capitaux ; 2º la durée du placement ; 3º les deux dimensions du terrain.   (Brevet, Paris.)

1739. Une personne qui doit une somme de 2.400 francs payable dans 8 mois, se libère en payant 756 francs et en souscrivant deux billets : l'un de 1.232 francs payable dans 3 mois, et l'autre payable dans 1 an. Calculer la valeur nominale de ce dernier billet.   (Brevet, Basses-Pyrénées.)

1740. Une personne fait valoir deux capitaux : l'un de 5.500 francs à 4 %, l'autre de 8.000 francs à 5 %. Ce second capital n'étant placé que 4 ans et demi après le premier, dans combien de temps après le premier placement les deux capitaux auront-ils rapporté le même intérêt?   (Brevet, Caen.)

1741. Une personne avait un capital placé à 5 %. Elle le retire, y ajoute 850 francs et place le tout à 4 $\frac{1}{2}$ % ; son revenu est ainsi diminué de 80 francs. Quel était son capital primitif?   (Brevet, Grenoble.)

1742. Une personne présente à l'escompte un billet payable dans 120 jours ; le billet est escompté en dehors à 6 %. S'il avait été escompté en dedans, la personne aurait reçu 5^{fr},47 de plus. Quel est le montant du billet?   (Brevet, Mâcon.)

1743. Le rapport de deux capitaux est $\frac{7}{8}$. Si l'on augmente chacun d'eux de 1.000 francs, leur rapport devient égal à $\frac{68}{77}$. On demande : 1° le montant de ces deux capitaux ; 2° le taux auquel est placé le deuxième capital, sachant que le taux du premier est de 4 $\frac{1}{2}$ % et que le rapport de leurs intérêts annuels est $\frac{63}{52}$.   (Brevet, Lot-et-Garonne.)

1744. Une personne possède deux billets d'une même valeur, l'un payable dans 3 mois, l'autre dans 7 mois. Elle fait escompter le premier à 6 % et le second à 6 $\frac{1}{2}$ %. Elle reçoit pour le premier 4^{fr},50 de plus que pour le second. On demande la somme portée sur chaque billet.

(Brevet, Vendée.)

1745. Un rentier prête les $\frac{2}{5}$ d'un capital à un certain taux et place le reste dans une industrie à un autre taux ; chacun de ces deux placements lui donne le même revenu : 2.040 francs. S'il augmentait chaque placement de 2.000 francs, son revenu total serait de 4.240 francs. Trouver le capital et le taux de chaque placement.   (Brevet, Paris.)

1746. Une personne a acheté un certain nombre de mètres d'étoffe ; elle a payé les $\frac{7}{22}$ de ce nombre de mètres 12^{fr},50 le mètre, les $\frac{5}{33}$ 15 francs le mètre, et le reste 7^{fr},60 le mètre. Le total de la dépense est une somme qui, augmentée de ses intérêts à 6 % pendant 90 jours, donnerait 15.076^{fr},27. Combien a-t-on acheté de mètres à chaque prix indiqué?

(Brevet, Privas.)

1747. Une propriété a été achetée dans les conditions suivantes : 1° l'acheteur donne d'abord 20 % du prix d'achat ; 2° il donne encore les $\frac{5}{6}$ de ce qu'il reste à devoir ; 3° il donne deux billets de 20.604 francs, payables, le premier à 2 mois de date, et le second à 4 mois de date, représentant ensemble le reste du prix d'achat, capital et intérêts compris à 6 %. Quel est le prix d'achat ?   (Brevet, Paris.)

1748. Une personne qui a souscrit à un même créancier deux billets, l'un de 3.200 francs payable dans 60 jours et l'autre de 4.000 francs payable à 90 jours, a été autorisée à remplacer ces deux billets par un seul payable dans 42 jours. Le taux de l'escompte en dehors étant de 6 %, calculer le montant de ce billet unique.   (Brevet, Chartres.)

1749. Un banquier escompte en dehors, à 5 %, deux billets payables, l'un dans 11 jours, l'autre dans 8 jours. Quelle est la valeur nominale de chaque billet, sachant que les valeurs actuelles sont comme les nombres 7 et 8 et que la somme des deux escomptes est $34^{fr},40$?   (Brevet, Bourg.)

1750. On veut faire, avec 47.000 francs, trois placements : l'un à 3 %, le deuxième à 4 %, le troisième à 5 %, de manière que chacun produise le même revenu. Quels sont ces trois placements ?   (Brevet, Mézières.)

1751. Une personne a placé les $\frac{2}{5}$ de son capital à 6 % et le reste à $4\frac{1}{2}$ %. La première partie rapporte un intérêt annuel de $939^{fr},60$. Trouver la deuxième partie et le revenu total et, de plus, le taux unique auquel le capital entier produirait le même revenu.   (Brevet supérieur.)

1752. Un héritage a été partagé entre trois personnes, de manière que la part de la deuxième soit double de celle de la première, et la part de la troisième triple de celle de la deuxième. Ces trois personnes étant absentes, leurs parts sont placées à intérêts simples, la première et la deuxième à 5 %, la troisième à 4 % l'an. La deuxième retire ses fonds après 1 an 9 mois, la première après 1 an 10 mois et la troisième après 1 an 10 mois 15 jours. Sachant que la somme des intérêts retirés est de 7.095 francs, on demande de calculer : 1° chacune des trois parts ; 2° le montant de l'héritage.

(Brevet, Chambéry.)

1753. Un marchand achète, le même jour, 5.000 kilogrammes de blé dont le double décalitre pèse $15^{kg},5$ et 3.000 kilogrammes d'un autre blé dont le double-décalitre pèse $15^{kg},6$. Le quintal métrique de blé est évalué 24 francs payables dans 1 mois ; mais le marchand préfère se libérer immédiatement et bénéficie d'une remise de $\frac{1}{2}$ %. Après 17 jours, il revend tout son blé à raison de $3^{fr},90$ le double décalitre payables au comptant. Les frais d'emmagasinage, qui s'élèvent à 17 francs, restent à sa charge et sont payés le jour de la vente. On demande combien le marchand a gagné pour 100 sur le prix de revient du blé, sachant d'ailleurs qu'il y a un déchet de 0,005 et qu'il faut tenir compte de l'intérêt à 6 %/₀ par an de ce qu'il a déboursé. (Brevet, Chambéry.)

1754. Une société a acheté des terrains en vue d'une spéculation ; elle les revend quelque temps après dans les conditions suivantes. Elle en cède les $\frac{13}{20}$ avec un bénéfice de 5.831 francs, puis les $\frac{8}{11}$ du reste avec un bénéfice de 17 %/₀ et le reste avec une perte de 29 %/₀. En définitive, elle a réalisé un gain de 40.817 francs. Sachant que son capital a été ainsi placé au taux de 7 %/₀, on demande le temps qui s'est écoulé entre l'époque de l'achat et l'époque de la vente.

(Brevet, Alger.)

1755. Un terrain carré a été mesuré avec un décamètre trop court de 2 centimètres, et sa surface a été déclarée de 1ʰᵃ56ᵃ25ᶜᵃ. Quelle est la véritable superficie ? Combien pourrait-on acheter de rente française 3 %/₀ au cours de 98ᶠʳ,40 avec le prix de vente du terrain, exactement mesuré, vendu 50 francs l'are, et de combien l'intérêt aurait-il été plus fort annuellement si les dimensions inexactes du terrain n'avaient pas été modifiées ? (Brevet, Grenoble.)

1756. Une personne a placé, à intérêts simples, deux sommes, l'une en argent, l'autre en or ; la première a été placée à 6 %/₀ et la deuxième à 4 $\frac{1}{2}$ %/₀. Trouver ces deux sommes, sachant qu'elles ont même poids et que la différence de leurs intérêts au bout d'un an est 2.868ᶠʳ,75.

(Brevet, Orléans.)

1757. On a fait escompter le même jour deux billets, dont l'un était payable au bout de 30 jours et l'autre au bout de 45 jours ; l'escompte a été pris en dehors à 6 %/₀ et il a été prélevé en outre une commission de $\frac{1}{2}$ %/₀. Quelles étaient les sommes énoncées dans les deux billets, sachant qu'elles valent ensemble 7.200 francs et qu'on a touché 7.144ᶠʳ,50 ?

(Brevet, Vendée.)

PROBLÈMES SUR LES PARTAGES,
MÉLANGES ET ALLIAGES

1758. Partager 10.000 francs entre quatre personnes, de manière que la part de la première soit les 0,9 de celle de la deuxième, celle de la deuxième les 0,8 de celle de la troisième, celle de la troisième les 0,7 de celle de la quatrième.

(Brevet, Besançon.)

1759. L'actif d'une faillite, tous frais de liquidation déduits, est de 168.925 francs. Quelle sera la répartition entre les quatre créanciers auxquels il est dû respectivement 63.275 francs, 41.835 francs, 91.605 francs, 53.800 francs ? On calculera chaque part à moins de 1 centime près. (Brevet, Bourges.)

1760. Un oncle laisse en mourant une somme de 880.000 francs à deux neveux âgés l'un de 16 ans et l'autre de 11 ans. Le testament prescrit que cette somme sera partagée de telle sorte que, les parts étant placées à 5 %, chacun des deux héritiers touche la même somme le jour de sa majorité. Faire le partage. (Brevet, Tours.)

1761. On a partagé un capital en trois parties telles que le rapport de la première à la deuxième est égal au rapport de 1 à 3, et que le rapport de la première à la troisième est égal au rapport de 1 à 6. La première partie ayant été placée à 4 % pendant 1 an et 3 mois, la deuxième partie à 5 % pendant 2 ans, et la troisième partie à 6 % pendant 1 an, tous ces intérêts réunis ont produit une somme de 7.100 francs. Calculer le capital entier et les trois parties. (Brevet, Avignon.)

1762. Une personne lègue une somme de 102.050 francs à ses trois petits enfants, sous la condition que les trois parts, savoir : celle du premier augmentée des intérêts à 5 % pendant 1 an, celle du deuxième augmentée des intérêts à 4 % pendant 1 an, celle du troisième augmentée des intérêts à 4,25 % pendant 1 an, seront inversement proportionnelles à leurs âges 6, 9 et 12 ans. Trouver la part de chaque enfant. (Brevet, Paris.)

1763. Trois personnes se sont associées pour fournir chaque jour à un régiment, l'une 900 kilogrammes de pain, l'autre 300 kilogrammes de viande, et la troisième 2.750 kilogrammes de légumes frais. Le prix du kilogramme de légumes est les $\frac{3}{11}$ de celui du kilogramme de pain, et 9 kilogrammes de pain valent autant que 2 kilogrammes de viande. On demande ce qui revient à chacune à la fin de l'année sur un bénéfice total de 14.220 francs. (Brevet, Cahors.)

1764. Un industriel établit une usine pour la fabrication des conserves alimentaires. Il engage dans cette industrie un capital de 90.000 francs. A la fin du troisième mois, il prend un associé qui verse dans l'entreprise un capital de 30.000 francs. A la fin du sixième mois, la société a réalisé un bénéfice net de 13.125 francs, sur lequel l'industriel prélève 12 % pour être resté seul chargé de la direction des affaires. Partager le reste entre les deux associés, conformément aux règles usitées en pareil cas. Dire à quel taux le second associé a placé ses 30.000 francs. (Brevet, Quimper.)

1765. Partager une somme de 880.000 francs entre deux personnes, l'une âgée de 16 ans et l'autre de 11 ans, de telle sorte que, les parts étant placées à intérêts simples à 5 % par an, chaque personne touche la même somme le jour où elle aura 21 ans.

(Brevet, Constantine.)

1766. Trois associés font un bénéfice de 6.300 francs au bout de 3 mois $\frac{1}{2}$. La mise du premier est de 15.600 francs ; celle du second de 22.300 francs ; celle du troisième de 46.000 francs. Un quatrième associé est agréé en ce moment. Le bénéfice s'accroîtra évidemment dans la proportion de l'augmentation produite par le capital du nouvel associé. Quelle somme devra-t-il verser pour qu'au bout de 15 mois il lui revienne un bénéfice de 1.200 francs ? Quel sera le bénéfice total et la part de chaque personne à la fin de l'association ?

(Brevet, Rennes.)

1767. Une tante donne 15.000 francs à ses trois nièces âgées de 5 ans, 9 ans et 11 ans. Elle leur partage cette somme de manière que si l'on plaçait immédiatement à intérêt simple la part de chaque enfant, toutes les trois recevraient la même somme à leur majorité (21 ans). Comment le partage a-t-il été effectué ?

(Brevet, Besançon.)

1768. Une personne possède un capital de 85.000 francs, dont elle fait deux parts. Elle place la première à 3 % pendant 15 mois et la deuxième à 2 % pendant 10 mois. L'intérêt de la première est, dans ces conditions, 5 fois plus grand que l'intérêt de la deuxième ; trouver les deux parts.

(Brevet, Nevers.)

1769. Un homme mourant sans enfants lègue sa fortune à trois de ses parents aux conditions suivantes : 1° chacun d'eux reçoit une part proportionnelle au nombre de ses enfants ; 2° les parts d'héritage doivent être placées en valeurs françaises jusqu'au décès de la veuve du testateur ; 3° chacun des héritiers doit servir à cette veuve une rente viagère égale à la moitié du revenu de son legs ainsi placé. Les trois héritiers ont respectivement sept, quatre, deux enfants. Ils placent leurs parts : le premier en rente 3 % au cours de 84 francs, le deuxième en 4 $\frac{1}{2}$ % au cours de 112ᶠ,50, le troisième en obligations de chemin de fer rapportant 15 francs par an achetées au cours de 375 francs. La veuve meurt 4 ans $\frac{1}{2}$ après son mari. A ce moment, les héritiers lui avaient payé ou lui devaient une somme de 17.419ᶠ,50. Calculer la valeur totale de l'héritage, sachant que les frais de toute nature en ont réduit le montant de 14.600 francs.

(Brevet, Montauban.)

1770. Un héritage de 314.203 francs est partagé entre trois personnes, de telle sorte qu'en ajoutant à chaque part l'intérêt qu'elle produit en un an, la première à 4 %, la deuxième à 5 %, la troisième à 6 %, on obtienne trois sommes égales. On demande quelles sont ces trois parts. (Brevet.)

1771. Un étang a une superficie de 178^{ha},28, et une profondeur moyenne de 3^m,60. On veut le mettre à sec par le jeu de deux machines à vapeur appartenant à deux entrepreneurs différents. Une première machine fonctionne pendant toute la semaine, la seconde chôme le dimanche et le lundi. La première consomme 168 kilogrammes de charbon dans le temps que met la seconde à brûler 135 kilogrammes. Pour chaque kilogramme de charbon consommé, la première déverse hors de l'étang 170 mètres cubes d'eau, la seconde 120. On demande ce que recevra chacun des entrepreneurs, si on est convenu de leur payer 19 francs par 1.000 mètres cubes d'eau déversés. (Brevet, Vannes.)

1772. Deux commerçants s'associent, et leurs mises sont dans le rapport de 3 pour le premier, à 2 pour le second. Un an après, l'avoir social s'est augmenté de $\frac{1}{15}$ de sa valeur première. Un troisième commerçant entre alors dans la société, et sa mise est la moitié de l'avoir social des deux premiers associés à ce moment. Deux ans après, ce nouvel avoir social des trois associés, étant augmenté de $\frac{1}{4}$ de sa valeur, se trouve être de 12.000 francs. Quelles étaient les mises des trois associés et quel a été le bénéfice de chacun d'eux ? (Brevet, Mâcon.)

1773. Il reste à un cultivateur 120^{m3} $\frac{4}{10}$ d'engrais pour fumer trois pièces de terre de contenances et qualités différentes. Contenance de la première : 4^{ha}8^a, qualité 4 ; contenance de la deuxième : 45.900 mètres carrés, qualité 5 ; contenance de la troisième : 1^{hm2},53, qualité 6. Il veut diviser cet engrais en raison directe de l'étendue et en raison inverse de la qualité de chacune d'elles. Combien de mètres cubes dans chaque pièce ? (Brevet, Lyon.)

1774. Un terrain de forme rectangulaire doit être divisé en trois parties de valeurs égales par des parallèles à la largeur. Dans le lot de droite, le terrain vaut 28 francs le mètre carré ; dans le lot moyen, il vaut seulement 12 francs le mètre carré ; dans le lot de gauche, 16 francs le mètre carré. La longueur du terrain est de 122 mètres et la largeur de 48 mètres. Comment faudra-t-il diviser la longueur ? Quelles seront les superficies des trois lots et leur valeur commune ? (Brevet, Tours.)

1775. Expliquer cette question : partager un nombre en parties inversement proportionnelles à des nombres donnés. Indiquer comment on la résout. Rattacher à la question précédente le problème suivant : deux courriers, pouvant parcourir une route, l'un en 8ʰ $\frac{1}{2}$, l'autre en 10ʰ $\frac{1}{4}$, se dirigent l'un vers l'autre, en partant au même instant des deux extrémités de la route. On demande quelle fraction de la route ils ont parcourue au moment où ils se rencontrent.   (Brevet, Tulle.)

1776. Une personne bienfaisante se fait désigner par la directrice d'un orphelinat les trois enfants qui lui paraissent les plus méritantes et donne une somme de 120 francs pour créer trois livrets de caisse d'épargne en leur faveur. Elle stipule que les parts seront en raison inverse des âges et que la plus jeune bénéficiera des centimes si le partage les amène. Les âges des orphelines sont 12 ans, 8 ans et 6 ans. Quel est le montant du livret destiné à chacune ?

(Brevet, Bordeaux.)

1777. Une personne en mourant laisse une fortune de 42.400 francs à deux neveux dont l'un a 12 ans et l'autre 15 ans. Les parts sont telles que si chaque héritier plaçait la sienne à 5 $^0/_0$ par an et à intérêt simple jusqu'à ce qu'il eût 20 ans, les deux parts réunies à leurs intérêts respectifs deviendraient égales. Quelles sont ces deux parts ?

(Brevet, Laon.)

1778. Cinq personnes s'associent pour exploiter une industrie. La première apporte les $\frac{8}{21}$ de la mise de la deuxième, la troisième les $\frac{7}{16}$ de la mise de la première. La mise de cette première personne est les $\frac{4}{5}$ des mises réunies des deux derniers associés, lesquelles forment un total de 28.000 francs et sont l'une et l'autre dans le rapport de 5 à 9. On demande quel est le capital engagé dans l'opération et quelle est la part de bénéfice de chaque associé, lorsque, dans le partage proportionnel aux mises, celui qui a engagé la plus petite somme gagne 3.675 francs.   (Brevet, Périgueux.)

1779. Une personne a fait quatre parts de son capital : la première a été placée à 3 $\frac{1}{2}$ $^0/_0$; la deuxième à 4 $\frac{1}{3}$ $^0/_0$; la troisième à 4 $\frac{1}{2}$ $^0/_0$; la quatrième à 4 $\frac{3}{4}$ $^0/_0$; ces parts sont entre elles comme les fractions $\frac{2}{3}$, $\frac{3}{5}$, $\frac{4}{7}$, $\frac{5}{11}$. Elle a retiré 33.115ᶠʳ,41 au bout de l'année, capital et intérêts réunis. Trouver chaque part et le capital entier.   (Brevet, Bourges.)

1780. Trois frères, respectivement âgés de 15 ans, 18 ans et 24 ans, partagent un héritage de telle sorte que la part de chacun est inversement proportionnelle à son âge; le plus jeune emploie la centième partie de la somme qu'il a de plus que l'aîné à garnir d'une clôture le périmètre d'un jardin carré ayant 6.320m²,25 de superficie ; la clôture coûte 0fr,90 le mètre courant. On demande la valeur totale de l'héritage.

(Brevet, Pau.)

1781. Un père laisse en mourant 72.000 francs, qui doivent être partagés entre ses six enfants. Il a stipulé dans son testament que la part de chacun d'eux sera en raison inverse de son âge. On demande quelles seront les parts, sachant que l'aîné des enfants est âgé de 24 ans, le deuxième de 20 ans, le troisième de 18 ans, le quatrième de 16 ans, le cinquième de 12 ans et le sixième de 10 ans. Expliquer comment on partage un nombre en parties inversement proportionnelles à des nombres donnés.   (Brevet, Mont-de-Marsan.)

1782. Trois capitalistes ont fait une opération qui a été close le 31 mai ; elle leur a procuré un bénéfice de 1.229fr,80, qu'ils se sont partagé dans les conditions ordinaires. La mise totale a été de 13.500 francs. Le premier avait versé 6.300 francs le 1er mars de l'année précédente ; le deuxième, qui avait déposé 2.700 francs le 16 avril suivant, a reçu 2.946 francs, et le troisième a fait son avance le 21 juin de la même année. Déterminer la mise du troisième, le bénéfice de chacun, et le taux annuel du placement.   (Brevet, Versailles.)

1783. Un héritage de 314.203 francs est partagé entre trois personnes, de telle sorte qu'en ajoutant à chaque part l'intérêt produit en un an, la première étant placée à 4 %, la deuxième à 5 % et la troisième à 6 %, on obtienne trois sommes égales. Quelles sont les trois parts ?   (Brevet, Troyes.)

1784. Trois personnes recueillent un héritage. Leurs parts sont inversement proportionnelles à leurs degrés de parenté, qui sont le troisième, le quatrième et le sixième. Le premier héritier reçoit 13.675 francs de plus que le deuxième. On demande les parts de chacun.   (Brevet, Lille.)

1785. Un capital est partagé en deux parties telles que la première, placée à $4\frac{1}{2}$ % pendant 9 mois, donne un intérêt triple de celui que produirait la seconde pendant 5 mois. Quelles sont les deux parties de ce capital, si ce dernier est de 67.000 francs ?   (Brevet, Nîmes.)

1786. Une personne a fait de sa fortune trois parts : avec la première, elle achète un terrain rectangulaire dont le périmètre est de 306 mètres, à raison de 5.000 francs l'hectare. Si ce terrain était deux fois plus long et trois fois plus large, son périmètre serait 734 mètres. Les deux autres parts ont été placées l'une à 5 %, l'autre à 3 %, et donnent le même intérêt. Au bout d'un an, elles ont été retirées avec leurs intérêts et le tout a été placé à 4 %. On a alors 1.660 francs de revenu par an. Quelles sont les trois parts ?

(Brevet, Rennes.)

1787. Un oncle laisse son héritage à ses trois nièces qui, au moment de son décès, ont respectivement 15, 13 et 11 ans. Il veut que sa fortune, qui se monte à 83.725 francs, soit partagée de telle sorte qu'en plaçant les parts à intérêts simples à 4 %, ses nièces possèdent chacune la même somme à 21 ans. Calculer les valeurs primitives des trois parts et la somme que chaque nièce recevra à sa majorité. (Brevet, Dijon.)

1788. Trois personnes ont engagé dans une entreprise un capital de 43.522 francs. La deuxième personne a mis 1.843 francs de plus que la première, et la troisième 3.425 francs de plus que la deuxième. La première personne ayant laissé son capital pendant 4 ans $\frac{1}{2}$, la deuxième pendant 3 ans, et la troisième pendant 2 ans 3 mois, on demande comment doit être réparti entre les associés le bénéfice total qui s'élève à 11.428 francs. (Brevet, Grenoble.)

1789. Une propriété de $35^{ha},8$ est vendue et le prix de vente est partagé en trois parts placées à des taux différents. Ces trois parts sont des équimultiples des taux correspondants. Si le prix de vente total avait été partagé en trois parties égales, avec les mêmes taux, les revenus partiels correspondants auraient été 595 francs, 765 francs et $807^{fr},50$. Sachant que si le taux le plus faible était augmenté de $\frac{1}{2}$ %, le revenu correspondant serait augmenté de 70 francs, on demande le prix de vente de l'hectare de cette propriété et les trois taux de placement. (Brevet, Pyrénées-Orientales.)

1790. Trois employés doivent se partager une gratification de 1.440 francs en raison directe de leurs années de service et en raison inverse de leurs appointements. Le rapport des appointements du premier à ceux du deuxième est égal au rapport des appointements du deuxième à ceux du troisième. Le premier touche annuellement 2.000 francs de plus que le troisième, et ensemble ces deux employés touchent 5.200 francs. Le premier a 18 ans de service, le deuxième en a 12, le troisième en a 9. Calculer : 1° les appointements de chaque employé ; 2° la part de gratification qui revient à chacun d'eux. (Brevet, Arras.)

1791. Une personne a divisé un capital de 16.000 francs en deux parties, elle a placé la première à 5,5 % et la deuxième à 3,5 %. Son revenu est le même que si elle eût placé la somme entière de 16.000 francs à 4,625 %. Trouver combien elle avait placé à 5,5 % et à 3,5 %. (Brevet, Toulouse.)

1792. Dans l'espace de 45 jours, on a employé successivement deux domestiques et une femme de ménage. Outre la nourriture, les personnes recevaient respectivement $0^{fr},85$, $0^{fr},75$ et $0^{fr},60$ par jour. On demande de calculer la somme reçue par ces trois personnes, et le nombre de leurs journées de travail, sachant que la deuxième a servi trois fois plus de temps que la première et que la somme totale payée est de 34 francs.   (Brevet, Montpellier.)

1793. Un vase cylindrique a un rayon de $0^m,375$. On y verse des poids égaux de mercure (densité 13,6), d'eau et d'huile (densité 0,915). La hauteur totale de la colonne fournie par les trois liquides superposés est de $0^m,945$. On demande de calculer : 1° la hauteur à $\frac{1}{2}$ millimètre près à laquelle s'élèvent chacun des liquides; 2° le volume occupé par chacun d'eux; 3° leur poids commun.   (Brevet, Grenoble.)

1794. Un mélange de salpêtre et de soufre contient 7 parties de salpêtre pour 3 de soufre et pèse 80 kilogrammes. — 1° Combien faudrait-il ajouter de salpêtre pour que le mélange renfermât 11 parties de salpêtre pour 4 de soufre? 2° Combien pourrait-on retrancher de soufre pour avoir le même mélange? 3° Quelle quantité égale faudrait-il retrancher de soufre et ajouter de salpêtre pour avoir encore le même mélange?

1795. Deux frères doivent se partager également une somme de 30.780 francs et un pré de $12^{ha}76^a,54$ estimé 4.375 francs l'hectare; mais, d'un commun accord, l'aîné garde $5^{ha}8^a,48$ de plus que son frère. Quelle somme d'argent doit-il lui céder en compensation ?   (Brevet, Beauvais.)

1796. On a partagé un capital en trois parties, telles que le rapport de la première à la deuxième est égal à $\frac{1}{3}$ et que le rapport de la première à la troisième est égal à $\frac{1}{6}$. La première partie ayant été placée à 4 °/₀ pendant 1 an 3 mois, la deuxième à 5 °/₀ pendant 2 ans et la troisième à 6 °/₀ pendant 1 an, tous ces intérêts réunis ont produit une somme de 7.000 francs. Calculer le capital entier et les trois parties.
                                                    (Brevet.)

1797. Un lingot d'argent et de cuivre est au titre de 0,800 et pèse 17 kilogrammes; un autre, au titre de 0,920, pèse 13 kilogrammes. On veut retirer un même poids de chacun de manière que les deux lingots restants fondus ensemble donnent un alliage au titre de 0,8408.

1798. Un capital de 67.000 francs est partagé en deux parties dont la première, placée à 4,5 °/₀ pendant 9 mois, donne un revenu triple de celui que produirait la seconde pendant 5 mois à 4 °/₀. Quelles sont les deux parties du capital ?
                                                    (Brevet, Nîmes.)

1799. Une personne en mourant laisse une fortune de 42.400 francs à deux neveux, dont l'un a 12 ans et l'autre 15 ans. Les parts sont telles que si chaque héritier plaçait la sienne à 5 °/₀ par an et à intérêts simples jusqu'à ce qu'il eût

20 ans, les deux parts réunies à leurs intérêts respectifs deviendraient égales. Quelles sont ces parts ?

(Brevet, Belfort.)

1800. Partager 9.102 francs en deux parties, sachant que ces deux parties, placées : la première à 3 % pendant 7 mois et la deuxième à 4 % pendant 5 mois, produisent le même intérêt. (Brevet sup., Caen.)

1801. Une personne achète une barrique de vin de 228 litres. Elle paye 164^{fr},16, déduction faite d'un escompte à 4 % sur le prix d'achat. Quel est ce prix d'achat? Ce vin a été obtenu par le mélange de trois vins de qualités différentes dont les prix sont : 0^{fr},942, 0^{fr},66 et 0^{fr},50 le litre. On demande combien on a pris de vin de la deuxième et de la troisième qualité, sachant qu'il entre dans le mélange 100 litres à 0^{fr},942.

(Brevet, Quimper.)

1802. On dispose de deux fûts contenant, l'un 228 litres d'alcool à 90° centésimaux, l'autre 196 litres à 84° centésimaux. On se propose de prélever un même nombre de litres dans chaque fût, puis de les mélanger, de manière à conserver le contenu total de chaque fût, mais en égalisant les degrés alcooliques. Chercher quel nombre de litres portera l'échange, et quel sera le titre définitif. (Brevet, Nice.)

1803. Deux vases contiennent, l'un 60 litres de vin de Bordeaux, l'autre 40 litres de vin de Bourgogne. On propose de tirer simultanément de chaque vase la même quantité de vin, de telle sorte qu'en versant dans chaque vase le liquide extrait de l'autre, les deux mélanges soient identiques.

(Brevet, Paris.)

1804. Un réservoir dont les dimensions sont proportionnelles au nombre 3, 4 et $4\frac{1}{2}$ est recouvert au fond et sur les quatre faces latérales d'une couche d'un enduit imperméable, qui, à raison de 0^{fr},75 le mètre carré, a coûté 167^{fr},67. Évaluer en hectolitres la capacité de ce réservoir (la profondeur est la plus petite des trois dimensions). (Brevet, Aix.)

1805. Trois personnes associées pour une entreprise y ont consacré chacune un certain capital. La première a versé 16.832 francs, et la deuxième 10.625 francs. La deuxième a apporté, outre sa mise, un brevet qui lui a donné droit, d'après l'acte de société, au prélèvement de 8,5 % sur le bénéfice avant tout partage. Au moment de la liquidation, le premier associé reçoit 1.854^{fr},25 et le troisième 2.524^{fr},25. On demande : 1° le montant du capital engagé par le troisième associé ; 2° le montant des sommes qui reviennent au deuxième associé pour sa mise et son brevet ; 3° le bénéfice total de la société. (Brevet, Paris.)

1806. Trois associés ont placé chacun 24.000 francs dans une entreprise. Au bout de 4 mois, le deuxième associé ajoute

12.000 francs à sa mise ; 4 mois plus tard, le troisième ajoute aussi 12.000 francs à sa mise. Au bout de 20 mois, l'entreprise a donné 15.000 francs de bénéfice. Le premier associé, en qualité de gérant, prélève avant tout partage 6 % du bénéfice. Quelle sera la part de chaque associé ?   (Brevet, Nevers.)

1807. Le doublon, monnaie ancienne des Philippines, est au titre de 0,875 et pèse $6^g,766$; le double ducat des Pays-Bas est au titre de 0,983 et pèse $6^g,988$. Combien de doublons et de doubles ducats faut-il fondre dans un creuset pour faire un alliage qui serve à fabriquer 1.000 pièces françaises de 20 francs ?   (Brevet.)

1808. Un marchand achète 630 hectolitres de blé de trois qualités différentes. Le nombre d'hectolitres de la première qualité est les $\frac{3}{4}$ de celui de la deuxième, et le nombre d'hectolitres de la troisième est la moyenne arithmétique de ceux de la première et de la deuxième. 1° Combien d'hectolitres a-t-il achetés de chaque qualité ? 2° S'il vend l'hectolitre de la deuxième qualité $0^{fr},50$ de plus que celui de la première et celui de la troisième $0^{fr},75$ de plus que celui de la deuxième, il reçoit autant que s'il vendait les 630 hectolitres de mélange au prix unique de 25 francs l'hectolitre. Quel est le prix d'un hectolitre de la première qualité ?   (Brevet, Rouen.)

1809. A du vin coûtant 48 francs l'hectolitre, on veut ajouter de l'eau et de l'esprit-de-vin, de telle sorte que le mélange revienne à 40 francs et contienne la même quantité d'alcool que le vin primitif, c'est-à-dire $11\frac{1}{2}$ %. L'esprit-de-vin employé contient 80,5 % d'alcool et coûte, tel qu'il est, 72 francs l'hectolitre. On demande les quantités d'eau et d'esprit-de-vin qu'il faut ajouter à 36 hectolitres de vin.   (Brevet, Gap.)

1810. On a deux sortes de vin. Le premier peut être cédé au prix de $127^{fr},84$ la pièce de 270 litres, payable dans 65 jours ; le second au prix de $168^{fr},21$ la pièce de 270 litres, payable dans 83 jours. Combien faut-il prendre de chacune de ces deux qualités de vin pour former 127 hectolitres d'un mélange pouvant être cédé au prix de $56^{fr},25$ l'hectolitre, payable dans 3 mois ? Le taux de l'escompte sera calculé à 5 %.
        (Brevet.)

1811. Un négociant veut composer un mélange de trois sortes de cafés qu'il vendra $2^{fr},75$ le kilogramme en faisant sur le prix de revient un bénéfice de 25 %. Il a en magasin 350 kilogrammes d'une espèce qu'il a payée, il y a plus d'un an, 175 francs les 100 kilogrammes, et qu'il estime avoir acquis 12 % de plus de valeur par suite du déchet de la marchandise et de l'intérêt de ses avances ; il les emploiera concurremment avec des poids inconnus de deux autres qualités valant, l'une $2^{fr},80$ et l'autre $2^{fr},20$ le kilogramme, et entrant dans le mélange, la première pour une part, la seconde pour deux. On propose de trouver ces poids. (Brevet, Rodez.)

1812. Un marchand a acheté, à raison de 88 francs l'hectolitre, de l'esprit-de-vin contenant 79 % d'alcool; il veut en faire de l'eau-de-vie contenant 46 % d'alcool et qu'il se propose de vendre au prix de $0^{fr},80$ le litre. On demande: 1° quelle quantité d'eau il faudra ajouter à $3^{hl}\frac{1}{2}$ de cet esprit-de-vin pour le transformer en eau-de-vie; 2° quel sera le gain par litre d'eau-de-vie obtenue et quel sera le bénéfice total; 3° combien il faudra vendre de litres de cette eau-de-vie pour obtenir la somme nécessaire au payement, à raison de $0^{fr},22$ le mètre cube, du jet de la terre provenant du creusement de la cave ayant $25^m,48$ de longueur, $8^m,40$ de largeur et $2^m,75$ de profondeur. (Brevet, Montauban.)

1813. On a deux sortes de blé, dont l'un pèse 80 kilogrammes l'hectolitre et coûte 23 francs le quintal métrique, alors que l'autre pèse 77 kilogrammes l'hectolitre et coûte $19^{fr},50$ le même quintal. On veut que ces deux blés composent un mélange revenant à 17 francs l'hectolitre. Quel poids de chacun faut-il prendre? (Brevet, Guéret.)

1814. Une personne a acheté deux pièces d'étoffe qu'elle a payées $991^{fr},80$, après réduction de 5 % d'escompte. La première pièce a 60 mètres de plus que la deuxième; les longueurs sont dans le rapport de 12 à 7; les largeurs dans le rapport de 3 à 4, et les qualités, à largeur égale, dans le rapport de 5 à 6. On demande: 1° le prix total sans escompte; 2° pour chaque pièce, la longueur, le prix total et le prix du mètre. (Brevet, Bordeaux.)

1815. Un négociant veut remplir un fût de 380 litres avec du vin à $0^{fr},30$ et à $0^{fr},40$. Il met 25 litres à $0^{fr},40$; puis, pour remplir le fût, il ajoute du vin à $0^{fr},30$ et de l'eau. Le litre de boisson revient alors à $0^{fr},20$. On demande: 1° le nombre de litres à $0^{fr},30$ et la quantité d'eau qui a été ajoutée; 2° le prix de vente des 380 litres, sachant qu'en revendant son vin le négociant fait un bénéfice de 7 % sur le prix d'achat. (Brevet, Angoulême.)

1816. Un marchand a acheté trois barriques de vin de prix différents pour les mélanger. Les contenances des fûts sont entre elles comme les nombres 3, 4 et 5, et les prix de l'hectolitre comme les nombres 6, 7 et 8. La vente du mélange a produit $227^{fr},90$, comprenant un bénéfice de 6 % sur le prix d'achat. Sachant que l'on a gagné de la sorte $2^{fr},15$ par hectolitre, on demande le nombre de litres et le prix du litre de chaque qualité. (Brevet, Montpellier.)

1817. Deux substances ont des densités exprimées par $\frac{4}{15}$ et $\frac{11}{10}$. Quel poids faut-il prendre de chacune pour avoir un mélange du poids de 125 kilogrammes, avec une densité exprimée par $\frac{5}{6}$? (Brevet, Grenoble.)

1818. On a deux tonneaux A et B. A a une capacité de 237 litres et est rempli d'un vin valant 0fr,36 le litre ; B a une capacité de 222 litres et est rempli d'un vin valant 0fr,31 le litre. On veut retirer de chacun de ces tonneaux un même nombre de litres, de façon que si l'on met dans A le vin tiré de B et inversement, les deux tonneaux aient, après cet échange, la même valeur. Combien de litres faut-il soutirer de chacun des tonneaux ? (Brevet, Paris.)

1819. Deux lingots, l'un d'or pur, l'autre d'argent pur, ont exactement la même valeur au tarif et pèsent ensemble 1 kilogramme. On demande de calculer le volume et la valeur au tarif de chacun d'eux. La densité de l'or est 19 et celle de l'argent 10,5. (Brevet, Dijon.)

1820. Une personne a acheté trois tapis dont les valeurs par mètre carré sont proportionnelles aux nombres 20, 25 et 24, et dont les surfaces sont proportionnelles aux nombres 2, 3 et $4\frac{1}{2}$. Peu après, elle est obligée de les revendre au prix global de 342 francs, avec une perte de $\frac{1}{7}$ sur le prix d'achat. Cette perte étant en moyenne de 4fr,20 par mètre carré, on demande le prix d'achat et la surface de chacun des tapis.

(Brevet, Alger.)

1821. La somme des volumes de trois récipients cubiques pleins de vin est de 84dm3,15 ; leurs arêtes sont proportionnelles aux nombres 2, 3, 4. 1o Quelle est la capacité en décilitres de chaque récipient ? 2o Quelle est la capacité en centilitres des bouteilles du plus grand volume possible que l'on puisse remplir exactement avec le vin de chacun des trois récipients ? 3o Chacune de ces bouteilles remplies du vin du plus petit récipient est vendue 0fr,60 de plus que chaque bouteille remplie du vin du récipient moyen ; d'autre part, chaque bouteille remplie du vin du récipient moyen est vendue 0fr,30 de plus que chaque bouteille remplie du vin du plus grand. Calculer le prix de vente du contenu de chacun des récipients, sachant que le prix total de vente est 74fr,70. (Brevet, Rennes.)

1822. Un propriétaire qui avait une propriété de 26 hectares en a fait deux lots, dont il a vendu le premier à raison de 3.600 francs l'hectare et le deuxième 4.800 francs l'hectare. Il a placé l'argent de la première vente à 4 % et celui de la deuxième à 3,5 %. Les deux placements lui rapportent le même intérêt annuel. On demande la superficie de chaque lot. (Brevet, Grenoble.)

1823. Un négociant achète quatre barriques de vin de 225 litres chacune : 30 litres de la première coûtent 20 francs ; 45 litres de la deuxième coûtent 28 francs; mais on ne sait pas combien il a payé les deux autres. On sait seulement que les prix de la troisième et de la quatrième sont entre eux comme 3 est à 4, et qu'en mélangeant les quatre barriques avec 100 litres d'eau, il a fait un mélange qu'il a vendu 60 francs l'hectolitre, ce qui lui a procuré un bénéfice de 20 % sur le prix d'achat. Combien a-t-il payé chacune des deux dernières barriques ?

(Brevet, Paris.)

1824. Une somme de 100 francs est composée de pièces de 1 franc et de 2 francs. Quel est le poids d'argent pur qu'il faut ajouter à cette somme pour obtenir un alliage au titre des pièces de 5 francs, et combien pourra-t-on faire de pièces de 5 francs avec l'alliage obtenu ?
(Brevet.)

1825. On a deux lingots d'un alliage d'argent et de cuivre. Ils sont au même titre, et le poids du second est le $\frac{1}{5}$ de celui du premier. En ajoutant $2^{kg},475$ de cuivre au second lingot, on a réduit son titre à son $\frac{1}{4}$; et en ajoutant au premier lingot son poids d'argent égal, on a augmenté son titre de son $\frac{1}{8}$. On demande : 1° le poids de chacun des deux lingots; 2° leur titre commun.
(Brevet, Limoges.)

1826. On a deux alliages d'argent et de cuivre dont les titres sont 0,875 et 0,805. Combien de grammes faut-il prendre de chacun de ces deux alliages pour en obtenir un nouveau au titre de 0,830 et pesant 950 grammes ?
(Brevet, Alençon.)

1827. On fond ensemble trois lingots : le premier d'argent pur pesant $3^{kg},250$; le deuxième au titre de 0,850 pesant $5^{kg},620$; le troisième provient de la fonte de 200 pièces de 5 francs en argent. On ajoute le cuivre nécessaire pour obtenir un alliage au titre de 0,835. Quel est le nombre de pièces de 1 franc que l'on pourra fabriquer avec le lingot résultant, sachant que la densité de l'argent est 10,47 et celle du cuivre 8,85 ?
(Brevet, Avignon.)

1828. Un lingot d'argent est au titre de 0,900, et on l'a obtenu en fondant ensemble 65 grammes d'alliage au titre de 0,835 avec un autre lingot qui était au titre de 0,950. On demande le poids du lingot ainsi obtenu.
(Brevet.)

1829. Un lingot d'or pèse 250 grammes, et si on y ajoutait $14^g,528$ d'or pur, on aurait un nouveau lingot au titre de 0,900. Calculer, d'après ces données, le titre et la valeur intrinsèque du premier lingot.
(Brevet, Nevers.)

1830. Un lingot d'or pesant $1^{kg}\frac{1}{2}$ est au titre de 0,825. On le fond en y ajoutant l'or pur nécessaire pour l'amener au titre légal, et on le convertit en monnaie. On demande : 1° le poids d'or à ajouter, et le poids du lingot après cette addition ; 2º la somme fabriquée, en supposant que dans la fabrication il se perd les 0,005 de la matière première.

(Brevet.)

1831. On a un lingot d'argent pur pesant 5,400 grammes, un autre lingot de 8 kilogrammes au titre de 0,840 et enfin 9.860 grammes de vieilles pièces de 5 francs usées par la circulation. Combien faut-il fondre de cuivre avec tout ce métal pour avoir un alliage propre à faire des pièces de 1 franc au titre actuel ? En admettant que le déchet sur le poids total soit 2 %, quelle sera la valeur du nouvel alliage? (Brevet, Epinal.)

1832. On a deux lingots d'or, l'un au titre de 0,900, l'autre au titre de 0,850 ; celui-ci pèse 820 grammes de plus que le premier et vaut en même temps 1.693^{fr},441 de plus que le premier. Trouver le poids de chaque lingot. (Négliger le prix du cuivre.)   (Brevet, Versailles.)

1833. Trois lingots ont respectivement pour titres : 0,775, 0,800 et 0,640. Le rapport de poids du deuxième à celui du troisième est $\frac{3}{5}$. Quels sont les poids de ces trois lingots, sachant qu'en les fondant ensemble on obtient un lingot pesant 41^{kg},640 et ayant pour titre 0,725 ?   (Brevet, Alger.)

1834. On a un lingot d'or pesant 1.250 grammes au titre de 740. On le fond avec un lingot au titre de 0,900 et l'alliage se trouve porté au titre de 0,845. On ajoute l'or nécessaire pour avoir le titre 0,900 et on convertit le tout en pièces de 20 francs. On demande le nombre de pièces de 20 francs que l'on peut obtenir.   (Brevet, Paris.)

1835. L'alliage avec lequel on fabrique les mesures de capacité est composé de 82 parties d'étain et 18 parties de plomb. On demande la densité de cet alliage, sachant que celle de l'étain est 7,29 et celle du plomb 11,35.   (Brevet, le Mans.)

1836. On a deux alliages d'argent et de cuivre dont les titres sont respectivement 0,910 et 0,820. Combien faut-il prendre de grammes de chacun d'eux, pour que, fondus ensemble avec une addition de 822 grammes de cuivre, ils donnent un nouvel alliage au titre de 0,600 et pesant 2.622 grammes ?

(Brevet, Bordeaux.)

1837. On a trois alliages d'or et de cuivre aux titres de 0,750, 0,840 et 0,920. On demande quel poids on doit prendre de chacun d'eux pour obtenir un alliage pesant 4^{kg},05 et au titre de 0,890. Le poids du métal tiré du premier lingot doit être au poids du métal tiré du deuxième dans le rapport de 2 à 7.

(Brevet.)

1838. On a trois lingots d'or aux titres de 0,700, 0,800, 0,900, et l'on veut obtenir un lingot au titre de 0,820 pesant 1.500 grammes. Quel poids faudra-t-il des deux premiers alliages si l'on s'impose la condition d'employer 600 grammes du troisième ? En second lieu, avec l'alliage obtenu on veut couvrir d'une couche de $0^{cm},02$ la surface totale d'un cylindre de $2^{cm},5$ de rayon de base et de 12 centimètres de hauteur. On demande le poids de l'alliage employé (sa densité étant de 19,15), ainsi que sa valeur au change. (Brevet, Laon.)

1839. Deux lingots, l'un d'or pur, l'autre d'argent pur, ont exactement la même valeur intrinsèque et pèsent ensemble 1 kilogramme. On demande de calculer le volume et la valeur intrinsèque de chacun d'eux. La densité de l'or est 19, celle de l'argent 10,5. La valeur intrinsèque du kilogramme d'or pur est 3.437 francs et celle de 9 kilogrammes d'argent pur est 1.985 francs. (Brevet, Niort.)

1840. On veut faire un alliage d'argent au titre de 0,833 en fondant ensemble $3^{kg},458$ d'un premier lingot au titre de 0,920 et trois autres lingots dont les titres sont respectivement: 0,665, 0,712, 0,748, et dont les poids sont entre eux comme les nombres 2, 3, 5. Quel poids faut-il prendre de ces 3 lingots ? (Brevet, Blois.)

1841. Un lingot d'or au titre de 0,93 a la même valeur qu'un autre lingot d'argent au titre de 0,8. Le prix d'un alliage d'or au titre de 0,9 est de 100 francs pour $32^{c},258$ et celui de l'argent au même titre de 196 francs le kilogramme. Le poids total des deux lingots est 6.846 grammes. Trouver le poids de chaque lingot. (Brevet, Grenoble.)

1842. Une somme d'argent monnayé au titre de 0,9 a été ramenée au titre de 0,835 par l'addition d'une certaine quantité de cuivre. La somme fabriquée a été ainsi augmentée de 5.200 francs. Quelle était la somme primitive ?

(Brevet, Paris.)

1843. Trois lingots d'argent ont pour titre 0,950, 0,800 et 0,530. Le poids du premier et le poids du deuxième sont proportionnels aux nombres 4 et 5. Le poids du troisième est le triple de celui du deuxième. On les fond ensemble, le poids du lingot total est de 2.800 grammes. On demande : 1° Quel poids de cuivre ou d'argent pur il faudrait ajouter pour former un alliage pouvant servir à frapper des pièces de 1 franc ; 2° quel sera le nombre de ces pièces. (Brevet, Chambéry.)

1844. Deux lingots d'argent et de cuivre sont à des titres inconnus. On sait que 900 grammes du premier et 350 grammes du deuxième forment un alliage au titre de 0,830 et que 450 grammes du premier et 800 grammes du deuxième forment un alliage au titre de 0,740. 1° Calculer les titres de ces deux lingots ; 2° déterminer le poids qu'il faudra prendre de chacun d'eux pour former un alliage au titre de 0,835 et pesant 1.450 grammes. (Brevet, Lille.)

1870. On donne un hémisphère de rayon r limité par le grand cercle AB de centre O ; on mène le rayon OS perpendiculaire au plan du cercle AB et on considère le cône ayant ce cercle pour base et l'extrémité S du rayon OS pour sommet. Mener un plan parallèle au plan du cercle AB, de façon que l'aire de la couronne comprise entre les deux circonférences suivant lesquelles le plan coupe la sphère et le cône soit équivalente à un cercle de rayon donné a. Maximum de a.

(Brevet, Lyon.)

1871. Une pyramide régulière a pour base un carré de côté c. Une arête latérale fait avec la base un angle de 60°. On demande de calculer en fonction de c : 1° la hauteur de la pyramide ; 2° sa surface totale ; 3° à quelle distance du sommet devra être mené un plan sécant parallèle à la base pour que la petite pyramide détachée ait un volume équivalent au $\dfrac{1}{3}$ de celui du tronc restant. Application numérique : $c = 4$ mètres.

(Brevet, Dijon.)

1872. Un triangle rectangle dont l'aire est 135 centimètres carrés sert de base à une pyramide qui a ses trois arêtes latérales égales à l'hypoténuse. Sachant que l'un des côtés de l'angle droit est les $\dfrac{8}{13}$ de l'hypoténuse et que le centimètre est pris pour unité de longueur, on demande de calculer à moins d'une unité près : 1° le périmètre de la base ; 2° l'aire de la surface totale ; 3° le volume de la pyramide. (Brevet, Lyon.)

1873. Une tour AH est située dans une plaine, mais un pied A est inaccessible. On observe sa hauteur AH de deux points B et C distants de 25 mètres et placés sur une ligne horizontale passant par A. Du point B, la hauteur est vue sous un angle de 60°. Du point C, elle est vue sous un angle de 30°. Déterminer, d'après cela, les longueurs BH, BA, AH. On calculera AH à 1 centimètre près et on justifiera l'approximation obtenue.

(Brevet, Paris.)

1874. On a mesuré la hauteur $AD = a$ et la base $DC = b$ d'un trapèze rectangle ainsi que la distance $AE = l$ du sommet A au côté BC oblique aux bases. 1° Calculer la base $AB = x$. Discuter. 2° Construire le trapèze rectangle connaissant a, b, l et retrouver, en discutant ce problème de construction géométrique, les résultats obtenus par la discussion algébrique de la première partie.

(Brevet, Lyon.)

1875. Dans un trapèze ABCD, on donne : 1° la surface $8l^2$; 2° la longueur $EF = l$ de la droite qui joint les milieux des diagonales ; 3° le produit $3l^2$ des deux bases. On demande : 1° la hauteur du trapèze ; 2° la hauteur OH du triangle AOB obtenu en prolongeant les côtés non parallèles AD et BC (AB est la grande base). Application numérique : $l = 7$ mètres.

(Brevet, Lille.)

1876. Le développement de la surface latérale d'un cône étant exactement un demi-cercle de rayon $2a$. 1° Exprimer, en fonction de a, l'aire latérale et le volume de ce cône. 2° A quelle distance du sommet du cône faut-il mener un plan parallèle à sa base et compris entre cette base et le sommet, pour que le solide soit ainsi partagé en deux parties équivalentes ?   (Brevet, Lille.)

1877. Un terrain a la forme d'un trapèze isocèle de bases $a = 45$ mètres, $b = 25$ mètres. L'intérieur est occupé par une pelouse circulaire tangente aux quatre côtés. On demande la surface du terrain et celle de la pelouse. (Brevet, Montpellier.)

1878. Un triangle AOB, rectangle en O, en tournant autour de AO, engendre un cône. Le côté AO mesure 9 centimètres. La somme des deux autres côtés $AB + BO = 17$ centimètres. 1° Calculer le volume de ce cône. 2° Calculer en degrés, minutes et secondes l'angle du secteur circulaire obtenu en développant la surface latérale de ce cône. (Brevet, Rennes.)

1879. Un propriétaire possède un terrain ayant la forme d'un carré dont le côté a 80 mètres. La ville veut ouvrir une rue, large de 15 mètres, qui aura pour axe une des diagonales du carré. La ville donne au propriétaire le choix entre deux propositions : ou bien elle lui paiera, à raison de 60 francs le mètre carré, le terrain de la rue et lui laissera le reste, ou bien elle prendra tout le terrain, à raison de 53 francs le mètre carré. Le propriétaire, s'il accepte la première proposition, est assuré de vendre le reste de son terrain 50 francs le mètre carré. Quelle est la proposition la plus avantageuse pour lui ? Evaluer l'avantage.   (Brevet, Toulouse.)

1880. Une citerne cylindrique, couverte par une voûte hémisphérique, reçoit les eaux de pluie d'une toiture plane horizontale de 450 mètres carrés. Le diamètre de la citerne est de $3^{m},20$ et la plus grande hauteur vaut 1 fois $\frac{1}{2}$ le diamètre. D'après cela on demande : 1° A quelle hauteur, à 1 millimètre près, s'élèvera l'eau dans la citerne, après une pluie continue de 6 heures, la hauteur d'eau tombée par minute étant de $\frac{1}{10}$ de millimètre, et les $\frac{5}{8}$ de l'eau tombée étant supposés aller à la citerne ? 2° Quelle aurait dû être la durée de la pluie pour remplir entièrement la citerne si, les autres données ne changeant pas, la hauteur totale de la citerne eût été égale au côté du triangle équilatéral circonscrit au cercle de base ?   (Brevet, Paris.)

1881. On veut fabriquer un abat-jour en forme de tronc de cône et qui ait les dimensions suivantes : diamètres des ouvertures, 32 centimètres et 8 centimètres ; hauteur, 9 centimètres. Quels sont les rayons SA, SC, et quelle est l'amplitude en degrés des arcs AMB, CND des secteurs circulaires SAMB,

SCND dont on a dû se servir pour fabriquer cet abat-jour (fig. 52)? Quelle en est la surface latérale? On prendra $\pi = \dfrac{22}{7}$ et l'on supposera que la réunion des bords AC et BD se fait sans diminution de surface.

(Brevet, Grenoble.)

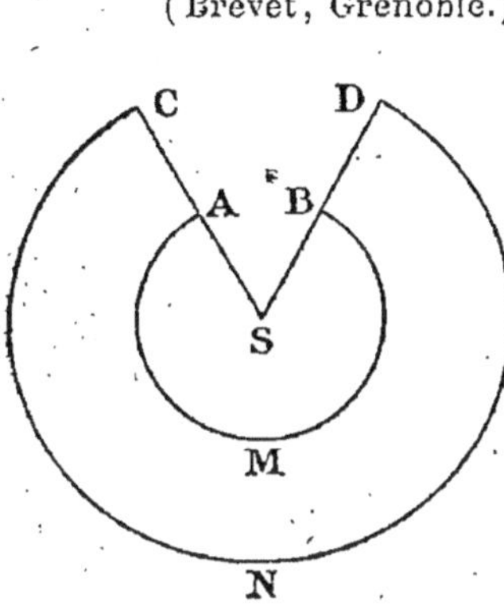
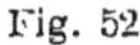
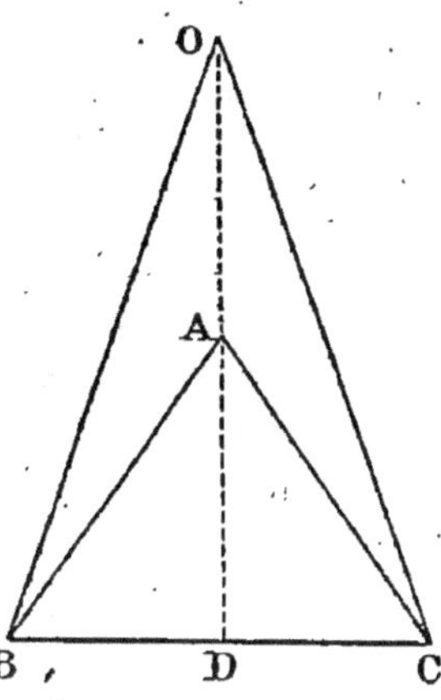

Fig. 52.   Fig. 53.

1882. On donne un triangle équilatéral ABC, de côté a. On prolonge la hauteur AD d'une longueur AO égale au côté du triangle. 1° Calculer l'angle BOC. 2° Évaluer, en fonction de a, les longueurs OD et OB, ainsi que la surface du triangle OBC (fig. 53). (Brevet, Dijon.)

1883. Dans un cercle de rayon R, on trace d'un même côté du centre deux cordes parallèles : l'une AB, égale au côté de l'hexagone régulier inscrit, et l'autre CD, égale au côté du triangle équilatéral inscrit. On joint leurs extrémités et l'on prolonge les cordes CA et DB jusqu'à leur rencontre en E. On demande : 1° l'aire du trapèze rectiligne ABCD ; 2° son périmètre ; 3° la distance du point E à chacune des cordes AB et CD ; 4° l'aire du segment CMD. (Brevet, Lille.)

1884. Un cercle dont le rayon est de $0^m,65$ étant donné, on lui circonscrit un losange dont l'une des diagonales a pour longueur $1^m,6$. Calculer, à 0,001 près, le volume et la surface du solide engendré par ce losange tournant autour de la diagonale donnée. Quel est le rapport des deux nombres qui représentent, l'un la surface, l'autre le volume?

(Brevet, Lyon.)

1885. On dispose de deux sphères en ivoire ayant chacune un rayon R et l'on découpe le cube inscrit dans l'une de ces sphères et le tétraèdre régulier inscrit dans l'autre. Calculer : 1° le volume de chacun des polyèdres obtenus; 2° la distance d'une face de chacun des polyèdres au plan tangent de la sphère qui serait parallèle à cette face. Appliquer les formules trouvées au cas où R = 3 centimètres. (Brevet, Chambéry.)

1886. Une sphère est tangente à la surface d'un tronc de cône circulaire droit et à ses deux bases parallèles. L'arête du tronc fait avec le rayon de la petite base un angle de 120° et ce rayon est 0ᵐ,24. Calculer, à 1 centimètre cube près, les volumes du tronc de cône et de la sphère. Quel est le rapport de ces volumes ? (Brevet, Rennes.)

1887. Une propriété a la forme d'un trapèze dont les bases mesurent 205 mètres et 41 mètres. Deux chemins la traversent suivant les diagonales ; les longueurs de ces chemins comprises dans l'intérieur de la propriété sont de 240 mètres et 102 mètres. On demande quelle est la superficie de la propriété et celle des quatre parcelles qu'y déterminent les deux chemins. (Brevet, Besançon.)

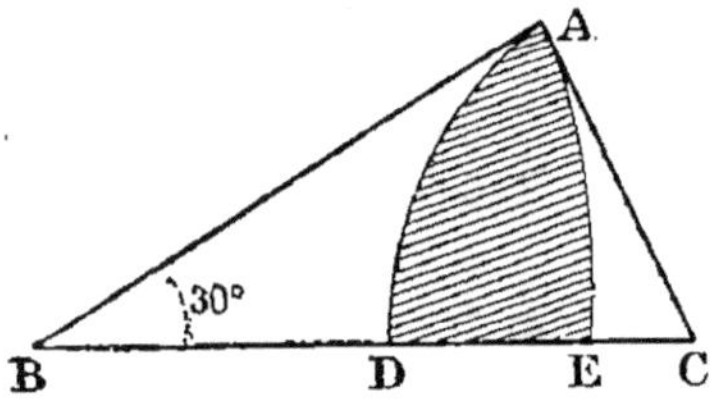

1888. On donne un triangle rectangle ABC dont l'angle aigu B = 30°. Du point B comme centre avec BA pour rayon on décrit l'arc de cercle AE ; du point C sommet du deuxième angle aigu comme centre, on décrit l'arc AD. Calculer l'aire et le périmètre de la figure ombrée DAE, l'aire engendrée par les deux arcs tournant autour de BC et le volume engendré par la figure ombrée. BC = 1 mètre (fig. 54).
(Brevet, Alger.)

Fig. 54.

PROBLÈMES SUR LES INTÉRÊTS COMPOSÉS ET LES ANNUITÉS

1889. Une commune a fait construire un groupe scolaire qui est achevé le 1ᵉʳ janvier 1907. Elle peut s'acquitter envers l'entrepreneur soit en lui payant 28.840 francs le 1ᵉʳ janvier 1910, soit en lui versant 30 annuités dont la première est exigible le 1ᵉʳ janvier 1908. Elle se décide en faveur de ce dernier mode de payement. Quel sera le montant de l'annuité si l'on tient compte des intérêts composés à 4 %?
(Brevet, Toulouse.)

1890. Un cultivateur veut faire un emprunt pour améliorer sa propriété. Quelle somme faut-il emprunter s'il veut se libérer de sa dette, en payant à la fin de chaque année, pendant 4 ans, une somme de 1.250 francs dont il peut annuellement disposer ? (Brevet, Moulins.)

1891. Une personne achète une maison 85.000 francs. Elle paye 15.000 francs comptant. Le reste doit être payé avec les intérêts à $4\frac{1}{2}$ % en 12 payements égaux effectués à la fin de chaque année. Quel est le montant de chaque annuité ?
(Brevet, Saint-Étienne.)

1892. Un banquier prête pour 4 ans, au taux de 5 % et à intérêts composés, une somme qu'on ne connaît pas. Seulement, on sait que l'emprunteur pourrait s'acquitter en payant 4 annuités de 2.203^{fr},9204 chacune, la première ayant lieu un an après la date du prêt. Quelle est la somme prêtée ?
(Brevet, Alger.)

1893. Une compagnie d'éclairage veut faire un emprunt pour lequel elle consacrera pendant 40 ans une annuité de 50.000 francs. Quelle somme pourra-t-elle se procurer au taux de 5 % ?
(Brevet, Agen.)

1894. Établir la formule des intérêts composés. Application numérique : quelle somme faut-il placer actuellement à 3 % pour avoir, au bout de 6 ans, 12.000 francs, en laissant les intérêts s'ajouter au capital à la fin de chaque année ?
(Brevet, Epinal.)

1895. Un capital de 10.000 francs placé à intérêts composés s'est élevé au bout de trois ans à 11.576^{fr},25. A quel taux a-t-il été placé ?
(Brevet, Paris.)

1896. Un capital de 108 francs a été placé à intérêts composés pendant 3 ans 8 mois, à $4\frac{3}{4}$ %. A la somme totale ainsi obtenue et qu'on supposera représentée par de la monnaie d'argent au titre de 0,835, on ajoute le poids d'argent pur nécessaire pour faire un alliage au titre de 0,900. Cet alliage passé à la filière donne un fil cylindrique dont les $\frac{3}{7}$, contournés sous forme d'un carré, embrassent une superficie de 2^{a},56. On demande quel est le diamètre de ce fil. Le poids spécifique de l'alliage dont ce fil est formé est supposé égal à 10,1.
(Brevet, départements.)

1897. Quelle somme faut-il placer à 5 % au commencement de chaque année pour avoir 1.655^{fr},06 au bout de 3 ans ? On aura égard aux intérêts composés.
(Brevet, Evreux.)

1898. Une personne emprunte, à 4 % et à intérêts composés, une somme de 20.000 francs qu'elle doit rembourser en 10 sommes égales payables d'année en année, la première étant payée 3 ans après l'emprunt. 1° Déterminer la valeur de chacune d'elles ; 2° l'emprunteur meurt après avoir payé 5 annuités, et ses héritiers, au lieu de continuer le remboursement par annuités, préfèrent se libérer par un payement unique effectué 2 ans après le décès. Le prêteur accepte. Déterminer le montant de ce payement. (Brevet, Montauban.)

1899. Une ville rachète le 1er janvier 1911 un réseau de tramways à la compagnie exploitante et s'engage à lui verser, à titre d'indemnité, 27 annuités successives de chacune 200.000 francs payables à la fin de l'année, la première étant le 31 décembre 1911. Le même jour, elle cède l'exploitation de son réseau à un nouveau concessionnaire, qui s'engage à payer à la ville une annuité de 150.000 francs pendant 60 années, les annuités étant versées à la fin de chaque année. Quel est, calculé au 1er janvier 1971, le bénéfice réalisé par la ville dans cette affaire? Les calculs seront faits à intérêts composés, le taux étant de 3 $^0/_0$.   (Brevet, Clermont.)

1900. Une personne laisse en héritage une somme de 620.730 francs à ses trois nièces, qui ont respectivement 17, 15 et 11 ans. Elle veut qu'au premier jour de sa 21e année chaque nièce reçoive la même somme, sa part ayant été placée jusque-là à intérêts composés au taux de 3,5 $^0/_0$. Calculer chaque part d'héritage.   (Brevet, Lille.)

1901. Une commune emprunte 32.500 francs au Crédit Foncier pour la construction d'une mairie, et elle s'engage à rembourser cette somme en 30 payements égaux et annuels. On demande : 1° quel sera le montant de chaque versement, si l'intérêt est calculé à raison de 4,14 $^0/_0$; 2° quel est le nombre de centimes extraordinaires que le conseil municipal devra voter pour faire face à cette dépense annuelle, si le centime communal vaut 140 francs.   (Brevet, Valence.)

TABLE DES MATIÈRES

PROBLÈMES

35975. — TOURS, IMPRIMERIE MAME